2010 黄河河情咨询报告

黄河水利科学研究院

黄 河 水 利 出 版 社

· 郑州 ·

图书在版编目（CIP）数据

2010黄河河情咨询报告/黄河水利科学研究院编著.
郑州:黄河水利出版社,2014.11
ISBN 978-7-5509-0981-6

Ⅰ.①2… Ⅱ.①黄… Ⅲ.①黄河-含沙水流-泥沙运动-影响-河道演变-研究报告-2010 Ⅳ.①TV152

中国版本图书馆CIP数据核字（2014）第281068号

组稿编辑:王路平 电话:0371-66022212 E-mail:hhslwlp@126.com

出 版 社:黄河水利出版社
地址:河南省郑州市顺河路黄委会综合楼14层 邮政编码:450003
发行单位:黄河水利出版社
发行部电话:0371-66026940、66020550、66028024、66022620（传真）
E-mail:hhslcbs@126.com
承印单位:河南省瑞光印务股份有限公司
开本:787 mm×1 092 mm 1/16
印张:32.5
字数:750千字 印数:1—1 000
版次:2014年11月第1版 印次:2014年11月第1次印刷

定价:98.00元

《2010黄河河情咨询报告》编委会

《2010黄河河情咨询报告》编委会

2010 咨询专题设置及负责人

性质	序号	课题名称	负责人
跟踪研究	1	2000～2010 年黄河干流水沙特点	尚红霞　彭　红
	2	2000～2010 年三门峡水库库区冲淤演变	侯素珍　胡　恬
	3	小浪底水库拦沙运用初期库区冲淤演变特性	王　婷　马怀宝
	4	小浪底水库拦沙运用初期黄河下游河道及黄河河口冲淤演变	孙赞盈　王万战
年度咨询研究	1	窟野河流域近期实测径流泥沙量锐减成因分析	冉大川
	2	小浪底水库调水调沙期对接水位对排沙效果的影响	马怀宝　韩巧兰
	3	利用西霞院水库协调黄河下游水沙关系的可能性及效果分析	余　欣　张防修
	4	黄河下游分组泥沙冲淤规律及对小浪底水库排沙的要求	李小平　韩巧兰
	5	小浪底水库运用初期下游游荡性河段河势变化与河道整治工程适应性分析	王卫红　张　敏

前　言

2010 年度黄河河情跟踪咨询项目组按照黄河水利委员会陈小江主任关于不断研究新情况、解决新问题、创造新业绩的要求，以“新建议、新发现、新解释”为目标，开展了以下三项工作：①河情跟踪。在流域水沙特性、中游水土保持、三门峡水库库区冲淤演变和潼关高程控制、小浪底水库库区淤积形态及输沙规律、下游河道河床演变等 5 个方面，系统跟踪、分析，总结了 2010 年以及小浪底水库运用 11 年（2000～2010 年）的黄河河情。②围绕治黄重点和热点问题，针对性地开展了“窟野河流域近期实测径流泥沙量锐减成因分析”、“小浪底水库调水调沙期对接水位对排沙效果的影响”、“黄河下游分组泥沙冲淤规律及对小浪底水库排沙的要求”等专题研究工作。③立足于今后进一步协调水沙关系、完善现有水沙调控体系运行的目的，初步探讨了“利用西霞院水库协调黄河下游水沙关系的可能性及效果分析”、“小浪底水库运用初期下游游荡性河段河势变化与河道整治工程适应性分析”。共完成年度咨询总报告 1 份，跟踪报告 4 份，专项研究报告 5 份。跟踪报告包括：2000～2010 年黄河干流水沙特点、2000～2010 年三门峡水库库区冲淤演变、小浪底水库拦沙运用初期库区冲淤演变特性、小浪底水库拦沙运用初期黄河下游河道及黄河河口冲淤演变。

与以往工作相比，2010 年度工作在充分利用实测资料分析的同时，加强了新技术、新手段的应用，着力改进了小浪底水库冲淤数学模型，较好地模拟了库区三角洲溯源冲刷状态；通过卫星遥感技术量化了近 10 年来窟野河流域植被变化特征；利用先进的地理信息软件 ArcGIS 管理下游河势变化信息，有效提高了年度咨询的成果质量和工作效率。

在项目组长期积累的基础上，经过一年的努力，2010 年度咨询工作取得了一定进展，得到如下几点认识：①窟野河流域水沙锐减是流域降雨和下垫面因素共同影响的结果。窟野河流域近期（1997～2009 年）径流减少的主导影响因素是人类活动，因水利水土保持综合治理等人类活动年均减水 3.792 亿 m^3，占总减水量的 66.5%；因降雨变化影响年均减水 1.910 亿 m^3，占总减水量的 33.5%。窟野河流域泥沙减少的主导影响因素是降雨变化，因降雨变化影响年均减沙 0.682 亿 t，占总减沙量的 58.9%；因水利水土保持综合治理等人类活动年均减沙 0.476 亿 t，占总减沙量的 41.1%。近年来窟野河流域植被覆盖度大幅增加，对水沙锐减具有一定影响。另外，窟野河流域大规模河道采沙、开矿形成大面积塌陷区，对水沙变化的影响是不可忽视的。②2010 年小浪底水库汛前调水调沙排沙比大于 100% 的主要原因是：对接水位接近三角洲顶点，三角洲顶坡段发生沿程及溯源冲刷，较大幅度地补充异重流潜入前的沙量。2010 年汛前调水调沙实践表明，降低对接水位、形成三角洲顶坡的溯源冲刷，可有效提高水库排沙效率，减少库区淤积。③小浪底水库拦沙运用 11 年来，下游河道长期清水、持续冲刷，游荡性河段主流摆幅减弱，河湾个数较为稳定，靠河几率增加，河势基本控制在宽约 3 km 的两岸控导工程之间。其中黑岗口以下河段总体趋于按规划流路发展，黑岗口以上河段部分工程不适应现有水沙条件，存在脱河现象或者脱河的趋势；夹河滩—高村河段河道整治工程较为完善，工程适应性较好；铁谢—伊洛河口—花园口河段河势下挫明显，总体趋于不利方向发展，目前河势仍较为散乱；伊洛河口—桃花峪—赵口—黑岗口河段河势下挫，除河道整治工程不完善外，与长期持续清水冲刷也具有较大的关系。④2010 年黄河流域汛期（7 ~ 10 月）中下游降雨偏多，其中山陕区间、汾河、沁河、小花干流、大汶河接近常年；上游降雨偏少。全年总体仍然为枯水少沙。潼关年水沙量分别为 258.93 亿 m^3 和 2.283 亿 t，渭河来沙构成黄河下游来沙的主体。⑤2010年小浪底水库全库区淤积量为 2.394 亿 m^3，其中支流占 51.7%。小浪底水库库区三角洲顶点向坝前推进，造成支流畛水河淤积增加，出现高约 7 m 的拦门沙坎，影响了干支流水沙交换。⑥2010 年黄河下游河道冲刷 1.062 亿 m^3，其中非汛期、汛期分别冲刷 0.192 亿 m^3 和 0.870 亿 m^3，沿程冲刷量具有“上大下小”的特点。⑦2010 年调水调沙期间，枣树沟工程上首河槽嫩滩发生漫滩，淹没面积约 100 hm^2，使一些农民受淹，造成了一定的社会影响。⑧黄河下游洪水的冲刷效率与洪水的平均含沙量关系密切，同时受洪水平均流量和来沙组成影响也较大。含沙量不同的洪水在下游河道中的冲刷规律不同，对于一般含沙量洪水，洪水期水流以输沙为主，冲刷效率的大小主要取决于水沙条件。⑨水库拦沙期以下泄清水和异重流排沙为主，下游河道发生持续冲刷，在床沙粗化完成之前，冲刷效率主要取决于平均流量的大小；粗化完成后，洪水期的冲刷效率不仅与洪水流量有关，河床边界的补给能力起主要作用。

同时，就近期治黄措施提出了几点建议：①随着小浪底水库对接水位的降低，水库的排沙比增大，进入下游的沙量增加，下游河道的冲刷量减少。因此，在下游河道显著粗化、洪水冲刷效率明显降低时期，在确保下游河道不发生淤积的条件下，建议让小浪底水库调节洪水，利用大水多排沙，减少小浪底水库和下游河道的泥沙淤积量。②建议小浪底水库汛前调水调沙期的浑水阶段（平均流量不低于 2 600 m^3/s）出库细泥沙含量控制在 60% ~ 70%，平均含沙量不超过 180 kg/m^3。③在 2011 年汛前地形相对不利的条件下，汛前调水调沙不宜单一追求排沙比大于 100%。④随着经济社会发展等人类活动的加剧，未来径流量会有进一步减少的趋势，但来沙量变化则不同，长期平均看，来沙量会有减少，但遇特大暴雨则来沙量可能仍较多，沙量不均衡变化更加突出，应引起各方重视。⑤为有利于控制性节点工程向规划治导线方向发展，对于逯村、老田庵、柳园口等工程仅靠河势自然调整是难以到位的，可以考虑辅助人工局部挖河措施。若能够清除规划治导线范围内废弃老京广铁路桥和现有京广铁路桥桥下的抛石等，也有利于稳定主槽、改善老田庵控导工程的靠溜位置。

本报告主要由时明立、姚文艺、李勇、张晓华、尚红霞、侯素珍、王婷、李小平、王卫红、冉大川、孙赞盈、马怀宝、余欣等人完成，其他人员不再一一列出，敬请谅解，并对他们表示感谢。工作过程中得到了潘贤娣、赵业安、刘月兰、王德昌和张胜利等专家的指导和帮助，黄河水利委员会有关部门领导、专家也给予了指导，在此表示由衷谢意！

姚文艺负责报告修改和统稿。黄河水利出版社对本报告的出版给予了大力支持，在审稿和编排上付出了辛勤劳动，他们的认真作风令人敬佩，特此一并致谢！

报告中参考了不少他人的研究成果，除已列出的参考文献外，还有一些文献未一一列出，敬请相关作者给予谅解，在此表示歉意和衷心感谢！

黄河水利科学研究院
黄河河情咨询项目组
2012 年 5 月

目　录

第一部分　综合咨询报告

第一篇　黄河基本情况

第一章　2010 年黄河河情

一、流域降雨及水沙特点

（一）降雨特点

2010 年（指 2009 年 11 月 ~2010 年 10 月，下同）黄河流域汛期（7 ~10 月，下同）中下游降雨量偏多。与多年（1956 ~2000 年，下同）同期相比，除黄河下游、大汶河流域 6 月降雨量偏多 26% 左右外，其余各区间降雨量均偏少。汛期降雨量与多年同期相比，兰州以上和兰托（指兰州—托克托）区间分别偏少 14.4% 和 30.2%；山陕（指山西、陕西）区间、汾河、沁河、小花（指小浪底—花园口）干流、大汶河接近常年水平；龙三（指龙门—三门峡）干流、黄河下游偏多 45% ~55%；泾渭河、北洛河、三小（指三门峡—小浪底）区间偏多 12% ~15%，伊洛河偏多 24.8%（见图 1-1）。

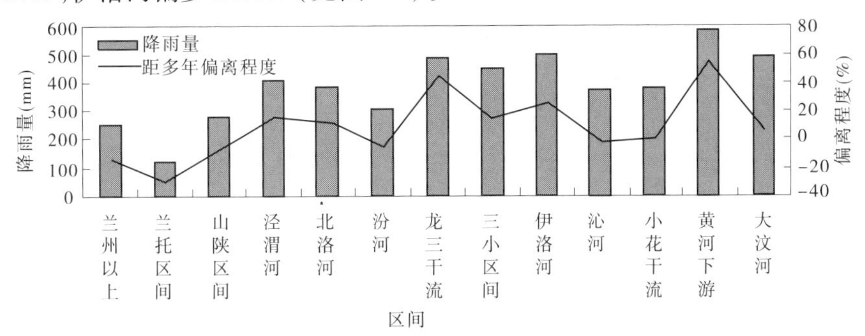

图 1-1　2010 年汛期黄河流域各区间降雨量

8、9 月黄河中下游各区域降雨量均偏多，主要来沙区河龙（指河口镇—龙门）区间降雨量较多年同期分别偏多 33.5% 和 19.5%，与 2009 年同期相比，8 月持平，9 月偏少 9%。黄河下游和大汶河较多年同期分别偏多 120.5% 和 93.2%，与 2009 年相比，黄河下游和大汶河偏多 80% 以上。此外，山陕区间湫水河局部出现大暴雨，林家坪站 9 月 19 日 8 时降雨量 185.4 mm；北洛河流域葫芦河局部出现大暴雨，张村驿站 7 月 24 日 8 时降雨量 217.1 mm。

（二）水沙特点

1. 黄河干流水量普遍偏少

2010 年黄河干流唐乃亥、头道拐、龙门、潼关、花园口和利津站年水量分别为 208.29 亿 m^3、189.47 亿 m^3、205.13 亿 m^3、258.93 亿 m^3、283.33 亿 m^3、203.77 亿 m^3，与 1956 ~

2000 年平均相比，除唐乃亥偏多 2% 外，其他各站均偏少，从上至下偏少程度基本为逐渐增加，从兰州的 1% 增加到利津的 38%（见图 1-2）。汛期水量沿程各站均偏少，偏少程度多高于全年。

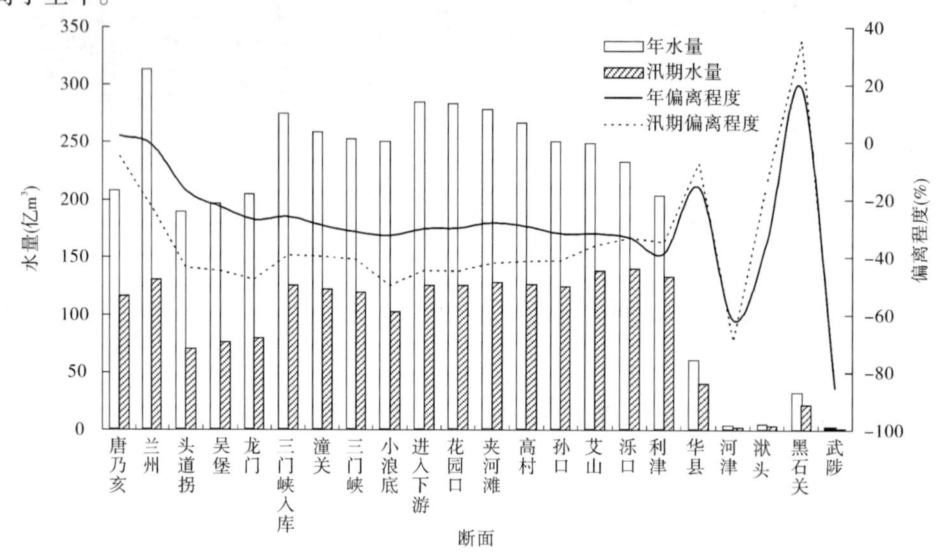

图 1-2　2010 年主要干支流水文断面实测水量

主要支流控制站华县（渭河）、河津（汾河）、洑头（北洛河）、武陟（沁河）年水量分别为 60.83 亿 m^3、4.34 亿 m^3、4.60 亿 m^3、1.3 亿 m^3，与 1956～2000 年平均相比分别偏少 16%、62%、34%、86%；黑石关（伊洛河）年水量 33.22 亿 m^3，与 1956～2000 年平均相比偏多 19%。

2. 沙量显著偏少，渭河来沙比例相对增加

2010 年黄河干流头道拐、龙门、潼关、花园口和利津站年沙量分别为 0.578 亿 t、0.777亿 t、2.283 亿 t、1.209 亿 t、1.697 亿 t，除头道拐外，其余较 1956～2000 年平均值偏少程度基本上在 80% 以上（见图 1-3），与 2009 年同期相比，潼关偏多 101%。渭河华县站年沙量为 1.470 亿 t，虽然较 1956～2000 年平均偏少 59%，但占潼关年平均的 64%，远大于多年平均比例 30%，2010 年渭河来沙成为黄河流域来沙量的主体。

3. 黄河中下游局部区域出现较大洪水

2010 年汛期没有发生流域性大洪水，但在中下游局部地区出现了较大洪水。

（1）湫水河林家坪站 9 月 19 日出现 1953 年建站以来的第四大洪峰，流量 2 200 m^3/s，接近 10 a 一遇洪水（相应流量 2 340 m^3/s），最大含沙量 487 kg/m^3，洪峰水位达到 496.64 m，同流量水位最高；

（2）伊河栾川站发生建站以来最大洪峰，流量 1 280 m^3/s，潭头站和东湾站发生建站以来第二大洪峰，流量 3 150 m^3/s 和 3 750 m^3/s；

（3）洛河支流涧河新安站出现了建站以来的最大洪水，洪峰流量 1 150 m^3/s；

（4）金堤河范县洪峰流量 353 m^3/s 时超过警戒水位 1.1 m；

（5）黄河下游的 3 次洪水过程均为小浪底水库调水调沙形成的，花园口最大洪峰流量 6 600 m^3/s（见图 1-4）。

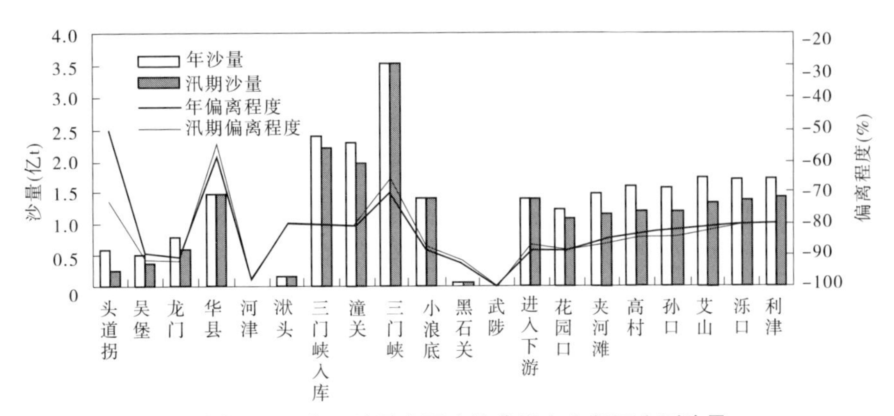

图 1-3　2010 年干流及主要支流典型水文断面实测沙量

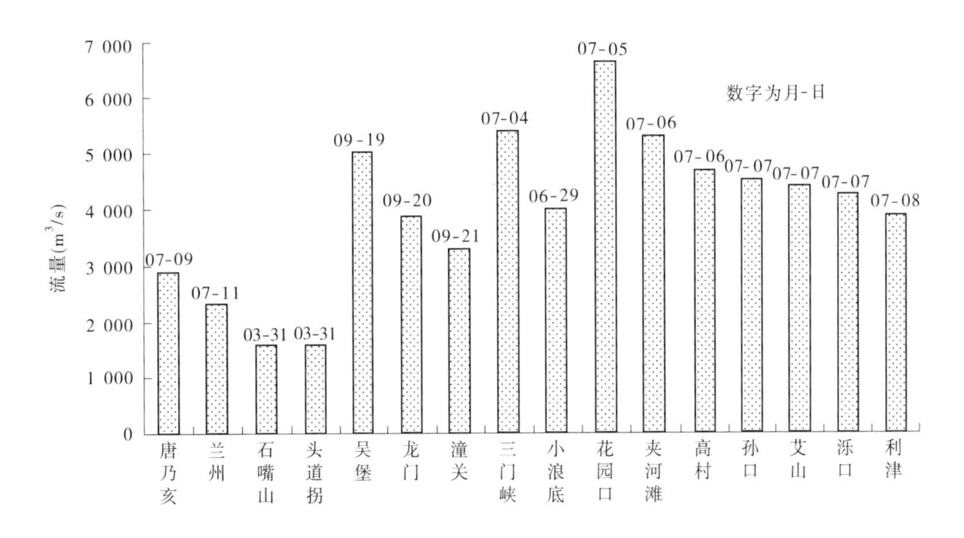

图 1-4　2010 年干流主要水文站实测最大洪峰流量

(三)水库调蓄对径流泥沙过程的影响

1. 主要水库蓄水情况

截至 2010 年 11 月 1 日,黄河流域八座主要水库蓄水总量 295.11 亿 m^3(见表 1-1),其中龙羊峡水库蓄水量 199.00 亿 m^3,占总蓄水量的 67%;刘家峡水库和小浪底水库蓄水量分别为 29.30 亿 m^3 和 44.10 亿 m^3,占总蓄水量的 10% 和 15%。与 2009 年同期相比,蓄水总量减少 10.04 亿 m^3,主要是龙羊峡水库蓄水减少 25.00 亿 m^3。

全年非汛期八座水库共补水 68.38 亿 m^3,其中龙羊峡、刘家峡和小浪底水库分别为 48.00 亿 m^3、1.90 亿 m^3 和 17.00 亿 m^3;汛期增加蓄水 58.34 亿 m^3,其中龙羊峡水库为 23.00 亿 m^3,特别是龙羊峡水库主汛期蓄水达到 25.00 亿 m^3,汛期蓄水由过去的以秋汛期为主变为主汛期占主导。全年八座水库多下泄 10.04 亿 m^3 水。

2010 年龙羊峡水库入库唐乃亥站仅一次洪水过程,最大日入库流量 2 680 m^3/s(7 月 9 日),经过龙羊峡水库调节,出库流量仅 975 m^3/s,削峰率为 64%。

表 1-1　2010 年主要水库蓄水情况

水库	2010 年 11 月 1 日		非汛期蓄变量（亿 m^3）	汛期蓄变量（亿 m^3）	运用年蓄变量（亿 m^3）
	水位(m)	蓄水量(亿 m^3)			
龙羊峡	2 586.73	199.00	-48.00	23.00	-25.00
刘家峡	1 726.04	29.30	-1.90	4.80	2.90
万家寨	969.66	2.66	-0.79	-0.63	-1.42
三门峡	317.30	3.60	0.52	-0.57	-0.05
小浪底	248.19	44.10	-17.00	28.10	11.10
陆浑	317.44	5.85	-0.95	2.42	1.47
故县	533.54	6.25	-0.92	1.57	0.65
东平湖	42.33	4.35	0.66	-0.35	0.31
合计		295.11	-68.38	58.34	-10.04

注：- 为水库补水，下同。

2. 万家寨水库为利用桃汛洪水降低潼关高程试验和调水调沙补水情况

2010 年继续开展利用桃汛洪水过程冲刷降低潼关高程试验。宁蒙河段开河期间，在确保凌汛期安全情况下，万家寨水库采用“先蓄后补”运用方式，最高库蓄水位 973.76 m，为试验补水 1.13 亿 m^3，瞬时最大出库流量达到 2 560 m^3/s(见图 1-5)。

为配合小浪底水库汛前调水调沙，6 月 29 日 22 时万家寨水库按 1 200 m^3/s加大下泄流量，直至水库水位降至汛限水位 966 m，增加了调水调沙后期小浪底水库异重流后续动力。

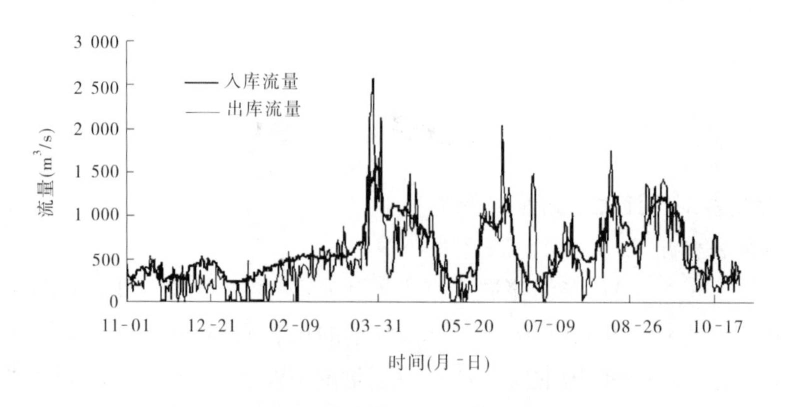

图 1-5　万家寨水库进出库流量过程

3. 小浪底水库调水调沙

2010 年 6 月 19 日至 7 月 7 日为汛前调水调沙生产运行期，6 月 18 日水库水位为年内最高，日均达到 250.84 m。其中 6 月 19 日 8 时至 7 月 3 日 18 时 36 分为小浪底水库清水下泄阶段（调水期），利用小浪底水库下泄一定流量的清水，冲刷下游河槽，其间出库最大日均流量 3 930 m^3/s，水库泄水 38.28 亿 m^3；7 月 3 日 18 时 36 分至 7 月 7 日 24 时为小浪底水库排沙出库阶段（调沙期），即异重流排沙阶段，其间小浪底水库泄水 1.2 亿 m^3，出库最大日均含沙量 123 kg/m³(见图 1-6)。

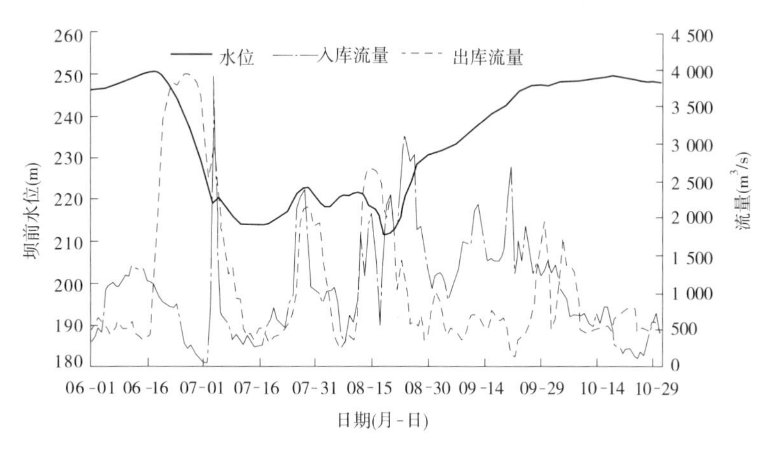

图 1-6 2010 年 6～10 月小浪底水库坝前水位及进出库流量变化过程

汛期 7 月 24 日至 8 月 3 日和 8 月 11 日至 8 月 21 日,根据有利的入库洪水过程,相继进行了年度内第二次和第三次调水调沙,出库最大日均含沙量分别为 45.4 kg/m³ 和 41.2 kg/m³。

4. 典型水库蓄水对干流水量影响

龙羊峡、刘家峡水库(简称龙刘水库)控制了黄河主要少沙来源区的水量,对整个流域水沙影响比较大;小浪底水库是进入黄河下游的重要控制枢纽,对下游水沙影响比较大。将这三大水库蓄泄水量还原后可以看出(见表 1-2),龙刘水库非汛期共补水 49.9 亿 m³,汛期蓄水 27.8 亿 m³,头道拐实测汛期水量仅 70.31 亿 m³,占年水量比例仅 37%,如果没有龙刘水库调节,汛期水量为 98.11 亿 m³,汛期占全年比例可以增加到 59%。

表 1-2 2010 年水库运用对干流水量的调节 (单位:亿 m³)

项目	非汛期	汛期	年	汛期占年(%)
龙羊峡蓄泄水量	-48.00	23.00	-25.00	
刘家峡蓄泄水量	-1.90	4.80	2.90	
龙刘两库合计	-49.90	27.80	-22.10	
实测头道拐水量	119.16	70.31	189.47	37
还原两库后头道拐水量	69.26	98.11	167.37	59
小浪底蓄泄水量	-17.00	28.10	11.10	
实测花园口水量	157.51	125.82	283.33	44
实测利津水量	70.60	133.17	203.77	65
还原龙羊峡、刘家峡、小浪底水库后花园口水量	90.61	181.72	272.33	67
还原龙羊峡、刘家峡、小浪底水库后利津水量	3.70	189.07	192.77	98

注:表中还原没有考虑引水。

花园口和利津实测汛期水量分别为 125.82 亿 m³ 和 133.17 亿 m³,分别占年水量的 44% 和 65%。如果没有龙羊峡、刘家峡和小浪底水库调节,花园口和利津汛期水量分别为 181.72 亿 m³ 和 189.07 亿 m³,占全年比例分别为 67% 和 98%。但是如果没有龙羊峡、刘家峡和小浪底水库调节,利津非汛期水量仅为 3.7 亿 m³,面临断流。

二、三门峡水库库区冲淤及潼关高程变化特点

(一)水库运用及排沙特点

2010 年三门峡水库非汛期仍按不超过 318 m 控制,平均蓄水位 317.09 m,最高日均水位 318.14 m;3 月下旬配合桃汛洪水冲刷降低潼关高程试验,水位降至 313 m 以下,最低降至 312.43 m。汛期仍采用平水期控制水位不超过 305 m、流量大于 1 500 m^3/s 敞泄排沙的运用方式,汛期平均水位 304.70 m。

汛期入库潼关站有 4 次洪峰流量大于 2 500 m^3/s 的洪水过程,最大洪峰流量为 3 320 m^3/s。根据入库水沙过程全年共实施 5 次敞泄,第一次敞泄为小浪底水库调水调沙期,其余 4 次为入库流量较大、含沙量高的洪水过程,累计敞泄时间 17 d。

全年排沙集中在敞泄期(见表 1-3)。敞泄期潼关入库水量 29.24 亿 m^3,累计排沙总量 2.708 亿 t,占汛期排沙总量的 77%。5 次敞泄平均排沙比为 2.80,其中调水调沙期排沙比最大为 69.3,其余 4 场洪水排沙比在 1.65 ~ 4.44。

表 1-3　汛期排沙统计

时段(月-日)	敞泄天数(d)	史家滩水位(m)	潼关		三门峡沙量(亿 t)	冲淤量(亿 t)	单位水量冲淤量(kg/m^3)	排沙比
			水量(亿 m^3)	沙量(亿 t)				
07-04 ~ 07-06	2	297.86	2.652	0.006	0.416	-0.410	-154.7	69.3
07-27 ~ 07-29	3	293.18	5.72	0.150	0.595	-0.445	-77.8	3.97
08-12 ~ 08-17	6	293.21	8.23	0.598	0.988	-0.390	-47.4	1.65
08-24 ~ 08-27	4	296.62	8.69	0.145	0.406	-0.261	-30.0	2.80
09-20 ~ 09-21	2	297.35	3.95	0.068	0.302	-0.234	-59.2	4.44
敞泄期	17		29.24	0.967	2.708	-1.740	-59.5	2.80
汛期			122.32	1.921	3.505	-1.582	-12.9	1.82

(二)库区冲淤变化

2010 年潼关以下库区非汛期淤积 0.430 亿 m^3,汛期冲刷 0.702 亿 m^3,年内冲刷 0.272 亿 m^3。冲淤沿程分布见图 1-7。非汛期淤积末端在黄淤 32 断面,淤积强度最大的河段在黄淤 18 ~ 28 断面,黄淤 17 断面以下的坝前河段只有少量淤积。汛期的冲刷与非汛期淤积基本对应,非汛期淤积量大的河段汛期冲刷量也大。全年来看,除个别断面外,总体表现为冲刷,冲刷分布上段少、下段多。

小北干流河段非汛期冲刷 0.212 亿 m^3,汛期淤积 0.142 亿 m^3,年内微冲,为 0.070 亿 m^3(见表 1-4)。其中非汛期除黄淤 50 ~ 53 断面以及黄淤 61 ~ 63 断面有少量淤积外,其余河段均发生不同程度的冲刷;汛期各断面有冲有淤,其中黄淤 42 ~ 47 断面、黄淤 52 ~ 58 断面、黄淤 64 ~ 68 断面为淤积,其余河段发生冲刷;沿程冲淤交替发展,上段冲淤调整幅度大,下段调整幅度小;全年也表现为沿程冲淤交替,并延续到潼关以下黄淤 35 断面。

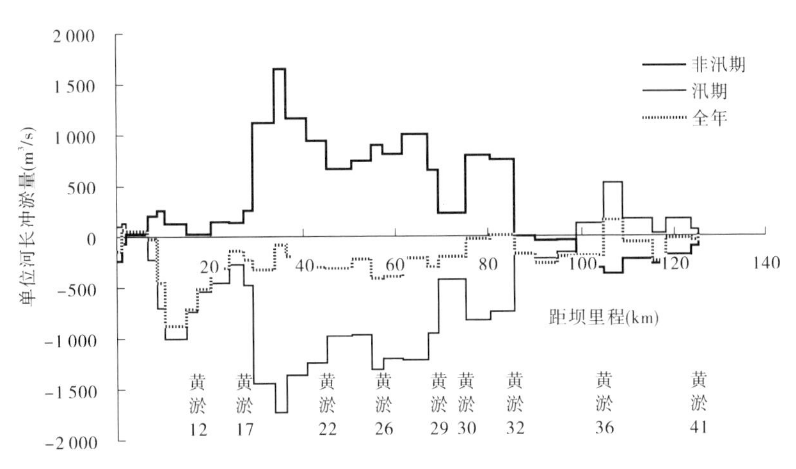

图 1-7　2010 年潼关以下库区冲淤量沿程分布

表 1-4　2010 年小北干流各河段冲淤量　（单位：亿 m^3）

时段	黄淤 41～45	黄淤 45～50	黄淤 50～59	黄淤 59～68	全段
非汛期	-0.030	-0.055	-0.030	-0.097	-0.212
汛期	0.020	-0.001	0.038	0.085	0.142
运用年	-0.010	-0.056	0.008	-0.012	-0.070

（三）潼关高程变化

2009 年汛后潼关高程为 327.82 m，非汛期淤积抬升，至 2010 年汛前为 328.11 m。经过汛期调整，汛后为 327.75 m，与 2005 年以来汛后接近。运用年内潼关高程下降 0.07 m。

非汛期水库运用水位在 318 m 以下，潼关河段不直接受水库回水影响，主要受来水来沙和河床条件影响，基本处于自然演变状态，潼关高程从 2009 年汛后到桃汛前上升 0.20 m，在桃汛洪水作用下下降 0.11 m，桃汛后至汛前抬升 0.20 m，汛前潼关高程为 328.11 m。非汛期潼关高程累计上升 0.29 m。

三门峡水库汛期运用水位基本控制在 305 m 以下，潼关高程随水沙条件变化而发生升降交替变化。汛初潼关高程为 328.11 m，至 7 月 24 日，潼关高程冲刷下降；7 月 25～31 日，渭河洪水较大、含沙量高，虽然潼关最大流量达 2 750 m^3/s，但最大含沙量达 199 kg/m^3，潼关高程淤积抬升；8 月 1～10 日潼关流量过程平稳，平均为 800 m^3/s，潼关高程下降 0.32 m；8 月 11～18 日渭河发生高含沙小洪水，最大含沙量达 566 kg/m^3，洪峰流量仅 1 270 m^3/s，潼关站最大流量 2 770 m^3/s、最大含沙量 364 kg/m^3，潼关高程淤积抬高 0.52 m，达 328.47 m；之后渭河和干流相继发生低含沙洪水，到潼关站较大流量持续时间长，潼关高程冲刷下降，10 月 6 日潼关高程为 327.71 m。汛末潼关高程降为 327.75 m，汛期潼关高程共下降 0.36 m。

虽然 2010 年洪峰流量大于 2 500 m^3/s 有 4 场洪水（见图 1-8），但渭河来水含沙量高、洪峰流量小时对潼关高程冲刷不利，潼关高程的冲刷主要在平水期和低含沙洪水期。

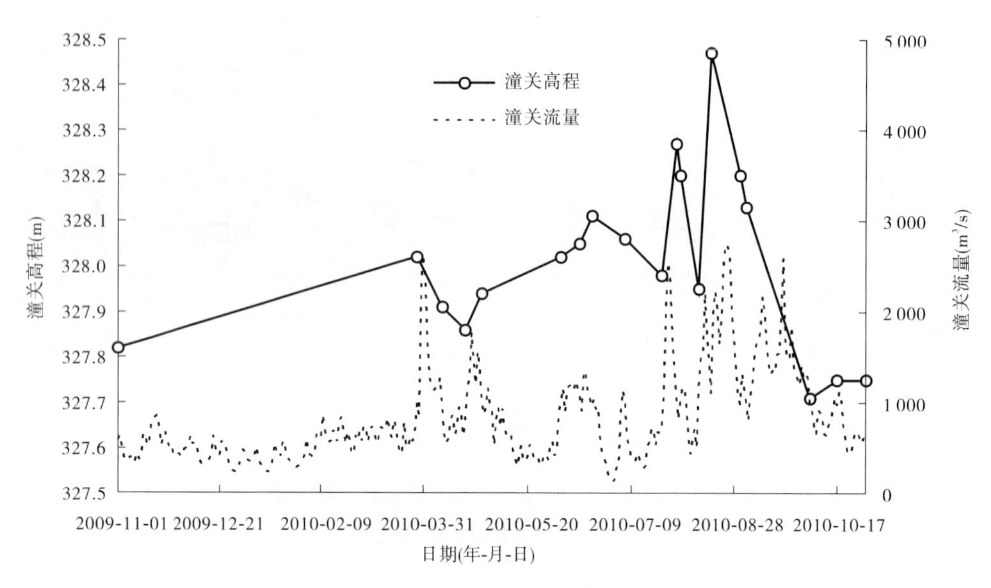

图 1-8　2010 年潼关高程、流量变化过程

三、小浪底水库库区冲淤特性及库容变化

(一)水库运用及排沙特点

小浪底水库后汛期和非汛期蓄水,汛前调水调沙期间集中泄水,人工塑造较大的流量过程,冲刷下游河道,同时人工塑造异重流,减少小浪底水库细沙的淤积,很好地发挥了小浪底水库的调节作用。2010 年水库继续实施蓄水拦沙、异重流排沙运用。

非汛期水库经历了防凌期、春灌蓄水、春灌泄水期和 4 月 7 日到 6 月 18 日库水位逐步抬高时期,其中 2009 年 11 月 1 日至 2010 年 4 月 6 日库水位基本维持在 240 m 左右,春灌泄水期库水位一度降到 238.09 m, 4 月 7 日到 6 月 18 日库水位逐步抬高,由 241.74 m 上升至 250.84 m。

6 月 19 日至 7 月 7 日为汛前调水调沙生产运行期,调水调沙结束时水位为 217.64 m,降低 32.97 m,泄水 39.48 亿 m^3。7 月 8 日至 10 月 31 日,库水位一直维持在汛限水位 225 m 以下,其间,利用上中游干支流出现洪水的有利时机,进行过两次汛期调水调沙,8 月 19 日水位降至 211.6 m,达到年度内最低运用水位。之后,水库开始蓄水,库水位持续抬升,至 10 月 31 日,库水位为 248.36 m,相应蓄水量为 44.17 亿 m^3。

2010 年小浪底水库排沙次数较多,排沙比较大。调水调沙有 3 次异重流排沙过程,另有 2 次较小排沙过程(见表 1-5),5 次排沙过程与三门峡水库敞泄排沙过程相对应(见图 1-9),平均排沙比达 40.6%。其中汛前调水调沙期出库最大日均流量为 3 930 m^3/s,出库沙量为 0.553 亿 t,排沙比 132.3%,为历年最高值;7 月 24 日至 8 月 3 日和 8 月 11 ~ 21 日三门峡出库含沙量大,小浪底水库进行了异重流排沙,排沙比分别为 28.6% 和 46.5%;8 月 22 日至 9 月 4 日和 9 月 20 ~ 30 日入库流量也比较大,有一定的沙峰过程,运用水位分别在 220 ~ 230 m 和 240 m 以上,也形成了异重流并运行到坝前,相应排沙比为 6.8% 和 1.8%。

表 1-5　2010 年小浪底水库排沙特征

时段（月-日）	三门峡			小浪底		排沙比（%）
	水量（亿 m^3）	沙量（亿 t）	最大含沙量（kg/m^3）	水量（亿 m^3）	沙量（亿 t）	
06-19～07-07（汛前调水调沙期）	12.21	0.418	249	52.06	0.553	132.3
07-24～08-03（第二次调水调沙）	13.28	0.901	183	14.38	0.258	28.6
08-11～08-21（第三次调水调沙）	15.46	1.092	208	19.82	0.508	46.5
08-22～09-04	22.13	0.503	64.5	8.88	0.034	6.8
09-20～09-30	15.30	0.438	89.3	7.01	0.008	1.8
合计	78.38	3.352	—	102.15	1.361	40.6

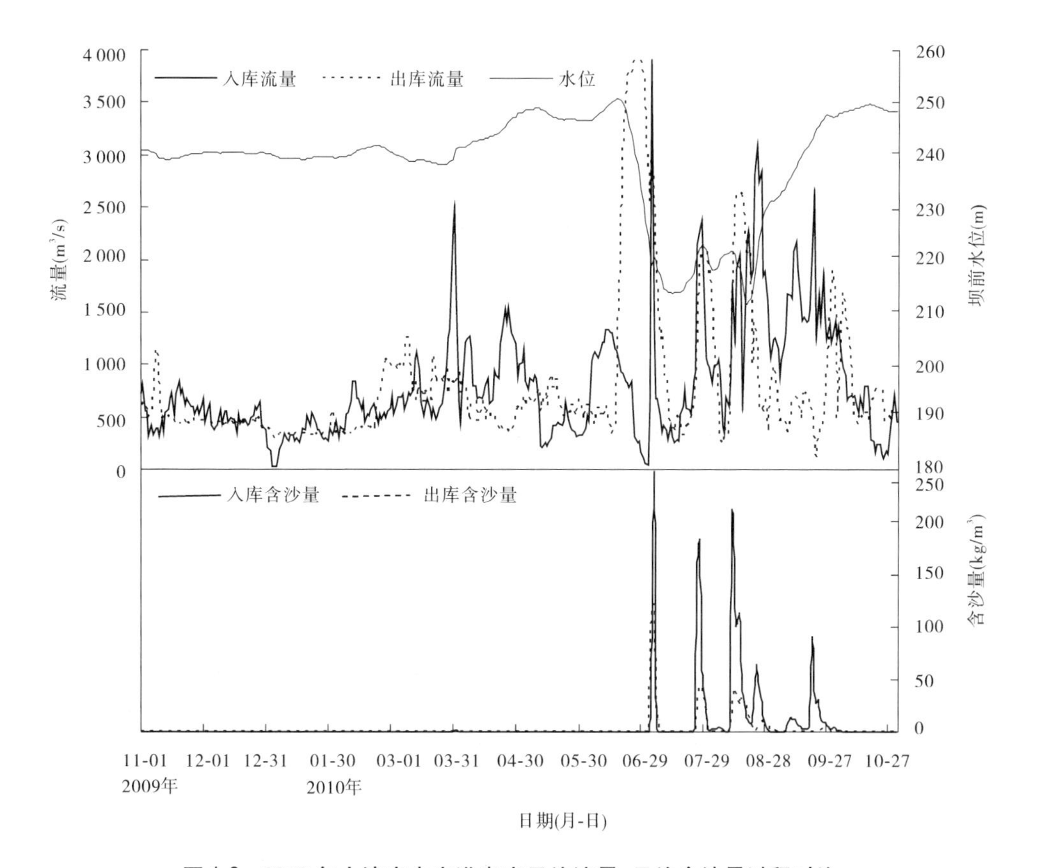

图 1-9　2010 年小浪底水库进出库日均流量、日均含沙量过程对比

(二)库区冲淤变化

1. 淤积量及其分布

库区断面测验资料表明,2010 年小浪底水库全库区淤积量为 2.394 亿 m^3,其中干流淤积量为 1.156 亿 m^3,支流淤积量为 1.238 亿 m^3。2010 年库区淤积全部集中于 4 ~ 10 月,淤积量为 2.724 亿 m^3(见表 1-6)。

表 1-6　2010 年各时段库区冲淤量

时段		2009 年 11 月至 2010 年 4 月	2010 年 4 ~ 10 月	2009 年 11 月至 2010 年 10 月
冲淤量(亿 m^3)	干流	-0.135	1.291	1.156
	支流	-0.195	1.433	1.238
	合计	-0.330	2.724	2.394

从淤积库段来看,主要淤积在 HH15 断面以上(含支流),淤积量为 2.886 亿 m^3,HH49 断面以上有少量淤积;HH15 ~ HH45 断面库段(含支流)发生冲刷,冲刷量为 0.543 亿 m^3。各断面间冲淤量分布见图 1-10。

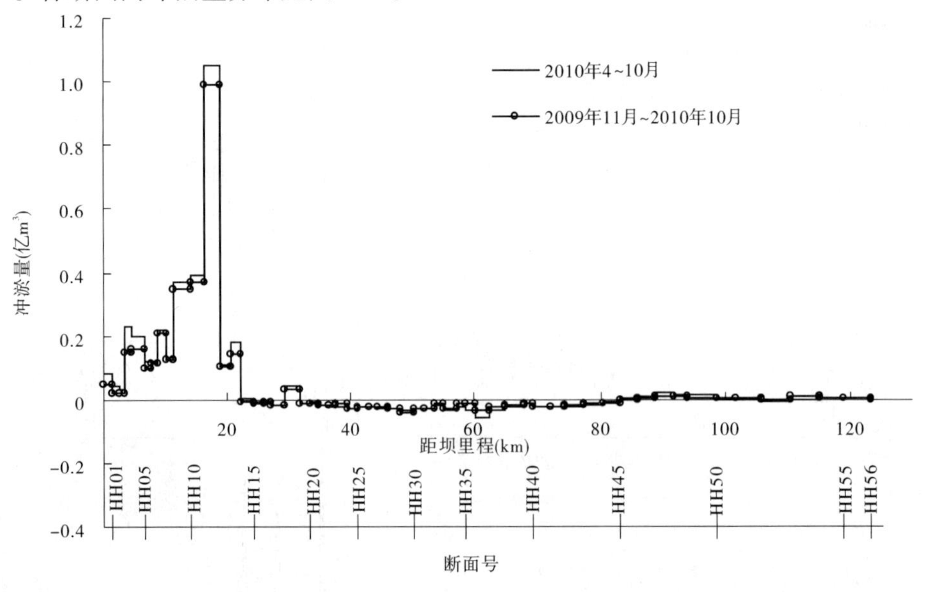

图 1-10　2010 年小浪底库区断面间(含支流)冲淤量分布

从淤积高程来看,全库区年内除个别高程间(220 ~ 235 m、270 ~ 275 m)发生冲刷外,其余均为淤积,淤积量为 2.817 亿 m^3(见图 1-11)。

支流淤积主要在位于水库三角洲顶点以下的支流,其淤积量为 1.118 亿 m^3,占支流淤积总量的 90.3%。其中畛水河 2010 年 4 ~ 10 月淤积量达到 0.775 亿 m^3,占到该时期支流淤积总量的 54.08%。支流淤积主要在沟口附近,沟口向上沿程减少。

2. 淤积形态

2010 年 10 月与 2009 年 10 月相比,小浪底库区三角洲淤积形态有较大调整,三角洲

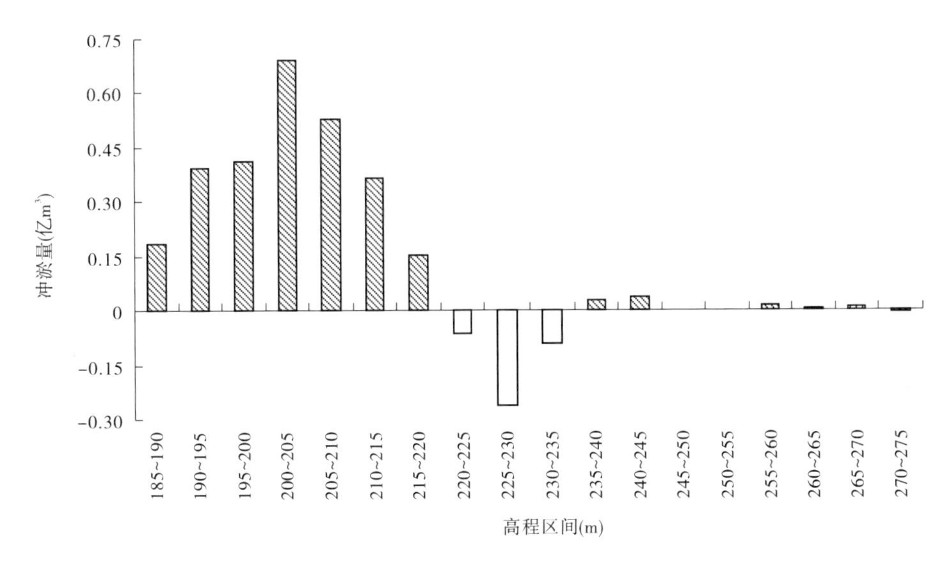

图 1-11　2010 年小浪底库区不同高程冲淤量分布

洲体向坝前推进。三角洲顶点向坝前推进 5.68 km,顶点高程降低 4 m 以上(见图 1-12),洲面发生明显的冲刷调整,三角洲尾部段有少量淤积。除 HH45 ~ HH49 库段有少量淤积外,三角洲洲面大部分库段(HH15 ~ HH45)发生大幅度冲刷,HH15 以下的前坡段淤积量增加。库区冲淤调整的结果,HH37 ~ HH49 库段倒坡消失,洲面比降增加到 2.52‱,尾部段比降增加到 15.38‱(见表 1-7)。

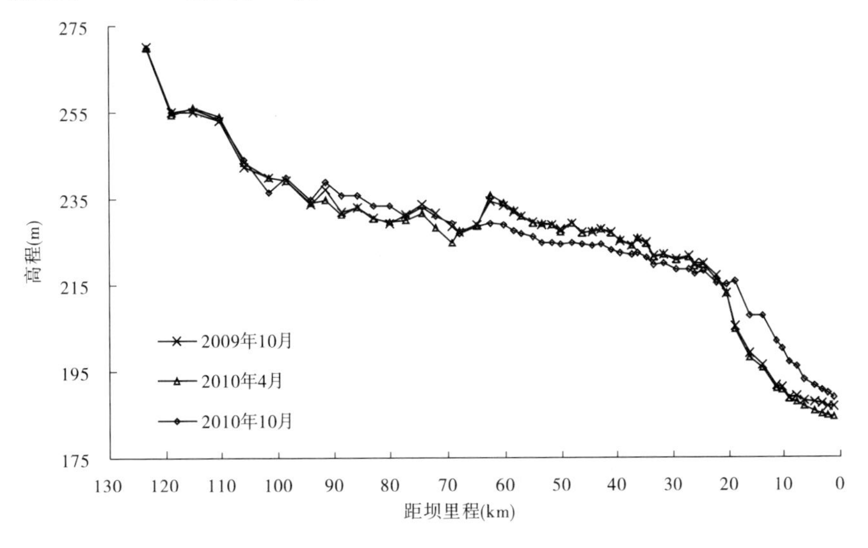

图 1-12　干流纵剖面套绘(深泓点)

支流淤积有三种情况:一为平行抬升,如大峪河、石井河等为异重流倒灌淤积,淤积面高程抬升幅度与河口处干流抬升幅度相当,基本为平行抬升;二是拦门沙坎更加明显,如畛水河各断面大幅度淤积抬升,淤积厚度 8 ~ 13 m,沟口形成明显的拦门沙坎;三是淤积量少,如东洋河、西阳河等基本均为明流倒灌,淤积相对较少,受库水位影响,支流内部水体析出，部分支流沟口出现一条与干流主槽贯通的沟槽，沟口深泓点下降（见图 1-13）。

表 1-7　干流纵剖面三角洲淤积形态要素统计

日期（月-日）	顶点		坝前淤积段	前坡段		洲面段		尾部段	
	距坝里程（km）	深泓点高程（m）	距坝里程（km）	距坝里程（km）	比降（‰）	距坝里程（km）	比降（‰）	距坝里程（km）	比降（‰）
2009-10	24.43	219.75	0～11.42	11.42～24.43	21.59	24.43～93.96	2.00	93.96～123.41	12.36
2010-10	18.75	215.61	0～8.96	8.96～18.75	19.01	18.75～101.61	2.52	101.61～123.41	15.38

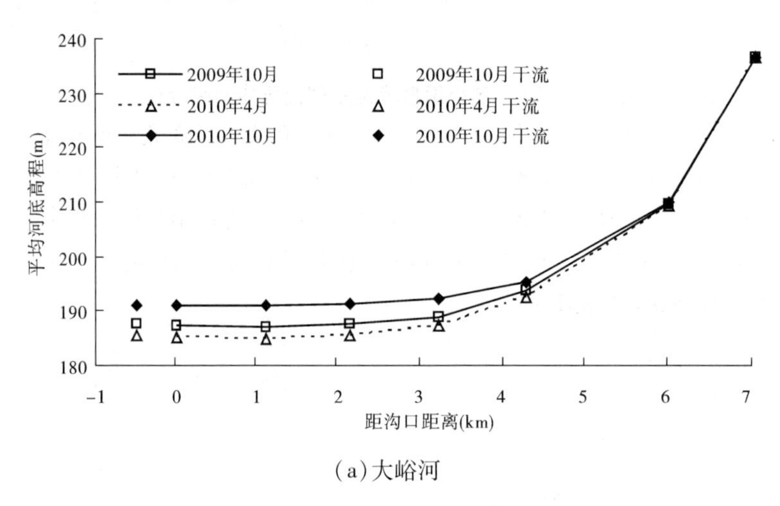

（a）大峪河

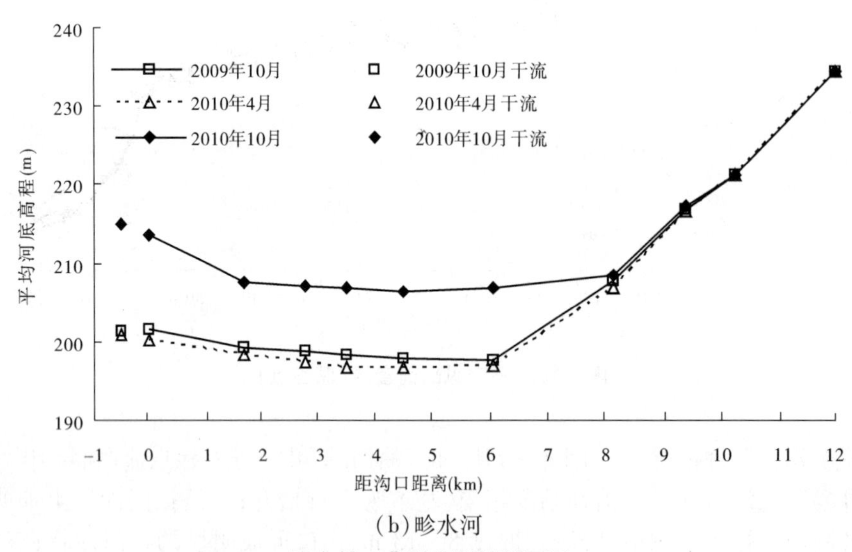

（b）畛水河

图 1-13　典型支流纵剖面图

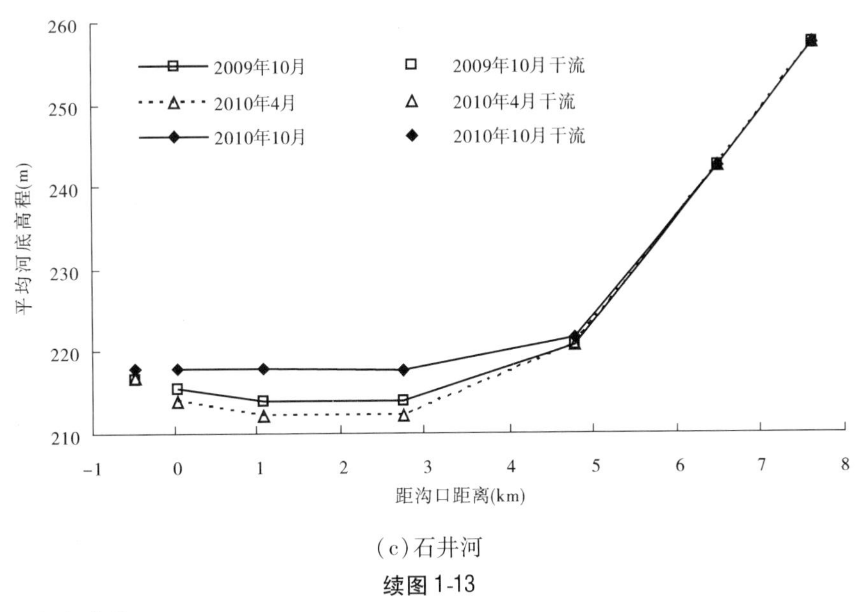

(c)石井河

续图 1-13

(三)库容变化

随着水库的淤积发展,水库库容随之变化。从小浪底水库开始运用至2010年10月,小浪底水库全库区断面法淤积量为28.225亿m^3,其中干流淤积量为22.395亿m^3,支流淤积量为5.830亿m^3,分别占总淤积量的79.3%和20.7%。至2010年10月,水库275 m高程下总库容为99.235亿m^3,其中干流库容为52.385亿m^3,左岸支流库容为21.822亿m^3,右岸支流库容为25.028亿m^3。

由于库区三角洲淤积体不断向坝前推移,坝前的调节库容已显著减少。215 m高程以下的原始库容为26.375亿m^3,其中干流20.050亿m^3,支流6.325亿m^3。至2009年汛后,215 m高程下库容减少72%,剩余7.300亿m^3,其中干流4.478亿m^3,支流2.822亿m^3。随着泥沙淤积,库容进一步减小,截至2010年10月,215 m高程下库容仅为4.730亿m^3,其中干流2.805亿m^3,支流1.925亿m^3。

四、黄河下游河道冲淤演变

(一)冲淤量及其分布

2010年黄河下游白鹤—利津河段主槽共冲刷1.061亿m^3,其中非汛期和汛期分别冲刷0.191亿m^3和0.870亿m^3。非汛期大体具有"上冲下淤"的特点,但冲淤的绝对值不大,汛期下游河道均为冲刷,全年冲刷量集中在夹河滩以上河段,冲刷量占全下游的54%,孙口—艾山河段冲刷较少(见表1-8)。

(二)同流量水位变化

分析2010年第三场(末场)与第一场调水调沙洪水涨水期的同流量水位变化(见图1-14)可以看出,第三场洪水,除利津断面同流量水位有所抬升外,其余各站同流量水位均有不同程度下降,花园口断面下降值相对较小。同流量水位变化也反映了下游河道排洪能力的变化,表明黄河下游除利津的排洪能力变化不明显或有所降低外,其余河段的排洪能力是增大的。

表 1-8 2010 年主槽断面法冲淤量计算成果 （单位：亿 m^3）

河段	2009-10～2010-04	2010-04～2010-10	2009-10～2010-10	占全下游(%)
白鹤—花园口	-0.055	-0.229	-0.284	27
花园口—夹河滩	-0.120	-0.170	-0.290	27
夹河滩—高村	-0.078	-0.043	-0.121	11
高村—孙口	0.036	-0.163	-0.127	12
孙口—艾山	-0.033	-0.011	-0.044	4
艾山—泺口	0.016	-0.117	-0.101	10
泺口—利津	0.043	-0.137	-0.094	9
白鹤—利津	-0.191	-0.870	-1.061	100
占全年(%)	18	82	100	

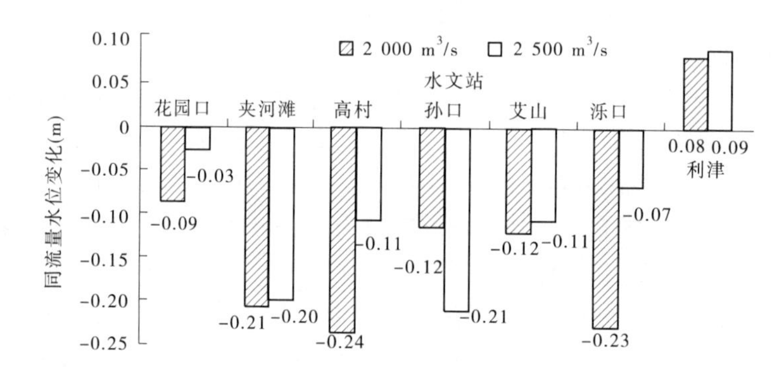

图 1-14 2010 年末场洪水和首场相比同流量水位变化

(三)平滩流量变化

2010 年下游河道经历了总水量近 100 亿 m^3 三场洪水的冲刷，泺口以上河段的平滩流量均有不同程度的增加，其中花园口、夹河滩分别增加了 300 m^3/s、200 m^3/s，高村、孙口、艾山、泺口均增加 100 m^3/s，利津断面未变；2010 年汛后花园口、夹河滩、高村、泺口、利津断面的平滩流量已经分别达到 6 800 m^3/s、6 200 m^3/s、5 400 m^3/s、4 300 m^3/s、4 400 m^3/s，孙口和艾山的平滩流量最小，也达到 4 100 m^3/s，这是小浪底水库运用以来，黄河下游河道的平滩流量首次全面超过 4 000 m^3/s。

(四)调水调沙期冲淤变化

1. 汛前(第一次)调水调沙

汛前调水调沙分调水阶段和调沙阶段(见表 1-9)。

调水阶段为 6 月 19 日 8 时至 7 月 4 日 8 时，小浪底水库持续下泄清水，6 月 29 日 20 时小浪底站出现最大流量 4 030 m^3/s，花园口站最大流量 3 960 m^3/s。总体表现为洪峰流量沿程减小，到利津站最大流量为 3 600 m^3/s。

调沙阶段，从 7 月 3 日 8 时至 7 月 7 日 24 时，人工塑造异重流排沙出库，小浪底站最大流量3 660 m^3/s,最大含沙量303 kg/m^3。受高含沙洪水和河道条件的共同影响,花园口站最大流量增至6 600 m^3/s,最大含沙量153 kg/m^3,花园口最大流量较小浪底、黑石关、武陟三站相应合成流量3 640 m^3/s增大2 960 m^3/s,增幅达81%,为“96·8”洪水之后出现的最大流量。

表1-9　2010年第一次调水调沙期间黄河下游洪水特征

水文站	第一阶段			第二阶段			
	最大流量(m^3/s)	发生时间(月-日T时)	对应水位(m)	最大流量(m^3/s)	发生时间(月-日T时)	对应水位(m)	最大含沙量(kg/m^3)
小浪底	4 030	06-29T20	136.96	3 660*	07-04T17	136.63	303
西霞院	4 250	06-21T18	121.73	3 550	07-05T18	121.31	277
花园口	3 960	06-24T04	92.36	6 600	07-05T12	93.16	153
夹河滩	4 190	06-28T10	75.67	5 350	07-06T02	75.98	107
高村	3 800	07-01T09	62.09	4 700	07-06T12	62.42	100
孙口	3 830	07-02T08	48.39	4 510	07-07T00	48.62	84.6
艾山	4 030	07-03T04	41.50	4 400	07-07T05	41.68	88
泺口	3 960	07-03T16	30.77	4 260	07-07T16	30.83	85.6
利津	3 600	07-04T04	13.25	3 900	07-08T07	13.18	69.7

注:*汛前调水调沙第二阶段期间,黑石关流量不超过90 m^3/s,武陟流量0.17 m^3/s。

6月20日至7月8日,花园口站总水量52.80亿m^3,入海水量46.43亿m^3,入海沙量0.687 1亿t。考虑其间沿程引水引沙,小浪底至利津河段共冲刷0.208 2亿t(见表1-10)。

表1-10　第一场调水调沙洪水在下游河道冲淤量统计

水文站	开始时间(月-日T时)	结束时间(月-日T时)	水量(亿m^3)	输沙量(亿t)	断面间引沙量(亿t)	断面间冲淤量(亿t)
小浪底	06-19T08	07-08T02	52.76	0.558 8		
黑石关	06-19T08	07-08T02	1.35			
武陟	06-19T08	07-08T02	0.003			
花园口	06-20T00	07-08T20	52.80	0.518 6	0.014 2	0.026 0
夹河滩	06-20T08	07-09T08	53.76	0.550 0	0.007 9	-0.039 3
高村	06-20T22	07-10T08	49.68	0.532 1	0.013 8	0.004 1
孙口	06-21T02	07-10T20	48.03	0.566 5	0.019 1	-0.053 5
艾山	06-21T08	07-12T08	48.21	0.609 0	0.008 2	-0.050 7
泺口	06-22T00	07-13T08	50.00	0.681 8	0.006 5	-0.079 3
利津	06-22T20	07-14T08	46.43	0.687 1	0.010 2	-0.015 5
合计					0.079 9	-0.208 2

2. 第二次调水调沙

7 月 22 ~ 25 日黄河流域泾河、渭河、北洛河、伊洛河均发生强降雨过程,泾河、渭河、伊洛河各支流相继涨水。7 月 24 日至 8 月 3 日,按照调控花园口流量 2 600 ~ 3 000 m^3/s 过程,实施了第二次调水调沙。此次洪水小浪底最大流量 2 290 m^3/s,水库异重流排沙 0.258 亿 t,最大含沙量 148 kg/m^3。其间伊洛河发生了一场洪水,小花间共加水 7 亿 m^3,进入下游的水量为 22.1 亿 m^3(见表 1-11,表中西黑武指西霞院、黑石关、武陟三站之和,下同)。洪水期西霞院水库淤积 0.097 亿 t,西霞院—利津共冲刷泥沙 0.170 亿 t。从冲刷量沿程分布看,花园口—夹河滩接近冲淤平衡,夹河滩以下各河段均发生冲刷。

表 1-11　第二场调水调沙洪水特征及下游河道冲淤量

水文站或河段	洪峰流量(m^3/s)	最大含沙量(kg/m^3)	水量(亿 m^3)	沙量(亿 t)	平均流量(m^3/s)	平均含沙量(kg/m^3)	河段冲淤量(亿 t)
小浪底	2 290	148.0	15.6	0.258	1 387	16.54	
西霞院	2 300	62.5	15.1	0.161	1 348	10.63	0.097
西黑武			22.1	0.171	1 967	7.73	
花园口	3 100	24.7	22.2	0.217	1 980	9.76	-0.046
夹河滩	3 080	19.5	22.8	0.217	2 034	9.49	0
高村	2 810	21.9	21.8	0.257	1 943	11.80	-0.051
孙口	2 890	25.8	21.8	0.267	1 937	12.25	-0.010
艾山	2 850	24.1	21.7	0.292	1 932	13.46	-0.028
泺口	2 950	27.1	22.2	0.299	1 977	13.48	-0.007
利津	2 880	26.0	21.1	0.313	1 878	14.84	-0.028
西霞院—利津							-0.170

3. 第三次调水调沙

8 月 8 ~ 14 日,黄河流域山陕区间、泾河、渭河、北洛河、黄河下游再次出现一次降雨过程,黄河中游出现了一次多个洪峰的洪水过程。根据来水来沙过程,8 月 10 日至 21 日实施了第三次调水调沙。其间小浪底站最大流量 3 090 m^3/s,最大含沙量 95.5 kg/m^3,小浪底水库异重流排沙 0.508 亿 t(见表 1-12)。西霞院水库淤积 0.215 亿 t,西霞院—利津共冲刷 0.134 亿 t,除艾山—泺口河段微淤外,其他河段均发生冲刷。

五、典型情况

(一)郑州枣树沟工程上游嫩滩漫滩

汛前调水调沙期间,枣树沟控导工程(位于花园口上游 32 km 处)27 垛上首 200 m 处、罗村坡与槽沟大断面之间约 2.5 km 长的河段嫩滩上水,淹没面积约 100 hm^2,见图 1-15和图 1-16。上水部分为整治工程控导范围内主河槽,属于行洪河道。

表 1-12　第三场调水调沙洪水特征及下游河道冲淤量

水文站或河段	洪峰流量（m^3/s）	最大含沙量（kg/m^3）	水量（亿 m^3）	沙量（亿 t）	平均流量（m^3/s）	平均含沙量（kg/m^3）	河段冲淤量（亿 t）
小浪底	3 090	95.5	20.1	0.508	1 941	25.21	
西霞院	2 650	47.2	20.4	0.292	1 966	14.34	0.215
西黑武			22.1	0.292	2 129	13.25	
花园口	3 060	23.1	22.5	0.312	2 175	13.85	-0.020
夹河滩	3 140	21.5	23.6	0.346	2 277	14.64	-0.033
高村	3 020	21.7	22.4	0.346	2 161	15.46	-0.017
孙口	2 970	21.8	23.1	0.351	2 230	15.19	-0.005
艾山	2 870	22.3	23.1	0.387	2 224	16.77	-0.038
泺口	2 980	22.9	22.9	0.372	2 208	16.26	0.012
利津	2 890	24.4	23.4	0.405	2 256	17.32	-0.033
西霞院—利津							-0.134

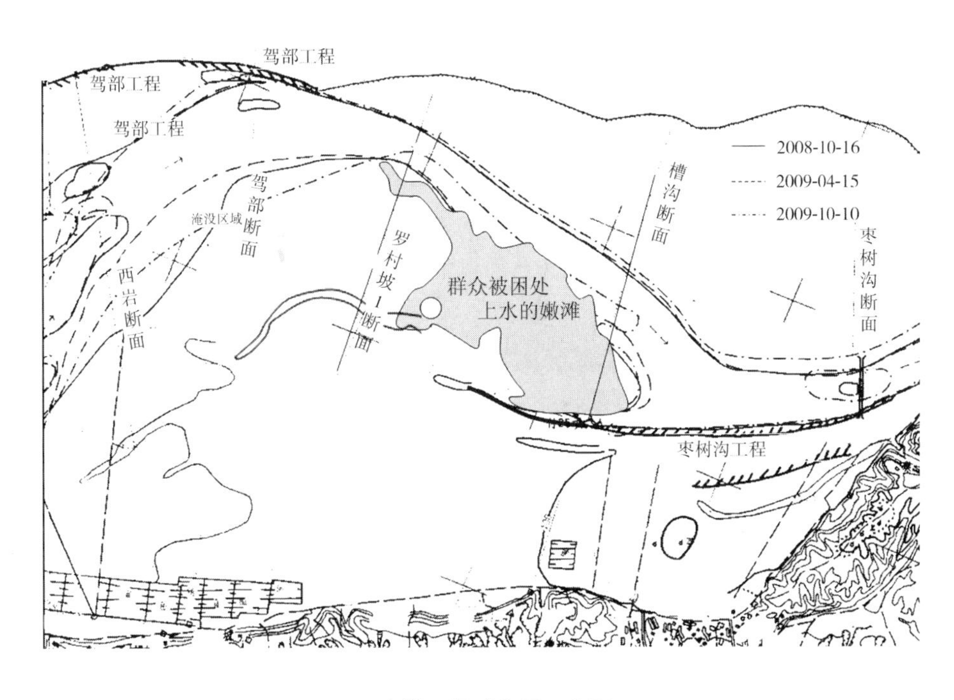

图 1-15　漫滩位置示意图

造成此处嫩滩漫滩的主要原因，是小花间发生洪峰增值的流量大于该处深槽的平滩流量。根据西霞院水文站和花园口水文站的流量过程、漫滩处与水文站的相对距离，结合对嫩滩上水和退水时间的调研，推算出漫滩处深槽的平滩流量为 4 570 m^3/s。

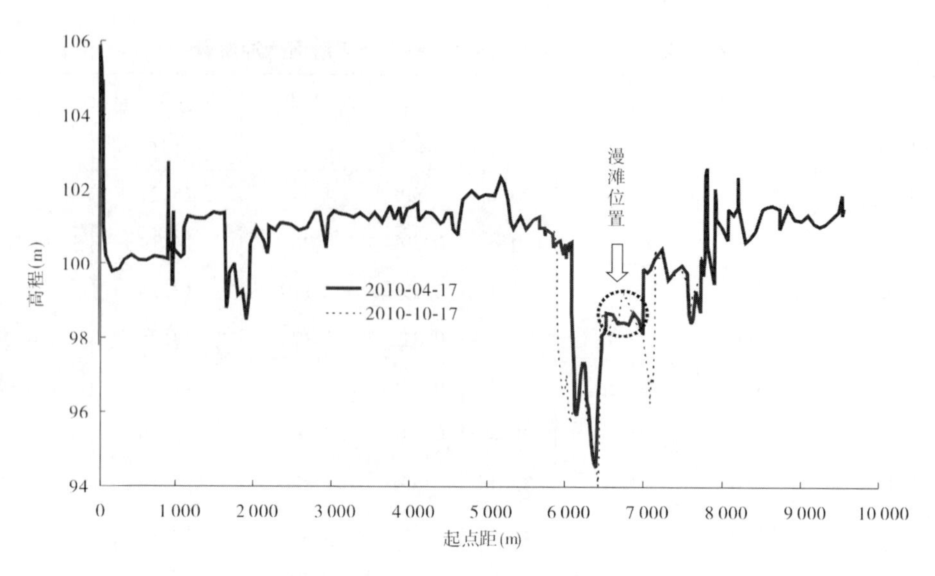

图 1-16　槽沟河道大断面

(二)小花间洪峰增值较大

6 月 30 日 8 时汛前调水调沙开始进入流量减小的落水阶段,至 7 月 7 日,小浪底站的流量减小到约 1 300 m^3/s。在落水阶段的 7 月 4 日 12 时,水库开始排沙,随后,含沙量不断增大,7 月 4 日 19 时小浪底站出现 303 kg/m^3 的第一个沙峰(见图 1-17),7 月 5 日降低到 37.4 kg/m^3 之后,7 月 5 日 19 时出现第二个沙峰 208 kg/m^3。

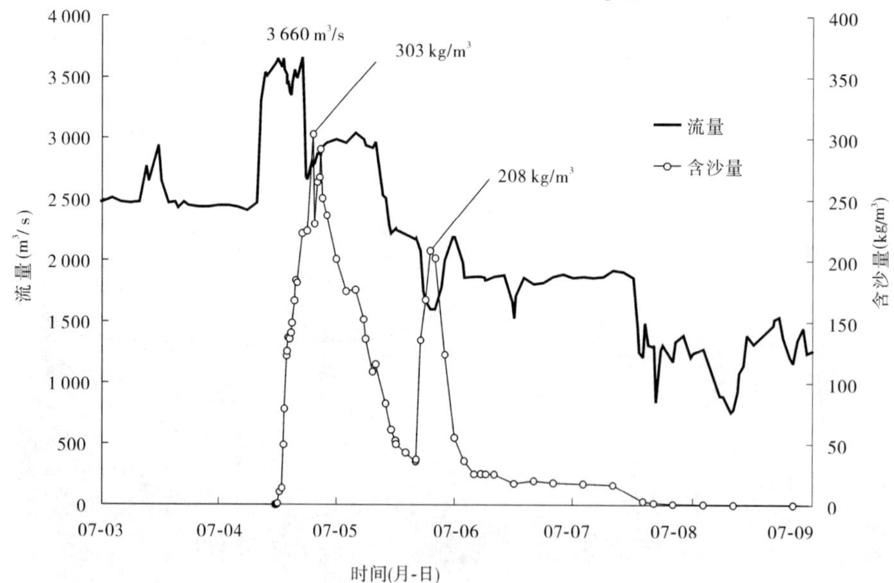

图 1-17　2010 年汛前调水调沙落水期小浪底站流量、含沙量过程线

这场洪水演进到花园口时,洪峰流量达到 6 600 m^3/s(见图 1-18)。与 2004～2007 年 4 次洪峰增加现象相比,“10·7”(“10”指 2010 年,省略了年份前 2 位,后同)洪水的峰型最为尖瘦,洪峰增值的幅度最大,流量涨幅也最大。

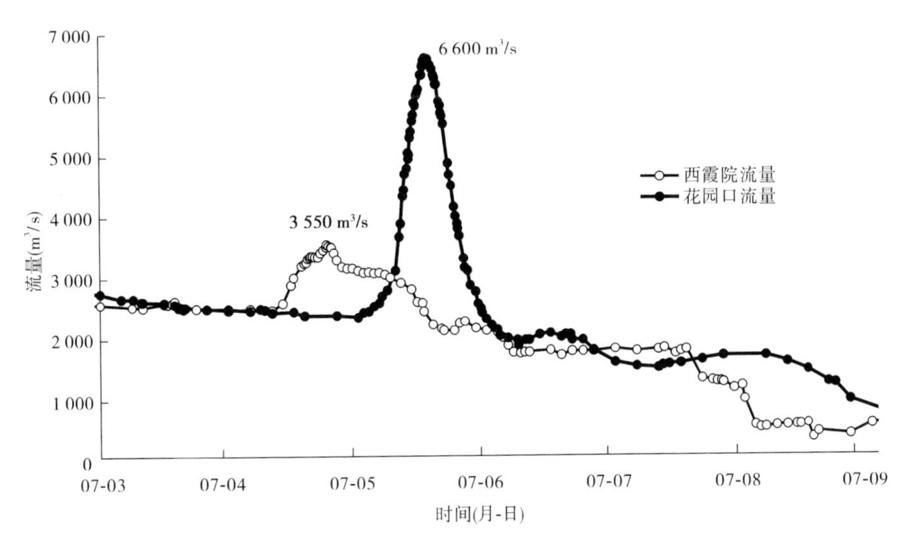

图 1-18　西霞院和花园口站流量过程线

(三)小浪底水库支流畛水河倒灌情况

随着库区泥沙淤积发展,三角洲洲面不断抬高,三角洲顶点向坝前推进,异重流潜入点也不断向下游移动,至 2010 年汛后,潜入点已由 2000 年 11 月的 HH40 断面(距坝 69.39 km)下移至 HH11、HH12 断面和畛水河口之间。与此同时,支流畛水河淤积形式由异重流倒灌淤积转化为明流淤积,纵剖面淤积形态由正坡转变为倒坡。图 1-19、图 1-20 为小浪底水库运用以来历年汛后支流畛水河纵、横剖面套绘,可以看出,由于 2010 年汛期三角洲顶点已推移到畛水沟口,畛水沟口对应干流滩面迅速抬升,此时干流滩面高程达到 215 m,畛水沟口断面也大幅度抬升,河底平均高程为 213.6 m,而在畛水河(ZS04 断面)还不到 206.9 m,因此在沟口形成明显的拦门沙坎,高约 7 m。

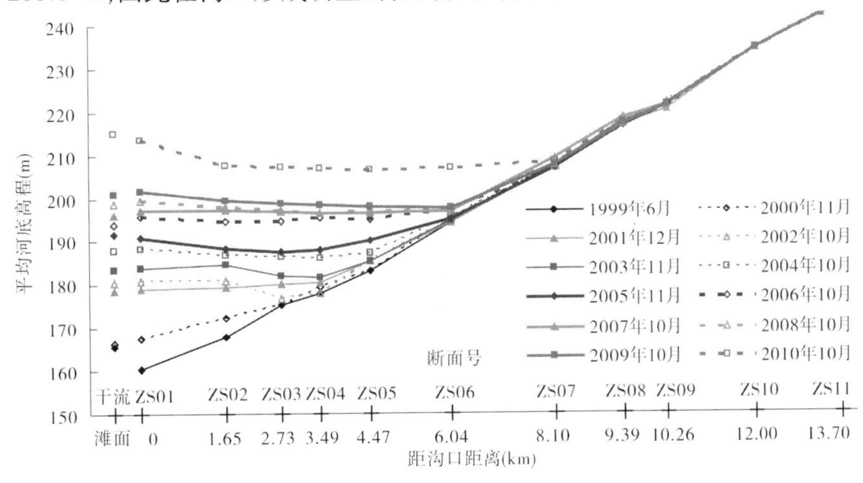

图 1-19　畛水河历年汛后纵剖面(平均河底高程)

支流拦门沙坎阻止干支流水沙交换,而拦门沙坎的不稳定性使得支流蓄水状况具有不确定性。非汛期或水库防洪运用时库水位较高,水流漫过拦门沙注入支流。库水位下降后,若干支流水位差不足以影响拦门沙的稳定,或是拦门沙不被完全冲开时,支流形成与干流隔绝的水域，会影响水库防洪效益。针对这种现象，有必要开展畛水河拦门沙坎的预防治理研究，以提出支流的综合利用措施。

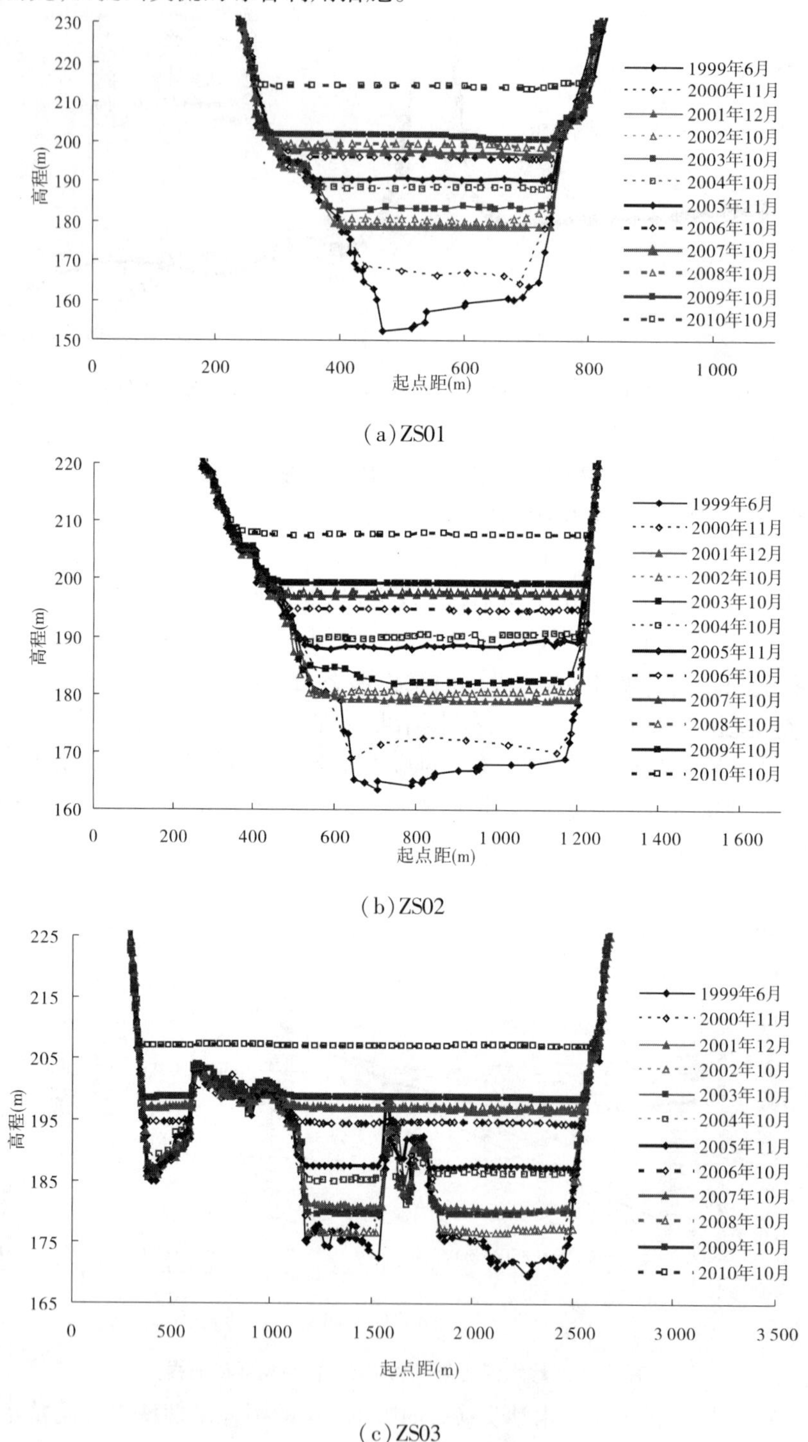

(a)ZS01

(b)ZS02

(c)ZS03

图1-20　畛水河历年汛后横断面套绘

六、小结

（1）2010 年黄河流域汛期（7～10 月）中下游降雨偏多，其中山陕区间、汾河、沁河、小花干流、大汶河接近常年；上游降雨偏少。全年没有大的洪水过程，仅中下游局部区域出现较大洪水，总体仍然为枯水少沙年。年水量除伊洛河偏多 19% 外，其余均有不同程度的偏少；年沙量偏少显著，多在 80% 以上。潼关年水沙量分别为 258.93 亿 m^3 和 2.283 亿 t，华县年沙量 1.470 亿 t，占潼关年沙量的 64%，大于多年平均的 30%，渭河来沙构成了黄河下游来沙的主体。

（2）干流骨干水库对洪水径流的调节作用明显。龙羊峡汛期蓄水量达到 23.00 亿 m^3；小浪底、万家寨和三门峡水库联合调度人工塑造异重流，减少了库区淤积；万家寨、三门峡水库联合调控，优化桃汛洪水过程；水库调蓄确保了干流河道不断流，但同时改变了水量的年内分配，汛期占年比例减小。

（3）2010 年流域来水量与长系列相比总体偏枯；潼关水量 258.93 亿 m^3，是 1997 年以来最大值；沙量 2.283 亿 t，仍然偏少；最大洪峰流量 3 320 m^3/s，其中 2 500 m^3/s 以上的洪峰出现 4 次。三门峡水库累计敞泄 17 d，年内潼关以下冲刷 0.272 亿 m^3，小北干流河段冲刷 0.070 亿 m^3；潼关高程下降 0.07 m，基本保持相对稳定。

（4）2010 年小浪底水库全库区淤积量为 2.394 亿 m^3，其中支流占 51.7%。汛期三角洲顶坡段冲刷调整形成的 2011 年汛前地形条件不利于达到较高的异重流排沙效果。受洪水过程、地形条件和水库运用的影响，小浪底水库库区三角洲顶点向坝前推进，顶点高程降低，造成支流畛水河淤积增加，出现高约 7 m 的拦门沙坎。支流拦门沙坎的存在影响了干支流水沙交换。针对这种现象，建议开展畛水河拦门沙坎的预防和治理研究，以采取必要措施，达到综合利用支流库容的目的。

（5）2010 年小浪底水库进行了 3 次异重流排沙，其中汛前调水调沙期间，三门峡水库下泄沙量为 0.418 亿 t，小浪底水库出库沙量 0.553 亿 t，排沙比达到 132.3%。全年入库沙量为 3.511 亿 t，出库沙量 1.361 亿 t，总排沙比 38.8%。

（6）2010 年黄河下游河道主槽冲刷 1.061 亿 m^3，其中非汛期、汛期分别冲刷 0.191 亿 m^3 和 0.870 亿 m^3，沿程冲刷量具有“上大下小”的特点。三次调水调沙黄河下游西霞院—利津河段共冲刷 0.512 2 亿 t，同流量水位变化除利津断面略有抬升外，其他水文断面均降低。汛后最小平滩流量达到 4 100 m^3/s，出现在孙口—艾山河段。

（7）汛前调水调沙期间小浪底到花园口之间洪峰增值较大，增幅 81%。建议加强花园口以上洪水沿程变化的原型观测，研究洪峰沿程的增加过程、变化河段及成因，为防洪及滩区群众安全提供决策依据。

（8）2010 年调水调沙期间，枣树沟工程上首河槽嫩滩发生漫滩，淹没面积约 100 hm^2。

第二章　小浪底水库运用以来黄河河情分析及启示

黄河已不是完全的天然河流，而是一条人类活动影响极大的河流，正确认识黄河的过去、现在和今后的发展情势，对开发治理黄河是十分必要的。经过多年的研究及跟踪分析，对黄河河情进行综合分析，对于深化认识黄河的新特点、新规律是很有必要的。

一、黄河水沙变化的特点及其主要原因

（一）变化特点

1. 降雨、天然径流量、实测水量、实测沙量均减少

将潼关站作为流域来水来沙（见表 2-1）的控制断面，可以看出 2000～2010 年（以下称近 11 a，指日历年）平均实测水沙分别为 215.14 亿 m^3 和 3.085 亿 t，与 1956～1985 年相比分别减少 47% 和 77%，与 1986～1999 年相比分别减少 18% 和 60%。

表 2-1　流域水沙量对比

项目		唐乃亥	唐乃亥—兰州	兰州—头道拐	头道拐—龙门	龙门—潼关	潼关
实测水量（亿 m^3）	1956～1999 年①	204.92	109.39	-90.43	51.57	86.25	361.69
	1956～1985 年②	213.10	122.71	-84.87	56.42	100.45	407.82
	1986～1999 年③	187.37	80.84	-102.35	41.19	55.81	262.85
	2000～2010 年④	176.51	95.24	-120.97	23.03	41.33	215.14
	④与②变化幅度（%）	-17	-22	43	-59	-59	-47
	④与③变化幅度（%）	-6	18	18	-44	-26	-18
实测沙量（亿 t）	1956～1999 年①	0.131	0.590	0.405	6.886	3.691	11.702
	1956～1985 年②	0.130	0.689	0.614	7.940	4.165	13.538
	1986～1999 年③	0.132	0.378	-0.044	4.629	2.673	7.768
	2000～2010 年④	0.082	0.086	0.247	1.295	1.375	3.085
	④与②变化幅度（%）	-37	-88	-60	-84	-67	-77
	④与③变化幅度（%）	-38	-77	-660	-72	-49	-60

注：河龙区间没有考虑万家寨水库蓄水拦沙。

干流主要控制站近 11 a 降雨减少幅度小于天然径流量减少幅度，天然径流量减少幅度小于实测径流量减少幅度，实测径流量减少幅度小于实测沙量减少幅度（见表 2-2）。特别指出的是近几年沙量锐减，龙门站的年沙量 2008 年和 2009 年分别为 0.778 亿 t 和 0.568 亿 t，潼关站 2008 年和 2009 年分别 1.298 亿 t 和 1.115 亿 t，均是历史最低值。但 1986 年以来潼关站年沙量超过 10 亿 t 的有 3 a。除 2003 年为 6.177 亿 t 外，2000～2010 年期间其他年份均小于 5 亿 t（见图 2-1）。

表 2-2　流域年平均降雨、水沙量对比

时期	三门峡以上降雨(mm)	三门峡天然径流量(亿 m^3)	三门峡实测径流量(亿 m^3)	潼关实测沙量(亿 t)
1956～1999 年①	440.0	508.48	362.19	11.702
1986～1999 年②	417.5	437.19	259.06	7.768
2000～2010 年③	426.5	376.89	200.40	3.085
③与①变化幅度(%)	-3	-26	-45	-74
③与②变化幅度(%)	2	-14	-23	-60

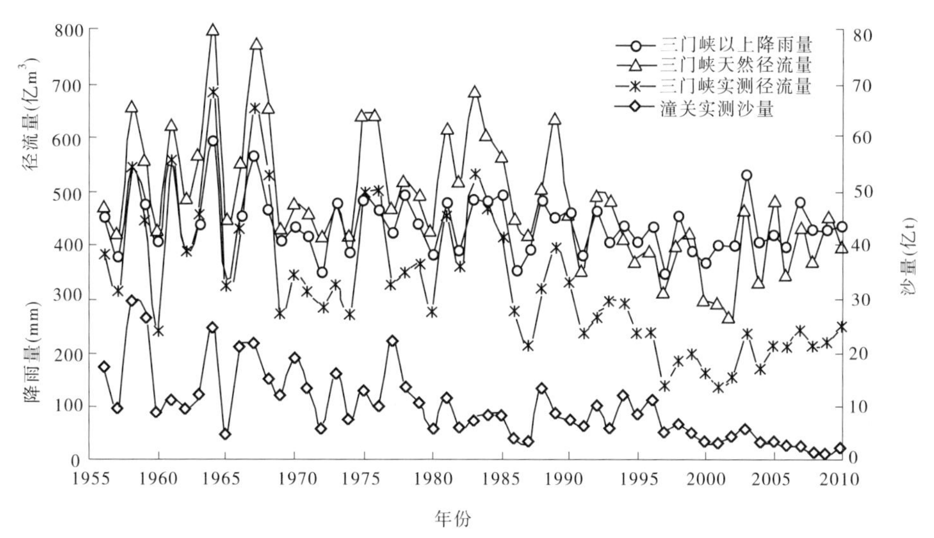

图 2-1　潼关站(或三门峡站)降雨量、天然径流量、实测径流量、实测沙量过程线

河龙区间(现指头道拐至龙门区间)是黄河粗沙的主要来源区,多年平均来水来沙量分别占潼关的 14% 和 60%。近 11 a 平均水沙量分别为 23.03 亿 m^3 和 1.295 亿 t,较多年(指 1956～1999 年)均值分别偏少 55% 和 81%,较 1986～1999 年均值分别减少 44% 和 72%,年沙量分别占潼关的 11% 和 41%。特别是近 11 a 中 2005～2010 连续 6 a 沙量不足 1 亿 t(见图 2-2)。

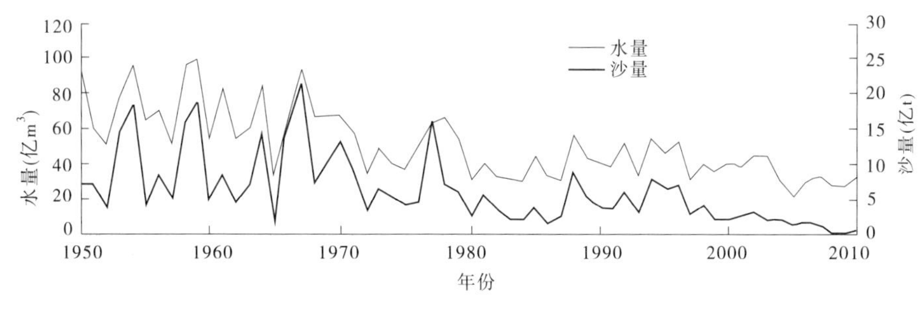

图 2-2　河龙区间实测水量和实测沙量过程线

渭河华县站多年平均水沙量分别占潼关水沙量的20%和31%，2000～2010年平均来沙量1.38亿t，虽然较多年均值偏少62%，较1986～1999年均值偏少49%，但在潼关的来沙量中占44%，比多年平均明显增加，特别是2008～2010年，比例超过45%，如2010年占潼关比例达到65%（见图2-3），渭河来沙已构成黄河中下游来沙的主体。

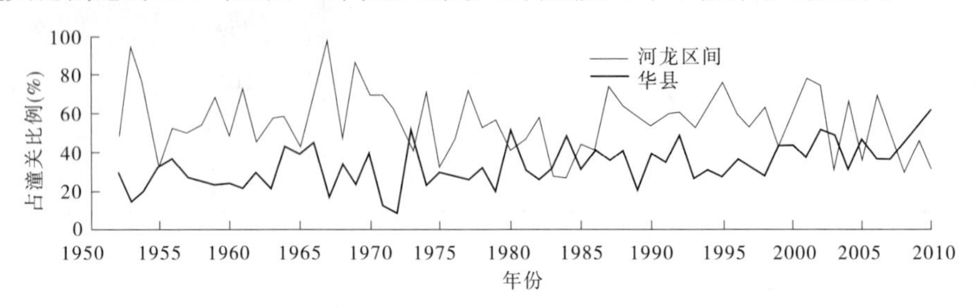

图2-3 不同区域占潼关实测沙量比例过程线

2. 水量年内分配发生变化

自1986年以来水量年内分配发生变化。除龙羊峡水库上游控制站外，干流站7～10月水量占全年比例由天然情况下的60%左右降低到40%左右（见表2-3）。

表2-3 不同时期汛期水量占年水量比例变化 （%）

时期	兰州	河口镇	龙门	潼关
1950～1968年	61	62	60	60
1969～1999年	43	40	43	46
2000～2010年	41	37	39	44

3. 洪峰流量减小，流量过程变化更大，大部分泥沙靠小流量输送

潼关站1950年以来，1977年出现最大洪峰流量15 000 m^3/s，1954年次大洪峰为13 400 m^3/s，2000～2010年最大洪峰流量均小于5 000 m^3/s（见图2-4）。2000～2010年不同流量级年均出现的天数，总的趋势表现为大流量天数及水、沙量越来越少，小流量越来越多。以潼关站为例，汛期日均流量2 000 m^3/s以上的天数、水量、沙量仅分别占到全流量的5%、15%和27%，可见近期水沙量更集中于中小流量过程输送（见图2-5）。

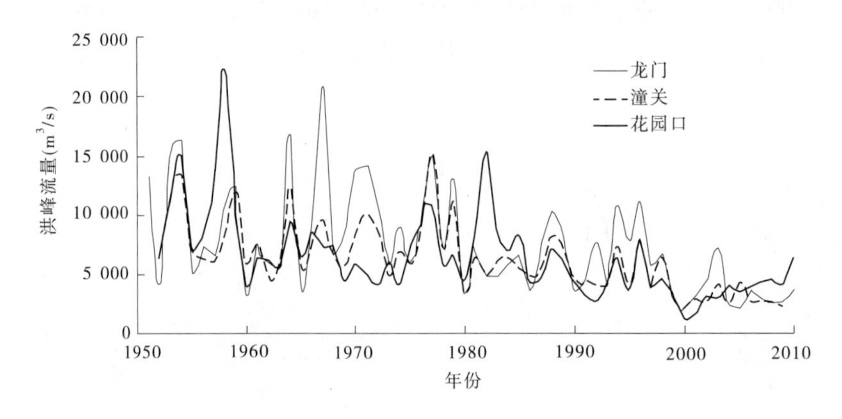

图2-4 龙门、潼关和花园口最大洪峰流量过程

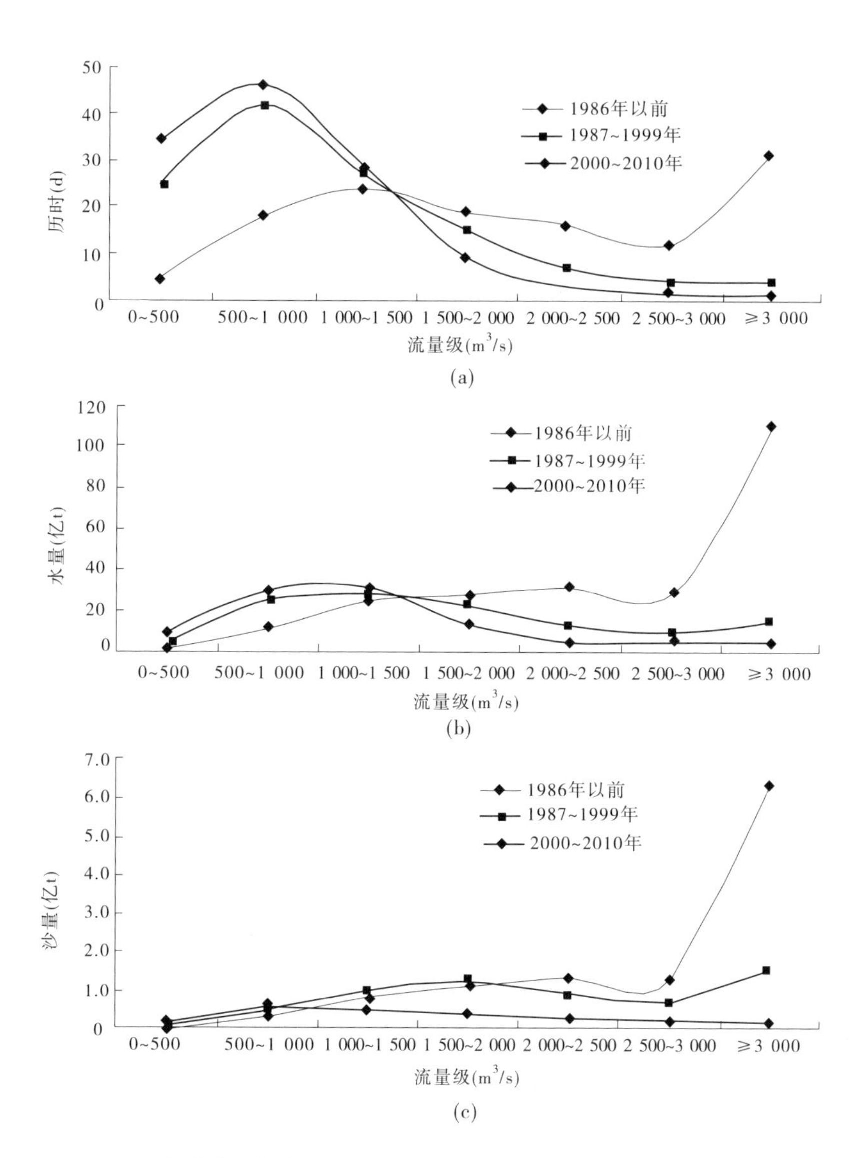

图 2-5　潼关站汛期不同流量级天数、水量及输沙量变化

(二)近期水沙量锐减的主要原因

1. 降雨量减少不多,主要缺少强降雨过程

黄河流域 2000 ~ 2010 年平均降雨量为 437.43 mm,与 1956 ~ 1999 年相比,总体降雨量减少不多,主要原因是缺少强降雨过程,但从典型支流不同降雨量级出现天数看(见表 2-4),黄河泥沙主要来源区的强降雨天数减少,汛期大于 50 mm 的降雨天数大都没有,而小于 5 mm 的降雨天数都在增加。

主要来沙区河龙区间,主汛期降雨径流在 1990 ~ 1999 年降低基础上,2000 年以来总体上又有所降低,尤其 2007 ~ 2010 年区间径流量偏少幅度更大(见图 2-6),水量减少导致沙量减少更多(见图 2-7)。

表 2-4　黄河中游典型支流不同降雨强度天数变化　（单位:d）

雨量级(mm)	1999 年以前出现天数						2000 ~ 2006 年出现天数					
	窟野河	孤山川	渭河	皇甫川	秃尾河	泾河	窟野河	孤山川	渭河	皇甫川	秃尾河	泾河
<5	107.4	109.7	104.2	115.1	115.1	113.6	112	116.1	106.4	118	116	114.9
5 ~ 50	15.2	12.7	18.7	7.5	7.5	8.7	11	6.9	16.6	5	7	8
>50	0.4	0.6	0.1	0.4	0.4	0.7	0	0	0	0	0	0.1

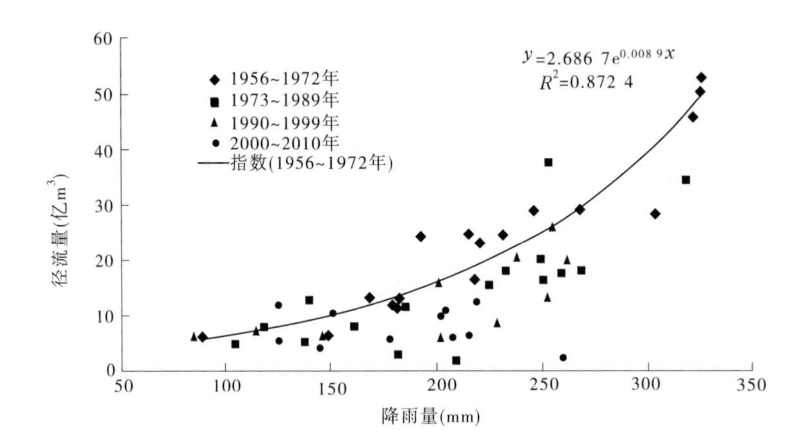

图 2-6　黄河流域河龙区间主汛期径流量与降雨量之间的关系

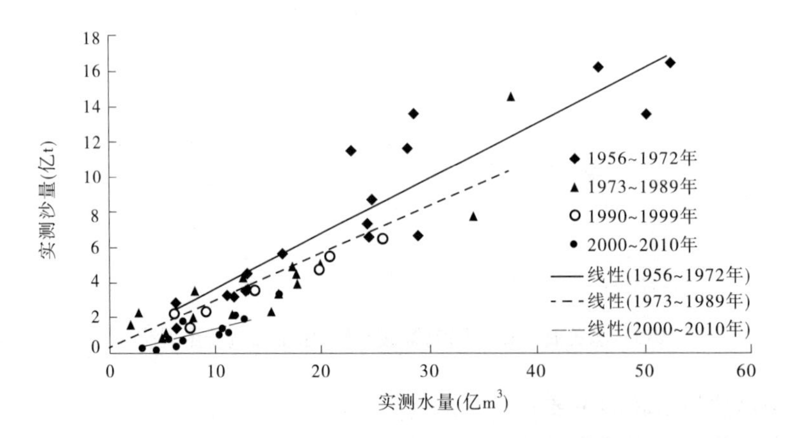

图 2-7　黄河流域河龙区间主汛期沙量与水量之间的关系

2. 流域水资源利用达到较高水平，减少了黄河水量

水资源开发利用为流域经济发展作出贡献的同时，减少了河道水量。地表水耗水量（农业灌溉、工业用水、城市生活和农业用水）增加（见图 2-8），由 1969 年前的年均 177.5 亿 m^3 增至 2000 ~ 2010 年的年均 279.2 亿 m^3。但上、中、下游增加不均，上游由 93.0 亿 m^3 增加到 128.5 亿 m^3，中游由 49.5 亿 m^3 增加到 59.6 亿 m^3，下游由 35.0 亿 m^3 增加到 93.2 亿 m^3，可以看出，上下游增加较多。耗水量快速增加主要在 20 世纪 80 年代以前，近 30 年来增加相对平缓。

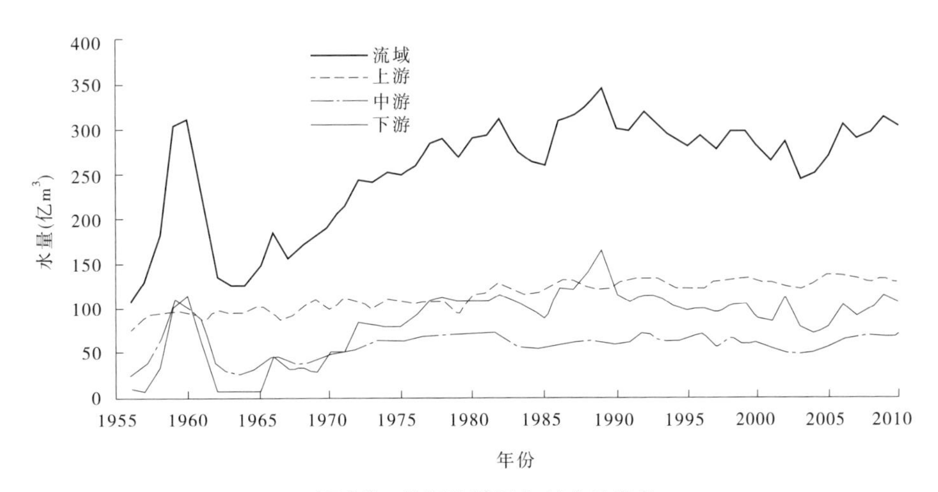

图 2-8　黄河流域历年耗水量变化

3. 上游干流主要水库的调节改变了流量过程

干流龙羊峡、刘家峡水库汛期蓄水、非汛期泄水，改变了水量的年内分配和削减了洪峰流量、调平了流量过程，龙羊峡水库削峰率平均为45%，最大达79%，龙刘两库的调节能力较大(见图2-9)，如2005年河源区来水偏丰，经龙羊峡水库蓄水后出库日均流量基本上在800 m^3/s以下(见图2-10)，全年过程非常平稳。头道拐1986年以前经常出现流量大于3 000 m^3/s，而2000年后均小于2 500 m^3/s(见图2-11)。在现有的运用方式下，除非出现连续的丰水年份，上游河道汛期难以再出现较大的径流和流量过程，造成头道拐站洪峰流量减小，且出现时间由汛期变为主要在3月凌汛期。

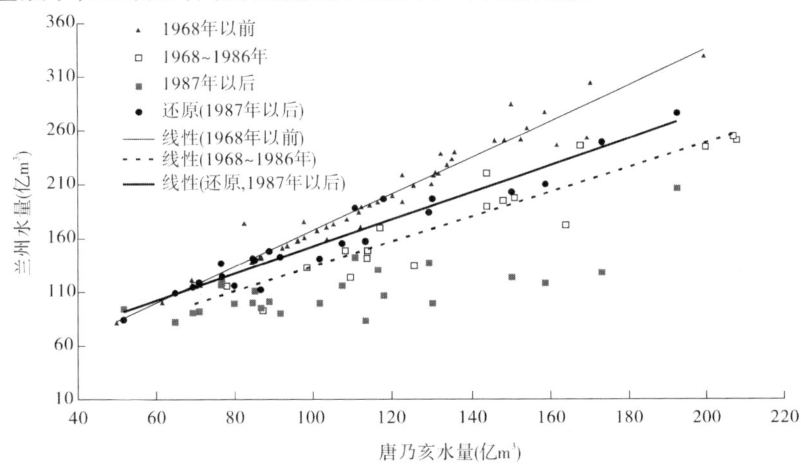

图 2-9　唐乃亥与兰州汛期水量关系

4. 多沙区综合治理显著改变了下垫面条件，近期生态修复起到明显作用

1997年国家开始实施西部大开发战略，2000年以来黄河中游地区水土保持(简称水保)生态工程建设全面展开，生态修复和封禁治理试点工作相继开展；2003年开始全面启动黄土高原地区水土保持淤地坝工程建设。近期黄河流域水保工作以黄河粗泥沙集中来源区和沟道拦沙工程为重点，坚持综合治理与预防监督并重、人工治理与生态自我修复相

图 2-10　2005 年龙羊峡水库进出库流量过程

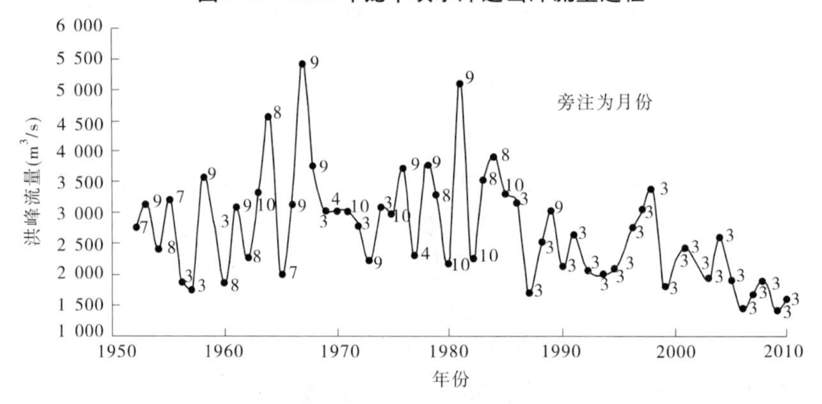

图 2-11　历年头道拐最大洪峰流量过程

结合,黄河流域水保措施初步治理面积累计达到 21 万 km²。截至 2006 年底,黄河中游地区(河龙区间及泾、洛、渭、汾)水保措施(包括梯田、林地、草地、坝地及封禁治理)累计保存面积 1 122.33 万 hm²,其中梯田、林地、草地、坝地、封禁治理保存面积分别为 285.25 万 hm²、595.30 万 hm²、144.00 万 hm²、13.12 万 hm² 和 84.66 万 hm²,治理度达到 39.1%,明显地改变了下垫面条件。利用"水保法"计算得出,1997～2006 年黄河中游水土保持措施年均减水 38.36 亿 m³,年均减沙 4.19 亿 t,分别占该时期年均总减水量 112.12 亿 m³ 的 34.2%、总减沙量 11.8 亿 t 的 35.5%。

在此特别指出,在近 10 a 降雨量小、缺乏强降雨条件下,生态修复起着重要作用。根据对植被恢复较好、近 3 a 几乎无沙入黄的窟野河的分析,对比 1987～2009 年间的 7 期 TM 影像,各年度植被覆盖度分级情况见图 2-12,可以看出,1987～2000 年,该流域植被覆盖度处于相对持续较低阶段,2000 年植被覆盖情况最差,小于 10% 植被覆盖度的低覆盖面积达到流域总面积的 76.5%;自 2006 年以后,流域内植被进入快速恢复期,植被覆盖度为30%～50% 的面积成倍提高,特别是植被覆盖度在 70% 以上的面积从几乎没有增加到目前的 3.9%,说明生态修复成果得到进一步的巩固,生态环境逐步向良性方向发展。

有些典型小流域生态修复较好,致使洪水泥沙不出沟。据张胜利教授分析(见表 2-5),吴起县金佛坪小流域涉及 2 个村 946 人,总面积 25 km²,1998 年前耕地 10 800 亩(1 亩 =1/15 hm²,全书同),荒地 19 500 亩,林地 2 900 亩,人工牧草 1 800 亩。后整体封

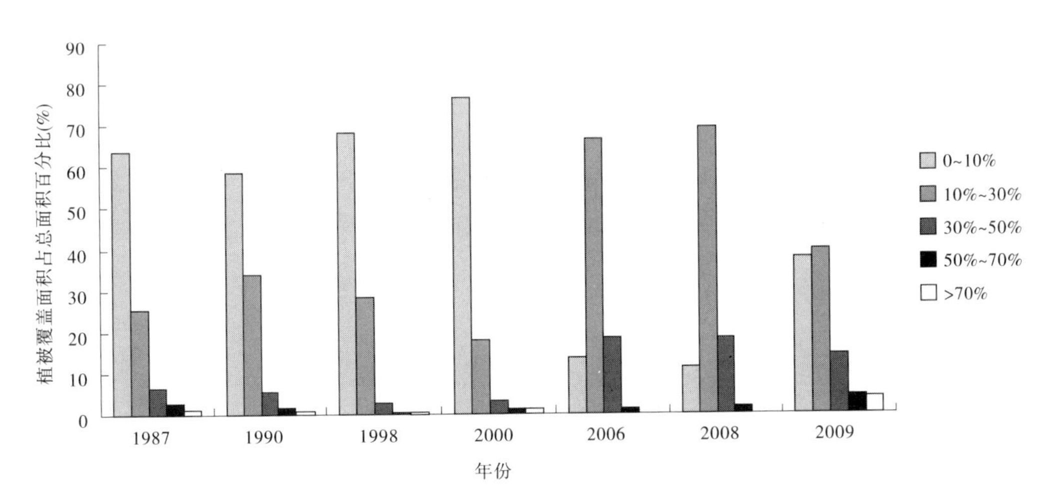

图 2-12　窟野河流域植被覆盖度变化

禁又实施了退耕政策，现林地26 400亩，人工草地 7 800 亩，封育 4 500 亩，全流域未保留耕地，林草覆盖度由 1997 年的 38% 提高到现在的 69%。又如吴起县杨青小流域，有 8 个村 2 725 人，总面积 80 km^2，1998 年前耕地 41 700 亩，林地 21 100 亩，人工草地 9 700 亩，1998 年后封育、退耕，现有林地 67 300 亩，人工牧草 30 400 亩，耕地 6 800 亩，林草覆盖度由 1997 年的 34% 提高到 66%。根据黄河中游地区 1960 ~ 1984 年森林覆盖度与径流泥沙特征值关系，可以估算林草覆盖度与减水减沙的关系，即林草覆盖度提高 1%，减水率提高0. 5%，减沙率提高 4. 3%。由此可见，最近 10 a 在降雨量减少不多但暴雨缺乏的特定条件下，生态修复起到了重要作用。当然，这种减水减沙作用是在小流域上取得的，在大面积上可能会小一些，但生态修复的减水减沙作用不能忽视。

表 2-5　典型小流域生态修复效果变化

地类	金佛坪		杨青	
	1998 年以前	2006 年	1998 年以前	2006 年
耕地面积(亩)	10 800	未保留耕地	41 700	6 800
荒地(封育)面积(亩)	19 500	4 500		7 500
林地面积(亩)	2 900	26 400	21 100	67 300
人工牧草面积(亩)	1 800	7 800	9 700	30 400
林草覆盖度(%)	38	69	34	66

(三)水沙变化趋势

(1)基于上述主要原因分析认为，气候变化有一定的周期规律，水沙变化随气候变化而波动，丰枯变化是客观规律。

1725 年以来近 300 a 黄河上中游年降水量变化过程表明，降水量具有明显丰枯交替的周期性变化特点，大体经历了 6 个多雨段和 6 个少雨段，阶段平均长度在 21 ~25 a。因此，近期降雨特点是阶段性的，未来会有所转变。

(2)近期地表水耗水量约 300 亿 m^3，黄河下游来水量维持在 250 亿 ~300 亿 m^3，进入河口地区的水量(利津站)在150亿~200亿m^3。考虑今后城市生活用水、资源开发用水和水土保持生态减水的增加,预估今后下游来水量将维持在200亿~250亿m^3。而最不利的是水量年内分配和流量过程的改变,主要是由于大型水库的调蓄削峰作用引起的,如2000~2010年头道拐和利津汛期水量分别只有55.4亿m^3和78.9亿m^3(见图2-13),流量级也较低,远达不到水资源规划的生态用水和输沙用水的需求。

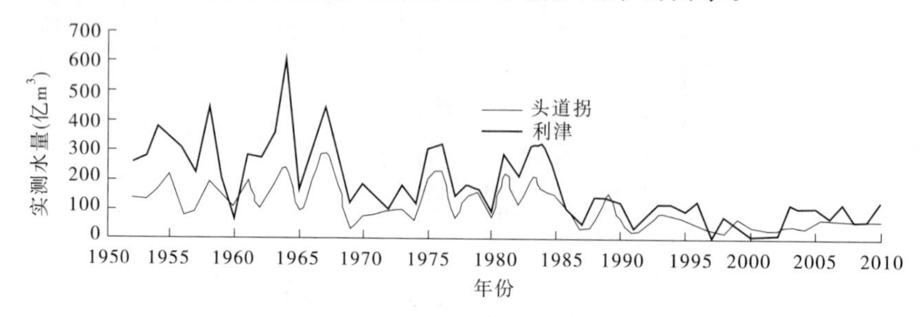

图2-13 头道拐和利津历年汛期水量过程

(3)多年平均来沙量将有所减少,但年际间沙量不均衡性增加。

从近期黄河来沙量实际情况及发生原因来看,由于水利水保综合治理的作用,在一般降雨和小降雨条件下进入黄河的沙量将显著减少。但是,在出现高强度大暴雨时,即使新修坝库标准较高或修有泄洪设施,也可能抵抗不了这种超设计标准的暴雨洪水而发生水毁,增加入黄沙量,如1966~2002年的37 a中,黄河中游发生7次较大暴雨,坝库水毁冲失增加泥沙占入黄沙量的5%~10%。同时生态修复通过改变下垫面状况,在一般降雨条件下起到一定的减水减沙作用,但抵抗大暴雨能力较脆弱,尤其是控制沟道侵蚀局限性较大,如地处子午岭林区的北洛河支流葫芦河在发生大暴雨的1977年产沙量390万t,比20世纪80年代10 a的总沙量377万t还多。另外,在前期低降雨强度时贮存在沟道中的泥沙在有大流量发生时将被冲起,也增加沙量。综合来看,在特大暴雨年份黄河沙量将出现较大值,如1977年陕北三次高强度大面积暴雨,暴雨中心最大日降雨量大于200 mm,其中第二次出现10 h降雨1 400 mm的极值,三次暴雨使河龙区间沙量达15.96亿t;又如1988年、1994年、1996年均发生大暴雨,潼关站年输沙量均大于10亿t。

(4)流域内开发建设项目对水沙情势的影响不容忽视。

近10年来,黄河流域的煤炭、石油、天然气等资源开发利用增长迅速,陕西、山西、内蒙古、甘肃、宁夏、河南六省(区)2009年煤炭产量超过17亿t,占全国总产量的60%左右。能源开发保障了我国的能源安全,支撑了经济社会的快速发展。但煤矿开采等人类活动对水文地质条件有一定影响,可以引起地表地下水资源循环过程发生变化,直接表现为河川径流量减少,地下水存蓄量遭到破坏。根据国家"十一五"科技支撑计划重点项目统计,窟野河流域1997~2006年煤炭资源开采量为5 500万t/a,减少水资源量为2.90亿m^3/a;沁河流域煤矿开采量5 720万t/a,减少地表水资源量平均为2.86亿m^3/a左右。这些能源基地都处于水资源贫乏地区,刚性需求必将导致对当地水循环的进一步破坏,对黄河水资源的影响不能忽视。

二、近11年三门峡水库冲淤演变分析

(一)变化特点

1. 来水来沙和运用特点

2000年以来潼关站水沙量较之前各时段显著减少,2000～2010年较1974～1986年偏少45.4%和68.8%,含沙量明显降低(见表2-6)。汛期水沙量占年的比例仅44.1%和72.3%,较1986年以前显著减少。2000年后洪峰流量普遍较小(见图2-14),2008年洪峰流量最小,仅1 480 m^3/s。

表2-6　潼关站水沙特征统计

时段	水量(亿 m^3)			沙量(亿 t)			含沙量(kg/m^3)	
	汛期	全年	汛期占年(%)	汛期	全年	汛期占年(%)	汛期	全年
1974～1986年	228.4	393.6	58.0	8.33	9.98	83.4	36.47	25.36
1987～1999年	119.4	260.8	45.8	6.12	8.04	76.1	51.26	30.83
2000～2010年	94.9	215.1	44.1	2.25	3.11	72.3	23.71	14.46

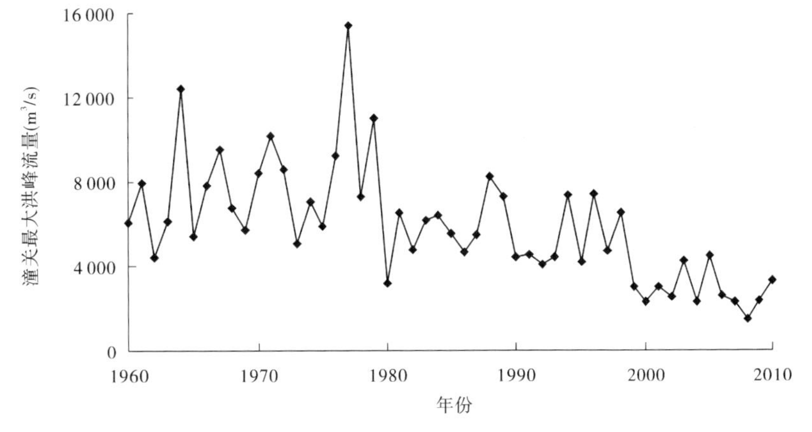

图2-14　潼关历年最大洪峰流量变化

1974年以来三门峡水库采取"蓄清排浑"控制运用方式,即非汛期抬高水位蓄水进行春灌和防凌运用,汛期降低水位进行防洪和排沙运用。非汛期最高运用水位不断调整下降,从324 m以上下降到2002年10月开始的318 m,平均水位在315～317 m(见图2-15);汛期305 m控制运用,洪水敞泄流量从2 500 m^3/s调整到1 500 m^3/s。

2. 冲淤变化特点

1)龙门—潼关河段

1974～1998年累计淤积量达7.02亿 m^3,其后转为冲刷过程,2000～2010年累计冲刷1.652 1亿 m^3(见图2-16)。汛期淤积量显著减少,个别年份还表现为冲刷,改变了以往该河段非汛期冲刷、汛期淤积的特点。

2)潼关—三门峡河段

三门峡水库1974年"蓄清排浑"运用以来,潼关以下库区总体表现为淤积,至2000年

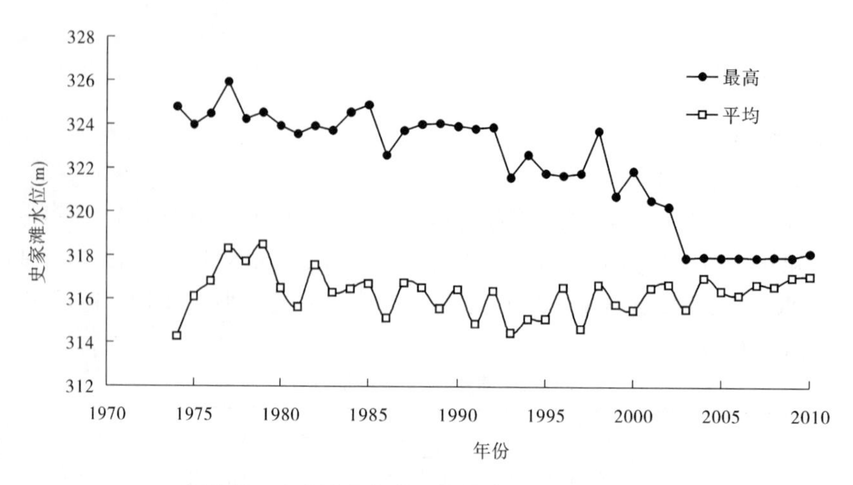

图 2-15　史家滩历年非汛期最高水位和平均水位

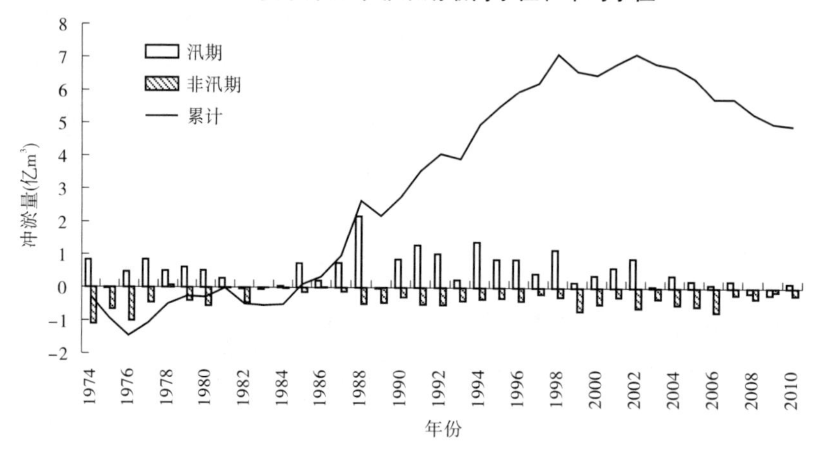

图 2-16　龙门—潼关河段历年冲淤变化及累计冲淤量

累计淤积量达到 3.20 亿 m^3(见图 2-17);2000～2010 年总体上为冲刷过程,共冲刷 0.949 3 亿 m^3,集中在 2003 年和 2005 年。1974～2010 年共淤积 2.25 亿 m^3。潼关以下库区冲淤变化的沿程分布与水库运用水位关系密切。1974～1992 年淤积重心位于黄淤 28～34 断面,2003 年后淤积重心下移至黄淤 21～28 断面(见图 2-18)。

3. 潼关高程变化

1999 年汛后潼关高程为 328.12 m;2002 年由于汛初高含沙小洪水淤积上升到历史最高值 329.14 m;2003 年和 2005 年受渭河秋汛洪水的影响,有较大幅度的下降,2005 年汛后以来维持在 327.7～327.8 m,基本处于相对稳定状态(见图 2-19、表 2-7)。

在 2000～2010 年的 11 a 中,潼关高程的变化除受水沙条件的影响外,还有其他影响因素,如 2000～2003 年继续实施潼关河段射流清淤,2002 年 10 月开始降低非汛期运用水位,最高水位按 318 m 控制,东垆湾裁弯淤堵试验工程,2006～2010 年桃汛期降低三门峡水库起调水位、增大桃汛洪峰流量。这些措施都为潼关高程降低和相对稳定创造了有利条件,达到了直接降低潼关高程的目的。

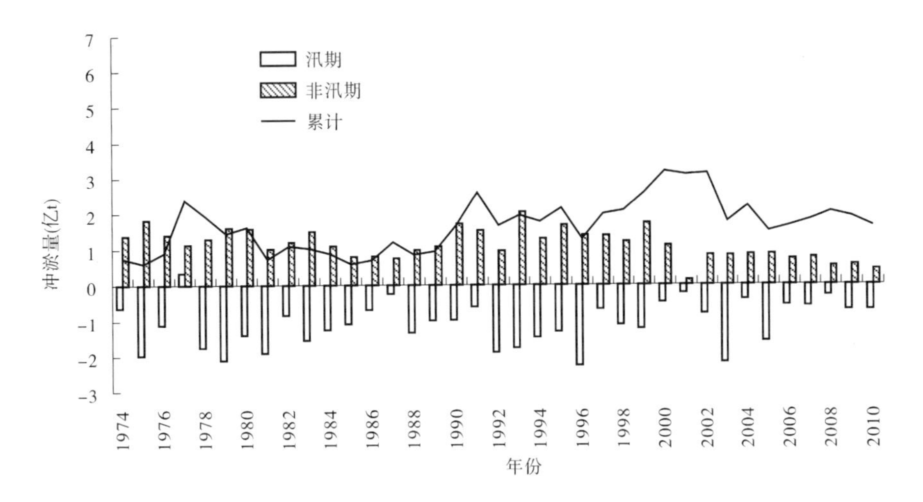

图 2-17　潼关以下历年冲淤变化及累计冲淤量

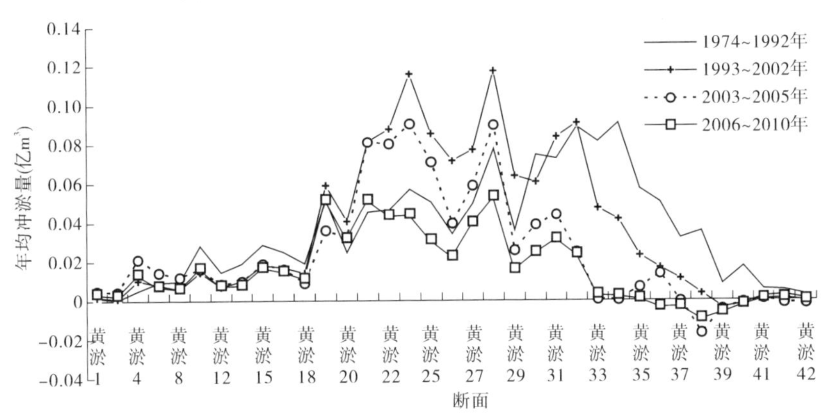

图 2-18　潼关以下非汛期冲淤沿程变化

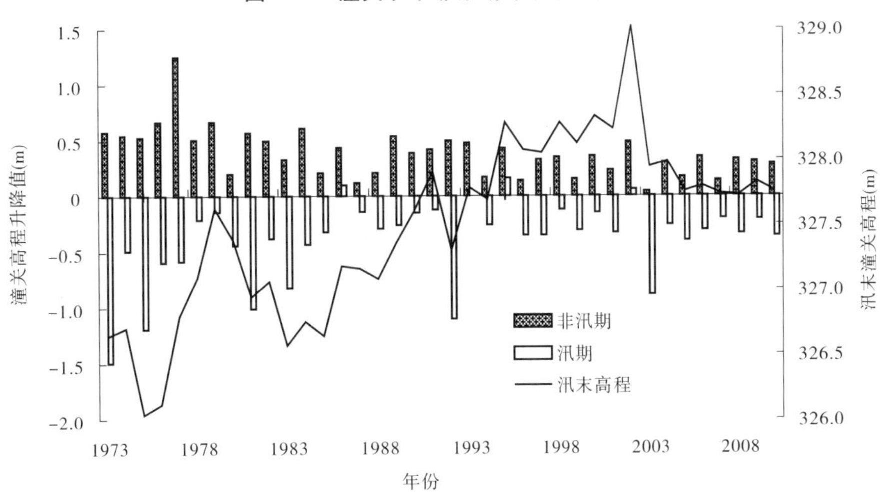

图 2-19　潼关高程变化过程

表 2-7　不同时段潼关高程变化

时段	汛期水量（亿 m^3）	非汛期坝前水位 >322 m 历时(d)	潼关高程年均变化(m)		
			非汛期	汛期	年
1974～1979 年	225	74	0.70	-0.53	0.17
1980～1985 年	248	57	0.40	-0.57	-0.17
1986～1995 年	132	28	0.37	-0.21	0.16
1996～1999 年	88	5	0.27	-0.26	0.01
2000～2010 年	94.9	0	0.27	-0.31	-0.04

（二）调整万家寨水库运用方式，优化桃汛洪水冲刷潼关高程试验效果

2006 年以来开展了利用桃汛洪水冲刷降低潼关高程的试验，通过调整桃汛期万家寨水库调度运行方式，优化出库流量过程，达到冲刷降低潼关高程的目的。5 a 试验期潼关站桃汛洪水特征值见表 2-8。

表 2-8　潼关站不同时段桃汛洪水特征值比较

年份	洪峰流量（m^3/s）	最大含沙量（kg/m^3）	10 d 洪量（亿 m^3）	10 d 沙量（亿 t）	流量大于 2 000 m^3/s 天数(d)	三门峡水库起调水位(m)	潼关高程变化值(m)	
							桃汛	汛期
2006	2 620	17.9	13.46	0.151 7	3	313	-0.20	-0.31
2007	2 850	33.8	12.96	0.201 0	3	313	-0.05	-0.20
2008	2 790	37.9	13.84	0.126 4	3	313	-0.07	-0.34
2009	2 340	15.9	11.01	0.070 0	1	313	-0.13	-0.20
2010	2 750	15.5	13.88	0.101 9	3	313	-0.11	-0.29

1. 桃汛期潼关高程下降保持了年内相对稳定

2006～2010 年桃汛洪水前后潼关高程均有不同程度的冲刷下降（见表 2-8），5 a 平均下降 0.11 m，2006 年下降值最大为 0.20 m。

利用三门峡水库一维泥沙水动力学模型对桃汛期潼关高程变化对汛后潼关高程的累积影响进行了计算分析。“试验方案”采用 2005 年 11 月至 2010 年 10 月潼关水文站实际水沙过程；“不试验方案”以桃汛期头道拐最大 10 d 水沙过程同时考虑正常情况下万家寨水库蓄泄水情况。计算河段从潼关以上的黄淤 45（上源头）至坝前；初始边界条件采用 2005 年汛后地形；坝前水位“试验方案”为实测过程，“不试验方案”以 2003～2005 年桃汛期坝前水位平均值控制，相应起调水位 315.7 m，其他时期与对应时间实测坝前水位一致。

两方案计算结果表明（见图 2-20），从 2006 年桃汛后开始到 2010 年汛后结束，“不试验方案”各年汛后的潼关高程均高于“试验方案”；5 a 累计到 2010 年汛后，“试验方案”与

“不试验方案”潼关高程分别为327.72 m和328.02 m，说明若不进行试验，2010年汛后潼关高程值比试验值抬高0.30 m，较初始值抬高0.27 m，难以遏制潼关高程的累积抬升（见图2-20）。

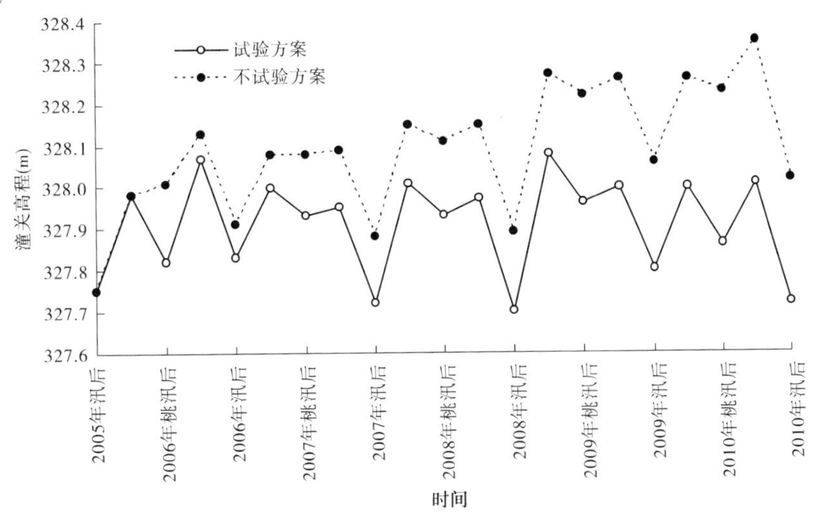

图2-20　2006～2010年两方案潼关高程变化过程

2. 桃汛期潼关以下库区淤积分布得以改善

由部分年份桃汛洪水前后各河段的冲淤变化知，桃汛试验期间三门峡水库潼关以下库区老灵宝（黄淤26断面）以上断面发生冲刷，而北村（黄淤22断面）以下断面发生淤积，黄淤19断面淤积量最大。这样，桃汛洪水前淤积在老灵宝以上河段的泥沙，在桃汛洪水期向下推移至北村以下，洪水期进入库区的泥沙也基本淤积在距坝约50 km的范围内，在汛期降低水位运用时极易冲刷出库，有利于减少库区累积性淤积，保持水库年内冲淤平衡。

虽然桃汛后到汛前潼关高程都有一定回淤，但在汛期枯水少沙的情况下保持了汛后潼关高程的相对稳定，说明桃汛洪水对潼关高程的直接冲刷作用以及对库区淤积分布的调整，对汛前潼关高程维持在较低水平具有明显作用。

（三）敞泄调度效果

三门峡水库排沙主要集中在敞泄期和洪水期，敞泄期库区冲刷，水库排沙比大于1；洪水期完全敞泄时排沙比也大于1。

根据2003年以来历次敞泄期入库水量和冲刷量，建立敞泄期累计冲刷量和累计入库水量的关系，见图2-21。

冲刷量随入库水量的增大而增大

$$W_S = 0.642\ 3\ln W - 0.123\ 3 \tag{2-1}$$

式中：W_S为当年敞泄期累计冲刷量，亿t；W为当年敞泄期累计水量，亿m^3。式(2-1)相关系数为0.96。

由上式得

$$\frac{\Delta W_S}{\Delta W} = \frac{0.642\ 3}{W} \tag{2-2}$$

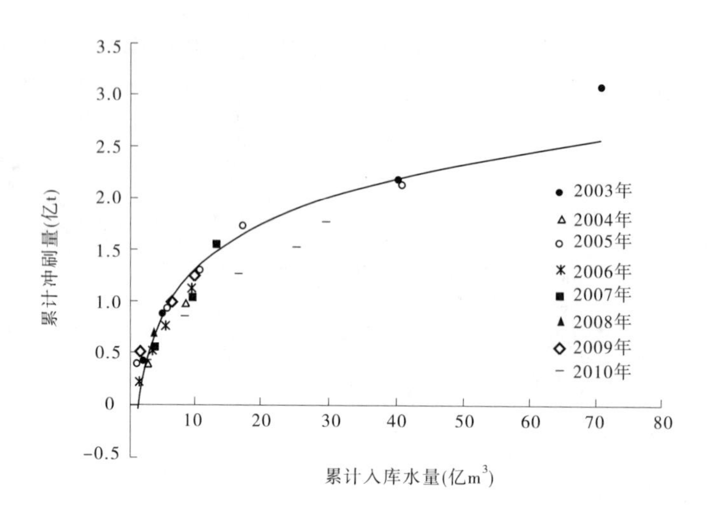

图 2-21　三门峡水库敞泄期累计冲刷量与累计入库水量关系

式中：$\frac{\Delta W_S}{\Delta W}$为冲刷量随水量的增量，其随水量 W 的增大而减小，表明随冲刷的进行冲刷效率会逐步降低。

三、小浪底水库库区冲淤演变

黄河小浪底水利枢纽是一座以防洪（包括防凌）、减淤为主，兼顾供水、灌溉、发电、除害兴利、综合利用的枢纽工程，1994 年 9 月水库主体工程开工，1997 年 10 月截流，1999 年 10 月下闸蓄水，2000 年 5 月正式投入运用，最高运用水位 275 m，总库容 127.5 亿 m³，拦沙库容 75.5 亿 m³，长期有效库容 51 亿 m³。

（一）水库运用与冲淤特点

1. 进出库水沙条件

小浪底水库运用以来，黄河下游为枯水少沙系列（见图 2-22、图 2-23）。2000～2010 年年均入库水量为 200.52 亿 m³，年均入库沙量为 3.394 亿 t（见表 2-9），较 1987～1999 年分别偏少 21.0% 和 56.6%。水库运用调节了水量的年内分配，汛期水量占全年水量的比例由入库的 44.6% 减小到出库的 34.2%。入库最大洪峰流量 6 080 m³/s（2008 年），最大含沙量 916 kg/m³（2003 年）。非汛期大部分时段入库流量不超过 1 000 m³/s。

表 2-9　2000～2010 年小浪底水库进出库水沙量变化

水量（亿 m³）						沙量（亿 t）					
入库			出库			入库			出库		
全年	汛期	汛期占全年（%）	全年	汛期	汛期占全年（%）	全年	汛期	汛期占年（%）	全年	汛期	汛期占全年（%）
200.52	89.43	44.6	210.66	72.02	34.2	3.394	3.077	90.7	0.643	0.596	92.7

利用水库对汛前或汛初的洪水进行了调水调沙，其中对 2004 年 8 月和 2006 年的洪

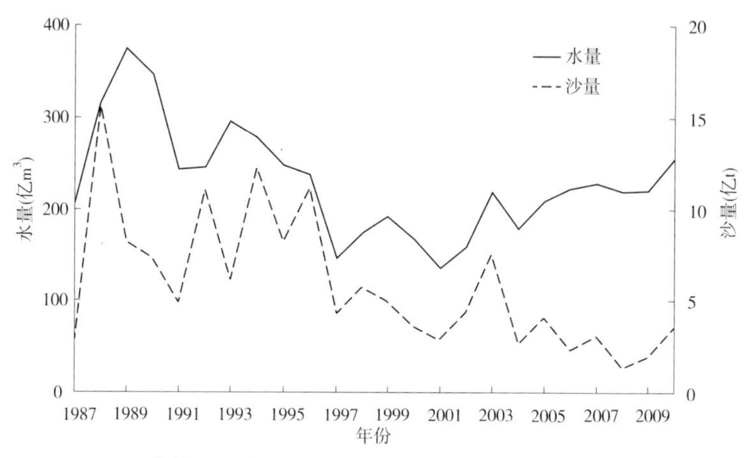

图 2-22　小浪底水库 1987～2010 年入库水沙过程

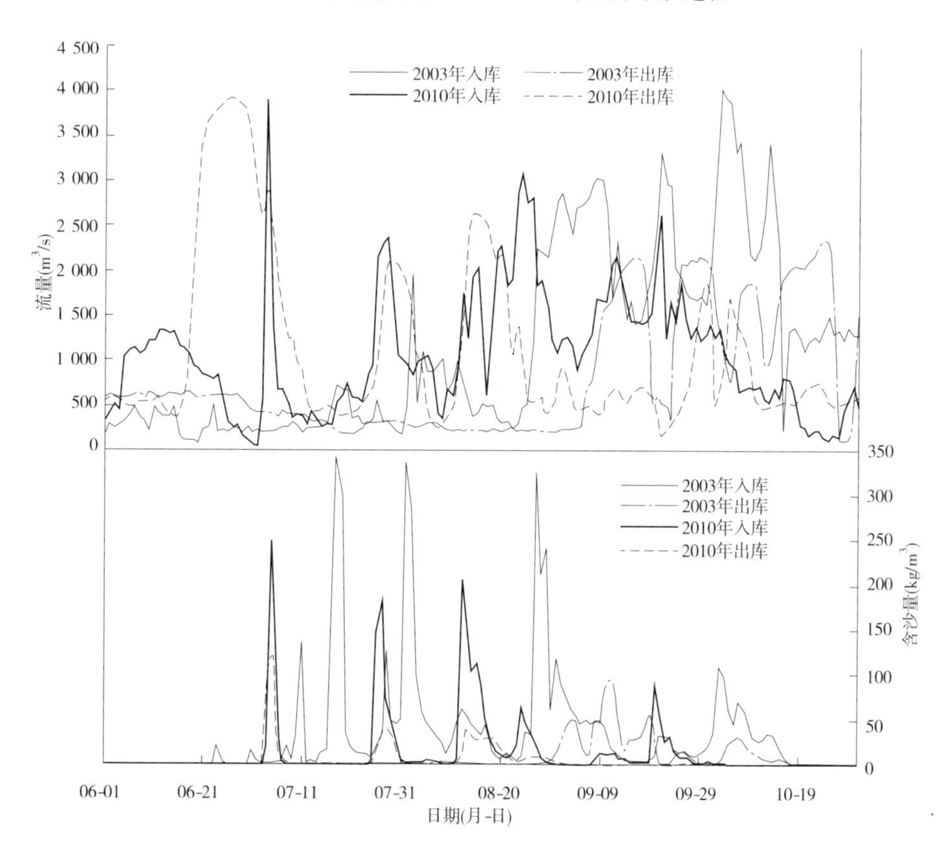

图 2-23　小浪底水库典型年份日均进出库水沙过程

水相机排沙，对 2007 年以及 2010 年的洪水进行汛期调水调沙，其余洪水大多被水库拦蓄和削峰。2003 年 7 月 13 日至 10 月 31 日，为了减少秋汛洪水对黄河下游滩区影响，小浪底水库与三门峡、陆浑、故县四库超常规联合调度，使花园口站可能形成的 5 000～6 000 m³/s 的洪峰，始终控制在 2 700 m³/s 左右，削峰率达 60%～70%，峰值最高的一场洪水削峰率达到了81%。

2. 水库运用调度

小浪底水库年内调度一般分为3个阶段:第一阶段为上年11月1日至下年汛前调水调沙,该期间又可分为防凌、春灌蓄水期和春灌泄水期,水位整体变化不大;第二阶段为汛前调水调沙生产运行期,水位大幅度下降;第三阶段为防洪运用以及水库蓄水期,其间抬高水位蓄水,部分年份水位变化见图2-24。

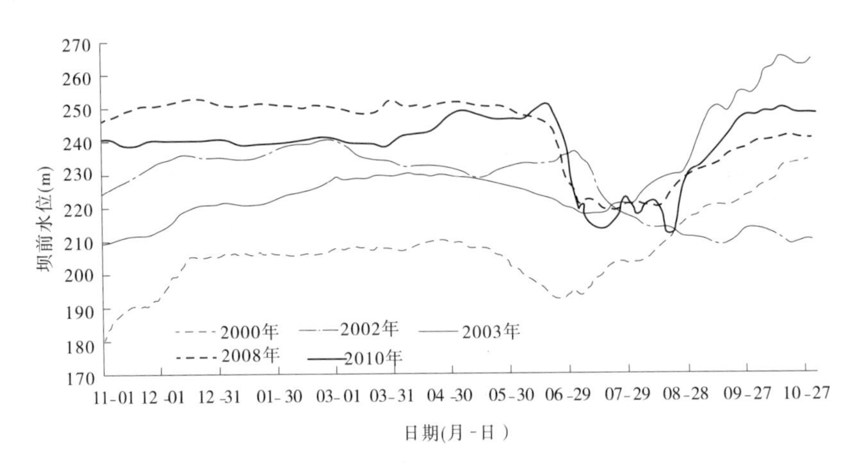

图2-24　2000~2010年小浪底水库水位变化

由表2-10可以看出,非汛期运用水位最高为264.30 m,最低为180.34 m;汛期运用水位变化复杂,2000~2002年主汛期(7月11日至9月30日)平均水位在207.14~214.25 m之间变化,2003~2010年在225.77~233.86 m之间变化,其中2003年、2005年主汛期平均水位最高达233.86 m、230.17 m;汛限水位2000年和2001年为215 m和220 m,以后均为225 m。

表2-10　2000~2010年小浪底水库蓄水运用情况

时段	最高水位(m)	出现时间(年-月-日)	最低水位(m)	出现时间(年-月-日)
汛期	265.48	2003-10-15	191.72	2001-07-28
非汛期	264.30	2004-11-01	180.34	2000-11-01

3. 库区冲淤特点

1999年9月至2010年10月小浪底全库区断面法淤积量为28.223亿m^3,年均淤积2.566亿m^3,淤积以干流为主,干、支流淤积量分别占总淤积量的79.35%和20.65%。淤积主要在235 m高程以下,淤积量占总量的101%,其中汛限水位225 m高程以下淤积量占总量的92.7%(见表2-11)。

表 2-11　小浪底库区 2000 ~ 2010 年累计冲淤量及 2010 年汛后库容

高程区间(m)	2000 ~ 2010 年累计淤积量(亿 m^3)				2010 年汛后库容(亿 m^3)			
	干流	支流	合计	占总量(%)	干流	支流	合计	占总量(%)
210 以下	15.053	3.732	18.785	66.58	1.897	1.088	2.985	3.01
210 ~ 235	7.332	2.273	9.605	34.03	10.027	7.852	17.879	18.02
235 ~ 275	0.009	-0.176	-0.167	-0.59	40.461	37.910	78.371	78.98
275 以下	22.394	5.829	28.223	100	52.385	46.850	99.235	100

截止到 2010 年汛后，库区总库容 99.235 亿 m^3，其中干流为 52.385 亿 m^3，支流为 46.850 亿 m^3。由于干流库容损失多，支流损失少，干流占总库容的比例由初始的 58.7% 降低到 52.8%，支流的比重由 41.3% 上升到 47.2%。

4. 库区淤积形态

1）干流淤积形态

水库非汛期蓄水拦沙，淤积形态变化不大，调水调沙及汛期，淤积形态受水沙条件、边界条件及水库运用方式的影响往往发生明显调整(见图 2-25、图 2-26)。至 2000 年 11 月，干流纵剖面淤积形态已转为三角洲淤积，三角洲顶点距坝 70 km 左右；2003 年汛期库水位上升 35.06 m，顶点位置上移 24.06 km；此后顶点逐步向下游推进，至 2010 年 10 月三角洲顶点位于距坝 18.75 km 的 HH12 断面，三角洲顶点高程为 215.61 m。

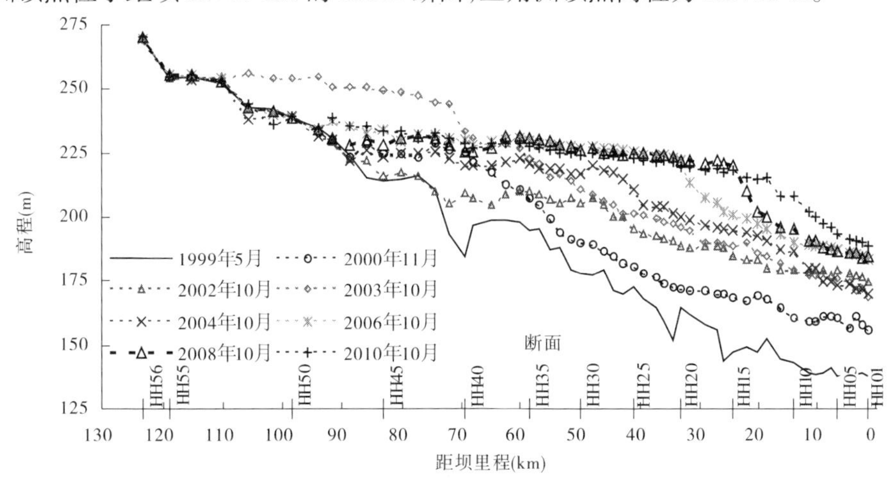

图 2-25　2000 ~ 2010 年干流纵剖面(深泓点)

2）支流淤积形态

支流河床倒灌淤积过程与天然的地形条件、干支流交汇处干流的淤积形态、来水来沙过程等因素密切相关。位于淤积三角洲顶点以下且处于异重流淤积状态时，干流河床基本为水平抬升，相应支流口门淤积较为平整，只是由于泥沙沿程分选淤积，支流河床纵剖面沿水流流向呈现一定的坡降；对处于淤积三角洲洲面的干流，河床塑造出明显的滩槽，

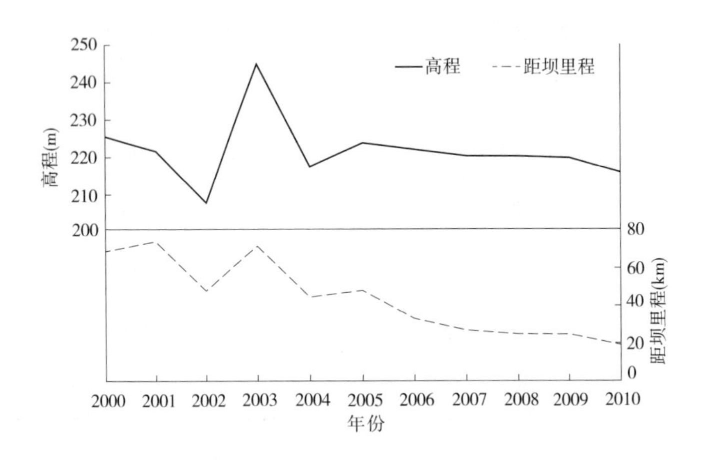

图 2-26　历年三角洲顶点高程及距坝里程变化

支流拦门沙相当于干流的滩地,支流泥沙主要淤积在沟口附近,沟口向上沿程减少;随着淤积的发展,支流的纵剖面形态由正坡至水平而后出现倒坡。由图 2-27 可见,支流畛水河纵剖面已在沟口形成明显的拦门沙坎,高约 7 m。

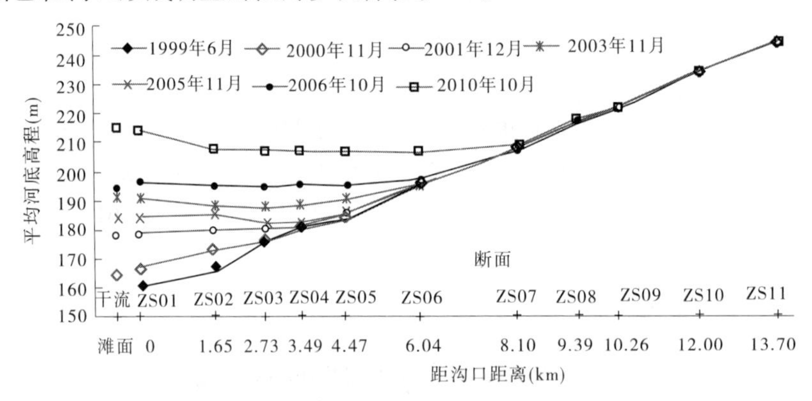

图 2-27　支流畛水河纵剖面变化

(二)增大异重流排沙措施

在小浪底水库拦沙初期,异重流排沙是主要排沙方式。2004～2010 年汛前调水调沙期间,三门峡水库共排沙 3.384 亿 t,小浪底出库沙量共 1.425 亿 t,平均排沙比 42.1%,但各年排沙比相差很大,最大 132.30%(2010 年)、最小 4.42%(2005 年)。小浪底水库排沙与潼关流量持续时间,三门峡水库开始加大泄量时蓄水量、水位,入库细颗粒泥沙含量,三门峡水库泄空时间,异重流运行距离、对接水位,入库沙量,支流倒灌等因素有关。近年来汛前塑造异重流过程中,对接水位及相应异重流运行距离相近,影响小浪底水库排沙的主要因素是入库水沙条件和库区 HH37 断面以上的地形条件。

初步分析认为,入库水沙对异重流塑造起着关键作用:

(1)在调水调沙过程中,如果潼关以上来流量大、小浪底入库流量持续时间长,水库排沙比增大;

(2)三门峡水库泄放非汛期蓄水过程的水量越大、塑造的洪峰越大,相应 HH37 断面

以上的冲刷也越大(或少淤积),形成异重流前锋的能量就越大;

(3)三门峡水库敞泄期间,潼关来水越集中,洪水持续时间越长,在小浪底水库形成异重流的后续动力就越强,同时也会使小浪底水库 HH37 断面以上形成冲刷或减少淤积;

(4)入库细泥沙颗粒含量、小浪底水库床沙组成也是影响排沙的主要原因。

四、小浪底水库运用以来黄河下游河道演变

(一)河道演变特点

1. 水沙条件

小浪底水库运用以来(1999 年 10 月 ~2010 年 10 月)小黑武三个水文站的年均水、沙量分别为 234.4 亿 m^3、0.65 亿 t,分别比 1950 ~ 1985 年系列均值减少 49%、95%,较 1986 ~ 1999 年枯水少沙的系列均值还偏少 16%、92%;年均含沙量仅 2.78 kg/m^3。

小浪底水库运用以来,花园口出现洪峰流量大于 2 000 m^3/s 的洪水共 25 场,其中 12 场为小浪底水库调水调沙形成,除 2010 年 6 月调水调沙期间由于小花间洪峰增值引起花园口洪峰流量 6 600 m^3/s 外,洪峰流量最大为 4 610 m^3/s(2008 年)。洪水峰型基本为平头型。

由表 2-12 可见,小浪底水库调节后进入下游的水流过程绝大部分小于 1 500 m^3/s,同时 74% 的水量也集中在该小流量级,但泥沙仍依靠较大流量输送,1 500 m^3/s 以上洪水输送沙量占到总输沙量的 63%。

表 2-12　小浪底水库运用以来花园口站各流量级统计表

流量级 (m^3/s)	天数 (d)	水量 (亿 m^3)	沙量 (亿 t)	平均含沙量 (kg/m^3)	占总量百分数(%)		
					天数	水量	沙量
0 ~ 1 500	338	174.1	0.393	2.3	93	74	37
1 500 ~ 2 500	13	22.4	0.303	13.5	4	10	29
2 500 ~ 4 500	14	38.4	0.354	9.2	4	16	34
合计	365	234.9	1.050	4.5	100	100	100

小浪底水库投入运用以来,除 2000 年、2002 年和 2009 年外,其他 8 a 东平湖均向黄河干流加水,共加水 90.29 亿 m^3,占同期艾山站水量 2 150 亿 m^3 的 4.2%。

2. 河道冲淤特点

小浪底水库运用以来黄河下游利津以上河道共冲刷 13.628 亿 m^3,其中主槽冲刷 14.106 亿 m^3。4 ~ 10 月的冲刷量占全年的 71%。高村以上是冲刷的主体,占全下游的 73%(见表 2-13)。

表 2-13 1999 年 10 月至 2010 年 10 月黄河下游冲淤状况

河段	年冲淤量(亿 m^3)	4~10 月占年比例(%)	河段占下游比例(%)
白鹤—花园口	-4.072	57	30
花园口—夹河滩	-4.564	49	33
夹河滩—高村	-1.345	61	10
高村—孙口	-1.267	93	9
孙口—艾山	-0.504	90	4
艾山—泺口	-0.682	147	5
泺口—利津	-1.194	138	9
花园口—高村	-5.909	52	43
高村—艾山	-1.771	92	13
艾山—利津	-1.876	142	14
白鹤—利津	-13.628	71	100

从河段平均冲刷面积来看(见图 2-28),夹河滩以上的冲刷面积超过了 3 300 m^2,而孙口以下河段尚不足 1 000 m^2,其中冲刷面积最小的是艾山—泺口河段,只有 637 m^2。沿程基本呈现“上段冲刷多、下段冲刷少”的特点。

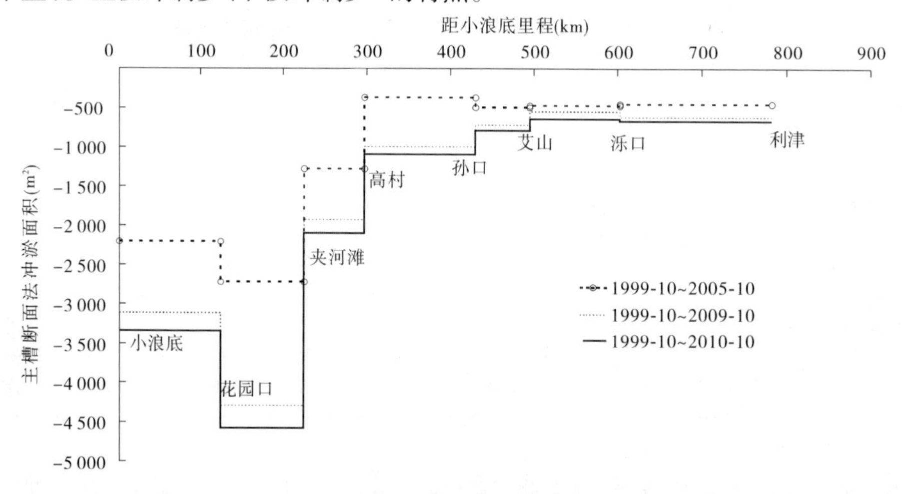

图 2-28 1999 年 10 月以来下游河道冲淤量沿程分布变化

3. 断面形态变化

从河道横断面调整来看(见表 2-14),下游各河段河宽、水深都增大,河相系数降低,说明河道趋于窄深,但各河段调整特性不同。与 1999 年相比,2010 年铁谢—花园口河段展宽与下切都比较大,但水深增加 140% 以上,远大于河宽增幅 36%,以刷深为主;花园口—夹河滩河段河宽和水深增幅相近,在 60% ~80%,具有下切与展宽发展程度相近的特点;夹河滩—艾山河段河宽和水深都有所增加,水深增幅远大于河宽,以冲深为主;艾山以下河段河宽变化不大，冲刷基本为单一纵向冲深发展。

表 2-14　小浪底水库运用以来黄河下游河道主槽横断面形态变化

河段	宽度 B(m)			平均水深 h(m)			河相系数$\sqrt{B}/h$ ($m^{\frac{1}{2}}/m$)		
	1999 年	2010 年	变化	1999 年	2010 年	变化	1999 年	2010 年	变化
铁谢—花园口	922	1 257	335	1.62	3.95	2.33	18.7	9.0	-9.7
花园口—夹河滩	650	1 202	552	1.83	2.86	1.03	13.9	12.1	-1.8
夹河滩—高村	627	841	214	2.01	3.80	1.79	12.5	7.6	-4.9
高村—孙口	504	594	90	1.94	4.04	2.10	11.6	6.0	-5.6
孙口—艾山	477	506	29	2.57	4.39	1.82	8.5	5.1	-3.4
艾山—泺口	447	422	-25	3.52	4.98	1.46	6.0	4.1	-1.9
泺口—利津	421	430	9	3.14	4.63	1.49	6.5	4.5	-2.0

4. *河床粗化特点*

11 a 清水冲刷改变了下游河床组成（见图 2-29）。1999 年汛后床沙受小流量淤积影响，河床组成较细，虽然仍然是上段粗下段细，但沿程变化不大；而 2010 年河床普遍变粗，增加 1 倍到 3 倍多，沿程差别也显著增大，花园口以上粗化幅度远大于以下河段。同时可见，在目前水沙条件下，下游粗化在 2005 年前后基本完成，其后河床组成变幅较小。

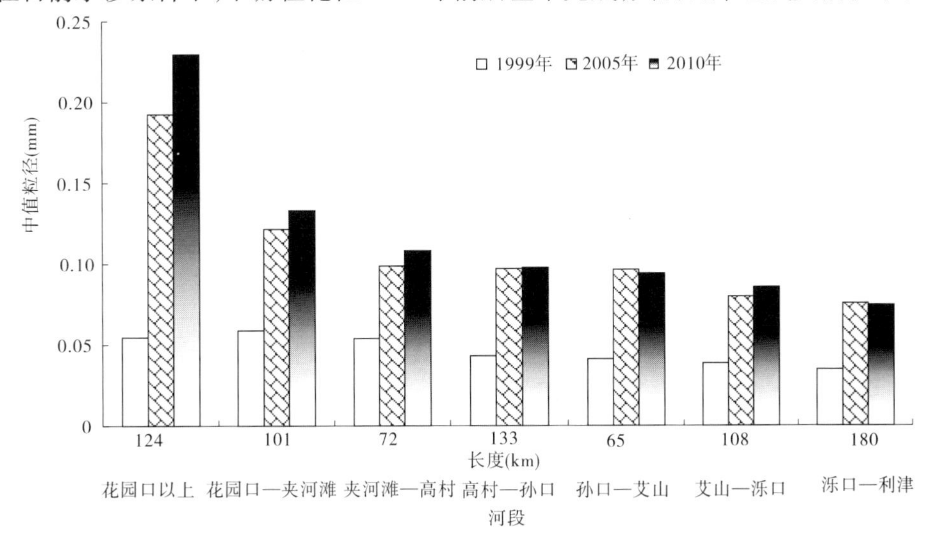

图 2-29　不同河段逐年汛后床沙表层中值粒径变化

（二）冲刷发展趋势

1. *各河段冲刷效率发展特点*

冲刷效率指单位水量的冲刷量，代表了水流的冲刷强度。小浪底水库运用以来黄河下游冲刷效率随时间推移呈现不断衰减的趋势（见图 2-30），全年和汛前调水调沙期的冲刷效率分别由开始的 10.46 kg/m^3 和 20.35 kg/m^3 降低到 2010 年的 5.78 kg/m^3 和 5.19 kg/m^3，降幅分别为 45% 和 74%。冲刷效率降低主要发生在 2006 年以前，2008 年以来维持在 5 ~ 6 kg/m³ 的较低水平；从 11 a 平均情况来看(见表 2-15)，夹河滩以上河段是冲刷的主体，占下游冲刷效率的 55%；同时也是冲刷效率衰减的主体，占下游总减少量的 44%。

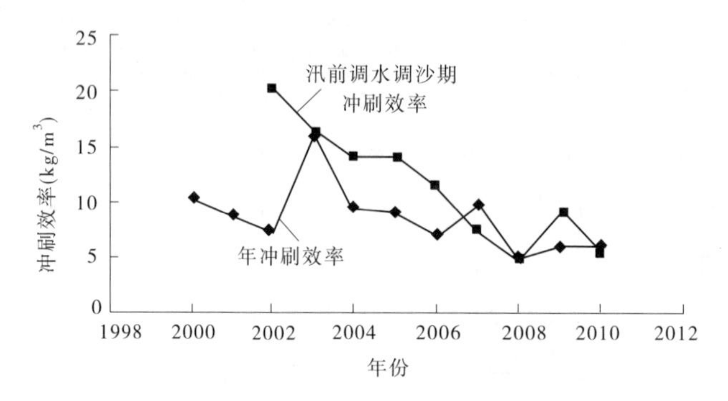

图 2-30 黄河下游冲刷效率变化过程

表 2-15 黄河下游各河段冲刷效率变化统计

项目	白鹤—花园口	花园口—夹河滩	夹河滩—高村	高村—孙口	孙口—艾山	艾山—泺口	泺口—利津
11 a 平均冲刷效率(kg/m³)	2.17	2.47	0.76	0.75	0.32	0.44	0.87
占下游比例(%)	26	29	9	9	4	5	10
2003 ~ 2010 年冲刷效率减少值(kg/m³)	3.21	1.97	0.84	0.26	0.35	1.15	1.9
减幅(%)	61	62	67	61	63	60	75
减少量占下游比例(%)	21	23	12	10	4	8	17

由图 2-31 可见，高村以上河段冲刷效率与流量及冲刷的发展状况(以累计冲刷量表示)关系密切，随流量的增大而增大、随累计冲刷量的增大而减小，因此随着冲刷发展冲刷效率呈降低的趋势。但艾山以下河段未表现出冲刷效率随累计冲刷量变化的特点，同流量的冲刷效率降低不明显(见图 2-32)。

2. 冲刷效率降低原因分析

河道边界条件的调整是冲刷效率降低的主要原因，包含河床粗化和断面形态调整。从表 2-16 可见，与 2002 年相比，2008 年下游水力强度因子 V^3/h 均有所降低。

表 2-16 流量为 2 500 m³/s 各站水力强度因子(V^3/h)变化 (单位：m²/s³)

项目	花园口	夹河滩	高村	孙口	泺口	利津
2002 年	2.7	9	7	5.7	1.5	5.6
2008 年	1	7	5	4.5	1.6	5.6
减少百分比(%)	63	22	29	21	-7	0

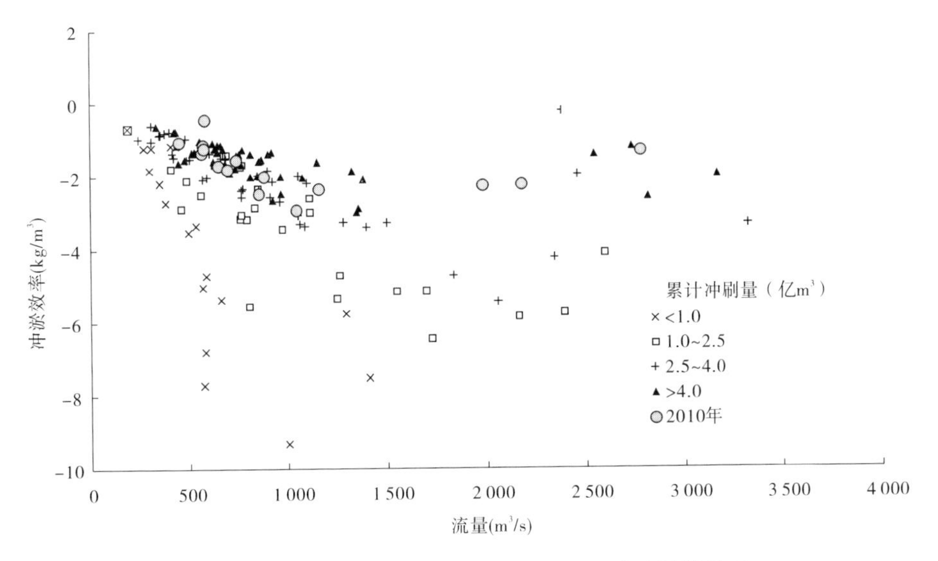

图 2-31　花园口—高村河段冲淤效率和平均流量的关系

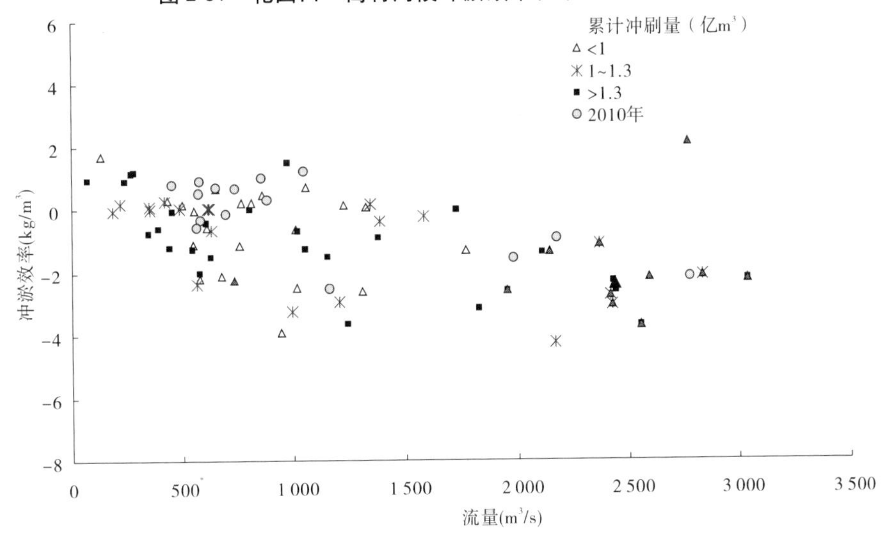

图 2-32　艾山—利津河段冲淤效率和平均流量的关系

下游各河段河床粗化程度和断面形态调整幅度的不同，决定了各河段冲刷效率的变化幅度。夹河滩以上河段主要受持续冲刷河床粗化和断面形态调整的影响，夹河滩以下河段主要受持续冲刷河床粗化的影响。花园口以下河段冲刷效率降低幅度较小，与上段冲淤调整所引起的本河段来沙条件的变化有关。

3. 冲刷发展趋势

小浪底水库运用后，在已发生的水沙过程条件下，黄河下游各河段冲刷发展基本上分为两个阶段，即河床粗化前和粗化后。河床粗化前的模式为：在河床粗化达到一定程度前，水流可以从河床取得较充足泥沙的补给，整治工程控制较好的河段，如花园口以上、高村—艾山、艾山—利津河段，河道首先冲深，控制性较弱的花园口—高村河段在水流强度减弱和花园口以上冲刷来沙的影响下河道首先向侧向发展，在这一时期如果较大流量持续时间较长，河道纵横向都有较大发展。经过5～6 a的连续冲刷后，水流条件相对稳定，从河床上难以获取冲刷补给，冲刷效率逐步降低，转入粗化后阶段。冲刷向下发展的趋势减弱，开始以横向发展为主，表现在河宽的增加和断面形态的相对宽深，由于侧向摆动的动力条件相对较弱以及艾山—利津河段因工程控制难以摆动，冲刷只有向下发展，因此粗化后阶段冲刷量降低较多，难以维持一定的冲刷效率。下游冲刷发展模式表明，现阶段河段仍能维持一定的冲刷效率，主要是来自河道摆动中的近岸边冲刷物补给，而在工程控制条件下补给受限不可能大量增加，因此在现状调水调沙方案条件下冲刷效率提高幅度不会很大。

（三）洪水的冲刷作用

由洪水期、调水调沙期及全年的冲淤量可见（见表2-17），洪水期（含调水调沙期）冲刷量6.85亿t，占11 a总冲刷量的55%，而洪水期的水量只占总水量的1/4，说明洪水期的冲刷作用大、效率高。

表2-17　2000～2010年及洪水期冲淤量统计

河段		高村以上	高村—艾山	艾山—利津	下游
2000～2010年冲淤量（亿t）		-9.24	-3.08	-0.21	-12.53
洪水期（含调水调沙期）冲淤量（亿t）		-3.00	-2.65	-1.20	-6.85
其中调水调沙期冲淤量（亿t）	汛前7场	-1.36	-1.01	-0.56	-2.93
	汛期5场	-0.32	-0.45	-0.22	-0.99
	合计	-1.68	-1.46	-0.78	-3.92
洪水期占全年（%）		32	86	571	55
调水调沙期占洪水期（%）		56	55	65	57

同时可见，洪水对高村以下河道的塑造作用极为重要，高村—艾山和艾山—利津河段洪水期冲刷量占到总冲刷量的86%和571%，说明若没有洪水的较大流量级，山东河道难以冲刷。

调水调沙期冲刷又是洪水期冲刷的主体，占到洪水期总冲刷量的57%，尤其是艾山以下河段占到65%。12次调水调沙的总水量为463亿m^3，占小浪底水库运用以来总水量的18%，而调水调沙期下游小浪底（或西霞院）—利津共冲刷3.92亿t，占小浪底水库运用以来总冲刷量的31%，说明调水调沙的效果是显著的。

（四）黄河下游防洪形势

1.3 000 m^3/s同流量水位变化

由表2-18可见，小浪底水库运用11 a下游各站同流量水位下降了2.01～0.85 m，艾山、利津较小，高村以上较大。因为冲刷是逐步发展的，在运用的前2 a下游中下段还处于淤积状态，因此同流量水位高于水库运用以前，如果以2010年同流量水位与小浪底水库运用以来的同流量最高水位相比，下游各站的水位降低都在1.2 m以上。

表 2-18　小浪底水库运用以来同流量(3 000 m^3/s)水位变化　(单位:m)

年份	花园口	夹河滩(二)	高村	孙口	艾山	泺口	利津
1999 年	93.74	75.35	63.55	49.10	41.60	31.10	13.60
2010 年	92.10	73.34	61.64	47.73	40.70	29.86	12.75
变化值	-1.64	-2.01	-1.91	-1.37	-0.90	-1.24	-0.85

注:2010 年为首场洪水涨水期水位。

比较长系列同流量水位过程线(相对 1950 年水位)(见图 2-33)可见,处于上段的花园口同流量水位已经恢复到三门峡拦沙运用下游冲刷过后的 1966 年水平,水位较低;夹河滩恢复到滞洪排沙期结束时的 1973 年水平,高村和利津恢复到 1981 ~ 1985 年低含沙冲刷刚结束的 1986 年左右,水位也较低;而中间河段的艾山、泺口仅恢复到持续淤积初期的 1990 年前后。

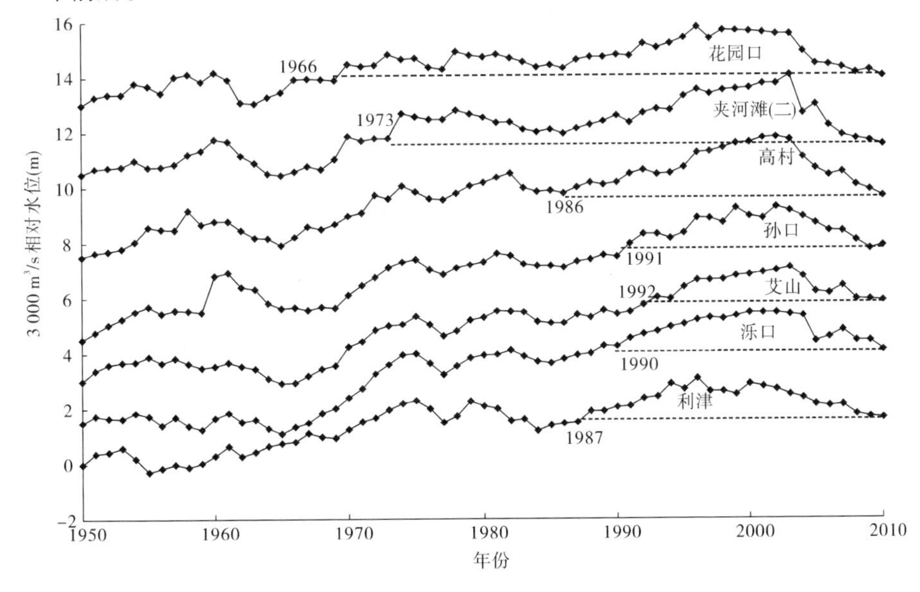

图 2-33　3 000 m^3/s 相对水位变化过程

2. 平滩流量变化

平滩流量是反映河道排洪能力的另一个重要指标。小浪底水库运用以来河道冲刷平滩流量显著增大(见表 2-19),增幅达 37% ~ 120%,高村以上增大多,2011 年汛前超过 5 500 m^3/s,高村以下增加较缓慢,增幅也小于上段,2011 年汛前在 4 100 ~ 4 400 m^3/s。由图 2-34 可见,小浪底水库运用以来高村以下河道平滩流量变化经历了 2000 ~ 2002 年减小和 2003 年以后的持续增加两个阶段,2002 年出现最小平滩流量 1 850 m^3/s(高村)。由于下游河道上下段冲刷发展时间和幅度不同,出现显著的"驼峰"现象,即高村—艾山河段平滩流量显著小于上下游河段的现象,随着冲刷部位的发展,各站间平滩流量差距减小。2011 年汛前下游最小的平滩流量仍位于彭楼—陶城铺河段，最小值 4 000 m^3/s。由此可见，目前黄河下游河道的平滩流量均已达到维持黄河下游排洪输沙基本功能的底线指标 4 000 m^3/s。

表 2-19　黄河下游水文站汛前平滩流量变化　（单位：m^3/s）

年份	花园口	夹河滩	高村	孙口	艾山	泺口	利津
2000 年	3 700	3 300	2 500	2 500	3 000	3 000	3 100
2011 年	6 800	6 200	5 500	4 100	4 100	4 300	4 400
变化值	3 100	2 900	3 000	1 600	1 100	1 300	1 300
变化幅度(%)	84	88	120	64	37	43	42

同样，与黄河下游逐年平滩流量对比（见图 2-34），花园口、夹河滩河段平滩流量已恢复至 1965 年前后，平滩流量最大；高村、孙口、艾山、泺口仅恢复到 1990 年左右，平滩流量较小；利津恢复到 1987 年，好于中间段。

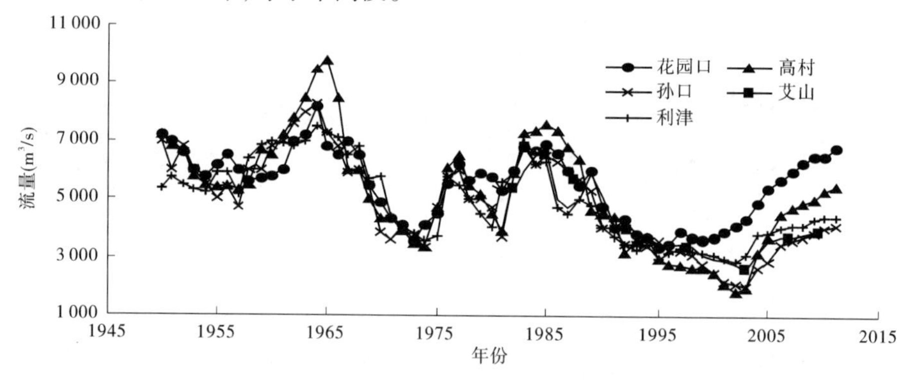

图 2-34　黄河下游水文站历年汛前平滩流量过程

3. 防洪形势变化

为更清楚地了解现状黄河下游防洪形势，给出了黄河下游各水文站设防水位及特征（见表 2-20）。由表可见，2010 年花园口—利津各站设防水位分别为 95.22 m、79.00 m、65.27 m、51.93 m、45.42 m、35.19 m 和 16.76 m，较 2000 年设防水位下降 0.20～0.57 m；与大堤堤顶高程比较，设防水位低 2.84～4.56 m，即使考虑到各河段大堤的安全超高值，堤顶高程均有一定的富余度；与最近发生的大漫滩洪水 1996 年洪水位比较，2010 年设防水位低 0.49～2.85m；如果以现状水位流量关系曲线粗略推算 2010 年设防水位的过流量，都高于设防流量，花园口、夹河滩多 8 000～9 000 m^3/s、高村多 4 800 m^3/s、孙口和利津多 1 200～1 500 m^3/s、艾山和泺口仅多 700～800 m^3/s。

表 2-20　设防流量的水位比较

水文站			花园口	夹河滩（二）	高村	孙口	艾山	泺口	利津
大堤现有堤顶高程（m）	左岸	（1）	99.48	83.56	68.62	55.52	49.22	38.47	19.15
	右岸	（2）	99.51	82.56	69.04	54.92		38.03	19.56
设防流量（m^3/s）		（3）	22 000	21 500	20 000	17 500	11 000	11 000	11 000
设防流量下的水位（m）	2000 年	（4）	95.70	79.57	65.66	52.13	45.72	35.60	17.24
	2010 年	（5）	95.22	79.00	65.27	51.93	45.42	35.19	16.76
	水位变化	（6）	-0.48	-0.57	-0.39	-0.20	-0.30	-0.41	-0.48
1958 年洪水	流量（m^3/s）	（7）	22 300	20 500	17 900	15 900	12 600	11 900	10 400
	水位（m）	（8）	94.42	74.31	62.96	48.85	43.13	32.09	13.76
1996 年洪水	流量（m^3/s）	（9）	7 860	7 150	6 810	5 800	5 030	4 700	4 130
	水位（m）	（10）	94.73	76.44	63.87	49.66	42.75	32.34	14.70
大堤安全超高（m）		（11）	3	3	2.5	2.5	2.1	2.1	2.1
2000 年设防水位低于大堤（m）	左岸	（12）=（1）-（4）	3.78	3.99	2.96	3.39	3.50	2.87	1.91
	右岸	（13）=（2）-（4）	3.81	2.99	3.38	2.79		2.43	2.32
2010 年设防水位低于大堤（m）	左岸	（14）=（1）-（5）	4.26	4.56	3.35	3.59	3.80	3.28	2.39
	右岸	（15）=（2）-（5）	4.29	3.56	3.77	2.99		2.84	2.80
2010 年设防水位高于1996 年洪水水位（m）		（16）=（5）-（10）	0.49	2.56	1.40	2.27	2.67	2.85	2.06

注：大堤现有堤顶高程、2000 年设防流量对应水位根据《2000 年黄河下游河道排洪能力分析》报告；高程、水位均为大沽高程，为和水文站高程系统一致起见，堤顶高程已经换算为大沽高程。

从设防水位来看，小浪底水库运用 11 a 后黄河下游防洪形势有所缓解，但各河段不同，游荡性河段防洪压力减轻，明显过渡性和弯曲性缓解程度较小，尤其是中间孙口—泺口河段减轻最小。

在此必须指出，从堤防高度上来看，下游防洪形势较好，下游河道河势整体趋于规划流路，工程大部分适应性较好，但个别工程适应性较差，有的工程脱河，也有横河出现，应密切关注其发展。

（五）洪峰增值和沙峰滞后现象

小浪底水库运用以来，小花间洪峰增值洪水共出现 5 场（见表 2-21），花园口洪峰流量较小浪底出库洪峰流量增加 44% ~81%，2010 年增加最多，由 3 560 m^3/s 增加到 6 600 m^3/s。洪峰增值洪水均为小浪底水库异重流排沙的极细沙高含沙洪水，小浪底出库最高含沙量在 152 ~ 346 kg/m^3。

表 2-21　洪峰增值洪水基本情况

洪水		"04·8"	"05·7"	"06·8"	"07·7"	"10·7"
历时(d)		9.5	9.88	5.05	11	7.3
小浪底	水量(亿 m^3)	13.67	8.59	6.97	20.02	10.87
	沙量(亿 t)	1.42	0.41	0.25	0.46	0.51
	含沙量(kg/m^3)	103.88	47.73	35.87	22.93	46.82
	洪峰流量(m^3/s)	2 590	2 330	2 230	2 380	3 560(西霞院)
	最大含沙量(kg/m^3)	346	152	303	177	303
小花间支流流量(m^3/s)		200	55	110	200	90
花园口	水量(亿 m^3)	16.66	10.31	7.36	26.71	11.38
	沙量(亿 t)	1.53	0.32	0.16	0.36	0.43
	含沙量(kg/m^3)	91.84	31.04	21.74	13.64	37.89
	洪峰流量(m^3/s)	4 150	3 640	3 360	4 160	6 600
	最大含沙量(kg/m^3)	368	87	138	47.3	152
洪峰流量增加	绝对量(m^3/s)	1 560	1 310	1 130	1 780	3 040
	幅度(%)	60	56	51	75	85

五场洪水从小浪底到利津演进过程中发生了沙峰滞后于洪峰的现象。花园口站沙峰滞后洪峰 7.4～18.0 h,在洪水的演进过程中滞后时间不断拉长,到达利津站时沙峰滞后洪峰时间达到 31～55 h,同样 2010 年洪水滞后程度最为严重。

初步研究认为,异重流排出极细沙高含沙洪水后,随着泥沙的演进传播,花园口以上河道糙率减小是引起洪峰增值的直接原因,异重流排沙前的基流条件为洪峰增值提供了水量来源。同时,根据历年调水调沙各站洪水要素、各控导险工水位等分析认为,小浪底水库异重流高含沙洪水排沙期黄河下游河段沿程洪峰增值最大洪峰流量主要出现在驾部—花园口河段,但各年最大洪峰流量发生的位置不尽相同。适当降低小浪底水库排沙前的出库流量,并通过西霞院水库适当拦蓄小浪底水库排沙阶段的沙量,可有效减少花园口以上河段的洪峰增值现象,减小防洪压力。

洪峰增值造成洪水风险出现的不确定性,增加了水库调度的难度;沙峰滞后于洪峰,增加了水沙不协调的程度,都对防洪不利。在水资源紧缺的趋势下,未来洪水的调控应该是在满足一定淤积水平上尽量利用少的水输送尽量多的沙,需要利用高含沙洪水;而经水库"拦粗排细"调节后洪水泥沙还会变细,则异常现象的发生几率还会增多,需要掌握其发生机理,以定量预报、准确调控。但是,目前研究还很不深入,需要进一步深入研究该现象的机理,力求建立洪峰增值的定量预报的计算方法,准确预报发生时间和量级,为水沙调控服务。

五、现行黄河河口流路演变特点

(一)水沙简况

小浪底水库运用至今,利津年均来水量145.5亿 m^3、来沙量1.38亿t,分别为1950~2010年系列均值的47%和19%;1999~2005年日均流量均小于3 000 m^3/s,2005年以来最大日均流量均大于3 000 m^3/s,最大达3 940 m^3/s(2008年)。汛期及年平均含沙量大幅度降低,汛期平均含沙量由长系列的33.20 kg/m^3 降低为12.38 kg/m^3。

(二)河长变化

1976年清水沟流路改道初期,利津以下河长仅75 km;1996年达到黄河河口历史上入海流路的最大河长113 km(神仙沟、刁口河的末期河长分别为101.30 km、105.94 km);1996年实施清8改汊使得流路缩短16 km;2007年7月,河口发生较大规模的自然出汊,流路缩短近5 km(见图2-35);目前,西河口以下河长基本维持在103 km左右,与1987年河长相当,也与神仙沟、刁口河最大河长基本相当,但仍较1996年的最大河长短10 km左右。

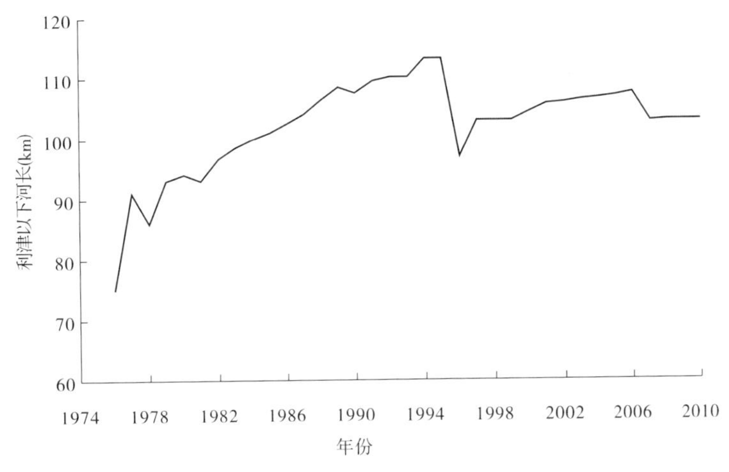

图2-35　黄河河口清水沟流路河长变化

(三)纵剖面变化

小浪底水库运用后,1996年5月至1999年10月,渔洼以下河段由于“96·8”人工改汊造成溯源冲刷、纵剖面平均比降增大约0.12‱的基础上,汊河以上河床下切幅度上大下小,平均下切1.25 m左右,而汊河淤积,因此河床纵剖面变缓,平均比降减小了约0.18‱,呈现典型的上游河道沿程冲刷、下游河道溯源淤积的特点,纵剖面比降约0.85‱。目前多数断面的主槽平均河底高程已经接近1985年的状态(见图2-36)。

(四)同流量水位变化

1999年到2010年10月利津、一号坝、西河口三站的3 000 m^3/s 水位分别下降了1.28 m、0.86 m和0.75 m;目前利津、一号坝、西河口与1987年左右水位相当,这与2010年、1987年河长基本相同的特点相对应(见图2-37)。

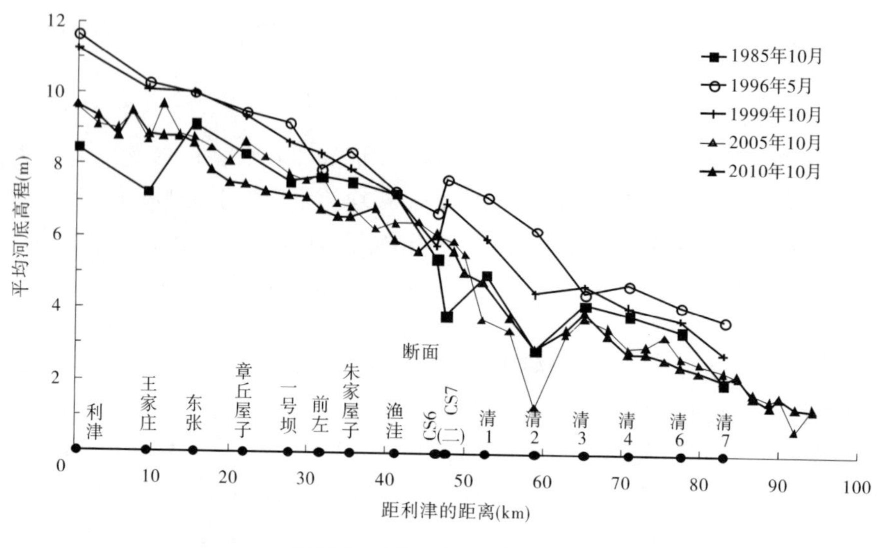

图 2-36 利津以下纵剖面变化

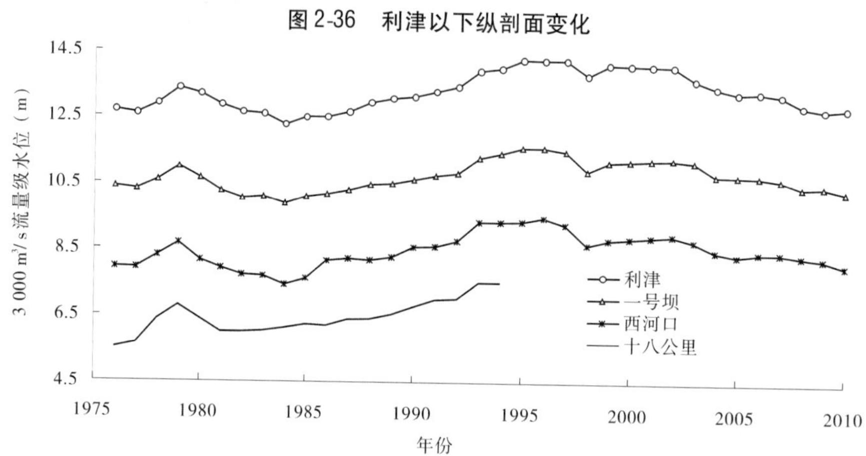

图 2-37 黄河河口水文水位站同流量 3 000 m³/s 水位变化

(五)海岸演变情况

1. 黄河新口门(清 8 出汊后口门)淤积造陆情况

2001 ~2007 年利津年均来沙量 1.98 亿 t,清水沟汊河口门年均淤积造陆 6.0 km^2(见图 2-38),对比 1976 ~1992 年年均来沙量 6.8 亿 t、年均造陆速率 32.8 km^2 的情况可知,年均来沙量大的时期黄河河口年均造陆速率大,年均来沙量小的时期年均造陆速率小。

2. 远离行河口门的海岸演变

神仙沟、刁口河流路停止行河后,相对突出的海岸线在海洋动力"夷平"规律作用下,发生冲刷(见图 2-39)。1976 ~1988 年黄河三角洲北部海岸从挑河湾—孤东临海堤北端 66 km 长的海岸年均蚀退 2.11 亿 t。冲刷特点是:①近岸浅水区冲刷、海床粗化。小浪底水库运用以来,此段海岸继续冲刷,但速率逐渐减小,直至冲刷停止。②深水区微淤。

六、小结

(1)近 10 年来降雨、天然径流量、实测径流量、实测沙量分别偏小 3%、26%、45% 和

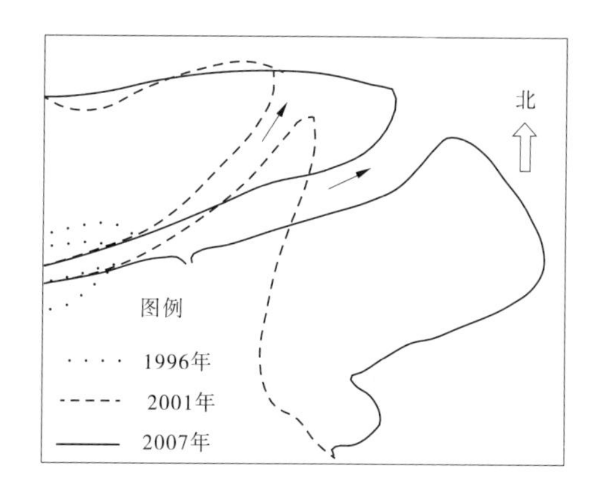

图 2-38　2001～2007 黄河清水沟汊河沙嘴淤积图

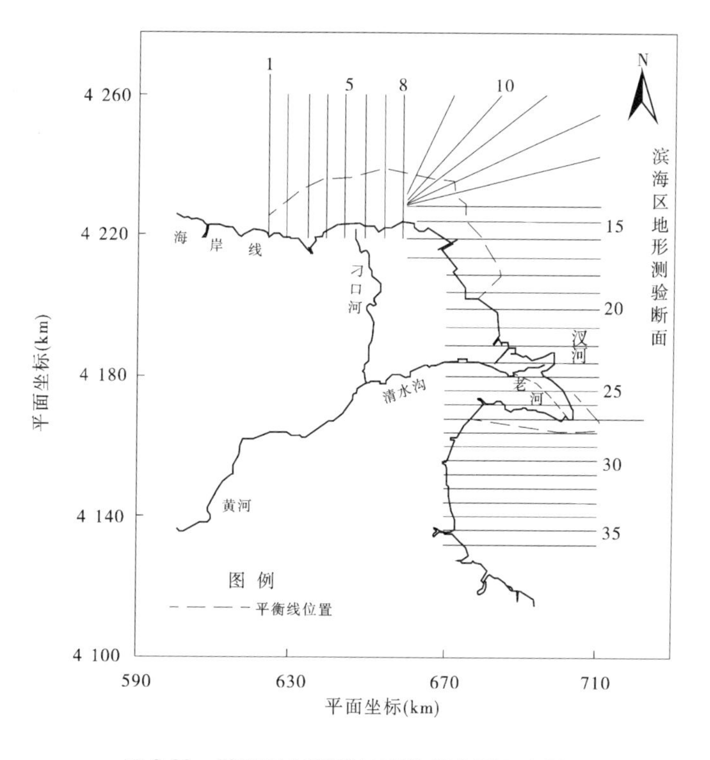

图 2-39　黄河三角洲强冲刷海岸范围示意图

73%。降雨减小幅度小于天然径流量，天然径流量减小幅度小于实测径流量，实测径流量减小幅度小于实测沙量。水库的调节作用改变了径流泥沙过程，上游头道拐控制断面年最大洪峰发生在桃汛期，花园口控制断面年最大洪峰发生在汛前调水调沙期。水沙减少的主要原因：一是缺少强降雨过程，二是生态修复起到了一定作用，三是人类活动的影响。龙羊峡、刘家峡水库调节流量过程和削减洪峰，最大削峰率达 79%。水量的减少满足不了头道拐生态用水的要求，下游利津站满足不了输沙用水的要求。

今后进入下游的水量可能基本上维持在200亿～250亿 m^3；来沙量则不同，多年平均来沙量减少，遇特大暴雨则来沙量可能仍会较多，沙量不均衡变化更加突出，应引起各方重视。

（2）2000～2010年三门峡水库入库水沙量偏少，洪峰流量小，平均含沙量也比较小。潼关以下库区发生累计冲刷，冲刷量为0.949亿t，集中在2003年和2005年；2005年汛后至今潼关高程基本维持在327.7～327.8 m，较为稳定。2006～2010年利用桃汛洪水冲刷潼关高程试验期间，桃汛期潼关高程明显下降，平均下降0.11 m，有效控制了汛后潼关高程累计抬升；三门峡水库库区淤积分布调整，桃汛期黄淤26断面以上发生冲刷，淤积物向坝前推移。建议进一步研究优化试验方案，继续开展利用桃汛洪水冲刷降低潼关高程的试验。

（3）小浪底水库2000～2010年平均入库水、沙量分别为200.52亿 m^3 和3.40亿t，较1987～1999年明显偏少。全库区断面法淤积量为28.223亿 m^3，其中干流淤积量占到79%。从淤积部位来看，泥沙主要淤积在235 m高程以下，其中汛限水位225 m高程以下淤积量占库区淤积总量的92.7%。库区淤积一直保持三角洲淤积形态，三角洲顶点位置随着库区淤积逐步向下游推进，2010年10月位于距坝18.75 km的HH12断面，三角洲顶点高程为215.61 m。随着三角洲顶点向坝前推进，异重流运行距离减小，排沙效果增加。

支流泥沙主要淤积在沟口附近，向上沿程减少；随着淤积的发展，支流的纵剖面形态发展趋势为由正坡至水平而后出现倒坡。至2010年10月，支流畛水河已出现明显拦门沙坎。支流拦门沙坎的存在阻止干支流水沙交换，影响支流库容的充分利用，有必要开展畛水河拦门沙坎的预防治理研究，以提出支流的综合利用措施。

为提高小浪底水库异重流排沙比，建议从以下几方面考虑：①降低小浪底水库排沙期水位。②尽可能维持三门峡水库泄空后1 000 m^3/s 以上的持续时间。③在三门峡水库临近泄空的排沙期至万家寨水库来流之前，适当控制库水位下降速度，分散三门峡排沙过程，控制含沙量不超过350 kg/m^3，相应输沙率不超过600 t/s，以避免由于含沙量过高而在小浪底库区产生大量淤积。

建议加强汛期排沙，在主汛期小浪底水库低水位运用情况下，如果潼关流量大于1 000 m^3/s 且持续3 d以上、输沙率大于50 t/s能够维持1 d以上，小浪底水库和三门峡水库联合运用，适当延长三门峡水库敞泄时间，增强异重流输移后续动力，在桐树岭监测浑水层，如果桐树岭出现异重流，应及时开启排沙洞，减少小浪底水库的淤积。同时为更好地掌握水库异重流排沙规律，建议开展大量的实地观测。

（4）2000～2010年进入下游的年均水沙量分别为234.4亿 m^3 和0.65亿t；较大流量较少。黄河下游利津以上河道共冲刷13.628亿 m^3，但冲淤沿程分布极不均匀，呈"上段冲刷多、下段冲刷少、中间段更少"的特点，63%的冲刷量集中在夹河滩以上河段，孙口—艾山河段冲刷最弱；河槽展宽和冲深同时发生，但冲深甚于展宽，河相系数减小。河床沙粗化1～3.2倍，粗化程度从上段至下段降低。

随着冲刷的发展，冲刷效率有降低的趋势，降低以夹河滩以上河段为主，艾山以下河段不明显。冲刷效率降低的主导因素为河床粗化，在来水来沙过程变化不大的条件下，冲刷效率提高幅度不会很大。

河道排洪能力增大，与小浪底水库运用开始相比，黄河下游3 000 m^3/s同流量水位降幅在2.01～0.85 m；同流量水位呈现“两头降得多、中间降得少”的特点，最小的是孙口—艾山河段。下游各站汛前平滩流量由2000年的2 500～3 700 m^3/s增加到2011年汛前的4 100～6 800 m^3/s；随着冲刷发展，排洪能力最小的瓶颈河段不断下移，从小浪底水库刚投入运用时的夹河滩—高村河段下移至孙口—艾山河段。

洪峰增值造成洪水风险出现的不确定性，增加了水库调度的难度。初步研究表明，洪峰增值与异重流出库含沙量及前期的基流条件有关，可尝试通过适当降低小浪底水库排沙前的出库流量，并利用西霞院水库适当削减小浪底水库排沙阶段的含沙量来减少花园口以上河段的洪峰增值现象。同时建议进一步深入研究洪峰增值发生机理，建立洪峰增值时空和量级的预报方法，为水沙调控服务。

（5）鉴于小浪底水库运用以来黄河下游洪水的较大冲刷作用，尤其是高村以下河道冲刷主要发生在洪水期，而调水调沙又是近期下游洪水的主体，因此建议充分利用并塑造洪水过程，维持下游尤其是艾山以下河道的过洪排沙能力。

同时，为减少库区淤积，保持长期有效库容，又充分发挥下游河道的输沙能力，小浪底水库也应调节洪水，利用大水排沙。

（6）黄河河口流路的演变受河流、海洋、边界（如河长等）等多种因素的影响。小浪底水库运用以来，尤其是小浪底水库拦沙及调水调沙运用以来，水沙条件有利（水量集中下泄、含沙量小、泥沙细），河长较短，自上而下的沿程冲刷较为明显，但与此同时，感潮段受潮汐顶托影响发生溯源淤积。近年来由于入海沙量较小，年均造陆速率仅6 km^2，远小于运用前的32.8 km^2。神仙沟、刁口河流路停止行河后，海岸相对突出，在海洋动力“夷平”规律作用下，海岸发生冲刷，冲刷特点是近岸浅水区冲刷、海床粗化，冲刷速率逐渐减小，直至停止。2010年河长、水位、河床均与20世纪80代中后期基本相当。

第二篇　专题研究成果

第一章　窟野河流域近期实测径流泥沙量锐减成因分析

窟野河是黄河中游河口镇至龙门区间的一条主要来沙，尤其是粗泥沙集中来源的支流，流域面积8 706 km^2，其中多沙粗沙区面积5 456 km^2，粗泥沙集中来源区面积4 001 km^2，分别占流域面积的62.7%和46%。

近年来，窟野河来水来沙量锐减，1954～2006年实测平均径流量5.746亿m^3，2008年、2009年和2010年实测径流量分别只有1.503亿m^3、1.246亿m^{3}和1.252亿m^3；实测平均输沙量0.899亿t，2008年、2009年和2010年实测输沙量分别仅有40万t、3万t和13万t。

为深入剖析窟野河流域近期水沙锐减成因，见微知著，解剖"麻雀"，通过流域查勘调研，从近期(指1997～2009年)下垫面变化和水利水土保持措施等人类活动减水减沙量计算入手，开展了分析研究，并采用流域植被TM影像解译的新技术手段，对窟野河流域近期植被覆盖度变化进行了对比分析。

一、流域概况

窟野河发源于内蒙古自治区鄂尔多斯市东胜区柴登乡拌树村的巴定沟，自西北向东南流经鄂尔多斯市伊金霍洛旗、东胜区、准格尔旗和陕西省府谷县、神木县等5县(旗、区)，于神木县贺家川镇沙峁村汇入黄河。

窟野河有乌兰木伦河和牸牛川两大一级支流，其中乌兰木伦河(西支流)与牸牛川(东支流)在神木县店塔镇房子塔村汇合后形成干流窟野河。从河源至转龙湾为干流上游段，长68 km，面积1 937 km^2，平均比降4.5‰；转龙湾至神木县城为干流中游段，长99.6 km，面积5 361 km^2(其间汇入的支流牸牛川集水面积2 274 km^2)，平均比降2.8‰；神木县城至河口为下游段，长74.2 km，面积1 408 km^2，平均比降2.3‰。

窟野河流域地处毛乌素沙地、鄂尔多斯台地和黄土丘陵沟壑区三大地貌的过渡区，兼有风沙高原和黄土丘陵地貌。流域海拔在800～1 300 m，地势西北高、东南低。流域东北部为砾石、岩屑组成的砾质丘陵区，面积2 476 km^2；西北部为风沙土覆盖的砂质丘陵区，面积4 413 km^2；南部为黄土丘陵沟壑区，面积1 817 km^2。地表组成物质主要为黄土、砒砂岩、沙盖黄土和砾石基岩。神木以上主要为风沙区或盖沙区，风沙下部多为青灰色的砒砂岩(见图1-1)；河谷开阔，漫滩及一级阶地发育，滩面较平，地表植被稀疏；神木以下沿窟野河干流两侧黄土覆盖较厚，地面沟壑纵横，梁峁起伏，坡陡沟深，沟壑密度为3.3 km/km^2。

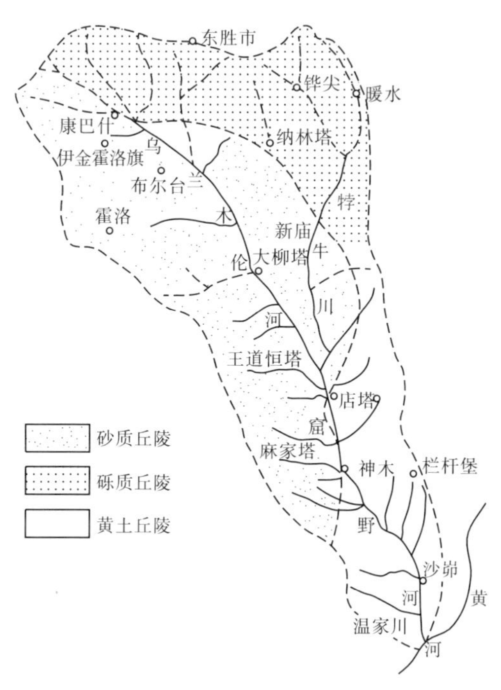

图 1-1　窟野河流域地貌简图

窟野河流域又是河龙区间最常见的暴雨中心，暴雨季节一般为 7～8 月，历时短，强度大，落区集中，突发性强，经常形成区域暴雨中心。大柳塔和神木附近出现暴雨的概率最多。窟野河曾于 1959 年和 1976 年分别出现过14 100 m^3/s 和 14 000 m^3/s 的大洪水，1959 年神木至温家川区间输沙模数高达 10 万 t/(km^2·a)，1958 年 7 月 10 日还出现 1 700 kg/m^3的实测最大含沙量。流域出口水文站温家川水文站多年(1958～2006 年)平均粒径小于0.025 mm 的细泥沙、大于0.05 mm 的粗泥沙和大于0.1 mm 的特粗泥沙含量分别为32.6%、52.8%和35.5%，粗泥沙量超过了泥沙总量的一半；1958～2009 年平均中值粒径 0.045 mm，是黄河粗泥沙的主要来源区之一。

2010 年窟野河流域总人口 65.2 万人，其中城镇人口 34.0 万人，城镇化率 56%。神木县经济综合实力位居全国县(市、区、旗)第 44 位；伊金霍洛旗、准格尔旗也是 2009 年度全国百强县。流域矿产资源丰富，神府、东胜煤田已探明煤炭地质储量 2 236 亿 t，远景储量 10 000 亿 t，是中国探明储量最大的煤田，同时也是特大型优质煤和出口煤的生产基地。20 世纪 90 年代初期，国家实施能源战略西移计划，以神府、东胜煤田开发建设为重点的“神华工程”，被国家确定为四大跨世纪工程之一。

二、近期治理情况

窟野河流经黄河中游多沙粗沙区，全流域风蚀、水蚀均较严重，水土流失面积 8 305 km^2，占流域面积的 95.4%。

至 2010 年底，窟野河流域水土流失治理面积 4 868.3 km^2，治理程度为 58.6%；已建设中小型水库 6 座，总库容 1.76 亿 m^3；已建淤地坝 2 400 座，其中骨干坝、中型、小型淤地坝分别为 358 座、478 座和 1 564 座。在干支流建成暖水、一云渠、二云渠等引水灌溉工程,有效灌溉面积 2.1 万 hm^2,比 1997 年增加 386.7%。随着工业的发展,特别是煤炭资源的大规模开发,流域水资源供需矛盾十分突出。

截至 2010 年底,窟野河流域水土保持措施综合治理保存面积 486 830 hm^2,其中梯(条)田 12 790 hm^2,林地 307 370 hm^2,草地 101 650 hm^2,坝地 6 710 hm^2,封禁治理 58 310 hm^2。与 1997 年相比,13 a 间窟野河流域各种水保措施保存面积增加了 138%。其中,梯(条)田增加了 110.6%,林地增加了 142.8%,草地增加了 47.4%,坝地增加了 124.0%。到 2010 年底封禁治理面积达到了 58 310 hm^2。

从窟野河流域近期水土保持综合治理进程来看,1999 年开始实施退耕还林还草工程,坡耕地现已全部退耕;2000 年开始实施封山禁牧,迄今为止效果明显。2010 年流域开始实施"坡改梯工程"(坡耕地改造成梯田)。实践表明,"坡改梯工程"蓄水减沙效果也很显著。此外,近年来窟野河流域造林质量有了很大提高,造林前都实施了工程整地措施,采用径流林业栽植技术后,造林成活率显著提高,大大增加了水保治理的科技含量。

窟野河流域 1997 ~2010 年水保措施总体保存面积稳定增长(见图 1-2)。

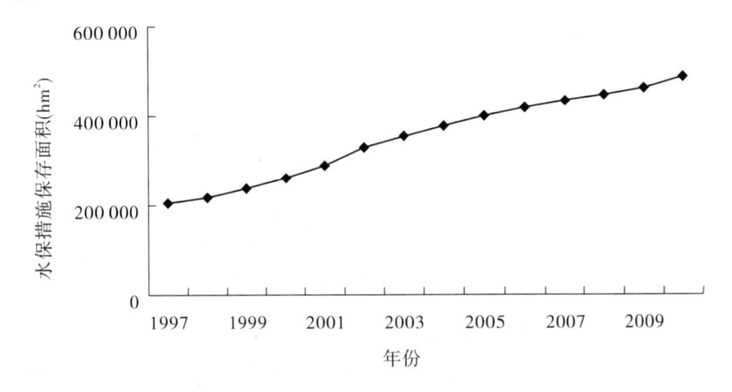

图 1-2 窟野河流域近期水保措施保存面积变化过程线

在各类水保措施中,林地措施保存面积增长最为明显,其次是坝地,再次为梯(条)田;封禁治理面积自 2002 年以后也保持了稳定增长的趋势,说明窟野河流域近期植被措施覆盖度变化显著。相比之下,草地保存面积增幅不到 50%(见图 1-3)。

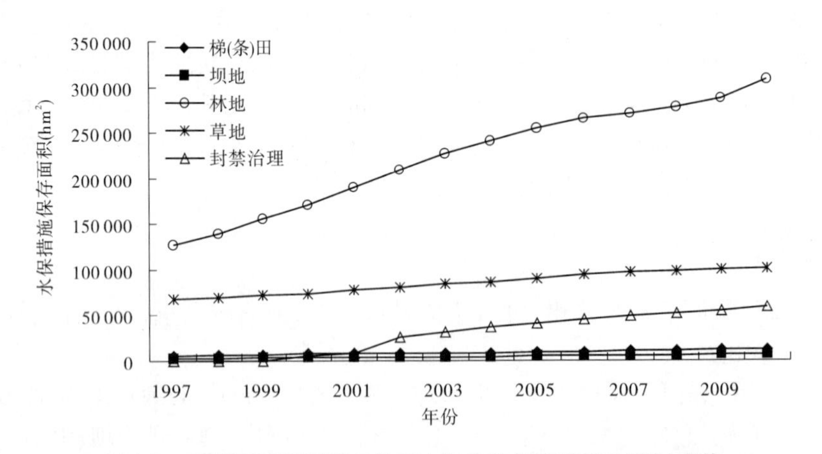

图 1-3 窟野河流域近期各单项水保措施保存面积变化过程线

三、近期水沙变化特征

窟野河流域设有4个水文站,45个雨量站,其中支流乌兰木伦河建有王道恒塔水文站,支流牸牛川建有新庙水文站,干流分别有神木水文站和流域出口控制站温家川水文站。

(一)径流泥沙来源

根据1954~1998年资料统计,窟野河流域径流主要来自新庙、王道恒塔至神木区间和王道恒塔以上,泥沙主要来自神木至温家川区间,其次为王道恒塔以上。新庙、王道恒塔至神木区间年径流系数和年径流模数最大,其次为神木至温家川区间;神木至温家川区间年输沙模数最大。因此,神木至温家川区间是窟野河流域径流模数和输沙模数高值区,王道恒塔以上为低值区。高值区输沙模数是低值区的4.9倍。

自1999年以来,窟野河流域来水来沙发生剧变。根据1999~2009年资料统计,窟野河流域年均来水1.688亿 m^3,年均来沙503万t,其中王道恒塔以上年均来水来沙分别占38.9%和14.9%;新庙以上分别占16.1%和31.6%,新庙、王道恒塔至温家川区间分别占45.0%和53.5%。因此与1954~1998年相比,1999~2009年窟野河流域径流泥沙来源虽然没有发生大的变化,但主要来源区的新庙、王道恒塔至温家川区间年均来水来沙量所占比例下降,其中年均来水所占比例由50.9%下降为45.0%,年均来沙所占比例由59.8%下降为53.5%;王道恒塔以上来水所占比例上升了6.5%,来沙所占比例则下降了10.4%,新庙以上来水所占比例仅下降了0.6%,但来沙所占比例却上升了16.7%,增幅较大。

王道恒塔和新庙近期来水来沙所占比例的"一升一降",实际上反映了近期流域下垫面出现的一些新的变化,乌兰木伦河由于河道大量挖沙,填洼用沙量明显增大;水保措施减沙量也有增大,河源区生态修复和封禁治理对涵养水源有重要作用;牸牛川治理水平不及乌兰木伦河,开发建设项目人为新增水土流失较为严重。由此导致窟野河流域泥沙次要来源地由乌兰木伦河变为牸牛川。

(二)近期来水来沙情况

窟野河流域近期降水、径流、泥沙均呈明显减少趋势(见图1-4~图1-6),表1-1为不同时段的来水来沙特征。与1954~1996年多年均值相比,1997~2009年降水量、年径流量、年输沙量分别减少了9.6%、69.9%和91.7%。尤其是2007年、2008年和2009年,在年降水量与多年平均值相比分别增加36.2%、13.5%和减少4.5%的情况下,年径流量分别只有1.695亿 m^3、1.503亿 m^3 和1.246亿 m^3,分别减少了74.3%、77.2%和81.1%;年输沙量分别只有190万t、40万t和3万t,分别减少了98.2%、99.6%和几乎100.0%。根据调查,窟野河流域2010年径流量只有1.252亿 m^3,输沙量也仅有13万t。

窟野河流域来水来沙在1999年发生剧减突变的基础上,2007年尽管年降水量高达529.2 mm,但水沙剧减,比1999年又减少了一个数量级。近期窟野河流域来水来沙连续发生两次剧减突变,减少幅度之大是未曾预料的。

(三)近期水沙关系变化

窟野河流域不同时段年降水径流关系和年降水产沙关系分别见图1-7和图1-8。可以看出,1997~2009年相同年降水对应的产流产沙量均为最小。尤其是近期随着年降水

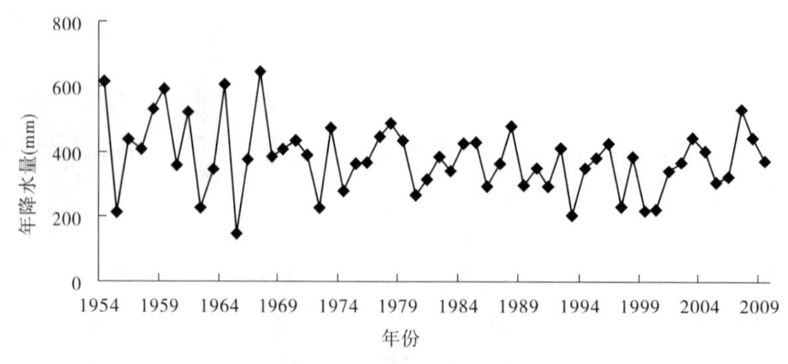

图 1-4　窟野河流域年降水量变化过程线

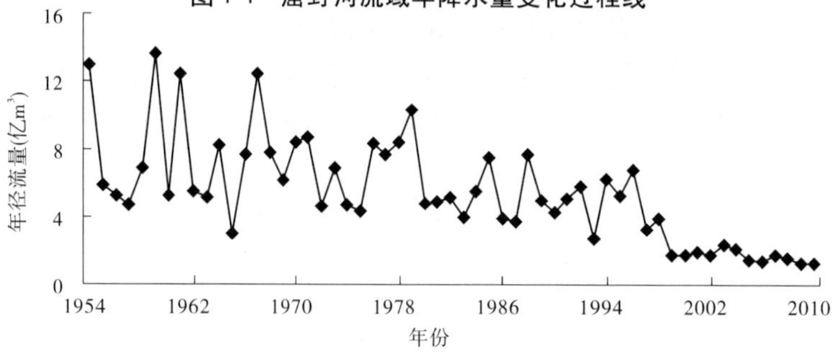

图 1-5　窟野河流域年径流量变化过程线

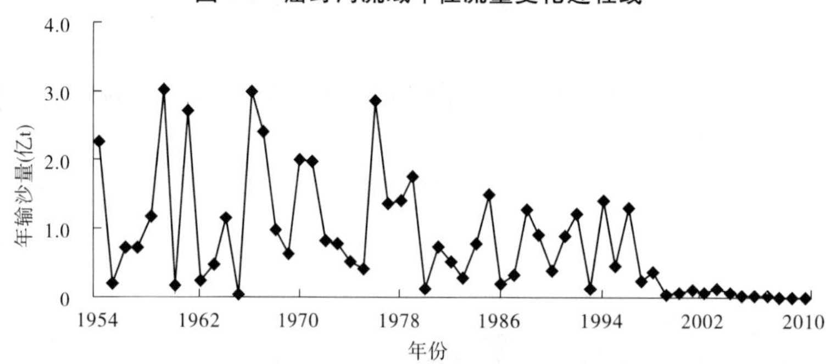

图 1-6　窟野河流域年输沙量变化过程线

量的增大(变化范围 200 ~ 500 mm),年径流量和年输沙量几乎没有变化,近似呈一水平直线。由此说明窟野河流域近期无论年降水怎样增大,几乎不直接影响产流产沙,产流产沙变化极小。这与调查中了解的情况相符。

表 1-1　窟野河流域近期来水来沙量及若干特征值

时段	年降水量(mm)	年径流量(亿 m^3)	年输沙量(亿 t)	来沙系数($kg \cdot s/m^6$)	中值粒径(mm)
1954 ~ 1969 年	426.4	7.685	1.248	5.755	0.047
1970 ~ 1979 年	390.1	7.226	1.399	8.153	0.062
1980 ~ 1989 年	357.9	5.205	0.671	7.072	0.055
1990 ~ 1996 年	343.9	5.134	0.833	8.750	0.049
1954 ~ 1996 年	388.6	6.586	1.081	7.106	0.053
1997 ~ 2009 年	351.3	1.983	0.090	5.125	0.023

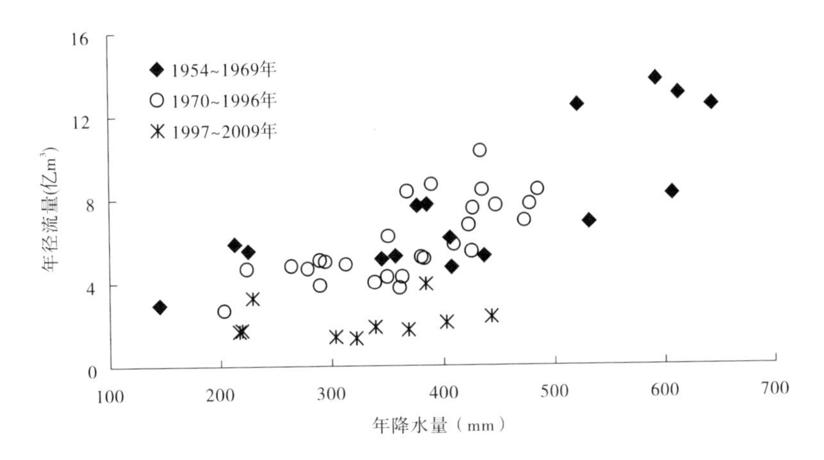

图 1-7 窟野河流域年降水径流关系

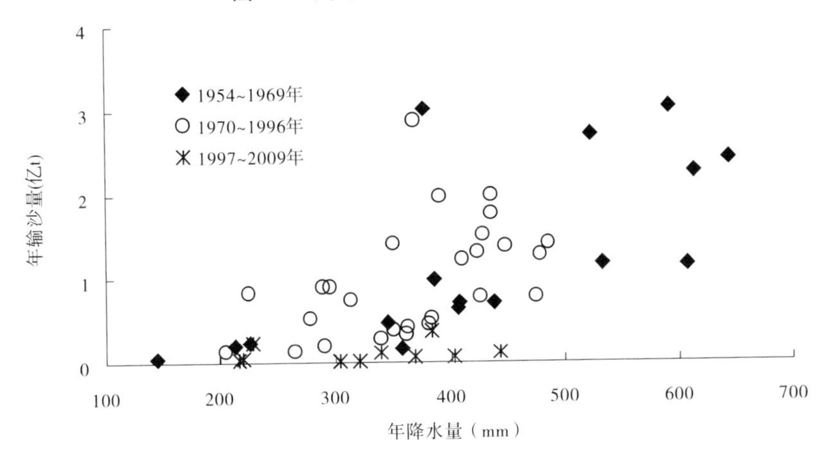

图 1-8 窟野河流域年降水产沙关系

窟野河流域汛期降雨产洪关系和汛期降雨产沙关系分别见图 1-9 和图 1-10。随着汛期降雨量的增大,汛期洪水径流量和洪水输沙量增幅并不大。因此,窟野河流域产流机制

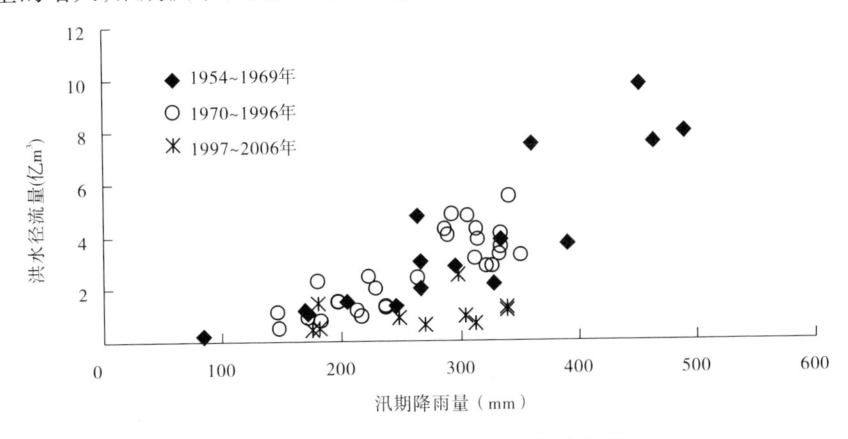

图 1-9 窟野河流域汛期降雨产洪关系

可能有所变化。

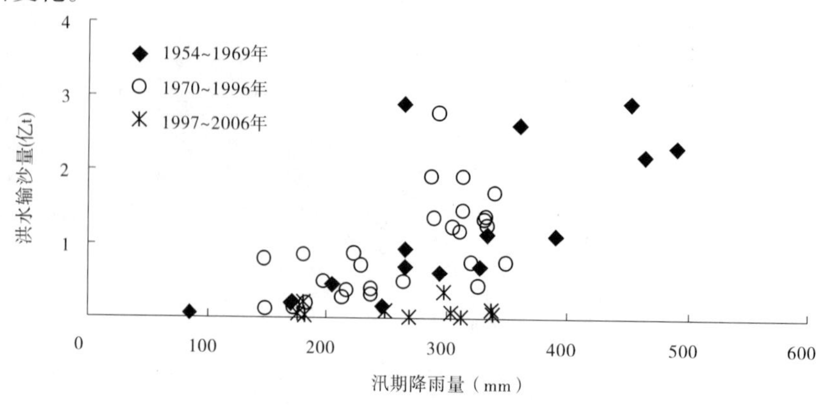

图 1-10　窟野河流域汛期降雨产沙关系

根据窟野河流域 1954～1969 年、1970～1996 年和 1997～2010 年的年径流泥沙线性统计关系(见图 1-11)，其斜率分别为 0.274 t/m³、0.309 t/m³ 和 0.133 t/m³，近期关系线的斜率最小，说明近期单位年径流对应的来沙量最小。窟野河流域 1997～2010 年径流泥沙关系式为

$$W_S = 0.133W - 0.1736 \tag{1-1}$$

式中：W 为年径流量，亿 m³；W_S 为年输沙量，亿 t。相关系数为 0.98。

因此，当流域径流量锐减后，输沙量势必相应锐减。

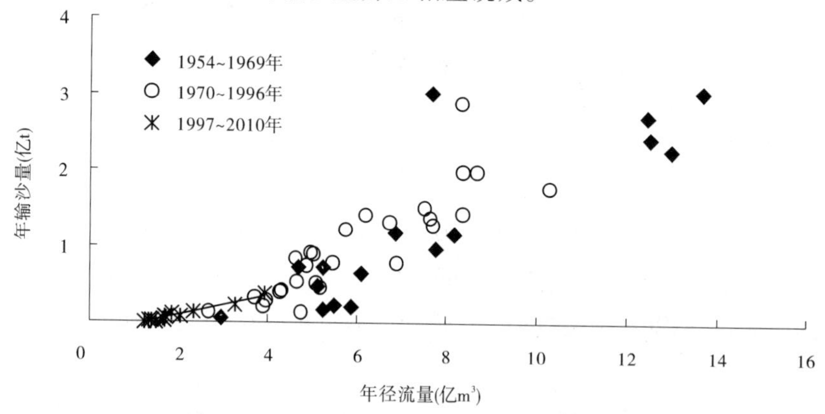

图 1-11　窟野河流域径流泥沙关系

四、近期减水减沙量计算

窟野河流域近期水利水土保持综合治理等人类活动减水减沙量仍采用“水文法”和“水保法”两种方法进行计算。

(一)“水文法”减水减沙量计算

窟野河流域以超渗产流方式为主，降雨强度在产流产沙过程中具有重要的作用。为此，在考虑雨量、雨强共同影响的基础上，以 1954～1969 年为基准期(认为此时段流域受人类活动影响较小，接近天然状况)，建立了窟野河流域温家川水文站基于雨强的降雨产流产沙经验模型：

$$W = 17.08 P_a I_a + 18\,565 \quad (1\text{-}2)$$

$$W_S = 0.048(P_a I_a)^{1.504\,8} \quad (1\text{-}3)$$

式中：W 为年径流量，万 m^3；W_S 为年输沙量，万 t；P_a 为年降水量，mm；I_a 为年均雨强，mm/d，$I_a = P_a / T$，T 为年内实际降水日数。

式(1-2)、式(1-3)两式相关系数分别为0.868和0.873。对所建模型进行的显著性检验表明，各因子之间的相关性都是极显著的。

窟野河流域"水文法"减水减沙量计算结果分别见表1-2、表1-3。

表1-2　窟野河流域近期水利水保措施等减水量(水文法)

时段	总减少量(万 m^3)	人类活动影响			降雨影响	
		减少量(万 m^3)	作用(%)	占总量(%)	减少量(万 m^3)	占总量(%)
1970～1979年	4 590	-7 560	-11.7	-165	12 150	265
1980～1989年	24 800	11 410	18.0	46.0	13 390	54.0
1990～1996年	25 510	11 310	18.1	44.3	14 200	55.7
1997～2009年	57 020	37 920	65.7	66.5	19 100	33.5

表1-3　窟野河流域近期水利水保措施等减沙量(水文法)

时段	总减少量(万 t)	人类活动影响			降雨影响	
		减少量(万 t)	效益(%)	占总量(%)	减少量(万 t)	占总量(%)
1970～1979年	-1 510	-6 660	-90.8	441	5 150	-341
1980～1989年	5 770	320	4.6	5.5	5 450	94.5
1990～1996年	4 150	-1 550	-22.9	-37.3	5 700	137.3
1997～2009年	11 580	4 760	84.2	41.1	6 820	58.9

由表1-2计算结果可知，窟野河流域近期年均总减水5.702亿 m^3，其中因水利水保综合治理等人类活动年均减水3.792亿 m^3，占总减水量的66.5%；因降雨变化影响年均减水1.91亿 m^3，占总减水量的33.5%。人类活动与降雨影响之比约为6.7∶3.3。近期人类活动对径流减少的影响占主导地位。

由表1-3计算结果可知，窟野河流域近期年均总减沙1.158亿t，其中因水利水保综合治理等人类活动年均减沙0.476亿t，占总减沙量的41.1%；因降雨变化影响年均减沙0.682亿t，占总减沙量的58.9%。人类活动与降雨影响之比约为4∶6。近期降雨变化对泥沙减少的影响占主导地位。

(二)"水保法"减水减沙量计算

采用"以洪算沙法"和"强度指标法"平行计算。其中"强度指标法"是根据各水保单项措施减水减沙强度指标和水保措施数量，分别计算其减水减沙量，然后逐项相加，从而求得水保措施减水减沙总量的一种方法。

根据研究成果，结合黄河中游粗泥沙集中来源区典型支流近期水保生态工程建设监测成果，综合求得窟野河流域近期水保措施减洪减沙强度指标见表1-4。

表1-4　窟野河流域近期水保措施减洪减沙强度指标

措施种类	梯田	林地	草地	坝地	封禁治理
减洪强度指标（万 m^3/hm^2）	0.013 6	0.011 8	0.003 97	0.427 7	0.004 79
减沙强度指标（万 t/hm^2）	0.006 75	0.001 54	0.001 86	0.191 6	0.002 51

根据核实的水保措施保存面积和表1-4的减洪减沙强度指标，即可求得窟野河流域1997～2010年逐年水保措施（指梯田、林地、草地、坝地和封禁治理）减洪减沙量。

由于"以洪算沙法"计算的水保措施减水量是汛期减少的洪水量（减洪量），据此推求的减水指标为汛期减少洪水指标（减洪指标），因此其计算结果没有包括水保措施非汛期减水量，这是由该计算方法本身决定的。为了完整计算水保措施减水减沙量，应当考虑水保措施非汛期减水减沙量。水保措施汛期减洪减沙量与非汛期减水减沙量之和即为水保措施总减水减沙量。

根据以往研究成果，河龙区间水保措施非汛期减水量约为汛期减洪量的50%，文献《黄河中游水沙变化成因分析》（冉大川等，2009）认为河龙区间水保措施非汛期减水量与汛期减洪量基本相当。考虑到窟野河流域多年平均汛期（6～9月）降水量占年降水量的78.2%，其中7、8两月降水量又占年降水量的50%左右，本次研究窟野河流域水保措施非汛期减水量按汛期减洪量的50%计算，即流域水保措施总减水量等于汛期减洪量的1.5倍，总减沙量按照汛期减沙量的1.125倍计算。

由于"以洪算沙法"和"强度指标法"两种方法计算结果相差不大，采用"强度指标法"计算结果。窟野河流域近期水利水保措施减水减沙量"强度指标法"计算结果分别见表1-5、表1-6。

表1-5　窟野河流域近期水利水保措施等减水量

时段	水保措施减洪量（万 m^3）						水保措施总减水量（万 m^3）
	梯田	林地	草地	坝地	封禁	小计	
1970～1996年	139	1 002	141	1 076	—	2 358	3 537
1997～2006年	109	2 315	323	1 718	107	4 572	6 858
2007～2010年	159	3 379	394	2 649	257	6 838	10 257

时段	水利措施减水量（万 m^3）			工业及生活用水（万 m^3）	人为增水（万 m^3）	总减水作用	
	灌溉	水库	小计			总减少量（万 m^3）	减水作用（%）
1970～1996年	1 952	172	2 124	511	-51	6 121	9.3
1997～2006年	5 846	128	5 974	12 937	-45	25 724	54.7
2007～2010年	5 994	213	6 207	20 053	-45	36 472	71.9

需要说明的是，表1-6中河道冲淤量包括了窟野河流域主要是乌兰木伦河王道恒塔水文站以上河道的填洼和挖沙量。经过调查和粗略估算，该数值基本可靠。

表1-6　窟野河流域近期水利水保措施等减沙量

时段	水保措施减沙量(万t)						
	梯田	林地	草地	坝地	封禁	小计	总减沙量
1970～1996年	51	358	51	378	—	838	943
1997～2006年	53	309	156	913	83	1 514	1 703
2007～2010年	79	440	185	1 187	135	2 026	2 279

时段	水利措施减沙量(万t)			河道冲淤(万t)	人为增沙(万t)	总减沙效益	
	灌溉	水库	小计			总减少量(万t)	减沙效益(%)
1970～1996年	21	62	83	406	-439	993	9.2
1997～2006年	82	66	148	670	-542	1 979	63.5
2007～2010年	77	69	146	890	-310	3 003	98.0

五、近期实测径流泥沙量锐减成因分析

(一)降水影响

1.降水量变化

窟野河流域不同年代降水量统计结果见表1-7。由此可见，窟野河流域年降水量依时序减小，但近期虽不及1954～1969年平均值，但有所增大。最近10 a(2000～2009年)的年降水量为373.8 mm，比20世纪70年代减少4.2%，比80年代增加4.4%，但比90年代增加15.5%。

表1-7　窟野河流域不同年代降水量统计　　(单位:mm)

时段	1954～1969年	1970～1979年	1980～1989年	1990～1999年	2000～2009年
年降水量	426.4	390.1	357.9	323.7	373.8
汛期降雨量	321.1	303.3	262.0	263.0	321.8

窟野河流域不同年代汛期6～9月降雨量变化较大。最近10 a的汛期降雨量为321.8 mm，分别比20世纪70、80、90年代增大了6.1%、22.8%和22.4%。

2.降雨强度变化

窟野河流域降雨强度依时序持续减小。与20世纪70年代相比，近10 a降雨强度明显减弱，其中3 h、6 h、12 h和24 h降雨量分别减少了14.6%、21.7%、26.6%和27.1%(见表1-8)。3 h降雨量减少幅度虽然最小，但也超过了14%；24 h降雨量减少幅度最大，达到了27.1%。

表 1-8　窟野河流域不同范围不同年代不同时段降雨量统计　　（单位：mm）

范围	时段	近 10 a	20 世纪 90 年代	20 世纪 80 年代	20 世纪 70 年代
神木以上	3 h	29.2	29.0	30.0	33.7
神温区间		27.6	29.0	28.7	32.1
窟野河流域		28.6	28.9	29.8	33.5
神木以上	6 h	37.3	39.8	39.3	48.3
神温区间		37.1	37.3	40.4	44.3
窟野河流域		37.2	39.1	39.3	47.5
神木以上	12 h	44.7	50.5	47.3	62.3
神温区间		46.8	43.1	51.5	56.5
窟野河流域		44.9	48.8	47.8	61.2
神木以上	24 h	50.1	54.8	54.0	71.3
神温区间		54.4	48.9	56.5	63.8
窟野河流域		50.7	53.4	54.2	69.5

3. 强降雨的频次和降雨的影响

根据调查，近 10 a 来窟野河流域强降雨频次明显减少，但笼罩范围变化不大。1995 年以后几乎没有出现过 12 h 降雨量大于 90 mm 的大暴雨，而在此之前这样的暴雨几乎两年一次。

由前述计算结果知，窟野河流域近期减水人类活动与降雨影响之比约为 6.7∶3.3，降雨变化对径流减少的影响居次要地位；减沙人类活动与降雨影响之比约为 4∶6，降雨变化对泥沙减少的影响占主导地位。

（二）水土保持治理影响

1. 水利水保措施减水减沙量

窟野河流域水利水保综合治理措施的实施，改变了流域下垫面的产流产沙过程，发挥了显著的减水减沙作用。

根据表 1-5 计算结果，窟野河流域 1997 ~ 2010 年水利水保综合治理等人类活动年均减水 2.879 亿 m^3，减水作用 59.5%，其中 2007 ~ 2010 年水利水保综合治理等人类活动年均减水 3.647 亿 m^3，减水作用 71.7%。2007 ~ 2010 年与 1997 ~ 2006 年相比，水利水保综合治理等人类活动年均减水量增大了 41.8%。

根据表 1-6 计算结果，窟野河流域 1997 ~ 2010 年水利水保综合治理等人类活动年均减沙 0.227 亿 t，减沙效益 73.3%，其中 2007 ~ 2010 年水利水保综合治理等人类活动年均减沙 0.300 亿 t，减沙效益 98.0%。2007 ~ 2010 年与 1997 ~ 2006 年相比，水利水保综合治理等人类活动年均减沙量增大了 51.8%。

2007 ~ 2010 年窟野河流域水利水保综合治理等人类活动减水减沙作用与 1997 ~ 2006 年相比有了明显提高。水利水保综合治理等人类活动是最近 4 a 窟野河流域水沙锐减的重要影响因素之一。

水利水保措施减水减沙贡献率指水利水保措施减水减沙量占人类活动减水减沙总量的百分比，是评价其减水减沙效果的重要指标。计算表明，窟野河流域 2007 ~ 2010 年水利水保措施平均减水贡献率合计为 45.1%，平均减沙贡献率合计为 80.6%，说明水利水保措施减水在人类活动中的影响居于次要地位，水利水保措施减沙对流域总体减沙的影响居于绝对主导地位。淤地坝仍是流域水保措施减沙的主体，其次为坡面措施。

2.沙棘减沙作用

长期的水土保持治理实践证明，沙棘是治理黄土高原砒砂岩区水土流失的先锋树种。在其他植物难以生长的立地条件下，沙棘以其耐干旱、耐土壤瘠薄的特性在水保植物措施减沙功能上发挥了不可替代的独特作用。窟野河流域自1998年开始实施“晋陕蒙砒砂岩沙棘生态工程”项目，收到了良好效果，项目区生态环境得到了较大改善。截至2008年底，窟野河流域砒砂岩区沙棘累计保存面积80 919 hm^2，占同年流域林地总保存面积277 280 hm^2的29.2%。2009年窟野河流域又开始实施“晋陕蒙砒砂岩区窟野河流域沙棘生态减沙工程”项目，通过在沟底布设沙棘植物拦沙坝，沟坡布设沙棘植物防蚀网，沟头沟沿布设沙棘植物防护篱，河岸布设沙棘植物柔性防护坝，沙地布设沙棘防风固沙林，形成沙棘综合拦沙防护体系。根据调查，2009年、2010年两年沙棘种植面积分别达到1.49万 hm^2 和2.787万 hm^2。

以上沙棘生态减沙工程项目沙棘栽种质量很高，成活率高达95%以上。根据调查，当年种植的沙棘没有明显的减洪减沙作用，栽植3 a后的沙棘开始郁闭成林，发挥效益。砒砂岩区地势陡峻，沟谷切割很深，大部分水土流失来自沟道，为了有效减少水土流失，沙棘生态减沙工程的沙棘林大都种植在流域支毛沟的沟道，从产沙源头拦截了大量泥沙尤其是粗泥沙，减沙效益巨大。根据有关研究，窟野河流域2002～2008年沙棘林年均减沙136万t，约占同期林地总减沙量232.8万t的58.4%。因此，林地质量是有效减沙的关键。在窟野河流域林地减沙量中，高质量的沙棘林起到了至关重要的减沙作用。

（三）植被措施变化及其影响

1.流域调查情况

地处黄河中游多沙粗沙区和粗泥沙集中来源区腹地的窟野河流域，尽管自然条件极为恶劣，但近期水土保持生态建设取得了很大成就。截至2010年底，窟野河流域水土保持综合治理保存面积486 830 hm^2，其中林地、草地保存面积合计409 020 hm^2，占流域水土保持综合治理总保存面积的84%；林草措施的增长速度明显大于其他水保措施。同时，近期还增加了封禁治理面积58 310 hm^2。与1997年以前相比，近期窟野河流域植被措施面积增加了2.4倍。

借助国家实行的退耕还林还草和封禁治理政策，地方政府也出台了相应的配套政策并投入大量资金，使窟野河流域植被得到了有效恢复。地处流域中下游的神木县，截至2009年林草覆盖率达到50.8%，比20世纪80年代提高了35.8%；地处流域源头和上游东部的伊金霍洛旗、准格尔旗，2009年林草覆盖率分别为86%和70%。神木以上的风沙区和盖沙区林草植被普遍恢复很好，其林草植被覆盖率和郁闭度均达到了70%～85%以上；流域内除少许河川地外，几乎没有农田。神木以下的黄土丘陵区林草植被虽然稍差，但其覆盖度总体上也达50%～60%。

调查中发现，早年种植的杨树与近年封禁形成的林草在郁闭度方面有明显差异，前者不仅郁闭度偏低，而且林下基本上为裸地，没有枯枝落叶层，其水保作用明显不大。而在封禁和人工林草措施共存的地方，林草郁闭度均很好，大多可达到70%以上。据调查，实行封禁后,3 a 左右时间草就可以达到很好的状况,5 a 左右就会有灌木生出;有灌木的林草郁闭度和稳定性明显好于纯林或纯草。

近期窟野河流域植被措施保存面积的迅速增大,明显改变了流域产流产沙的下垫面条件,使流域在同等降雨条件(特别是日降雨不超过 100 mm)下的产流产沙明显减少。在王道恒塔、新庙和神木水文站的两次调查与座谈中,谈及窟野河流域近期水沙锐减问题及其成因,水文站职工都认为植被覆盖度增大是水沙锐减的主要原因之一。神木水文站原站长郝宏亮介绍说,2010 年 8 月 10 日神木以上发生日降雨量达 70 mm 的特大暴雨,但基本上没有产流。2010 年 9 月中旬考察期间也巧遇一场暴雨,其雨强为 2 h 67 mm(即 33.5 mm/h),落区主要在牸牛川,但雨后未出现洪水;牸牛川新庙水文站已连续两年没有测到过大于 1 m^3/s 的流量。另据黄河水情报汛数据,2005 年以来,当 2 h 降雨量不超过 70 mm 时,窟野河河道内基本没有来水来沙。

2. 流域植被 TM 影像解译与分析

1)数据源与数据处理

窟野河流域 4 ~ 9 月为植被主要生长季,研究中选择流域植被主要生长季的 TM 遥感影像,进而定量分析植被覆盖变化。

在提取植被信息前,利用 ERDAS - IMAGINE 软件对原始 TM 影像进行了拼接及纠正,并按照流域界裁切出窟野河流域,然后将处理好的遥感影像利用软件的空间增强模块提取流域归一化植被指数(NDVI)。

植被覆盖度是指植被冠层的垂直投影面积与土壤总面积之比。根据 NDVI 与植被覆盖度的关系,利用 ERDAS 的建模工具计算窟野河流域植被覆盖度。根据水利部 2008 年 1 月颁布的《土壤侵蚀分类分级标准》(SL 190—2007)中对植被覆盖度的分级规定,利用 ArcGIS 软件对植被覆盖度进行分级,得到窟野河流域植被覆盖度分级图,在此基础上统计不同级别覆盖度的植被面积。

2)植被覆盖度解译结果及其分析

根据解译结果分析,1987 ~ 2000 年流域植被覆盖度处于相对持续较低阶段,流域内植被覆盖度小于 10% 的低覆盖面积超过了流域总面积的一半以上。2006 年以后,植被覆盖度小于 10% 的面积大幅度减少,流域植被进入快速恢复期。2006 年和 2009 年植被覆盖度在 10% 以下的面积分别降至 13.5% 和 37.8%,植被覆盖度在 10% ~ 30% 的面积分别为 66.6% 和 39.6%。尽管 2009 年植被覆盖度小于 10% 的面积比 2006 年有所回升,但植被覆盖度大于 30% 的面积依然有较大幅度的增加,占到流域总面积的 22.6%,特别是植被覆盖度在 50% 以上的面积增加尤为显著,占到流域总面积的 8.4%,是 2006 年的 5.6 倍。

从空间变化来看,窟野河流域植被存在着较明显的空间差异。2000 年以前,全流域基本处于中低覆盖度以下,植被较好的区域基本集中分布在乌兰木伦河上游右岸,沿河道、沟道也有零星分布。中下游地区植被非常稀少,基本处于裸露状态,大部分区域植被覆盖度小于 10%。2006 年以后,全流域植被状况良好,自上游到下游植被覆盖度逐渐增加,特别是下游左岸植被覆盖度增加最快,2009 年的植被分布最为典型。

为便于和本次研究的重点时间节点相吻合,给出窟野河流域 2009 年和 1998 年植被 TM 影像解译结果见表 1-9。解译结果对比表明,低覆盖度(0 ~ 10%)的植被面积减少了

2 653.3 km²,占流域总面积的 30.3%;较低覆盖度(10% ~30%)和中等覆盖度(30% ~50%)的植被面积有明显增加,分别增加了 988.9 km² 和 997.2 km²,增加面积大体相当,两者合计 1 986.1 km²,占流域总面积的 22.7%;较高覆盖度(50% ~70%)的植被面积增加了 348.5 km²,占流域总面积的 4.0%;高覆盖度(>70%)的植被面积增加了 318.8 km²,占流域总面积的 3.6%。流域较高覆盖度(50%以上)的植被面积合计增加了 667.3 km²,占流域总面积的 7.6%。

表 1-9 窟野河流域 2009 年与 1998 年植被覆盖 TM 影像解译结果及其变化

年份	不同植被覆盖度面积(km²)									
	0 ~10% 低覆盖度	占总面积(%)	10% ~30% 较低覆盖度	占总面积(%)	30% ~50% 中覆盖度	占总面积(%)	50% ~70% 较高覆盖度	占总面积(%)	>70% 高覆盖度	占总面积(%)
1998①	5 961.5	68.1	2 480.4	28.4	242.1	2.8	46.5	0.5	20.2	0.2
2009②	3 308.2	37.8	3 469.3	39.6	1 239.3	14.2	395.0	4.5	339.0	3.9
②-①	-2 653.3	-30.3	+988.9	11.3	+997.2	11.4	+348.5	4.0	+318.8	3.6

注:遥感信息源分别为 1998-10TM 影像和 2009-10TM 影像。"+"表示增加,"-"表示减少,面积均为 8 750.7 km²。

窟野河流域低覆盖度的植被面积减少后分别转化为其他覆盖度的植被面积,其中较低覆盖度和中等覆盖度植被增加面积分别占低覆盖度植被减少面积的 37.3% 和 37.6%,较高覆盖度和高覆盖度植被增加面积分别占 13.1% 和 12.0%。

对比 1998 年和 2009 年植被 TM 影像图(见图 1-12、图 1-13),得到流域近期植被覆盖情况变化对比图(见图 1-14)。其中,变化正值表示植被覆盖度呈上升趋势,植被增加;负值表示植被覆盖度在下降,植被退化。与 1998 年对比,除内蒙古伊金霍洛旗部分地区植被覆盖减少外,2009 年大部分地区植被覆盖度明显增加,尤其是下游的神木至温家川区间。

需要说明的是,窟野河流域不同时期植被 TM 影像图反映的是流域林草等植被措施的覆盖度及其变化情况,且以草被为主,但无法具体区分林地与草地。由于 2009 年流域植被 TM 影像图拍摄于 10 月,加之窟野河流域 80% 以上的农村剩余劳动力已经转移,坡耕地撂荒现象非常严重,因此流域不同时期植被 TM 影像图覆盖度信息中农作物覆盖的影响很小,主要仍是植被覆盖度信息。

(四)水资源开发利用影响

近年来,窟野河流域社会经济快速发展,城镇化速度明显加快,用水量显著增加,这也是导致流域来水来沙大幅度减少的重要原因之一。目前大柳塔矿区共有人口约 10 万人,地表取用水量为 2 万 m³/d,水资源供需矛盾日益突出。在考察中了解到,窟野河流域内工业园区建设方兴未艾,需要引用大量的生产生活用水。为保证引水,流域内的水库建设基本上把其上游来水来沙量全部"吃光喝净"。流域内的取水方式除水库蓄水、河道引水外,诸如河床内打井、截潜流(当地称为截覆流)、矿井水利用等进一步减少了进入下游的水量和沙量。

由于窟野河流域水资源消耗量急剧增加,供需矛盾日趋尖锐,神木县为了缓解日趋严峻的水资源供需矛盾,除竭尽所能充分利用窟野河地表径流量外,还在采兔沟水库上游

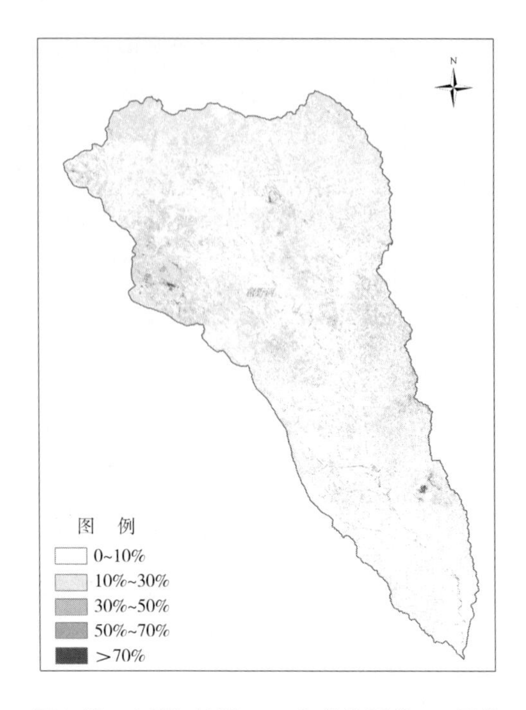

图1-12 窟野河流域1998年植被覆盖TM影像

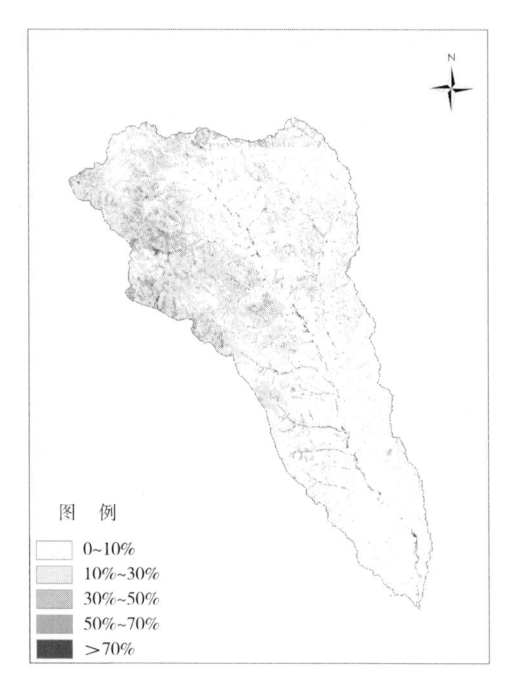

图1-13 窟野河流域2009年植被覆盖TM影像

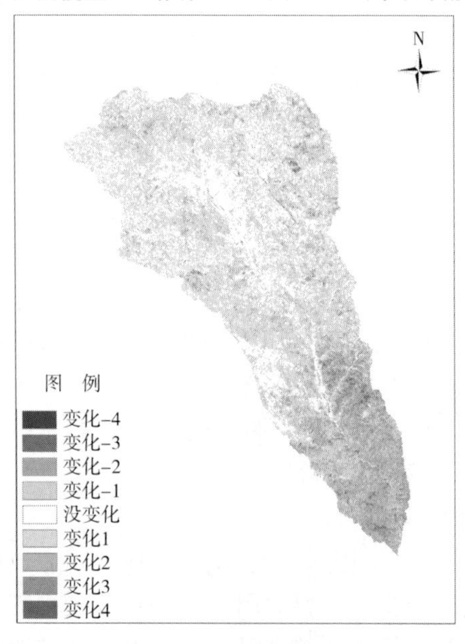

图1-14 窟野河流域植被覆盖情况变化对比

13 km处兴建了瑶镇水库，总库容1 060万 m^3，年供水能力7 000万 m^3，已于2010年4月开始向神木县城供水。

根据调查，窟野河流域主要用水户包括采煤、洗选煤、煤化工、兰炭、火电和农业用水等。根据“水保法”计算结果，2007～2010年窟野河流域工业和生活年均用水2.0亿 m^3，农业年均用水约0.6亿 m^3，城镇景观用水造成的蒸发损失每年约300万 m^3。

根据调查,2010 年窟野河流域社会经济耗水量在 3 亿 m^3 左右,其中煤炭开采是最大的用水户,年用水量为 2.25 亿 m^3;灌溉用水量为 6 325 万 m^3;农村及城镇人口生活年用水量约为 1 020 万 m^3;兰炭企业年用水量 700 万 m^3;城镇景观用水蒸发损失 300 万 m^3。以上用水绝大部分发生在神木县城以上。而在 20 世纪 70 年代至 90 年代初,流域用水量不足 2 000 万 m^3。根据最新的黄河水资源评价成果,窟野河流域浅层地下水可开采量为零,煤矿开采目前主要在 100 m 以内的浅层,故其所有用水均可视为地表水。

(五)煤矿开采影响

窟野河流域煤矿开采对径流的影响主要包括煤炭开采用水和矿井涌水两部分。窟野河流域的煤矿绝大部分位于山区,地形复杂,河谷切割很深,沟谷径流较少,大部分为季节性河流。煤炭开采过程中形成的巷道和开采后形成的采空区,严重破坏地表水、地下水运移、赋存的天然状态,甚至会破坏地下不透水层,使得地表水渗入地下或矿坑,称之为矿井涌水,因而使地表径流减少。神东煤田现状开采区主要分布在窟野河神木县城以上至乌兰木伦河转龙湾之间。地处窟野河流域的神东公司,2010 年原煤产量已达 2.1 亿 t,开采吨煤用水量为 1~2 m^3,主产区在大柳塔矿区。

最近 5 a 窟野河流域煤炭超设计能力开采对水资源的影响尤为严重。神东公司拥有 17 个矿井,矿区整体生产能力目前已达 2 亿 t/a。其中大柳塔煤矿设计生产能力为 600 万 t/a,活鸡兔煤矿为 500 万 t/a,目前两矿实际生产能力均已达到 2 200 万 t/a,分别是原设计生产能力的 3.7 倍和 4.4 倍;榆家梁煤矿设计生产能力为 500 万 t/a,目前已达到 1 800万 t/a,是原设计生产能力的 3.6 倍。

根据调查统计,1998 年窟野河流域原煤产量仅为 0.217 亿 t,其中神东公司 0.071 亿 t;2010 年窟野河流域原煤产量约 3.2 亿 t,其中神东公司 2.1 亿 t,12 a 间增长了 13.7 倍。如此大规模、超强度的开采,伴生的地表塌陷、水源渗漏和植被枯死等环境恶化问题非常严重。目前,神木县采空区面积 130 km^2(全县总面积 7 365 km^2),已形成塌陷面积 72.67 km^2,其中神东煤矿占 93%。神木县已有数十条河流断流,30 多个泉眼干涸;窟野河流域每年有 2/3 以上时间断流或基本断流,变成了季节河。受大柳塔神东煤矿影响,活鸡兔沟 3 座小型水库干涸。

根据近两年黄委审核的窟野河流域所在地区煤矿水资源论证报告,目前该地区煤矿开采、洗选和周边绿化等基本上依靠矿井涌水,吨煤涌水量 0.3~0.5 m^3。2009 年窟野河流域原煤产量为 2.79 亿 t,估计涌水量 1 亿~1.4 亿 m^3;2010 年原煤产量约为 3.2 亿 t,估计涌水量 1.1 亿~1.6 亿 m^3,这其中还不包括煤矿开采可能会破坏地下不透水层而导致的径流下渗量。

矿井涌水也是导致窟野河流域地表径流减少的重要影响因素,对流域地下水和地表水的转化方式有一定影响,有待进一步研究。

(六)其他影响

1.河道挖沙

在窟野河干流河道尤其是乌兰木伦河主河道内,挖沙现象非常严重,屡禁不止,河道被挖得千疮百孔。根据调查,乌兰木伦河主河道内挖沙形成的沙堆有数米甚至十几米高,挖沙形成的坑深 2~3 m。由于河道出现了大量高低不平的坑洼,在流域出现中小暴雨、形成径流泥沙并先后汇入河道后，先期汇入的径流泥沙将全部用于填补河道沙坑。河道大量挖沙使填洼的水沙量大增，也导致流域出口断面实测水沙量锐减。在近期窟野河流域大暴雨明显减少的情况下，对于出现的中小洪水，填洼水沙量对流域出口断面实测水沙量的影响更为明显。

2. 农村剩余劳动力转移

随着产业结构调整和农村非农产业的发展，窟野河流域大量的农村剩余劳动力得以向非农产业和城市转移，自2002年开始进入快速转移时期。2005年以来，随着窟野河流域企业尤其是煤炭等矿产开采业的高速发展，对青壮年劳动力的需求大量增加，从而使得农村剩余劳动力大量向城镇转移。以神木县为例，在北部矿区，农村剩余劳动力基本上全部就地打工；在中南部有85%左右的农村剩余劳动力进城打工。由于农村劳动力大幅度减少，农村耕地撂荒、弃耕现象比较普遍，因农业种植所造成的水土流失也显著减少。窟野河流域巨大的煤炭资源优势和超强经济实力促进了产业结构调整，巩固了退耕还林、封山禁牧的成果，对林草植被建设和流域植被覆盖度的迅速提高起到了很大的促进作用。

3. 河道冲淤和公路建设

调查发现，由于近期窟野河流域很少发生大暴雨，中小洪水即使产沙，大部分也淤积在河道中，一些水文测验断面多有淤积抬高现象。根据本次“水保法”研究粗略计算，2007年以来窟野河流域河道年均淤积量为890万t。此外，近年来窟野河流域实施的“村村通”公路建设标准很高，但“网格化”的公路建设截断了所在地域的径流通道，对流域产流产沙量也有影响。

六、小结

(一)特大暴雨减少，降雨强度明显减小

窟野河流域近期特大暴雨减少，降雨强度明显减小。近期年降水量变化不大，汛期降雨量比前期增大，但最大3 h、6 h、12 h和24 h降雨量呈现出持续减小的趋势。强降雨频次明显减少，但笼罩范围变化不大。

(二)水利水保措施减水减沙效果明显

(1)根据“水文法”计算结果，窟野河流域近期年均总减水5.702亿m^3，其中因水利水土保持综合治理等人类活动年均减水3.792亿m^3，占总减水量的66.5%；因降雨变化影响年均减水1.91亿m^3，占总减水量的33.5%。人类活动与降雨影响之比约为6.7∶3.3。近期人类活动对径流减少的影响占主导地位。

(2)根据“水文法”计算结果，窟野河流域近期年均总减沙1.158亿t，其中因水利水土保持综合治理等人类活动年均减沙0.476亿t，占总减沙量的41.1%；因降雨变化影响年均减沙0.682亿t，占总减沙量的58.9%。人类活动与降雨影响之比约为4∶6。近期降雨变化对泥沙减少的影响占主导地位。

(3)根据“水保法”计算结果，窟野河流域1997~2010年水利水土保持综合治理等人类活动年均减水2.879亿m^3，减水作用59.5%，其中2007~2010年水利水土保持综合治理等人类活动年均减水3.647亿m^3，减水作用71.7%。2007~2010年与1997~2006年相比，年均减水量增大了41.8%。

(4)根据“水保法”计算结果,窟野河流域1997～2010年水利水土保持综合治理等人类活动年均减沙0.227亿t,减沙效益73.3%,其中2007～2010年水利水土保持综合治理等人类活动年均减沙0.300亿t,减沙效益98.0%。2007～2010年与1997～2006年相比,年均减沙量增大了51.8%。

(5)经综合分析,采用“水保法”计算结果作为最终结果,则窟野河流域近期水利水土保持综合治理等人类活动年均减水2.879亿m^3,年均减沙0.227亿t。

(6)2007～2010年窟野河流域水利水保措施减水贡献率合计为45.1%,减沙贡献率合计为80.6%。淤地坝仍是流域水土保持措施减沙的主体,其次为坡面措施。

(三)植被覆盖度增加,有利于降水入渗

窟野河流域近期植被覆盖度大幅增加。2009年与1998年流域植被TM影像图及其解译结果对比表明,低覆盖度(0～10%)的植被面积减少了2 653.3 km^2,占流域总面积的30.3%;中覆盖度(10%～50%)的植被面积增加了1 986.1 km^2,占流域总面积的22.7%;较高覆盖度(50%以上)的植被面积增加了667.3 km^2,占流域总面积的7.6%。植被覆盖度大幅增加有利于降水入渗,减少了流域产流量,是流域近期水沙锐减的重要影响因素之一。

(四)人类活动用水增加迅速

2007～2010年窟野河流域工业和生活年均用水2.0亿m^3,农业年均用水约0.6亿m^3,城镇景观用水造成的蒸发损失每年约300万m^3。其中煤炭开采是最大的用水户,2007～2010年窟野河流域煤炭开采年均用水量约1.75亿m^3。

(五)其他影响因素

河道挖沙形成的大坑需要大量的填注水沙;农村剩余劳动力转移减少了因农业种植所造成的水土流失,促进了植被恢复,减少了流域产水产沙量;“村村通”公路建设客观上截断了径流通道,使流域产流产沙量大为减少。

(六)建议开展基于WEPP分布式模型的流域产流机制变化研究

水土保持生态建设可以改变流域下垫面状况,包括植被覆盖度、土壤结构、土壤含水量、地下水循环等,大面积的生态建设还可能对局地气候产生影响。窟野河流域近期植被覆盖度大幅度提高,对流域产流产沙影响非常大,有可能已经改变了流域的超渗产流机制,急需进一步深入研究流域产流机制的变化。可以通过建立基于土地利用/覆被演变(LUCC)的流域WEPP分布式模型,开展不同降水水平及土地覆被空间格局下的水文过程模拟,分析窟野河流域产流参数的响应规律,进而研究流域产流机制的胁变性和下垫面变化对流域产流机制的胁迫作用。

(七)建议开展生产力布局与水资源约束关系研究

晋陕蒙接壤地区是我国重要的能源化工基地,随着经济社会的快速发展,用水量在不断增加,水资源供需矛盾日益突出。有必要深入开展生产力布局与水资源约束关系的研究,在考虑生产力布局基础上对当地水资源进行优化配置,同时考虑水资源约束条件,适当调整当地经济发展和用水结构,以实现水资源可持续利用,进而支撑经济社会可持续发展。同时,建议开展陕北能源重化工基地建设与当地水资源承载力的相关研究。

第二章　小浪底水库调水调沙期对接水位对排沙效果的影响

一、2010 年汛前小浪底水库排沙比大的主要原因

小浪底水库自 1999 年开始蓄水运用,2001 年开始异重流测验,到 2010 年已连续观测 10 a,从 2004 年开始至 2010 年,基于干流水库群联合调度、在汛前调水调沙期间人工塑造异重流已经进行了 7 次,由于排沙期的入库水沙、边界条件及水库运用方式不同,各年度的排沙比是不同的(见表 2-1)。

表 2-1　汛前调水调沙小浪底水库排沙期特征值

年份	时段(月-日)	历时(d)	入库平均流量(m^3/s)	入库平均含沙量(kg/m^3)	沙量(亿 t)		排沙比(%)
					三门峡	小浪底	
2004	07-06 ~ 07-13	8	689.675	80.759	0.385	0.055	14.3
2005	06-27 ~ 07-02	6	776.917	112.238	0.452	0.020	4.4
2006	06-25 ~ 06-29	5	1 254.52	42.426	0.230	0.069	30.0
2007	06-26 – 07-02	7	1 568.71	64.582	0.613	0.234	38.2
2008	06-27 ~ 07-03	7	1 324.0	92.56	0.741	0.458	61.8
2009	06-30 ~ 07-03	4	1 062.75	148.445	0.545	0.036	6.6
2010	07-04 ~ 07-07	4	1 635.8	73.1	0.418	0.553	132.3
合计					3.384	1.425	42.1

2004 ~ 2009 年汛前调水调沙期间,小浪底水库入库沙量 3.384 亿 t,出库沙量 1.425 亿 t,平均排沙比 42.1%。但汛前异重流排沙比相差很大,2005 年、2009 年排沙比仅分别为 4.4% 和 6.6%,2008 年、2010 年高达 61.8%、132.3%。

2010 年汛前调水调沙水库排沙比达到 132.3%,其原因是什么?值得进一步分析,深入了解入库水沙在小浪底水库的运行情况以及各因素对水库排沙的影响,以更好地为今后的异重流塑造及水库运用服务。

(一)2010 年汛前调水调沙过程

2010 年汛前调水调沙从 6 月 19 日 8 时开始(见图 2-1),三门峡水库 7 月 3 日 18 时 36 分开始加大泄量,4 日 16 时最大出库流量 5 300 m^3/s,7 月 4 日 19 时三门峡水库开始排沙,7 月 5 日 1 时最大出库含沙量 591 kg/m^3。

6 月 19 日 8 时小浪底水库水位 250.61 m,蓄水量 48.48 亿 m^3,调水调沙开始后水库水位持续下降,7 月 4 日 8 时降至 218.29 m,水库出库站小浪底水文站 6 月 26 日 9 时 57 分最大流量为 3 930 m^3/s。7 月 4 日 12 时 5 分开始排沙出库,含沙量 1.09 kg/m^3,7 月 4

日 19 时 12 分最大含沙量达 288 kg/m³。7 月 8 日 0 时小浪底水库调水调沙过程结束，此时水位 217.64 m，蓄水量 9.00 亿 m³，较调水调沙期前减少 39.48 亿 m³。

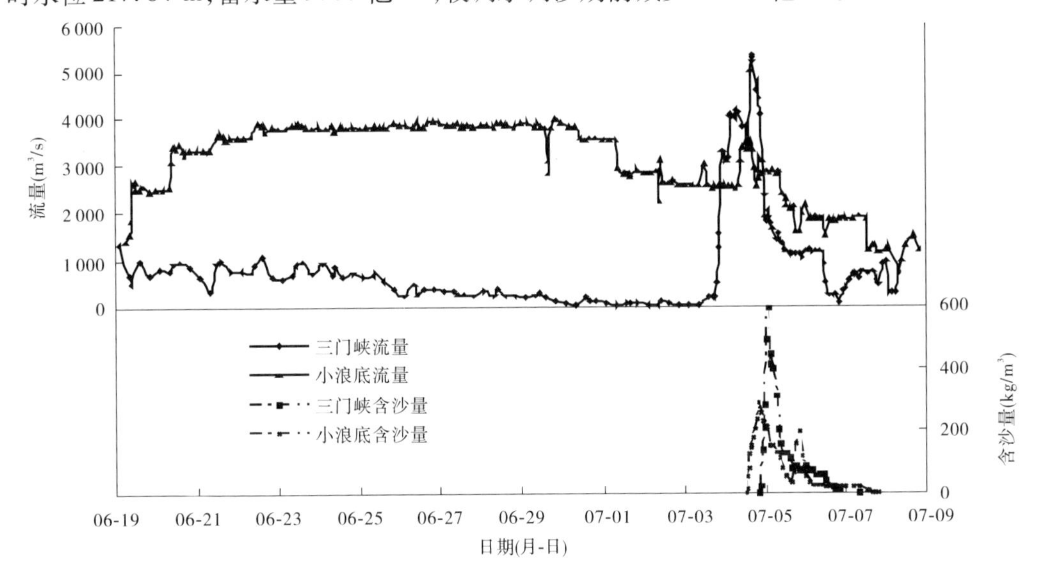

图 2-1　2010 年汛前调水调沙期间小浪底水库进出库水沙过程

根据小浪底水文站水沙过程，本次调水调沙过程分为两个阶段，第一阶段为小浪底水库清水下泄阶段（调水期），第二阶段为小浪底水库排沙出库阶段：

第一阶段，从 2010 年 6 月 19 日 8 时开始，7 月 3 日 18 时 36 分结束，历时 14.44 d，洪水总量约为 43.48 亿 m³，输沙量为 0，6 月 29 日 20 时最大流量 3 980 m³/s。

第二阶段，从 2010 年 7 月 3 日 18 时 36 分开始，7 月 8 日 0 时结束，历时 4.23 d，洪水总量 7.88 亿 m³，输沙量 0.553 亿 t，7 月 4 日 12 时最大流量 3 490 m³/s，7 月 4 日 19 时 12 分最大含沙量 288 kg/m³。

在整个异重流期间小浪底入库沙量 0.418 亿 t，出库沙量 0.553 亿 t，排沙比 132.3%（见表 2-2）。

表 2-2　2010 年汛前调水调沙期间小浪底水库进出库水沙统计

统计时段 （月-日 T 时:分）	入库水量 （亿 m³）	入库沙量 （亿 t）	出库水量 （亿 m³）	出库沙量 （亿 t）	排沙比 （%）
06-19 ~ 07-07	12.21	0.418	52.06	0.553	132.3
07-04 ~ 07-07	5.653	0.418	7.62	0.553	132.3
07-03T18:36 ~ 07-05T16:33	—	0	—	0.411	—
07-05T16:33 ~ 07-08T8:00	—	0.418	—	0.142	34.0

图 2-2 为小浪底水库排沙期间水沙过程图，可以看出，小浪底水库排沙存在 2 个沙峰：在三门峡水库排沙（7 月 4 日 19 时）之前，小浪底水库已经开始排沙（7 月 4 日 12 时 5 分），含沙量高达 288 kg/m³（7 月 4 日 19 时 12 分），说明三门峡水库泄空时塑造的洪峰在

小浪底水库发生强烈冲刷,冲刷的泥沙在小浪底水库形成异重流并排沙出库,形成小浪底水库排沙的第一个沙峰(7 月 5 日 1 时);三门峡水库排沙形成的异重流排沙出库,形成第二个沙峰(7 月 5 日 20 时)。

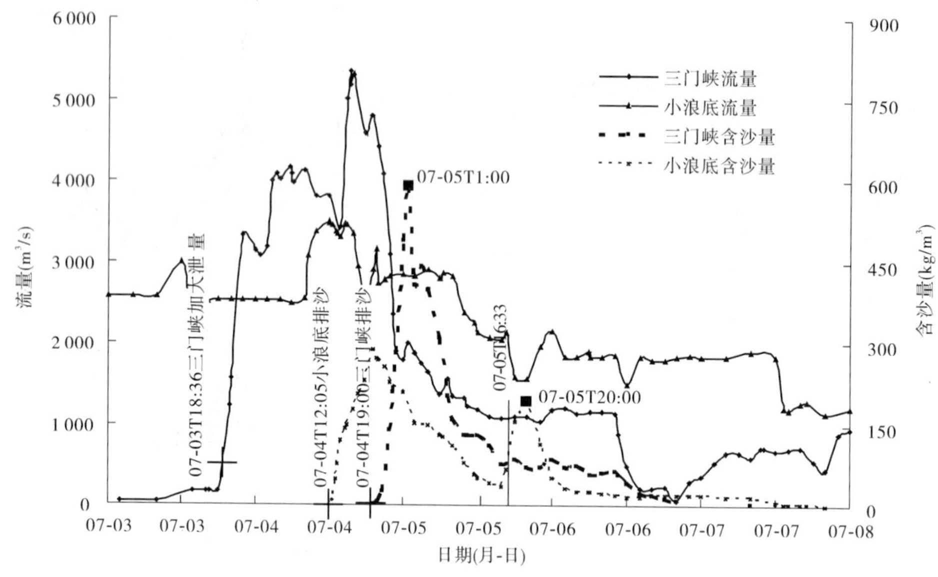

图 2-2　小浪底水库排沙期间水沙过程

三门峡水库加大泄量(7 月 3 日 18 时 36 分)到小浪底水库开始排沙(7 月 4 日 12 时 5 分)时间间隔为 17.48 h;三门峡水库排沙沙峰(7 月 5 日 1 时)和小浪底第二个沙峰(7 月 5 日 20 时)时间间隔为 19 h。二者传播时间基本一致。

如果把小浪底水库第二个沙峰出库沙量开始增加的时间(7 月 5 日 16 时 33 分)作为分界点,可粗略地认为 7 月 5 日 16 时 33 分之前小浪底水库排沙量为三门峡水库下泄清水冲刷三角洲形成异重流的出库沙量,这之后小浪底水库排沙量为三门峡水库排沙形成异重流运行到小浪底坝前的沙量(见图 2-2、表 2-2)。

以上分析表明,整个调水调沙期间小浪底水库排沙 0.553 亿 t,其中,三门峡水库排沙之前塑造洪峰冲刷三角洲顶坡段形成的异重流出库沙量为 0.411 亿 t,占总排沙量的 74.3%;而扣除前期冲刷三角洲出库沙量,三门峡水库排沙阶段所形成的异重流使小浪底水库排沙量为 0.142 亿 t,占总排沙量的 25.7%;对比三门峡入库沙量为 0.418 亿 t,相应排沙比为 34.0%。

(二)影响排沙比的主要因素

小浪底水库异重流塑造,其泥沙来源有三种:一是黄河中游发生小洪水,潼关以上来沙;二是非汛期淤积在三门峡水库中的泥沙,这部分泥沙通过水库调节、潼关来水包括万家寨水库补水的冲刷,进入小浪底水库,是形成异重流的主要沙源;三是来自小浪底水库顶坡段自身冲刷的泥沙,依靠三门峡在调水调沙初期下泄的大流量过程,冲刷堆积在水库上段的淤积物,其中部分较细颗粒泥沙以异重流方式排沙出库。

近几年来自潼关以上的沙量很少,汛前塑造异重流主要依靠冲刷三门峡水库及小浪底水库的泥沙。在汛前塑造异重流期间冲刷三门峡水库泥沙的主要为潼关的水量，即万家寨水库蓄水及万家寨至潼关之间发生的小洪水；冲刷小浪底水库泥沙的主要为三门峡水库的蓄水及潼关的来水。

众所周知，水库异重流在运行的过程中，存在和清水相混的现象，由于流速降低，一部分泥沙便会沉降下来，另一部分泥沙继续向前运动，因此异重流的运动过程往往是沿程淤积的过程。

2010 年小浪底水库排沙比大于 100%，主要是异重流潜入点的沙量远大于入库沙量所致，与水库的入库水沙、淤积形态、边界条件及运用方式等有关。

1. 水库调度及边界条件的影响

小浪底水库自运用以来，库区淤积呈三角洲形态，三角洲顶点不断向坝前推进。

以三门峡水库开始加大泄量的时间作为汛前异重流塑造的开始，对应的小浪底坝前水位称为对接水位，图 2-3 点绘了 2010 年汛前调水调沙期间小浪底水库汛前三角洲淤积纵剖面及对接水位和小浪底水库水位的变化情况，可以看出对接水位 219.91 m，接近三角洲顶点高程 219.61 m，在整个排沙期，水位为 217.5 ~ 220.7 m，这就给水库发生溯源冲刷创造了有利的边界条件。

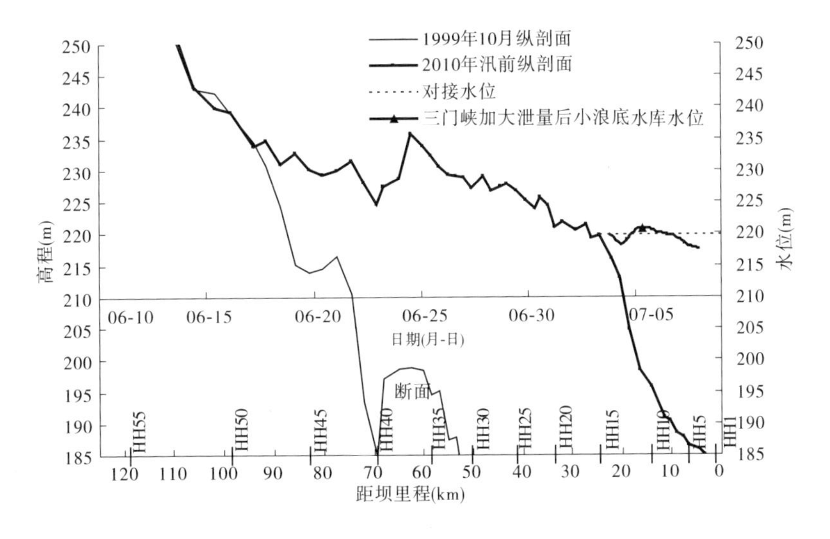

图 2-3　2010 年汛前纵剖面及异重流塑造期间水库水位

利用上述方法分析 2004 ~ 2009 年汛前调水调沙小浪底水库纵剖面、对接水位、三角洲顶点以及水位变化过程，统计出汛前异重流塑造淤积纵剖面及水库运用特征值（见表 2-3）。2005 年（见图 2-4）壅水距离长，三角洲洲面平缓，在回水范围内产生壅水输沙，且回水末端以上接近初始河床，没有沙源补给，因此排沙比仅为 4.42%；2009 年由于 HH37 断面以上存在倒比降，HH37 断面至回水末端之间可补充的沙源少，同时潼关洪峰小，历时短，是 2009 年排沙比小的主要原因之一。

表 2-3　汛前异重流塑造水库运用特征值

年份	三角洲顶点			对接水位			壅水长度(km)	异重流最大运行距离(km)	排沙比(%)
	断面	高程(m)	距坝里程(km)	三门峡加大泄量时间(年-月-日 T 时:分)	高程(m)	回水长度(km)			
2004	HH41	244.86	72.06	2004-07-05T14:30	233.49	69.6	0	57.00	14.29
2005	HH27	217.39	44.53	2005-06-27T07:12	229.70	90.7	46.17	53.44	4.42
2006	HH29	224.68	48.00	2006-06-25T01:30	230.41	68.9	20.90	44.03	30.00
2007	HH20	221.94	33.48	2007-06-28T12:06	228.15	54.1	20.62	30.65	38.17
2008	HH17	219.00	27.19	2008-06-28T16:00	228.14	53.7	26.51	24.43	61.81
2009	HH15	219.16	24.43	2009-06-29T19:18	227.00	50.7	26.27	23.10	6.61
2010	HH15	219.61	24.43	2010-07-03T18:36	219.91	24.5	0.07	18.90	132.30

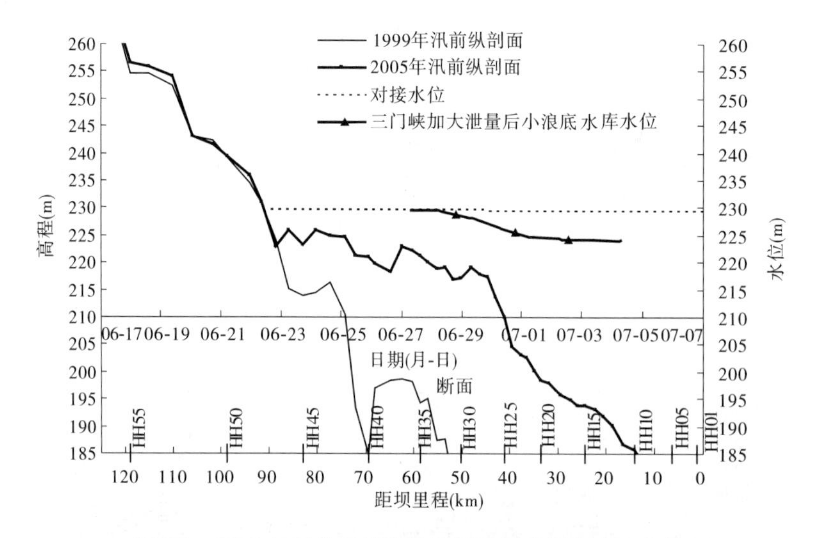

图 2-4　2005 年汛前纵剖面及异重流塑造期间水库水位

从表 2-3 中可以看到，对接水位接近三角洲顶点的 2010 年，由于在异重流塑造期间，水库水位低于三角洲顶点，潜入点以上库段发生了沿程和溯源冲刷，补充的沙量大，能够产生较大的排沙效果。

因此，可以说 2010 年排沙比大于 100% 的主要原因是对接水位接近于三角洲顶点，且在小浪底水库排沙期间，水位最低降至 217.55 m，三角洲顶点以上的顶坡段发生剧烈的溯源及沿程冲刷。其间，三门峡水库蓄水塑造的洪峰冲刷小浪底水库三角洲泥沙所形成的异重流排沙出库达 0.411 亿 t，占整个调水调沙期小浪底水库排沙量的 74.3%。

2. 三门峡水库调度与潼关来水分析

1) 三门峡水库调度

在汛前调水调沙塑造异重流期间，三门峡水库的调度可分为三门峡水库泄空期及敞泄排沙期两个时段。

A. 三门峡水库泄空期

本时段主要是利用三门峡水库蓄水,塑造大流量洪峰过程,冲刷小浪底水库三角洲洲面的泥沙,在适当的条件下产生异重流。这是小浪底水库汛前调水调沙最早形成的异重流,作为异重流的前锋。

B. 三门峡水库敞泄排沙期

三门峡水库临近泄空时,出现较高含沙量水流。泄空后,万家寨塑造的洪峰进入三门峡水库,水流在三门峡水库基本为明流流态,可在三门峡库区产生冲刷,形成较高含沙量水流,作为异重流持续运行的水沙过程。

分析认为,汛前调水调沙在小浪底水库形成异重流的沙源主要为冲刷小浪底水库三角洲洲面的泥沙、三门峡水库冲刷的泥沙。前者的水流条件主要为三门峡水库的泄水,后者主要决定于潼关的来水情况。

表 2-4 统计了历年汛前调水调沙塑造异重流期间潼关流量及三门峡水库特征值。

表 2-4　三门峡水库汛前调水调沙期特征值

年份		2004	2005	2006	2007	2008	2009	2010
三门峡	加大泄量时水位(m)	317.84	315.18	316.74	313.35	315.04	314.69	317.84
	加大泄量时水量(亿 m^3)	4.90	2.87	4.20	2.30	2.89	2.46	4.46
	最大洪峰流量(m^3/s)	5 130	4 430	4 820	4 910	5 580	4 470	5 340
	畅泄时间(d)	2.94	1.58	2.00	1.04	3.54	3.67	1.54
	出库沙量(亿 m^3)	0.385	0.452	0.230	0.613	0.741	0.545	0.418
潼关	大于 800 m^3/s 流量历时(h)	68	32	12	237	126	18	68
	大于 1 000 m^3/s 流量历时(h)	24	10	0	228	61	10	56
小浪底水库排沙比(%)		14.29	4.42	30.00	38.17	61.81	6.61	132.30

分析表 2-4 中特征值可以看出,三门峡水库增大泄量开始时水位越高(如 2004 年、2006 年、2010 年),塑造的洪峰越大(大于 5 000 m^3/s,如 2004 年、2008 年、2010 年),水库的排沙比越高(2004 年排沙比小,同小浪底水库的边界条件有关,异重流运行距离最长)。

潼关流量持续历时对小浪底水库的排沙比也有影响,历时越长,排沙比相对越大。尽管 2004 年异重流运行距离最长,由于洪峰过程的持续时间长,排沙比也大于历时较短的 2005 年和 2009 年。

小浪底水库边界条件均不利的 2005 年、2009 年,三门峡水库蓄水、潼关洪峰持续时间均相近,这 2 a 排沙比也相近。

三门峡水库塑造的洪峰越大、潼关的后续洪水越强,对小浪底水库的冲刷越强,补充塑造异重流的沙量就越多。在同样潼关来水的情况下,三门峡水库蓄水塑造的洪峰越强、水量越大,小浪底水库相应的排沙比就会越大(2008 年、2010 年),这也是 2010 年排沙比大的主要原因之一。

2）潼关来水

万家寨水库塑造的水流到达潼关时，三门峡水库基本处于泄空状态，潼关流量大小和持续时间决定了三门峡水库出库流量的大小和持续时间，也就决定了形成异重流的强弱以及能否运行到坝前并排沙出库，直接影响到小浪底水库的排沙比。

2004～2010年汛前调水调沙，都是基于万家寨、三门峡、小浪底水库联调的模式，在小浪底水库塑造异重流。潼关流量大小及持续时间的长短，取决于万家寨水库蓄水及头道拐—潼关区间来水及其损失等因素。表2-5、表2-6列出了2004年以来调水调沙期间头道拐—潼关河段各站的水量及区间水量变化，从表中可以看出，2007年、2008年之所以潼关达到3.8亿m^3水量，主要是头道拐水量大，加上万家寨水库的蓄水，才塑造了潼关较长的洪峰持续时间；2009年头道拐水量小，依靠万家寨水库的蓄水塑造的洪峰流量也小，在龙门—潼关区间损失了0.852亿m^3的水量，头道拐水量的偏小、小北干流水流的损失是潼关洪峰偏小的主要原因，这也是2009年小浪底水库异重流排沙比小的原因之一。2010年头道拐水量尽管只有0.795亿m^3，但万家寨补水2.391亿m^3，区间水量损失不大，万家寨塑造的洪水到达潼关后仍有3.04亿m^3的水量，这就给冲刷三门峡水库提供了很好的洪峰过程，为小浪底水库较大的排沙比提供了保障。

表2-5　汛前调水调沙期头道拐—潼关河段各站水量　（单位：亿m^3）

年份	2004	2005	2006	2007	2008	2009	2010
天数(d)	5	3	3	3	4	4	4
头道拐	0.323	0.129	0.688	3.551	1.791	0.882	0.795
河曲	3.247	2.276	1.469	3.663	3.475	2.697	3.186
龙门	3.670	2.073	1.738	3.646	3.763	2.935	3.382
潼关	3.230	1.741	1.538	3.871	3.846	2.083	3.040

表2-6　调水调沙期区间水量变化　（单位：亿m^3）

区间		2004年	2005年	2006年	2007年	2008年	2009年	2010年
头道拐—河曲（万家寨补水）		2.924	2.147	0.781	0.112	1.684	1.814	2.391
河曲—潼关区间补水	河曲—龙门	0.423	-0.202	0.270	-0.018	0.287	0.239	0.196
	龙门—潼关	-0.441	-0.332	-0.200	0.225	0.083	-0.852	-0.342
	河曲—潼关	-0.018	-0.534	0.070	0.207	0.370	-0.613	-0.146

（三）综合分析

将2004～2010年汛前调水调沙期间异重流塑造的特征值列于表2-7，分析认为，小浪底水库排沙与潼关流量持续时间，三门峡水库开始加大泄量时蓄水量、水位、入库细颗粒泥沙含量，三门峡水库泄空时间，异重流运行距离、对接水位，入库沙量、支流倒灌等因素有关。受目前原型观测资料的限制,对水库异重流排沙的认识还很有限,还需要大量实测资料的补充分析。

表 2-7 历年汛前调水调沙特征值

水文站	特征参数		2004 年	2005 年	2006 年	2007 年	2008 年	2009 年	2010 年
潼关	$Q>800\ m^3/s$ 历时(h)		68	32	12	237	126	18	68
	$Q>1\ 000\ m^3/s$ 历时(h)		24	10	0	228	61	10	56
三门峡水库	$Q>800\ m^3/s$ 历时(h)		86.5	38	48	204	118	37.5	66.25
	$Q>1\ 000\ m^3/s$ 历时(h)		66.5	38	42	204	110	30	64.25
	敞泄时间(d)		2.94	1.58	2	1.04	3.54	3.67	1.54
	加大泄量时水位(m)		317.84	315.18	316.74	313.35	315.04	314.69	317.84
	加大泄量时水量(亿 m^3)		4.90	2.87	4.20	2.30	2.89	2.46	4.46
	最大洪峰流量(m^3/s)		5 130	4 430	4 820	4 910	5 580	4 470	5 340
	入库细泥沙颗粒含量(%)		34.55	36.95	43.14	40.13	32.25	27.16	34.52
小浪底水库	涨水期河堤以上水面比降(‱)				4.0	2. 8	3.8	2.3	1.8
	退水期河堤以上水面比降(‱)				3.2	3.4	3.1	2.8	3.3
	调水调沙前后冲淤量估算(亿 m^3)				-0.237	-0.024	-0.142	0.012	—
	异重流	最大运行距离(km)	58.51	53.44	44.13	30.65	24.43	22.10	18.90
		潜入点位置	HH35	HH32	HH27 下游 200 m	HH19 下游 1 200 m	HH15	HH14	HH12 上游 150 m
	上一水文年三角洲顶点以上淤积部位及淤积量(亿 m^3)		HH41 以上 0.921 5	HH27 ~ HH29 0.058 6	HH29 ~ HH54 1.698 4	HH20 ~ HH39 1.731 5	HH33 ~ HH51 0.362 7	HH15 ~ HH38 0.459 7	HH19 以上 0.661 8
	三角洲顶点高程(m)及断面		244.86 HH41	217.39 HH27	224.68 HH29	221.94 HH20	219.00 HH17	219.16 HH15	219.61 HH15
	对接水位(m)		233.49	229.70	230.41	228.15	228.14	227.00	219.91
	入库沙量(亿 t)		0.385	0.452	0.230	0.613	0.741	0.545	0.418
	出库沙量(亿 t)		0.055	0.020	0.069	0.234	0.458	0.036	0.553
	排沙比(%)		14.29	4.42	30.00	38.17	61.81	6.61	132.30

通过以上对三门峡水库调度、潼关来水以及入库泥沙的分析认为,2010 年汛前调水调沙排沙比大于 100% 的原因主要有以下几点。

1. 三门峡水库调度及潼关来水

2010 年汛前调水调沙时,三门峡水库加大泄量的库水位 317.84 m,接近三门峡水库最高运用水位(318 m),相应蓄水量 4.46 亿 m^3,塑造的洪峰流量 5 340 m^3/s,这是汛前调水调沙最高水位及蓄水量(同 2004 年相近),塑造的洪峰也较大,这为小浪底水库三角洲顶坡段冲刷提供了很大动力,也为小浪底水库形成较大的异重流前锋奠定了基础。

同时在三门峡水库泄空后,潼关来水 $Q>1\ 000\ m^3/s$ 历时 56 h,冲刷三门峡水库,提供了小浪底水库异重流运行的后续动力。

在汛前调水调沙过程中应尽可能利用三门峡水库蓄水塑造洪峰在 5 000 m^3/s 以上的洪水过程,冲刷小浪底水库三角洲顶坡段,补充异重流潜入的沙源;利用万家寨水库蓄水尽可能维持潼关大流量的历时,在三门峡水库敞泄期间排沙,增强小浪底水库形成异重流的后续动力。

2. 水库调度的影响

2010 年汛前调水调沙对接水位 219.91 m,接近三角洲顶点高程(219.61 m),在小浪底水库排沙期,最低运用水位 217.55 m。库水位的降低使得小浪底水库发生溯源冲刷和沿程冲刷,大幅度地补充了形成异重流时的沙量。

此外,潜入点的泥沙组成也是影响异重流排沙比的主要原因。但由于淤积三角洲长期在水下,不便于进行内部取样,缺少三角洲内部淤积物级配,未能深入研究。

二、小浪底库区淤积物组成、沿程分布及排沙关系

(一)库区淤积物组成

根据入出库沙量及级配列出了 2000~2005 年淤积物组成、淤积比(见图 2-5、表 2-8)。从表 2-8 可以看出,小浪底水库运用 6 年来,细颗粒泥沙(简称细沙)、中颗粒泥沙(简称中沙)、粗颗粒泥沙(简称粗沙)淤积量分别占各自入库沙量(淤积比)的 68.5%、94.2%、96.6%。水库在淤积了大部分中粗沙的同时,也淤积了 68.5% 的细沙。

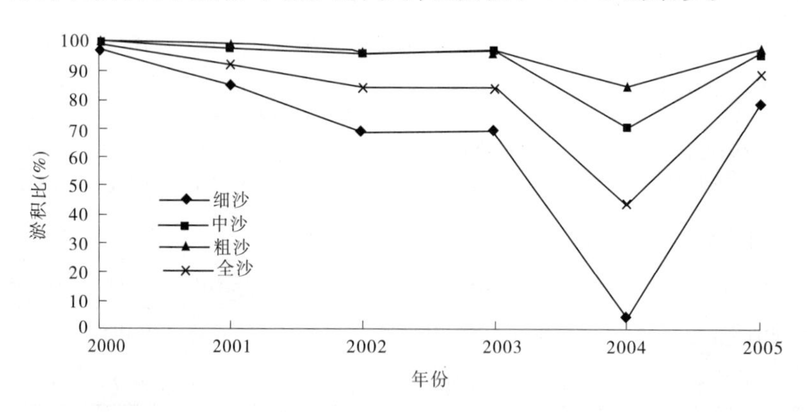

图 2-5　2000~2005 年小浪底库区淤积比

表 2-8　2000～2005 年小浪底库区淤积物组成

项目		入库沙量（亿 t）		出库沙量（亿 t）		淤积量（亿 t）		淤积比（%）	
年份	级配	汛期	全年	汛期	全年	汛期	全年	汛期	全年
2000	细沙	1.152	1.230	0.037	0.037	1.116	1.195	96.9	97.2
	中沙	1.100	1.170	0.004	0.004	1.095	1.170	99.5	100.0
	粗沙	1.089	1.160	0.001	0.001	1.088	1.160	99.9	100.0
	全沙	3.341	3.560	0.042	0.042	3.299	3.525	98.7	98.8
2001	细沙	1.318	1.318	0.194	0.194	1.125	1.125	85.4	85.4
	中沙	0.704	0.704	0.019	0.019	0.685	0.685	97.3	97.3
	粗沙	0.808	0.808	0.008	0.008	0.800	0.800	99.0	99.0
	全沙	2.830	2.830	0.221	0.221	2.610	2.610	92.2	92.2
2002	细沙	1.529	1.905	0.610	0.610	0.919	1.295	60.1	68.0
	中沙	0.981	1.358	0.058	0.058	0.924	1.301	94.2	95.8
	粗沙	0.894	1.111	0.033	0.033	0.861	1.078	96.3	97.0
	全沙	3.404	4.374	0.701	0.701	2.704	3.674	79.4	84.0
2003	细沙	3.471	3.475	1.049	1.074	2.422	2.401	69.8	69.1
	中沙	2.334	2.334	0.069	0.072	2.265	2.262	97.0	96.9
	粗沙	1.755	1.755	0.058	0.060	1.696	1.695	96.6	96.6
	全沙	7.560	7.564	1.176	1.206	6.383	6.358	84.4	84.1
2004	细沙	1.199	1.199	1.149	1.149	0.050	0.050	4.2	4.2
	中沙	0.799	0.799	0.239	0.239	0.560	0.560	70.1	70.1
	粗沙	0.640	0.640	0.099	0.099	0.541	0.541	84.5	84.5
	全沙	2.638	2.638	1.487	1.487	1.151	1.151	43.6	43.6
2005	细沙	1.639	1.815	0.368	0.381	1.271	1.434	77.5	79.0
	中沙	0.876	1.007	0.041	0.042	0.835	0.965	95.3	95.8
	粗沙	1.104	1.254	0.025	0.026	1.079	1.228	97.7	97.9
	全沙	3.619	4.076	0.434	0.449	3.185	3.627	88.0	89.0
合计	细沙	10.308	10.942	3.407	3.445	6.903	7.500	67.0	68.5
	中沙	6.794	7.372	0.430	0.434	6.364	6.943	93.7	94.2
	粗沙	6.290	6.728	0.224	0.227	6.065	6.502	96.4	96.6
	全沙	23.392	25.042	4.061	4.106	19.332	20.945	82.6	83.6

注：细沙粒径 $d<0.025$ mm，中沙粒径 $0.025\leq d<0.05$ mm，粗沙粒径 $d\geq0.05$ mm。

值得关注的是 2004 年，细沙淤积比仅为 4.2%，而中、粗沙淤积比分别为 70.1%、84.5%（见表 2-8、图 2-6）。这主要是因为：第一，2003 年库区运用水位较高，库区淤积在三角洲顶坡段上段，在 2004 年汛前调水调沙及“04·8”洪水的作用下，三角洲洲面发生了强烈冲刷，冲刷的泥沙补充了异重流潜入的沙源。第二，2004 年汛前调水调沙及“04·8”洪水期间进、出库沙量分别为 2.145 亿 t、1.483 亿 t，占全年进、出库沙量的 81.3% 和 99.7%，这两场洪水是全年沙量的主要来源，排沙也集中在这两场洪水期间；另外，细泥沙落淤相对较慢，异重流排沙以细泥沙为主。因此，造成了 2004 年较大的排沙比，同时细泥沙在库区的淤积比也作了相应调整。

分析认为，为了改善小浪底库区淤积细泥沙含量偏多的局面，利用汛期洪水，降低水库运用水位，在三角洲洲面发生沿程或溯源冲刷，可以达到调整淤积物组成的目的。2004 年就是很好的例证。

（二）淤积物沿程分布及调整

小浪底水库运用的前 4 a，为了减少大坝渗水，在坝前形成淤积铺盖，控制了水库排沙。从 2004 年调水调沙开始，进行了汛前调水调沙人工异重流塑造，即合理调度黄河中游多座水库的蓄水，促使三门峡库区及小浪底库区淤积三角洲产生冲刷，并在小浪底水库回水区产生异重流。从 2004 年以来观测的床沙组成来看（见图 2-6），由于 HH37 断面以上容易发生大幅度的淤积或冲刷调整，其床沙相对较粗；而 HH35 断面以下，大多是中值粒径小于 0.025 mm 的细颗粒泥沙。

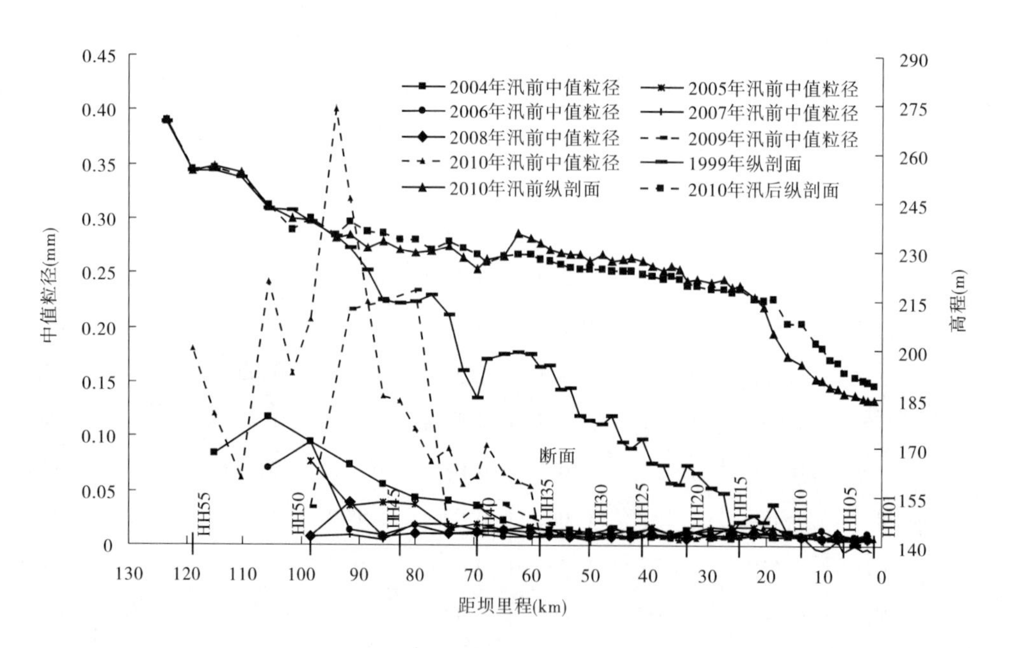

图 2-6　汛前库区床沙级配

小浪底水库目前的排沙方式主要是异重流排沙，出库泥沙多为细颗粒泥沙，从小浪底水库历年汛前调水调沙期出库分组沙统计（见表 2-9）可以得到证实，即使是排沙比相对较大的年份 2008 年、2010 年，细颗粒泥沙含量也分别为 78.82% 和 64.38%。

表 2-9　小浪底水库历年汛前调水调沙期出库分组沙统计

年份	时段（月-日）	沙量（亿 t）		排沙比（%）	按级配划分出库沙量（亿 t）			出库细沙占出库总沙量的百分比（%）
		三门峡	小浪底		细沙（$d<0.025$ mm）	中沙（0.025 mm≤$d<0.05$ mm）	粗沙（$d\geq0.05$ mm）	
2004	07-07～07-14	0.385	0.055	14.29	0.047	0.004	0.004	85.45
2005	06-27～07-02	0.452	0.020	4.42	0.018	0.001	0.001	90.00
2006	06-25～06-29	0.230	0.069	30.00	0.059	0.007	0.003	85.51
2007	06-26～07-02	0.613	0.234	38.17	0.202	0.023	0.009	86.32
2008	06-27～07-03	0.741	0.458	61.81	0.361	0.057	0.040	78.82
2009	06-30～07-03	0.545	0.036	6.61	0.032	0.003	0.001	88.89
2010	07-04～07-07	0.418	0.553	132.30	0.356	0.094	0.103	64.38

2008 年、2010 年汛前调水调沙小浪底水库排沙的实测资料证明，如果在汛期中游发生洪水的条件下，小浪底水库实时降低库水位，使三角洲顶坡段发生沿程及溯源冲刷，将调整淤积物的分布，淤积物中的细颗粒泥沙会被冲起排出水库。表 2-10 列出了三角洲顶坡段发生强烈冲刷的 2008 年、2010 年汛前调水调沙期间水库进、出库的分组沙情况。从表中可以看出，这两年细颗粒泥沙不但没有在库区造成淤积，而且由于三角洲顶坡段的冲刷作用，还带走了前期淤积的细颗粒泥沙，2008 年汛前调水调沙期间库区细颗粒泥沙淤积量减少了 0.122 亿 t，2010 年减少了 0.230 亿 t；相反，中、粗沙在库区造成淤积。

表 2-10　2008 年、2010 年汛前调水调沙期间水库进、出库分组沙统计

年份	时段（月-日）	级配	入库沙量（亿 t）	出库沙量（亿 t）	冲淤量（亿 t）	排沙比（%）
2008	06-27～07-03	细沙	0.239	0.361	-0.122	151.05
		中沙	0.208	0.057	0.151	27.40
		粗沙	0.294	0.040	0.254	13.61
		全沙	0.741	0.458	0.283	61.81
2010	07-04～07-07	细沙	0.126	0.356	-0.230	282.54
		中沙	0.117	0.094	0.023	80.34
		粗沙	0.175	0.103	0.072	58.86
		全沙	0.418	0.553	-0.135	132.30

以往的观测证明，小浪底水库发生沿程及溯源冲刷时，细泥沙的出库沙量明显增加，而粗泥沙很快落淤，将会调整三角洲洲面的淤积物组成，使水库达到增大排沙比、多排细

沙、拦粗排细的目的，延长水库拦沙期使用年限。

三、对接水位对小浪底水库排沙特性的影响

小浪底水库近坝段淤积的泥沙多为细颗粒泥沙，2004 年和 2008 年的实测资料表明，通过降低库水位至三角洲顶点附近，能够冲刷三角洲顶坡段，调整水库淤积三角洲的床沙组成，多排细沙。因此，在 2010 年汛后地形基础上，选取不同的水沙过程及水库运用方式，开展对接水位对水库排沙的敏感性分析。

（一）方案选择

1. 水沙过程

汛前调水调沙人工塑造异重流，就是在中游未发生洪水的情况下，通过联合调度万家寨、三门峡和小浪底水库，充分利用万家寨、三门峡水库汛限水位以上的蓄水，冲刷三门峡非汛期淤积的泥沙和堆积在小浪底库区尾部段的泥沙，在小浪底库区塑造异重流并排沙出库，实现小浪底水库排沙及调整库尾淤积形态的目标。塑造异重流可变水库弃水为输沙水流，排泄库区泥沙，减少水库淤积。为此从 2004 ~ 2010 年人工塑造异重流的入库水沙过程中选取水沙条件（见表 2-11）。2007 年、2008 年在调水调沙期间，遭遇了中游小洪水过程；2006 年万家寨水库为迎洪度汛，在调水调沙生产运行期间，提前泄水，致使塑造异重流的重要动力条件减弱；2009 年龙门—潼关河段水量损失近 1 亿 m^3，2010 年潼关以上河段区间水量损失不大。综合分析后选取 2009 年调水调沙期间水沙过程（2009 年三门峡水文站 6 月 29 日 19 时 18 分开始起涨，7 月 3 日 18 时 30 分排沙洞关闭）作为相对不利的水沙过程，2010 年调水调沙期间水沙过程（2010 年 7 月 3 日 18 时 36 分开始加大泄量，7 月 8 日 0 时小浪底水库调水调沙过程结束）作为相对稳定的水沙过程（见图 2-7、图 2-8）。

表 2-11　汛前调水调沙异重流塑造期间入库水沙统计

年份	时段（月-日）	历时（d）	水量（亿 m^3）	沙量（亿 t）
2004	07-06 ~ 07-13	8	6.28	0.385
2005	06-27 ~ 07-02	6	4.03	0.452
2006	06-25 ~ 06-29	5	5.40	0.230
2007	06-27 ~ 07-02	7	8.83	0.613
2008	06-27 ~ 07-03	7	7.56	0.741
2009	06-30 ~ 07-03	4	4.60	0.545
2010	07-04 ~ 07-07	4	5.72	0.418

2. 地形条件

图 2-9 为 2010 年汛后淤积纵剖面，三角洲顶点位于距坝 18.75 km 的 HH12 断面，顶点高程 215.61 m，三角洲顶坡段比降为 3.2，前坡段比降为 33。拟以 2010 年汛后地形作为方案计算的地形条件。

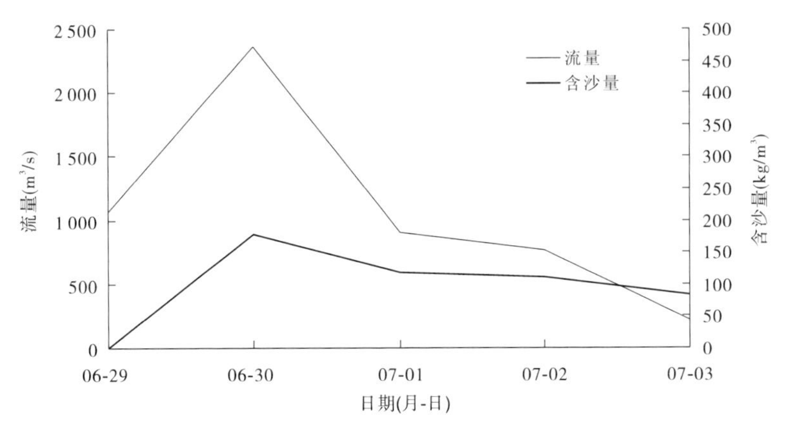

图 2-7　2009 年汛前调水调沙小浪底排沙期入库水沙过程

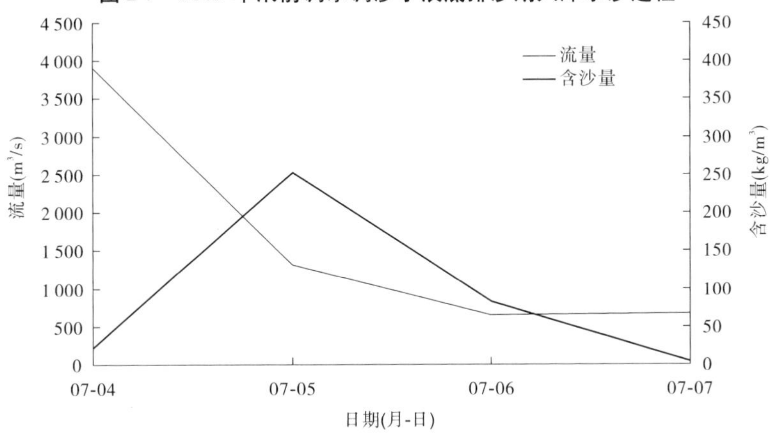

图 2-8　2010 年汛前调水调沙小浪底排沙期入库水沙过程

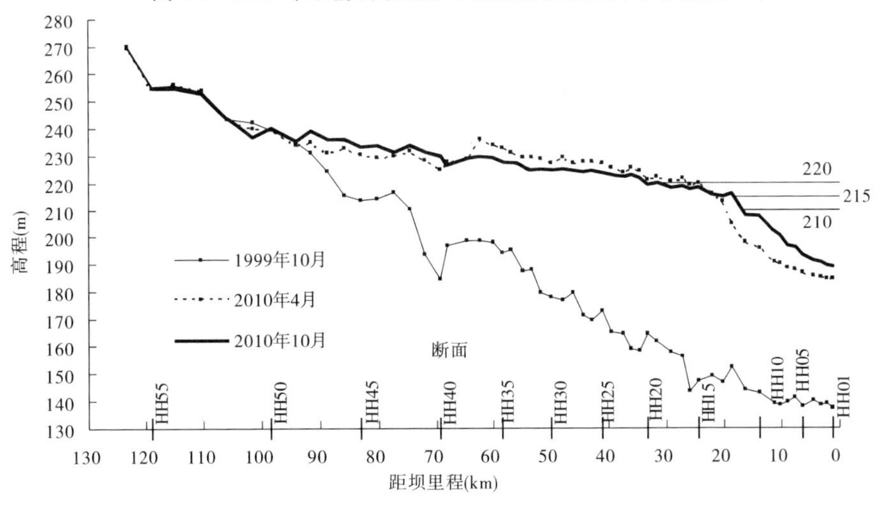

图 2-9　小浪底库区 2010 年干流纵剖面(深泓点)

3. 水库调度方式

按小浪底水库进出库水量平衡考虑水库发生溯源冲刷的条件，库水位按 220 m、215

m、210 m 考虑,分别计算水库的排沙量及排沙比。

(二)经验公式计算

1. 验证计算

2010 年汛前淤积三角洲顶点位于距坝 24.43 km 的 HH15 断面,顶点高程 219.61 m,三角洲顶坡段比降为 4.2‱,前坡段比降为 30.5‱;入库水沙过程、库水位均采用实测值。

1)三角洲顶坡段计算方法

库区三角洲上游明流段的冲刷强度主要取决于水流动力条件,明流段冲刷按以下公式计算

$$G = \psi \frac{Q^{1.6}J^{1.2}}{B^{0.6}} \times 10^3$$

式中:Q 为流量, m^3/s;B 为冲刷段水面宽,m;J 为冲刷段水面平均比降;ψ 为系数(ψ 依据河床质抗冲性的不同取不同的系数:$\psi = 650$,代表河床质抗冲性能最小的情况;$\psi = 300$,代表中等抗冲性能的情况;$\psi = 180$,代表抗冲性能最大的情况)。

2)异重流计算方法

异重流不平衡输沙在本质上与明流一致,其含沙量及级配的沿程变化仍可采用韩其为不平衡输沙公式进行计算

$$S_j = S_i \sum_{l=1}^{n} P_{4,l,i} e^{(\frac{\alpha\omega_l L}{q})}$$

式中:S_i 为潜入断面含沙量;S_j 为出口断面含沙量;$P_{4,l,i}$为潜入断面级配百分数;α 为恢复饱和系数,与来水含沙量和床沙组成关系密切,率定值为 0.15;l 为粒径组号;ω_l 为第 l 组粒径泥沙沉速;q 为单宽流量;L 为异重流运行距离。

验证结果见表 2-12 及图 2-10。从出库沙量上看,入库沙量 0.418 亿 t,计算出库沙量 0.524 亿 t,实测出库沙量 0.553 亿 t,相差不大。但从输沙率对比图看,计算峰值出现滞后现象。冲刷计算公式中有关参数还有待于小浪底水库实测资料的率定。

表 2-12　验证试验计算结果

三门峡加大泄量时间(年-月-日 T时:分)	入库沙量(亿 t)	计算三角洲冲刷量(亿 t)	计算出库沙量(亿 t)	计算排沙比(%)	实测出库沙量(亿 t)	实测排沙比(%)
2010-07-03T18:36 ~ 07-06T22:00	0.418	0.569	0.524	125.4	0.553	132.3

通过分析认为,上述方法可用于小浪底水库汛前调水调沙不同方案下的出库沙量及排沙比预估。

2. 方案计算

在 2010 年汛后地形条件下,根据不同的水沙过程、水库调度方式,组合成 6 种方案,利用经验公式进行估算(见表 2-13)。排沙效果较差的为 2009 年水沙同控制水位 220 m 的组合,排沙比仅为 20.52%;排沙效果最好的是 2010 年水沙同控制水位 210 m 的组合,排沙比达 162.27%。

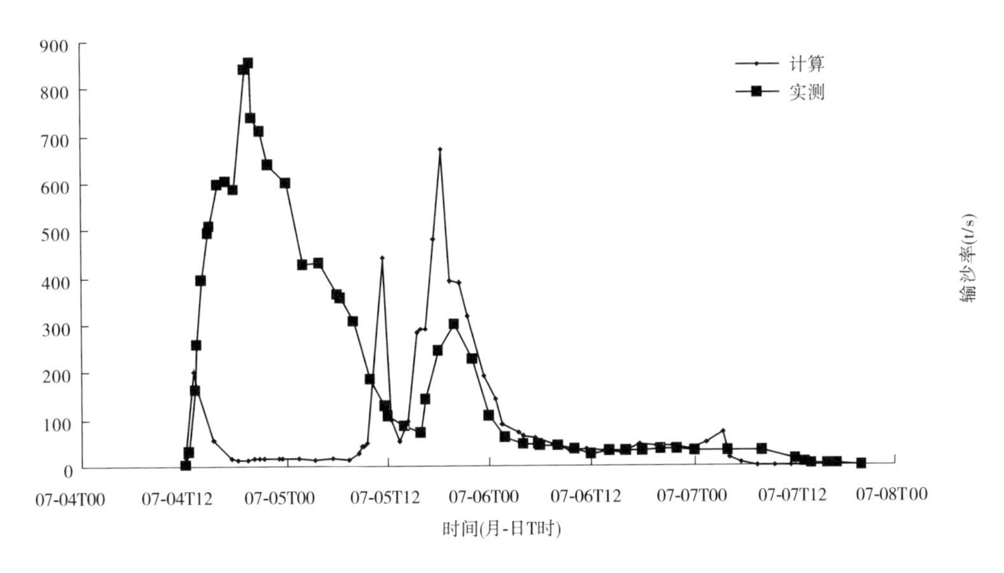

图 2-10 计算出库输沙率同实测出库输沙率对比

表 2-13 不同方案组合及计算结果

方案	时段	入库水量(亿 m^3)	入库沙量(亿 t)	控制水位(m)	出库沙量(亿 t)	出库含沙量(kg/m^3)	排沙比(%)
1	2010-07-03 ~ 07-07	5.72	0.418 2	220	0.175 7	30.7	42.01
2				215	0.528 2	92.3	126.30
3				210	0.678 6	118.6	162.27
4	2009-06-29 ~ 07-03	4.60	0.545 2	220	0.111 9	24.3	20.52
5				215	0.449 6	97.7	82.47
6				210	0.537 9	116.9	98.66

从计算结果上看,2010 年水沙条件下的排沙效果优于 2009 年,低水位排沙效果优于高水位。主要原因是 2010 年三门峡水库从 317.8 m 开始加大泄量,相应水量 4.46 亿 m^3,而 2009 年从 314.69 m 开始加大泄量,相应水量为 2.26 亿 m^3;对接水位 220 m 时,小浪底水库三角洲顶坡段发生沿程冲刷和壅水输沙,潜入点以上可补充沙量很小,而 215 m 以下对接水位时,三角洲顶坡段发生沿程冲刷和溯源冲刷,增大了异重流潜入时的沙量。

表 2-14 列出了 2010 年第三次调水调沙过后,库水位接近 212 m 时 8 月 18 日至 8 月 20 日的排沙情况,这三天入库沙量 0.088 4 亿 t,出库沙量 0.126 5 亿 t,排沙比 143.10%,方案计算结果中控制水位 210 m 方案与之较接近。

表 2-14　2010 年汛期库水位接近 212 m 时的排沙统计

日期（月-日）	水位（m）	入库			出库		
		流量（m^3/s）	含沙量（kg/m^3）	沙量（亿 t）	流量（m^3/s）	含沙量（kg/m^3）	沙量（亿 t）
08-18	211.7	1 600	26.2	0.036 2	2 120	29.2	0.053 5
08-19	211.6	2 190	15.6	0.029 5	2 040	22.6	0.039 8
08-20	212.1	2 280	11.5	0.022 7	2 250	17.1	0.033 2
合计	—	—	—	0.088 4	—	—	0.126 5

（三）数学模型计算

1. 模型率定

利用 2008 年小浪底水库调水调沙过程对模型参数进行率定。

1）计算区域

干流河段为三门峡水库出口—小浪底坝址，其间考虑大峪河、煤窑沟、白马河、畛水河、石井河、东洋河、大交沟、西阳河、峪里河、沇西河、亳清河、板涧河等主要支流，其中干流断面 56 个，支流断面 118 个。

2）地形边界

采取 2008 年汛前干、支流库区地形大断面资料。

3）进口边界

模型进口边界为三门峡水库出口，以实测三门峡水库出库流量、含沙量及级配过程作为计算河段进口边界控制条件。计算时段为 2008 年 6 月 27 日至 7 月 3 日。

4）出口边界

模型出口边界为小浪底水库坝址断面，以相应小浪底水库坝前水位及下泄流量作为出口控制条件。

5）模型计算结果分析

图 2-11 为库区河段内计算与实测沿程断面深泓点对比图，从图中可以看出，能够基

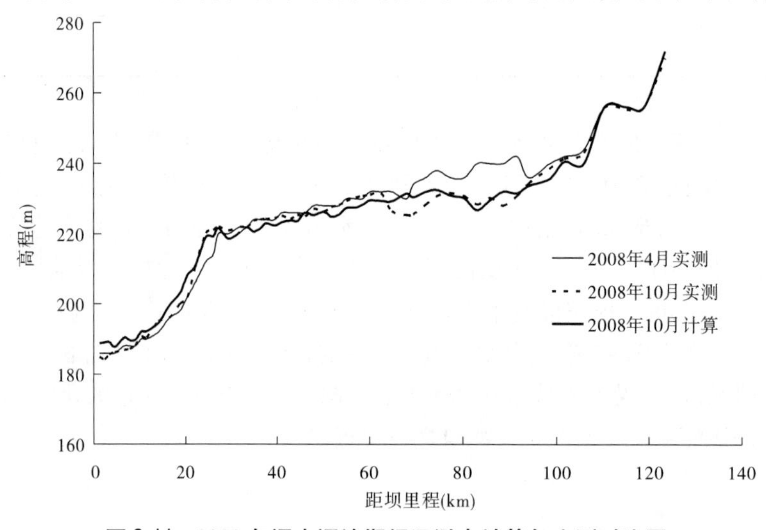

图 2-11　2008 年调水调沙期间深泓点计算与实测对比图

本模拟出河堤站（距坝里程约65 km）以上库段发生冲刷，而淤积主要发生在河堤站以下库段的基本特性，河段内断面深泓点变化与实测基本吻合。

表2-15为2008年调水调沙期间进出库沙量统计表。该时段计算入库沙量为0.741亿t，计算出库沙量为0.439亿t，实测出库沙量为0.458亿t，计算全沙排沙比为59.24%，实测值为61.81%，模型计算值与实测值符合较好。

表2-15　2008年调水调沙期间进出库沙量及冲淤量统计表

项目	入库沙量（亿t）	出库沙量（亿t）	淤积沙量（亿t）	排沙比（%）
计算	0.741	0.439	0.302	59.24
实测	0.741	0.458	0.283	61.81

表2-16为2008年调水调沙期间异重流潜入点位置及其潜入点流量、含沙量统计表。从表中可以看出，2008年调水调沙期间仅有4 d出现异重流排沙，潜入断面均在HH16断面（距小浪底坝址约26 km），潜入点的含沙量均在40 kg/m^3以上。

表2-16　2008年调水调沙期间异重流特征统计

日期（月-日）	潜入断面	潜入断面流量（m^3/s）	潜入断面含沙量（kg/m^3）
06-29	HH16	2 737	111.73
06-30	HH16	1 902	103.87
07-01	HH16	1 839	77.49
07-02	HH16	1 330	44.06

通过对2008年调水调沙过程的计算，初步率定了小浪底水库库区分河段初始糙率、挟沙力系数、平衡状态下泥沙恢复饱和系数（见表2-17），小浪底水库库区糙率在0.011～0.013。

表2-17　小浪底水库库区各河段率定成果表

模型参数		HH1～HH20	HH21～HH40	HH40以上
糙率（主槽）	n	0.013 0	0.011 5	0.010 5
挟沙力系数	K	0.501 5	0.551 5	0.451 5
挟沙力指数	m	0.761 4	0.771 4	0.761 4
饱和系数	α	0.012	0.010	0.010

2. 模型验证

利用率定的数学模型，对2009年、2010年小浪底水库调水调沙资料进行验证计算。

1）2009年调水调沙验证计算

地形边界采取2009年汛前干、支流库区地形大断面资料。

进口边界为三门峡水库出口，以实测三门峡水库出库流量、含沙量及级配过程作为计算河段进口边界控制条件。计算时段为2009年6月29日至7月3日。

出口边界为小浪底水库坝址断面，以相应小浪底水库坝前水位及下泄流量作为出口控制条件。

图2-12为库区河段内计算与实测沿程断面深泓点对比图，从图中可以看出，HH48断面（距小浪底坝址约91 km）—河堤站断面（距小浪底坝址约65 km）间为微冲微淤，但总体有回淤趋势，计算与实测基本符合；河堤站以下三角洲顶点（距小浪底坝址22 km）以上河段，实测无明显变化，计算结果则有微冲趋势，需补充该河段的床沙级配及床沙钻孔资料，并结合演变分析，进一步预测其变化趋势；三角洲顶点以下库段，整体表现为淤积，计算河段内断面深泓点变化与实测基本吻合，计算结果能够基本模拟变化特性。

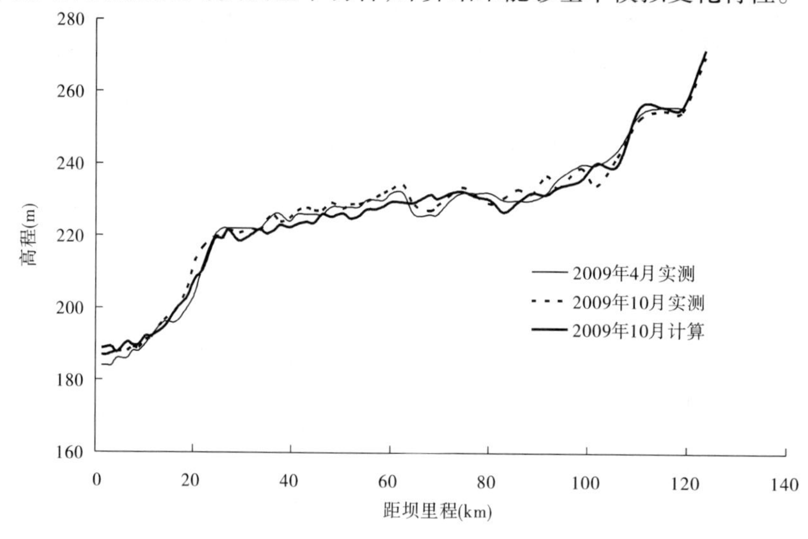

图2-12　2009年调水调沙期间深泓点计算与实测对比图

表2-18为2009年调水调沙期间进出库泥沙统计表。该时段计算入库沙量为0.545亿t，计算出库沙量为0.085亿t，实测出库沙量为0.036亿t，计算全沙排沙比为15.60%，实测值为6.61%。

表2-18　2009年调水调沙期间进出库沙量及冲淤量统计

项目	入库沙量（亿t）	出库沙量（亿t）	淤积沙量（亿t）	排沙比（%）
计算	0.545	0.085	0.460	15.60
实测	0.545	0.036	0.509	6.61

表2-19统计了2009年调水调沙期间异重流潜入点位置及其潜入点流量、含沙量。从表中可以看出，2009年调水调沙期间仅有4 d出现异重流排沙，潜入点在HH15（距小浪底坝址24.4 km）～HH16（距小浪底坝址26.0 km）断面，潜入点的含沙量均在35 kg/m^3以上。

表 2-19　2009 年调水调沙期间异重流特征统计

日期(月-日)	潜入断面	潜入断面流量(m^3/s)	潜入断面含沙量(kg/m^3)
06-30	HH16	2 710	109.3
07-01	HH16	1 605	45.6
07-02	HH15	1 231	49.5
07-03	HH15	591	35.1

2)2010 年调水调沙验证计算

地形边界采用 2010 年汛前干、支流大断面资料。

进口边界为三门峡水库出口,以三门峡流量、含沙量及级配过程作为计算河段进口边界控制条件。计算时段为 2010 年 7 月 3 日至 8 月 31 日。

7 月 3 日至 8 月 31 日,小浪底水库出库最高含沙量为 303 kg/m^3。7 月 26 日至 7 月 30 日,小浪底水库最大出库含沙量为 148 kg/m^3。8 月 12 日至 8 月 22 日,小浪底水库最大出库含沙量为 95.5 kg/m^3(见图 2-13)。

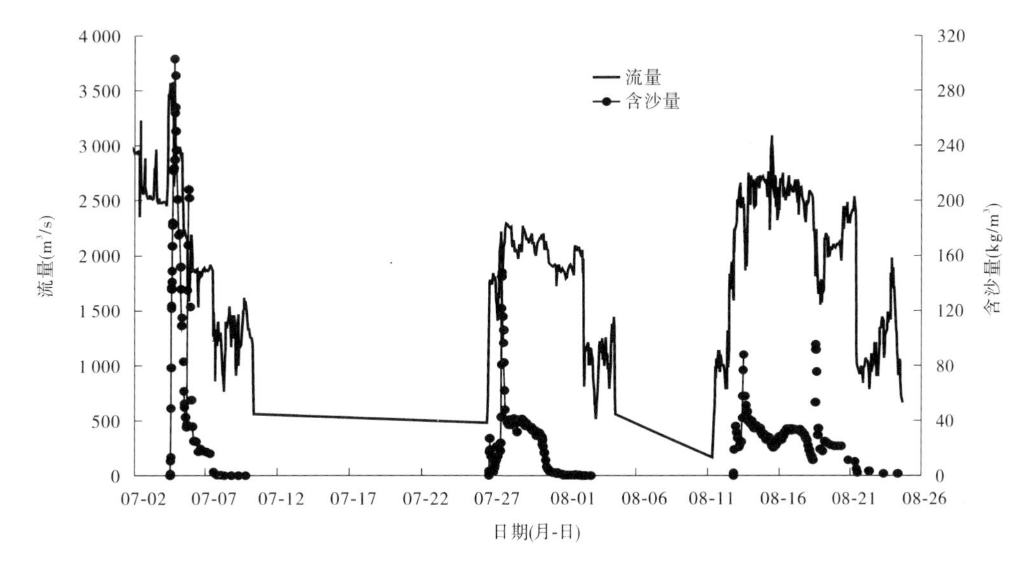

图 2-13　2010 年调水调沙小浪底水库出库含沙量过程

出口边界为小浪底水库坝址断面,以相应小浪底水库坝前水位及下泄流量作为出口控制条件。

表 2-20 为 2010 年调水调沙期间进出库泥沙统计表。7 月 3 日至 7 月 7 日期间计算入库沙量为0.418 亿 t,计算出库沙量为 0.527 亿 t,实测出库沙量为 0.553 亿 t,计算全沙排沙比为 126.08%,实测值为 132.30%;7 月 26 日至 7 月 30 日期间,计算全沙排沙比为 50.26%,实测值为 28.53%;8 月 12 日至 8 月 22 日期间,计算全沙排沙比为 53.41%,实测值为 46.85%。

表 2-20 2010 年调水调沙期间进出库沙量及排沙比统计

时段(月-日)	项目	沙量(亿 t)		排沙比(%)
		入库	出库	
07-03 ~ 07-07	计算	0.418	0.527	126.08
	实测	0.418	0.553	132.30
07-26 ~ 07-30	计算	0.778	0.391	50.26
	实测	0.778	0.222	28.53
08-12 ~ 08-22	计算	1.159	0.619	53.41
	实测	1.159	0.543	46.85

图 2-14 为小浪底水库出库流量及坝前水位过程图,第一场高含沙洪水 7 月 3 ~7 日,由于出口水位逐渐降低,库区溯源冲刷,排沙比较大;第二场洪水 7 月 26 ~30 日,水库运用水位较高,在 220 ~222 m 之间,三角洲顶点在 219 m 附近,库区没有发生溯源冲刷,排沙比减小;第三场洪水(8 月 12 ~22 日)期间,虽然水库运用水位较低(最低 211.65 m),但由于前两场洪水对库区河道的持续冲刷,使得三角洲顶点附近的河床细化,细泥沙减少,因此排沙比相对减小,基本上在 50% 左右。

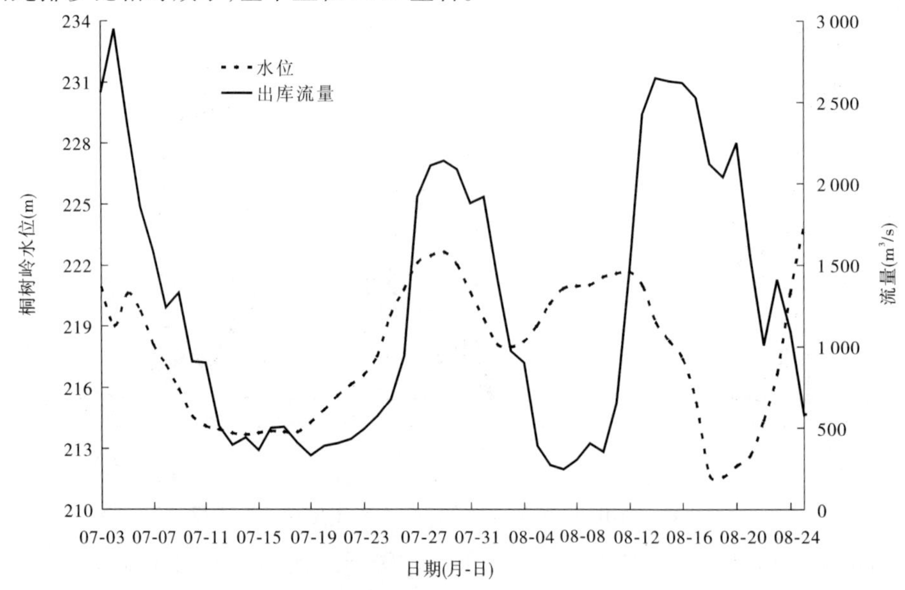

图 2-14 小浪底出库流量及坝前水位过程图

3. 模型计算

为研究相同地形、不同水沙条件下,小浪底水库不同水位运用对库区的影响,利用验证后小浪底水库库区数学模型,分以下两种设计方案进行模拟计算。

(1)利用 2009 年调水调沙期资料(2009 年三门峡水文站 6 月 29 日 19 时 18 分开始起涨,7 月 3 日 18 时 30 分排沙洞关闭),在 2010 年汛后的地形基础上,计算小浪底水库在不同库水位 225 m、220 m、215 m、210 m 运用下的排沙比。

(2)利用 2010 年调水调沙期入库水沙(2010 年 7 月 3 日 18 时 36 分开始加大泄量,7 月 8 日 0 时小浪底水库调水调沙过程结束),在 2010 年汛后的地形基础上,计算小浪底水库在不同库水位 225 m、220 m、215 m、210 m 运用下的排沙比。

1)2009 年调水调沙水沙过程模型计算与分析

从表 2-21 中可以看出,小浪底水库的排沙比随着水位的降低逐渐增加。当小浪底坝前水位为 220 m 时,三门峡水库来清水的情况下,由于沿程冲刷,小浪底出库沙量为 0.033 亿 t,排沙比为 53.03%;当小浪底坝前水位为 215 m 时,清水期小浪底出库沙量为 0.171 亿 t,排沙比为 84.59%。

表 2-21 2009 年水沙系列不同坝前水位下分组沙排沙量及排沙比

坝前水位(m)	时间(月-日 T 时)	入库沙量(亿 t)	出库沙量(亿 t)				全排沙比(%)
			全沙	细沙	中沙	粗沙	
225	06-30T06	0	0.013	0.012	0.001	0	
	07-03T20	0.545	0.200	0.175	0.022	0.003	36.70
	合计	0.545	0.212	0.186	0.023	0.003	38.90
220	06-30T06	0	0.033	0.030	0.003	0	
	07-03T20	0.545	0.256	0.219	0.030	0.007	46.97
	合计	0.545	0.289	0.249	0.033	0.007	53.03
215	06-30T06	0	0.171	0.127	0.032	0.012	
	07-03T20	0.545	0.290	0.227	0.047	0.016	53.21
	合计	0.545	0.461	0.354	0.079	0.028	84.59
210	06-30T06	0	0.193	0.130	0.041	0.022	
	07-03T20	0.545	0.311	0.238	0.051	0.022	57.06
	合计	0.545	0.504	0.368	0.092	0.044	92.48

发生溯源冲刷较强烈的 215 m 方案及 210 m 方案,同 220 m 方案相比,多排细沙分别为 0.105 亿 t、0.119 亿 t。

2)2010 年调水调沙水沙过程模型计算与分析

图 2-15、表 2-22 为不同坝前水位下小浪底水库出库排沙比模型计算值。随着坝前水位的降低,排沙比在逐渐增大。当小浪底水库坝前水位为 220 m 时,三门峡水库来清水的情况下,由于沿程冲刷,小浪底水库清水期(从小浪底开始排沙至三门峡下泄的含沙水流运行到小浪底坝前的时段)出库沙量为 0.062 亿 t,浑水期(三门峡下泄的含沙水流运行到小浪底坝前以后的时段)出库沙量为 0.249 亿 t,排沙比为 74.40%;当小浪底坝前水位为 215 m 时,清水期小浪底水库出库沙量为 0.231 亿 t,浑水期出库沙量为 0.282 亿 t,排沙比 122.73%。

发生溯源冲刷较强烈的 215 m 方案及 210 m 方案,同 220 m 方案相比,多排细沙分别

为0.112 亿t、0.156 亿t。

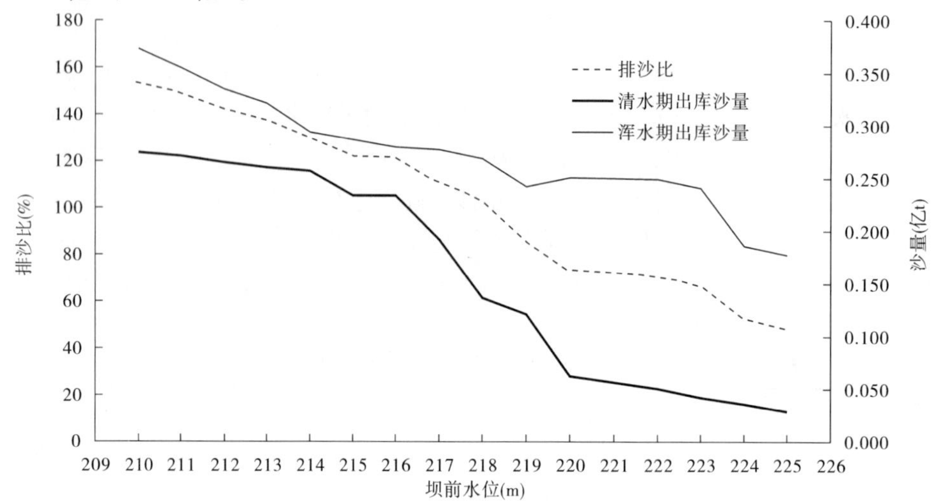

图2-15　不同坝前水位下小浪底出库排沙比模型计算值

表2-22　2010年水沙系列不同坝前水位下库区冲淤量及排沙比

坝前水位(m)	时段(月-日T时)	入库沙量(亿t)	出库沙量(亿t)				全排沙比(%)
			全沙	细沙	中沙	粗沙	
225	07-04T18以前	0	0.027	0.026	0.001	0	
	07-04T18~07-08T00	0.418	0.175	0.160	0.014	0.001	41.87
	合计	0.418	0.202	0.186	0.015	0.001	48.33
220	07-04T18以前	0	0.062	0.056	0.006	0	
	07-04T18~07-08T00	0.418	0.249	0.217	0.027	0.005	59.57
	合计	0.418	0.311	0.273	0.033	0.005	74.40
215	07-04T18以前	0	0.231	0.161	0.051	0.019	
	07-04T18~07-08T00	0.418	0.282	0.224	0.040	0.018	67.46
	合计	0.418	0.513	0.385	0.091	0.037	122.73
210	07-04T18以前	0	0.270	0.162	0.067	0.041	
	07-04T18~07-08T00	0.418	0.368	0.267	0.058	0.043	88.04
	合计	0.418	0.638	0.429	0.125	0.084	152.63

(四)结论

(1)利用小浪底水库库区数学模型对2008年、2009年、2010年调水调沙实际过程进行了验证计算,库区淤积量及排沙比计算值与实际值符合相对较好。

(2)利用2010年汛后地形和2009年三门峡实际出库水沙过程,对小浪底水库不同对接水位220 m、215 m、210 m进行了计算,排沙比随着小浪底水库对接水位的降低而增大。

三门峡下泄清水期间，小浪底水库坝前水位 220 m 时，小浪底水库有 0.033 亿 t 泥沙出库。

(3)利用2010 年汛后地形和2010 年三门峡实际出库水沙过程，对小浪底水库不同对接水位220 m、215 m、210 m 进行了计算，排沙比分别为74.40%、122.73%、152.63%。当三门峡下泄清水时，小浪底水库坝前水位 220 m，小浪底水库有 0.062 亿 t 泥沙出库。

四、对 2011 年汛前调水调沙的建议

分析认为，2010 年汛前调水调沙异重流塑造期间，水库运用水位较低，低于三角洲顶点，三角洲顶坡段发生沿程冲刷及溯源冲刷，异重流潜入点沙量远远大于入库沙量，才导致了 2010 年大于 100% 的排沙比。

根据2010 年汛后实际情况，小浪底水库220 m、215 m、210 m 相应蓄水量分别为7.16 亿 m^3、4.73 亿 m^3、2.99 亿 m^3(见表2-23)，如果使小浪底水库发生溯源冲刷，对接水位应接近三角洲顶点，但三角洲顶点附近小浪底水库蓄水量不足 5 亿 m^3；按照小浪底水库运用规程要求，小浪底水库 6 月底要蓄 10 亿 m^3 水，2010 年 10 月 225 m 以下库容仅为10.5 亿 m^3，并且还有支流的部分蓄水出不来(畛水河约 0.5 亿 m^3)。

表2-23　2010 年 10 月汛限水位以下小浪底水库库容　(单位：亿 m^3)

高程(m)	干流	左岸支流	右岸支流	支流	总库容
185	0	0	0	0	0
190	0.010	0	0.003	0.003	0.013
195	0.203	0.077	0.036	0.113	0.316
200	0.623	0.224	0.090	0.314	0.937
205	1.185	0.417	0.156	0.573	1.758
210	1.897	0.638	0.450	1.088	2.985
215	2.805	0.907	1.019	1.926	4.731
220	4.148	1.236	1.773	3.009	7.157
225	6.009	1.695	2.799	4.494	10.503

如果 2011 年小浪底水库追求排沙比大于 100% 的目标，必须使潜入点以上的顶坡段发生沿程冲刷及溯源冲刷，且冲刷幅度要大。这同小浪底水库实现“防断流”以及应对 7 月上旬的“卡脖子旱”等问题出现矛盾。

从目前的认识来看，为了增加水库排沙，减少库区淤积，对 2011 年汛前调水调沙有以下建议：

(1)在三门峡水库最高水位及库内工程允许水位最大降幅的前提下，三门峡水库在增大泄量时，尽可能塑造较大洪峰，达到冲刷小浪底水库三角洲洲面的目的；建议三门峡水库从 318 m 时开始增大泄量，塑造的洪峰流量大于 5 000 m^3/s。

(2)万家寨水库从最高蓄水位降到最低蓄水位，尽可能维持三门峡水库泄空后潼关

800 m^3/s 甚至1 000 m^3/s 的持续时间，并进一步优化万家寨及三门峡水库调度，使得万家寨泄流与三门峡水库准确衔接。

(3)对接水位降至215 m以下，使三门峡蓄水塑造的洪峰及潼关来水(万家寨塑造的洪峰)在三角洲发生沿程及溯源冲刷，加大异重流潜入时的沙量。

五、小结

(1)通过对2010年汛前调水调沙的分析认为，2010年汛前调水调沙排沙比大于100%的主要原因，一是三门峡水库在接近最高运用水位(318 m)时开始塑造洪峰，水量大，塑造的洪水过程流量大、历时长；二是对接水位接近三角洲顶点，小浪底水库三角洲顶坡段发生沿程及溯源冲刷，较大幅度地补充了异重流潜入时的沙量。

(2)在挟沙水流向坝前运行的过程中，粗颗粒泥沙首先落淤，而细颗粒泥沙随着水流不断向坝前运行，在运行的途中也不断落淤。HH37断面以上库段狭窄，其床沙相对较粗，HH35断面以下，大多是中值粒径小于0.025 mm的细颗粒泥沙。

(3)小浪底水库目前的排沙方式主要是异重流排沙，出库泥沙多为细颗粒泥沙，即使是排沙比相对较大的年份，如2008年、2010年，细颗粒泥沙含量也分别为78.82%和64.38%，而细泥沙的排沙比达到了151.05%和282.54%。这主要是由于三角洲顶坡段发生强烈沿程及溯源冲刷，带走了前期淤积物中的细颗粒泥沙，这将会调整三角洲洲面的淤积物组成，使水库达到增大排沙比、多排细沙、拦粗排细的目的，延长水库拦沙期使用年限。

(4)在2010年汛后地形条件下，分别选用2009年、2010年汛前调水调沙水沙，在220 m、215 m、210 m的运用水位下进行了方案计算，分析认为，2010年排沙效果优于2009年，低水位排沙效果优于高水位。

数学模型计算结果表明，在2010年汛后地形、2010年汛前调水调沙水沙条件下，215 m方案、210 m方案同220 m方案相比，排沙量分别增加0.202亿t、0.327亿t，多排细沙0.112亿t、0.156亿t；排沙比由74.40%分别增大至122.73%、152.63%，定量上给出了降低库水位排沙的效果。

(5)根据2011年现状，建议2011年汛前调水调沙期间，利用万家寨水库和三门峡水库的最大蓄水量塑造洪峰；同时对接水位低于三角洲顶点高程，以便更大限度地排沙出库，减少库区淤积。

第三章　黄河下游分组泥沙冲淤规律及对小浪底水库排沙的要求

不同时期进入黄河下游的水沙条件不同，造成下游河道泥沙冲淤规律也不同。按照洪水平均含沙量，将进入下游的洪水分为两类：一是一般含沙量洪水，即1964年11月至1999年10月期间，平均流量大于2 000 m^3/s、平均含沙量大于20 kg/m^3的场次洪水；二是低含沙洪水，即水库拦沙期下泄清水与异重流排沙过程含沙量低于20 kg/m^3的洪水。对于低含沙洪水，冲淤效率（单位水量的冲淤量，即冲淤量与来水量的比值，负值为冲刷，正值为淤积，kg/m^3）主要取决于平均流量的大小，同时河床物质组成对低含沙洪水的冲刷效率起到制约性作用。对于一般含沙量洪水，其冲淤效率则主要取决于水沙条件，包括洪水平均流量、平均含沙量、泥沙组成及洪水历时等。

黄河下游洪水冲淤效率不仅与水沙条件密切相关，还与河床边界条件关系很大。本章着重分析平均流量、平均含沙量和泥沙组成对洪水冲淤效率的影响。

一、一般含沙量洪水下游冲淤规律研究

（一）全沙冲淤规律

1. *冲淤效率影响因子*

由洪水期下游河道冲淤效率与流量之间的关系（见图3-1）发现，两者的关系比较分散，同流量级洪水的冲淤效率差别很大，且小流量级洪水的冲淤效率变幅大于大流量级的。图中点群按照含沙量级的不同而呈分带分布，含沙量小的偏于下方，含沙量高的偏于上方，同一含沙量级则随着流量的增大而减小。

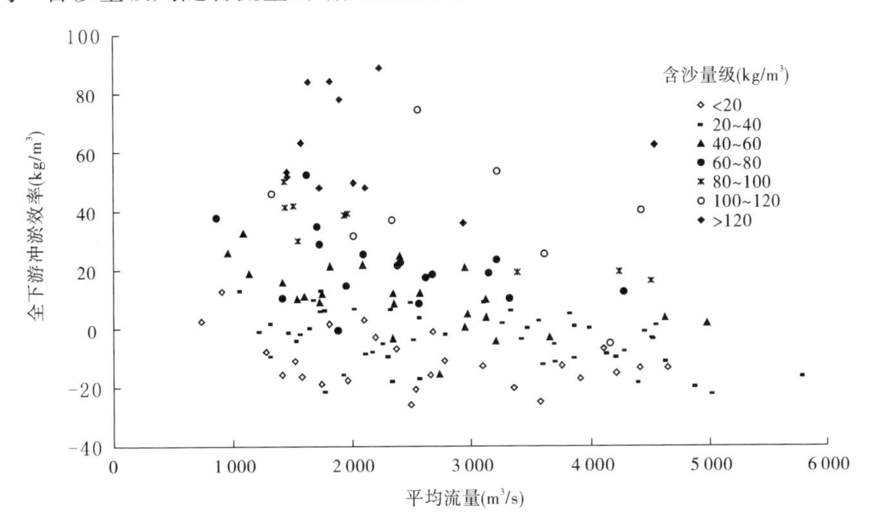

图3-1　黄河下游洪水冲淤效率与洪水平均流量关系

根据洪水冲淤效率与平均含沙量关系（见图 3-2），按照洪水平均流量的不同分为 7 个流量级，各流量级洪水的冲淤效率均随着平均含沙量的增大而呈线性增大，流量级小的点据在上方，流量级大的点据在下方，相同含沙量条件下因平均流量的不同，洪水的冲淤效率变化幅度能达到 20 kg/m³ 左右。

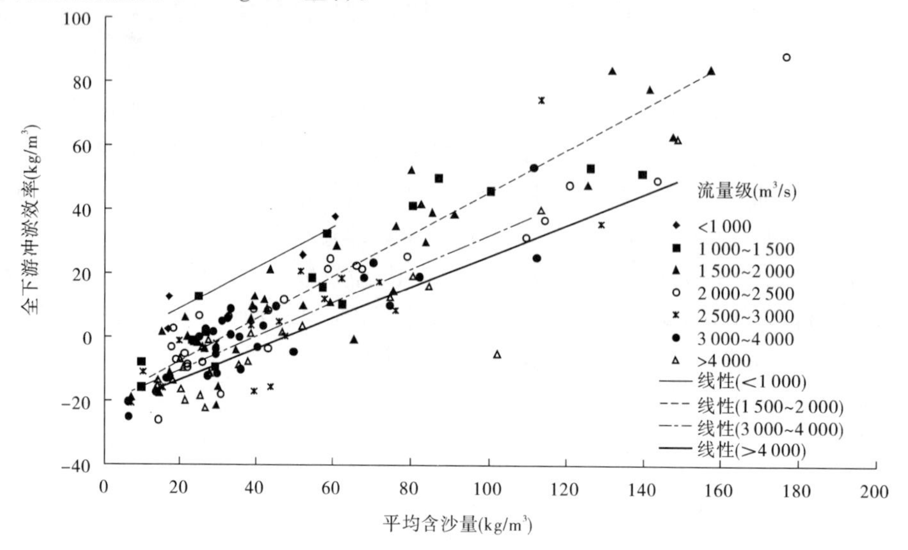

图 3-2　黄河下游洪水冲淤效率与洪水平均含沙量关系

可见，洪水平均含沙量大小对洪水期冲淤效率的大小起着决定性作用，洪水平均流量的大小对其也有较大的影响。

以往研究表明，洪水泥沙组成对洪水在河道的冲淤也有一定影响，来沙组成细的洪水淤积比小，来沙组成粗的洪水淤积比大。一般用粒径小于 0. 025 mm 的细颗粒泥沙占全沙的比例 $P_{0.025}$ 来表征泥沙组成的粗细程度，$P_{0.025}$ 越大则说明泥沙组成越细。

将图 3-2 中点据按照细颗粒泥沙的比例来分组（见图 3-3），分析不同来沙组成对洪水期冲淤效率的影响。同含沙量条件下，来沙组成粗的洪水多数发生淤积，且泥沙越粗其淤积越严重，冲淤效率越大；来沙组成细的洪水多发生冲刷，即使发生淤积，其冲淤效率也相对较小，进一步表明了来沙组成的粗细对洪水的冲淤效率也有一定影响。

为了定量分析不同来沙条件下洪水期下游河道的冲淤量，依据场次洪水的平均流量、平均含沙量、细颗粒泥沙比例和相应下游河道的冲淤效率等参数，建立河道冲淤与水沙条件的关系。

2. 冲淤效率计算公式

根据图 3-2，选取洪水平均含沙量和平均流量两个因子为自变量，建立洪水冲淤效率的计算公式为

$$\Delta S = 0.5\frac{Q}{1\,000}\frac{S}{100} + 0.5S - 4.5\frac{Q}{1\,000} - 4.8 \tag{3-1}$$

式中：ΔS 为冲淤效率，kg/m³；Q 为洪水平均流量，m³/s，一般不超过 5 000 m³/s；S 为洪水平均含沙量，kg/m³，一般不超过 200 kg/m³。式(3-1)相关系数为 $R^2=0.85$。

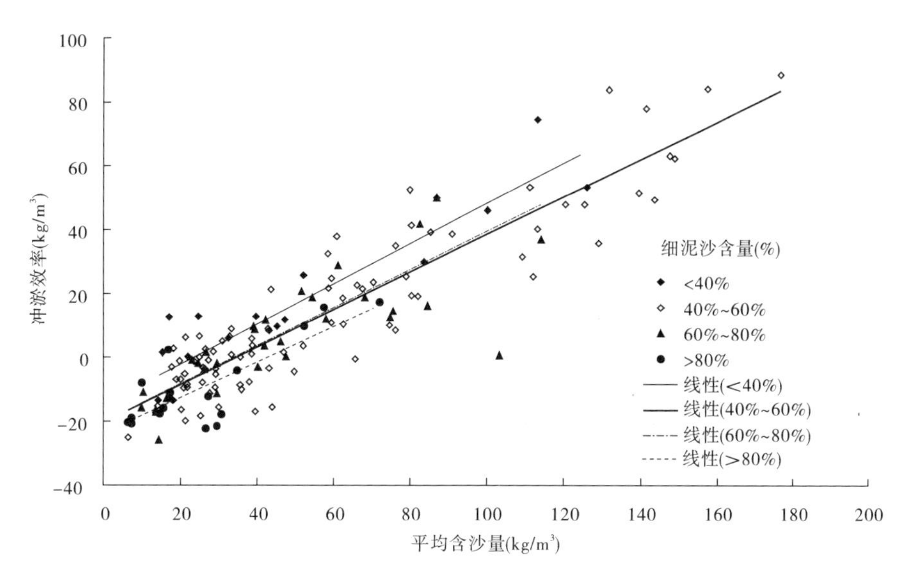

图 3-3 不同来沙组成条件下冲淤效率与洪水平均含沙量关系

利用公式(3-1)计算的洪水期下游河道冲淤效率与实测值的对比(见图 3-4)表明,所建公式具有较好的代表性。

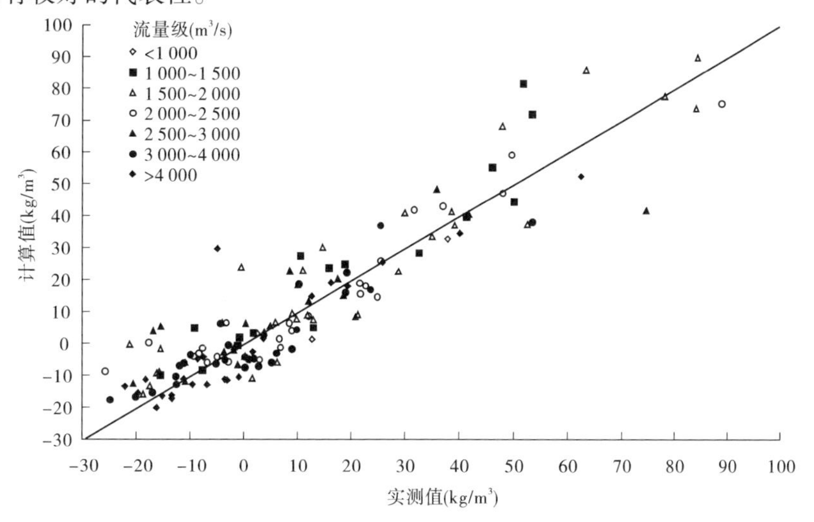

图 3-4 公式(3-1)的计算值与实测值对比

根据图 3-2 和图 3-3,选取洪水平均含沙量、平均流量和细泥沙比例三个因子为自变量建立冲淤效率估算式。为了去除沿程流量变化(引水较多或大汶河加水较多的情况)对输沙的影响,建立关系式时,选取利津站平均流量与进入下游的平均流量的变化在20%以内的场次,且洪水平均流量大于 2 000 m³/s,建立洪水冲淤效率的计算公式为

$$\Delta S = \frac{41.26S^{0.678}}{Q^{0.376}P^{0.371}} - 30 \tag{3-2}$$

式中:P 为细颗粒泥沙的比例,以小数计;其他参数意义同上。式(3-2)的相关系数 $R^2 = 0.85$。

由图 3-5 可见,对于平均流量大于2 000 m³/s的场次洪水,影响其冲淤的主要为水沙因子，计算值与实测值比较一致。

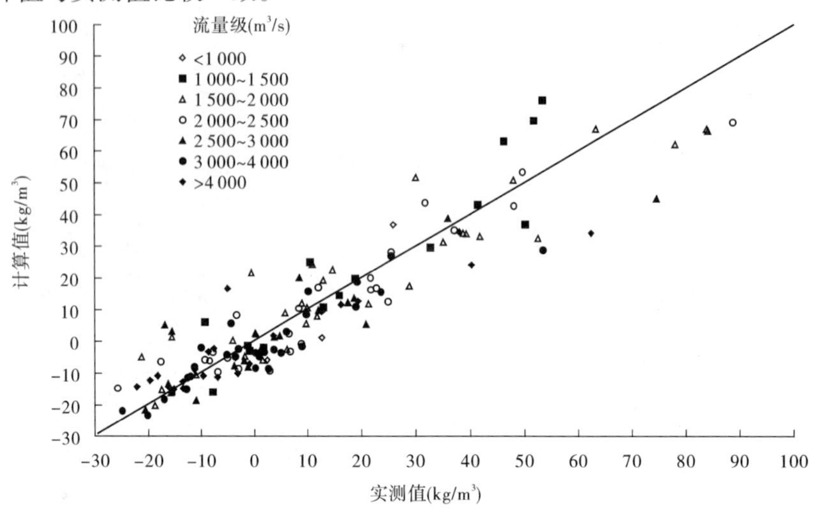

图 3-5　公式(3-2)的计算值与实测值对比

(二)分组泥沙冲淤规律

按泥沙粒径大小分为四组：细颗粒泥沙($d<0.025$ mm，简称细泥沙)，中颗粒泥沙(0.025 mm$\leqslant d<0.05$ mm，简称中泥沙)，较粗颗粒泥沙(0.05 mm$\leqslant d<0.1$ mm，简称较粗泥沙)和特粗颗粒泥沙($d\geqslant 0.1$ mm，简称特粗泥沙)。

前面分析表明，黄河下游洪水冲淤效率与洪水平均含沙量关系最密切，同时受洪水平均流量和来沙组成影响也较大。含沙量不同的洪水在下游河道中的冲淤规律不同，对于一般含沙量洪水，洪水期以输沙为主，冲淤效率的大小主要取决于水沙条件；而对于水库拦沙期以下泄清水为主的低含沙量洪水，下游河道发生持续冲刷，洪水期的冲淤效率不仅与洪水流量有关，还与河床边界的补给能力密切相关。

图 3-6 为细泥沙的冲淤效率与细泥沙含沙量的关系，二者呈线性关系，随着细泥沙含沙量的增加淤积增大。同时可以看出，平均流量小的洪水，细泥沙淤积多；平均流量大的洪水则低，淤积少或者发生冲刷。

通过回归得到细泥沙的冲淤效率计算公式为

$$\Delta S_x = 0.52S_x - 5.1\frac{Q}{1\ 000}\frac{S_x}{100} - 2\frac{Q}{1\ 000} - 2.9 \qquad (3\text{-}3)$$

式中：ΔS_x 为细泥沙的冲淤效率，kg/m³；Q 为平均流量，m³/s；S_x 为细泥沙含沙量，kg/m³。

利用式(3-3)计算的细泥沙冲淤效率与实测值的对比见图 3-7，计算值与实测值比较一致。流量小于 2 000 m³/s 的几场洪水，其计算值与实测值差别较大，主要是由于沿程流量衰减的影响。

一般来说，黄河下游河道中床沙质与冲泻质泥沙的分界粒径约为 0.025 mm。但通过实测资料分析表明，在单个场次洪水过程中，粒径小于 0.025 mm 的细泥沙的含沙量较高时，在下游河道中也同样会发生淤积。下游河床中冲泻质泥沙含量很少，主要是因为即使

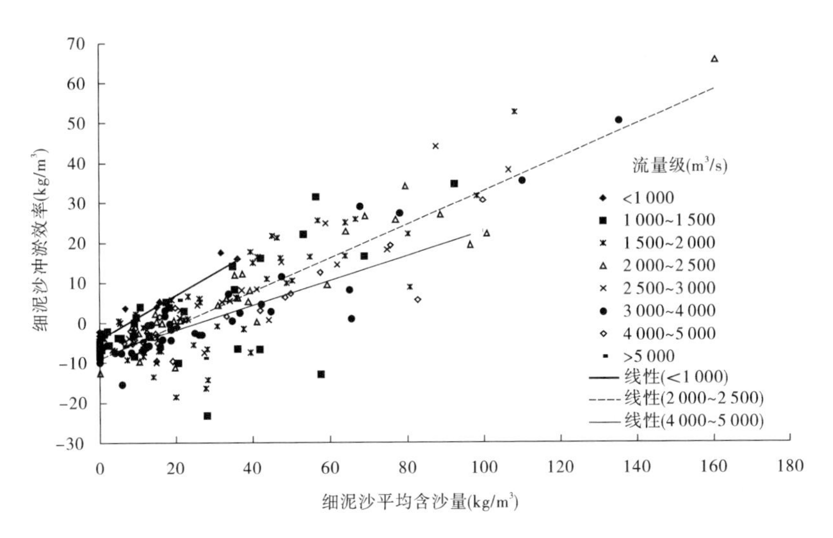

图 3-6　细泥沙冲淤效率与细泥沙含沙量关系

细泥沙发生淤积,由于其在水流中的输沙能力较高,很容易被后续的较低含沙量水流冲刷而带走。冲泻质的输移率决定于上游来沙多寡,和流量间的关系有赖于实测资料分析确定。

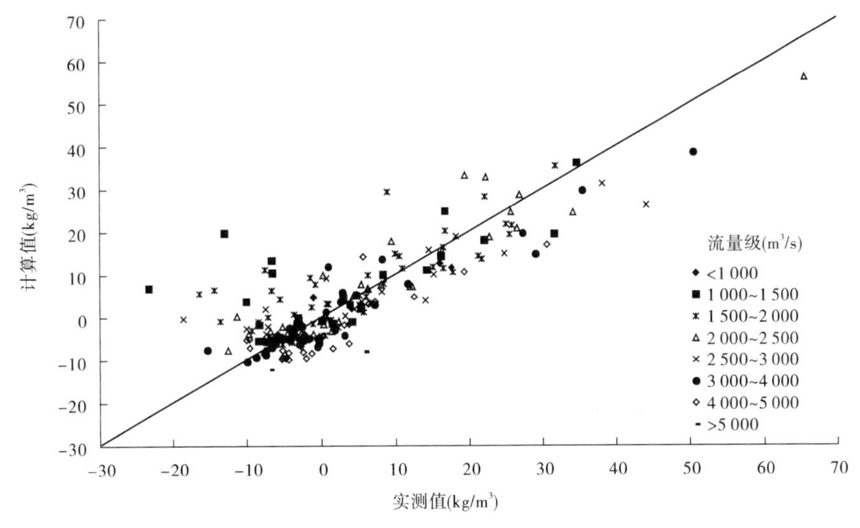

图 3-7　公式(3-3)的计算值与实测值对比

中、粗泥沙的冲淤效率与各分组泥沙含沙量同样呈线性关系,按照流量级的大小分带分布(见图 3-8 和图 3-10)。以相同的方法建立中、粗泥沙的冲淤效率计算公式为

$$\Delta S_z = 0.85S_z - 7.05\frac{Q}{1\,000}\frac{S_z}{100} - 1.5\frac{Q}{1\,000} - 2.2 \tag{3-4}$$

$$\Delta S_c = 0.996S_c - 9.07\frac{Q}{1\,000}\frac{S_c}{100} - 0.9\frac{Q}{1\,000} - 1.37 \tag{3-5}$$

式中:ΔS_z、ΔS_c 为中泥沙和粗泥沙的冲淤效率,kg/m^3;Q 为平均流量,m^3/s;S_z、S_c 为中泥沙和粗泥沙含沙量,kg/m^3。

利用式(3-4)和式(3-5)计算的中、粗泥沙冲淤效率与实测值的对比见图3-9和图3-11,计算值与实测值基本一致。

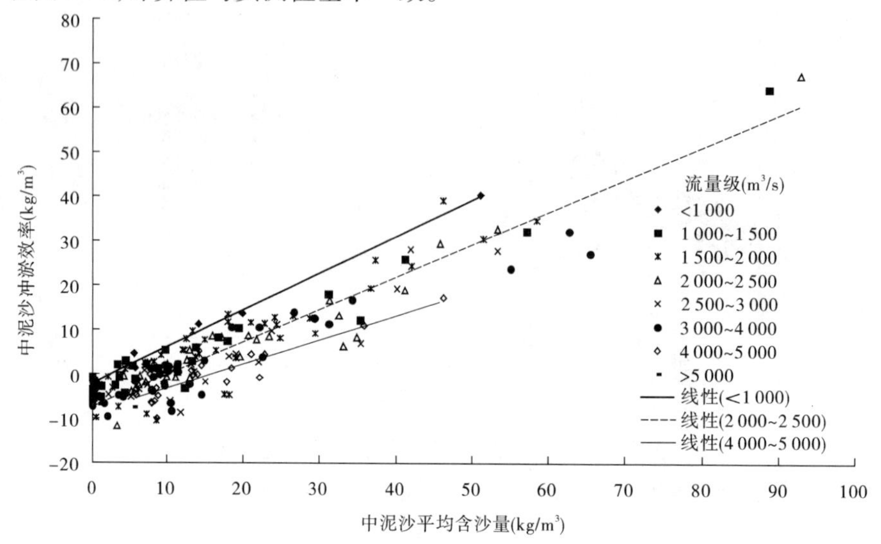

图3-8 中泥沙冲淤效率与中泥沙含沙量关系

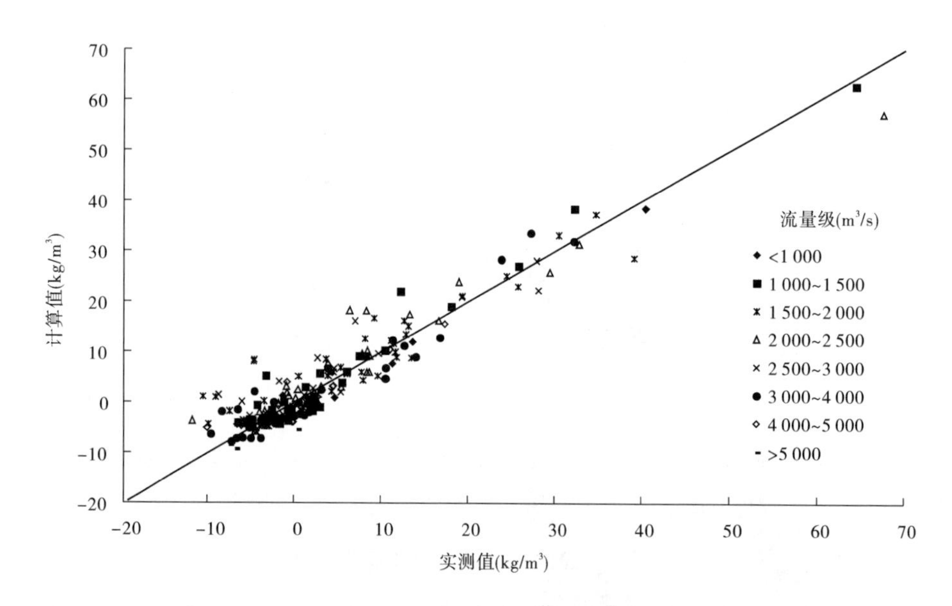

图3-9 公式(3-4)的计算值与实测值对比

特粗泥沙的冲淤效率与含沙量同样呈线性关系(见图3-12)。由于特粗泥沙的输沙能力较小,随着洪水流量级的增加,输沙能力增加的幅度小于其他粒径组的。因此,建立特粗泥沙的冲淤效率关系式时,可以不单独考虑流量因素,仅以特粗泥沙的平均含沙量作为影响因子。依据图3-12,回归建立特粗泥沙冲淤效率公式为

$$\Delta S_{tc} = 0.89S_{tc} - 0.17 \tag{3-6}$$

式中:ΔS_{tc}为特粗泥沙的冲淤效率,kg/m³;S_{tc}为特粗泥沙含沙量,kg/m³。

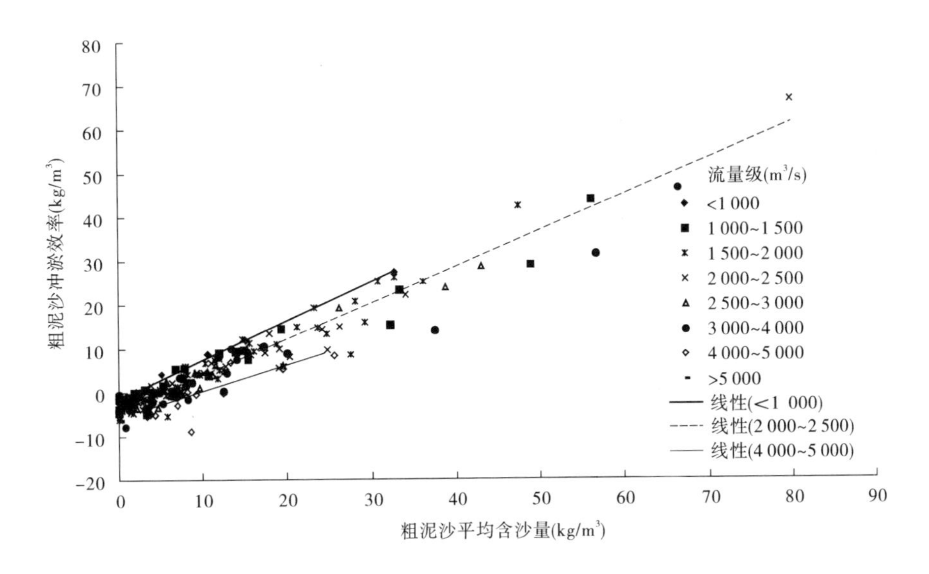

图 3-10　粗泥沙冲淤效率与粗泥沙含沙量关系

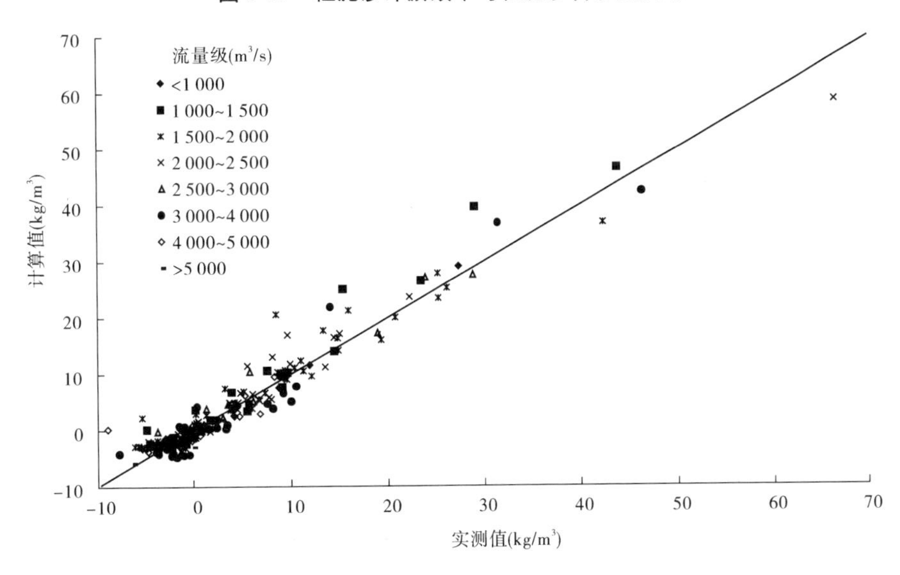

图 3-11　公式(3-5)的计算值与实测值对比

利用式(3-6)计算的特粗泥沙冲淤效率与实测值的对比见图3-13,计算值与实测值比较一致。

分析洪水过程中分组泥沙的冲淤效率与各粒径组泥沙的含沙量关系发现,细、中、粗和特粗四组泥沙在下游河道中的冲淤效率与各自来沙含沙量关系均密切,且泥沙粒径越粗,其相关性越好。利用实测资料回归分析建立的分组泥沙冲淤效率与分组含沙量和平均流量的关系式,计算各分组泥沙的冲淤效率,对细泥沙来说分散性最大,随着粒径组变粗,公式的计算精度越高。以上分析说明,一方面,平均含沙量的大小决定了冲淤效率发展方向,平均流量对其有一定影响;另一方面,细泥沙的冲淤效率除受水沙条件的影响外,受边界条件的影响也较大,特别是泥沙补给程度的影响。

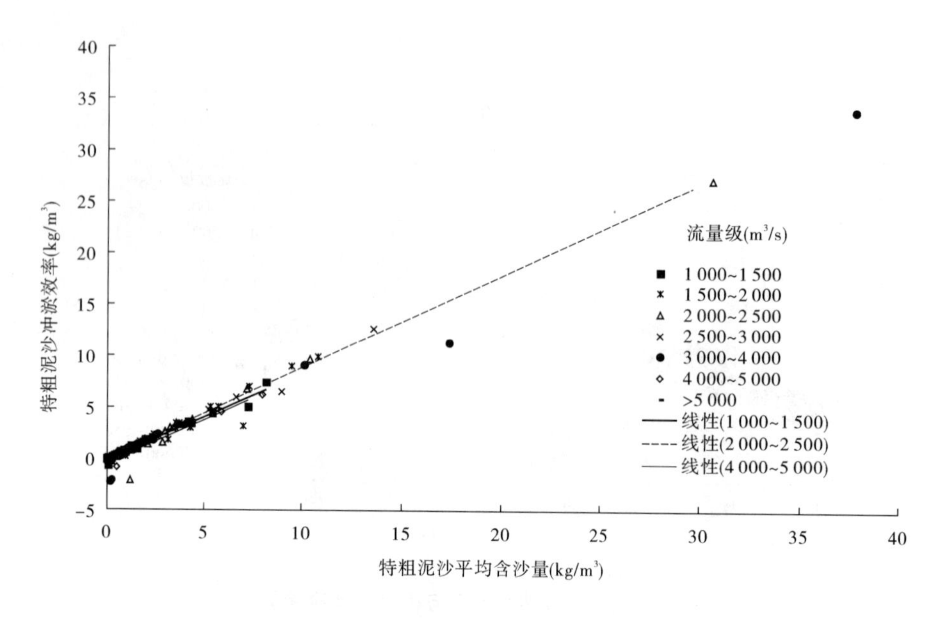

图 3-12 特粗泥沙冲淤效率与特粗泥沙含沙量关系

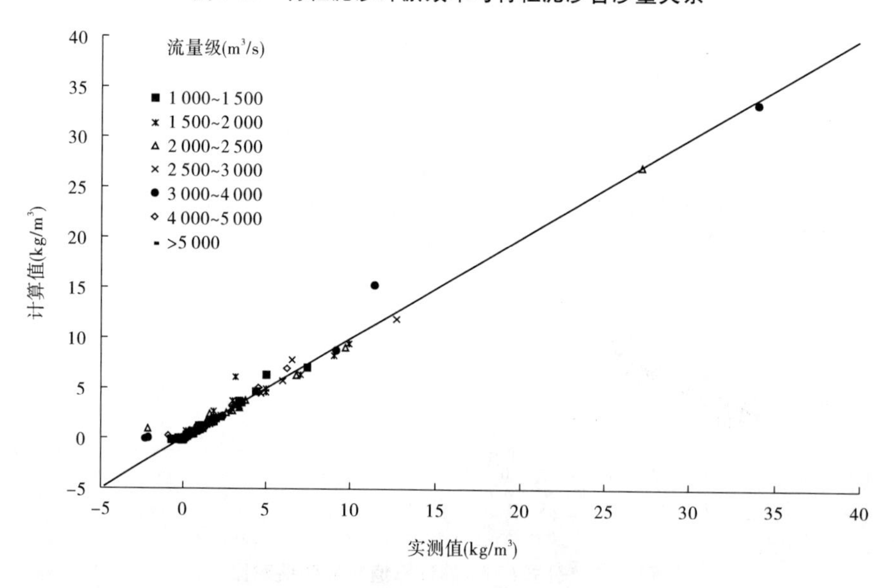

图 3-13 公式(3-6)的计算值与实测值对比

二、水库拦沙期低含沙量洪水期下游冲淤规律

(一)不同粗化程度的下游冲淤规律

1999 年 10 月小浪底水库建成投入运用后,在运用初期(拦沙期)进入下游河道的水沙搭配关系发生了很大变化,水库下泄的或基本清水或以异重流方式排沙,进入下游河道的泥沙以细泥沙为主,下游河道进入冲刷调整状态。

定义冲刷效率 ΔS,是河道冲刷量与来水量的比值

$$\Delta S = \frac{\Delta W_S}{W} \tag{3-7}$$

式中：ΔW_S 为冲刷量；W 为来水量（小浪底、黑石关和武陟三个站的水量之和，简称小黑武，下同）。

根据输沙平衡原理可得

$$\Delta W_S = W_{S进} - W_{S出} - W_{S引} \tag{3-8}$$

$$W = Q_{进} T \tag{3-9}$$

式中：$W_{S进}$为进口来沙量（小黑武沙量）；$W_{S出}$为出口站输沙量（黄河下游河道以最后一个水文站利津站作为出口站）；$W_{S引}$为沿程引沙量；$Q_{进}$ 为三黑武平均流量； W 为水量；T 为洪水历时。

黄河下游洪水在演进过程中会发生坦化和水量损耗现象，并受支流加水等影响，利津站的平均流量可以用三黑武的平均流量乘以一个接近 1 的系数 α 来表示：

$$Q_{出} = \alpha Q_{进} \tag{3-10}$$

沿程引沙量可以表示为

$$W_{S引} = Q_{引} S_{引} T \tag{3-11}$$

式中：$Q_{引}$、$S_{引}$ 分别为沿程的平均引水流量和平均引水含沙量。引水流量 $Q_{引}$ 小于进口流量，可以用 $Q_{进}$ 乘以一个小于 1 的系数 β 表示：

$$Q_{引} = \beta Q_{进} \tag{3-12}$$

将式(3-10) ~ 式(3-12)代入式(3-8)得

$$\Delta W_S = Q_{进} S_{进} T - \alpha Q_{进} S_{出} T - \beta Q_{进} S_{引} T \tag{3-13}$$

将式(3-13)和式(3-9)代入式(3-7)，即

$$\Delta S = S_{进} - \alpha S_{出} - \beta S_{引} \tag{3-14}$$

式(3-14)表示在沿程不引水条件下，冲刷效率 ΔS 实际上是洪水平均含沙量在下游河道的调整变化。

点绘出三门峡水库和小浪底水库拦沙期下游河道洪水冲刷效率与洪水平均流量的关系，见图 3-14，图中标注为场次洪水的平均含沙量（kg/m^3）。

对于三门峡水库拦沙期和小浪底水库拦沙期的前半时段（2000 ~ 2005 年床沙粗化完成以前），当洪水平均流量小于 4 000 m^3/s 时，场次洪水的冲刷效率随平均流量的增大而增大；当流量达到 4 000 m^3/s 左右时，洪水的冲刷效率约为 20 kg/m^3；之后，随着平均流量的增大，冲刷效率变化不明显，基本维持在 20 kg/m^3 左右，甚至个别场洪水的冲刷效率还有所降低，如 1964 年的三场流量较大的洪水。从图中还可以看出，三门峡水库拦沙运用期和小浪底水库拦沙期下游河道的洪水冲刷效率随着流量增大变化的趋势相同。值得注意的是，当洪水平均流量大于 4 000 m^3/s 时，虽然冲刷效率不再显著增加，但在相同时间内洪水的洪量大，泥沙的冲刷总量也大。

对于三门峡水库而言，由于 1962 年 3 月水库开始滞洪排沙运用，且下游的河道整治工程还不完善，河道可以自由展宽，故该时期的细、中泥沙的补给较充足。对小浪底水库而言，在水库拦沙期的开始阶段河床未发生显著粗化，河床中的细、中泥沙补给相对充足，水流在下游河道中的冲刷效率主要与平均流量关系密切。可见，拦沙期进入水库下游的

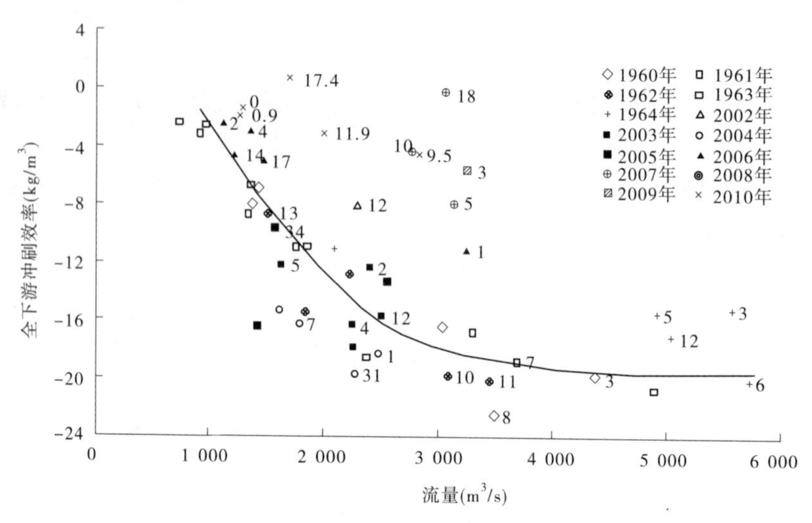

图 3-14 清水下泄期黄河全下游全沙冲刷效率与平均流量的关系

洪水的含沙量低且来沙颗粒极细，下游河床未显著粗化时，冲刷效率主要取决于水流的能量和河床的床沙补给。

对于小浪底水库拦沙期的后半时段(2006～2010 年床沙粗化完成以后)，河道经清水冲刷后河床中的细泥沙逐渐被带走，粗泥沙逐渐集聚于床面，河床组成逐渐粗化。小浪底水库拦沙运用后下游河道河床组成明显粗化，从上至下粗化程度不断减小。在清水冲刷过程中，随着床沙组成逐渐变粗(见图 3-15)，糙率也随之加大，水流输沙(冲刷)能力逐渐降低。

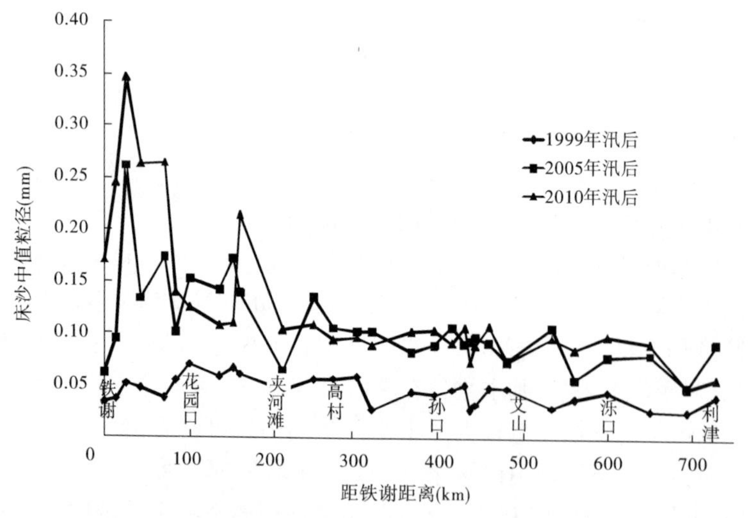

图 3-15 下游河道床沙表层泥沙中值粒径沿程变化

1999 年汛后花园口以上、花园口—高村、高村—艾山和艾山—利津四个河段的床沙表层泥沙的中值粒径分别为 0.054 5 mm、0.056 6 mm、0.042 2 mm 和 0.036 4 mm，到 2005 年汛后分别粗化到 0.192 4 mm、0.111 9 mm、0.096 6 mm 和 0.077 3 mm，中值粒径分别增加了 0.137 9 mm、0.055 3 mm、0.054 4 mm 和 0.040 9 mm。2010 年汛后四个河段

的床沙表层泥沙的中值粒径分别为0.220 3 mm、0.119 7 mm、0.102 2 mm和0.0784 mm，与2005年汛后相比，分别增加了0.027 9 mm、0.007 8 mm、0.005 6 mm和0.001 1 mm。1999年汛后至2010年汛后下游各河段河床表层泥沙粗化量中，2005年之前粗化量占83%、87%、90%和97%。由此可见，2005～2010年各河段床沙中值粒径变化幅度不大，表明到2005年下游河道的粗化基本完成。

随着床面粗化，河道的糙率也随之增大。糙率是河床边界条件对水流阻力大小的度量，通常用曼宁糙率系数 n 表征阻力的大小。黄河下游河道较其他冲积性河流来讲，泥沙组成较细，中值粒径一般为0.06～0.12 mm，河床阻力除沙粒阻力外，还包括沙波阻力。在水流条件较弱时，床面沙波较为发育，动床阻力较大，随着水流强度的增大，沙波逐渐向动平床过渡，沙波阻力较小，在洪水期水流主要受沙粒阻力的影响。黄河下游糙率在小流量时特别大，随着流量的增大糙率逐渐减小，当流量增加到一定量级时，糙率达到最小值，之后随着流量的增大糙率维持一常数或缓慢增加。李勇等研究认为，黄河下游各站在流量为1 000～1 500 m^3/s 时，糙率达到最小值，流量大于1 500 m^3/s 后，随着流量的增大糙率维持一常数或缓慢增加。

在水库拦沙初期，黄河下游的低含沙量洪水的流量越大，下游河道的冲刷越剧烈，河床粗化越明显（当量粗糙度 Δ 越大），但同时水深 h 也越大，由于当量粗糙度 Δ 和水深 h 同时增大，相对糙度（$\frac{\Delta}{h}$）变化不大。因而，洪水期随着流量的增大糙率 n 变化不大。

拦沙初期后半时段与前半时段相比，由于河道展宽、河床粗化，同量级洪水的平均水深 h 减小，当量粗糙度 Δ 增加，相对糙度 $\frac{\Delta}{h}$ 增大，糙率明显增大。因此，拦沙初期前半时段同量级洪水的冲刷效率大于拦沙初期后半时段同量级的洪水的冲刷效率。

小浪底水库拦沙初期进入下游的洪水主要是汛前调水调沙洪水，小浪底水库均实施人工塑造异重流，洪水期进入下游的洪水有一定的含沙量。另外，在汛期也有一些小洪水过程，一般也配有水库异重流排沙。分析发现，在下游河道显著粗化后，洪水冲淤效率与分组泥沙的含沙量有密切关系。因此，利用2006～2010年进入下游的场次洪水资料，通过回归分析，建立下游河道的冲淤效率计算公式。

图3-16～图3-20为2006～2010年下游河道显著粗化后，洪水期分组泥沙和全沙的冲淤效率与各自含沙量关系。各粒径组泥沙的冲淤效率与平均含沙量的线性关系均为

$$\Delta S = kS - m \tag{3-15}$$

式中：ΔS 为各粒径组泥沙的冲淤效率；S 为进入下游（小黑武三站之和）的各粒径组泥沙的平均含沙量；k 为系数；m 为常数项。

式(3-15)用于拦沙初期床沙粗化后的计算。不同粒径组泥沙的 k 和 m 值见表3-1。

表3-1　各粒径组泥沙冲淤效率回归关系式的系数和常数项

粒径组(mm)	<0.025	0.025～0.05	0.05～0.1	>0.1	全沙
k	0.325	1.2	1.467	1.717	0.528
m	3.5	3.3	2.9	1.25	11.8

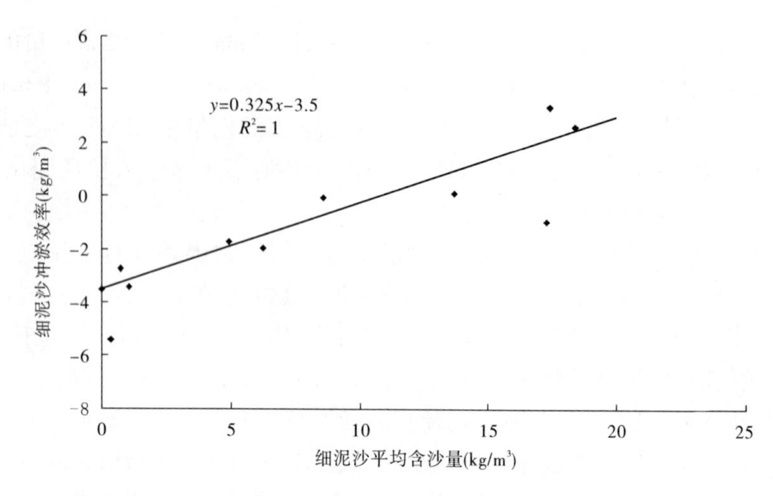

图 3-16　河道粗化后细泥沙冲淤效率与细泥沙含沙量关系

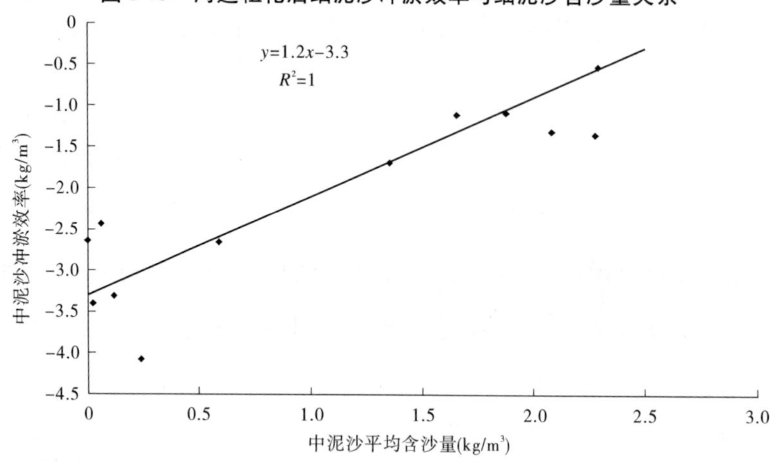

图 3-17　河道粗化后中泥沙冲淤效率与中泥沙含沙量关系

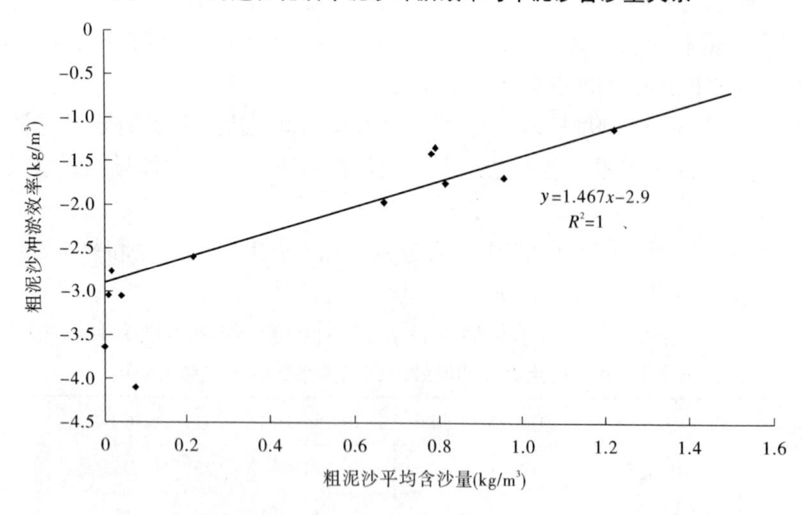

图 3-18　河道粗化后粗泥沙冲淤效率与粗泥沙含沙量关系

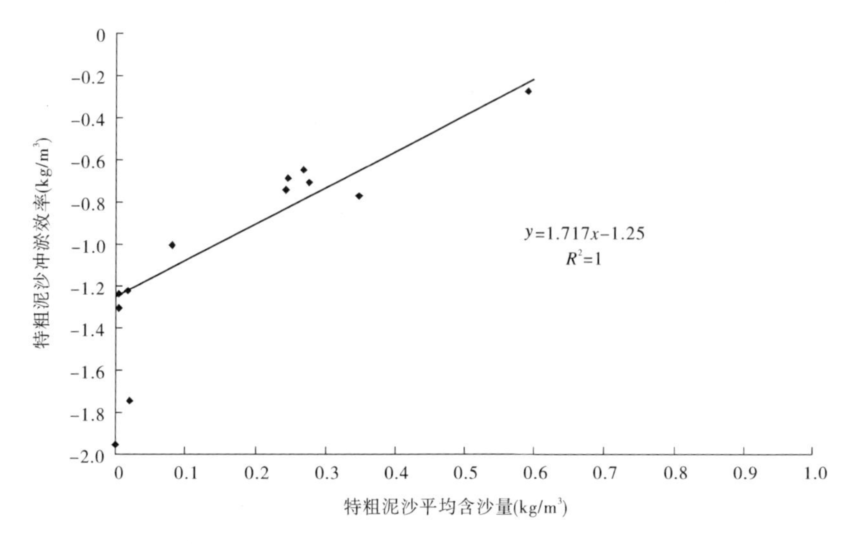

图 3-19　河道粗化后特粗泥沙冲淤效率与特粗泥沙含沙量关系

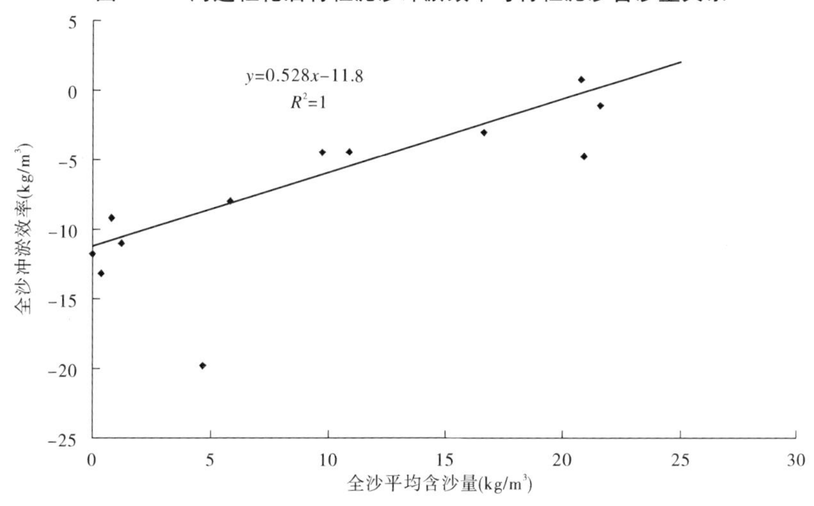

图 3-20　河道粗化后全沙冲淤效率与全沙含沙量关系

表 3-1 中的参数仅适用于水库拦沙期下游河床显著粗化后，清水或水库以异重流排出细颗粒泥沙为主的低含沙量洪水，中、粗和特粗泥沙在下游河道中发生冲刷的条件。当分组含沙量代入后，中、粗和特粗泥沙的冲淤效率为正值（表示发生淤积）时则不适用，即中、粗和特粗泥沙的来沙含沙量小于 2.8 kg/m³、2.0 kg/m³ 和 0.7 kg/m³ 的情况。

（二）小浪底水库拦沙期进入下游泥沙组成

不同粒径组泥沙的输沙能力不同，因此不同来沙组成的水流输沙效果有差异。在分析过程中常常用细泥沙的含量表示泥沙组成的粗细，但计算分组泥沙冲淤量时，需要利用各粒径组泥沙占全沙的比例计算分组泥沙的含沙量。为了获取其他粒径组泥沙的比例，利用小浪底水库投入运用以来历年实测来沙组成资料，分析中、粗和特粗泥沙的含量与细泥沙含量关系（见图 3-21 ~ 图 3-23）。

中、粗和特粗泥沙含量均与细泥沙含量有较好的关系，细泥沙含量越高，其他粒径组

泥沙含量与其关系越好。依据图 3-21 ~ 图 3-23 回归出中、粗和特粗泥沙的估算公式:

$$P_z = -0.0077P_x^2 + 0.7465P_x + 1.86 \tag{3-16}$$

$$P_c = -0.005024P_x^2 - 1.16P_x + 1.66 \tag{3-17}$$

$$P_{tc} = 0.0000976P_x^3 - 0.02035P_x^2 + 1.18P_x - 11.94 \tag{3-18}$$

式中:P_x、P_z、P_c 和 P_{tc}分别为细、中、粗和特粗颗粒泥沙的比例,以%计。

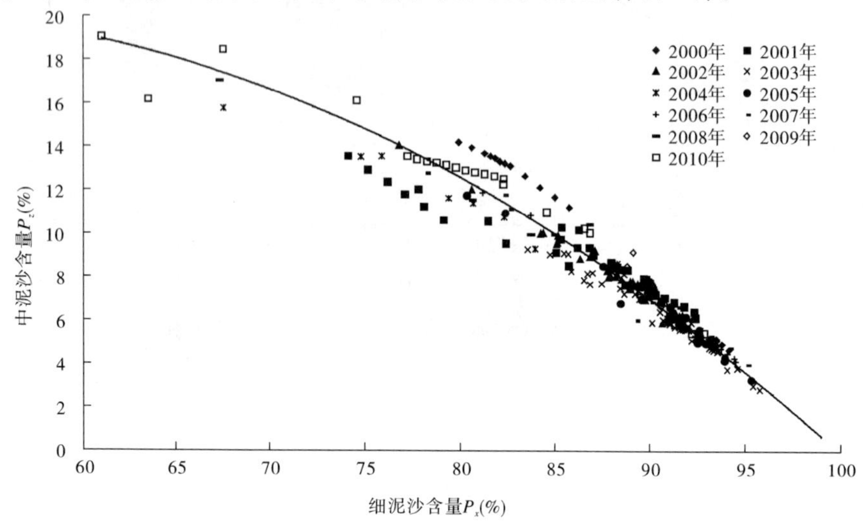

图 3-21　小浪底水库拦沙期进入下游的中泥沙含量与细泥沙含量关系

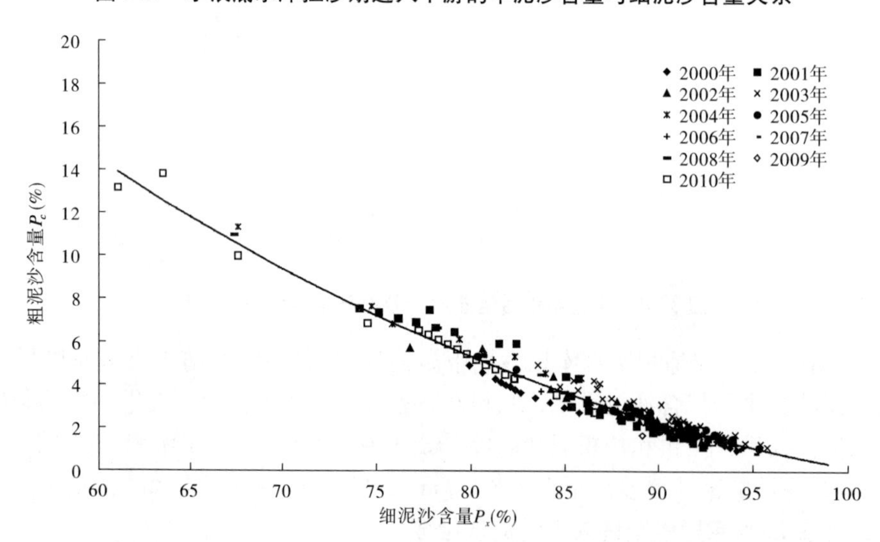

图 3-22　小浪底水库拦沙期进入下游的粗泥沙含量与细泥沙含量关系

三、2011 年汛前调水调沙下游冲淤估算

(一)进入下游的水沙条件

借鉴 2010 年汛前调水调沙模式,小浪底水库 2011 年汛前调水调沙先下泄清水,库水位降低后通过异重流排沙。在冲淤估算中,小浪底水库的对接水位选取 220 m、215 m 和

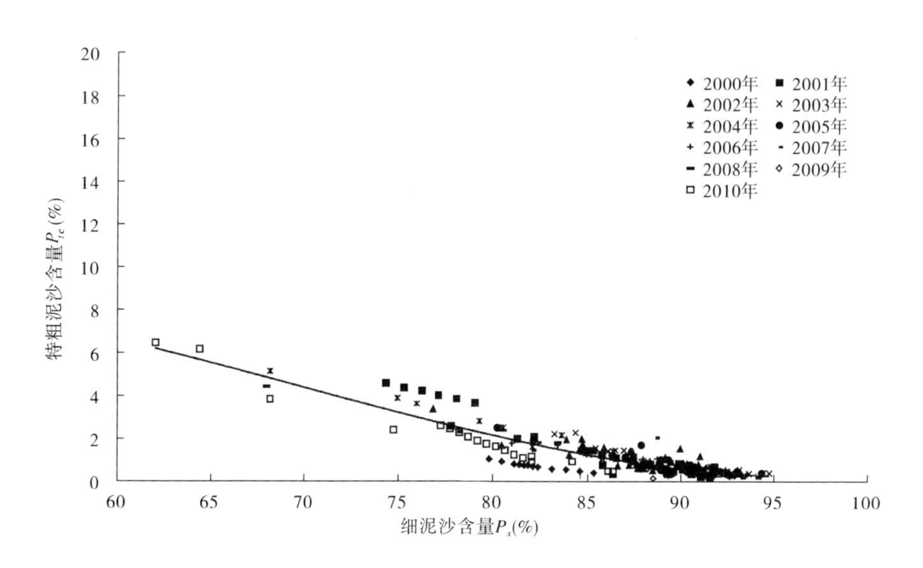

图 3-23　小浪底水库拦沙期进入下游的特粗泥沙含量与细泥沙含量关系

210 m 三个方案。三个方案的清水过程借用 2010 年汛前调水调沙的清水过程，浑水过程为在 2010 年汛后地形基础上按经验公式和水动力学数学模型两种方法分别计算出对接水位 220 m、215 m 和 210 m 下的 6 个出库水沙过程（见表 3-2）。表 3-2 中水量为整个调水调沙期（清水 + 浑水）的，平均流量和平均含沙量为整个调水调沙期的平均值。

表 3-2　进入下游的水沙条件

对接水位（m）	计算方法	水量（亿 m^3）	沙量（亿 t）	细泥沙量（亿 t）	细沙比例（%）	平均流量（m^3/s）	平均含沙量（kg/m^3）
220	数模	52.042	0.298	0.235	78.9	3 063	5.7
	经验公式	52.094	0.134	0.106	79.1	3 066	2.6
215	数模	52.042	0.497	0.331	66.6	3 063	9.5
	经验公式	52.094	0.411	0.264	64.2	3 066	7.9
210	数模	52.0	0.943	0.264	28.0	3 063	18.1
	经验公式	52.5	0.686	0.220	32.1	3 090	13.1

（二）下游冲淤计算

为佐证结果，同时采用黄河下游水动力学模型、黄河下游水文学模型和回归关系分析三种方法。

1. 回归关系分析

1）验证计算

不同来水来沙条件下河道冲淤表现不同；相同水沙条件下，前期边界条件不同，下游冲淤表现也不同。到目前，小浪底水库已经拦沙运用 11 a，进入下游的大流量过程集中在每年的汛前调水调沙期。进入下游的泥沙多为小浪底水库异重流排出的，泥沙组成细且沙量少，黄河下游河道发生持续冲刷，河床已显著粗化。因而在相同的水沙条件下，冲刷效率较之前明显降低。在这种情况下,利用拦沙期后半时段建立的泥沙冲淤与水沙的关系式,即式(3-15)和表3-1中参数计算下游冲淤量。由于洪水期分组泥沙的含沙量超过式(3-15)的适用条件,因此用式(3-3)~式(3-6)来计算洪水期的冲淤效率。

选取2002~2010年以来的洪水过程(有明显涨落过程的水流过程)作验证计算,计算结果见表3-3。计算结果显示,除了"04·8"洪水的计算值与实测值有较大差别,其他场次计算值与实测值基本一致。"04·8"洪水计算值与实测值差别较大,主要是由于小浪底水库在异重流排沙的同时,将前期水库中形成的浑水泥沙一并排出,使得进入下游的泥沙组成非常细,小于0.005 mm的泥沙含沙量达到35 kg/m³,洪水输沙能力显著提高。本章仅考虑粒径小于0.025 mm的细颗粒泥沙比例,没有考虑极细颗粒泥沙对水流输沙的影响。

表3-3　回归关系式计算的洪水冲淤效率与实测值对比

时段 (年-月-日)	平均流量 (m^3/s)	平均含沙量 (kg/m^3)	细泥沙 比例(%)	冲淤效率(kg/m^3)		
				实测	计算	差值
2002-07-03~07-17	2 312	12.2	88.0	-8.1	-11.4	-3.3
2003-09-24~10-26	2 451	4.9	91.6	-16.4	-15.4	1.1
2004-06-15~06-18	1 516	0	0	-15.7	-13.3	2.4
2004-06-19~06-28	2 495	0	0	-16.8	-17.6	-0.8
2004-07-03~07-13	2 422	1.9	88.5	-12.2	-16.5	-4.3
2004-08-22~08-30	1 946	90.6	78.1	0.3	29.9	29.6
2005-06-08~07-03	2 394	0.4	90.0	-13.2	-17.0	-3.8
2005-07-04~07-15	1 033	29.3	82.5	1.1	4.3	3.2
2005-09-22~09-30	909	9.0	70.9	-7.0	-5.4	1.6
2005-10-01~10-11	1 869	3.6	92.8	-19.8	-13.3	6.5
2005-10-17~10-26	1 732	0	0	-11.8	-14.3	-2.5
2006-06-10~06-28	3 375	1.2	85.8	-11.0	-9.7	1.3
2006-08-02~08-07	1 531	19.3	82.9	-4.8	-1.4	3.4
2006-09-01~09-07	1 321	15.1	92.9	-4.3	-4.3	0
2007-06-19~07-03	3 138	5.8	84.8	-8.0	-7.7	0.3
2007-07-29~08-08	2 672	17.8	85.4	-1.1	-2.4	-1.3
2008-06-19~07-06	2 756	10.8	78.9	-4.4	-5.0	-0.6
2009-06-18~07-03	3 255	0.8	89.8	-9.2	-9.9	-0.7
2010-06-18~07-11	2 823	9.5	64.3	-4.5	-4.6	-0.1
2010-07-24~08-05	2 003	11.9	82.4	-3.0	-4.8	-1.8
2010-08-10~08-30	1 705	17.4	84.0	0.7	-2.4	-3.1

2）方案计算

利用上述回归关系式计算出各水沙条件下清水阶段下游河道的冲淤效率为 -11 kg/m^3，冲淤量为 -0.506 亿 t，浑水阶段下游冲淤计算结果见表 3-4。

表 3-4　回归关系式计算的下游冲淤量结果

对接水位（m）	项目	清水	数模出库水沙			经验公式出库水沙		
			来沙量（亿 t）	浑水	清＋浑	来沙量（亿 t）	浑水	清＋浑
220	冲淤效率（kg/m^3）	-11	0.298	16.7	-7.8	0.134	1.2	-0.96
	冲淤量（亿 t）	-0.506		0.098	-0.408		0.007	-0.499
215	冲淤效率（kg/m^3）	-11	0.497	38.1	-5.5	0.411	30.4	-6.3
	冲淤量（亿 t）	-0.506		0.222	-0.284		0.179	-0.327
210	冲淤效率（kg/m^3）	-11	0.943	83.4	-0.4	0.686	47.7	-3.7
	冲淤量（亿 t）	-0.506		0.453	-0.053		0.280	-0.226

由于随着对接水位的降低，进入下游的沙量增加，同时细泥沙的比例减小，下游河道的冲刷量减小，当进入下游的沙量达到 0.943 亿 t 时，下游河道仅冲刷 0.053 亿 t。主要因为对接水位 210 m 时，浑水阶段进入下游的细泥沙比例较其他排沙水位时低，约为 60%，进入下游河道的沙量显著增加，且排沙集中在 3.5 d 的时间内，故排沙期下游淤积较多，从而基本抵消了清水下泄时下游的冲刷量。

计算表明，与对接水位 220 m 相比，在对接水位 215 m 和 210 m 时，多输送入海的泥沙量占多排入下游河道的泥沙量的 38% 左右和 45% ~51%，下游河道少冲刷泥沙量占多排沙量的 62% 左右和 55% ~49%，见图 3-24。

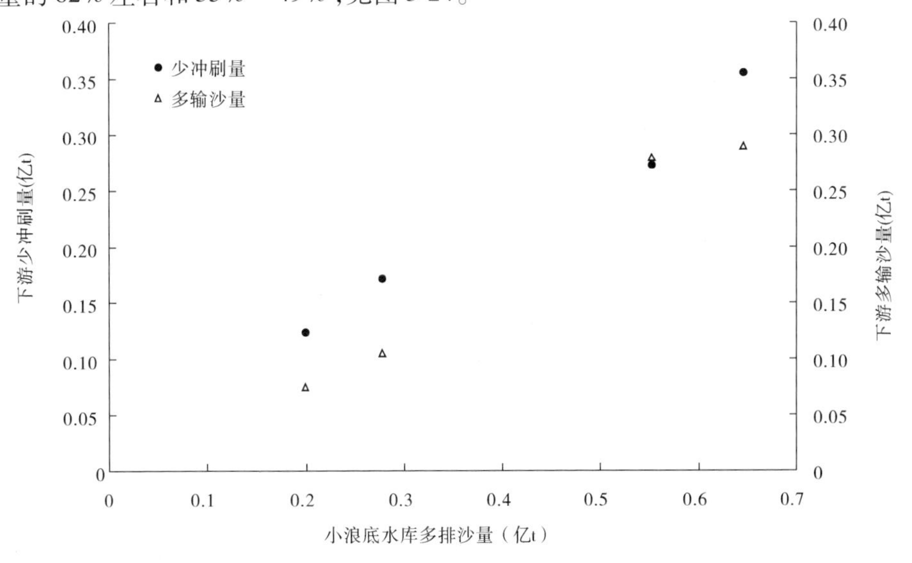

图 3-24　与对接水位 220 m 相比下游少冲刷量和多输沙量与多排沙量关系（回归关系式）

2. 黄河下游水文学模型计算

1）模型简介

A. 河床边界概化

根据黄河下游断面形态特征对河道横断面进行概化，概化后河床计算断面见图3-25。图中，H_t 表示滩地水深，H_c 表示主槽水深，B_t 表示滩地宽度，B_c 表示主槽宽度，B_{t1} 表示生产堤内滩地宽度，ΔH 表示滩槽高差。

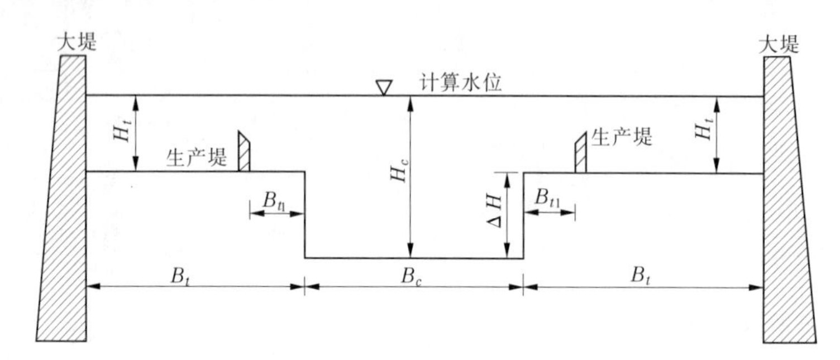

图3-25 河道计算断面概化图

B. 沿程流量计算

当来水流量小于河段平滩流量时，出口断面流量等于进口断面流量扣除沿程引水。当来水流量大于平滩流量时，根据水流连续性方程，利用马斯京根法进行出口断面流量演算。

C. 滩槽水力学计算

滩槽水力学计算包括滩槽分流和分沙计算。考虑到天然河流水力学计算，水流动量方程中惯性项、河段附加比降及河床冲淤分布不均匀性相对较小，忽略后即变为均匀流阻力公式，采用曼宁公式进行滩槽分流计算。滩槽分沙计算根据漫滩洪水实测资料，分析各河段主槽与入滩水流含沙量之比，以确定滩槽输沙分配：

$$Q = Q_p + Q_t = \frac{B_p J^{1/2}}{n_p}(\Delta H + H_t)^{5/3} + \frac{B_t J_t^{1/2}}{n_t} H_t^{5/3} \tag{3-19}$$

式中：Q_p、Q_t 分别为平滩流量和滩地流量；B_p、B_t 分别为对应于平滩流量、滩地流量的河宽；J_t 为滩地纵比降；H_t 为滩地水深；ΔH 为滩槽高差；n_t 为滩地糙率；n_p 为对应于平滩流量的主槽糙率；J 为主槽比降。

D. 滩地挟沙能力计算

上滩水流经过漫滩淤积后，由滩地返回主槽的水流含沙量采用黄河干支流挟沙力公式计算

$$S_* = 0.22\left(\frac{V_t^3}{gH_t\omega_t}\right)^{0.76} \tag{3-20}$$

式中：V_t 为滩地流速；H_t 为滩地水深；ω_t 为上滩悬沙平均沉速。

E. 出口断面输沙率

通过分析三门峡水库正常运用（20世纪60年代中期）至20世纪80年代中期黄河下游的实测水沙资料，考虑影响输沙的各种因素，通过回归得到黄河下游各河段的主槽输沙

公式,见表 3-5。其中:Q_S 为本站主槽输沙率,t/s;Q 为本站流量,m^3/s;$S_{\text{上}}$ 为上站含沙量,kg/m^3;P 为小于 0.05 mm 泥沙颗粒含量(以小数计);$\sum\Delta W_S$ 为前期累计冲淤量,亿 t,计算时初始值取各河段自小浪底水库以来的累计冲淤量,并将各计算时段得到的冲淤量加入后作为下一时段的前期累计冲淤量。据此可求得各计算河段出口断面的主槽输沙率,再根据主槽输沙率与全断面输沙率的关系,求得各河段的出口断面输沙率。

表 3-5　黄河下游各河段主槽输沙公式

时期	河段	使用条件	公式
汛期	铁谢—花园口	漫滩及不漫滩	$Q_S=0.001\ 08Q^{1.318}\exp(0.212S_{\text{上}}^{0.49})P^{0.974}\exp(0.060\ 8\sum\Delta W_S)$
	花园口—高村	漫滩	$Q_S=0.005\ 4Q^{1.16}S_{\text{上}}^{0.763}\exp(0.038\ 8\sum\Delta W_S)$
		不漫滩	$Q_S=0.000\ 46Q^{1.21}\exp(0.016\ 8\sum\Delta W_S)S_{\text{上}}^{0.763}P^{0.156}$
	高村—艾山	漫滩	$Q_S=0.000\ 79Q^{1.062}S_{\text{上}}^{0.911}\exp(0.031\ 7\sum\Delta W_S)$
		不漫滩	$Q_S=0.000\ 65Q^{1.085\ 7}S_{\text{上}}^{0.93}\exp(0.012\sum\Delta W_S)$
	艾山—利津	漫滩及不漫滩	$Q_S=0.000\ 43Q^{1.093\ 8}S_{\text{上}}\exp(0.043\ 9\sum\Delta W_S)$
非汛期	铁谢—花园口	清水及浑水	$W_S=0.002\ 68W^{1.369}\exp(0.188S_{\text{上}}^{0.4})\exp(0.25\sum\Delta W_S)$
	花园口—高村	浑水	$W_S=0.001\ 07W^{1.337}S_{\text{上}}^{0.582\ 75}\exp(0.028\ 2\sum\Delta W_S)$
	高村—艾山	浑水	$W_S=0.000\ 51W^{1.164}S_{\text{上}}^{0.989\ 7}$
	艾山—利津	浑水	$W_S=0.000\ 14W^{1.308}S_{\text{上}}^{1.18}$

F. 滩槽冲淤变形计算

根据进出口断面的输沙率可求得计算河段主槽和滩地的总冲淤量,根据图 3-25 中的概化断面,将其平铺在整个主槽和滩地上,可得主槽和滩地的冲淤厚度。滩槽冲淤变形后,形成新的断面和滩槽高差,利用新的滩槽高差计算下一时段的平滩流量。

2)模型验证

基于以上模型,利用 2010 年调水调沙实际水沙过程,对模型进行验证。2010 年第一次调水调沙时间为 6 月 19 日至 7 月 7 日,总水量 52.06 亿 m^3,其中清水水量 44.5 亿 m^3,小浪底水库排沙水量 7.56 亿 m^3,总排沙量 0.553 亿 t,模型验证结果见表 3-6。

表 3-6　2010 年调水调沙过程实测和计算冲淤量　(单位:亿 t)

河段	小浪底—花园口	花园口—高村	高村—艾山	艾山—利津	全下游
实测	0.026	-0.035	-0.104	-0.095	-0.208
计算	0.022	-0.033	-0.089	-0.093	-0.193

3)方案计算

下游地形条件采用2010年汛后概化地形,各水沙条件下冲淤计算结果见表3-7。

表3-7 小浪底水库不同对接水位不同出库水沙条件下下游河道冲淤量(单位:亿t)

水库对接水位(m)	水沙条件	小浪底—花园口	花园口—高村	高村—艾山	艾山—利津	全下游
220	数模	-0.330	0.004	-0.091	-0.103	-0.520
	经验公式	-0.415	-0.045	-0.090	-0.091	-0.641
215	数模	-0.202	0.035	-0.093	-0.108	-0.368
	经验公式	-0.297	-0.022	-0.088	-0.092	-0.499
210	数模	-0.106	-0.045	-0.107	-0.084	-0.342
	经验公式	-0.164	-0.049	-0.087	-0.086	-0.386

计算结果显示,随着对接水位的降低下游冲刷量减小。各水沙条件下,下游除花园口—高村河段在两个方案中发生微淤外,其他各河段均发生冲刷。冲刷最多的均是小浪底—花园口河段,最少的是花园口—高村河段,高村—艾山和艾山—利津河段的冲刷量基本相当。

水文学模型计算表明,与对接水位220 m相比,在对接水位215 m和210 m时,多输送入海的泥沙量占多排入下游河道的泥沙量的24%~73%,下游河道少冲刷泥沙量占多排沙量的27%~76%(见图3-26)。

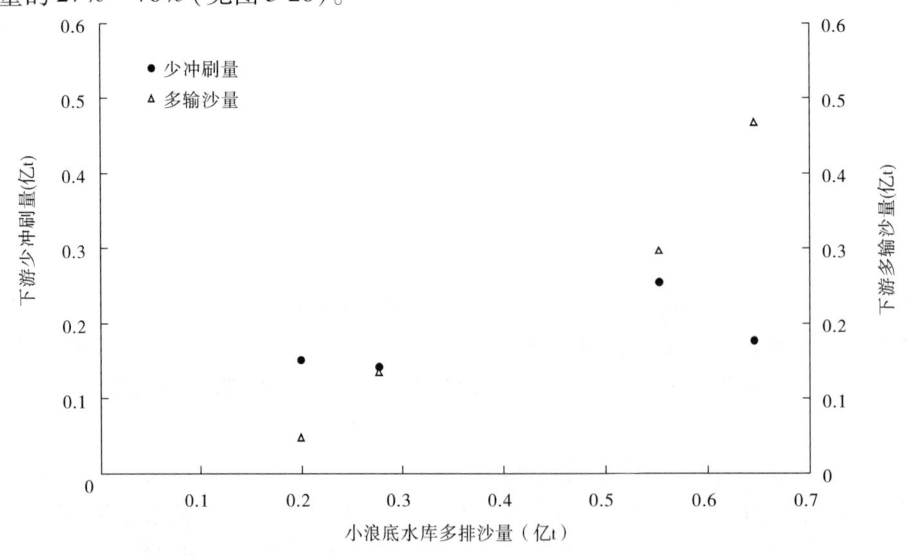

图3-26 与对接水位220 m相比下游少冲刷量和多输沙量与多排沙量关系(水文学模型)

3.黄河下游一维水动力学模型计算

黄河下游一维水动力学模型吸收了国内外最新的建模思路和理论,进行了标准化设计,引入最新的悬移质挟沙级配理论等研究成果。

1）模型验证

A. 计算条件

初始地形条件：2007 年 5 月汛前黄河下游花园口—利津大断面资料。

进口水沙条件：2007 年 7 月 29 日至 8 月 13 日花园口站实测日均水沙资料（见图 3-27）。引水资料采用实测过程。泥沙粒径分为 7 组，分界粒径分别为 0.008 mm、0.016 mm、0.031 mm、0.062 m、0.125 mm、0.5 mm。

从图 3-27 中可以看出，花园口站最大流量出现在 7 月 31 日 21 时，为 4 160 m^3/s，此时含沙量为 27.2 kg/m^3，最大含沙量 47.3 kg/m^3 出现在 8 月 1 日 8 时，此时花园口流量为3 290 m^3/s。经统计，该计算时段的水量为 31.87 亿 m^3，沙量为 0.375 亿 t。

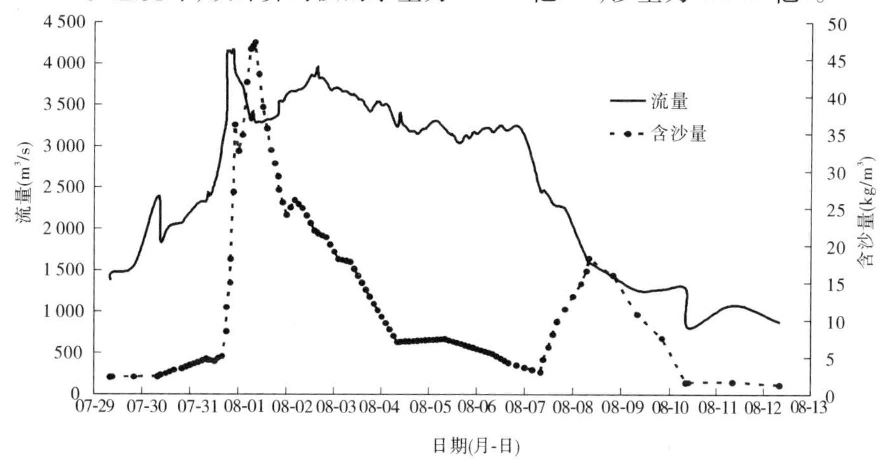

图 3-27　2007 年花园口站实测流量、含沙量过程

B. 洪水传播过程验证

黄河花园口—利津河段洪水传播过程模型计算结果见图 3-28，花园口、夹河滩、高

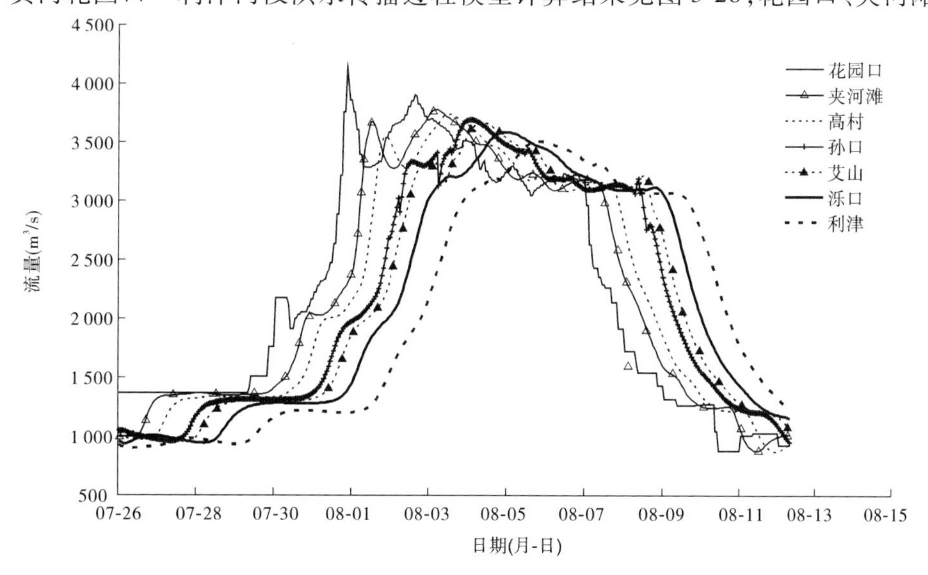

图 3-28　2007 年黄河下游洪水沿程传播过程计算结果

村、孙口、艾山、泺口、利津7个典型水文站的计算洪峰流量分别为4 160 m³/s、3 778 m³/s、3 737 m³/s、3 687 m³/s、3 658 m³/s、3 587 m³/s、3 509 m³/s(见表3-8)。而实测洪峰值分别为4 160 m³/s、4 080 m³/s、3 720 m³/s、3 740 m³/s、3 720 m³/s、3 690 m³/s、3 710 m³/s(见图3-29)。除夹河滩、泺口、利津计算值分别偏小7.4%、2.8%、5.4%外,其他站均与实测值符合较好。从沿程各水文站洪峰出现的时机(各河段洪水传播时间)来看,花园口—利津河段洪水传播时间实测值为82 h,而模型计算值为81 h。可见,该模型计算结果基本反映了黄河的实际情况。

表3-8　2007年汛期调水调沙过程实测与模型计算值统计

站名	特征值	花园口	夹河滩	高村	孙口	艾山	泺口	利津
实测	洪峰流量(m³/s)	4 160	4 080	3 720	3 740	3 720	3 690	3 710
	传播时间(h)		14	9	15	12	8	24
计算	洪峰流量(m³/s)	4 160	3 778	3 737	3 687	3 658	3 587	3 509
	传播时间(h)		13	10	13	10	10	25

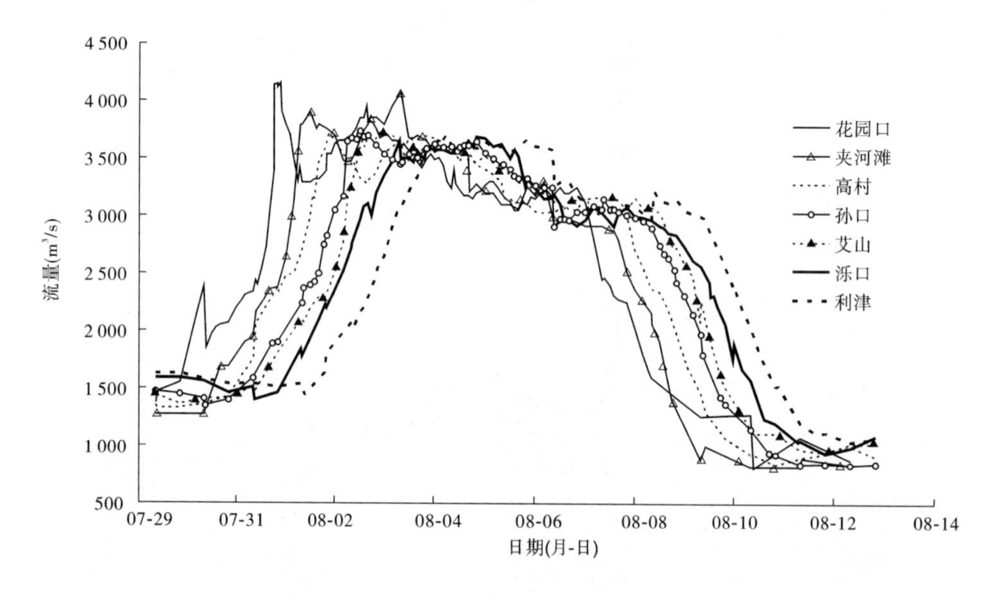

图3-29　2007年黄河下游洪水沿程传播过程实测值

C.各河段冲淤量验证

黄河下游各河段冲淤量模型计算值与实测值比较见表3-9,花园口—利津整个河段模型计算共冲刷泥沙947万t,而实测为602万t,计算冲刷量比实测冲刷量偏多345万t;分河段模型计算值除夹河滩—高村、艾山—泺口河段定性结果不一致外,其他河段均与实测值符合较好,见图3-30。

表 3-9　各河段计算及实测冲淤量　　（单位:万 t）

河段	花园口—夹河滩	夹河滩—高村	高村—孙口	孙口—艾山	艾山—泺口	泺口—利津	合计
计算值	162	-32	-627	-129	-61	-260	-947
实测值	201	36	-589	-138	26	-138	-602
差值(计算-实测)	-39	-68	-38	9	-87	-122	-345

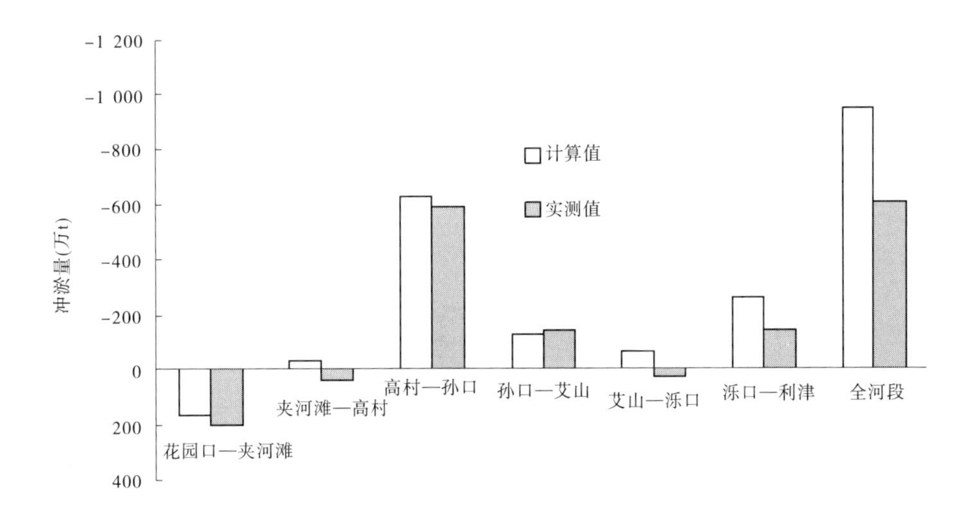

图 3-30　黄河下游各河段冲淤量比较

2)方案计算

下游地形采用2010年汛后地形,利用黄河下游一维水动力学模型计算不同方案的冲淤量,见表3-10。

表 3-10　黄河下游一维水动力学模型计算结果　　（单位:亿 t）

水库对接水位(m)	水沙条件	小浪底—花园口	花园口—高村	高村—艾山	艾山—利津	全下游
220	数模	-0.045	-0.085	-0.140	-0.144	-0.414
	经验公式	-0.051	-0.096	-0.142	-0.144	-0.433
215	数模	-0.010	-0.058	-0.129	-0.111	-0.308
	经验公式	-0.010	-0.067	-0.125	-0.111	-0.313
210	数模	0.008	-0.046	-0.123	-0.089	-0.250
	经验公式	0.012	-0.037	-0.112	-0.093	-0.230

黄河下游一维水动力学模型计算结果显示,不同对接水位排沙条件下,仅小浪底—花园口段在210 m方案下发生微淤,其他各方案下游各河段均发生冲刷。冲刷最多的是高村—艾山和艾山—利津两个河段,对接水位220 m时艾山—利津河段最大,对接水位215 m和210 m时,高村—艾山河段最大;各水沙条件下冲刷量均是小浪底—花园口河段最少,花园口—高村河段次之。黄河下游一维水动力学模型计算表明,与对接水位220 m相比,在对接水位215 m和210 m时,多输送入海的泥沙量占多排入下游河道的泥沙量的47% ~75%和63% ~75%,下游河道少冲刷泥沙量占多排沙量的25% ~53%,见图3-31。

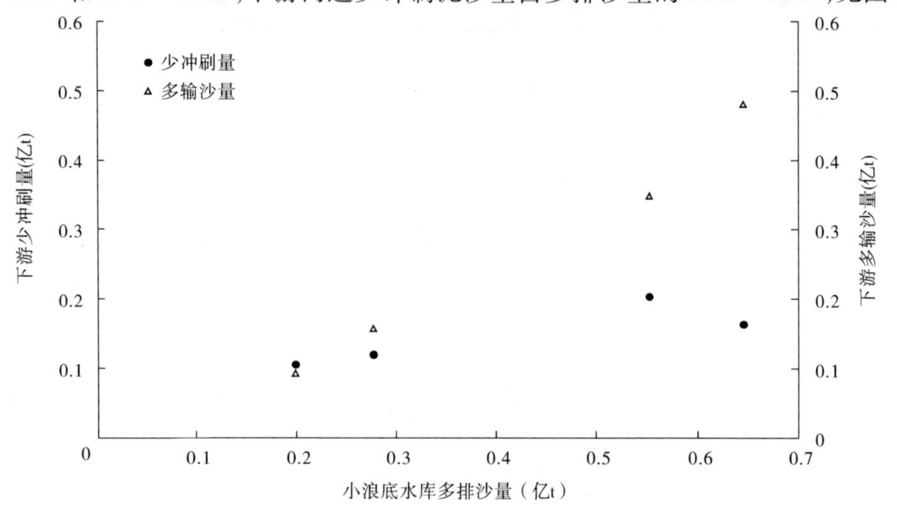

图3-31 与对接水位220 m相比下游少冲刷量和多输沙量与多排沙量关系(水动力学模型)

(三)计算结果分析

将回归关系式、水文学模型和黄河下游一维水动力学模型三类模型计算的结果汇总于表3-11、表3-12。小浪底水库对接水位220 m和215 m时,三类模型计算的下游冲淤量比较相近。小浪底水库对接水位为210 m时,三类模型方法计算的下游冲淤量差别相对较大。

表3-11 三种方法计算结果对比(一)

对接水位(m)	水沙条件	水量(亿 m^3)	沙量(亿t)	平均含沙量(kg/m^3)	下游冲淤量计算结果(亿t)		
					一维水动力学模型	水文学模型	回归关系式
220	数模	52.042	0.298	5.7	-0.414	-0.520	-0.408
	经验公式	52.094	0.134	2.6	-0.433	-0.641	-0.499
215	数模	52.042	0.497	9.5	-0.308	-0.368	-0.284
	经验公式	52.094	0.411	7.9	-0.313	-0.499	-0.327
210	数模	52.000	0.943	18.1	-0.250	-0.342	-0.053
	经验公式	52.500	0.686	13.1	-0.230	-0.386	-0.226

表 3-12　三种方法计算结果对比(二)　(单位:亿 t)

水沙条件	方案对比	多来沙量	回归关系式结果			一维水动力学模型结果			水文学模型结果		
			少冲刷量	多输沙量	ξ(%)	少冲刷量	多输沙量	ξ(%)	少冲刷量	多输沙量	ξ(%)
数模	215—220	0.199	0.124	0.075	37.7	0.106	0.093	46.7	0.151	0.048	24.1
	210—220	0.645	0.355	0.290	45.0	0.164	0.481	74.6	0.177	0.468	72.6
经验公式	215—220	0.277	0.172	0.105	37.9	0.120	0.157	56.7	0.142	0.135	48.7
	210—220	0.552	0.273	0.279	50.5	0.203	0.349	63.2	0.255	0.297	53.8

注:ξ 为多输沙量占多来沙量的比例。

小浪底水库对接水位 220 m 和 215 m 时,三类模型计算结果也比较相近,回归关系式匡算和一维水动力学模型计算的结果小一些,水文学模型计算的结果稍大。对接水位 220 m 时,进入下游的沙量在 0.134 亿 ~0.298 亿 t,下游发生冲刷,冲刷量为 0.408 亿 ~0.641 亿 t;对接水位 215 m 时,进入下游的沙量在 0.411 亿 ~0.497 亿 t,下游发生冲刷,冲刷量为 0.284 亿 ~0.499 亿 t。

小浪底水库对接水位为 210 m 时,三类模型计算的下游冲淤量差别较大。回归关系式计算的来沙条件下,三类模型计算的结果均发生冲刷,冲刷量也比较接近,为 0.230 亿 ~0.386 亿 t;数模计算的来沙条件下,三类模型的计算结果有较大差别,回归关系式计算的冲刷量仅为 0.053 亿 t,一维水动力学模型计算的冲刷量为 0.250 亿 t,水文学模型计算的冲刷量为 0.342 亿 t。

尽管三类模型计算结果有一定差异,但基本表明,随着小浪底水库对接水位的降低,水库的排沙比增大,进入下游的沙量增加,下游河道的冲刷量减少,入海沙量增加。当排沙水位从 220 m 降到 215 m 时,多排沙量的38% ~57% 可以输送入海;排沙水位从 220 m 降到 210 m 时,多排沙量的 45% ~75% 可以输送入海。

因此,在下游河道显著粗化、洪水冲刷效率明显降低时期,在确保下游河道不发生淤积的条件下,可以让小浪底水库多排沙,增加入海沙量,减少小浪底水库和下游河道的组合体的泥沙淤积量。

四、维持下游河道不淤对小浪底水库排沙的要求

(一)汛前调水调沙小浪底水库排沙量要求

小浪底水库汛前调水调沙期包括清水下泄和浑水排沙两个阶段,下游河道在前一阶段相应冲刷、后一阶段淤积,从历次调水调沙情况来看,冲刷量大于淤积量。如果今后小浪底水库调水调沙期浑水阶段加大排沙量,下游淤积量有可能增大,超过清水阶段冲刷量,造成调水调沙期河道淤积。为避免这一状况的发生,进一步研究了为保持整个调水调沙期不淤积对浑水排沙期水库下泄含沙量的要求。

以 2010 年汛前调水调沙水沙条件作为计算水沙过程,清水阶段出库水量为 46 亿 m^3,平均流量为 3 300 m^3/s,计算出下泄清水阶段下游河道的冲刷量为 0.5 亿 t。浑水阶段水量为 6.5 亿 m^3,平均流量为 2 600 m^3/s,计算设定出库泥沙的细泥沙含量为 40% 、

50%、60%和70%四个方案，以浑水排沙期下游河道淤积量等于清水阶段冲刷量为控制，利用回归关系式计算得到满足下游调水调沙期冲淤平衡的浑水阶段平均含沙量（见表3-13）。

表3-13　汛前调水调沙下游河道冲淤平衡的来沙量要求

沙量（亿t）	平均含沙量（kg/m^3）	细泥沙比例（%）	<0.025 mm		0.025~0.05 mm		≥0.05 mm		全沙冲淤量（亿t）
			冲淤量（亿t）	占全沙（%）	冲淤量（亿t）	占全沙（%）	冲淤量（亿t）	占全沙（%）	
1.080	166	40	0.115	22.9	0.101	20.1	0.286	57.0	0.502
1.110	171	50	0.162	32.3	0.109	21.8	0.230	45.9	0.501
1.170	180	60	0.219	43.7	0.110	21.9	0.172	34.4	0.501
1.260	193	70	0.289	57.4	0.100	19.9	0.114	22.7	0.503

随着小浪底水库出库泥沙的细泥沙含量增大，满足整个调水调沙期下游河道冲淤平衡的小浪底出库沙量也增大。随着出库泥沙组成变细，不仅为保持下游河道冲淤平衡允许的出库沙量增大，而且下游河道淤积物中的粗泥沙沙量显著减少，淤积的粗泥沙占全沙的比例显著降低。当出库细泥沙含量分别为40%、50%、60%和70%时，满足下游冲淤平衡的浑水阶段平均含沙量分别为166 kg/m^3、171 kg/m^3、180 kg/m^3 和193 kg/m^3。

洪水期下游河道分组泥沙冲淤规律表明，粗泥沙的输沙能力小于细、中，低含沙水流的冲刷也以细、中泥沙为主体，淤积在河道中粒径大于0.05 mm的粗泥沙很难被低含沙水流冲刷带走。因此，为了满足调水调沙期下游河道不发生淤积，不仅要控制小浪底水库的出库沙量在一定的范围内，同时还要控制出库泥沙组成，减少粗泥沙在下游河道中的淤积量。

由于天然情况下进入下游的细泥沙含量为50%左右，经过水库调节后进入下游河道的细泥沙含量有所增加。同时考虑到，当水库排沙组成很细（细泥沙含量较高）时，洪水的平均含沙量不会很高。由此建议，汛前调水调沙浑水阶段小浪底水库出库的细泥沙含量在60%~70%（通过控制排沙水位，从而控制排沙比来实现），平均含沙量在180~190 kg/m^3 范围。

（二）实现洪水期下游不淤对小浪底水库排沙的要求

随着小浪底水库排沙量的增大，下游河道将会由冲刷转为淤积。天然来水来沙条件下，下游河道不发生淤积的平衡含沙量大小主要取决于水流平均流量的大小和泥沙组成的粗细。水库的修建运用改变了天然水沙条件，水库的拦粗排细作用减少了进入下游的粗泥沙量，使得进入下游的泥沙组成变细。由于来沙组成变细，下游河道输沙平衡含沙量也发生相应改变。因此，需要开展洪水期不同泥沙组成条件下下游河道输沙平衡含沙量研究。

回归关系式(3-1)只考虑了来水平均流量和平均含沙量的影响。利用该公式，令 $\Delta S=0$，得输沙平衡含沙量 S_* 的计算公式为

$$S_* = \frac{0.009Q + 9.6}{1 + 10^{-5}Q} \tag{3-21}$$

在下游平衡输沙能力方面，申冠卿建立了淤积比与来水来沙因子的关系

$$S/Q^{0.8} = 0.18\eta^3 + 0.3\eta^2 + 0.17\eta + 0.66 \tag{3-22}$$

式中，η 为淤积比，令 $\eta = 0$，得输沙平衡含沙量计算式

$$S_* = 0.66Q^{0.8} \tag{3-23}$$

利用式(3-21)和式(3-23)计算出下游输沙平衡含沙量，见表3-14。

表3-14　利用式(3-21)和式(3-23)计算的输沙平衡含沙量　（单位：kg/m^3）

流量(m^3/s)	1 500	2 000	2 500	3 000	3 500	4 000
式(3-21)	22.8	27.1	31.3	35.5	39.7	43.8
式(3-23)	22.9	28.9	34.5	39.9	45.2	50.3

两个公式的计算结果比较一致，随着来水流量从1 500 m^3/s 增加到4 000 m^3/s，下游输沙平衡含沙量增加范围分别为：由22.8 kg/m^3 增加到43.8 kg/m^3 和由22.9 kg/m^3 增加到50.3 kg/m^3。

依据式(3-2)，令 $\Delta S = 0$，得输沙平衡含沙量的计算公式为

$$S_* = 0.625Q^{0.555}P^{0.547} \tag{3-24}$$

式中，P 以小数计。式(3-24)反映了洪水量级和来沙组成对输沙能力的影响，据此可以进一步计算出不同来沙组成，特别是来沙组成显著变细条件下的输沙平衡含沙量，见图3-32。在相同流量条件下，随着细泥沙比例的增加，下游输沙平衡含沙量也增加。如在平均流量4 000 m^3/s 条件下，细泥沙比例从50%提高到70%和90%，下游输沙平衡含沙量从41.0 kg/m^3 提高到49.2 kg/m^3 和56.5 kg/m^3，与细泥沙比例50%相比分别提高了20%和38%。

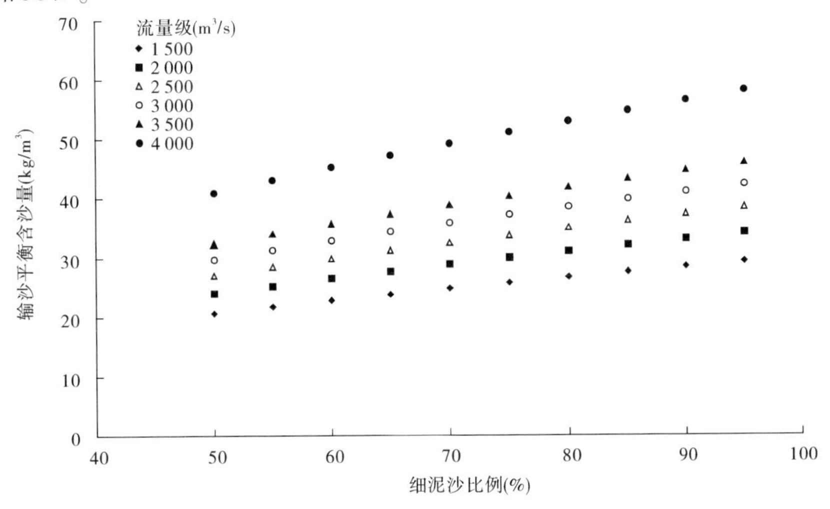

图3-32　利用式(3-24)计算的不同细泥沙比例下下游输沙平衡含沙量

利用申冠卿建立的下游淤积比与水沙关系式

$$\frac{\eta - 1.27}{0.38} = \ln\left(\frac{S_*}{Q^{0.8}}e^{-1.2P}\right) \tag{3-25}$$

令 $\eta = 0$,得输沙平衡含沙量计算式

$$S_* = \frac{0.035Q^{0.8}}{e^{-1.2P}} \tag{3-26}$$

李国英依据实测洪水资料得出冲淤临界含沙量与流量和细泥沙含量的关系

$$S_* = 0.030\,8QP^{1.551\,4} \tag{3-27}$$

根据式(3-26)和式(3-27)计算出不同流量级下的输沙平衡含沙量随细泥沙比例的变化,见图3-33和图3-34。

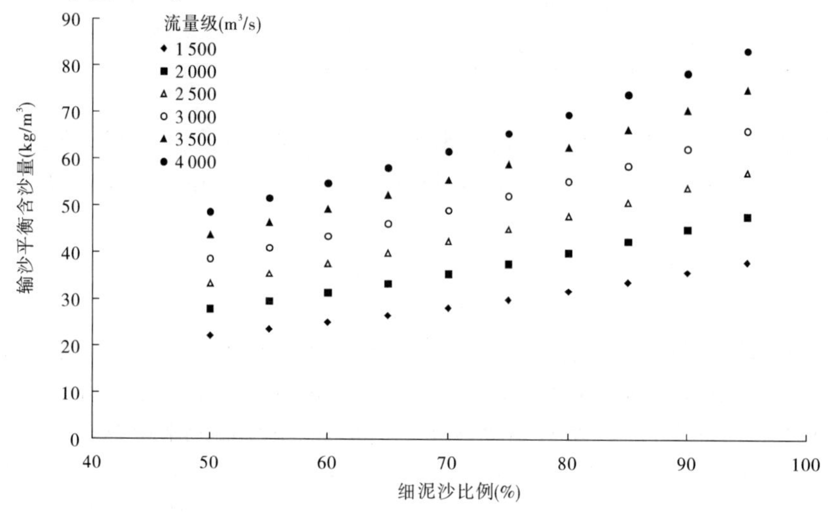

图3-33 利用式(3-26)计算的不同细泥沙比例下下游输沙平衡含沙量

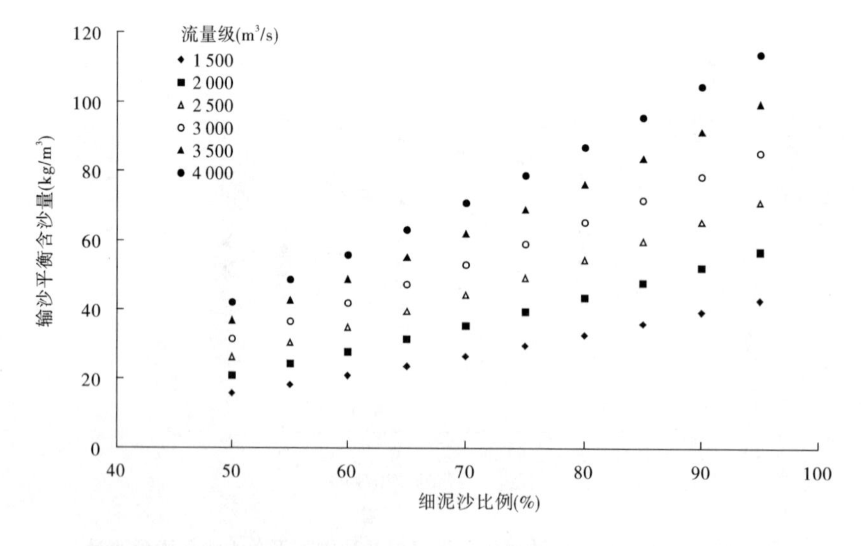

图3-34 利用式(3-27)计算的不同细泥沙比例下下游输沙平衡含沙量

利用式(3-26)计算流量4 000 m^3/s的输沙平衡含沙量时,当细泥沙比例从50%提高到70%和90%时,输沙平衡含沙量从48.6 kg/m^3提高到61.7 kg/m^3和78.5 kg/m^3,与细泥沙比例50%相比分别提高了27%和62%。利用式(3-27)计算流量4 000 m^3/s的输沙平衡含沙量时,当细泥沙比例从50%提高到70%和90%时,输沙平衡含沙量从42.0 kg/m^3提高到70.8 kg/m^3和104.6 kg/m^3,与细泥沙比例50%相比分别提高了69%和149%。

上述分析表明,各流量下随细泥沙比例增加,下游输沙平衡含沙量均增大。采用式(3-26)计算各流量级不同细泥沙含量条件下的输沙平衡含沙量见表3-15。

表3-15 利用式(3-26)计算的下游河道输沙平衡含沙量 (单位:kg/m^3)

平均流量(m^3/s)	细泥沙含量(%)								
	50	55	60	65	70	75	80	85	90
2 500	33.3	35.4	37.6	39.9	42.4	45.0	47.8	50.7	53.9
3 000	38.6	41.0	43.5	46.2	49.0	52.1	55.3	58.7	62.3
3 500	43.6	46.3	49.2	52.2	55.5	58.9	62.6	66.4	70.5
4 000	48.6	51.6	54.8	58.1	61.7	65.6	69.6	73.9	78.5

由于水库的拦粗排细作用,进入下游泥沙的细泥沙比例明显增加,下游河道的输沙平衡含沙量显著提高,相同水流条件下可以输送更多的泥沙入海。

黄河下游河道冲淤演变的规律非常复杂,除受水沙条件影响外,河道边界条件的影响也很大,特别是河床组成情况的影响很大。为了进一步反映河床调整的影响,需要在今后的工作中进一步将床沙组成的影响加入到公式中去。

五、小结

(1)黄河下游洪水的冲淤效率与洪水的平均含沙量关系密切,同时受洪水平均流量和来沙组成影响也较大。含沙量不同的洪水在下游河道中的冲淤规律不同,对于一般含沙量洪水,洪水期水流以输沙为主,冲淤效率的大小主要取决于水沙条件。

(2)对于水库拦沙期以下泄清水和异重流排沙为主的低含沙量洪水,下游河道发生持续冲刷,在床沙粗化完成之前,冲淤效率主要取决于平均流量的大小,河床物质组成对低含沙量洪水的冲刷效率起到制约性作用;粗化完成后,洪水期的冲淤效率不仅与洪水流量有关,河床边界的补给能力起主要作用。

(3)假定2011年汛前调水调沙小浪底水库的对接水位分别为220 m、215 m和210 m,通过水库排沙回归关系式和水库水动力学数学模型计算给出了6个进入下游的水沙条件,利用实测资料回归关系式、水文学模型和下游河道一维水动力学模型分别计算出6个水沙条件下下游河道的冲淤量。结果显示,每个水沙条件下,三类模型的计算结果基本一致。

小浪底水库对接水位220 m和215 m时,三种计算方法的结果比较相近,回归关系式匡算和下游河道一维水动力学模型计算的结果小一些,水文学模型计算的结果稍大。对接水位220 m时,进入下游的沙量在0.134亿~0.298亿t,下游发生冲刷,冲刷量为

0.408 亿 ~0.641 亿 t;对接水位 215 m 时,进入下游的沙量在 0.411 亿 ~0.497 亿 t,下游发生冲刷,冲刷量为 0.284 亿 ~0.499 亿 t。

小浪底水库对接水位为 210 m 时,三类模型计算的下游冲淤量差别较大。经验公式计算的来沙条件下,三类模型计算的结果均发生冲刷,冲刷量也比较接近,为 0.230 亿 ~0.386 亿 t;数模计算的来沙条件下,三类模型的计算结果有较大差别,回归关系式计算的冲刷量仅为 0.053 亿 t,一维水动力学模型计算的冲刷量为 0.250 亿 t,水文学模型计算的冲刷量为 0.342 亿 t。

随着小浪底水库对接水位的降低,水库的排沙比增大,进入下游的沙量增加,下游河道的冲刷量减少,入海沙量增加。当排沙水位从 220 m 降到 215 m 时,多排沙量的 38% ~57% 可以输送入海;排沙水位从 220 m 降到 210 m 时,多排沙量的 45% ~75% 可以输送入海。因此,在下游河道显著粗化、洪水冲刷效率明显降低时期,在确保下游河道不发生淤积的条件下,可以让小浪底水库多排沙,增加入海沙量,减少小浪底水库和下游河道的组合体的泥沙淤积量。

(4)在汛前调水调沙流量过程与 2010 年类似情况下,为避免下游河道淤积以及减少粗泥沙的淤积量,建议汛前调水调沙期的浑水阶段(平均流量不低于 2 600 m^3/s,小浪底水库出库的细泥沙含量在 60% ~70% ,平均含沙量在 180 ~190 kg/m^3 范围。

(5)由于水库的修建运用改变了天然水沙条件,水库的减淤作用主要是通过拦粗排细减少进入下游的粗泥沙量,使得进入下游的水沙组成变细。在来沙组成变细条件下,相同流量级洪水的输沙平衡含沙量明显提高。根据分析,在平均流量 4 000 m^3/s 条件下,当细泥沙比例从 50% 提高到 70% 和 90% 时,输沙平衡含沙量从 48.6 kg/m^3 提高到 61.7 kg/m^3 和 78.5 kg/m^3,与细泥沙比例 50% 相比,分别提高了 27% 和 62% 。

为了维持下游主槽过流能力,应尽量使洪水期下游河道不发生淤积;同时,为了延长水库的使用年限、最大程度地利用小浪底水库的拦粗排细作用,应让水库多排沙。为此,建议小浪底水库排沙运用时,调节出库水量和沙量,使得洪水平均含沙量接近下游河道不发生淤积的输沙平衡含沙量。

第四章　利用西霞院水库协调黄河下游水沙关系的可能性及效果分析

利用西霞院水库位于小浪底水库下游的区位优势，进一步协调进入下游河道的水沙关系，在基本维持下游河道不淤或微淤的前提下，可进一步发挥下游河道的输沙潜力。本章针对汛期发生短历时高含沙洪水、小浪底水库汛前调水调沙、小浪底水库异重流排沙三种情况下，如何利用西霞院水库协调下游水沙关系进行了可行性研究。

一、2010 年西霞院水库滞沙运用计算及分析

(一)2010 年西霞院水库汛期洪水计算

1. 计算条件

由于目前西霞院水库断面资料匮乏，因此采用 2007 年汛前实测断面作为 2010 年汛前现状地形资料，对 2010 年汛期洪水(7 月 20 日至 8 月 24 日)进行计算。计算断面为小浪底水库坝下断面至小铁 5 断面共 14 km 的库区范围。计算进口水沙条件采用小浪底水库出库实测资料，级配采用 2010 年汛前调水调沙期实测平均悬沙级配。出口采用西霞院水库坝上断面实测水位过程资料(见图 4-1)。在 7 月 27 日至 8 月 2 日出现了第一次洪峰，洪峰流量为 2 215 m^3/s 左右，在 8 月 13 日至 8 月 21 日出现第二次洪峰，峰值在 2 500 m^3/s 左右。

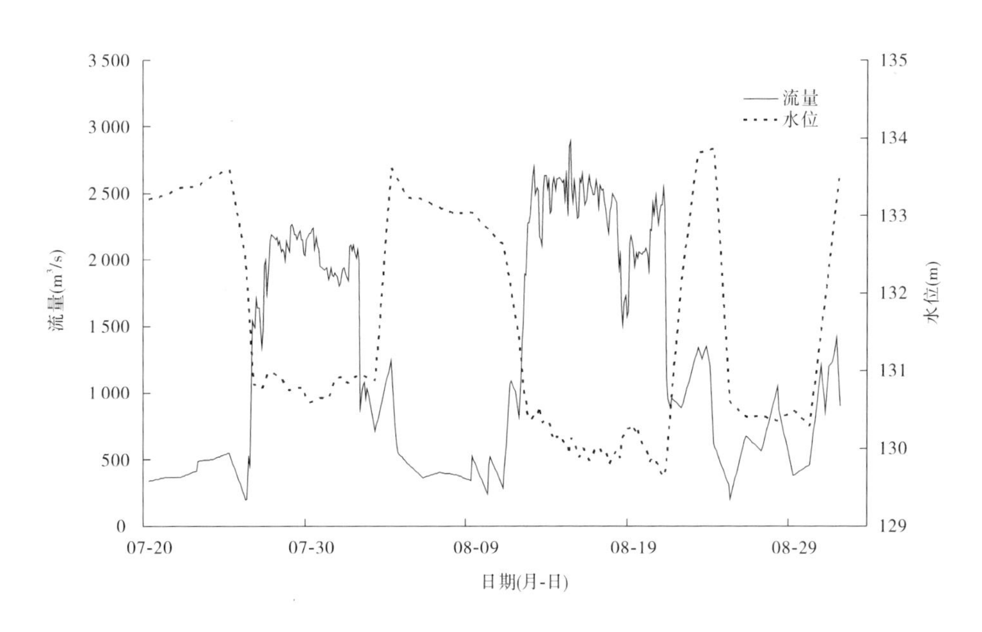

图 4-1　2010 年西霞院水库入库流量及坝前水位过程

2. 计算成果及分析

图 4-2 为汛期排沙期西霞院水库计算与实测出库含沙量过程对比图。从图中可以看出,在 7 月 27 日 8 时至 7 月 31 日 20 时出现第一个沙峰,计算最大含沙量为 68.5 kg/m^3,实测最大含沙量为 62.5 kg/m^3,计算与实测传播过程基本吻合;在 8 月 13 日 0 时至 8 月 21 日 20 时出现第二个沙峰,计算最大含沙量为 54.8 kg/m^3,实测最大含沙量为 47.2 kg/m^3,计算与实测传播过程亦基本吻合。模型基本能反映泥沙在西霞院水库的输移规律。

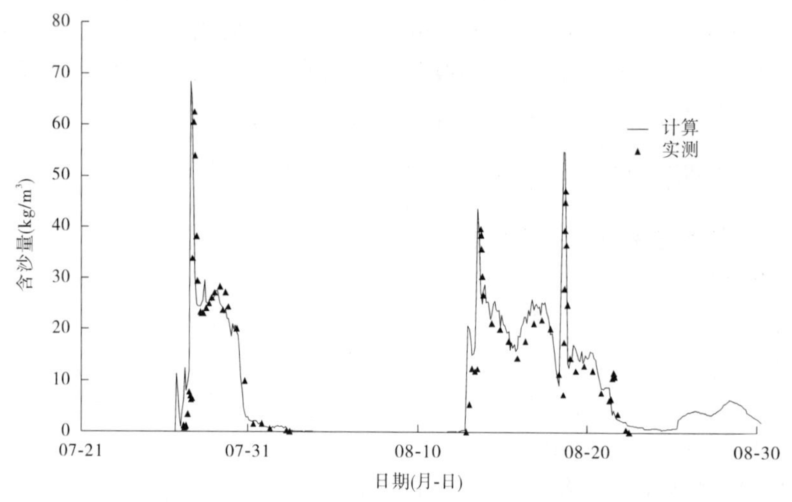

图 4-2　2010 年汛期排沙期西霞院水库计算与实测出库含沙量过程对比

根据 2010 年汛期西霞院水库出入库泥沙计算结果,西霞院水库汛期入库泥沙量为 0.589 亿 m^3(淤积物干容重取 1.3 t/m^3,下同),出库为 0.300 亿 m^3,淤积了 0.289 亿 m^3,排沙比为 50.9%,与实际淤积量 0.262 亿 m^3 比较接近。

图 4-3 为西霞院水库计算库容曲线,计算库容曲线与实际库容曲线比较接近。尽管计算采用的是 2007 年汛前地形作为初始边界,这与 2010 年汛期地形可能有差异,但是计算 2010 年汛后库容曲线与 2010 年实际库容曲线比较接近,也能够说明使用 2007 年汛前地形代替 2010 年汛前地形是可行的。

(二)西霞院水库滞沙方案计算

1. 计算条件

在 2007 年汛前地形基础上,经过 2010 年汛期洪水过程,塑造了 2010 年汛后地形。在 2010 年汛后地形基础上,对 2010 年汛前调水调沙方案进行计算。计算区间为小浪底水库坝下—小铁 5,进口水沙及级配采用实测小浪底水库出库资料,出口按照设计方式运用(见图 4-4)。

2. 计算成果及分析

图 4-5 为西霞院水库入库及出库计算流量过程图。从图中可以看出,在 6 月 21 日至 6 月 26 日受库水位降至 128.5 m 及敞泄运用影响,出库流量大于入库流量;在 6 月 26 日至 6 月 27 日受库水位升至 132 m 运用影响,出库流量小于入库流量;在 7 月 3 日至 7 月 4 日受库水位降至 128.5 m 运用影响,出库流量大于入库流量。

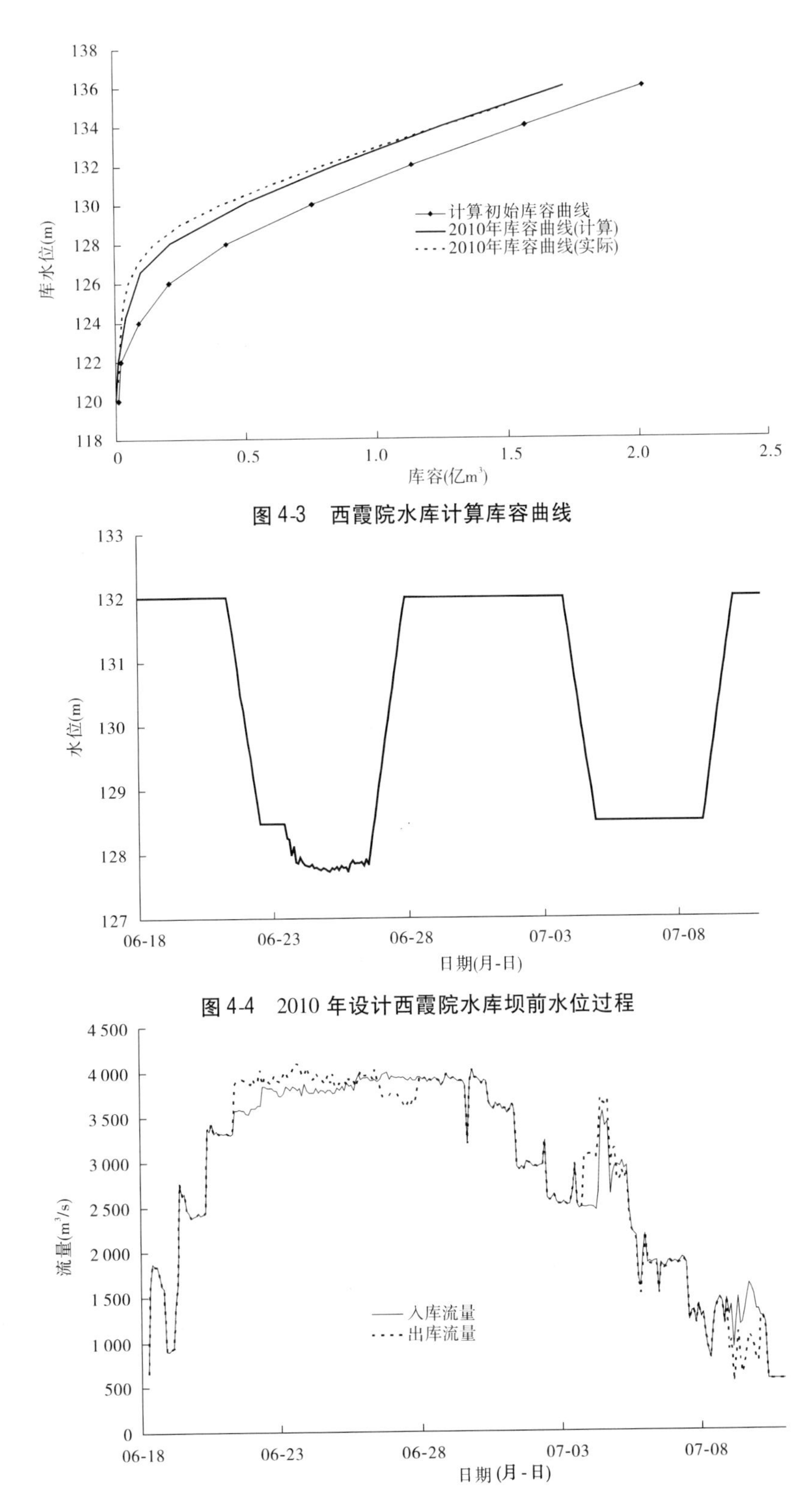

图 4-3　西霞院水库计算库容曲线

图 4-4　2010 年设计西霞院水库坝前水位过程

图 4-5　2010 年西霞院水库入库及出库计算流量过程

图 4-6 为西霞院水库入库及出库计算含沙量过程图。从图中可以看出，在 6 月 21 日至 6 月 26 日第一次排沙期，受进出库流量过程及库水位变化影响，水库在此时段发生了清水冲刷，冲刷最大含沙量为 47.61 kg/m³。第二次排沙期西霞院水库发生了淤积，西霞院入库最大含沙量为 264 kg/m³，计算西霞院水库出库最大含沙量为 210.51 kg/m³。

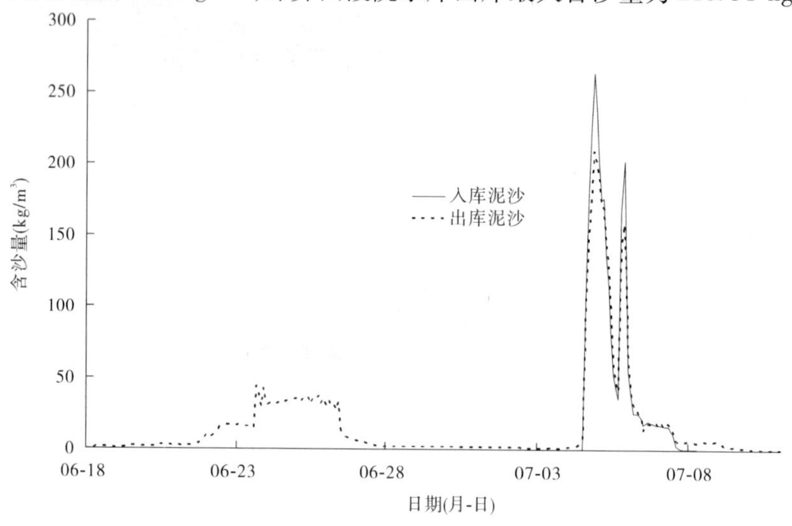

图 4-6　2010 年西霞院水库入库及出库计算含沙量过程

表 4-1 为 2010 年汛后调水调沙计算西霞院水库出入库泥沙统计表，结合出库含沙量对比图可以看出，西霞院水库发生了冲刷，入库泥沙为 0.420 亿 m³，计算出库泥沙为 0.662 亿 m³，冲刷了 0.242 亿 m³，相应排沙比则为 157.62%。在降水冲刷期冲刷了 0.226 亿 m³，在排沙期淤积了 0.025 亿 m³。

表 4-1　2010 年汛后调水调沙计算西霞院水库出入库泥沙统计　（单位：亿 m³）

项目	入库泥沙	出库泥沙	冲淤	排沙比(%)
计算(整个调水调沙期)	0.420	0.662	-0.242	157.62
计算(第一次排沙期)	0	0.226	-0.226	
计算(第二次排沙期)	0.420	0.395	0.025	
计算(其他时段)	0	0.041	-0.041	

二、"04·8"洪水在西霞院水库中滞沙对黄河下游河道冲淤影响

为进一步反映西霞院水库滞沙效果，选用短历时高含沙洪水的"04·8"洪水作为代表洪水。在"04·8"洪水基础上运用 2010 年汛前调水调沙过程，研究西霞院水库对下游补沙作用，并评价不同水沙过程对下游河道的影响。

(一)"04·8"洪水西霞院滞沙计算分析

1. 计算条件

在西霞院水库 2007 年汛前地形基础上，对 2004 年汛期洪水(8 月 22 日至 9 月 2 日)

进行计算。计算断面为小浪底坝下—小铁5断面共14 km的库区范围。计算进口水沙采用实测小浪底水库出库资料,级配采用2004年汛期实测悬沙级配,采用汛限水位131 m控制。在此基础上利用2010年汛前调水调沙过程对西霞院水库进行运用,进口运用条件及方式与前述相同,设计坝前水位过程见图4-4。

2. 计算成果及分析

表4-2为西霞院水库泥沙冲淤状况,可以看出,"04·8"洪水进入西霞院水库泥沙为1.089亿 m^3,库区淤积量0.554亿 m^3,排沙比为49.13%。在此基础上模拟了2010年汛前调水调沙过程,在全过程中西霞院水库冲刷了0.372亿 m^3,排沙比为188.57%。

表4-2 "04·8"洪水及调水调沙后西霞院水库泥沙冲淤统计 (单位:亿 m^3)

项目	入库泥沙	出库泥沙	冲淤	排沙比(%)
"04·8"洪水期	1.089	0.535	0.554	49.13
计算(整个调水调沙期)	0.420	0.792	-0.372	188.57

(二)西霞院水库滞沙对下游冲淤的影响

1. 计算条件

利用黄河下游一维非恒定水沙数学模型(YRCC1D)对西霞院水库滞沙对下游河道影响进行计算分析。计算区域为白鹤—利津河段,地形采用2010年汛前实测大断面资料,分别计算"04·8"小浪底出库洪水和西霞院出库洪水在下游的水沙演进过程与各河段的冲淤。分别采用"04·8"洪水小浪底水库出库泥沙实测级配及"04·8"洪水经西霞院水库调节后计算出库泥沙级配,对"04·8"水沙过程进行分析,可以看出,在小浪底排沙期出库泥沙较细,中值粒径约为0.008 mm,进入西霞院水库平均流量约为2 200 m^3/s,流量相对较小,在西霞院水库又发生了淤积,使得西霞院出库泥沙更细,中值粒径约为0.003 4 mm。

2. 计算成果及分析

表4-3为上述两个方案在黄河下游各河段冲淤量,可以看出,不考虑西霞院水库滞沙作用,"04·8"洪水在黄河下游共淤积0.075亿 m^3。"04·8"洪水经过西霞院滞沙,在西霞院水库淤积了0.466亿 m^3,且出库泥沙较细,在黄河下游发生了冲刷,全下游冲刷了0.098亿 m^3。因此,通过对"04·8"洪水过程的计算可以看出,西霞院水库能够起到明显滞沙作用,且对黄河下游的影响比较明显。

表4-3 "04·8"洪水在黄河下游各河段冲淤量 (单位:亿 m^3)

方案	小浪底—花园口	花园口—夹河滩	夹河滩—高村	高村—孙口	孙口—艾山	艾山—泺口	泺口—利津	小浪底—利津
不考虑西霞院	0.059 3	0.005 56	0.004 96	-0.007 81	-0.002 27	0.006 41	0.009 19	0.075
考虑西霞院	-0.009 62	-0.026 5	-0.019 2	-0.027 9	-0.008 24	0.000 767	-0.007 57	-0.098

（三）西霞院水库加沙对下游河道冲淤影响

1. 计算条件

利用黄河下游一维非恒定水沙数学模型（YRCC1D），计算“04·8”洪水淤积后的西霞院水库经过2010年汛前调水调沙计算后的出库水沙过程对黄河下游各河段冲淤的影响。计算区域为白鹤—利津河段，地形采用2010年汛前实测大断面资料。

2. 计算成果及分析

表4-4为2010年汛前调水调沙过程经西霞院调节前后各河段冲淤量。可以看出，在西霞院水库第一次排沙期冲刷出库泥沙约为0.410 3亿 m^3，这部分泥沙级配较细，细沙（粒径<0.025 mm）含量约为94%，此泥沙在黄河下游基本属于冲泻质，能够基本被大流量低含沙洪水输送入海。在排沙期，西霞院水库通过降低水位至128.5 m运用，出库流量峰值稍大于入库流量峰值，出库泥沙含沙量峰值有所变小，在西霞院水库发生了淤积，这段时间在西霞院淤积了0.078亿 m^3，出库泥沙中值粒径较小浪底出库稍有变细，细沙含量约为91%。计算全下游冲刷了0.085亿 m^3，较实际少冲刷了0.075亿 m^3，因此2010年汛前调水调沙没经西霞院水库调节进入下游泥沙量为0.420亿 m^3，在全下游冲刷了0.160亿 m^3，经过利津入海沙量为0.580亿 m^3；2010年汛前调水调沙进入下游泥沙量为0.420亿 m^3，经西霞院水库调节补入下游0.372亿 m^3，在全下游又冲刷了0.085亿 m^3。

表4-4　2010年汛前调水调沙过程经西霞院调节前后各河段冲淤量（单位：亿 m^3）

项目	西霞院—花园口	花园口—夹河滩	夹河滩—高村	高村—孙口	孙口—艾山	艾山—泺口	泺口—利津	西霞院—利津
调节前（输沙率法计算）	0.020	-0.030 2	0.003 2	-0.041 2	-0.039 1	-0.061	-0.011 9	-0.160
调节后（YRCC1D计算）	0.006 6	-0.008 8	-0.002 9	-0.018 5	-0.022 0	-0.032 3	-0.006 8	-0.085

三、小结

（1）在2010年汛后计算成果基础上泄放2010年汛前调水调沙过程，在西霞院水库第一次排沙期，库区冲刷泥沙0.226亿 m^3，在西霞院水库第二次排沙期，库区淤积泥沙0.025亿 m^3，两次合计冲刷0.201亿 m^3，为前期（2010年汛期）淤积量的69.6%。

（2）选取“04·8”洪水作为短历时高含沙洪水典型洪水过程，在2007年汛前地形条件下（相当于2010年汛前调水调沙后地形）进行滞沙运用。洪水期进入西霞院水库的泥沙为1.089亿 m^3，水库淤积0.554亿 m^3；在此基础上，再利用2010年汛前调水调沙过程冲刷西霞院水库、补充泥沙，共冲刷0.372亿 m^3，为前期淤积量0.554亿 m^3的66.4%。通过模型计算可以看出，尽管西霞院水库库容有限，在汛期还是能够拦滞一部分泥沙的，同时利用汛前调水调沙洪水过程能够把大部分泥沙冲刷出库。

（3）对下游冲淤计算结果表明，如果没有西霞院水库配合，直接施放2010年汛前调水调沙过程，下游河道冲刷0.160亿m^3，入海沙量0.580亿m^3。“04·8”洪水不经过西霞院水库调节，在2010年汛后地形条件下在黄河下游淤积0.075亿m^3，经过西霞院水库调节在黄河下游冲刷0.098亿m^3；“04·8”洪水经过西霞院水库调节后，小浪底水库再施放2010年汛前调水调沙过程，西霞院水库仍按上述方式运用，由此引起下游河道冲刷量为0.085亿m^3，与无西霞院水库调节相比少冲刷了0.075亿m^3，入海沙量0.873亿m^3。通过西霞院补入下游的0.372亿m^3泥沙，约有80%的泥沙被输送入海，因此西霞院水库对下游的加沙如果集中在小浪底出库大流量的清水期，进入下游的泥沙基本能够被输送入海。

数学模型计算成果受地形边界影响较大，本研究仅利用西霞院水库坝下—小铁5共6个断面开展模型计算，为了能够更为深入地研究西霞院水库滞沙效果及对黄河下游影响，应加密观测西霞院水库地形。

第五章　小浪底水库运用初期下游游荡性河段河势变化与河道整治工程适应性分析

一、水沙及工程概况

（一）水沙条件

小浪底水库自1999年10月下闸蓄水到2010年汛后已经运用11 a。进入下游的水量总体偏枯，间有短期中小水过程，其中有12次为调水调沙过程，除小浪底水库异重流排沙外，其余均为清水下泄。

以花园口的水沙作为进入下游的水沙条件。小浪底水库运用以来进入下游的水量65%集中在1 000 m^3/s以下，其中日均没有大于5 000 m^3/s流量的过程；4 000～5 000 m^3/s流量的水量也仅占总水量的1%；2 500～4 000 m^3/s流量的水量占总水量的14%，1 000～2 500 m^3/s的水量占总水量的20%（见图5-1）。而1986～1999年，进入下游的水量48%集中在1 000 m^3/s以下，其中大于5 000 m^3/s的很少，仅占总水量的0.6%，4 000～5 000 m^3/s的水量也仅占总水量的2%，2 500～4 000 m^3/s的水量占总水量的10%，1 000～2 500 m^3/s的水量占总水量的39%。可以看出，两个时期水量过程差别不大，但2000年以来小于1 000 m^3/s的水量过程占总水量的比例要大于1986～1999年的。

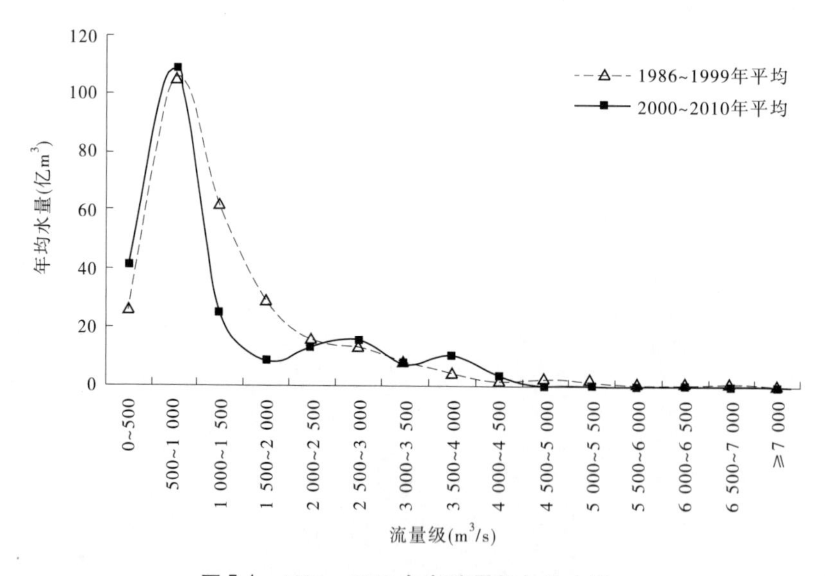

图5-1　1986～2010年各流量级年均水量

为了将小浪底水库运用后的河势及工程适应性与运用前进行对比分析，首先要弄清不同时期的来水来沙条件。选择来水偏枯且来沙偏多的1986～1999年代表正常冲淤时期，与长期清水、持续冲刷的小浪底水库拦沙运用期的2000～2010年进行对比。

图5-2为1986～2010年花园口站年均流量、年均含沙量过程。表5-1为两个时期的

年均水沙量。从中可以看出,2000~2010年的年均流量和年均含沙量都小于1986~1999年的,特别是年均含沙量偏小更多,其中1986~1999年年均流量876 m^3/s,2000~2010年年均流量747 m^3/s,2000~2010年比1986~1999年小14.7%;1986~1999年年均含沙量24.6 kg/m^3,2000~2010年年均含沙量4.2 kg/m^3,2000~2010年比1986~1999年偏少83%。

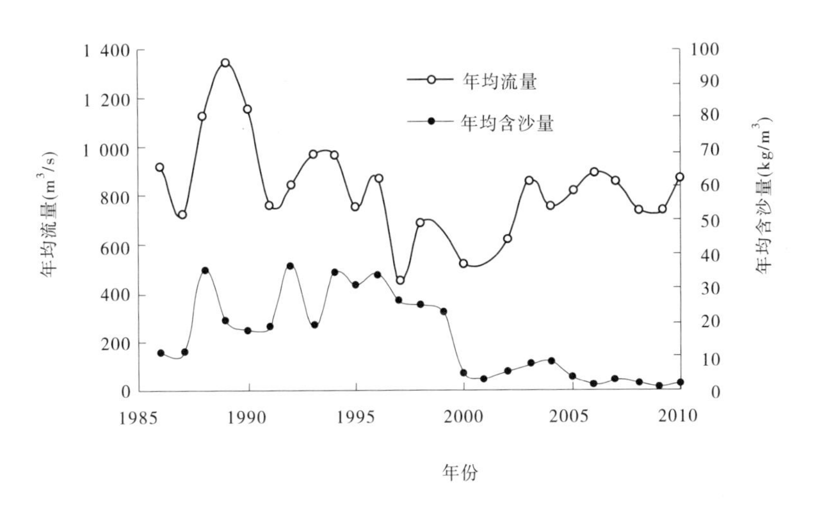

图5-2 花园口站年均流量、年均含沙量变化过程

表5-1 花园口站1986~2010年年均水沙量

时段	年均水量(亿 m^3)	年均沙量(亿t)	年均流量(m^3/s)	年均含沙量(kg/m^3)
1986~1999年	276	6.8	876	24.6
2000~2010年	236	1.0	747	4.2

2000~2010年主要是以长期下泄低含沙(平均为4.5 kg/m^3)、小流量(65%集中在1 000 m^3/s以下)的水沙过程为主。因此,小浪底水库运用以来的河势及工程适应性方面表现出一些与1986~1999年明显不同的特点。

(二)整治工程概况

河道整治工程主要包括险工和控导护滩工程。各河段河道整治工程修建情况如下:

(1)铁谢—伊洛河口河段,1970~1974年都完成了布点,工程已占河道长度的77.5%,1993年起,为兴建小浪底水利枢纽移民安置区,该河段又陆续修建了上续下延工程,至2001年已占河道长度的90%以上。

(2)伊洛河口—花园口河段,截至2000年,工程个数为12个,工程长度46.5 km,约占河道总长度的79.5%。

(3)花园口—黑岗口河段,1990年工程才占河道总长度的55%。截至2001年底,该河段工程长度约占河道总长度的52%。

（4）黑岗口—夹河滩河段，截至2001年底，河段工程长度约占河道总长度的62%。

（5）夹河滩—高村河段，1973年完成全部工程布点，到1992年工程基本完善，该河段工程占河道总长度的66%。

二、游荡性河段河势特点

本章重点研究游荡性河段河势特点及整治工程的适应性。根据黄河下游游荡性河段平面形态及整治工程修建情况等，可分为铁谢—伊洛河口、伊洛河口—花园口、花园口—黑岗口、黑岗口—夹河滩、夹河滩—高村河段。

（一）平均主流摆幅

河势游荡程度用平均主流摆幅来表示。图5-3为各河段平均主流摆幅，总体看，铁谢—伊洛河口、花园口—黑岗口、夹河滩—高村河段2000年以来主流平均摆幅减小比较明显；黑岗口—夹河滩由于曾出现畸形河湾，平均减幅不明显；伊洛河口—花园口平均主流摆幅还有所增加。表5-2为各河段河湾要素变化。

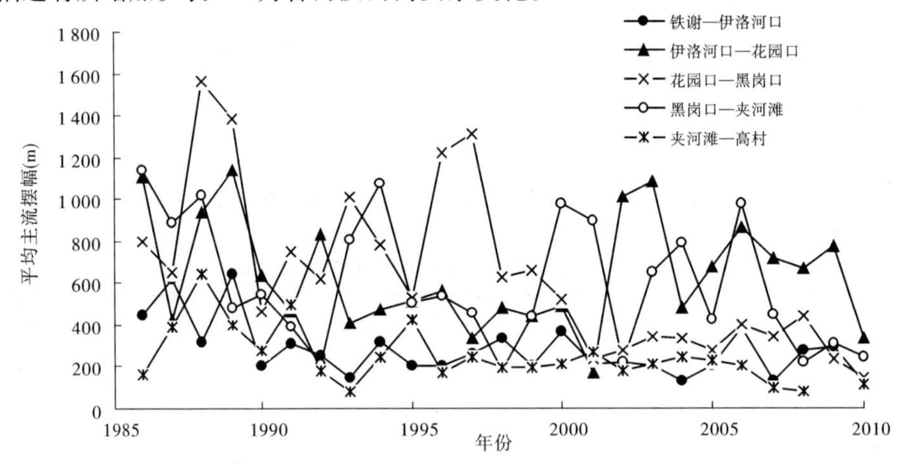

图5-3　各河段平均主流摆幅变化过程

表5-2　各河段、各时段河湾要素汇总

河段	时段	年均平面形态参数		
		弯曲系数	河湾个数（个）	主流摆幅（m）
铁谢—伊洛河口	1986～1999年	1.14	8	317
	2000～2010年	1.16	8	232
伊洛河口—花园口	1986～1999年	1.14	8	624
	2000～2010年	1.17	9	660
花园口—黑岗口	1986～1999年	1.11	8	883
	2000～2010年	1.14	8	324
黑岗口—夹河滩	1986～1999年	1.20	7	620
	2000～2010年	1.33	8	560
夹河滩—高村	1986～1999年	1.24	8	293
	2000～2010年	1.25	10	183

（二）弯曲系数

图 5-4 为 1986 ~ 2010 年各河段弯曲系数变化过程。可以看出，除黑岗口—夹河滩河段出现畸形河湾，弯曲系数增幅较大外，其他河段弯曲系数增幅均较小。其中铁谢—伊洛河口河段由 1986 ~ 1999 年的 1.14 增为 2000 ~ 2010 年的 1.16，伊洛河口—花园口河段由 1.14 增加为 1.17，增加 2.6%；花园口—黑岗口河段由 1.11 增加为 1.14，增加 2.7%；黑岗口—夹河滩河段由 1.20 增加为 1.33，增加 10.8%。由于黑岗口—夹河滩河段 2003 年、2004 年和 2005 年在王庵和贯台附近连续出现畸形河湾，如图 5-4 所示，这几年弯曲系数在 1.4 ~ 1.81，因此影响该河段时段平均弯曲系数较大；夹河滩—高村河段弯曲系数由 1.24 增加为 1.25。不过还应看到，在 1992 年以前，各河段的弯曲系数均相对较小，之后均有所增加。

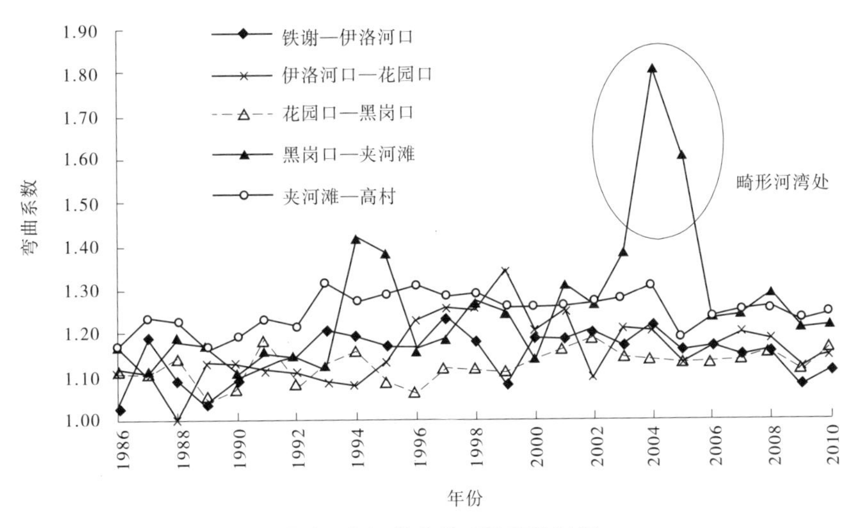

图 5-4　各河段弯曲系数变化过程

（三）河湾个数

图 5-5 为 1986 ~ 2010 年各河段河湾个数变化过程。可以看出，除黑岗口—夹河滩河段，各河段河湾个数在 1996 年之后相对之前较稳定。2000 年以来铁谢—伊洛河口、伊洛河口—花园口、花园口—黑岗口和夹河滩—高村河段平均河湾个数分别为 8、9、8 和 10 个，分别与各自河段治导线河湾个数基本一致。黑岗口—夹河滩河段，由于 2003 年至 2004 年的畸形河湾，河湾个数在这几年是增加的。

（四）河宽与心滩

小浪底水库运用后，相对于 1986 ~ 1999 年平面形态变化的突出特点是河宽逐渐增加、心滩增多。图 5-6 为各河段河宽变化过程。可以看出，自 2000 年以来各河段都有持续展宽趋势，特别是黑岗口—夹河滩河段，2000 年、2004 年和 2010 年主槽宽度分别为 603 m、868 m 和 1 248 m，2004 年较 2000 年展宽增幅为 44%，2010 年较 2000 年展宽增幅达到 107%。

图 5-7 代表 1986 ~ 1999 年典型断面淤积过程；图 5-8 表示 2000 ~ 2010 年典型断面冲刷展宽过程。同样证明了 1986 ~ 1999 年淤积过程主槽是明显淤积萎缩的，2000 ~ 2010 年冲刷时期主槽是明显展宽的。图 5-9 为心滩增加情况。

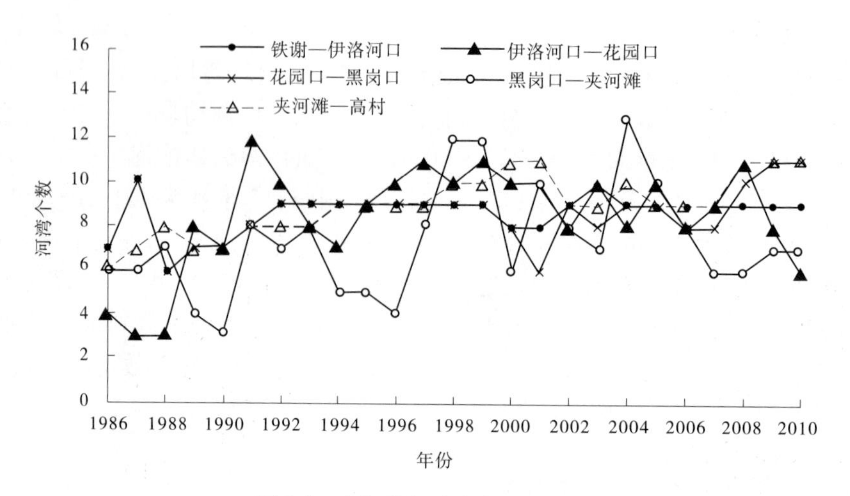

图 5-5　各河段河湾个数变化过程

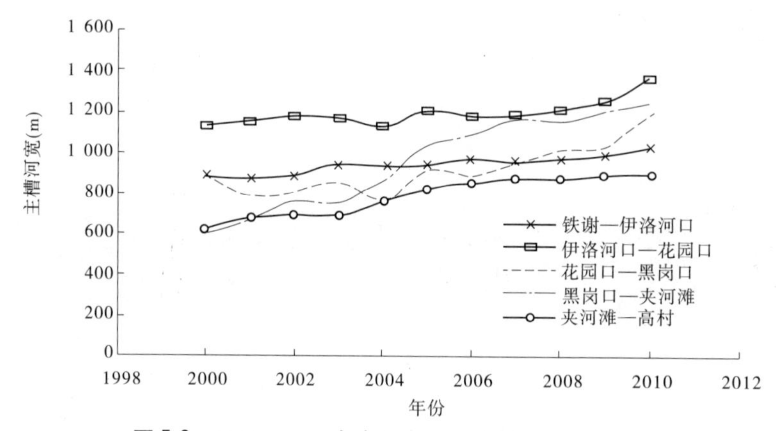

图 5-6　2000～2010 年各河段平均主槽河宽变化过程

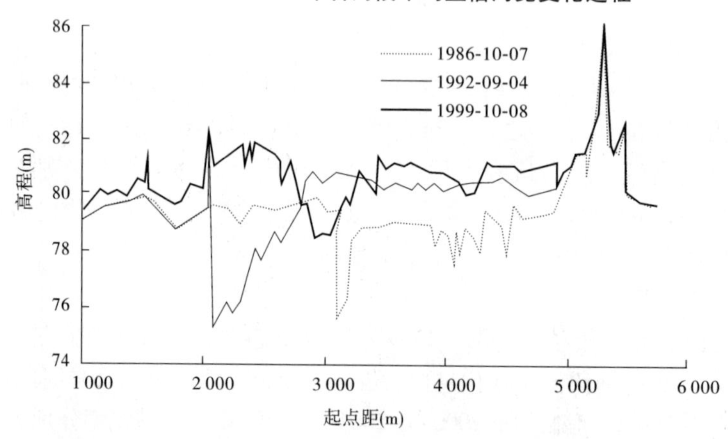

图 5-7　柳园口断面淤积过程

(五)工程靠河位置普遍下挫

多数工程靠河位置下挫,甚至下败。由图 5-10 可以看出,2000 年伊洛河口到驾部工

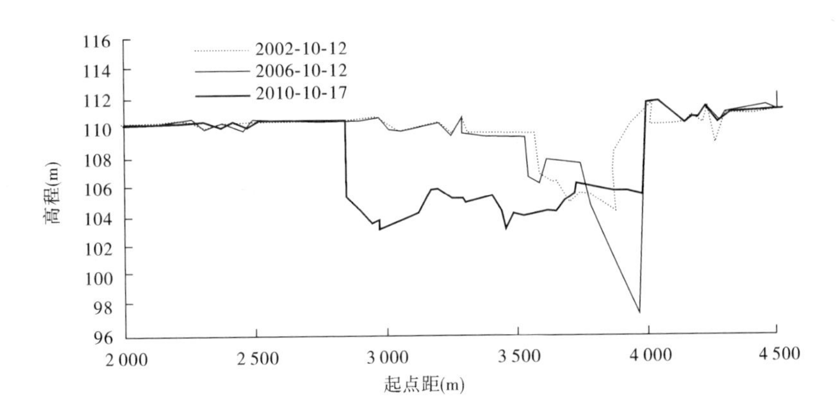

图 5-8　裴峪断面冲刷展宽过程

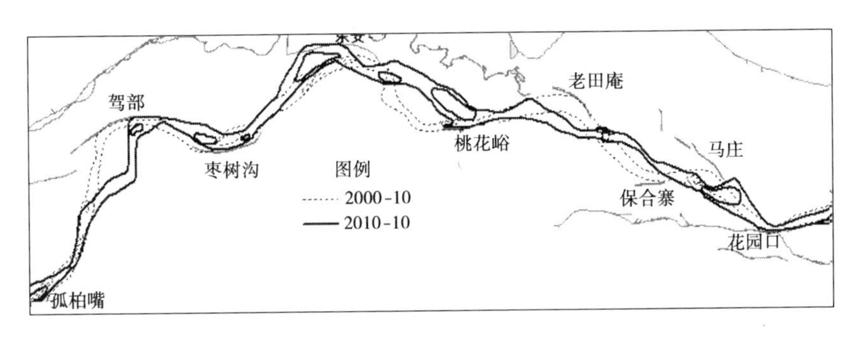

图 5-9　心滩变化河势图

程靠河情况较好,2002 年汛后,河出神堤工程后直河段显著增长,之后近乎垂直向南坐弯靠邙山下行,由于送溜不力,驾部工程完全脱河,这是多年来驾部工程首次脱河,至 2010 年,驾部工程靠河位置显著下挫,并出现横河。

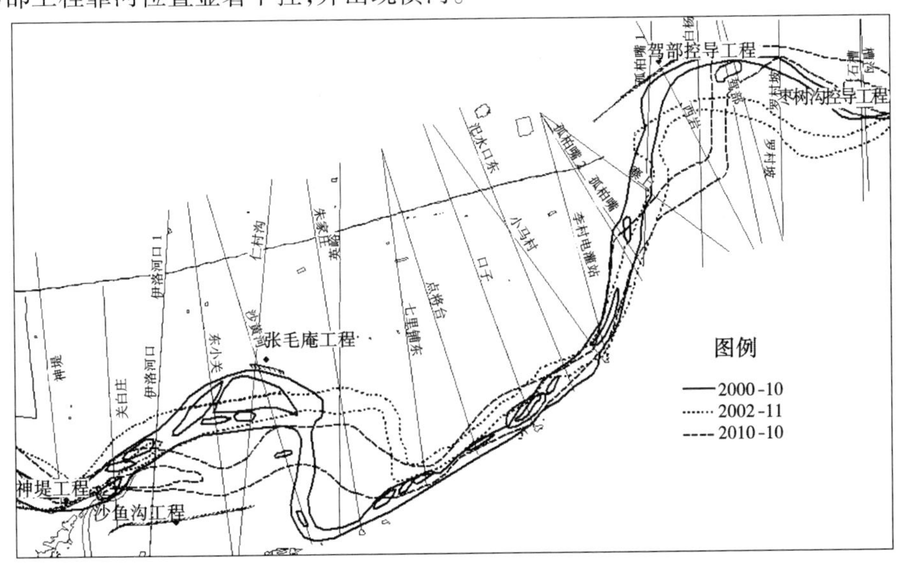

图 5-10　伊洛河口—驾部河段

马庄工程 2010 年河势下败(河坐弯至工程下首背后),双井、马渡工程靠河均下挫

(见图 5-11),由图 5-11 可以看出,由于长期来水为低含沙水流,对河岸、河滩冲刷作用较强,原来位于工程河脖处的心滩滩尖被冲掉,从而造成河势下挫,甚至下败。

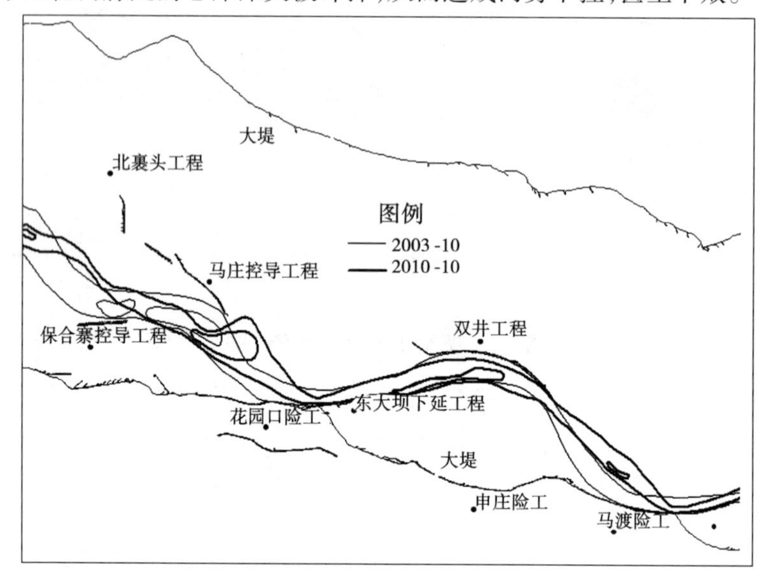

图 5-11　马庄—马渡河段河势

同样由图 5-12 可以看出,开仪、化工工程河脖前的心滩被逐渐冲掉,造成工程靠溜位置下移,工程下首滩岸冲刷,河岸辅助送溜作用也大大减弱,甚至出现河势下败。

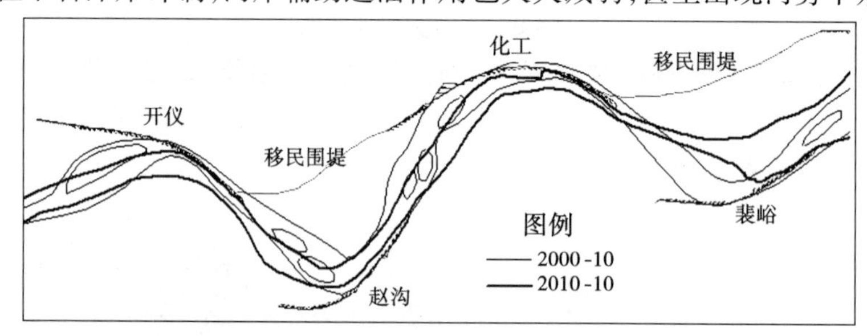

图 5-12　开仪、化工工程河势下挫图

三、水沙变化对河势影响分析

(一)河宽增加,心滩增多

2000 年以来,下游长期清水冲刷,当河床冲刷到一定程度时,河床组成发生粗化现象,河床就难以冲刷下切,遂引起河岸冲刷展宽。河宽增大,流速减小,容易形成心滩,同时在水流流速较大的地方,心滩容易受到冲刷、切滩,由此造成主流下挫。

从 1960 年至今,持续冲刷期共有 3 个时段,其中 2 个时段分别为 1960 ~ 1964 年三门峡水库蓄水拦沙期和 1999 年 10 月至今小浪底水库蓄水拦沙期,由于 1981 ~ 1985 年下游来水偏丰,来沙偏少(年均水量 482 亿 m^3,来沙量 9.7 亿 t,年均含沙量仅 20 kg/m^3),河道也发生了冲刷,因此也将这一时段并入持续冲刷期。选用花园口—高村河段这 3 个冲刷期共 21 a 的资料,分河段回归了当年主槽河宽与多年平均流量和床沙中值粒径的关系

$$B = 23Q^{0.68}D_{50}^{0.14}S^{-0.16} \tag{5-1}$$

式中:B 为河段平均主槽河宽,m;Q 为前 4 a 加权平均流量,m^3/s;D_{50} 为河段床沙平均中值粒径,mm;S 为 4 a 加权平均含沙量,kg/m^3。资料范围:河宽 835 ~ 2 246 m,流量 556 ~ 2 119 m^3/s,中值粒径 0.082 ~ 0.146 mm,含沙量 2.8 ~ 26.2 kg/m^3。

式(5-1)可以明显反映出冲刷情况下床沙中值粒径对横断面形态的影响,即床沙越粗则河床抗冲性越强,河道越易向展宽方向发展。

式(5-1)计算值与实测值的对比见图 5-13。计算值与实测值均在 45°线周围,说明该公式的计算值与实测值是比较接近的。

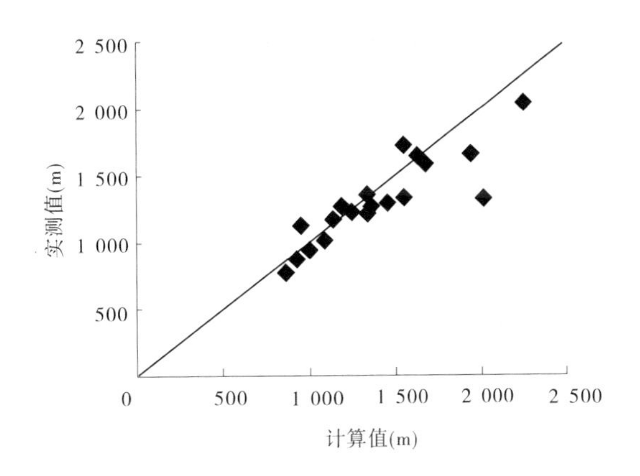

图 5-13　式(5-1)计算值与实测值的对比

(二)来水来沙对河湾要素的影响

与 1986 ~ 1999 年相比,河湾要素的变化整体上表现为主流线摆幅减小,游荡程度减弱,弯曲系数略有增加,河湾个数相对稳定。通过建立年来水量与河湾要素(弯曲系数、河湾个数、主流摆幅)关系可以看出,在水沙情况对河湾要素的影响下,工程对河湾要素也有一定限制作用。

1. 弯曲系数与来水关系

图 5-14 ~ 图 5-16 为各河段弯曲系数与年来水量关系。可以看出,各河段弯曲系数基本与年来水量成反比关系,即来水量越大,弯曲系数越小,反映了黄河下游大水趋直、小水坐弯的特性。各河段均存在这样的现象,同样水量条件下弯曲系数均存在一定的变幅,说明河道整治工程在影响主流弯曲方面起着重要作用。

2. 河湾个数变化与来水关系

图 5-17 ~ 图 5-19 为各河段河湾个数与年来水量关系。可以看出,河湾个数与来水量成反比,说明来水越小水流越容易坐弯,这是水流的自然特性。但是铁谢—伊洛河口、夹河滩—高村河段河湾个数在 1993 年之后非常稳定,而 1993 年之后这两个河段河道整治工程已基本完善,说明 1993 年之后河湾的变化主要受整治工程的控制,水沙条件相对影响较小。而花园口—黑岗口河段河湾个数仍有一定变幅,说明该河段同时受水沙和工程的共同作用。

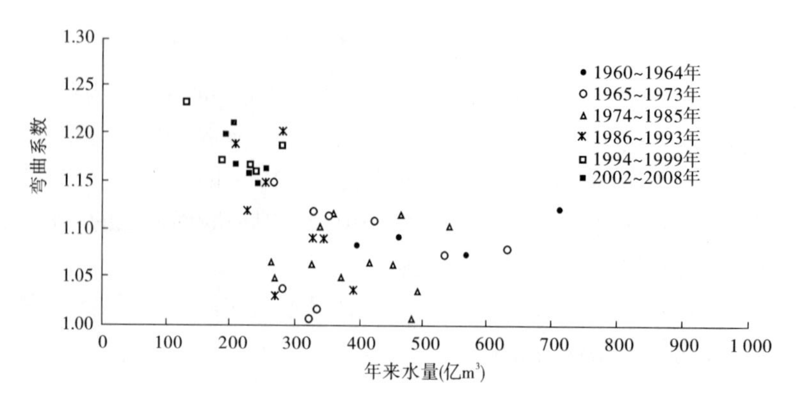

图 5-14　铁谢—伊洛河口河段弯曲系数与年来水量关系

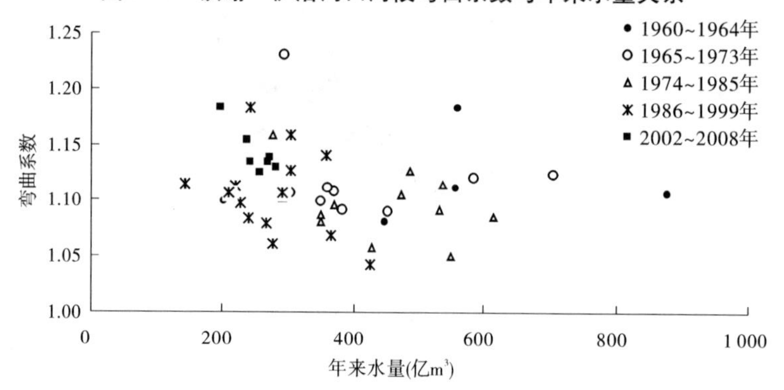

图 5-15　花园口—黑岗口河段弯曲系数与年来水量关系

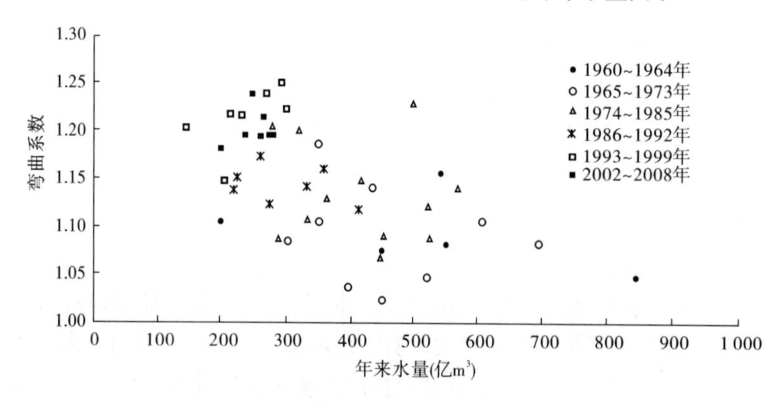

图 5-16　夹河滩—高村弯曲系数与年来水量关系

3. 主流摆幅与水沙关系

图 5-20 ~ 图 5-22 为各河段主流摆幅与年来水量关系。可以看出，主流摆幅与来水量成正比，来水量越大，水流摆动幅度就越大。除来水条件外，来沙对主流摆幅的影响也比较大。选用 1960 ~ 2010 年各河段主流摆幅资料，建立了主流摆幅与来水来沙的综合关系式，见表 5-3。从各关系式可以看出，主流摆幅在随流量增大的同时，随着来沙的增多也增大；反之，当来水减小时，主流摆幅减小，来沙减小时，主流摆幅也减小。这也说明了，小浪底水库拦沙运用以来，随着流量减小，来沙锐减，主流摆幅也相对变小，河势相对稳定。

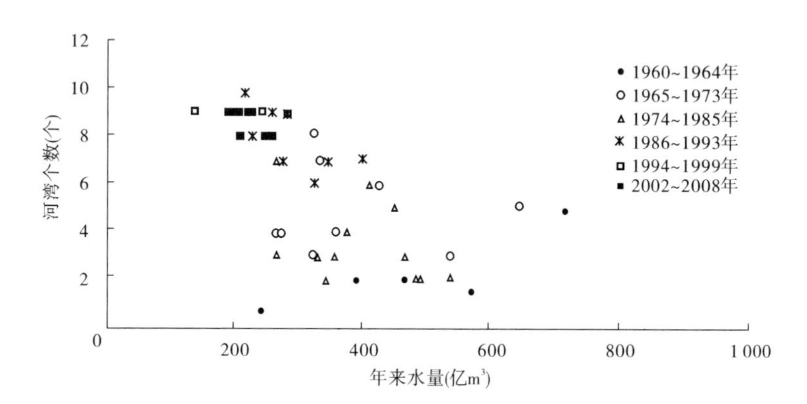

图 5-17　铁谢—伊洛河口河段河湾个数与年来水量关系

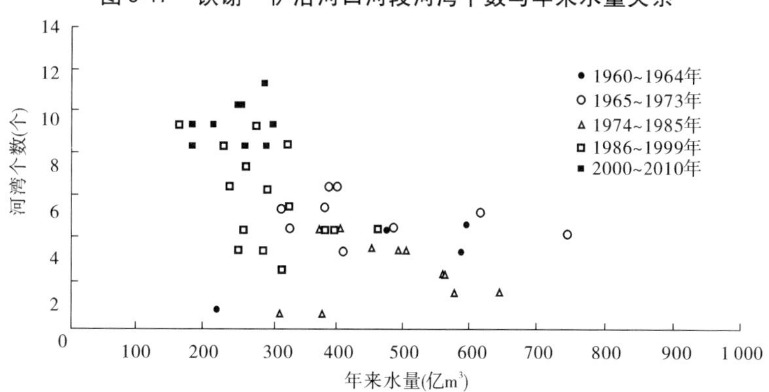

图 5-18　花园口—黑岗口河段河湾个数与年来水量关系

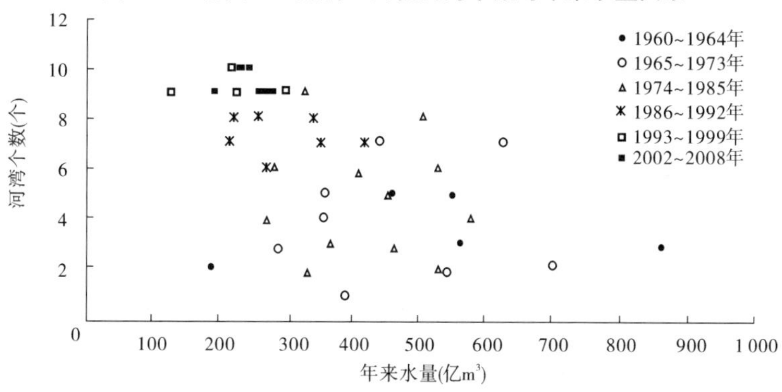

图 5-19　夹河滩—高村河段河湾个数与年来水量关系

表 5-3　各河段主流摆幅与来水来沙关系

河段	关系式	编号
铁谢—伊洛河口	$\Phi = 1.21W^{1.01}W_S^{0.067}$	5-1
花园口—黑岗口	$\Phi = 66.9W^{0.32}W_S^{0.38}$	5-2
夹河滩—高村	$\Phi = 4.1W^{0.67}W_S^{0.48}$	5-3

注:表中 Φ 为主流摆幅,m;W 为年来水量,亿 m³;W_S 为年来沙量,亿 t。

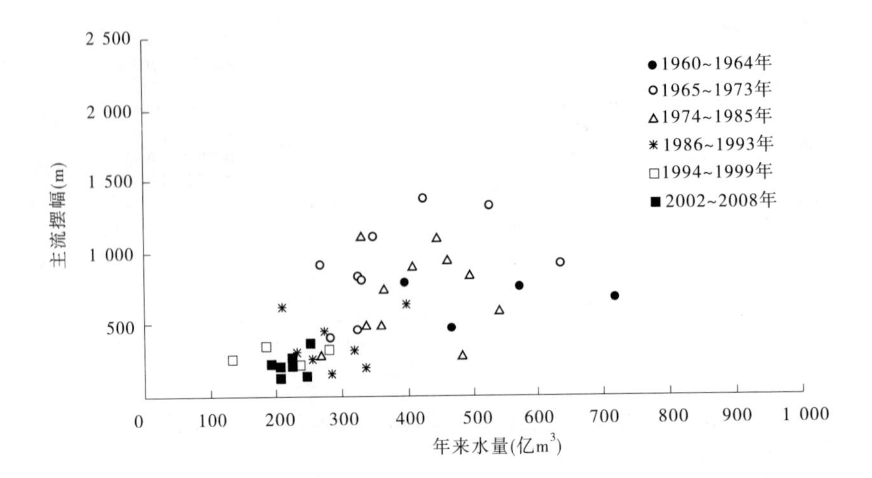

图 5-20　铁谢—伊洛河口河段主流摆幅与年来水量关系

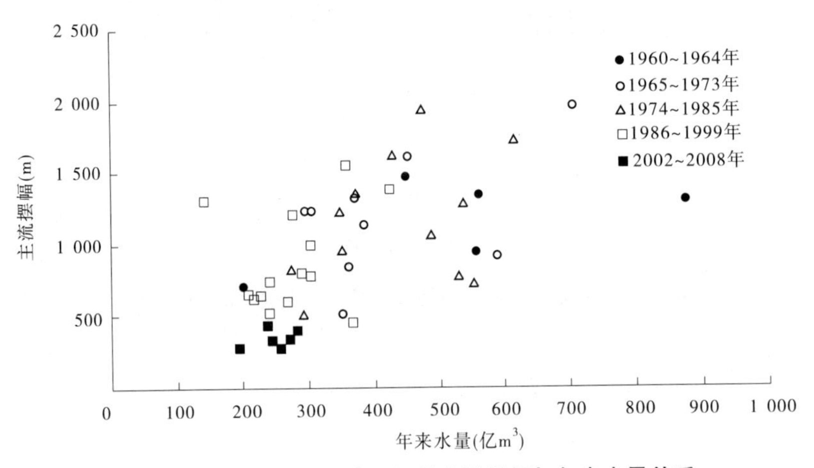

图 5-21　花园口—黑岗口河段主流摆幅与年来水量关系

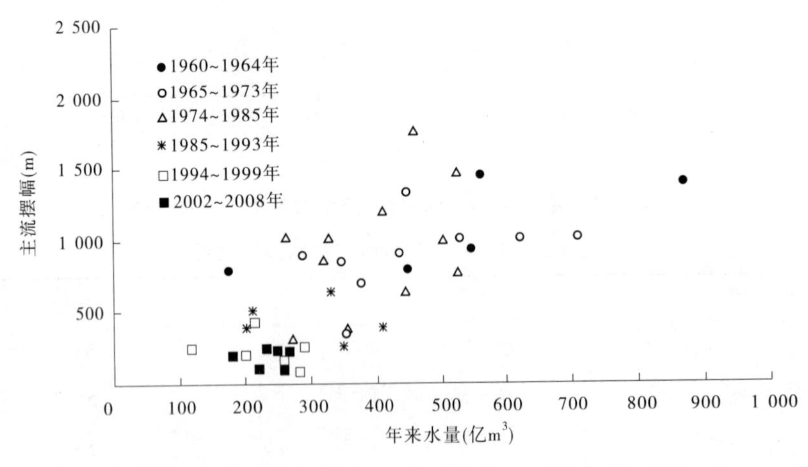

图 5-22　夹河滩—高村河段主流摆幅与年来水量关系

四、工程适应性初步分析

河道整治工程对河势的控制作用可以用工程的适应性表述,河道整治工程对河势的适应性是指对河势的控制能力。如果河势调整均在工程控制范围内,且没有出现明显的上提、下挫,横河、斜河或畸形河湾,就叫工程适应性基本良好。通过分析各河段最大主流摆幅变化范围、工程总体适应情况和各整治工程的靠河几率(指工程对主溜的控导作用),定量描述整治工程的适应性。河道整治工程的适应程度也反映了主槽的稳定程度。

(一)最大主流摆幅

根据对不同河段最大主流摆幅统计(见表5-4)得知,铁谢—伊洛河口河段最大主流摆幅由1986~1999年的5 900 m减小为1 970 m;伊洛河—花园口河段由4 700 m减小为3 250 m;花园口—黑岗口河段由7 140 m减小为3 790 m;黑岗口—夹河滩河段2000~2006年由于曾出现畸形河湾,最大摆幅达到5 630 m,大大超出工程控制范围,但经2006年5月的人工裁弯,之后最大主流摆幅减为2 525 m;夹河滩—高村河段由5 320 m减小为2 260 m。除花园口—黑岗口河段外,其他河段最大主流摆幅基本都在排洪宽度以内,说明河道整治工程对目前的低含沙持续小水也有较好的控制作用。

表5-4　1986~2010年各河段最大主流摆幅

河段	时段	最大主流摆幅情况		
		摆幅(m)	发生年份	发生位置
铁谢—伊洛河口	1986~1999年	5 900	1985	寨峪
	2000~2010年	1 970	2003	神堤
伊洛河口—花园口	1986~1999年	4 700	1990、1999	西牛庄
	2000~2010年	3 250	2010	西岩
花园口—黑岗口	1986~1999年	7 140	1989	陡门
	2000~2010年	3 790	2004	陡门
黑岗口—夹河滩	1986~1999年	4 930	1992、1994	裴楼
	2000~2006年	5 630	2004(畸形河湾)	欧坦—夹河滩
	2006年10月~2010年	2 525	2006	鹅湾
夹河滩—高村	1986~1999年	5 320	1988	左寨闸
	2000~2010年	2 260	2006	杨庄

(二)各河段整治工程适应性分析

1. 工程适应性较好的河段

1)夹河滩—高村河段

夹河滩—高村河段位于游荡性河段的最下端,2000年以来(除2003年蔡集局部坐弯外)河势规顺,属游荡性河段适应性最好的河段。

图5-23为夹河滩—高村河段2000年以来主流线套绘图,可以看出,主流非常规顺、

稳定,且与规划整治流路基本一致。根据图 5-24、表 5-5 工程靠河几率得出,夹河滩—高村河段 1986 ~ 1992 年工程靠河几率仅为 29% ,1993 ~ 1999 年整治工程基本完善后,靠河几率达到 96% ,2000 年以来为 100% ,说明该河段整治工程适应性较好。

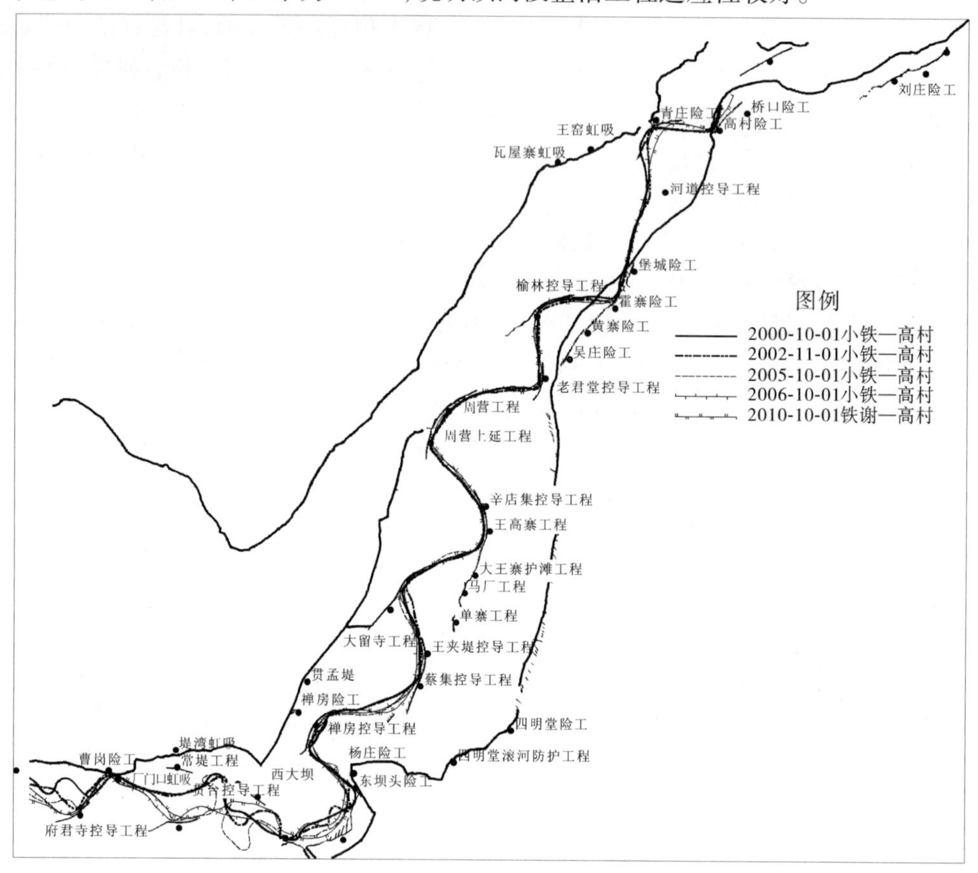

图 5-23 夹河滩—高村河段主流线套绘

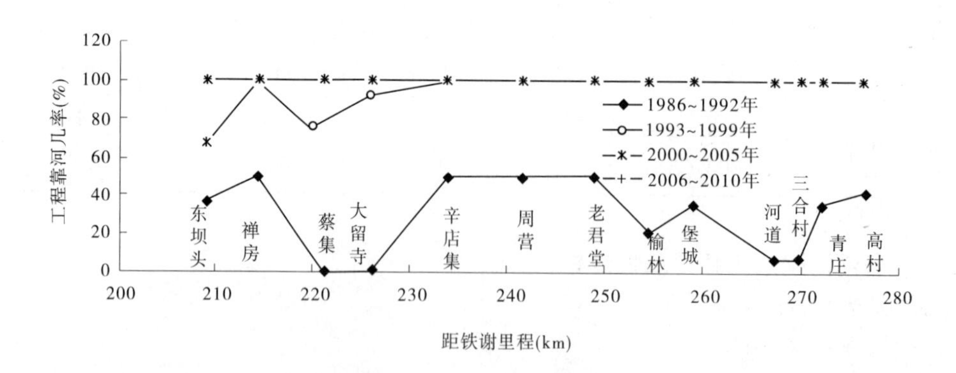

图 5-24 夹河滩—高村河段工程靠河几率变化过程

表 5-5　各时期、各河段整治工程靠河几率　(%)

河段	1986 ~ 1992 年	1993 ~ 1999 年	2000 ~ 2005 年	2006 ~ 2010 年
铁谢—伊洛河口	65	94	80	75
伊洛河口—花园口	49	61	56	51
花园口—黑岗口	25	55	54	53
黑岗口—夹河滩	25	47	58	83
夹河滩—高村	29	96	100	100

2)铁谢—伊洛河口河段

该河段虽然局部工程靠溜下挫,但总体流路稳定,工程适应性较好。图 5-25 为铁谢—伊洛河口 2000 年与 2010 年河势套绘图,可以看出,河势规顺且基本稳定。图 5-26 为该河段不同时期各整治工程靠河几率变化。根据图 5-26 和表 5-5 得知,1986 ~ 1992 年除铁谢、逯村、花园镇外,花园镇以下工程靠河几率较低,平均仅为 65%；1993 ~ 1999 年因修建小浪底工程,进行了温孟滩河段河道整治,整治工程得到完善,该时期河段工程靠河几率大幅提高,平均达到 94%,特别是开仪—大玉兰河段,靠河几率达到 100%。根据 1985 年以来逯村、花园镇工程靠河几率变化过程(见图 5-27)可以看出,两工程靠河几率是在 1997 年出现下降,分析原因主要是 1996 年大洪水河势趋直造成河势下挫(见图 5-28)。2005 ~ 2009 年,花园镇工程靠河几率增加,达到 100%,之后又有所降低。不过总体而言,该河段流路变化不大,说明该河段整治工程对河势是基本适应的。

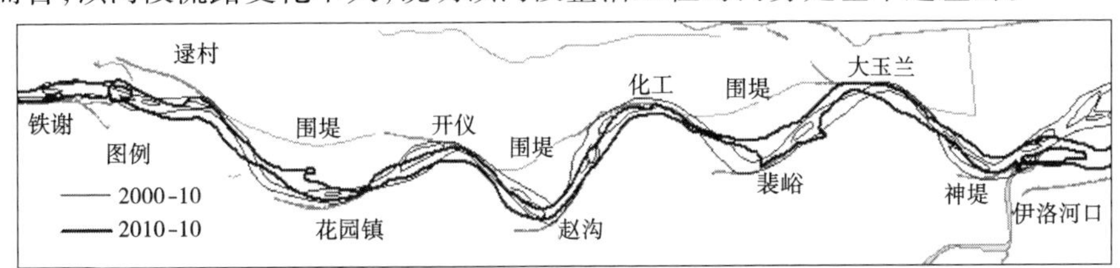

图 5-25　铁谢—伊洛河口河势套绘图

2. 工程适应性转好的河段

黑岗口—夹河滩河段为畸形河湾多发河段(见表 5-6 和图 5-29),2003 ~ 2005 年在王庵和欧坦附近出现两个畸形河湾,图 5-30 为 2006 年 4 月裁弯前的卫片。经过 2006 年 5 月实施的人工裁弯,该河段河势变得规顺(见图 5-31),并与整治规划流路基本一致。由图 5-32 和表 5-5 得出,2006 年之前,该河段工程总体靠河几率低,1993 ~ 1999 年工程靠河几率为 47%,2000 ~ 2005 年为 58%,说明 2006 年之前该河段整治工程适应性较差。2006 年汛后至今,该河段工程靠河几率增加为 83%,其中从未靠过河的柳园口工程也已部分靠河,只有常堤工程靠河不理想(见图 5-31)。说明该河段整治工程自 2006 年之后基本适应目前的水沙条件。

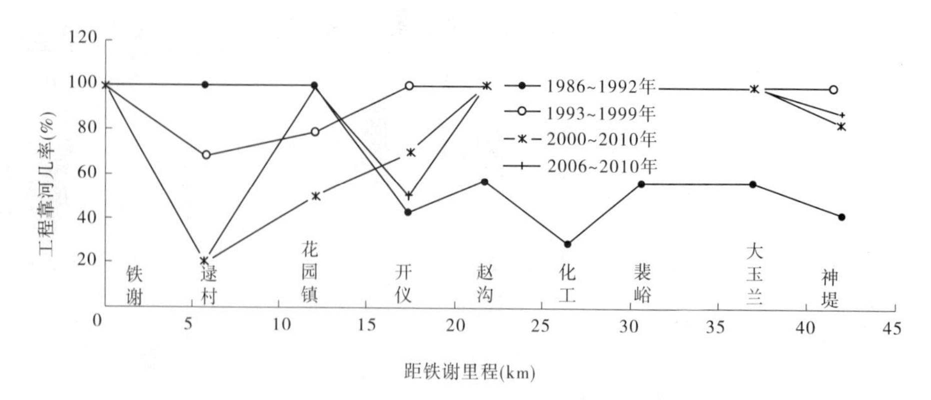

图 5-26　铁谢—伊洛河口河段工程靠河几率变化过程

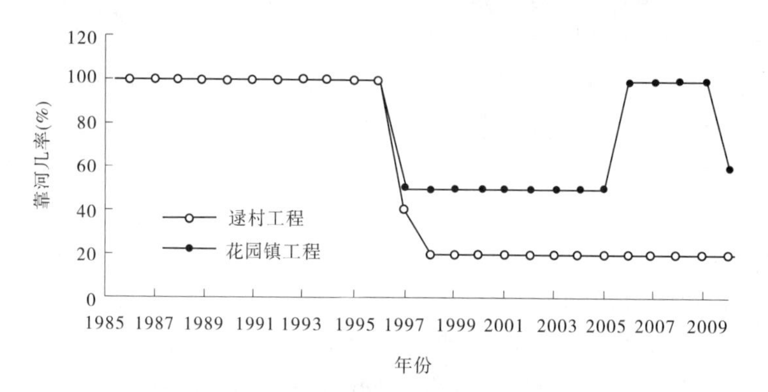

图 5-27　逯村、花园镇靠河几率变化过程

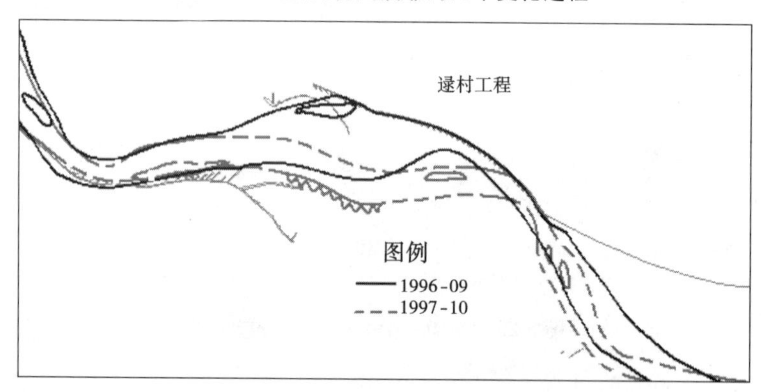

图 5-28　逯村工程河势下挫

表 5-6　畸形河湾发生河段及时期

出现时期	河段	消失时间	消失方法
1975 ~ 1977 年	王家堤—新店集	1978 年	自然裁弯
1979、1984 年	欧坦—禅房	1985 年	自然裁弯
1981 ~ 1984 年	柳园口—古城	1985 年	自然裁弯
1993 ~ 1995 年	黑岗口—古城	1996 年	自然裁弯
2002 ~ 2005 年	柳园口—夹河滩	2006 年 5 月	人工裁弯

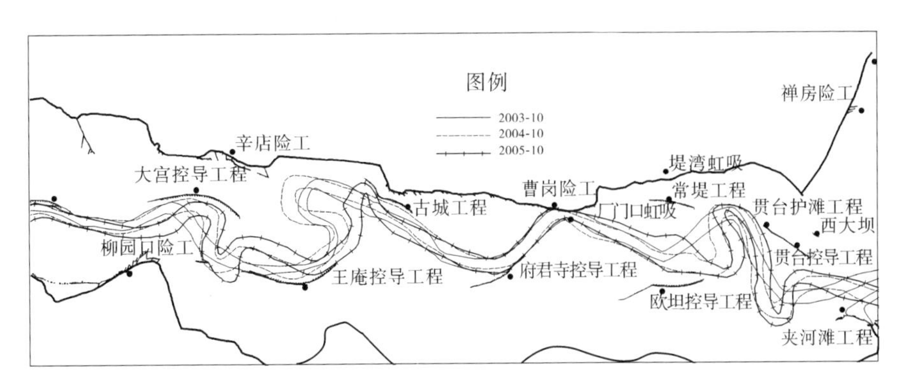

图 5-29　黑岗口—夹河滩畸形河湾

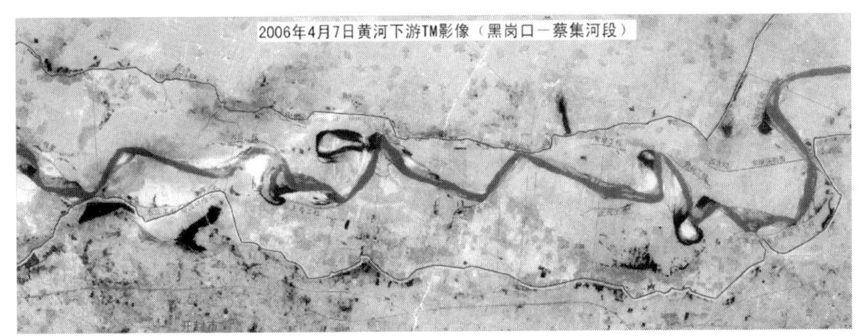

图 5-30　2006 年畸形河湾卫片图

图 5-31　黑岗口—夹河滩河势套绘

3. 工程适应性有所减弱的河段

图 5-33 和图 5-34 为伊洛河口—花园口河段 2000 年、2010 年河势，2000 年驾部、枣树沟、东安、桃花峪、老田庵、保合寨、花园口工程靠河均较好，该河段曾是河道整治工程适应

性较好的河段。但2010年该河段各工程位置都在严重下挫,河道整治工程适应性在降低。

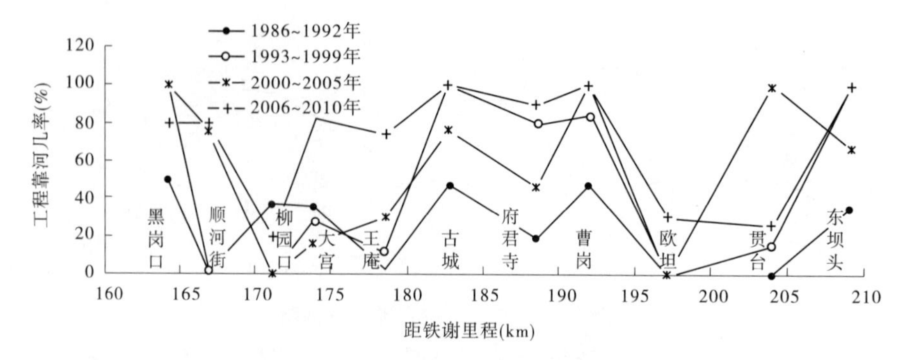

图5-32 黑岗口—夹河滩河段工程靠河几率变化

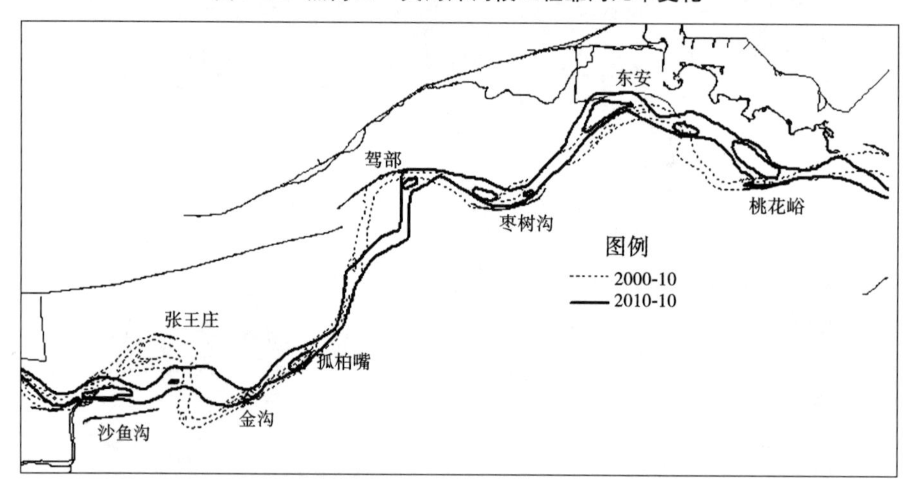

图5-33 伊洛河口—桃花峪河段河势套绘

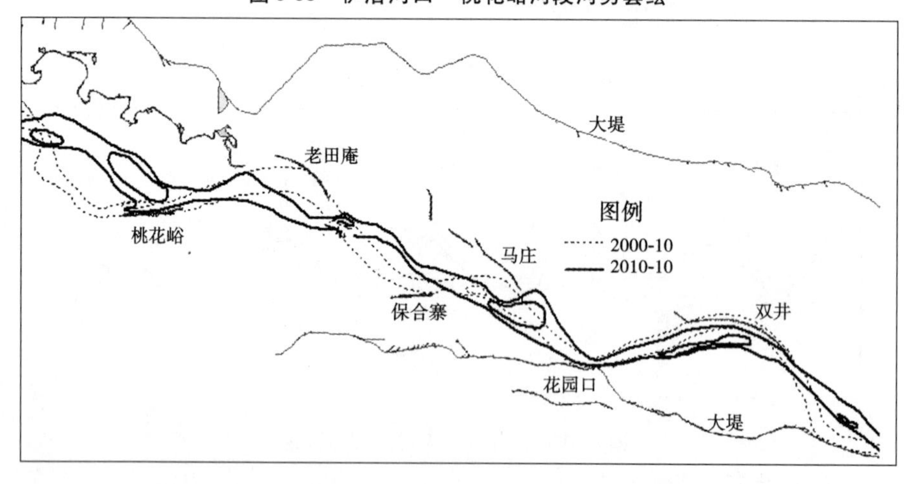

图5-34 桃花峪—花园口河段河势套绘

根据图5-35该河段1986~2010年各工程靠河几率可以看出,孤柏嘴、桃花峪和花园口在2000年之前靠河几率均为100%，是三个河势控制节点；驾部、老田庵靠河也较好，但2000年之后，特别是2006年之后，驾部、老田庵、花园口靠河几率显著下降。

驾部工程一直靠送溜较好，但自2002年以来靠河位置开始出现逐渐下挫，目前工程前已成横河，如图5-36所示。

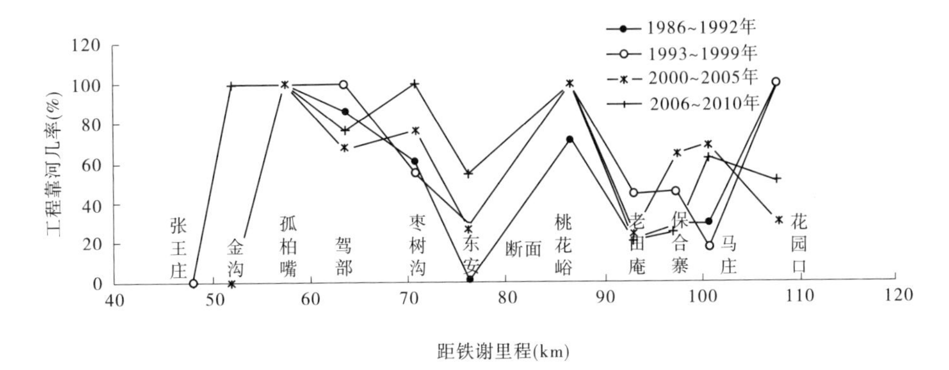

图5-35 伊洛河口—花园口河段工程靠河几率变化过程

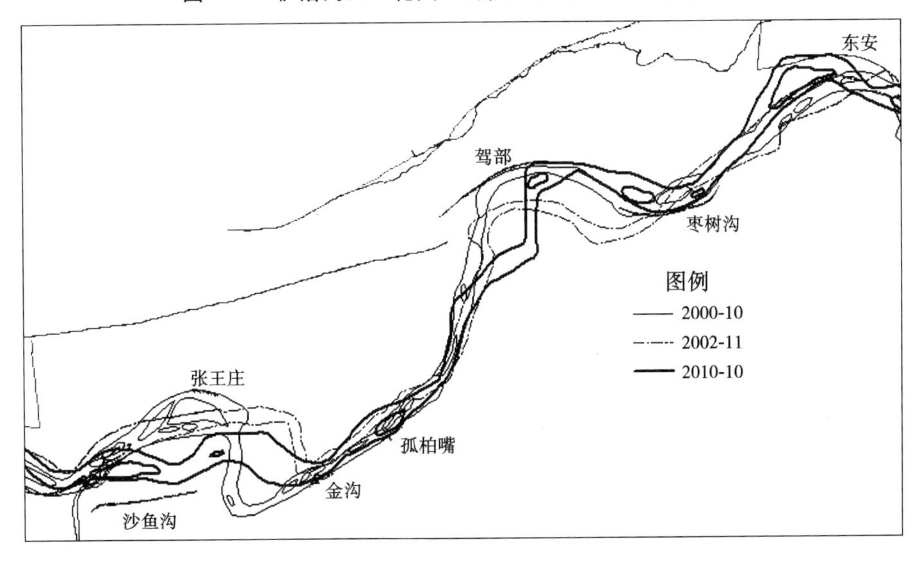

图5-36 驾部工程河势变化

图5-37为桃花峪—花园口河段2009年、2010年汛后河势套绘。可以看出，2010年汛后该河段河势趋直，造成老田庵、保合寨、马庄工程脱河、下败，花园口险工靠河严重下挫，由此带来老田庵工程河势下挫、南摆，使下首浮桥南桥头路基严重冲刷。

根据2011年4月28日现场查勘，位于保合寨—花园口之间的南裹头下游路堤（见图5-38）被大河淘刷严重（见照片5-1），坍塌长度达1 000 m。据当地群众反映，2009年7月，大河流量增大上涨，路堤紧偎，至8月落水后，路基开始坍塌。

花园口险工自2002年以来靠河位置开始出现逐渐下挫，目前工程前已成斜河，致使多年靠溜很好的将军坝脱河，目前河势已下挫到124号坝以下，造成大堤坝裆根石淘刷（见照片5-2）。

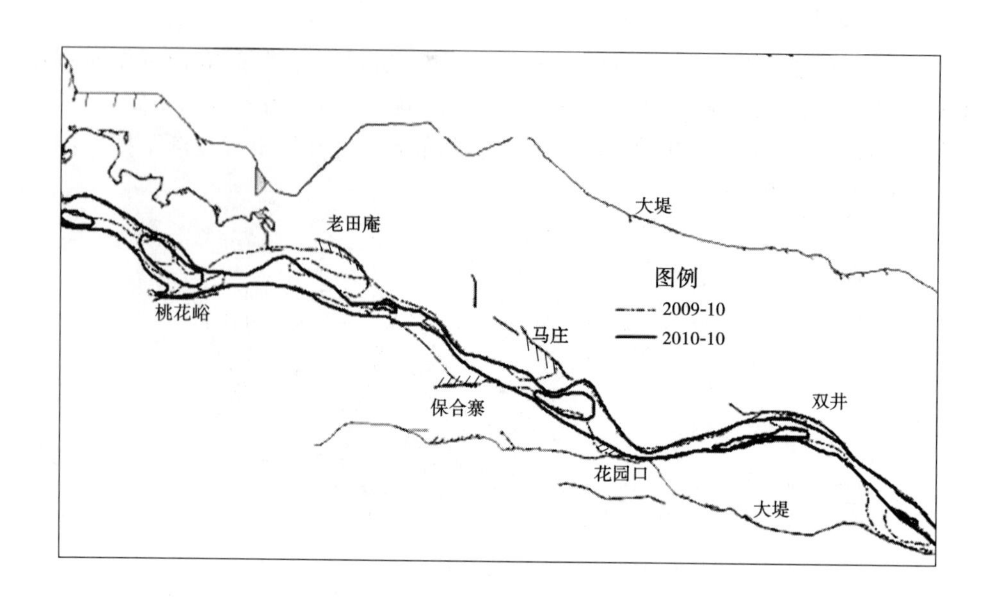

图 5-37　桃花峪—花园口河段汛后河势套绘

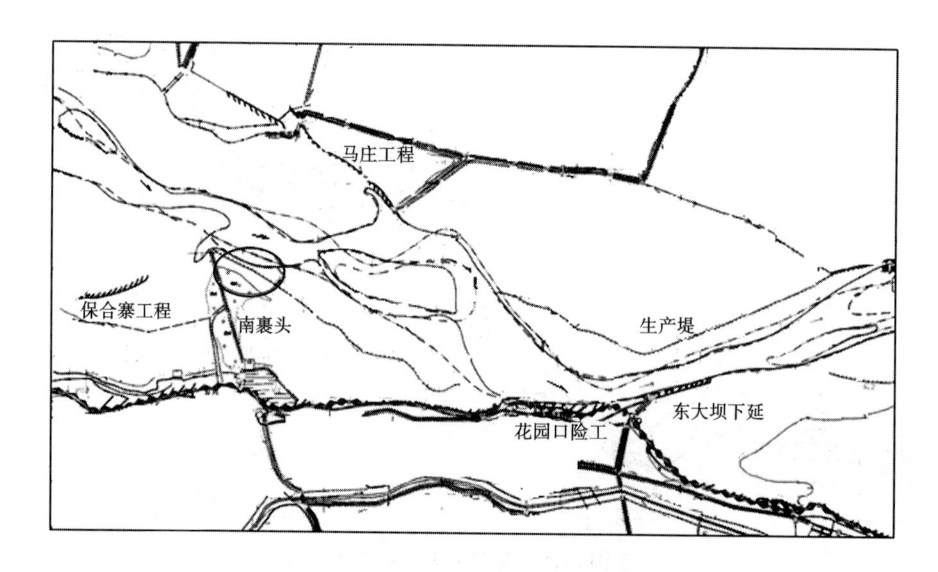

图 5-38　南裹头下游路堤冲毁位置(粗线圈处)

4. 河势尚未得到有效控制的河段

根据图 5-39 花园口—黑岗口河段工程靠河几率变化情况看,该河段又可分为两段,即花园口—赵口和赵口—黑岗口河段。花园口—赵口河段 1993 ~ 1999 年靠河几率较大,是工程整治较好的河段,2006 年以来靠河几率下降,由于花园口险工这些年靠溜位置下挫,使多年靠溜很好的双井工程也出现下挫,2010 年近乎脱河,马渡险工靠溜位置也严重下挫(见图 5-40)。赵口—黑岗口河段始终是尚未得到较好控制的河段,除三官庙靠河几率增加外,其他工程靠河几率变化不大(见图 5-41)。

照片 5-1　南裹头工程下游路堤坍塌情况

照片 5-2　花园口险工 121 号坝堤根淘刷情况

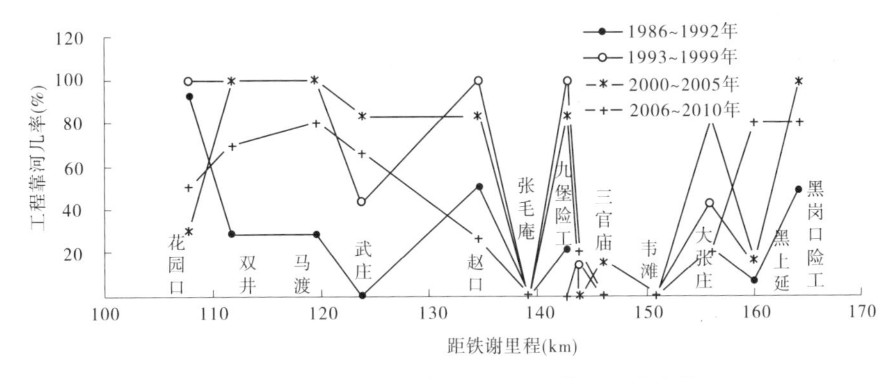

图 5-39　花园口—黑岗口河段工程靠河几率变化

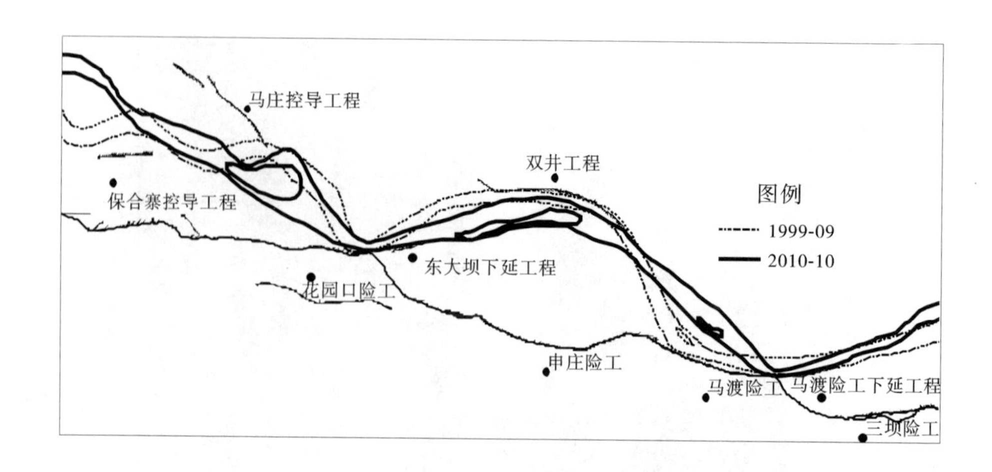

图 5-40　花园口—马渡河段河势图

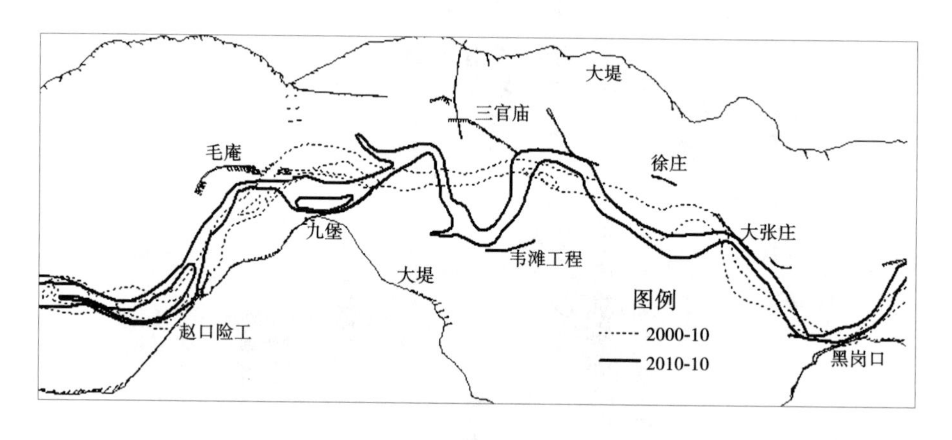

图 5-41　马渡—黑岗口河段河势图

(三)4 000 m^3/s 流量条件下工程靠河情况

黄河下游游荡性河段河道整治工程的设计流量多为 4 000 m^3/s,同时各河段都有规划的整治流路和确定的排洪河槽宽度。排洪河槽宽度是指河道整治工程左右岸之间的最小垂直距离(见图 5-42),是宣泄 80% 大洪水的河宽。考虑超标准洪水以及主溜摆动范围,排洪河槽宽度为 2.5 ~3 km。因此,重点分析 4 000 m^3/s 流量条件下河势的靠河情况是为了解流量大于 4 000 m^3/s 时河势对河道整治工程的适应性。

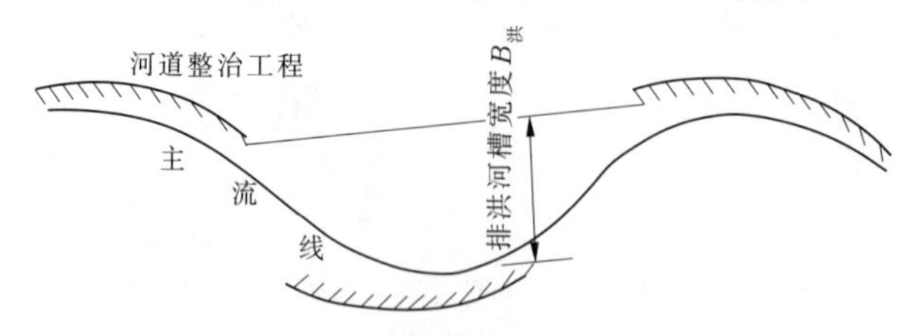

图 5-42　排洪河槽宽度示意图

图 5-43 为小浪底、花园口水文站 2000 ~ 2010 年日均最大流量过程线，可以看出，2006 年之后两站最大流量接近 4 000 m³/s。

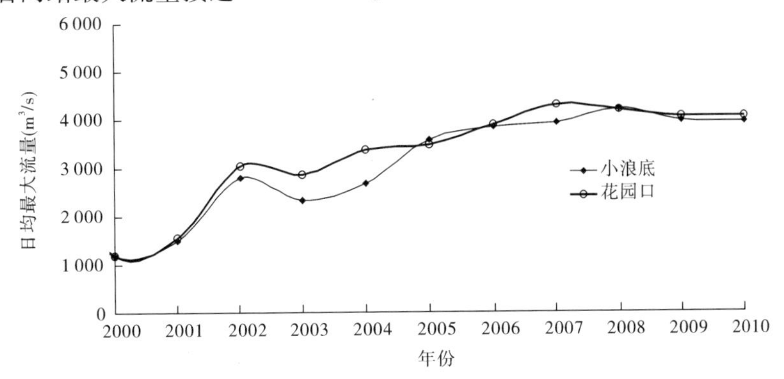

图 5-43　小浪底、花园口水文站 2000 ~ 2010 年日均最大流量变化过程

根据下游来水情况，统计得出不同河段接近 4 000 m³/s 流量时各河段、各整治工程靠河情况。

1. 铁谢—伊洛河口河段

图 5-44 为铁谢—伊洛河口 2006 ~ 2010 年工程靠河情况，可以看出，该河段各工程均靠河，只是逯村工程靠河几率较低。

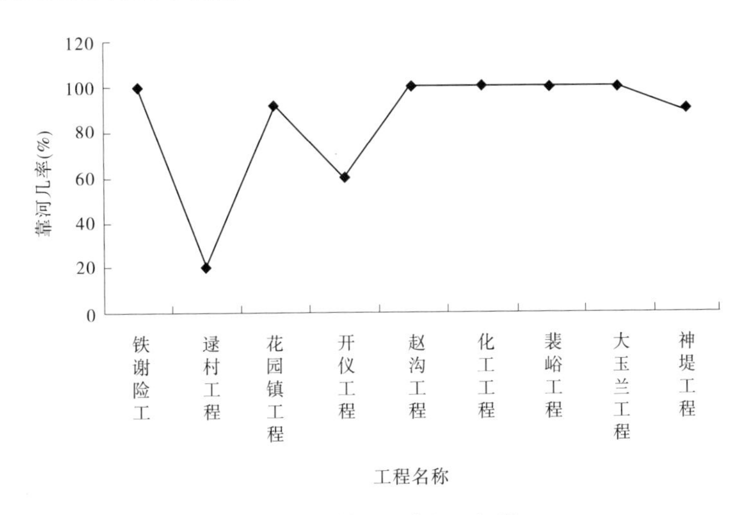

图 5-44　铁谢—伊洛河口河段

2. 伊洛河口—花园口河段

该河段 4 000 m³/s 流量条件下 5 a 都靠河的工程有金沟、孤柏嘴、枣树沟、桃花峪，驾部、东安基本都是部分工程靠河（见图 5-45），老田庵、保合寨、马庄是有时靠河、有时脱河。

老田庵工程靠溜位置始终难以到位，除与来水来沙条件和桃花峪工程送溜不力外，与已拆除的老京广铁路桥有一定关系。京广线老铁路桥位于邙山黄河游览区附近，其下游约 100 m 处为在用的黄河京广铁路桥（见图 5-46），下游为老田庵工程。京广线老铁路桥上部建筑物已拆除，目前仅剩数十座桥墩，其中水中有桥墩 37 座（2010 年），桥墩为四钢

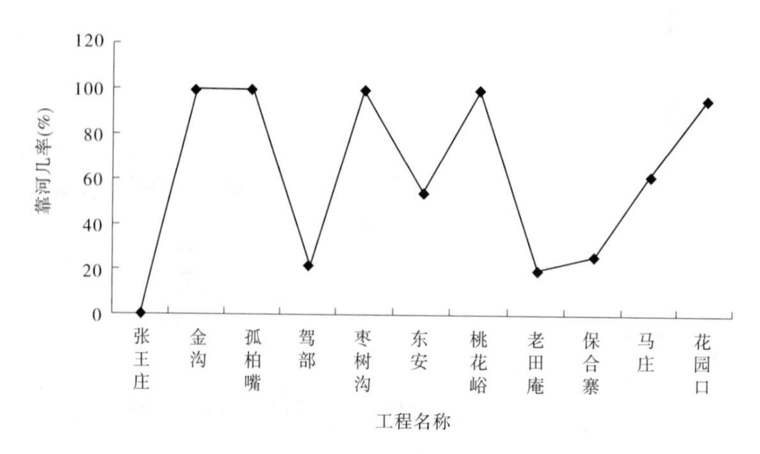

图 5-45 伊洛河口—花园口河段

管桩承台结构,桥墩间距 24.5 m,四周有护墩抛石,因抛石量大,护墩抛石相互结合形成横贯河道的潜水坝,在低水位时可见抛石(见照片 5-3),对河势有一定的影响。

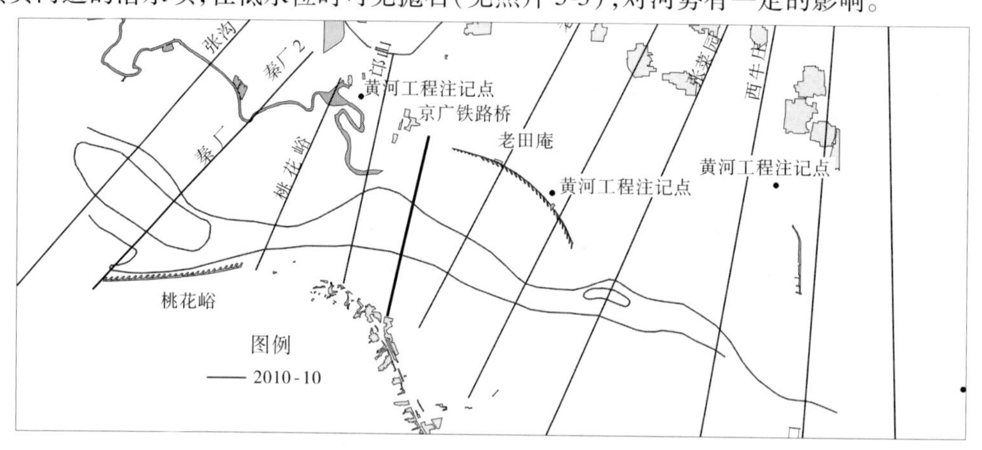

图 5-46 使用中的京广铁路桥平面图

照片 5-3 桥墩及抛石形成的阻水潜坝

黄河勘测规划设计有限公司工程物探研究院于2010年5月通过对水下抛石的探测，得出了沿桥梁轴线的抛石范围（见图5-47）内的断面形态（见图5-48）。测验时水面宽约1 km，垂直桥梁轴线的抛石范围平均约50 m。

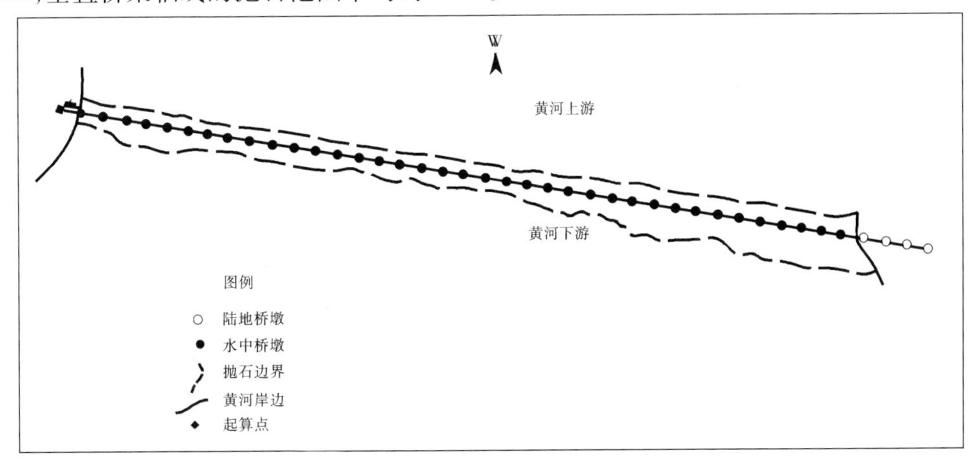

图5-47　京广线老铁路桥桥基抛石探测界线平面图

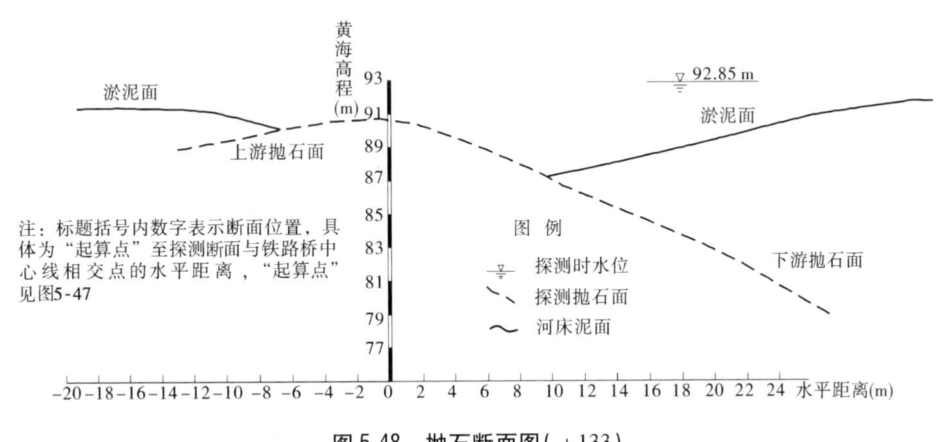

图5-48　抛石断面图（+133）

在水中37个桥墩、跨度为24.5 m的梳理作用下，水流分散，水流动力减弱，到达老田庵工程的作用将减弱。

老田庵下首浮桥建成后，由于桥墩对水流的梳理（见图5-49），对河势造成一定影响。

3. 花园口—黑岗口河段

根据该河段工程4 000 m^3/s流量条件下靠河几率可以看出（见图5-50），除张毛庵、九堡险工、三官庙工程、韦滩工程没靠过河外，其他工程靠河较好，2010年双井、马渡、武庄工程靠河几率有所降低。

4. 黑岗口—夹河滩河段

该河段2009年之后除柳园口工程外，其他各工程靠河几率均为100%（见图5-51），说明该河段河势已经基本调整到位。图5-52为柳园口工程2000年以来主流变化情况，可以看出，该工程经过10 a的冲刷，终于在2010年开始下首靠河，该工程的靠河对下游

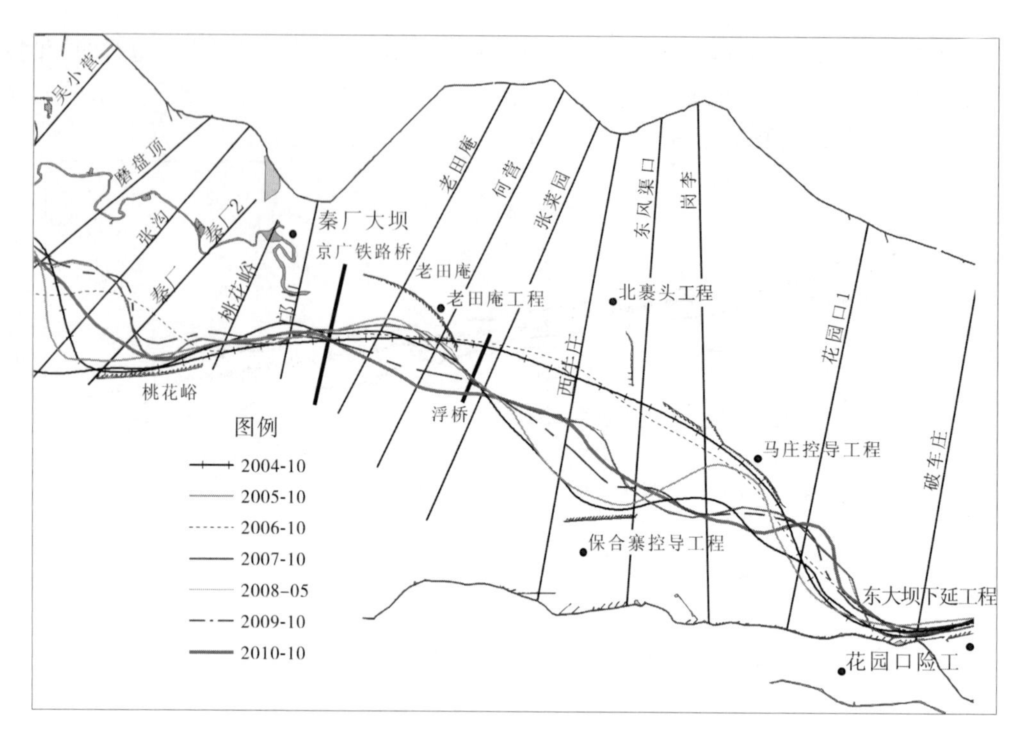

图 5-49　老田庵浮桥附近主流套绘

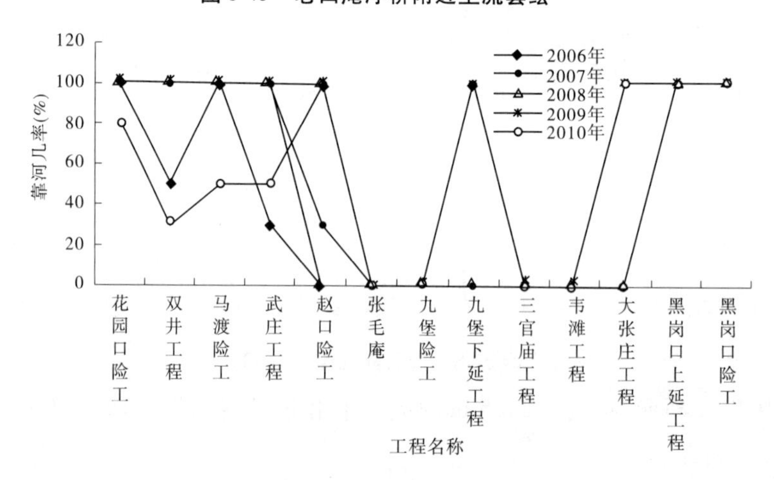

图 5-50　花园口—黑岗口河段 4 000 m^3/s 流量条件下靠河几率

工程的靠溜及主槽稳定起到很大的作用。该工程的靠河是靠多年的水流自然切滩冲刷调整才达到的，如若实施人工挖河，可能会加快工程靠河的速度。

5. 夹河滩—高村河段

该河段各工程靠河几率均达到 100%，说明各工程适应性很好。

五、小结

(1)小浪底水库自 2009 年 10 月投入运用以来，下游长期来水偏枯，其中经历了 12 场

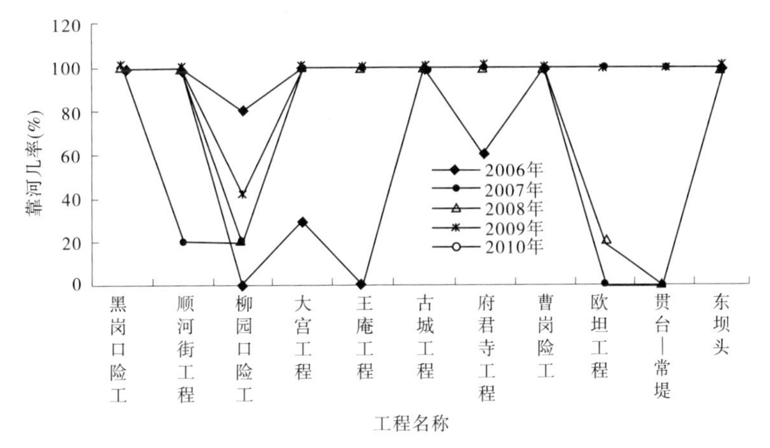

图 5-51　黑岗口—夹河滩河段 4 000 m^3/s 流量条件下靠河几率

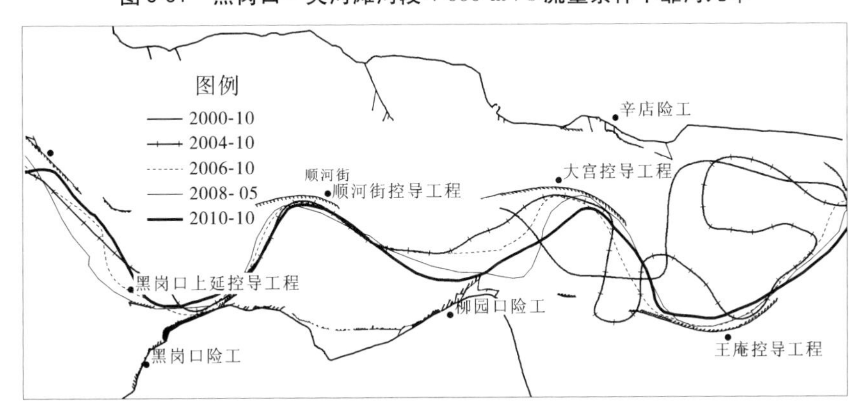

图 5-52　柳园口工程主流线套绘

调水调沙过程,最大下泄流量仅为 4 000 m^3/s 左右,除调水调沙期有异重流排沙外,其余多为清水下泄。由于下游长期来水来沙偏枯,与 1986 ~ 1999 年相比,主流摆幅明显减弱,除赵口—黑岗口河段最大摆幅为 3 790 m 外,其他河段已基本控制在 3 km 的工程控制范围内,减弱最明显的是花园口—黑岗口河段,由 1986 ~ 1999 年的 883 m 减小为 2000 年以来的 324 m;弯曲系数略有增加,其中花园口—黑岗口河段弯曲系数由 1986 ~ 1999 年的 1. 11 略增为 1. 14;河湾个数趋于稳定,特别是夹河滩—高村、铁谢—伊洛河口河段河湾个数与规划河湾基本一致,分别为 10 个和 8 个。

(2)小浪底水库拦沙运用以来,河宽增大,心滩增多;同时,在水流较大的地方河脖滩尖容易受到冲刷、切滩,造成工程靠溜位置普遍下挫,送溜不力,河势坐弯。

(3)通过统计分析 2006 年以来调水调沙接近 4 000 m^3/s 流量条件下的工程靠河几率得出,黑岗口—高村河段河势流路与规划整治流路基本一致,工程靠河几率达到 90%;铁谢—伊洛河口河段河势基本得到控制,工程靠河几率达到 85%。工程适应性有所减弱的是伊洛河口—黑岗口河段,平均工程靠河几率仅为 56%,原来靠河一直较好的驾部、老田庵、双井、九堡等工程目前都近乎脱河,花园口、马渡险工靠溜位置严重下挫,花园口将军坝完全脱河。初步分析老田庵上首已拆的老京广铁路桥实质成为潜坝,难以向下冲刷,加之下首浮桥南北裹头的约束，使得老田庵工程不能按整治流路靠河，由此直接影响到下游工程的靠河是重要原因。赵口—黑岗口河段主槽一直不稳定，河势尚未得到有效控制。

河势调整是一个长期、复杂的过程，小浪底水库若继续下泄清水，目前已普遍下挫的河势可能会进一步发展。同时，长期小水、河势调整缓慢，为加速控制性节点工程向规划治导线方向发展，可以考虑在逯村、老田庵、柳园口等单靠自然冲刷、河势难以调整到位的控导工程处，辅助人工局部挖河措施；若能够有效清除规划治导线范围内、废弃老京广铁路桥和现有京广铁路桥桥下的抛石，也有利于稳定主槽、改善老田庵控导工程的靠溜位置。

第六章 认识与建议

一、窟野河流域近期水沙锐减原因

(一)特大暴雨减少,降水强度明显减小

窟野河流域近期年降水量变化不大,汛期降水量比前期增大,但特大暴雨减少,降水强度明显减小,最大3 h、6 h、12 h和24 h降雨量分别减少了14.6%、21.7%、26.6%和27.1%。强降雨频次明显减少,但笼罩范围变化不大。

(二)水利水保措施减水减沙效果

1997~2010年,窟野河流域下垫面因素发生了较大变化。截至2010年底,窟野河流域水土流失治理面积4 868.3 km^2,治理程度为58.6%,为1997年的2.38倍。其中梯(条)田、林地、草地、坝地等措施治理面积为12 790 hm^2、307 370 hm^2、101 650 hm^2、6 710 hm^2,分别为1997年的约2.1、2.4、1.5、2.2倍。封禁治理面积58 310 hm^2,并以每年约3 000 hm^2的幅度增加,对流域水沙的减少发挥了重要的作用。

根据"水文法"计算结果,窟野河流域近期(1997~2009年)年均总减水5.702亿 m^3,其中因水利水土保持综合治理等人类活动年均减水3.792亿 m^3,占总减水量的66.5%;因降雨变化影响年均减水1.910亿 m^3,占总减水量的33.5%。人类活动与降雨影响之比约为7:3。近期人类活动对径流减少的影响占主导地位。窟野河流域近期年均总减沙1.158亿t,其中因水利水土保持综合治理等人类活动年均减沙0.476亿t,占总减沙量的41.1%;因降雨变化影响年均减沙0.682亿t,占总减沙量的58.9%。人类活动与降雨影响之比约为4:6。近期降雨变化对泥沙减少的影响占主导地位。

根据"水保法"计算结果,窟野河流域1997~2006年水利水土保持综合治理等人类活动年均减水2.572亿 m^3,减水作用54.7%;2007~2010年水利水土保持综合治理等人类活动年均减水3.647亿 m^3,减水作用71.7%。二者相比,年均减水量增大了41.8%。窟野河流域1997~2006年水利水土保持综合治理等人类活动年均减沙0.198亿t,减沙效益63.5%;2007~2010年水利水土保持综合治理等人类活动年均减沙0.300亿t,减沙效益98.0%。二者相比,年均减沙量增大了51.8%。

(三)植被覆盖度增加,有利于降水入渗

窟野河流域近期植被覆盖度大幅增加。2009年与1998年流域植被TM影像图及其解译结果对比表明,低覆盖度(0~10%)的植被面积减少了2 653.3 km^2,占流域总面积的30.3%;中覆盖度(10%~50%)的植被面积增加了1 986.1 km^2,占流域总面积的22.7%;较高覆盖度(50%以上)的植被面积增加了667.3 km^2,占流域总面积的7.6%。植被覆盖度大幅增加,有利于降水入渗,客观上减少了流域产流量,是流域近期水沙锐减的重要影响因素。

（四）人类活动用水量明显增加

2007～2010年窟野河流域工业和生活年均用水2.0亿m^3，农业年均用水约0.6亿m^3，城镇景观用水造成的蒸发损失每年约300万m^3。其中煤炭开采是最大的用水户，2007～2010年窟野河流域煤炭开采年均用水量约1.75亿m^3。

（五）其他影响因素

河道挖沙形成的大坑需要大量的填洼水沙；农村剩余劳动力转移减少了因农业种植所造成的水土流失，促进了植被恢复，减少了流域产水产沙量；"村村通"公路建设客观上截断了径流通道，对流域产流产沙量也有影响。

二、小浪底水库调水调沙期对接水位对排沙效果的影响

（1）小浪底水库拦沙运用，在近坝58.51 km范围（HH35断面以下）内，淤积的大多是中值粒径小于0.025 mm的细泥沙。在确保下游供水的条件下，若能够适当降低汛前调水调沙期对接水位，则可有效减少库区淤积，主要是细沙的淤积；同时发挥细沙在下游河道的输沙潜力。

（2）2010年汛前调水调沙入库沙量0.418亿t，出库沙量0.553亿t，排沙比132.3%。排沙比大于100%的主要原因是：对接水位接近三角洲顶点，三角洲顶坡段发生沿程及溯源冲刷，较大幅度地补充了异重流潜入前的沙量。

（3）2010年汛后（替代2011年汛前地形）三角洲顶点向坝前推移，距坝仅18.75 km，顶点高程215.61 m，相同水位条件下的冲刷条件较汛期不利，因此2011年汛前调水调沙的排沙效果也将低于2010年。模型计算结果表明：2010年典型有利的水沙条件下，215 m、210 m方案同220 m方案相比，小浪底水库排沙量增加0.202亿t、0.327亿t，其中多排细泥沙0.112亿t、0.156亿t；排沙比由220 m方案的74%增大至123%、153%；对接水位由220 m降低到215 m，排沙效果的增幅明显大于对接水位由215 m降低到210 m的效果。2009年典型不利水沙条件下的排沙效果较差，但随对接水位的变化趋势基本一致。

（4）在2011年汛前地形相对不利的条件下，提出2011年汛前调水调沙建议如下：一是2011年汛前调水调沙不追求排沙比大于100%。二是如果追求排沙比大于100%，则应：①充分利用万家寨和三门峡水库的最大蓄水量塑造洪峰；②对接水位降低到220 m以下，最好控制在三角洲顶点215 m附近；③控制三门峡水库运用水位，不完全敞泄，减少小浪底水库入库沙量。

（5）小浪底水库目前的排沙方式主要是异重流排沙，出库泥沙多为细泥沙，即使是排沙比相对较大的年份，如2008年、2010年，细泥沙含量也分别为78.82%和64.38%，而细泥沙的排沙比达到了151.05%和282.54%。这主要是由于三角洲顶坡段发生强烈沿程及溯源冲刷，带走了前期淤积物中的细泥沙，这将会调整三角洲洲面的淤积物组成，使水库达到增大排沙比、多排细沙、拦粗排细的目的，延长水库拦沙期使用年限。

三、黄河下游分组泥沙冲淤规律及对小浪底水库排沙的需求

（1）在目前下游河道平滩流量全线恢复到4 100 m^3/s以上，同时下游河道冲刷效率明显降低的条件下，为充分发挥下游河道的输沙潜力，在满足供水需求的前提下，可以考

虑降低小浪底水库调水调沙期对接水位,增大水库排沙比。

(2)在汛前调水调沙流量过程与2010年类似情况下,为避免下游河道淤积以及减少粗泥沙的淤积量,建议汛前调水调沙期的浑水阶段(平均流量不低于2 600 m^3/s),小浪底水库出库的细泥沙含量在60% ~70%,平均含沙量在180 ~190 kg/m^3 范围。

(3)由于水库的修建运用改变了天然水沙条件,水库的减淤作用主要是通过拦粗排细减小进入下游的粗泥沙量,使得进入下游的水沙组成变细。在来沙组成变细条件下,相同流量级洪水的输沙平衡含沙量明显提高。

为了维持下游主槽过流能力,应尽量使洪水期下游河道不发生淤积;同时,为了延长水库的使用年限、最大程度地利用小浪底水库的拦粗排细作用,应让水库多排沙。为此,建议小浪底水库排沙运用时,调节出库水量和沙量,使得洪水平均含沙量接近下游河道不发生淤积的输沙平衡含沙量。

四、利用西霞院水库协调黄河下游水沙关系的可能性及效果分析

(1)近年来,利用小浪底水库调水调沙包括人工塑造异重流,在有效冲刷下游河道、减少水库淤积等方面取得了显著效果。现有以小浪底水库为中心的水库群联合运用,以三门峡水库318 m水位以下约4亿 m^3 的可用水量冲刷小浪底三角洲顶坡段的泥沙,以万家寨977 m水位以下约2亿 m^3 的可调水量冲刷三门峡库区的泥沙,作为塑造小浪底水库异重流的后续沙源。而每年汛前储存于小浪底水库约40亿 m^3 的可调水量,不能有效排泄自身的泥沙,其主要作用是冲刷下游河道,在沿程冲刷过程中补充沙量。随着小浪底水库拦沙运用、下游冲刷历时的增长,下游河道平滩流量全线恢复到了4 000 m^3/s 以上,同时随着河床粗化,下游河道冲刷效率也显著降低。为此,拟利用西霞院水库位于小浪底水库下游的区位优势,进一步协调进入下游河道的水沙关系,在基本维持下游河道不淤或微淤的前提下,进一步发挥下游河道的输沙潜力:①当汛期发生短历时高含沙洪水(如"04·8"洪水),小浪底水库排沙而下游河道又不能带走,发生明显淤积时,适当抬高西霞院水库运用水位,拦蓄部分泥沙,维持下游河道微淤。②在小浪底水库汛前调水调沙,尤其是下泄清水阶段,将上年度汛期淤积在西霞院水库的泥沙通过短期降低库水位冲刷出库,让这部分泥沙加载在清水大流量时期输沙入海,同时不显著增加下游河道淤积。③小浪底水库调水调沙运用,在异重流排沙阶段,出库泥沙细,含沙量大,易于在花园口以上河段形成洪峰增值现象,若通过西霞院水库,适当滞蓄沙峰,降低进入下游的含沙量,则可有效降低洪峰增值幅度;待来年汛前调水调沙时(小浪底水库下泄清水阶段),再将其冲刷出库。

(2)根据对近几年汛前调水调沙期西霞院水库运用过程的分析,拟定西霞院水库新的运用过程为:当西霞院水库入库流量大于3 500 m^3/s 时,按每天不超过3 m的速度降低运用水位,直到水位降到128.5 m,再按128.5 m运用1 d,然后敞泄运用3 d,这一时段称为第一次排沙期;再按每天不超过3 m的速度抬升运用水位,直到132 m,后按132 m运用至小浪底水库异重流排沙期。在异重流排沙期,仍以每天不超过3 m的速度降低水位到128.5 m,并维持到排沙期结束,这一时段称为第二次排沙期。拟定方案选择的入库水沙条件为2010年汛前调水调沙期小浪底出库水沙过程。对2010年汛期西霞院水库的淤

积物 0.289 亿 m^3（计算值）进行冲刷，结果表明，冲刷 0.242 亿 m^3，为前期（2010 年汛期）淤积量的 83.7%。其中，在西霞院水库第一次排沙期，库区冲刷泥沙 0.226 亿 m^3，第二次排沙期，库区淤积泥沙 0.025 亿 m^3。

（3）对于短历时高含沙洪水，选取"04 · 8"洪水作为典型洪水过程，在 2007 年汛前地形条件下（相当于 2010 年调水调沙后地形）进行滞沙运用。分析表明，尽管西霞院水库库容有限，在汛期还是能够拦滞一部分泥沙，同时利用汛前调水调沙洪水过程能够把大部分泥沙冲刷出库。

（4）对下游冲淤计算结果表明，西霞院水库对下游的加沙如果集中在小浪底出库大流量的清水期，加入下游的泥沙基本能够被输送入海。

若汛期西霞院水库按进出库流量平衡控制运用，在入库沙量不是太大的情况下能起到一定的滞沙作用，由此引起西霞院水库发生淤积，其中有相当部分的淤积物可以在下一年度汛初调水调沙的清水下泄阶段逐步排出，由于这一时期出库为清水，且流量大、历时长，不至于在下游河道引起淤积。

五、小浪底水库拦沙运用初期下游游荡性河段河势特点及工程适应性

（1）小浪底水库拦沙运用 11 年来，除调水调沙期有低含沙排沙外，下游河道基本长期下泄清水，使游荡性河道出现了一些新的变化，总体来讲，铁谢—伊洛河口、夹河滩—高村河段河势变化不大，除个别工程靠河下挫外，其余工程靠河较好，也就是说，这两个河段的河道整治工程基本适应小浪底水库拦沙初期的水沙条件；黑岗口—夹河滩河段河势明显好转，与规划治导线基本一致；河势转差的河段是伊洛河口—花园口—黑岗口河段。

（2）伊洛河口—花园口河段河势下挫明显，总体趋于不利方向。工程靠河几率分别由 1993 ~ 1999 年的 61% 降低为 2006 ~ 2010 年的 51%，原来靠河一直较好的驾部、老田庵、双井、九堡等工程目前都近乎脱河，花园口险工靠溜位置严重下挫；桃花峪—保合寨—南裹头—花园口河段主流向右摆动幅度较大，南岸坍塌比较严重。

（3）花园口—黑岗口河段工程适应性一直较差，特别是赵口—黑岗口河段，工程靠河几率仅为 55%，并在韦滩处出现较大的畸形河湾，是目前河势最不利的河段。

（4）伊洛河口—桃花峪—赵口—黑岗口河段河势下挫，除河道整治工程不完善外，与长期持续清水冲刷也具有较大的关系。长期持续小水，河岸坍塌，减小了河岸对水流的约束作用，尤其工程（下首）下游的滩岸坍塌，在一定程度上相当于缩短了工程（辅助）送溜段的长度，易于造成河势的下挫。同时，河岸坍塌，河宽增大，流速减小，容易形成心滩，造成水流分散；较大流量条件下主流趋直，工程前河脖附近凸岸滩嘴的冲蚀后退，也有利于河势趋于下挫。

河势调整是一个长期、复杂的过程，小浪底水库若继续下泄清水，目前已普遍下挫的河势可能会进一步发展。同时，长期小水，河势调整缓慢，为加速控制性节点工程向规划治导线方向发展，可以考虑在逯村、老田庵、柳园口等单靠自然冲刷、河势难以调整到位的控导工程处，辅助人工局部挖河措施；若能够有效清除规划治导线范围内、废弃老京广铁路桥和现有京广铁路桥桥下的抛石，也有利于稳定主槽、改善老田庵控导工程的靠溜位置。

第二部分　专题研究报告

第一专题　2000 ~ 2010 年黄河干流水沙特点

本专题分析了 2010 运用年黄河流域降雨、水沙、洪水特点,以及水库调蓄对径流的影响,总结了近期(2000 ~ 2010 年)黄河流域降雨、水沙变化、耗水量、天然径流量、洪水的变化特点。近期流域年均降雨比多年均值偏少 2.7%,天然径流量较多年均值减少 10% ~ 26%,实测径流量较多年均值偏少 14% ~ 55%,实测输沙量偏少 63% ~ 90%,表现出降雨减少幅度小于天然径流量、天然径流量小于实测径流量、实测径流量小于实测沙量的特征。兰州以上、河口—龙门区间、龙门—三门峡区间降雨径流关系变化比较大,与 1956 ~ 1969 年相比,相同降雨条件下,天然径流量减少,并且随着降雨量的增加,天然径流量减少幅度减小。近期洪水的峰值和出现次数都有明显减少,特别是大于10 000 m^3/s的大洪水和 4 000 ~ 8 000 m^3/s 的中常洪水出现频次大为减少;相同历时情况下,洪量有明显减小趋势。2000 ~ 2010 年流域年均径流、泥沙(六站)分别为 253.66 亿 m^3 和 3.324 亿 t,下游引水引沙量分别占 28.7% 和 10.2%,中游河道径流量损耗占 11.6%,中下游河道淤积泥沙量占 45.9%,其中小浪底水库淤积 3.34 亿 t,而下游河道冲刷 1.74 亿 t,入海径流和泥沙只有六站的 57.4% 和 41.7%,其中入海泥沙量为 1.385 亿 t。

第一章　2010年降雨及水沙特点

一、降雨特点

(一)汛期中下游降雨量偏多

2010年(指2009年11月~2010年10月,下同)汛期,黄河流域共发生7次明显降雨过程,分别发生在7月17~18日、7月22~24日、8月8~13日、8月18~21日、8月23~24日、9月5~7日和9月17~19日,其中7月22~24日的降雨过程强度最大。

根据报汛雨情资料分析,6月黄河流域除下游、大汶河流域外,其余各区间降雨量与多年(1956~2000年,下同)同期相比均偏少,其中兰州以上偏少9.3%,山陕区间(指山西—陕西区间)偏少14.9%;兰托区间(指兰州—托克托区间)、泾渭河、北洛河、汾河、龙三(指龙门—三门峡)干流、伊洛河偏少30%~44%;三小区间(指三门峡—小浪底区间)、沁河、小花(指小浪底—花园口)干流略低于多年均值;黄河下游、大汶河偏多26%左右(见表1-1)。

7~10月黄河流域降雨量与多年同期相比,兰州以上、兰托区间分别偏少14.4%、30.2%;山陕区间、汾河、沁河、小花干流、大汶河基本接近常年;龙三干流、黄河下游偏多45%~55%;泾渭河、北洛河、三小区间偏多12%~15%,伊洛河偏多24.8%。与2009年同期比较,泾渭河、北洛河、龙三干流、三小区间、伊洛河、沁河、小花干流、黄河下游、大汶河均偏多,特别是黄河下游偏多50%以上(见图1-1)。此外,山陕区间湫水河局部出现大暴雨,林家坪站9月19日8时降雨量185.4 mm;北洛河葫芦河局部出现大暴雨,张村驿站7月24日8时降雨量217.1 mm。

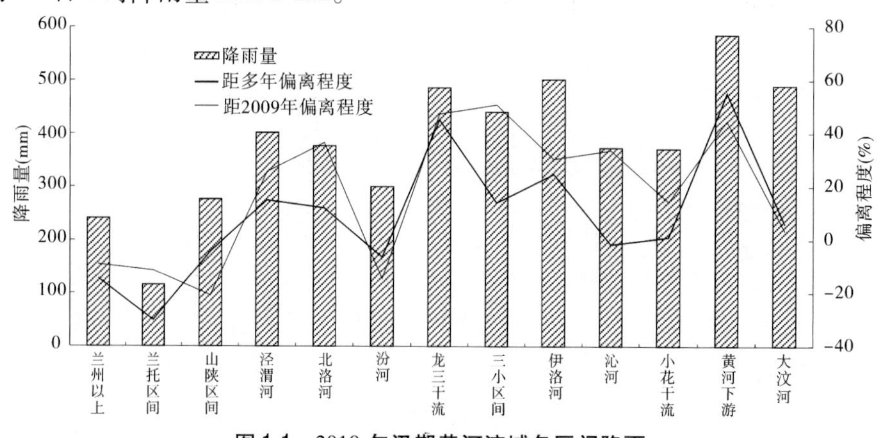

图1-1　2010年汛期黄河流域各区间降雨

(二)暴雨空间分布不均

8、9月黄河中下游各区域降雨量均有不同程度偏多,主要来沙区河龙区间8、9月降雨量分别偏多33.5%和19.5%,与2009年同期相比,8月持平,9月偏少9%。黄河下游

表 1-1　2010 年不同月份降雨情况

区域	6 月		7 月		8 月		9 月		10 月		7～10 月			
	雨量（mm）	距平（%）	雨量（mm）	距平（%）	雨量（mm）	距平（%）	雨量（mm）	距平（%）	雨量（mm）	距平（%）	雨量（mm）	距平（%）	最大雨量（mm）	
													量值	地点
兰州以上	64	-9.3	72	-21.3	85	-3.1	61	-10.9	23	-32.2	241	-14.4	492	若尔盖
兰托区间	18	-33.6	17	-70.0	33	-48.9	46	46.0	20	49.3	116	-30.2	212	头道拐
山陕区间	44	-14.9	42	-58.5	136	33.5	70	19.5	29	5.5	277	-4.2	454	林家坪
泾渭河	42	-35.1	120	10.3	145	42.6	93	4.0	44	-12.0	402	14.9	687	罗李村
北洛河	39	-33.7	147	32.1	136	24.4	67	-13.5	27	-29.3	377	12.1	625	哭泉
汾河	34	-43.6	57	-49.7	163	54.8	65	-0.6	15	-58.0	300	-6.2	364	兰村
龙三干流	40	-34.7	184	65.6	184	74.6	83	7.2	36	-12.8	487	45.3	717	华山
三小区间	61	-3.8	205	38.4	127	14.5	92	17.8	17	-65.6	441	14.1	655	曹村
伊洛河	51	-30.4	248	69.7	157	34.4	77	-8.8	20	-63.7	502	24.8	929	茅沟
沁河	66	-5.7	109	-26.5	175	44.9	76	9.4	13	-67.7	373	-1.6	511	山路坪
小花干流	60	-1.2	192	34.5	104	-1.2	66	-10.0	9	-80.3	371	1.1	677	小关
黄河下游	81	24.2	146	-4.7	277	120.5	162	159.2	1	-97.2	586	55.4	683	大车集
大汶河	109	27.8	115	-45.9	292	93.2	82	28.5	1	-97.1	490	6.1	709	卧虎山

和大汶河分别偏多120.5%和93.2%，与2009年相比，黄河下游和大汶河偏多80%以上。

汛期龙门以上降雨量400 mm以内，龙门以下降雨量大于400 mm，其中伊洛河和黄河下游降雨量超过500 mm。汛期最大雨量值929 mm，位于伊洛河茅沟。

二、水沙变化特点

（一）黄河干流水量普遍偏少

2010年干流主要控制站唐乃亥、头道拐、龙门、潼关、花园口和利津站实测径流量分别为208.29亿m^3、189.47亿m^3、205.13亿m^3、258.93亿m^3、283.33亿m^3、203.77亿m^3（见表1-2），与1956～2000年平均相比，除唐乃亥偏多2%外，其他各站偏少程度基本从上至下逐渐增加，从兰州的1%增加到利津的38%。汛期水量沿程变化特点同全年，各站偏少程度高于全年，从兰州的22%增加到利津的34%（见图1-2）。与2009年同期相比，除唐乃亥偏少19%外，其余均偏多。

表1-2　2010运用年黄河流域主要控制站水沙量统计

项目	全年		汛期		汛期/全年（%）	
	水量（亿m^3）	沙量（亿t）	水量（亿m^3）	沙量（亿t）	水量	沙量
唐乃亥	208.29	0.158	116.38	0.132	56	84
兰州	313.34	0.122	130.54	0.094	42	77
头道拐	189.47	0.578	70.31	0.246	37	43
吴堡	196.78	0.501	76.15	0.349	39	70
龙门	205.13	0.777	79.75	0.587	39	76
华县	60.83	1.470	40.26	1.442	66	98
河津	4.34	0.006	2.17	0.006	50	100
洑头	4.60	0.148	3.63	0.147	79	99
三门峡入库	274.90	2.401	125.82	2.182	46	91
潼关	258.93	2.283	122.32	1.923	47	84
三门峡	252.99	3.511	119.73	3.504	47	100
小浪底	250.48	1.360	102.73	1.360	41	100
黑石关	33.22	0.011	22.20	0.011	67	100
武陟	1.30	0	0.90	0	69	
进入下游	285.00	1.371	125.83	1.371	44	100
花园口	283.33	1.209	125.82	1.047	44	87
夹河滩	278.33	1.457	128.47	1.120	46	77
高村	266.26	1.595	126.45	1.174	47	74
孙口	250.74	1.544	124.80	1.149	50	74
艾山	249.08	1.708	138.63	1.310	56	77
泺口	233.35	1.678	140.41	1.347	60	80
利津	203.77	1.697	133.17	1.404	65	83

注：三门峡入库为龙门＋华县＋河津＋洑头，进入下游为小浪底＋黑石关＋武陟，洑头为报汛资料。

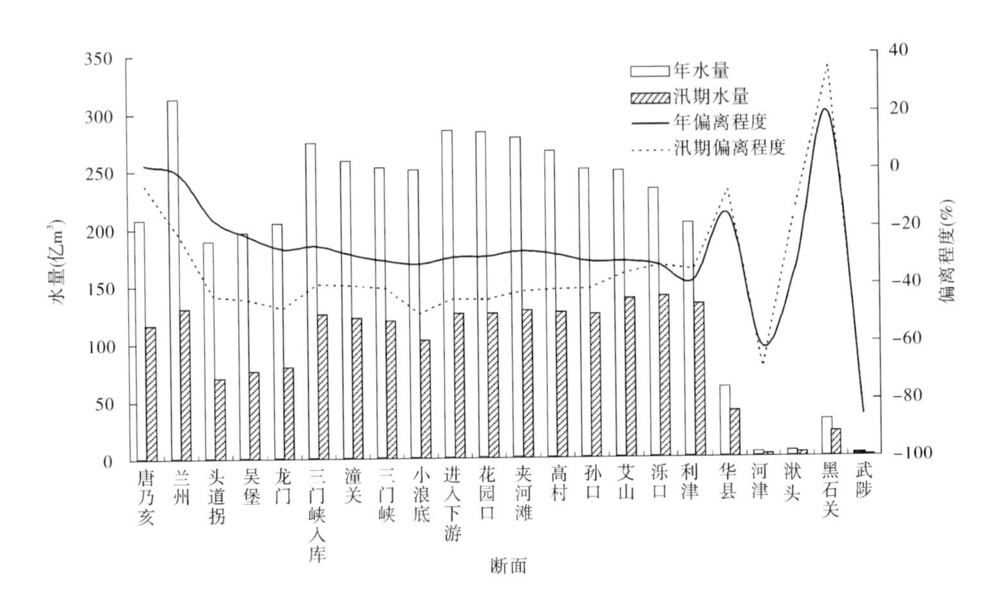

图 1-2　2010 年主要干支流水文断面实测水量

主要支流控制站华县(渭河)、河津(汾河)、洑头(北洛河)、武陟(沁河)实测径流量分别为 60.83 亿 m^3、4.34 亿 m^3、4.60 亿 m^3、1.30 亿 m^3,与 1956～2000 年平均相比,分别偏少 16%、62%、34%、86%;黑石关(伊洛河)实测径流量 33.22 亿 m^3,与 1956～2000 年平均相比偏多 19%。与 2009 年同期相比,5 条支流来水量均偏多。

(二)沙量显著偏少,渭河来沙比例相对增加

2010 年干流沙量主要控制站龙门、潼关、花园口和利津站年沙量分别为 0.777 亿 t、2.283 亿 t、1.209 亿 t、1.697 亿 t(见表 1-2),较 1956～2000 年平均值偏少程度基本上在 80% 以上(见图 1-3),与 2009 年同期相比潼关偏多 101%;主要支流控制站华县(渭河)、洑头(北洛河)、河龙区间年沙量分别为 1.470 亿 t、0.148 亿 t、0.693 亿 t,较 1956～2000 年平均值偏少程度分别为 59%、81% 和 89%,与 2009 年同期相比华县偏多 144%,河龙区间偏多 29%。

2010 年实测潼关年沙量 2.283 亿 t 中,河龙区间仅占 30%,支流渭河华县占 64%,而多年平均河龙区间占 53%,支流渭河华县仅占 30%,支流渭河来沙成为本年度黄河流域沙量的主体。

(三)下游汛期水沙量占全年比例有所增加

花园口—艾山各水文站汛期水量占全年比例在 44%～56%,泺口、利津分别为 60% 和 65%。下游各站汛期沙量占全年比例均在 74% 以上。2010 年黄河下游汛期水沙量占全年比例较 2009 年有所增加。

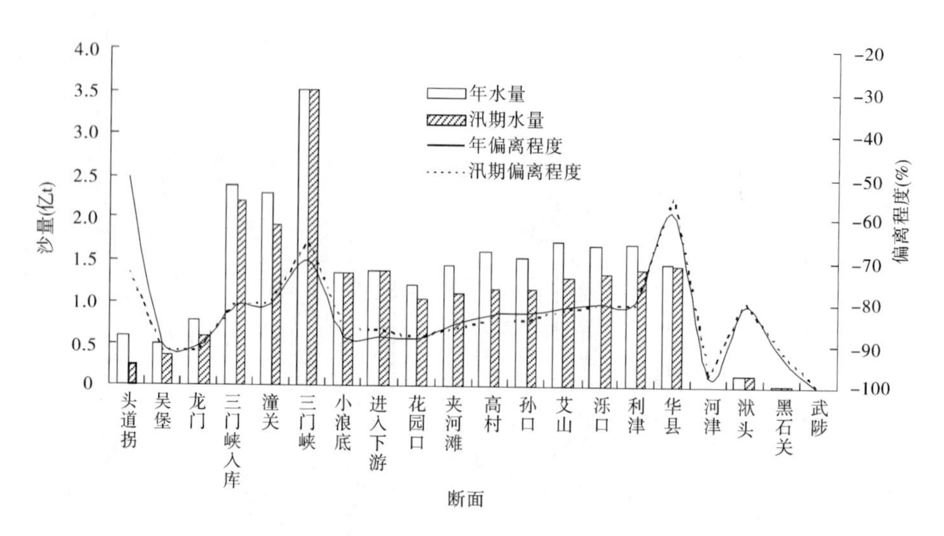

图 1-3 2010 年主要干支流水文断面实测沙量

(四)大流量过程进一步减少

2010 年干流潼关以上各站未发生日均 3 000 m^3/s 以上流量过程,花园口和利津在黄河汛前调水调沙期间出现大于 3 000 m^3/s 流量的天数分别为 14 d 和 9 d(见表 1-3);而小于 1 000 m^3/s 以下流量级历时占全年的比例除兰州外,其余在 70% 以上。全年沙量兰州—潼关站集中在 1 000 ~ 2 000 m^3/s 流量级输送,花园口—利津站则集中在 2 000 ~ 3 000 m^3/s 流量级输送(见表 1-4)。

表 1-3 2010 年干流主要水文站各流量级出现情况 (单位:d)

时段	流量级(m^3/s)	水文站						
		唐乃亥	兰州	头道拐	龙门	潼关	花园口	利津
全年	<1 000	310	162	311	302	265	296	301
	1 000 ~ 2 000	35	203	54	59	83	37	32
	2 000 ~ 3 000	20	0	0	4	17	18	23
	3 000 ~ 4 000	0	0	0	0	0	10	9
	≥4 000	0	0	0	0	0	4	0
汛期	<1 000	87	28	101	91	56	74	67
	1 000 ~ 2 000	16	95	22	31	53	28	31
	2 000 ~ 3 000	20	0	0	1	14	17	18
	3 000 ~ 4 000	0	0	0	0	0	3	7
	≥4 000	0	0	0	0	0	1	0

表 1-4　2010 年干流主要水文站各流量级沙量情况　　(单位:亿 t)

时段	流量级(m^3/s)	水文站						
		唐乃亥	兰州	头道拐	龙门	潼关	花园口	利津
全年	<1 000	0.022	0.004	0.274	0.177	0.280	0.117	0.187
	1 000 ~ 2 000	0.048	0.118	0.304	0.433	1.071	0.291	0.374
	2 000 ~ 3 000	0.088	0	0	0.167	0.932	0.457	0.845
	3 000 ~ 4 000	0	0	0	0	0	0.113	0.291
	≥4 000	0	0	0	0	0	0.231	0
汛期	<1 000	0.014	0.002	0.132	0.104	0.076	0.047	0.135
	1 000 ~ 2 000	0.030	0.092	0.114	0.343	0.958	0.281	0.359
	2 000 ~ 3 000	0.088	0	0	0.140	0.889	0.452	0.689
	3 000 ~ 4 000	0	0	0	0	0	0.057	0.222
	≥4 000	0	0	0	0	0	0.210	0

(五)缺少流域性大洪水

2010 年汛期没有发生流域性大洪水,黄河下游 3 次洪水过程均为小浪底水库调水调沙形成的。头道拐、龙门、潼关和花园口全年最大流量分别为 1 580 m^3/s、3 900 m^3/s、3 320 m^3/s和 6 600 m^3/s(见图 1-4)。在中下游局部地区出现了较大洪水:

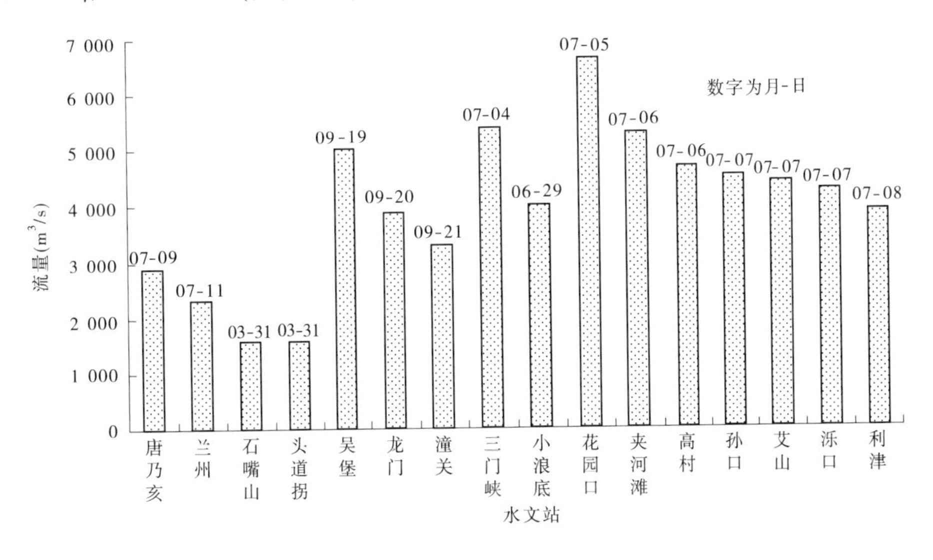

图 1-4　2010 年干流各站最大流量变化

(1)湫水河林家坪站 9 月 19 日出现 1953 年建站以来的第四大洪峰流量 2 200 m^3/s,接近 10 a 一遇洪水;

(2)三川河后大成站9月19日13.9时洪峰流量1 080 m^3/s,为1994年以来最大;

(3)伊河栾川站发生建站以来最大洪峰,流量1 280 m^3/s,潭头站和东湾站发生建站以来第二大洪峰,流量3 150 m^3/s和3 750 m^3/s;

(4)洛河支流涧河新安站出现了建站以来的最大洪水,洪峰流量1 150 m^3/s;

(5)下游支流金堤河范县站洪峰流量353 m^3/s时超过警戒水位1.1 m。

1. 黄河上游洪水

7月上旬,黄河上游持续降雨,受此影响,军功站7月6日20时洪峰流量2 000 m^3/s;唐乃亥站7月9日15时洪峰流量2 890 m^3/s,经过龙羊峡水库调蓄,出库流量小于1 000 m^3/s,没有形成洪水。

2. 山陕区间洪水

受局部强降雨影响,9月19日山陕区间部分支流发生一次洪水过程。湫水河林家坪站9月19日8.2时洪峰流量2 200 m^3/s,为该站1953年建站以来的第四大流量;清凉寺沟杨家坡站9月19日5.2时洪峰流量150 m^3/s;三川河后大成站9月19日13.9时洪峰流量1 080 m^3/s,为1994年以来最大;黄河吴堡站9月19日14时洪峰流量5 040 m^3/s,最大含沙量230 kg/m^3;龙门站9月20日0.6时洪峰流量3 900 m^3/s,最大含沙量159 kg/m^3;潼关站9月21日4.9时洪峰流量3 320 m^3/s,最大含沙量52.4 kg/m^3;三门峡站9月20日12.6时洪峰流量3 880 m^3/s,最大含沙量335 kg/m^3,利用此次洪水,开展了小北干流放淤试验和小浪底水库排沙。

3. 泾渭河洪水

8月19日以后,受持续性降雨影响,渭河干支流及泾河先后发生洪水,部分水库出现超汛限水位。由于渭河干流无水库控制,渭河防洪主要通过冯家山水库、王家崖水库、石头河水库、黑河金盆水库等支流水库联合调度,削减了渭河干流洪峰。20~23日,上述各座水库先后下泄洪水,魏家堡站发生三次洪水过程,洪峰流量分别是20日6.2时498 m^3/s、21日21.4时840 m^3/s、23日23.8时936 m^3/s。咸阳站相应出现三次洪水,洪峰流量分别是20日23.4时523 m^3/s,22日11.5时1 050 m^3/s,24日13.1时1 430 m^3/s。其间,泾河张家山站22日20时洪峰流量332 m^3/s,桃园站23日1.3时洪峰流量368 m^3/s。泾河来水与渭河干流及南山支流洪水汇合后,临潼站出现三次洪水,相应洪峰流量分别是21日19时556 m^3/s、22日22.5时1 320 m^3/s、25日0时2 050 m^3/s。洪水在向下游演进过程中,华县站三次洪水过程首尾相接,最大为25日17.2时洪峰流量2 170 m^3/s,超过预警流量2 000 m^3/s。

4. 伊洛河洪水

受7月22~24日强降雨影响,伊河栾川站、洛河支流涧河新安站发生建站以来最大洪峰,伊河潭头站和东湾站发生建站以来第二大洪峰。

伊河栾川站24日13.7时洪峰流量1 280 m^3/s,为1958年建站以来最大洪峰;潭头站24日16.6时洪峰流量3 150 m^3/s,为1975年以来最大洪峰,为1951年建站以来第二大洪峰;东湾站24日20时洪峰流量3 750 m^3/s,为1975年以来最大流量,为1956年建站以来第二大洪峰;陆浑水库24日18时开始按1 000 m^3/s控泄,25日3时开始按700 m^3/s控泄,龙门镇站25日4时洪峰流量1 400 m^3/s。

洛河灵口站24日14时洪峰流量1 390 m^3/s,卢氏站24日15.7时洪峰流量1 510 m^3/s;故县水库自7月24日18时按500～1 000 m^3/s下泄,25日2时起按300 m^3/s下泄;长水站24日13时洪峰流量670 m^3/s,宜阳站24日23.5时洪峰流量680 m^3/s。洛河支流涧河新安站24日18时洪峰流量1 150 m^3/s,为1952年建站以来第一大洪水。白马寺站25日7.7时洪峰流量1 550 m^3/s。伊洛河洪水演进至黑石关站,25日17时39分黑石关站洪峰流量1 430 m^3/s。此场洪水自7月25日开始,持续11.33 d,最大含沙量16.2 kg/m^3,水量6.72亿m^3,沙量0.01亿t。本场洪水刚好与小浪底水库第二场调水调沙洪水遭遇,从而加大了进入下游的流量。

5.下游支流洪水

受降雨影响,金堤河支流马颊河濮阳站9月9日8时洪峰流量107 m^3/s;金堤河范县站9月10日8时洪峰流量353 m^3/s,超警戒水位1.10 m,为1975年以来最大流量。2010年3月、7月、8月和9月,东平湖水库通过清河门闸和陈山口闸向黄河干流加水,共加水5.25亿m^3。

6.黄河下游3次调水调沙洪水

6月19日～7月4日,黄河防汛抗旱总指挥部实施了第10次黄河调水调沙,小浪底最大流量3 980 m^3/s,演进到花园口,形成花园口洪峰流量为6 600 m^3/s的洪水;7月22～24日,泾渭河和伊洛河等多条支流发生大洪水,联合调度三门峡、小浪底、陆浑、故县四座水库,实施了本年度第2次黄河调水调沙,花园口水文站出现3 100 m^3/s洪水过程;8月8～13日,山陕区间、泾渭洛河发生洪水过程,利用万家寨、三门峡、小浪底三座水库联合调度,实施了本年度第3次黄河调水调沙,花园口站出现3 060 m^3/s洪水过程。

三、水库调蓄对径流过程影响

截至2010年11月1日,黄河流域八座主要水库蓄水总量295.11亿m^3,其中龙羊峡水库蓄水量199.00亿m^3,占总蓄水量的67%;刘家峡水库和小浪底水库蓄水量分别为29.30亿m^3和44.10亿m^3,占总蓄水量的10%和15%。与2009年同期相比,蓄水总量减少10.04亿m^3,主要是龙羊峡水库减少25.00亿m^3(见表1-5)。

全年非汛期八大水库共补水68.38亿m^3,其中龙羊峡、刘家峡和小浪底水库分别为48.00亿m^3、1.90亿m^3和17.00亿m^3;汛期增加蓄水58.34亿m^3,其中龙羊峡为23.00亿m^3,特别是龙羊峡主汛期蓄水达到25.00亿m^3,汛期蓄水由过去的以秋汛期为主,变为主汛期占主导。

(一)龙羊峡水库运用情况

龙羊峡水库是多年调节水库,从2009年11月1日～2010年6月6日,水库水位由2 593.77 m下降到全年最低水位2 578.74 m(见图1-5),共下降15.03 m,补水52亿m^3;而后,转入蓄水运用,截至2010年11月1日,水库水位升至2 586.73 m,全年水位上升7.04 m。与2009年同期相比,非汛期少补水4亿m^3,汛期少蓄水65亿m^3,水库最低水位偏高14.3 m,最高水位基本持平。

表 1-5　2010 年主要水库蓄水情况

水库	2009 年 11 月 1 日		2010 年 7 月 1 日		2010 年 11 月 1 日		非汛期蓄变量（亿 m^3）	汛期蓄变量（亿 m^3）	主汛期蓄变量（亿 m^3）	年蓄变量（亿 m^3）
	水位（m）	蓄水量（亿 m^3）	水位（m）	蓄水量（亿 m^3）	水位（m）	蓄水量（亿 m^3）				
龙羊峡	2 593.77	224.00	2 580.06	176.00	2 586.73	199.00	-48.00	23.00	25.00	-25.00
刘家峡	1 723.42	26.40	1 721.55	24.50	1 726.04	29.30	-1.90	4.80	3.80	2.90
万家寨	975.24	4.08	972.95	3.29	969.66	2.66	-0.79	-0.63	-0.18	-1.42
三门峡	317.75	3.65	317.49	4.17	317.30	3.60	0.52	-0.57	-3.76	-0.05
小浪底	240.63	33.00	228.01	16.00	248.19	44.10	-17.00	28.10	3.00	11.10
陆浑	313.37	4.38	41.74	3.43	317.44	5.85	-0.95	2.42	2.83	1.47
故县	530.05	5.60	314.21	4.68	533.54	6.25	-0.92	1.57	1.32	0.65
东平湖	42.14	4.04	524.31	4.70	42.33	4.35	0.66	-0.35	-0.35	0.31
合计	—	305.15	—	236.77	—	295.11	-68.38	58.34	31.66	-10.04

注：- 为水库补水，下同。

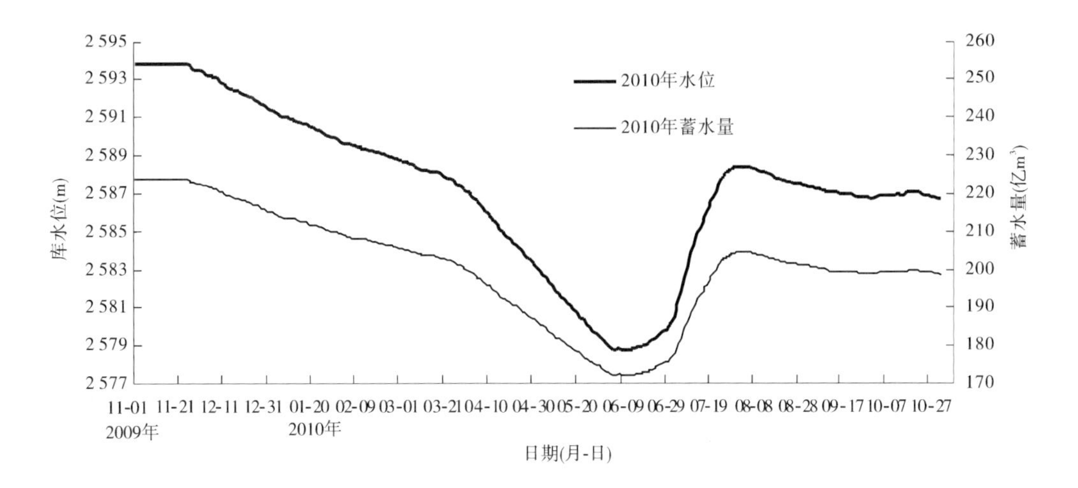

图 1-5　龙羊峡水库运用情况

由图 1-6 可以看出,入库唐乃亥站有一次较大洪水过程,经过龙羊峡水库调节,出库贵德站日均仅 1 000 m^3/s 左右,全年出库流量基本上在 800 m^3/s 以下。全年入库流量大于 2 000 m^3/s 历时 20 d,出库没有一天。全年最大日入库洪峰流量 2 680 m^3/s(7 月 9 日),出库仅 975 m^3/s,削峰率为 63%。

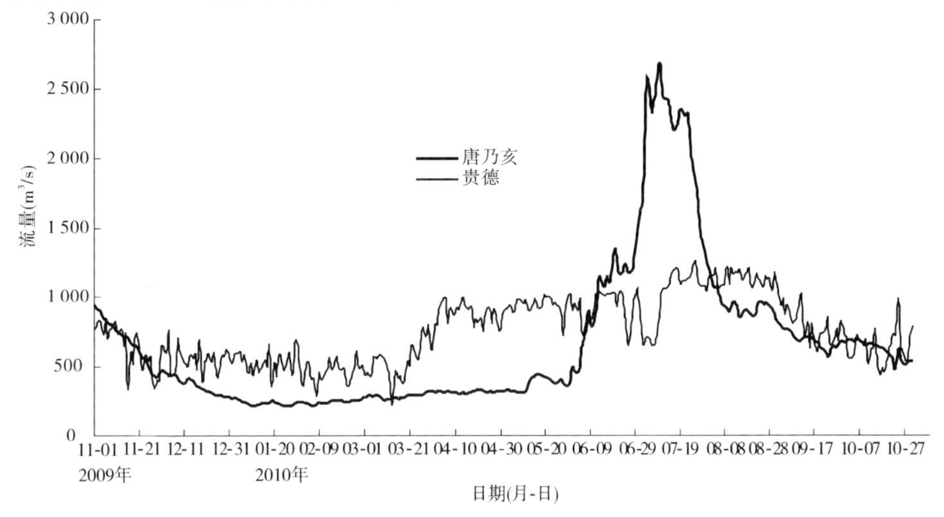

图 1-6　龙羊峡水库流量调节过程

(二)刘家峡水库运用情况

刘家峡水库是不完全年调节水库,2010 年水库运用经历五个阶段(见图 1-7),即 2009 年 11 月 1 日至 2009 年 11 月 14 日,为防凌腾库容,水库泄水,水位下降了 3.16 m;其后转入防凌蓄水,到 2010 年 3 月 25 日水位上升了 14.42 m;而后开始春灌泄水、防汛及排沙泄水,至 7 月 9 日,水位为 1 720.43 m;7 月 10 日开始防洪运用,10 月 6 日水位达到 1 729.88 m;10 月 7 日以后转入泄水运用。全年水位下降 2.62 m,最高水位和最低水位相差 14.58 m。与 2009 年相比,运用方式变化不大,但非汛期补水量明显小于 2009 年。

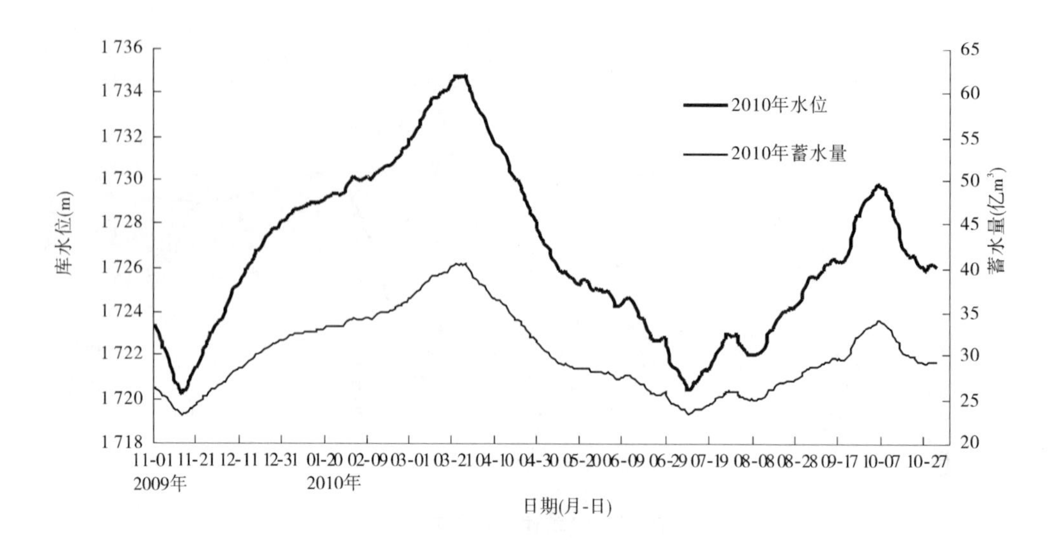

图1-7 刘家峡水库运用情况

刘家峡水库出库过程主要根据防凌、防洪、灌溉和发电控制。由图1-8可以看出，2009年11月13日～2010年2月21日为防凌封河运用，出库流量在450 m^3/s左右，2010年2月22日～3月21日为防凌开河运用，出库流量在300 m^3/s左右；3月30日～6月30日为灌溉运用，出库流量在1 100～1 200 m^3/s；汛期入库流量大时水库蓄水，入库流量小时水库根据发电需要补水。

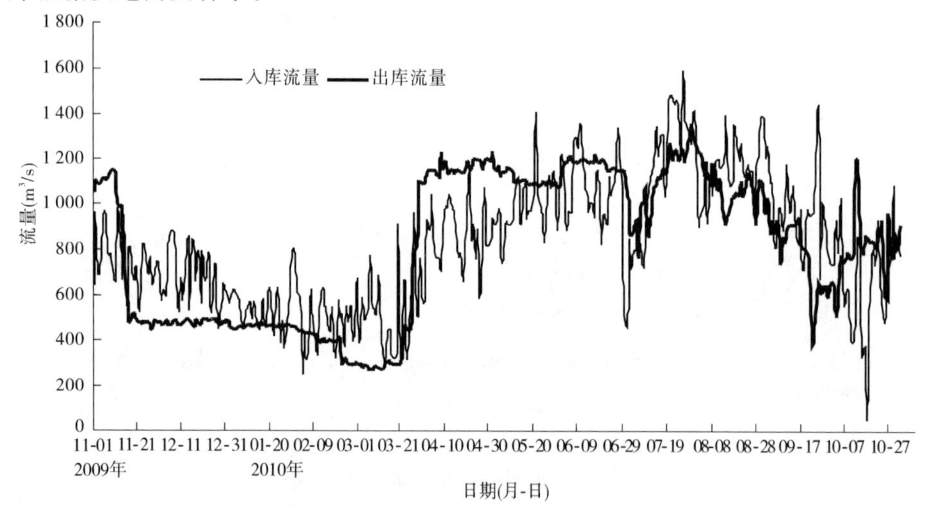

图1-8 刘家峡水库进出库流量过程

(三)水库蓄水对干流水量影响

龙羊峡、刘家峡水库(简称龙刘水库)控制了黄河主要少沙来源区的水量，对整个流域水沙影响比较大；小浪底水库是进入黄河下游的重要控制枢纽，对下游水沙影响比较大。将这三大水库蓄泄水量还原后可以看出(见表1-6)，龙刘水库非汛期共补水49.9亿m^3，汛期蓄水27.8亿m^3，头道拐实测汛期水量仅70.31亿m^3，占头道拐年水量比例的

37%,如果没有龙刘水库调节,汛期水量为 98.11 亿 m^3,汛期占全年比例可以增加到 59%。

表 1-6　2010 年水库运用对干流水量的调节　（单位:亿 m^3）

项目	非汛期	汛期	年	汛期占年(%)
龙羊峡蓄泄水量	-48.00	23.00	-25.00	
刘家峡蓄泄水量	-1.90	4.80	2.90	
龙刘两库合计	-49.90	27.80	-22.10	
实测头道拐水量	119.16	70.31	189.47	37
还原两库后头道拐水量	69.26	98.11	167.37	59
小浪底蓄泄水量	-17.00	28.10	11.10	
实测花园口水量	157.51	125.82	283.33	44
实测利津水量	70.60	133.17	203.77	65
还原龙羊峡、刘家峡、小浪底水库后花园口水量	90.61	181.72	272.33	67
还原龙羊峡、刘家峡、小浪底水库后利津水量	3.70	189.07	192.77	98

注:表中还原没有考虑引水。

花园口和利津实测汛期水量分别为 125.82 亿 m^3 和 133.17 亿 m^3,分别占年水量的 44% 和 65%,如果没有龙羊峡、刘家峡和小浪底水库调节,花园口和利津汛期水量分别为 181.72 亿 m^3 和 189.07 亿 m^3,分别占全年比例的 67% 和 98%。

利津实测非汛期水量 70.6 亿 m^3,如果没有龙羊峡、刘家峡和小浪底水库调节,非汛期水量仅为 3.7 亿 m^3,面临断流。

综上所述,由于水库调节使黄河干流水量年内分配发生变化,汛期水量占年比例由实测的 37% ~65%,还原后增加为 59% ~98%。

第二章　2000～2010年黄河流域水沙情势

一、流域降雨变化

黄河流域(包括内流区)总面积79.49万km^2,划分为唐乃亥以上、唐乃亥—兰州、兰州—头道拐、头道拐—龙门、龙门—三门峡、三门峡—花园口、花园口以下、内流区等区段(见表2-1)。

表2-1　黄河流域分区面积及比例

区间	面积(万km^2)	比例(%)
唐乃亥以上	13.12	16.5
唐乃亥—兰州	9.14	11.5
兰州—头道拐	15.26	19.2
头道拐—龙门	12.24	15.4
龙门—三门峡	19.08	24.0
三门峡—花园口	4.13	5.2
花园口以下	2.31	2.9
内流区	4.21	5.3

(一)降雨量变化

黄河流域2000～2010年11 a(以下称近11 a)年均降水量为437.43 mm,其中花园口以下最大,为670.35 mm;三门峡—花园口次之,为651.6 mm;兰州—头道拐最小,为236.74 mm(见图2-1)。

近11 a年均降水量比多年均值(1956～1999年)减少2.5%,其中主要清水来源区头道拐以上减少1%～10%,兰州—头道拐区间减少10%,主要来沙区头道拐—龙门区间基本持平,花园口以下则增加3.7%。与20世纪90年代相比,兰州—头道拐区间减少10.6%,头道拐—花园口区间增加7%左右。

11 a中降水量最多的是2003年,年降水量为555.6 mm(见图2-2),是1949年以来第5位多雨年,比多年均值增加23.9%;最少的是2000年,年降水量381.1 mm,是1949年以来倒数第6位少雨年,比多年均值减少15%,最大与最小比值为1.5。

(二)暴雨变化

统计分析了中游典型支流不同时期各级降雨量发生天数变化特点,支流包括河口镇

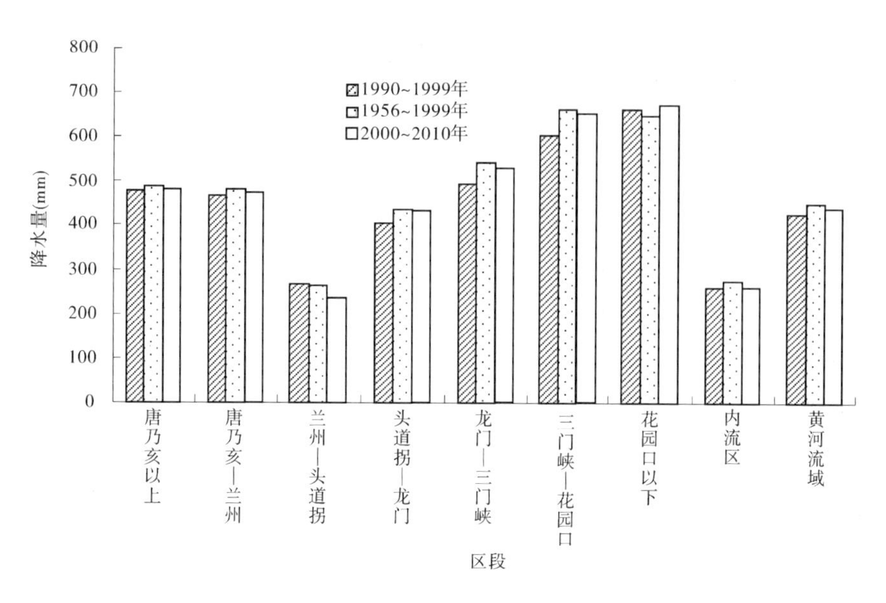

图 2-1　黄河流域不同区域各时段年均降水量

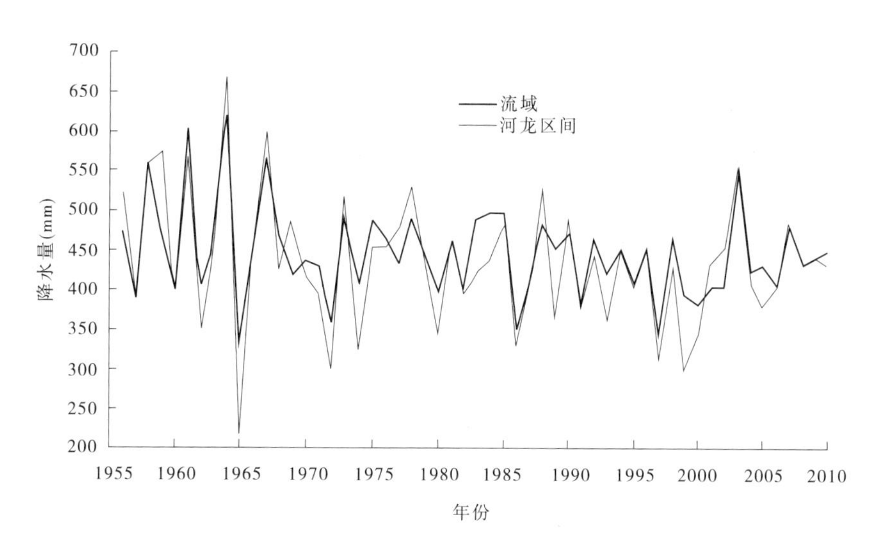

图 2-2　黄河流域历年降水量过程

到龙门区间的窟野河、皇甫川、孤山川和秃尾河,龙门到三门峡区间的泾河和渭河。由表 2-2 可见,2000 ~ 2006 年降水量级的变化特点主要表现在较大降雨发生天数减少和小降雨发生天数增多,尤其是小降雨量(窟野河、孤山川、渭河流域为小于 5 mm,皇甫川、秃尾河、泾河流域为小于 10 mm)的天数增加。

窟野河流域降雨强度依时序持续减小。与 20 世纪 70 年代相比,近 11 a 年降雨强度明显减弱,其中 3 h、6 h、12 h 和 24 h 降雨量分别减少了 14.6%、21.7%、26.6% 和 27.1%,呈现出持续偏小的趋势(见表 2-3)。

表 2-2　黄河中游典型支流不同量级日降雨量发生天数　（单位:d）

河名	时段	汛期(7～10 月)			主汛期(7～8 月)		
		<5 mm	5～50 mm	>50 mm	<5 mm	5～50 mm	>50 mm
窟野河	1969 年以前	107.6	14.7	0.7	53.1	8.6	0.3
	1970～1979 年	105.8	16.6	0.6	50.1	11.3	0.6
	1980～1989 年	108.6	14.3	0.1	51.2	10.7	0.1
	1990～1999 年	107.7	15.3	0	50.4	11.6	0
	2000～2006 年	112.0	11.0	0	53.0	9.0	0
孤山川	1969 年以前	102.1	20.2	0.7	45.8	15.9	0.3
	1970～1979 年	106.1	16.2	0.7	46.8	14.6	0.6
	1980～1989 年	113.4	9.4	0.2	55.2	6.6	0.2
	1990～1999 年	117.3	5.1	0.6	57.2	4.2	0.6
	2000～2006 年	116.1	6.9	0	57.0	5.0	0
渭河	1969 年以前	104.4	18.4	0.2	50.7	11.1	0.2
	1970～1979 年	102.6	20.3	0.1	50.8	11.1	0.1
	1980～1989 年	103.5	19.4	0.1	51.2	10.7	0.1
	1990～1999 年	106.5	16.5	0	52.5	9.5	0
	2000～2006 年	106.4	16.6	0	53.9	8.1	0
皇甫川	1969 年以前	113.7	8.3	1.0	55.3	6.0	0.7
	1970～1979 年	115.2	7.5	0.3	56.6	5.1	0.3
	1980～1989 年	115.0	7.8	0.2	55.4	6.4	0.2
	1990～1999 年	116.5	6.4	0.1	56.6	5.3	0.1
	2000～2006 年	118.0	5.0	0	57.8	4.2	0
秃尾河	1969 年以前	112.7	9.6	0.7	55.7	6.0	0.3
	1970～1979 年	114.3	8.4	0.3	55.2	6.5	0.3
	1980～1989 年	117.3	5.4	0.3	57.6	4.1	0.3
	1990～1999 年	116.4	6.5	0.1	56.6	5.3	0.1
	2000～2006 年	116.0	7.0	0	57.0	5.0	0
泾河	1969 年以前	112.1	10.0	0.9	55.3	6.0	0.7
	1970～1979 年	113.0	9.0	1.0	56.3	5.0	0.7
	1980～1989 年	113.4	9.0	0.6	55.4	6.0	0.6
	1990～1999 年	115.9	7.0	0.1	56.0	6.0	0
	2000～2006 年	114.9	8.0	0.1	57.9	4.0	0.1

注:摘自姚文艺、徐建华、冉大川等著的《黄河流域水沙变化情势分析与评价》,郑州:黄河水利出版社,2011:47-49。

表 2-3 窟野河流域不同区域不同年代不同时段降雨量统计 (单位:mm)

范围	时段	近 10 a	90 年代	80 年代	70 年代
神木以上	3 h	29.2	29.0	30.0	33.7
神温区间		27.6	29.0	28.7	32.1
窟野河流域		28.6	28.9	29.8	33.5
神木以上	6 h	37.3	39.8	39.3	48.3
神温区间		37.1	37.3	40.4	44.3
窟野河流域		37.2	39.1	39.3	47.5
神木以上	12 h	44.7	50.5	47.3	62.3
神温区间		46.8	43.1	51.5	56.5
窟野河流域		44.9	48.8	47.8	61.2
神木以上	24 h	50.1	54.8	54.0	71.3
神温区间		54.4	48.9	56.5	63.8
窟野河流域		50.7	53.4	54.2	69.5

注:摘自《窟野河流域水沙变化情况调研报告》,黄河水利委员会,2010。

二、实测水沙变化

(一)实测水量变化

近 11 a 唐乃亥、兰州、头道拐、龙门、潼关、花园口、利津实测年平均水量分别为 176.51 亿 m^3、271.75 亿 m^3、150.78 亿 m^3、173.81 亿 m^3、215.14 亿 m^3、235.61 亿 m^3 和 145.67 亿 m^3(见图 2-3)。与多年平均相比,黄河干流水量偏少 14% ~55%,并且越向下游偏少越多;与 20 世纪 90 年代枯水期相比,头道拐—花园口偏少 4% ~17%,利津偏多 3.5%。

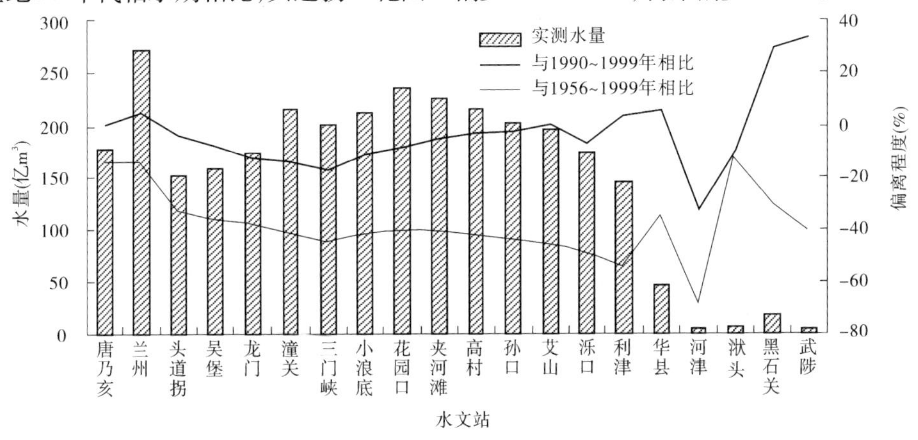

图 2-3 实测年均水量变化

若以龙门、华县、河津、洑头、黑石关、武陟六站的水量之和代表黄河流域的来水量,近 11 a 流域年均来水量为 253.66 亿 m^3,与多年平均相比偏少 37%,与 20 世纪 90 年代相比减少 7%。11 a 中 2003 年水量最大(见图 2-4),为 335.44 亿 m^3,与 20 世纪 90 年代相比偏多30%，主要是2003年“华西秋雨”形成汾河、渭河、北洛河、伊洛河、大汶河水量增加，华县、河津、洑头、黑石关、武陟分别偏多113%、22%、81%，387%；与多年平均相比，除河津偏少43%外，其他超过多年平均值。龙门以上水量仍然偏少，兰州偏少15%，龙门偏少18%。11 a中2001年水量最少（见图2-4），为184.45亿m^3，与20世纪90年代相比偏少32%。

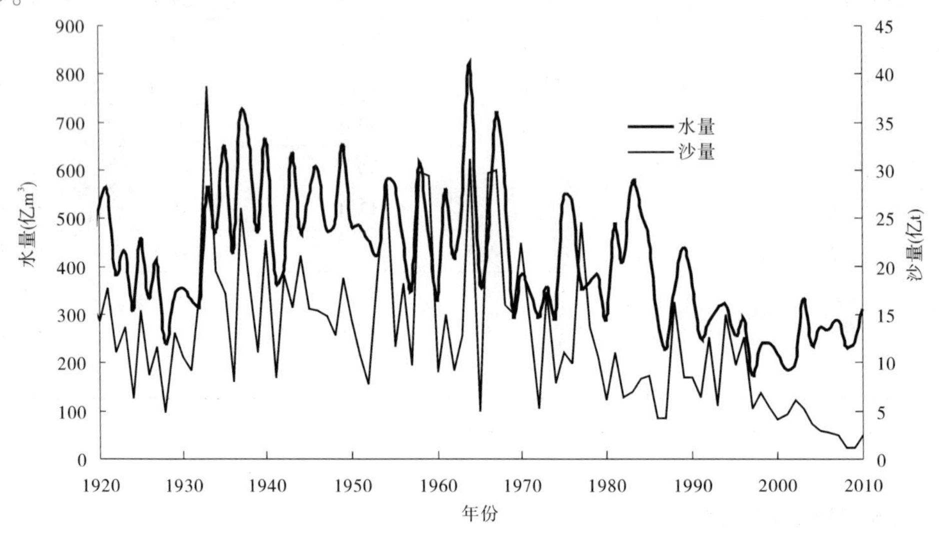

图2-4 黄河流域历年水沙量变化

近11 a实测水量大幅度减少，除降雨原因外，主要是人类活动的影响。人类活动对黄河径流的影响不仅反映在径流量的减少，也反映在年内分配变化上，干流站汛期水量占全年的比例由以前的60%左右降低到近期的40%左右（见表2-4）。

表2-4 不同时段汛期水量占全年比例 （%）

时段	兰州	头道拐	龙门	潼关	三门峡	小浪底	花园口
1950~1968年	61	62	60	60	58	59	60
1969~1999年	43	40	43	46	46	46	47
2000~2010年	41	37	39	44	45	34	38

（二）实测沙量变化

近11 a黄河流域干支流来沙量大幅度减少，干流头道拐、龙门、潼关、花园口、利津实测年平均沙量分别为0.415亿t、1.71亿t、3.085亿t、1.044亿t、1.373亿t，与多年平均相比，偏少63%~94%（见图2-5）；与20世纪90年代枯水期相比，龙门—花园口偏少66%~91%。主要支流来沙量也大幅度减少。

近11 a流域六站（龙门、华县、河津、洑头、黑石关和武陟）年均来沙量为3.324亿t，与多年平均相比偏少74%，与20世纪90年代相比减少62%。近11 a支流华县站年平均来沙量1.38亿t，虽然较多年平均相比偏少62%，与20世纪90年代相比减少38%，但在黄河流域的来沙量中占42%，较多年平均的28%明显增加，特别是2008~2010年，比例超过50%，华县占六站比例最高达到60%。近11 a中2002年沙量最多，为6.123亿t，与

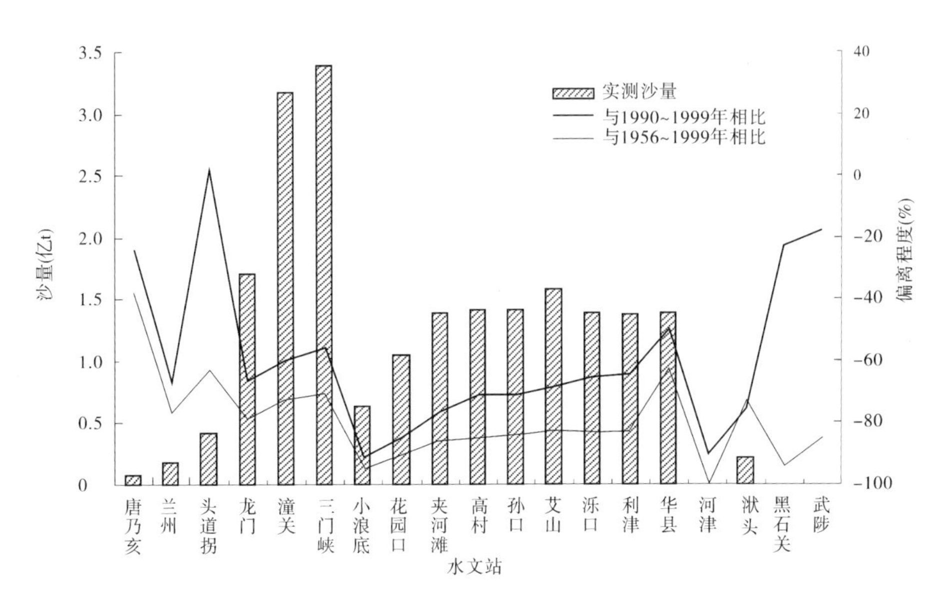

图 2-5　实测年平均沙量沿程变化

20 世纪 90 年代相比偏少 30%，沙量主要来自河龙区间的无定河、清涧河、延河和泾河等，入黄泥沙达到 5. 671 亿 t；其次是 2003 年，为 5. 174 亿 t，较 20 世纪 90 年代相比减少 41%，主要来自渭河和北洛河，华县和洑头来沙量达到 3. 215 亿 t，而河龙区间仅 1. 846 亿 t。近 11 a 由于小浪底水库的拦沙作用，进入下游（小浪底 + 黑石关 + 武陟）的泥沙只有 0. 649 亿 t，较多年均值偏少 94%。不同地区泥沙量占六站沙量比例见图 2-6。

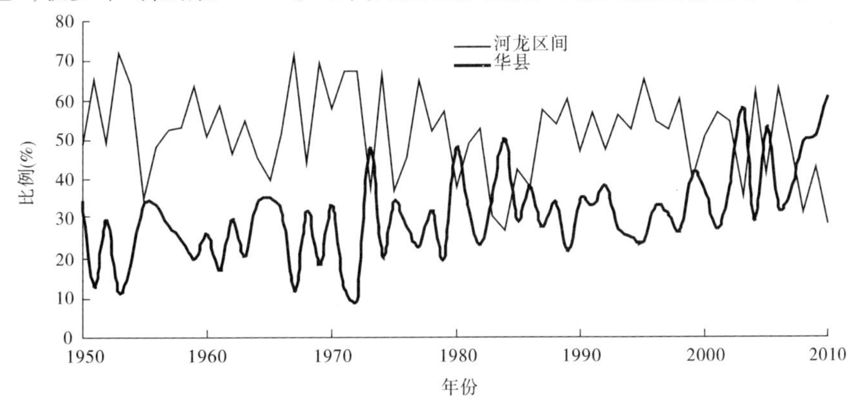

图 2-6　不同地区泥沙量占六站沙量比例

（三）中下游径流泥沙配置变化

20 世纪 50 年代流域年均水沙量（六站）分别为 480. 9 亿 m^3 和 18. 24 亿 t（见表 2-5、表 2-6），人类活动对水沙条件的干预作用较小，只有 6% 的水沙量在下游被引走，径流在中游输移过程中的渗漏、蒸发等约为 0. 3%，中下游河道淤积泥沙量占 24%，其中下游河道内的淤积为 20%，通过中下游河道输送到河口（利津水文站）的水沙量分别占六站的 97% 和 72%。

20 世纪 60 年代以后，黄河治理开发程度不断提高，部分径流、泥沙被拦蓄在干支流水库里,同时由于沿黄引水引沙量明显增加,进入河口地区的水沙比例逐渐减少。干支流骨干水库汛期蓄水、非汛期泄水,明显改变了水沙量的年内分配;同时由于汛期的蓄水量大于非汛期的泄水量,也使得干流年径流量有所较少。特别是20世纪80年代以后,这种变化趋势更加明显。

1985~1999年流域年均径流、泥沙(六站)分别为284.9亿m^3和7.99亿t,较多年均值(1950~1999年)分别偏少31%和39%;下游引水引沙量分别占该时段年均水沙量的35%和16%,较20世纪50年代明显增加;中游河道径流量损耗占6%,中下游河道淤积泥沙量占44%,其中下游河道淤积占28%;入海水量和泥沙仅占六站的54%和50%,较20世纪50年代分别减少了43%和22%。

表2-5　黄河中下游水量时空分布　　（单位:亿m^3）

时段（年-月）	六站水量	区间耗水量		水库蓄水量		下游引水量	利津水量
		潼关以上	潼关—三门峡	龙羊峡、刘家峡	小浪底		
1950-11~1960-10	480.9	-4.5	2.9			27.8	463.9
1960-11~1964-10	594.5	-0.1	4.6			38.4	627.6
1964-11~1973-10	429.2	12.0	-8.2	5.5		39.7	397.2
1973-11~1980-10	398.4	1.1	2.5	-0.2		87.1	306.5
1980-11~1985-10	484.9	-3.3	6.6	-0.1		95.2	388.2
1985-11~1999-10	284.9	0.7	5.3	11.2		100.7	154.4
1950-11~1999-10	413.3	1.3	2.0	4.2		67.0	346.4
2000-11~2010-10	253.7	14.7	14.7	0.5	1.5	72.8	145.7

表2-6　黄河中下游泥沙时空分布　　（单位:亿t）

时段（年-月）	六站沙量	冲淤量				下游引沙量	利津沙量
		潼关以上	潼关—三门峡	小浪底水库	下游河道		
1950-11~1960-10	18.24	0.74	0	0	3.61	1.07	13.21
1960-11~1964-10	17.43	2.77	11.62	0	-5.78	0.79	11.23
1964-11~1973-10	17.14	3.05	-1.33	0	4.44	1.10	10.73
1973-11~1980-10	12.01	-0.05	0.27	0	1.47	1.85	8.23
1980-11~1985-10	8.31	-0.05	-0.27	0	-0.96	1.23	8.76
1985-11~1999-10	7.99	1.12	0.16	0	2.24	1.30	4.01
1950-11~1999-10	13.14	1.24	0.76	0	1.83	1.25	8.80
2000-11~2010-10	3.32	-0.20	-0.11	3.34	-1.74	0.34	1.37

注:①六站为龙门、华县、河津、洑头、黑石关、武陟;②数字为年均值。下同。

2000～2010年流域年均径流、泥沙(六站)分别为253.7亿m^3和3.32亿t,较多年均值分别偏少38.6%和74.7%;下游引水引沙量分别占28.7%和10.2%,较20世纪50年代引水量增加161.9%,引沙量减少68.2%;中游河道径流量损耗占11.6%,中下游河道淤积泥沙量占45.9%,其中小浪底水库淤积3.34亿t,而下游河道冲刷1.74亿t;入海径流和泥沙只有六站的57.4%和41.3%,较20世纪50年代分别减少了68.6%和89.6%。

三、天然径流量变化

天然径流量由实测水量加上还原水量而得,目前计算的还原水量仅包括人类引耗水量和水库蓄变量。实际上还原水量还应包括由于人类活动而引起的所有产汇流的损耗水量,例如由于修建水库增加的水面蒸发损失量、水土保持和集雨工程的拦水量、地下水超采引起的河道基流损失量、下游悬河道的侧向渗漏量等。由于缺少相关资料,这些损失量未计算在还原量中,所以计算的天然径流量一般来说都是偏小的。

(一)耗水量变化

耗水量主要指灌溉、工业用水、城镇生活和农村人畜用水。2000～2010年黄河流域地表水年平均耗水量为281.3亿m^3,较多年均值增加13.3%,较20世纪90年代减少4.9%。近11 a中耗水量最多的是2009年(见图2-7),比多年均值增加25.5%,比20世纪90年代增加5.3%;最少的是2003年,比多年均值减少2%,比20世纪90年代减少17.6%。

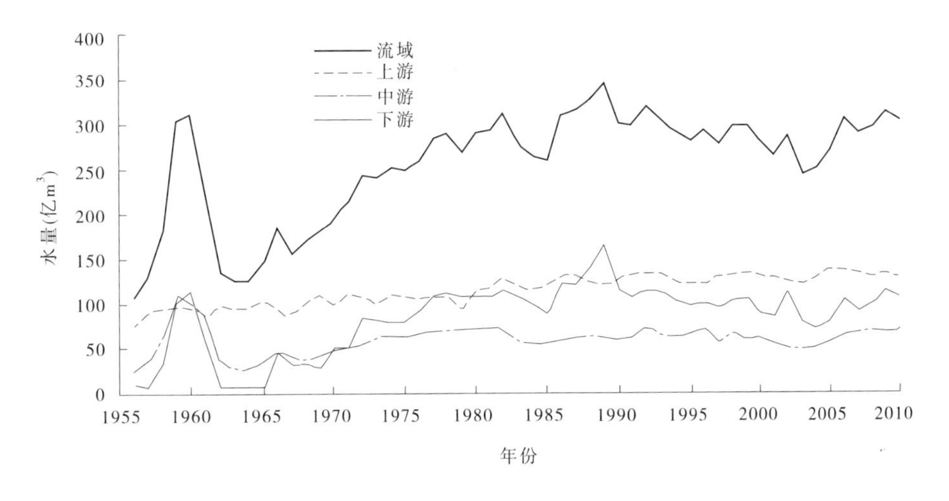

图2-7 黄河流域历年耗水变化

地表水耗水量较多年平均值也在增加,由1969年前的177.5亿m^3增至近11 a的281.3亿m^3。但上中下游增加不均,上游由93.0亿m^3增加到128.5亿m^3,中游由49.5亿m^3增加到59.6亿m^3,下游由35.0亿m^3增加到93.2亿m^3,增加幅度分别为38%、20%和166%,上下游增加较多。但必须指出的是,耗水量大量增加主要发生在20世纪80年代以前,近20 a以来增加不明显。

（二）水库蓄水量变化

表2-7统计了干流主要大型水库2000～2010年的蓄变量。截至2010年末，八大水库总蓄水量283.1亿m^3，其中龙羊峡、刘家峡和小浪底水库分别占65.3%、10.8%、16.3%。与1999年末相比，水库共增加蓄水量54.7亿m^3，其中2003年增加最多，为134.6亿m^3，其次是2005年，为108.2亿m^3；2006年补水最多，为82.2亿m^3，其次是2002年，为75.5亿m^3。

表2-7　黄河典型水库蓄变量　（单位：亿m^3）

项目	龙羊峡	刘家峡	万家寨	三门峡	小浪底	陆浑	故县	东平湖	合计
1999年末蓄水量	168.0	27.3	3.2	1.8	17.7	3.6	3.7	3.1	228.4
2000年蓄变量	-34.0	1.5	0.1	0.6	29.4	2.5	0.3	0.5	0.9
2001年蓄变量	-23.0	4.8	1.0	-0.1	-2.1	-2.3	-0.2	-0.2	-22.1
2002年蓄变量	-42.3	-8.3	0	-0.5	-21.6	0	-0.6	-2.2	-75.5
2003年蓄变量	64.3	4.3	0.7	3.0	54.6	1.5	2.9	3.3	134.6
2004年蓄变量	5.0	-0.6	-0.9	-0.7	-18.4	-0.5	-0.5	-1.6	-18.2
2005年蓄变量	93.0	1.4	-1.0	0.3	13.2	0.9	-0.2	0.6	108.2
2006年蓄变量	-47.7	-3.1	1.7	-0.7	-30.4	-1.8	0	-0.2	-82.2
2007年蓄变量	9.1	2.1	-0.7	0.4	11.0	-0.6	-0.7	0.2	20.8
2008年蓄变量	-16.2	0.8	-0.9	-0.6	-16.5	-0.5	0	0.2	-33.7
2009年蓄变量	39.2	1.6	0	-1.9	-4.7	2.0	1.5	0.4	38.1
2010年蓄变量	-30.5	-16.2	-1.1	1.9	1.9	13.8	0.9	-0.2	-29.5
2010年末蓄水量	184.9	30.5	2.1	3.7	46.1	5.6	6.2	4.0	283.1
2010年较1999年变化	16.9	3.2	-1.1	1.9	28.4	2.0	2.5	0.9	54.7

龙羊峡水库1986～1999年末累计蓄水168.0亿m^3，年均蓄水量增加12.0亿m^3，2000～2010年均蓄水量增加1.5亿m^3，2005年最大蓄水量238亿m^3（2005年11月19日），相应最高水位2 597.62 m，达到历史最高，全年增蓄量达到93亿m^3，2000～2002年共补水99.3亿m^3。

小浪底水库1999年末累计蓄水17.7亿m^3，到2010年末，累计蓄水量46.1亿m^3，年均蓄水量增加2.6亿m^3。2003年增蓄量达到54.6亿m^3，2006年补水量最大，为30.4亿m^3。

（三）干流天然径流量变化

2000～2010年唐乃亥、兰州、头道拐、龙门、三门峡、花园口和利津年均天然径流量分别为177.34亿m^3、300.51亿m^3、282.66亿m^3、312.73亿m^3、376.94亿m^3、430.44亿m^3和433.26亿m^3，比多年平均减少10%～26%，与20世纪90年代相比，除兰州偏多6%外，其余减少1%～8%（见图2-8）。

2000～2010年中，花园口2003年天然径流量最多（见图2-9），为575.4亿m^3，比多年均值偏多1.2%，比20世纪90年代偏多27.4%，但该年三门峡以上天然径流量仍然比多年均值偏少8%，径流主要产自龙门以下地区。2005年花园口天然径流量次之，为555.5

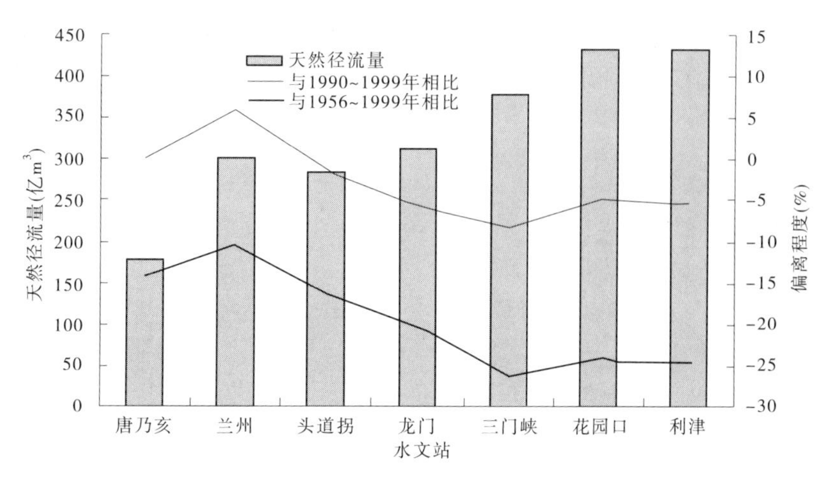

图 2-8　2000 ~ 2010 年主要水文站天然径流量

亿 m³,比多年均值偏少 2.3%,比 20 世纪 90 年代偏多 23%,水量主要来源于兰州以上的河源区,唐乃亥天然径流量为 256.6 亿 m³,比多年均值偏多 24.4%,比 20 世纪 90 年代偏多 44.7%。2002 年天然径流量最少,如花园口只有 300.3 亿 m³,比多年均值偏少 41.9%,比 20 世纪 90 年代偏少 26.9%。

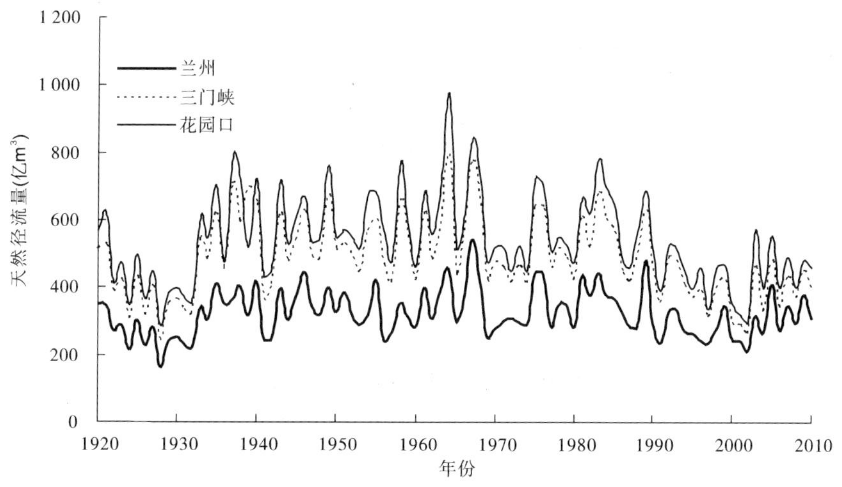

图 2-9　天然径流量变化过程

(四)与历史枯水时段对比

1922 ~ 1932 年是黄河流域有实测资料以来连续 11 a 的特枯水时段(见图 2-9),1990 ~ 1999 年是之后的第二个连续 10 a 的枯水时段。根据计算,兰州—花园口区间,天然径流量沿程增加逐时段减少,如 1922 ~ 1932 年平均增加 150.02 亿 m³,90 年代平均增加 168.18 亿 m³,而 2000 ~ 2010 年平均仅增加 127.85 亿 m³,特别是兰州—三门峡区间天然径流量 1922 ~ 1932 年增加 108.96 亿 m³,而 2000 ~ 2010 年平均仅增加 76.43 亿 m³。

四、降雨径流关系及水沙量变化

图 2-10 ~ 图 2-15 为不同区间降雨与天然径流量关系。兰州以上相同降雨量下,20 世

纪 90 年代以后天然径流量明显减少;河龙区间和龙门—三门峡区间降雨与天然径流量关系发生了很大变化,在相同降雨情况下,天然径流量减少;三门峡—花园口区间变化不明显。

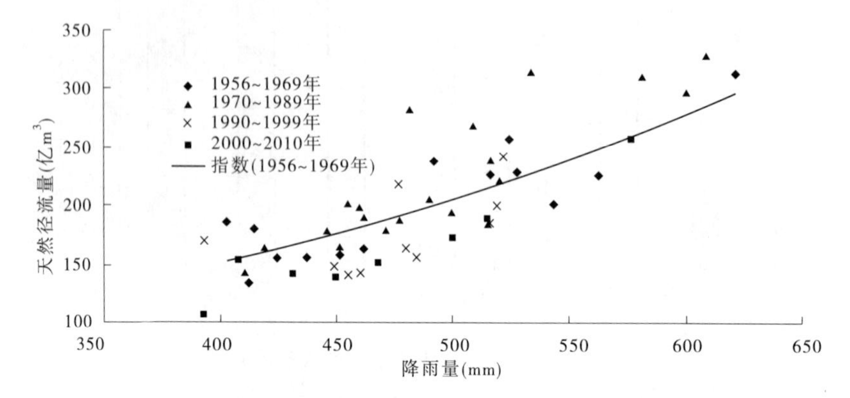

图 2-10 唐乃亥以上年降雨量与天然径流量关系

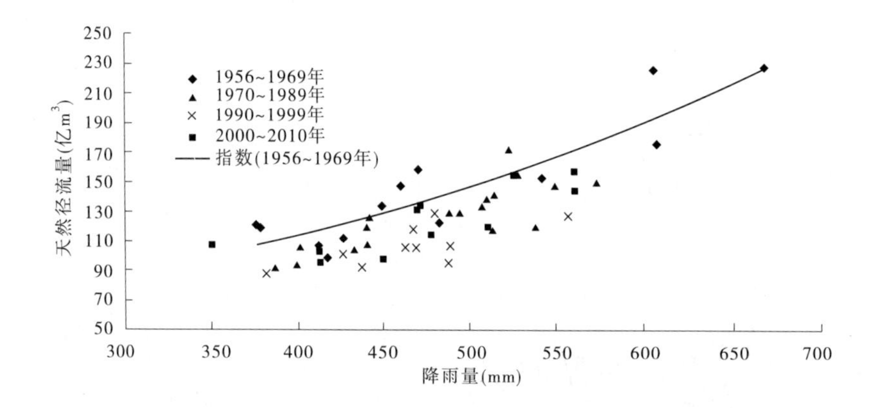

图 2-11 唐乃亥—兰州年降雨量与天然径流量关系

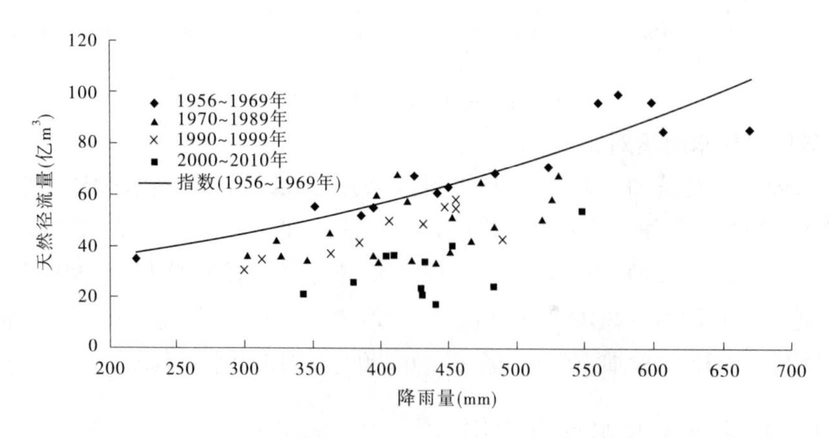

图 2-12 河口镇—龙门年降雨量与天然径流量关系

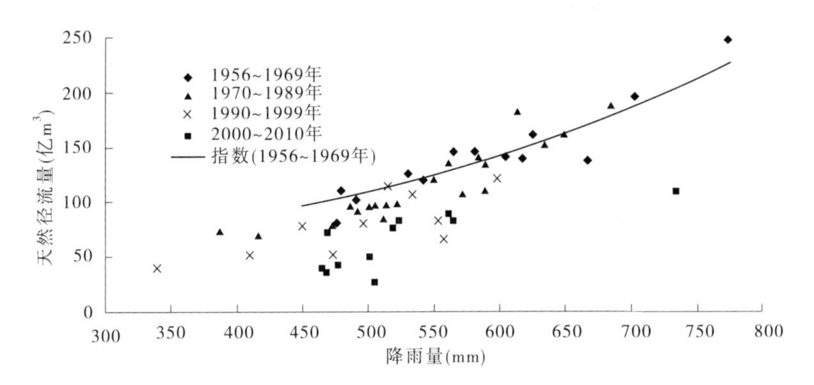

图 2-13　龙门—三门峡年降雨量与天然径流量关系

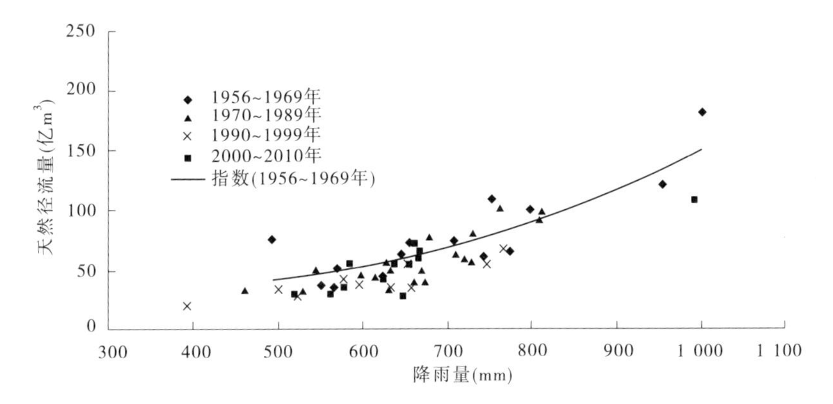

图 2-14　三门峡—花园口年降雨量与天然径流量关系

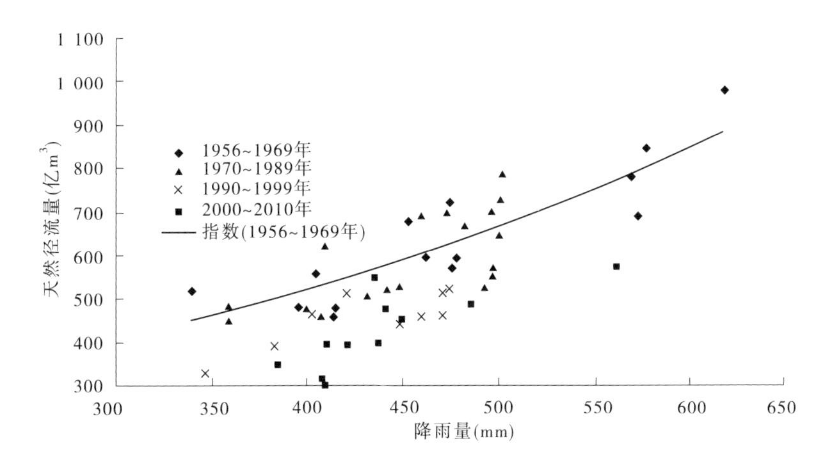

图 2-15　花园口以下年降雨量与天然径流量关系

统计 2000 ~ 2010 年降雨、径流、实测水沙量(见表 2-8、图 2-16、图 2-17),与 1956 ~ 1999 年相比,降雨量减少 3% 以上,天然径流量减少近 26%,实测水量减少近 45%,实测沙量减少近 74%,即降雨量减少幅度小于天然径流量,天然径流量减少幅度小于实测水量,实测水量减少幅度小于实测沙量。

表 2-8　流域降雨、水沙量对比

时期	三门峡以上降雨量(mm)	三门峡天然径流量(亿 m^3)	三门峡实测水量(亿 m^3)	潼关实测沙量(亿 t)
1956～1999 年(1)	440.00	508.48	362.19	11.70
1986～1999 年(2)	417.50	437.19	259.06	7.77
2000～2010 年(3)	426.50	376.89	200.40	3.09
(3)与(1)变化幅度(%)	-3.07	-25.88	-44.67	-73.59
(3)与(2)变化幅度(%)	2.16	-13.79	-22.64	-60.23

需要特别指出的是，近几年沙量锐减，2008 年和 2009 年龙门站的年沙量分别为 0.778 亿 t 和 0.568 亿 t，潼关站分别为 1.298 亿 t 和 1.115 亿 t，均是历史最低值。1986 年以来潼关站年沙量超过 10 亿 t 的有 3 a，2000～2010 年除 2003 年为 6.177 亿 t 外，其余均小于 5 亿 t(见图 2-17)。

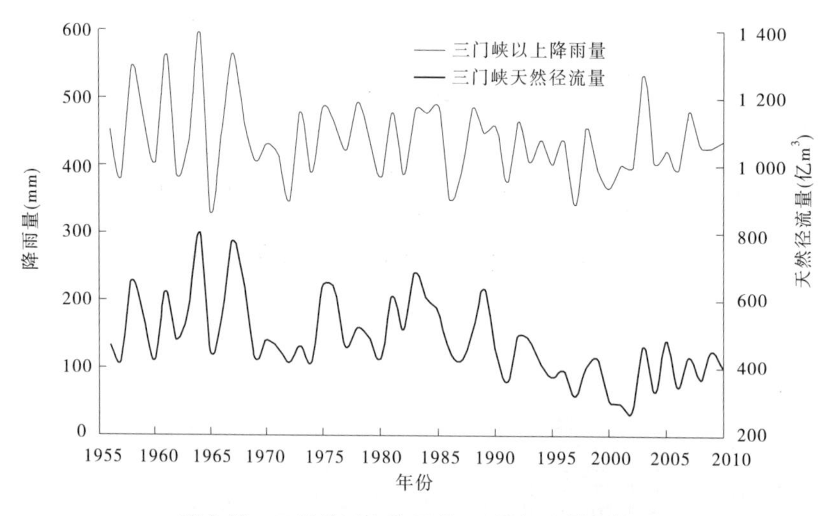

图 2-16　三门峡以上降雨量、天然径流量变化过程

五、主要控制站水沙过程及洪水变化

(一)典型洪水

2000～2010 年，除 2003 年秋汛在黄河干支流连续发生十几次中常洪水外，其他时间只发生小范围的洪水。

2002 年 7 月中旬，在支流清涧河流域发生暴雨洪水，子长站 7 月 5 日出现建站以来最大洪峰流量 4 250 m^3/s，由于是局部暴雨洪水，对黄河干流影响不大；龙门站 6 日洪峰流量为 4 600 m^3/s，洪水在小北干流局部河段发生“揭河底”冲刷现象；潼关洪峰流量和最大含沙量分别为 2 520 m^3/s 和 208 kg/m^3。

2003 年 7 月底，在山陕区间北部发生暴雨洪水，7 月 30 日支流皇甫川洪峰流量为 6 500 m^3/s，孤山川为 2 900 m^3/s，朱家川为 1 380 m^3/s，窟野河为 2 200 m^3/s。7 月 30 日

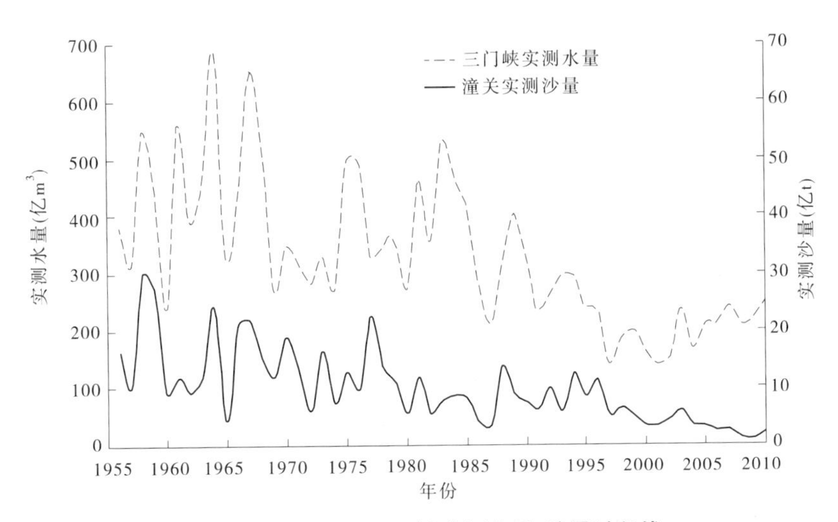

图 2-17　潼关(三门峡)实测水量、沙量过程线

干流府谷站洪峰流量为 12 900 m³/s,为建站以来最大值,相应最大含沙量为 219 kg/m³;吴堡站洪峰流量为 9 400 m³/s,最大含沙量为 168 kg/m³。由于吴堡以下无大水量加入,故洪峰削减很快,7 月 31 日龙门洪峰流量为 7 230 m³/s,最大含沙量为 127 kg/m³;8 月 1 日潼关洪峰流量为 2 150 m³/s,最大含沙量为 65 kg/m³。

2003 年 8 月下旬至 10 月中旬,黄河出现 1964 年以来少有的持续降雨过程,中下游先后出现 10 多次洪水过程。其中渭河洪水 5 次,华县站洪峰流量为 2 000 ~3 500 m³/ s,历时 61 d,洪水总量 62.6 亿 m³,输沙量 1.95 亿 t,平均含沙量 31 kg/m³。洪水过后,渭河主槽冲刷 1.01 亿 t 泥沙,渭南以下同流量水位下降 1.3 ~2.5 m,平滩流量由原来的 1 000 m³/s 增加到 2 000 m³/s;伊洛河洪水 5 次,黑石关洪峰流量为 800 ~2 300 m³/s,历时 58 d;水库调节后,下游出现洪水 5 次,花园口洪峰流量为 2 450 ~2 780 m³/s,历时 87 d,洪水总量 146.7 亿 m³,输沙量 1.22 亿 t,平均含沙量 8.3 kg/m³,洪水沿程冲刷泥沙 2.37 亿 t,同流量水位下降 0.4 ~0.9 m。

2005 年汛期洪水较多,秋汛期洪峰流量比较大。上游唐乃亥出现 2 场洪峰流量大于 2 500 m³/s 的洪水,其中第二次洪水洪峰流量 2 750 m³/s(10 月 6 日 8 时),为 1999 年以来的最大流量,相应水位 2 518.22 m,为 1989 年以来的最高水位,龙羊峡水库削峰率达 58%。渭河出现 2 次洪水,华县洪峰流量分别为 2 070 m³/s(7 月 4 日 15.7 时)和 4 820 m³/s(10 月 4 日 9.5 时),最大含沙量分别为 177 kg/m³ 和 36.6 kg/m³,其中第二场洪峰为 11 a 中最大洪峰,为自 1981 年以来的最大洪水过程,华县站最高水位达 342.32 m,为历史第二高水位,与 2003 年最高水位相比降低了 0.44 m。华阴最高水位 334.38 m,超过 2003 年最高水位 0.71 m。花园口大于 2 000 m³/s 的洪水有 5 次,最大洪峰流量 3 510 m³/s。此外,下游伊洛河黑石关站 10 月 4 日 0.7 时出现最大流量 1 870 m³/s;大汶河戴村坝站 7 月 3 日 6 时出现最大流量 1 480 m³/s,9 月 22 日 8 时洪峰流量 1 360 m³/s,其中秋汛期洪水进入东平湖水库,9 月 25 日 6 时库水位最高升至 43.07 m,超过警戒水位 0.07 m。

(二)干流洪峰流量减小

将 2000 ~2010 年与 2010 年以前洪水进行对比,不论是洪水发生的频次还是洪峰量级都有很大的变化。

图2-18～图2-20是干流主要站历年最大洪峰流量过程。20世纪90年代以后的年最大洪峰流量比90年代以前减少很多，而2000～2010年减少更多。据统计，1950～1989年的多年平均年最大洪峰流量唐乃亥、兰州、头道拐、龙门、潼关和花园口分别为2 828 m^3/s、3 494 m^3/s、3 024 m^3/s、8 790 m^3/s、7 640 m^3/s、7 811 m^3/s，1990～1999年均最大洪峰流量分别为1 847 m^3/s、2 292 m^3/s、3 387 m^3/s、6 576 m^3/s、5 013 m^3/s、4 436 m^3/s，后者比前者减少幅度在21%～43%。2000～2010年平均最大洪峰流量为1 859 m^3/s、1 934 m^3/s、1 932 m^3/s、3 418 m^3/s、2 984 m^3/s、3 650 m^3/s，与20世纪90年代相比，唐乃亥基本没有变化，兰州、头道拐、龙门、潼关和花园口则分别减少16%、43%、48%、40%、18%。特别是头道拐，2000～2010年最大洪峰流量基本发生在3月。

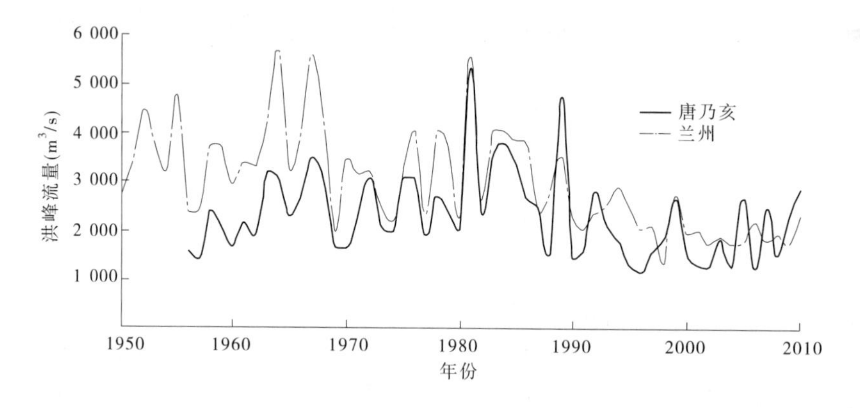

图2-18　历年唐乃亥和兰州最大洪峰流量过程

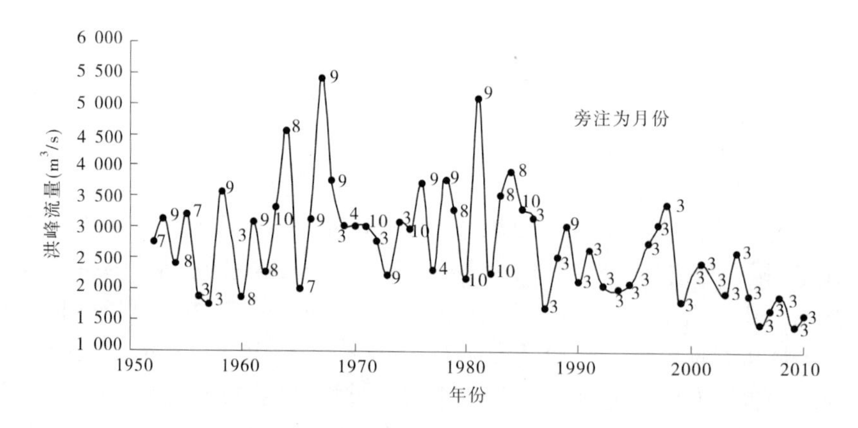

图2-19　历年头道拐最大洪峰流量过程

(三)洪水出现频次和洪量减少

近11 a大洪水出现频次大大减少。从表2-9～表2-11可以看出，唐乃亥、兰州和头道拐站大于等于3 000 m^3/s(日流量)的洪峰流量，1956～1968年年均出现分别为0.4次、1.8次和0.8次，1987～1999年年均出现分别为0.1次、0.2次和0次，近11 a没有出现。龙门、潼关和花园口站大于等于4 000 m^3/s的洪峰流量，1956～1968年年均出现分别为

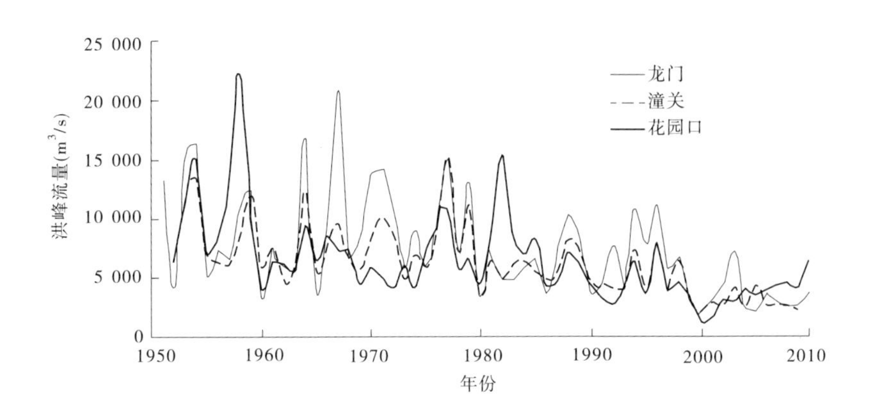

图 2-20 历年龙门、潼关和花园口最大洪峰流量过程

3.1 次、4.7 次和 3.9 次，1987 ~ 1999 年年均出现分别为 1.4 次、1.6 次和 1.2 次，近 11 a 则分别为 0.2 次、0.2 次和 0.5 次。特别是大于等于 10 000 m^3/s 的大洪水，龙门、潼关和花园口站 1956 ~ 1968 年年均出现分别为 0.5 次、0.1 次和 0.4 次，近 11 a 没有出现。同样 4 000 ~ 8 000 m^3/s 的中常洪水，龙门、潼关和花园口站 1956 ~ 1968 年年均出现分别为 2 次、4.2 次和 3.2 次，而近 11 a 下降到 0.2 次、0.2 次和 0.5 次。

点绘龙门和潼关洪水期洪量与历时关系（见图 2-21、图 2-22），可以看出相同历时情况下，近 11 a 洪量有明显减少趋势。

表 2-9 唐乃亥、兰州、头道拐不同流量级洪水年均出现次数 （单位：次/a）

时段	唐乃亥流量级(m^3/s)			兰州流量级(m^3/s)			头道拐流量级(m^3/s)		
	≥1 500	≥2 000	≥3 000	≥1 500	≥2 000	≥3 000	≥1 500	≥2 000	≥3 000
1956 ~ 1968 年	2.2	1.1	0.4	4.2	2.9	1.8	5.2	1.7	0.8
1969 ~ 1986 年	2.5	1.6	0.4	3.6	2.6	0.9	5.4	1.9	0.7
1987 ~ 1999 年	1.5	0.8	0.1	3.2	1.9	0.2	2.4	0.7	0
2000 ~ 2010 年	1.0	0.5	0	4.1	0.2	0	1.0	0.4	0

表 2-10 龙门、潼关不同流量级洪水年均出现次数 （单位：次/a）

时段	龙门流量级(m^3/s)				潼关流量级(m^3/s)			
	≥3 000	≥4 000	4 000 ~ 8 000	≥10 000	≥3 000	≥4 000	4 000 ~ 8 000	≥10 000
1956 ~ 1968 年	4.5	3.1	2.0	0.5	6.4	4.7	4.2	0.1
1969 ~ 1986 年	3.4	2.1	1.5	0.4	4.8	3.0	2.5	0.3
1987 ~ 1999 年	2.2	1.4	1.2	0.2	3.0	1.6	1.5	0
2000 ~ 2010 年	0.6	0.2	0.2	0	0.5	0.2	0.2	0

表 2-11　花园口不同流量级洪水年均出现次数　(单位:次/a)

时段	花园口流量级(m^3/s)					
	≥2 000	≥3 000	≥4 000	≥5 000	≥10 000	4 000 ~ 8 000
1956 ~ 1968 年	6.0	5.2	3.9	2.8	0.4	3.2
1969 ~ 1986 年	7.2	4.9	3.1	1.7	0.1	2.7
1987 ~ 1999 年	4.2	2.4	1.2	0.8	0	1.2
2000 ~ 2010 年	2.3	1.2	0.5	0.1	0	0.5

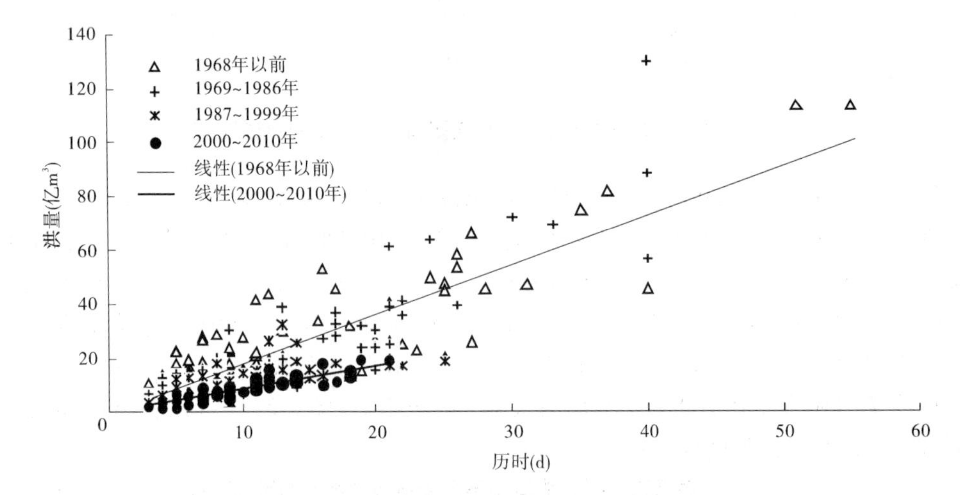

图 2-21　龙门洪水期洪量与历时关系

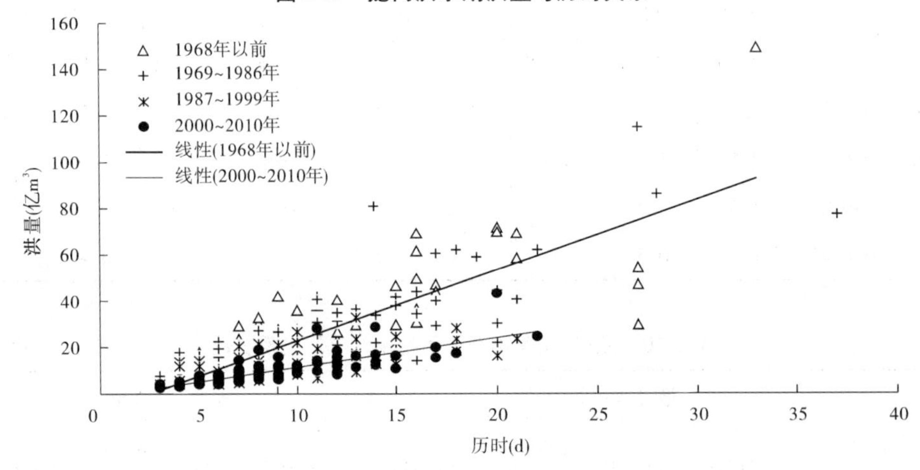

图 2-22　潼关洪水期洪量与历时关系

(四)流量过程变化大

表 2-12 为主要站各时段不同流量级年均出现的天数。总的趋势是 2000 ~ 2010 年平均出现的大流量天数越来越少,而小流量天数则越来越多。1986 年以前日流量大于3 000 m^3/s 的年均出现天数为:唐乃亥站 1.9 d,兰州 11.5 d,头道拐 6.6 d,龙门 12.3 d,潼关 32.1 d,花园口 39.2 d,1987 ~ 1999 年则分别减少到 0.6 d、0.9 d、0.2 d、1.2 d、4.5 d、6.8

d,2000～2010年除潼关和花园口分别出现1.5 d和7.5 d外,唐乃亥、兰州、头道拐和龙门没有出现一天。相反,小流量级出现的天数越来越多,如出现日流量小于500 m³/s的天数,唐乃亥、头道拐、龙门、潼关和花园口1986年以前分别是188 d、160.2 d、101.6 d、62.1 d和53.8 d,2000～2010年则分别达到208.4 d、248.6 d、182.4 d、140.0 d和131.1 d。

表2-12　黄河干流典型站不同时段各流量级年均出现天数统计　（单位:d）

水文站	时段	年内流量级(m³/s)					汛期流量级(m³/s)				
		<500	500～1 000	1 000～2 000	2 000～3 000	≥3 000	<500	500～1 000	1 000～2 000	2 000～3 000	≥3 000
唐乃亥	1950～1986年	188.0	96.3	66.2	12.8	1.9	4.7	50.3	53.6	12.5	1.9
	1987～1999年	190.1	120.2	46.5	7.9	0.6	6.5	71.7	38.0	6.8	0
	2000～2010年	208.4	103.7	47.6	5.5	0	10.6	66.2	41.2	5.0	0
兰州	1950～1986年	88.8	129.2	103.1	32.6	11.5	1.4	18.4	61.7	30.1	11.4
	1987～1999年	54.8	208.9	96.8	3.8	0.9	0.2	68.2	50.0	3.8	0.9
	2000～2010年	55.0	167.3	143.0	0	0	0.2	52.8	70.0	0	0
头道拐	1950～1986年	160.2	122.3	55.5	20.6	6.6	18.6	34.0	44.2	19.6	6.6
	1987～1999年	207.3	130.2	23.3	4.2	0.2	63.3	38.7	17.5	3.4	0.1
	2000～2010年	248.6	100.1	15.6	1.0	0	60.9	50.5	11.6	0	0
龙门	1950～1986年	101.6	149.2	72.8	29.4	12.3	18.6	34.0	44.2	19.6	6.6
	1987～1999年	164.1	147.5	45.2	7.2	1.2	63.3	38.7	17.5	3.4	0.1
	2000～2010年	182.4	148.0	33.5	1.4	0	50.7	52.0	19.9	0.4	0
潼关	1950～1986年	62.1	143.5	94.0	33.6	32.1	4.3	17.7	41.9	28.0	31.1
	1987～1999年	107.8	161.2	77.8	13.8	4.5	24.7	41.5	41.5	10.9	4.4
	2000～2010年	140.0	163.8	53.9	6.0	1.5	34.1	45.7	36.8	4.8	1.5
花园口	1950～1986年	53.8	130.7	100.8	40.6	39.2	3.9	13.4	38.2	30.7	36.8
	1987～1999年	98.2	166.4	79.8	14.1	6.8	24.8	37.2	41.2	13.0	6.8
	2000～2010年	131.1	182.6	31.6	12.4	7.5	40.1	56.8	15.4	8.9	1.8

汛期兰州、头道拐、龙门和花园口水文站大于1 000 m³/s流量级的比例由1986年以前的70%、85%、61%和59%,减少到2000～2010年的49%、70%、58%和50%。

图2-23、图2-24为龙门和潼关全年不同流量级输沙量变化过程。龙门站1986年以前大部分泥沙由1 000～3 500 m³/s流量级输送,1987～1999年大部分泥沙由1 000～2 000 m³/s流量级输送,而2000～2010年大部分泥沙则由500～1 000 m³/s流量级输送。潼关站1986年以前大部分泥沙由1 000～4 000 m³/s流量级输送,1987～1999年大部分泥沙依靠1 000～2 000 m³/s流量级输送,到2000～2010年大部分泥沙也是由500～1 000

m^3/s 流量级输送。

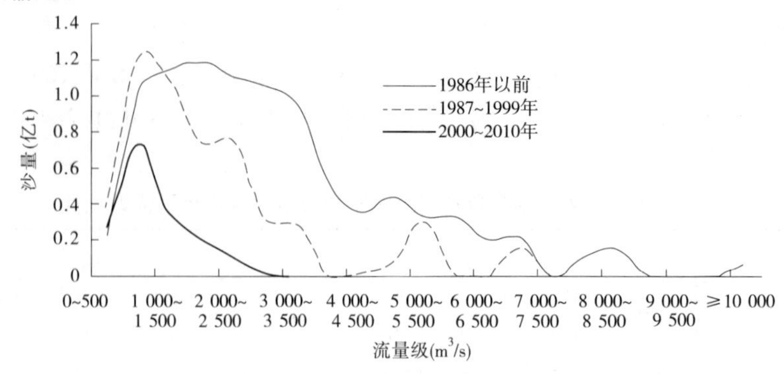

图 2-23　龙门不同流量级输沙量

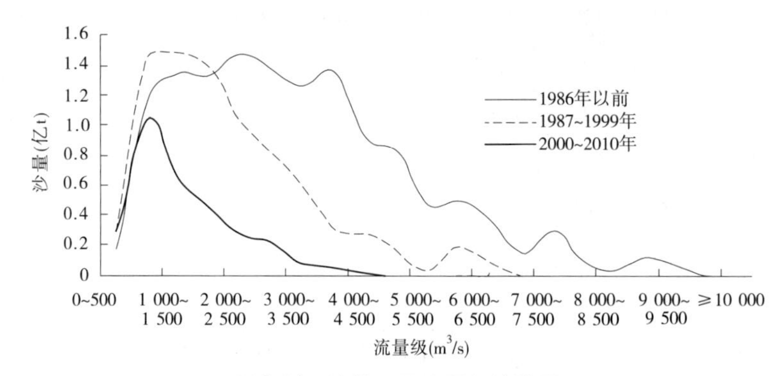

图 2-24　潼关不同流量级输沙量

六、水库调控对水量的影响

干流水库汛期蓄水、非汛期泄水，改变了水量的年内分配。截至 2010 年 11 月 1 日，八大水库总蓄水 295.1 亿 m^3，龙刘水库是改变水流过程的主要水库，两库蓄水占总蓄水量的 70% 以上(见图 2-25)，汛期最大蓄水和非汛期补水量达到 120.6 亿 m^3(2005 年)和 67.2 亿 m^3(2006 年)。同时水库通过削减洪峰流量调节了流量过程，龙羊峡水库削峰平均为 45%，最大达 79%(见图 2-26)。龙刘两库的调节能力较大(见图 2-27、图 2-28)，如 2005 年河源区来水偏丰，经龙羊峡水库蓄水后出库日均流量大多在 500 m^3/s 左右(见图 2-27)，全年过程平稳。在现有的运用方式下，除非出现连续的丰水年份，上游河道汛期难以再出现较大的径流量和流量过程，如头道拐站最大洪峰流量由 1986 年以前的 5 420 m^3/s (1967 年)降低到近 11 a 的 2 590 m^3/s(2004 年)，且出现时间由汛期变为主要在 3 月凌汛期(见图 2-29)。

唐乃亥水文站控制了河源区来水量，为龙羊峡水库入库站。1968 年以前，汛期唐乃亥水量与兰州关系非常密切(见图 2-29)，唐乃亥站水量大，兰州站水量也大，基本上是正比关系；刘家峡单库运用时期(1968 ~ 1986 年)，汛期兰州站水量与唐乃亥站水量的正相关关系虽然较水库运用前稍有降低，但基本上仍是丰枯同步。1986 年以后，龙羊峡和刘家峡水库联合调节，汛期两库蓄水量随唐乃亥水量增大而增大，出库流量基本按兴利要求下泄，无论来水多少，龙羊峡出库流量一般不足 800 m^3/s。因此，虽然唐乃亥站汛期水量

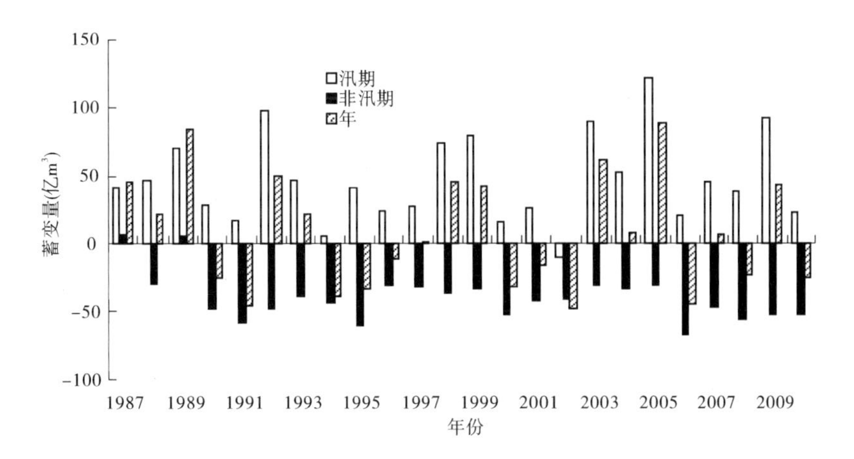

图 2-25　龙刘水库调蓄情况

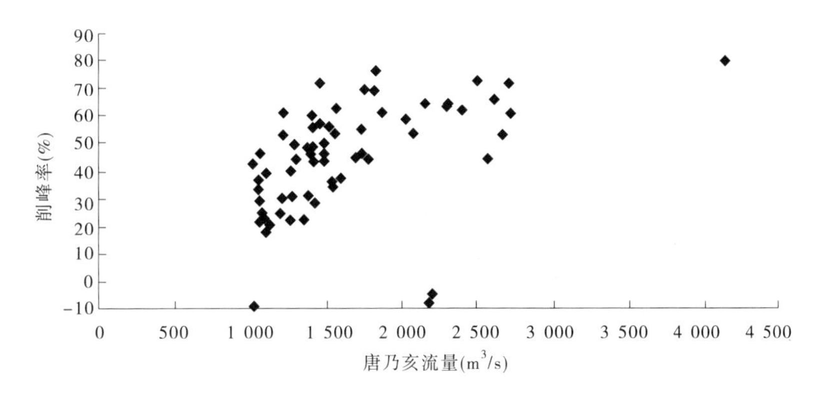

图 2-26　龙羊峡水库削峰情况

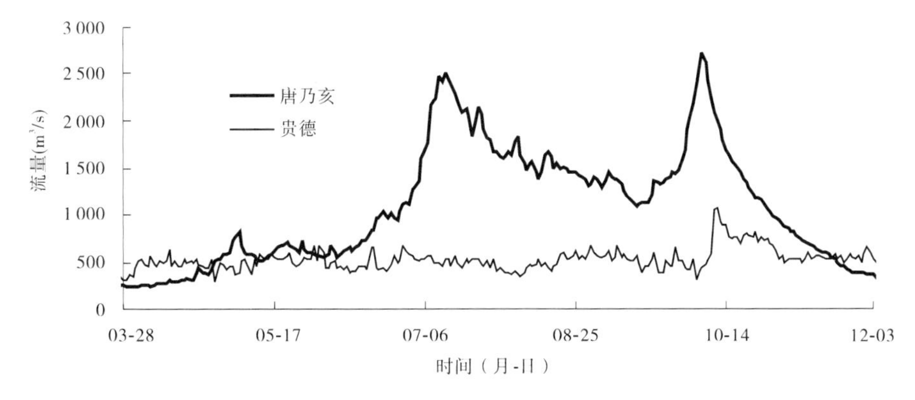

图 2-27　2005 年龙羊峡进出库流量过程

变幅从 50 亿 m^3 到 190 亿 m^3，但兰州站汛期水量基本稳定在 80 亿 m^3 到 140 亿 m^3。2009 年唐乃亥站汛期径流量 158.6 亿 m^3，属偏丰年份，但兰州站汛期实测水量也只有 117.9 亿 m^3，若该汛期水量条件下，刘家峡单库运用时段，兰州站汛期相应水量可能达到约 200 亿 m^3；在天然情况下兰州站汛期相应水量可能达到约 260 亿 m^3。

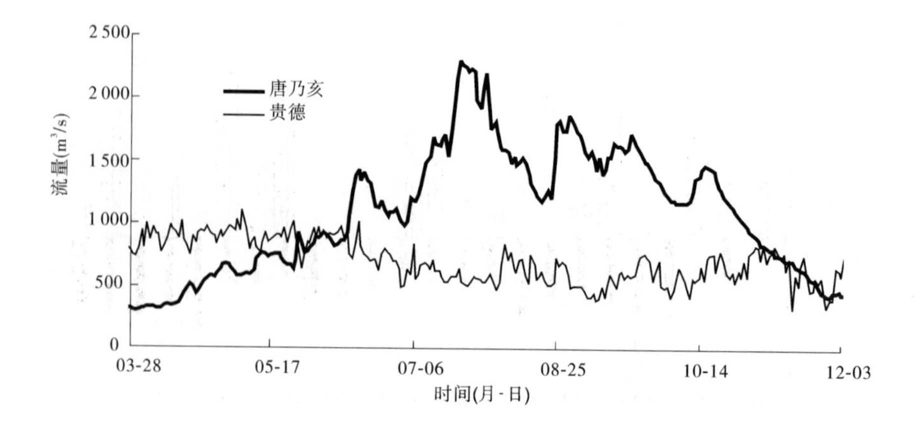

图 2-28　2009 年龙羊峡进出库流量过程

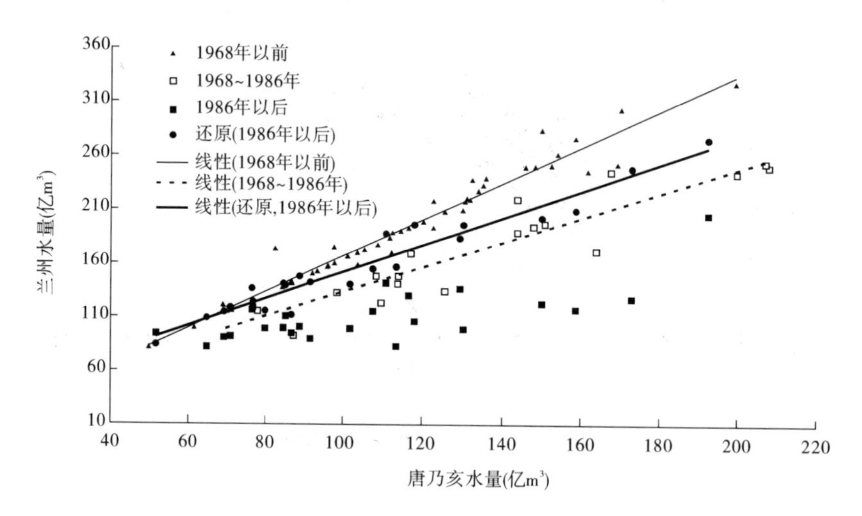

图 2-29　汛期唐乃亥水量与兰州水量的关系

第三章 主要结论

一、2010 年流域降雨及水沙情势

(1)2010 年仍然为枯水枯沙年,黄河流域各区间汛期降雨量中、下游偏多,尤以 8 月偏多。

(2)与 1956 ~2000 年平均相比,流域年来水量除唐乃亥偏多 2%、伊洛河偏多 19% 外,其余均偏少,程度在 1% ~38%,年来沙量偏少程度基本上在 80% 以上。潼关和花园口年水量分别为 258.93 亿 m^3 和 283.33 亿 m^3,年沙量分别为 2.283 亿 t 和 1.209 亿 t,流域来沙主要为渭河,华县年沙量 1.470 亿 t,占潼关年沙量的 64%。

(3)流域没有大洪水过程,仅中下游局部出现洪水,特别是湫水河林家坪站 9 月 19 日 8.2 时洪峰流量 2 200 m^3/s,为该站 1953 年建站以来的第四大流量,接近于 10 a 一遇;三川河后大成站 9 月 19 日 13.9 时洪峰流量 1 080 m^3/s,为 1994 年以来最大;华县站三次洪水过程首尾相接,最大为 8 月 25 日 17.2 时洪峰流量 2 170 m^3/s,超过预警流量 2 000 m^3/s;伊河栾川站、洛河支流涧河新安站发生建站以来最大洪峰,伊河潭头站和东湾站发生建站以来第二大洪峰;金堤河范县站洪峰流量 353 m^3/s,超警戒水位 1.1 m,为 1975 年以来最大流量。

(4)截至 2010 年 11 月 1 日,黄河流域八座主要水库蓄水总量 295.11 亿 m^3,与 2009 年同期相比,蓄水总量减少 10.04 亿 m^3。

(5)水库调节对洪水径流影响较大。龙羊峡水库削减了洪峰过程、调平了出库流量过程;2011 年汛前、汛期三门峡、万家寨和小浪底水库联合调度塑造了进入黄河下游的洪水过程;水库的蓄泄过程使水量年内分配发生变化,汛期占全年比例减小,同时也确保了黄河下游不断流。

二、2000 ~2010 年黄河流域水沙情势

(1)2000 ~2010 年黄河流域年均降水量为 437.43 mm,年均降水量比多年均值偏少 2.5%,其中上游比多年均值偏少 10%,下游则偏多 3.7%,中游基本持平。

(2)2000 ~2010 年黄河实测水量较多年均值偏少 14% ~55%,实测沙量偏少 63% ~94%,由于产沙区暴雨减少和人类活动的影响,中游六站输沙量为 3.324 亿 t,较多年平均偏少 74%,近 11 a 支流华县站年平均来沙量 1.38 亿 t,占六站来沙量的 42%,较多年平均的 28% 明显增加。

(3)2000 ~2010 年黄河流域地表水年平均耗水量为 281.3 亿 m^3,较多年均值增加 13.3%;天然径流量较多年均值减少 10% ~26%。

(4)2000 ~2010 年降雨径流关系兰州以上、河龙区间、龙三区间变化比较大,与 1956 ~1969 年相比,相同降雨条件下,天然径流量减少,并且随着降雨量增加,天然径流量减少

幅度减小。

(5)近 11 a 干流主要站年最大洪峰流量大幅度减小,头道拐年最大洪峰流量基本发生在3月。全年大流量减少,小流量历时增加,大于1 000 m^3/s 的历时汛期占全年比例减少。近11 a洪水的峰量和出现次数都明显减少,特别是大于 10 000 m^3/s 的大洪水和4 000 ~8 000 m^3/s 的中常洪水出现的频次大大减少;相同历时情况下,洪量有明显减少趋势。

(6)2000 ~2010 年流域年均径流、泥沙(六站)分别为 253.66 亿 m^3 和 3.324 亿 t,下游引水引沙量分别占 28.7% 和 10.2%,中游河道径流量损耗占 11.6%,中下游河道淤积泥沙量占 45.9%,其中小浪底水库淤积 3.34 亿 t,而下游河道冲刷 1.74 亿 t,入海径流和泥沙只有六站的 57.4% 和 41.3%。

第二专题　2000～2010 年三门峡水库库区冲淤演变

三门峡水库运用以来突出的泥沙问题和初期高水位运用方式造成了潼关高程抬升,1995 年汛后潼关高程达 328.28 m,较蓄清排浑运用初期(1973 年 10 月)抬升 1.64 m。为了降低潼关高程,2000 年以来先后实施了潼关河段射流清淤、三门峡水库非汛期最高水位按 318 m 控制运用、东垆湾裁弯淤堵试验工程、小北干流放淤以及利用并优化桃汛洪水冲刷降低潼关高程试验等措施。这些措施的实施,一定程度上改善了三门峡库区的泥沙淤积分布,控制了潼关高程的抬升。本专题对 2010 年三门峡库区基本情况、2000 年以来入库水沙特征、库区冲淤变化,以及各种措施对潼关高程的影响进行总结分析。

第一章　2010 年入库水沙特点及水库运用情况

一、入库水沙特点

（一）水量仍然偏枯，沙量显著减少

2010 年（运用年，指 2009 年 11 月～2010 年 10 月，下同）潼关水文站年径流量为 258.9 亿 m^3，年输沙量为 2.283 亿 t，前者是 1997 年以来的最大值，但沙量仍然很少，仅大于 2008 年和 2009 年。与 1986～2009 年枯水系列相比，年径流量增加 8.3%，年输沙量减少 61.6%，年平均含沙量由 24.83 kg/m^3 减少为 8.81 kg/m^3。黄河龙门水文站年径流量为 205.1 亿 m^3，年输沙量为 0.777 亿 t，与枯水少沙时段的 1986～2009 年相比，径流量增加 8.2%，输沙量减少 79.4%，年平均含沙量由 19.88 kg/m^3 减少为 3.78 kg/m^3。渭河华县水文站年径流量 60.83 亿 m^3，年输沙量 1.470 亿 t，与 1986～2009 年相比，径流量增加 28.4%，输沙量减少 32.5%，年平均含沙量由 45.87 kg/m^3 减少为 24.12 kg/m^3（见表 1-1）。2010 年干流和支流代表断面的来水量较近 20 a 均有增加，来沙量减少幅度均较大，其中渭河水量增加较多、沙量减少较少；与 1950～2009 年长系列相比，以潼关断面为例，仍为典型的枯水少沙年份（见图 1-1）。

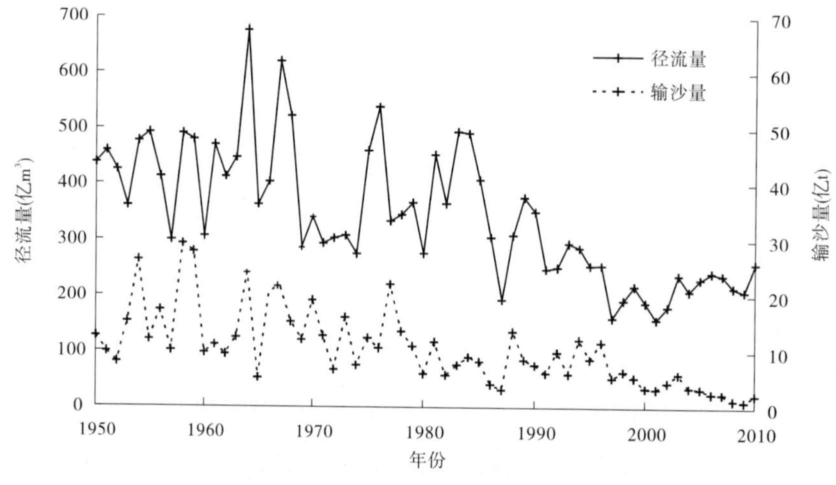

图 1-1　潼关站历年水沙量变化过程

从全年水沙来源看，渭河来水占潼关的 23.5%，比渭河近期（1986～2009 年）平均值 47.37 亿 m^3 大 28.4%；渭河来沙占潼关 2.283 亿 t 的 64.3%，比 1986～2009 年渭河平均值 2.173 亿 t 小 32.5%。龙门来水占潼关的 79.2%，与龙门多年平均值接近，来沙仅占潼关的 34.0%。渭河来沙是潼关输沙量的主要来源。

（二）年内分配不均，华县水沙比例偏大

潼关站非汛期来水量为 136.6 亿 m^3，来沙量为 0.359 亿 t，分别占全年的 53% 和 16%，与 1986～2009 年相比，来水量增加 3.9%，来沙量减少 75.8%，平均含沙量由 11.29 kg/m^3 减少为 2.63 kg/m^3。汛期来水量为 122.3 亿 m^3，来沙量为 1.923 亿 t，分别占全年

表 1-1 龙门、华县、潼关站水沙量统计

时段	测站	水量(亿 m^3)			沙量(亿 t)			含沙量(kg/m^3)			汛期占全年比例(%)	
		非汛期	汛期	全年	非汛期	汛期	全年	非汛期	汛期	全年	水量	沙量
1986~2009 年平均	龙门	111.9	77.8	189.7	0.704	3.066	3.770	6.29	39.41	19.88	41	81
	华县	19.22	28.15	47.37	0.261	1.912	2.173	13.58	67.92	45.87	59	88
	潼关	131.5	107.6	239.1	1.485	4.451	5.936	11.29	41.37	24.83	45	75
2010 年	龙门	125.4	79.7	205.1	0.190	0.587	0.777	1.52	7.37	3.78	39	76
	华县	20.57	40.26	60.83	0.028	1.442	1.470	1.31	35.79	24.12	66	98
	潼关	136.6	122.3	258.9	0.359	1.923	2.283	2.63	15.72	8.81	47	84
2010 年较 1986~2009 年增减百分数(%)	龙门	12.1	2.4	8.1	-73.0	-80.9	-79.4	-75.8	-81.3	-81.0		
	华县	7.1	42.9	28.4	-89.7	-24.7	-32.5	-90.4	-47.3	-47.4		
	潼关	3.9	13.7	8.3	-75.8	-56.8	-61.6	-76.7	-62.0	-64.5		

的47%和84%，与1986～2009年相比，来水量增加13.7%，来沙量减少56.8%，平均含沙量由41.37 kg/m³减少为15.72 kg/m³。

龙门站非汛期来水量为125.4亿m³，来沙量仅为0.190亿t，分别占全年的61%和24%，与1986～2009年相比，来水量增加12.1%，来沙量减少73.0%，平均含沙量由6.29 kg/m³减少为1.52 kg/m³。汛期来水量为79.7亿m³，来沙量仅为0.587亿t，分别占全年的39%和76%，与1986～2009年相比，来水量略有增加，来沙量减少80.9%，平均含沙量由39.41 kg/m³减少为7.37 kg/m³。

华县站非汛期来水量为20.57亿m³，来沙量为0.028亿t，分别占全年的34%和2%，与1986～2009年相比，来水量增加7.1%，来沙量减少89.7%，平均含沙量由13.58 kg/m³减少为1.31 kg/m³。汛期来水量为40.26亿m³，来沙量为1.442亿t，分别占全年的66%和98%，与1986～2009年相比，来水量增加42.9%，来沙量减少24.7%，平均含沙量从67.92 kg/m³减少为35.79 kg/m³。

三站汛期水沙量占全年的比例也有不同程度变化，与1986～2009年相比，水量占全年的比例均有不同程度增加，华县站增加7%，潼关站增加2%，龙门站则减少2%；沙量占全年的比例，龙门站减少5%，华县站增加10%，潼关站增加9%。以上表明，与1986～2009年相比，华县站汛期水沙量占全年的比例明显增加，潼关站和龙门站汛期水量占全年的比例基本相当，而沙量占全年的比例略有减少。

从汛期水沙来源看，渭河来水占潼关的32.9%，来沙占75.0%，均大于近期1986～2009年相应值26.2%和43.0%；龙门汛期来水占潼关的65.2%，来沙占30.5%，小于多年平均值。由此说明2010年汛期渭河华县来水增加是潼关水量增加的主要原因，而干流来沙量减少是潼关站沙量减少的主要原因。

（三）桃汛洪峰较大

2010年桃汛期实施了“利用并优化桃汛洪水过程冲刷降低潼关高程试验”，通过调整万家寨水库运用方式，增加桃汛期下泄流量，在潼关形成了洪峰流量为2 750 m³/s，但最大含沙量达199 kg/m³的桃汛洪水过程，日均水沙过程见图1-2。桃汛期潼关最大10 d水量为13.88亿m³，沙量为0.102亿t，平均流量为1 607 m³/s，平均含沙量为7.34 kg/m³。桃汛期若不进行优化洪水试验，万家寨水库不补水，在区间来水极少的情况下，潼关洪峰流量一般不会超过头道拐的洪峰流量。

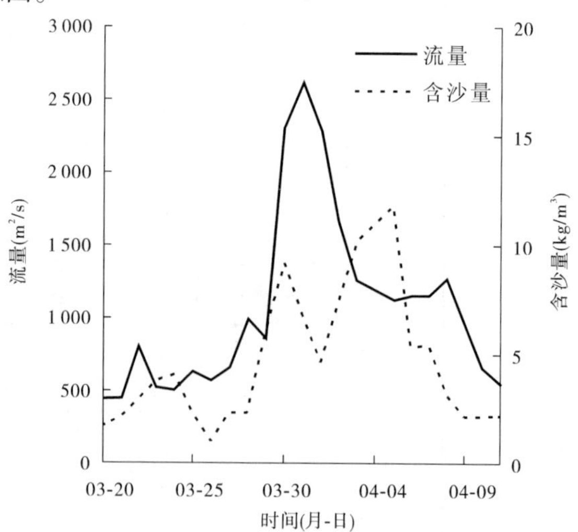

图1-2 桃汛期潼关站日平均流量、含沙量过程

(四)汛期洪峰较多

2010 年汛期潼关洪峰流量大于 2 000 m^3/s 有 6 次,大于 2 500 m^3/s 有 4 次,最大洪峰流量为 3 320 m^3/s。洪水过程由来自龙门以上干流和渭河的洪水组成。流量和含沙量过程见图 1-3。

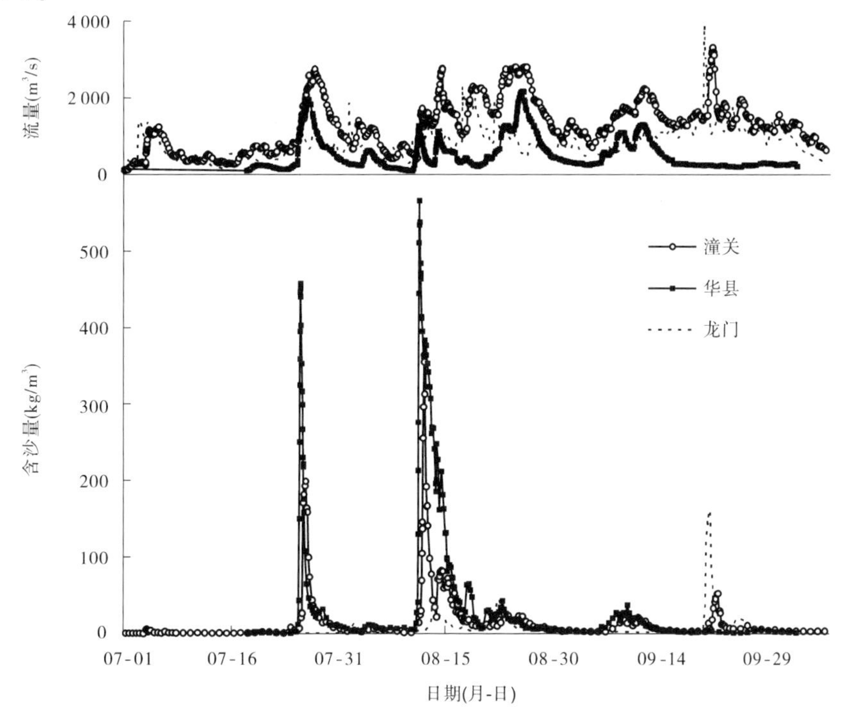

图 1-3　2010 年汛期龙门、华县、潼关流量、含沙量过程

龙门最大洪峰流量为 3 900 m^3/s,大于 2 000 m^3/s 有 2 次,分别在 8 月 17 日(2 320 m^3/s)和 9 月 20 日(3 900 m^3/s);洪峰流量在 1 500 ~ 2 000 m^3/s 之间有 2 次,分别在 8 月 1 日和 21 日;最大含沙量 162 kg/m^3,相应流量 1 070 m^3/s,出现在 9 月 21 日,即 9 月 20 日洪峰流量 3 900 m^3/s 之后,其他时间含沙量均较小。

渭河华县出现 4 次明显的洪水过程,最大洪峰流量为 2 170 m^3/s。第一场洪水出现在 7 月 25 ~ 30 日,洪峰流量为 1 950 m^3/s,最大含沙量 458 kg/m^3,属高含沙量洪水过程;第二场洪水出现在 8 月 11 ~ 18 日,洪峰流量 1 270 m^3/s,最大含沙量达 566 kg/m^3,为典型的高含沙小洪水;第三场洪水出现在 8 月 21 ~ 31 日,洪峰流量 2 170 m^3/s,但最大含沙量只有 64.8 kg/m^3;第四场洪水出现在 9 月 5 ~ 15 日,洪峰流量 1 310 m^3/s,最大含沙量 37.4 kg/m^3。

将潼关 6 次洪峰合并为 5 场洪水过程,其特征统计见表 1-2。其中第一场洪水对应第 1 次洪峰,主要来自渭河高含沙洪水,同时北洛河也出现洪水过程,洑头洪峰流量 359 m^3/s,相应潼关洪峰流量 2 750 m^3/s、最大含沙量 199 kg/m^3;第二场洪水对应第 2 次洪峰,渭河高含沙洪水与干流小洪水过程遭遇,同时北洛河 洑头 8 月 14 日也出现最大含沙量 412

kg/m³、相应洪峰流量287 m³/s 的洪水过程，演进到潼关相应洪峰流量2 770 m³/s，最大含沙量达364 kg/m³，是汛期的最大沙峰值；第3、4 次洪峰合并为第三场洪水，前一洪峰来自干流洪水，后一洪峰来自渭河的第三场洪水，潼关最大洪峰流量2 810 m³/s，最大含沙量仅25.9 kg/m³；第四场洪水为来自渭河的低含沙洪水与干流流量过程的叠加；第五场洪水潼关洪峰流量3 320 m³/s，为年内最大值，主要来自干流龙门以上。对潼关站汛期不同流量级天数进行统计结果表明(见表1-3)，2010 年汛期日平均流量大于2 000 m³/s 的天数14 d，水量为28.4 亿 m³，沙量为0.889 亿 t，天数和水量大于1986～2009 年平均值，沙量远小于该时段平均值。日平均流量1 000～2 000 m³/s 出现天数和相应水量也大于时段平均值，而沙量偏少。流量在1 000 m³/s 以下的天数和水量较时段平均值偏少，沙量偏少的更多。可见2010 年各流量级的沙量普遍偏少，1 000 m³/s 以上流量的出现时间和相应水量均偏多。图1-4 给出了1974 年以来不同流量级出现天数。

表1-2　汛期洪水特征值

时间(月-日)	洪水主要来源	站名	洪峰流量(m³/s)	最大含沙量(kg/m³)	水量(亿 m³)	沙量(亿 t)	平均流量(m³/s)	平均含沙量(kg/m³)
07-24～08-01	渭河	龙门	1 880	5.46	6.10	0.005 9	784	0.97
		华县	1 950	458	6.08	0.435 0	782	71.55
		潼关	2 750	199	12.00	0.461 8	1 543	38.48
08-11～08-16	渭河	龙门	1 420	50.9	4.78	0.175 9	922	36.80
		华县	1 270	566	3.21	0.690 0	619	214.95
		潼关	2 770	364	8.30	0.655 2	1 601	78.94
08-17～08-31	黄河、渭河	龙门	2 320	43.7	13.08	0.137 6	1 009	10.52
		华县	2 170	64.8	10.28	0.169 5	793	16.49
		潼关	2 810	25.9	24.79	0.345 1	1 913	13.92
09-05～09-15	渭河	龙门	1 220	3.64	8.32	0.018 3	875	2.20
		华县	1 310	37.4	6.96	0.107 7	732	15.47
		潼关	2 240	21.5	15.05	0.157 1	1 584	10.44
09-16～10-04	黄河	龙门	3 900	162	19.70	0.304 4	1 200	15.45
		华县	308	5.16	4.03	0.010 0	245	2.48
		潼关	3 320	52.4	24.36	0.203 0	1 484	8.33

表 1-3　2010 年潼关站汛期不同流量级天数、水沙量对比

时段	项目	<1 000 m^3/s	1 000 ~ 1 500 m^3/s	1 500 ~ 2 000 m^3/s	>2 000 m^3/s
1986 ~ 2009 年平均	天数(d)	72.4	27.6	11.7	11.3
	水量(亿 m^3)	35.1	29.2	17.4	27.1
	沙量(亿 t)	0.685	0.799	0.849	2.159
2010 年	天数(d)	56	35	18	14
	水量(亿 m^3)	30.3	37.2	26.4	28.4
	沙量(亿 t)	0.076	0.317	0.640	0.889

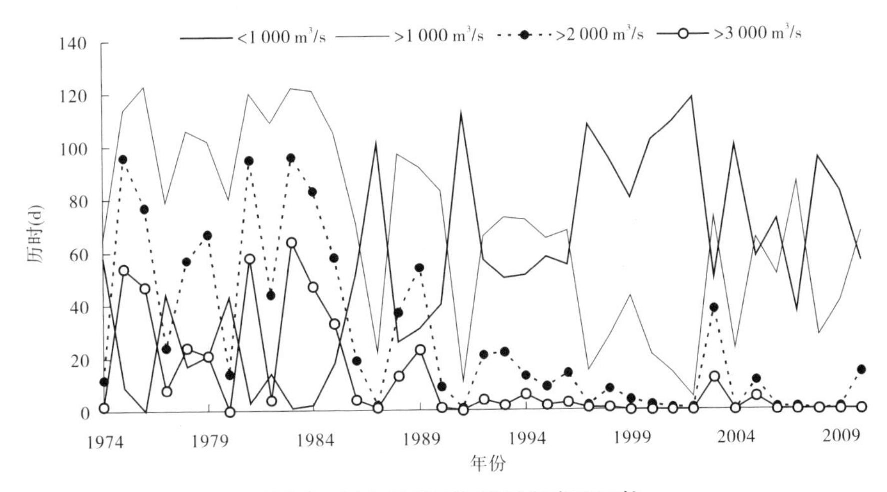

图 1-4　历年汛期不同流量级出现天数

二、水库运用情况

(一)非汛期

2010 年非汛期三门峡水库平均蓄水位 317.09 m,日均最高蓄水位 318.14 m,运用过程见图 1-5。其间有两个时段运用水位较低,一是 2009 年 12 月 30 日到 2010 年 1 月 2 日,水位低于 315 m;二是桃汛期三门峡水库降低水位运用,连续 9 d 低于 315 m,最低水位 312.43 m。非汛期水位在 318 ~ 318.14 m 有 6 d;在 317 ~ 318 m 的天数最多,为 167 d,占非汛期天数的 69.0%;水位在 316 ~ 317 m 的天数为 42 d,占非汛期天数的 17.4%;水位在 315 ~ 316 m 的天数为 13 d,占非汛期天数的 5.4%;水位在 314 ~ 315 m 的天数为 11 d,占非汛期天数的 4.5%;水位在 314 m 以下的天数为 3 d,占非汛期天数的 1.2%。最高水位回水末端约在黄淤 34 断面,潼关以下较长河段不受水库蓄水直接影响。

(二)汛期

汛期水库运用基本按洪水期敞泄排沙,平水期控制水位不超过 305 m,运用过程见图 1-5。汛期平均运用水位 304.70 m,从 7 月 1 日到 10 月 15 日,水库共进行 5 次敞泄运

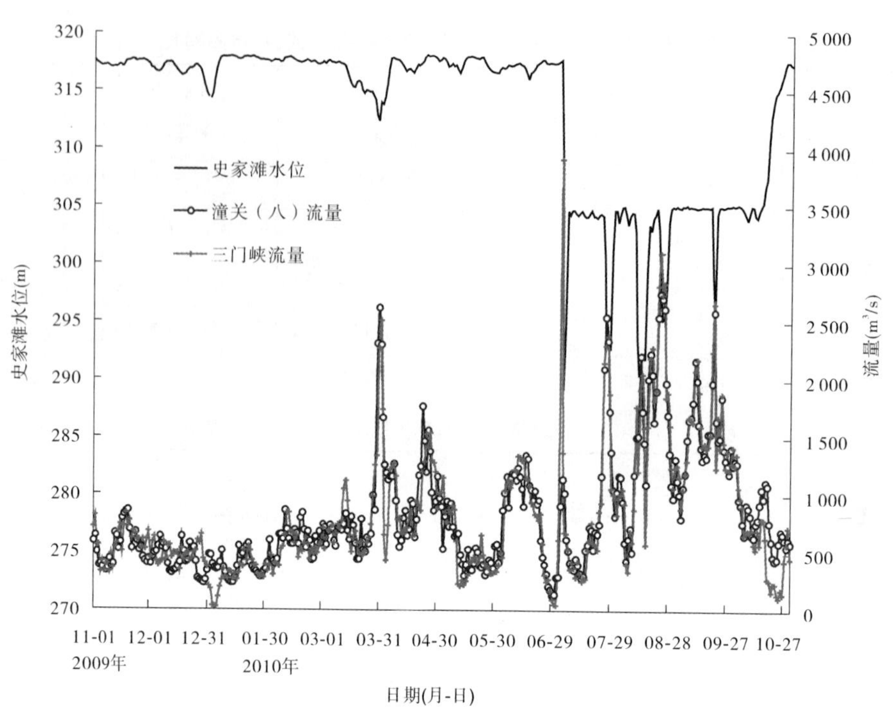

图 1-5　2010 年三门峡水库进出库流量和蓄水位过程

用，水位 300 m 以下天数累计 17 d。其中 7 月 5 ~6 日敞泄是配合小浪底水库调水调沙生产运行进行的首次敞泄运用；其余 4 次为洪水期敞泄，敞泄期低水位连续最长时间为 6 d。平水期坝前水位基本控制在 305 m 以下，10 月 16 日开始水位逐步抬高向非汛期过渡，10 月 27 日后水位在 317 m 以上。敞泄时段水位特征值见表 1-4。

表 1-4　敞泄运用水位统计

时段（月-日）	水位低于 300 m 天数(d)	坝前水位(m)		潼关最大流量(m^3/s)
		平均	最低	
07-05 ~07-06	2	291.90	289.16	1 140
07-27 ~07-29	3	293.18	292.65	2 550
08-12 ~08-17	6	293.21	290.38	2 210
08-24 ~08-27	4	296.62	295.26	2 750
09-20 ~09-21	2	297.35	295.43	2 590

（三）水库排沙情况

按输沙率法统计，2010 年三门峡水库全年排沙量为 3.510 亿 t，其中汛期排沙 3.503 亿 t，非汛期排沙 0.007 亿 t，非汛期排沙发生在桃汛洪水时三门峡降低水位运用期（3 月 31 日 ~4 月 5 日）。汛期排沙量取决于流量过程和水库敞泄程度。

汛期三门峡水库入库沙量为1.921亿t,库区冲刷量为1.582亿t,不同时段排沙情况见表1-5。汛期平水期和敞泄期水库均进行排沙,排沙效果差别较大,平水期排沙比均小于1,而敞泄期排沙比较大。2010年水库进行了5次敞泄排沙(见图1-6),第一次敞泄为小浪底水库调水调沙期,其余4次为入库流量较大、含沙量高的洪水过程。其中第一次为7月4日降低水位泄水,22时库水位降至300 m时排沙显著增大,7月5~6日库水位在300 m以下,3 d水库冲刷0.410亿t,排沙比高达69.3;其余4场洪水排沙比在1.65~4.44,敞泄期平均排沙比2.80。平水期入库流量小,水库控制水位305 m运用,坝前有一定程度壅水,入库泥沙部分淤积在坝前,平均排沙比0.84。敞泄期入库流量较大,库水位较低,产生自下而上的溯源冲刷,冲刷量大,效率高。在洪水敞泄运用中,单位水量冲刷量平均为59.5 kg/m^3。敞泄期一共有17 d,来水量29.24亿m^3,仅占汛期水量的23.9%,但排沙量占汛期的77.3%,汛期冲刷量集中在敞泄期,非敞泄期略有淤积。

表1-5 2010年汛期排沙统计

时段(月-日)	敞泄天数(d)	史家滩水位(m)	潼关		三门峡沙量(亿t)	冲淤量(亿t)	单位水量冲淤量(kg/m^3)	排沙比
			水量(亿m^3)	沙量(亿t)				
07-01~07-03		317.60	0.630	0.000 4	0	0.000 4	0.6	0
07-04~07-06	2	297.86	2.652	0.006	0.416	-0.410	-154.6	69.3
07-07~07-26		304.21	10.77	0.301	0.278	0.023	2.1	0.92
07-27~07-29	3	293.18	5.72	0.150	0.595	-0.445	-77.8	3.97
07-30~08-11		304.04	10.03	0.123	0.045	0.078	7.8	0.37
08-12~08-17	6	293.21	8.23	0.598	0.988	-0.390	-47.4	1.65
08-18~08-23		303.78	10.71	0.154	0.172	-0.018	-1.7	1.12
08-24~08-27	4	296.62	8.69	0.145	0.406	-0.261	-30.0	2.80
08-28~09-19		304.94	28.16	0.214	0.156	0.058	2.1	0.73
09-20~09-21	2	297.35	3.95	0.068	0.302	-0.234	-59.2	4.44
09-22~10-31		308.46	32.78	0.162	0.145	0.017	0.5	0.90
敞泄期	17		29.24	0.967	2.708	-1.740	-59.5	2.80
非敞泄期			93.08	0.954	0.797	0.158	1.7	0.84
汛期			122.32	1.921	3.505	-1.582	-12.9	1.82

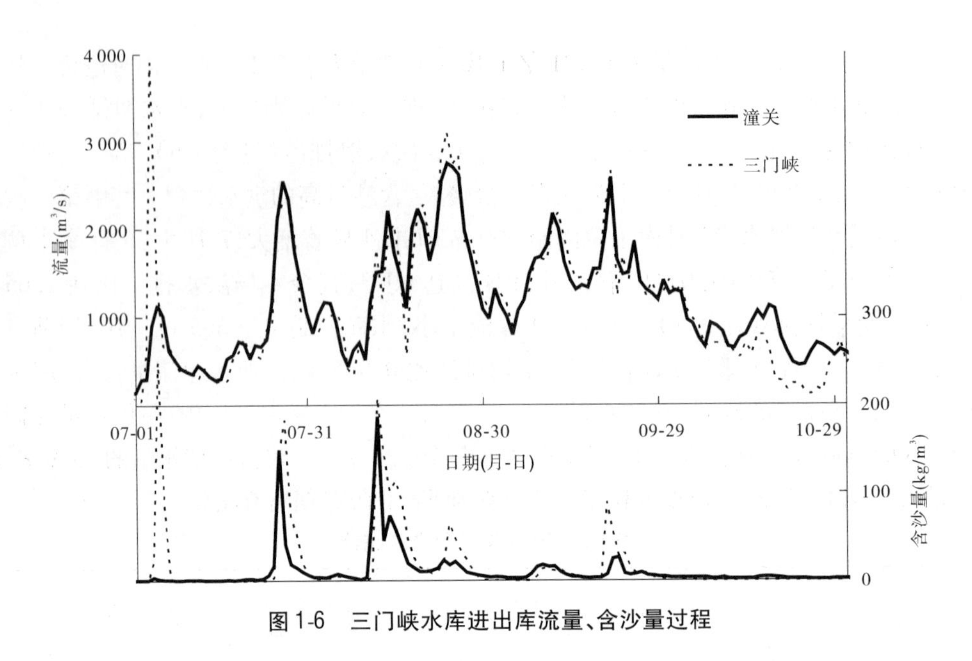

图 1-6　三门峡水库进出库流量、含沙量过程

三门峡水库排沙主要集中在敞泄期和洪水期，敞泄期库区冲刷，水库排沙比大于 1；洪水期完全敞泄时排沙比大于 1，洪水期没有完全敞泄而是按 305 m 控制运用时排沙比小于 1。

第二章　2010 年三门峡库区冲淤情况

根据大断面测验资料，2010 年潼关以下库区非汛期淤积 0.430 亿 m^3，汛期冲刷 0.702 亿 m^3，年内冲刷 0.272 亿 m^3。小北干流河段非汛期冲刷 0.212 亿 m^3，汛期淤积 0.142 亿 m^3，年内冲刷 0.070 亿 m^3，龙门到三门峡大坝总体表现为冲刷。

一、潼关以下冲淤量及分布

2010 年非汛期潼关以下库区共淤积泥沙 0.430 亿 m^3，冲淤量沿程分布如图 2-1 所示。非汛期淤积末端在黄淤 32 断面，该断面以下库段总体为淤积，淤积量为 0.503 亿 m^3，黄淤 32 断面以上河段发生冲刷，冲刷量为 0.072 亿 m^3。其中淤积强度最大的河段在黄淤 18 ~ 28 断面，部分河段淤积强度达 1 700 m^3/m 以上，而黄淤 17 断面以下的坝前河段只有少量淤积。

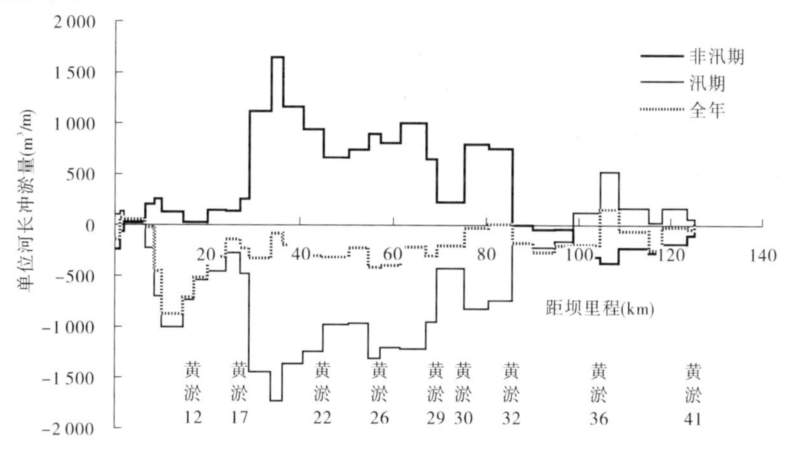

图 2-1　2010 年潼关以下库区冲淤量沿程分布

2010 年桃汛洪水试验期间，由于三门峡水库起调水位按不超过 313 m 运用，最低水位为 312.43 m，根据桃汛前（平均 3 月 29 日）后（平均 4 月 25 日）对个别大断面的观测，黄淤 29 断面以上发生冲刷，黄淤 26 断面（老灵宝）以下发生淤积，以黄淤 19 和黄淤 26 断面淤积量较大。桃汛期潼关以下库区的冲淤调整，对非汛期的淤积分布产生直接影响，淤积体向坝前推移，有利于汛期降低水位时冲刷出库。

库区汛期冲刷与非汛期淤积基本对应，非汛期淤积量大的河段汛期冲刷量也大。总体来看，黄淤 35 断面以下库段表现为冲刷，黄淤 36 ~ 41 库段表现为淤积。

全年来看，除个别断面外总体表现为冲刷，冲刷分布上段少下段多。其中黄淤 6 ~ 15 断面冲刷强度较大，累计冲刷 0.092 亿 m^3，该河段长度仅占潼关以下河段长度的 12%，但冲刷量占全年冲刷总量的 42%。

从各河段冲淤分布看，黄淤 36 以下各库段具有非汛期淤积、汛期冲刷的特点，而黄淤 36 ~ 41 断面为非汛期冲刷、汛期淤积；全年来看各库段均表现为冲刷，其中黄淤 36 ~ 41

断面冲刷量最少，各河段冲淤量见表 2-1。

表 2-1　2010 年潼关以下库区各河段冲淤量　　（单位：亿 m^3）

时段	大坝～黄淤 12	黄淤 12～22	黄淤 22～30	黄淤 30～36	黄淤 36～41	大坝～黄淤 41
非汛期	0.013	0.202	0.207	0.058	-0.050	0.430
汛期	-0.077	-0.277	-0.292	-0.099	0.043	-0.702
全年	-0.064	-0.075	-0.085	-0.041	-0.007	-0.272

二、小北干流河段冲淤量及分布

小北干流河段具有“非汛期冲刷、汛期淤积”的演变特点。2010 年非汛期冲刷 0.212 亿 m^3，汛期淤积 0.142 亿 m^3，全年共冲刷泥沙 0.070 亿 m^3，沿程分布见图 2-2。非汛期除黄淤 50～53 断面以及黄淤 61～63 断面淤积，且淤积量较小外，其余河段均发生不同程度的冲刷，其中黄淤 64～68 河段长度仅占小北干流总河段长度的 18%，冲刷量为 0.098 亿 m^3，占非汛期冲刷总量的 46%。桃汛试验期间，在较大流量和低含沙量洪水作用下，龙门至潼关河段多数断面发生冲刷，特别是靠近潼关附近几个断面均是冲刷的，只有个别断面淤积且淤积量较少。

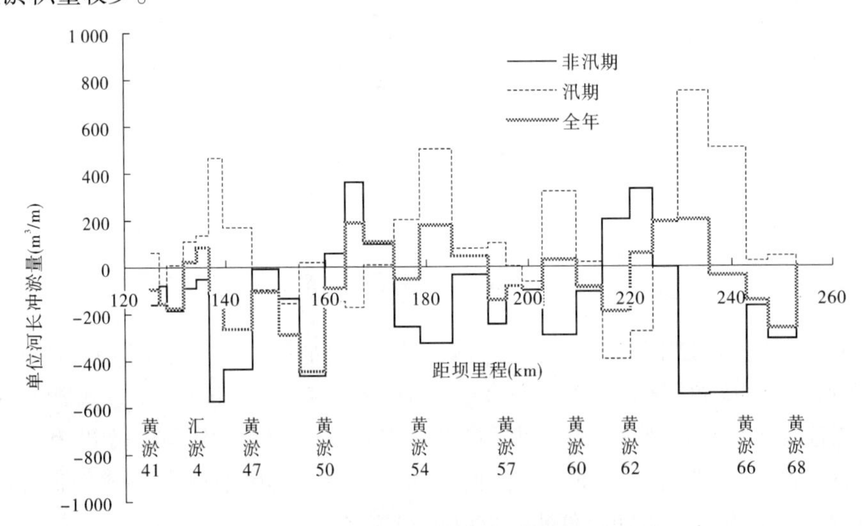

图 2-2　2010 年小北干流河段冲淤量沿程分布

汛期龙门—潼关河段各断面有冲有淤，其中黄淤 42～47 断面、黄淤 52～58 断面、黄淤 64～68 断面为淤积，其余河段发生冲刷；沿程冲淤交替发展，上段冲淤调整幅度大，下段冲淤调整幅度小，其中最大淤积强度（黄淤 64～65 断面）达 750 m^3/m。

全年来看沿程也表现为冲淤交替，并延续到潼关以下黄淤 35 断面。各河段冲淤量见表 2-2，总体冲淤变化幅度比较小。

表 2-2　2010 年小北干流各河段冲淤量　（单位：亿 m^3）

时段	黄淤 41 ~ 45	黄淤 45 ~ 50	黄淤 50 ~ 59	黄淤 59 ~ 68	全段
非汛期	-0.030	-0.055	-0.030	-0.097	-0.212
汛期	0.020	-0.001	0.038	0.085	0.142
全年	-0.010	-0.056	0.008	-0.012	-0.070

三、潼关高程变化

2009 年汛后潼关高程为 327.82 m，非汛期总体淤积抬升，至 2010 年汛前为 328.11 m，经过汛期的调整，汛后为 327.75 m，与 2005 年以来汛后值接近。运用年内潼关高程下降 0.07 m。年内潼关高程变化过程见图 2-3。

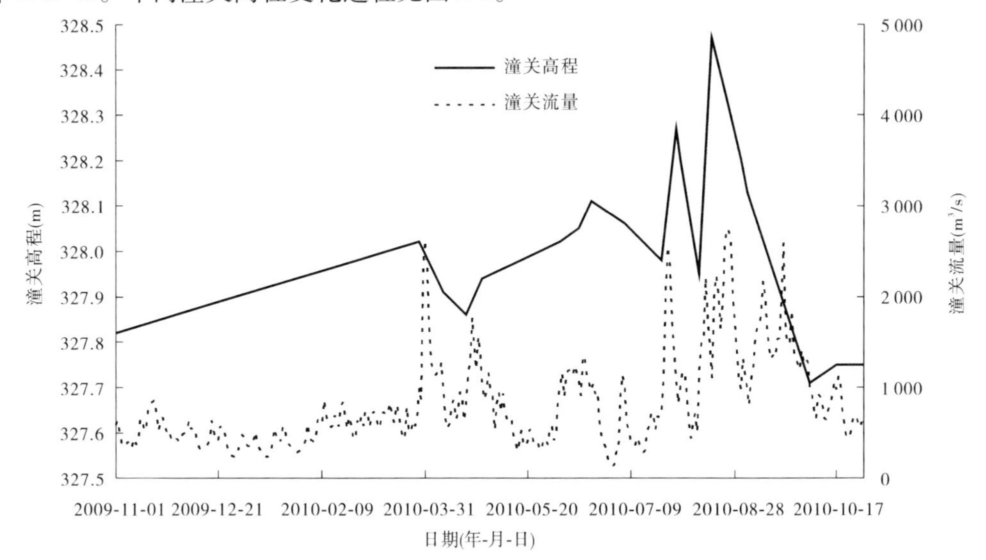

图 2-3　2010 年潼关高程、流量变化过程

非汛期水库运用水位在 318 m 以下，潼关河段不受水库回水直接影响，主要受来水来沙和河床条件影响，基本处于自然演变状态，潼关高程从 2009 年汛后到桃汛前上升 0.20 m，在桃汛洪水作用下下降 0.11 m，桃汛后至汛前抬升 0.20 m，汛前潼关高程为 328.11 m。非汛期潼关高程累计上升 0.29 m。

汛期三门峡水库运用水位基本控制在 305 m 以下，潼关高程随水沙条件变化而发生升降交替变化。汛初至 7 月 24 日，潼关高程冲刷下降；7 月 25 ~ 31 日，渭河洪水较大、含沙量高，潼关最大流量达 2 750 m^3/s，但最大含沙量达 199 kg/m^3，潼关高程淤积抬升；8 月 1 ~ 10 日潼关流量过程平稳，平均为 800 m^3/s，潼关高程下降 0.32 m；8 月 11 ~ 18 日渭河发生高含沙小洪水，最大含沙量达 566 kg/m^3，洪峰流量仅 1 270 m^3/s，潼关站最大流量 2 770 m^3/s、最大含沙量 364 kg/m^3，潼关高程淤积抬高 0.52 m，达 328.47 m；之后渭河和干流相继发生低含沙洪水，到潼关站较大流量持续时间长，潼关高程冲刷下降。汛末潼关高程降为 327.75 m。

虽然 2010 年洪峰流量大于 2 500 m^3/s 有 5 场洪水，但渭河来水流量小、含沙量高时对潼关高程不利，潼关高程的冲刷主要在平水期和低含沙洪水期。

图 2-4 点绘了汛期潼关高程变化与来沙系数的关系，当来沙系数小于 0.01 $kg \cdot s/m^6$ 时，潼关高程冲刷下降，当来沙系数大于 0.01 $kg \cdot s/m^6$ 时，潼关高程淤积抬升，其抬升值随来沙系数的增大而增加。

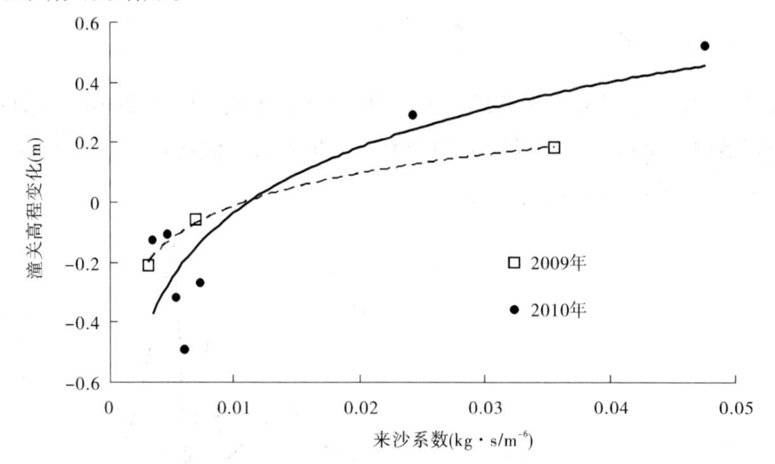

图 2-4　汛期潼关高程变化与来沙系数的关系

库区各站 1 000 m^3/s 流量相应水位的变化表明，潼关（八）和坫垮在洪水期的变化与潼关（六）一致，即渭河高含沙洪水期水位抬升、低含沙洪水期水位下降。但是，汛初至汛末潼关（八）水位基本不变，坫垮水位下降 0.11 m，远小于潼关（六）。大禹渡断面水位累计下降 1.64 m，北村下降 2.03 m，除 8 月 11 ~ 18 日大禹渡和北村断面水位有回升外，其他时段均为下降。

第三章　近 11 年水库运用概况

一、入库水沙特征

2000 年以来三门峡水库入库站潼关的水沙量较之前显著减少(见图 1-1 和表 3-1),出现了有实测资料以来的最小值,如 2001 年水量为 158.0 亿 m^3,2009 年沙量仅有 1.133 亿 t。2000～2010 年平均水量为 215.1 亿 m^3,较龙羊峡水库运用以来的 1987～1999 年偏少 17.5%,较 1974～1986 年偏少 45.4%;年平均沙量为 3.11 亿 t,较 1987～1999 年偏少 61.3%,较 1974～1986 年偏少 68.8%。其中汛期水沙量偏少较多,与 1987～1999 年相比,汛期水沙量分别偏少 20.5% 和 63.2%;与 1974～1986 年相比,汛期水沙量分别偏少 58.5% 和 73.0%。非汛期水沙量也减少,但减少幅度小于汛期。总体来看,沙量减少幅度大于水量减少幅度,平均含沙量减小,如 2000～2010 年平均含沙量为 14.46 kg/m^3,汛期平均含沙量为 23.71kg/m^3,均小于之前各时段(见表 3-2)。

表 3-1　潼关站水沙特征统计

时段	水量(亿 m^3)				沙量(亿 t)			
	汛期	非汛期	全年	汛期占全年(%)	汛期	非汛期	全年	汛期占全年(%)
1974～1986 年	228.4	165.2	393.6	58.0	8.33	1.65	9.98	83.5
1987～1999 年	119.4	141.4	260.8	45.8	6.12	1.92	8.04	76.1
2000～2010 年	94.9	120.2	215.1	44.1	2.25	0.86	3.11	72.3

表 3-2　潼关站平均含沙量　(单位:kg/m^3)

时段	汛期	非汛期	全年
1974～1986 年	36.47	9.99	25.36
1987～1999 年	51.26	13.58	30.83
2000～2010 年	23.71	7.15	14.46

从年内分配看,2000～2010 年汛期水沙量占全年的比例为 44.1% 和 72.3%,较 1986 年以前显著减少,与 1987～1999 年相比略有减少。

从历年最大洪峰流量看(见图 3-1),2000 年后洪峰流量普遍较小,11 a 平均为 2 811 m^3/s,远小于 1974～1986 年洪峰平均值 7 164 m^3/s 和 1987～1999 年洪峰平均值 5 502 m^3/s,只有 2003 年和 2005 年渭河秋汛洪水造成潼关洪峰流量在 4 000 m^3/s 以上,而 2008 年洪峰流量最小,仅 1 480 m^3/s。

二、水库运用概况

1974 年以来三门峡水库采取“蓄清排浑”控制运用方式,即非汛期抬高水位蓄水进行

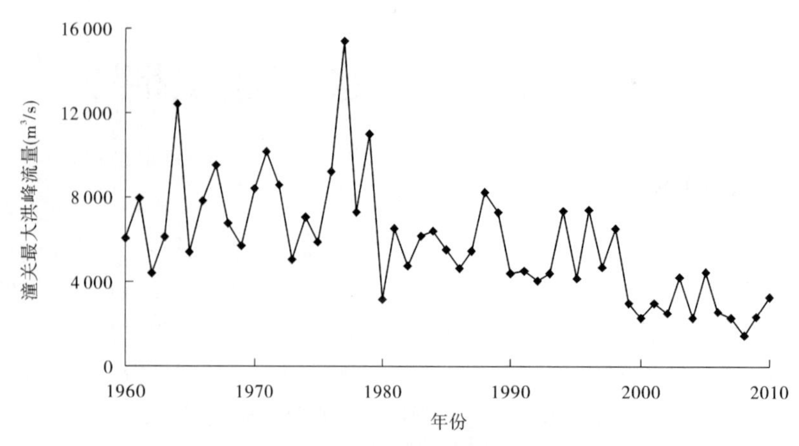

图 3-1　潼关历年最大洪峰流量变化

春灌和防凌运用,汛期降低水位进行防洪和排沙运用。由于来水来沙条件的差异和库区泥沙问题,非汛期的蓄水位不断进行调整。

为配合黄河下游防凌,三门峡水库在凌汛期间,最高水位控制在 326 m 以下,凌汛过后,春灌蓄水位控制在 324 m 以下。1999 年小浪底水库运用后,三门峡水库防凌和春灌任务减轻,其运用方式都具备了进一步调整的条件。2002 年后,非汛期最高控制水位不超过 318 m,汛期 305 m 控制运用,洪水敞泄排沙流量从 2 500 m^3/s 调整到1 500 m^3/s。历年非汛期最高水位和平均水位见图 3-2,1974 年以来非汛期最高运用水位不断调整下降,从 324 m 以上下降到 318 m;平均水位变化幅度相对较小,多在 315 ~317 m。

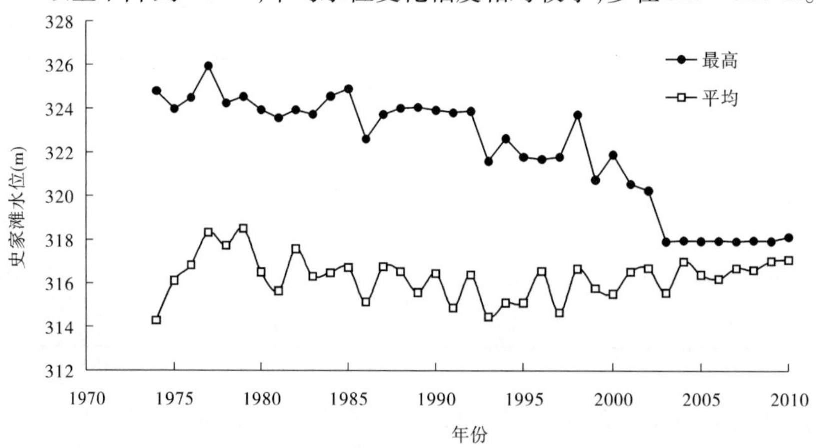

图 3-2　史家滩历年非汛期最高水位和平均水位

三、水库敞泄冲刷分析

三门峡水库排沙主要集中在敞泄期和洪水期,敞泄期库区冲刷,水库排沙比大于 1,洪水期完全敞泄时排沙比大于 1。

根据 2003 年以来历次敞泄期入库水量和冲刷量值,点绘敞泄期累计冲刷量和累计入库水量的关系(见图 3-3),可以看出冲刷量随入库水量的增大而增大。根据图中点据建

立冲刷量与入库水量关系式

$$W_S = 0.6423\ln W - 0.1233 \tag{3-1}$$

式中：W_S 为当年敞泄期累计冲刷量，亿 t；W 为当年敞泄期累计入库水量，亿 m^3。式(3-1)的相关系数为 0.96。

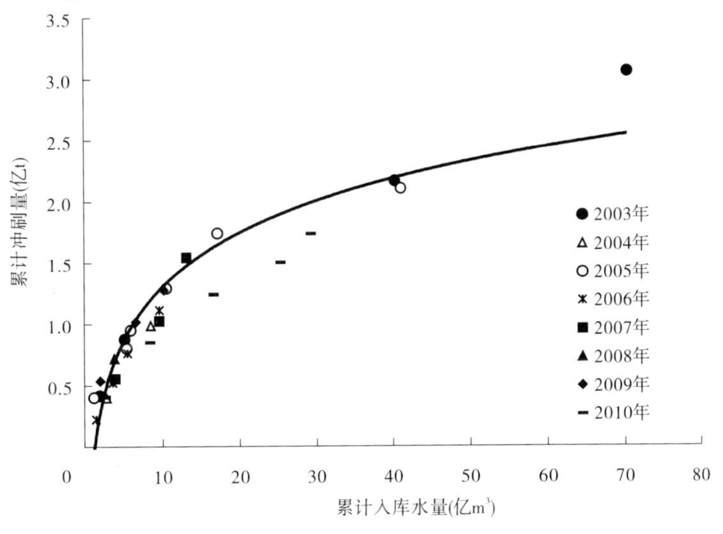

图 3-3　敞泄期累计冲刷量与入库水量的关系

由上式可得

$$\frac{\Delta W_S}{\Delta W} = \frac{0.6423}{W} \tag{3-2}$$

式中：$\frac{\Delta W_S}{\Delta W}$为单位水量的冲刷量，或冲刷量随水量的变化率，其随水量 W 的增大而减小，表明冲刷效率会逐步降低。

2010 年敞泄期累计入库水量超过 10 亿 m^3 后，累计冲刷量低于趋势线，即相同水量条件下冲刷量减少，初步分析主要有两方面原因：一是趋势线点群为 2003 年和 2005 年资料，是在前期累计淤积基础上的冲刷；二是 2006 年后入库沙量少(年均仅 1.97 亿 t)，库区并没有发生累计淤积，库区可冲物质减少。

第四章　近 11 年冲淤变化特点

一、库区冲淤演变特征

（一）历年变化过程

三门峡水库自 1974 年采用“蓄清排浑”控制运用以来，潼关以下库区和龙门到潼关河段总体表现为淤积。1974 年以来潼关以下库区累计淤积量达 3.20 亿 m^3（2000 年），具有非汛期淤积、汛期冲刷的特点（见图 4-1）；从全年来看，2000 ~ 2010 年基本为冲刷过程，冲刷量集中在 2003 年和 2005 年，11 a 内非汛期年均淤积 0.693 1 亿 m^3，汛期年均冲刷 0.779 4 亿 m^3。

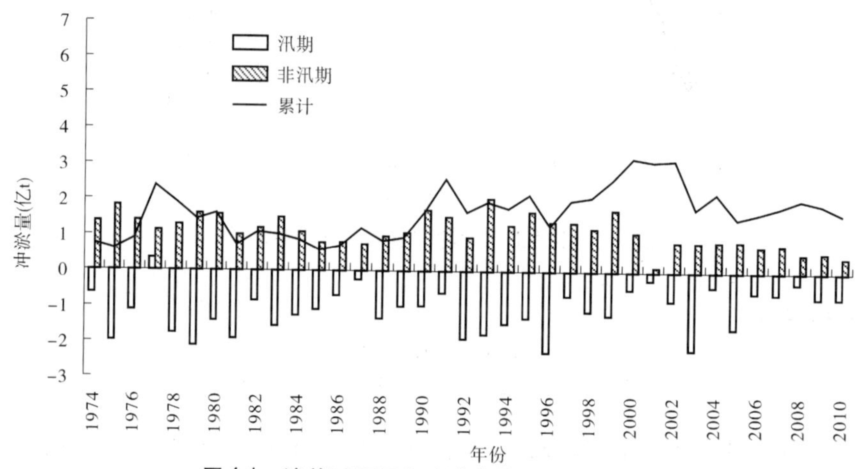

图 4-1　潼关以下历年冲淤变化及累计冲淤量

龙门—潼关河段具有非汛期冲刷、汛期淤积的特点，汛期的淤积量远大于非汛期的冲刷量，1974 年以来累计淤积量 7.02 亿 m^3（1998 年）。2000 ~ 2010 年基本为冲刷过程，11 a 累计冲刷量为 1.652 1 亿 m^3，其中汛期淤积量显著减少，个别年份还表现为冲刷，11 a 非汛期年均冲刷 0.389 3 亿 m^3，汛期年均淤积 0.239 1 亿 m^3（见图 4-2）。

（二）沿程分布特征

潼关以下库区冲淤量的沿程分布与水库运用水位关系密切。如 1992 年以前非汛期运用水位较高，淤积重心在黄淤 27 ~ 36 断面；1993 ~ 2002 年水库运用水位有所降低，淤积重心下移至黄淤 21 ~ 34 断面；2003 年后非汛期最高水位按不超过 318 m 控制，黄淤 29 断面以上的淤积量进一步减少，黄淤 22 ~ 28 断面间淤积量最多（见图 4-3）。非汛期淤积量大的河段，汛期冲刷量也大。从全年的冲淤分布看，2002 年以前冲淤量分布沿程差异较小，2003 ~ 2005 年受渭河洪水和敞泄时间长的影响，库区冲刷强度大且从上到下沿程增大；2006 ~ 2010 年具有上段冲刷、下段淤积的特点，应与桃汛期上冲下淤的调整密切相关。

龙门—潼关河段，2002 年以前均表现为淤积，淤积强度沿程变化较小，2003 年后基本

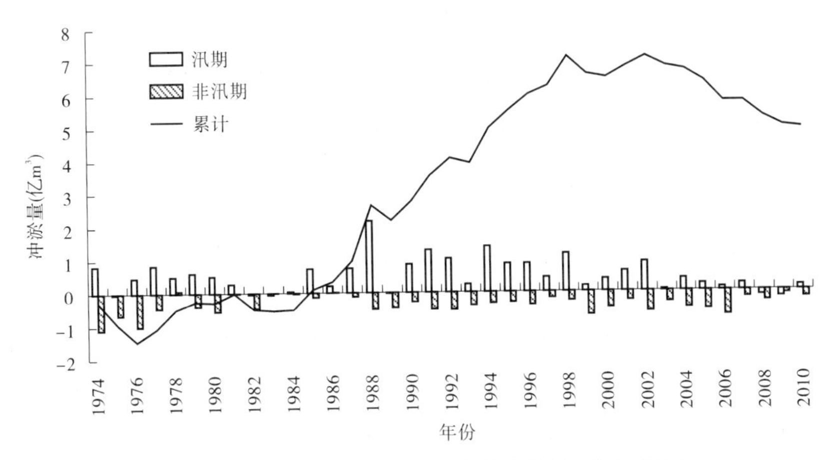

图 4-2 龙门—潼关河段历年冲淤变化及累计冲淤量

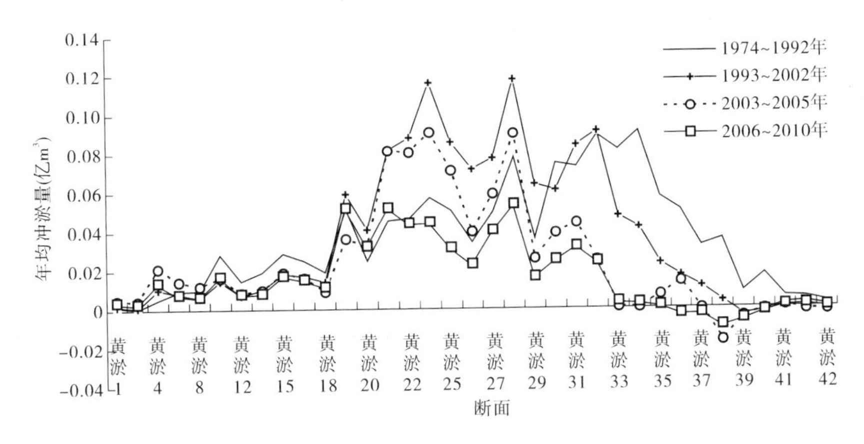

图 4-3 潼关以下库区非汛期冲淤沿程变化

表现为沿程普遍冲刷，特别是 2006～2010 年各断面冲刷强度差异较小。

从 2000～2010 年平均情况看，潼关以上河段总体表现为汛期淤积、非汛期冲刷；潼关以下河段黄淤 36 断面以下总体为非汛期淤积、汛期冲刷，其中黄淤 19～32 断面冲淤变化最大，黄淤 18 以下各断面冲淤量均比较小，黄淤 37～40 断面为非汛期冲刷、汛期淤积，主要由于非汛期运用水位较低，延续了潼关以上河段的冲淤变化特点。

从全年平均看，小北干流河段黄淤 45 断面以上均为冲刷，黄淤 45 以下的汇流区冲淤变化很小；潼关以下沿程有冲有淤，各断面变化较小，总量为冲刷。

二、潼关高程变化过程

潼关断面位于三门峡大坝上游 125. 6 km 处，紧靠黄河、渭河汇流区下游，对渭河下游和小北干流部分河段起局部侵蚀基准面的作用。1960 年 9 月三门峡水库蓄水运用后，库区严重淤积，潼关高程（潼关（六）断面 1 000 m^3/s 流量对应水位）急剧抬升，至 1962 年 3 月达到 328. 07 m，较建库前抬高 4. 67 m。经过运用方式的调整和二次改建扩大泄流规模,库区发生冲刷,1973 年汛后高程为 326.64 m。

1973 年底三门峡水库开始“蓄清排浑”运用。由于 1974 ~ 1985 年水沙条件较为有利,尽管非汛期运用水位较高,潼关高程基本控制在 327 m 上下。1986 年以后,由于龙羊峡水库投入运用、沿黄工农业用水不断增加、降雨量偏少以及水土保持工程的作用,入库水沙条件发生了很大变化,汛期来水量大幅度减少,洪水发生频率降低,小流量历时增加。其间,虽然三门峡水库最高运用水位继续下调,非汛期潼关高程的上升值有所减小,但汛期冲刷下降值更小,年内冲淤达不到平衡,潼关高程持续抬升(见表 4-1 和图 4-4),1995 年汛后达 328.28 m,1986 年以来累计上升 1.64 m。潼关高程是三门峡水库运用的制约因素,其居高不下的局面,严重影响三门峡水库综合效益的发挥。1996 年清淤工程实施以后至 1999 年,潼关高程变化在 328 ~ 328.4 m,1999 年汛后潼关高程为 328.12 m。

表 4-1　不同时段潼关高程变化

时段	汛期水量(亿 m^3)	非汛期坝前水位 >322 m 历时(d)	潼关高程年均变化(m)		
			非汛期	汛期	年
1974 ~ 1979 年	225	74	0.70	-0.53	0.17
1980 ~ 1985 年	248	57	0.40	-0.57	-0.17
1986 ~ 1995 年	132	28	0.37	-0.21	0.16
1996 ~ 1999 年	88	5	0.27	-0.26	0.01
2000 ~ 2010 年	94.9	0	0.27	-0.31	-0.04

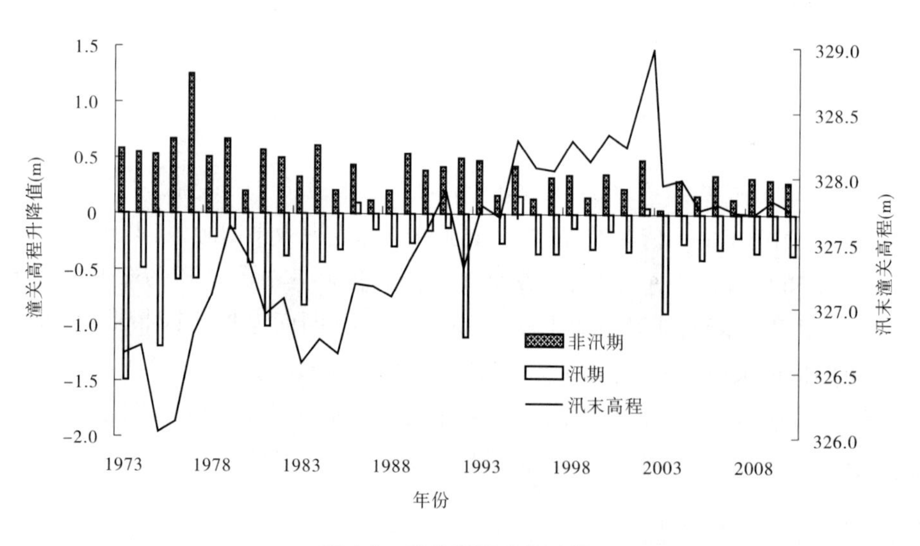

图 4-4　潼关高程变化过程

2002 年 6 月 22 ~ 26 日渭河和北洛河发生高含沙小流量洪水过程,其中华县站洪峰流量为 890 m^3/s、最大含沙量达 787 kg/m^3,北洛河 洑头站最大含沙量 453 kg/m^3、洪峰流量仅为 344 m^3/s,在潼关站形成洪峰流量 1 510 m^3/s、最大含沙量 312 kg/m^3 的高含沙小洪水过程。洪水后潼关高程一度上升到 329.14 m,经过汛期洪水过程的冲刷调整,汛后为 328.78 m，但仍处于较高水平。

2003 年和 2005 年受渭河秋汛洪水的影响，潼关高程有较大幅度下降。其中 2003 年渭河有 4 次较大的洪水过程，有 2 次洪峰流量超过 3 000 m^3/s，潼关站流量大于 3 000 m^3/s 历时达 13 d，洪水期间潼关高程发生持续冲刷，下降 0.71 m，年内下降 0.84 m，汛后潼关高程为 327.94 m。2005 年 9 月 29 日～10 月 11 日渭河发生大洪水过程，华县站洪峰流量 4 450 m^3/s，最大含沙量 123 kg/m^3，潼关站洪峰流量 4 500 m^3/s，最大含沙量 37 kg/m^3，该场洪水也造成了潼关高程的冲刷下降，汛后潼关高程为 327.75 m，恢复到 1993～1994 年的水平。

2006～2010 年潼关水量较 2000～2005 年平均略有增加，为 232.6 亿 m^3，来沙量进一步减少到 1.97 亿 t，为历年最低值，平均含沙量也小于之前，在这种相对水多沙少的情况下，潼关高程维持在 327.7～327.8 m。

在 2000～2010 年，潼关高程的变化除受水沙条件的影响外，影响因素还有 2000～2003 年继续实施潼关河段射流清淤，降低非汛期运用水位、最高水位按 318 m 控制，东垆湾裁弯淤堵试验工程，利用桃汛洪水冲刷降低潼关高程试验等，这些措施都为潼关高程降低和相对稳定创造了有利条件，或达到了直接降低潼关高程的目的。

2000～2010 年非汛期平均抬升 0.27 m，汛期平均下降 0.31 m；2010 年汛后较 1999 年汛后累计下降了 0.37 m。

第五章　降低潼关高程措施实施效果分析

为了控制和降低潼关高程，采取了多项工程措施和非工程措施。20 世纪 90 年代中期以来，相继实施了潼关河段射流清淤工程、三门峡水库非汛期最高运用水位 318 m 控制运用、小北干流放淤试验、东垆湾裁弯试验工程、优化桃汛洪水冲刷降低潼关高程试验等措施。同时，组织开展了渭河口整治和北洛河下游入黄口改道前期研究工作，力求为渭河下游的冲刷和潼关高程的降低创造有利条件。

本章主要对潼关河段射流清淤、裁弯淤堵试验工程和利用桃汛洪水冲刷降低潼关高程试验效果进行阐述。

一、射流清淤工程实施效果

自 1973 年底三门峡水库“蓄清排浑”控制运用以来，潼关高程变化表现为非汛期淤积抬升、汛期冲刷下降。汛期冲刷幅度主要受来水来沙条件的影响，非汛期淤积幅度主要受水库蓄水位高低的影响。1974 ~ 1985 年，由于有利的水沙条件和水库最高蓄水位的下调，潼关高程年际间虽然有升有降，但基本保持了相对稳定。1986 年以后，由于潼关站汛期和洪水期水量大幅度减少，洪峰流量减小，洪水场次减少，尽管这期间三门峡水库非汛期蓄水位继续下调，库区仍未实现冲淤平衡，潼关高程仍持续抬升，1995 年汛后达到 328. 28 m。

1996 年首次在潼关河段采用射流清淤的方式进行人工清淤试验，以通过改变潼关河段河势、断面形态，改善水沙条件等来达到稳定潼关高程的目的。潼关清淤已连续开展 8 年。

1996 ~ 2003 年在黄淤 36 ~ 41 河段实施的射流清淤工程，通过专业射流清淤设备，射出高速水流，冲击河床，使淤积在河床的泥沙悬浮，再借助河流的水动力将悬浮的泥沙输送到下游河段，减少上游河段的淤积。经计算分析，清淤期间直接冲起的泥沙累计约 1 133 万 m^3，其中能够远距离输送的泥沙为 110 万 ~ 230 万 m^3，直接减少清淤河段的淤积，达到降低潼关高程的目的。而潼关河段射流清淤作用更主要表现在间接效果上，即通过射流清淤理顺河势，改变河床形态，调整局部比降，增大水流流速，提高水流挟沙能力，增大洪水期潼关河床的冲刷，抑制潼关高程的回淤，从而最终达到控制和降低潼关高程的目的。经估算，清淤期间潼关高程汛期平均多冲刷下降 0. 18 ~ 0. 22 m。

二、裁弯淤堵试验工程效果

三门峡库区大禹渡至稠桑河段位于黄淤 30 ~ 27 断面，属自然河道型向典型库区型的过渡段。由于受河床边界条件和来水来沙条件的影响，黄淤 28 断面附近的东垆湾形成“Ω”畸形河湾，使河道长度增加，2001 年该河段河长达到 26 km，远大于库轴线 12. 7 km，使河道纵比降变缓，挟沙能力降低，河道淤积加重，对潼关高程造成不利影响。1993 年 8 月与 2001 年 9 月，曾在此河段发生两次自然裁弯，在裁弯河道上游产生溯源冲刷，冲刷发展到黄淤 34 断面以上，但由于没有及时采取工程措施，河湾继续发育，河长增加。2002

年该河段再次自然裁弯。为巩固本次自然裁弯效果，减缓潼关高程的抬升，2003 年 6 月黄委及时实施了裁弯疏导稳定流路降低潼关高程试验工程，包括北岸的老河堵口工程和南岸的河道疏浚工程。

裁弯淤堵试验工程实施后，试验河段河长缩短，河床比降增大，进而向上产生溯源冲刷，对降低潼关高程十分有利。汛期水流得到有效控制，洪水不再走大河湾，达到了裁弯疏导稳定流路的目的。东垆湾河段河势向微弯顺直型方向发展，有利于洪水期间潼关以下库区的冲刷，对潼关高程的冲刷下降产生有利的影响。

2003 年裁弯之后，汛期溯源冲刷发展末端距坝 98.2 km（黄淤 34 断面），比裁弯前的计算值 90.4 km 增长了约 8 km；2004 年汛期溯源冲刷发展末端距坝 93.2 km（黄淤 33），比裁弯前的计算值 82.6 km 增长了约 11 km。说明裁弯后同样水沙条件下溯源冲刷发展的距离增长。沿程冲刷和溯源冲刷两种作用使潼关以下库区普遍冲刷，利于潼关高程降低。通过平衡比降法和同流量水位关系法估算，2003 年和 2004 年两年裁弯作用使潼关高程下降了 0.16～0.20 m。

三、利用桃汛洪水冲刷降低潼关高程试验效果

2006 年以来开展了利用桃汛洪水冲刷降低潼关高程的试验，通过调整桃汛期万家寨水库调度运行方式，优化出库流量过程，达到冲刷降低潼关高程的目的。5 a 试验表明，经过优化的桃汛洪水过程，到潼关站洪峰流量除 2009 年受小北干流漫滩影响外均在 2 500 m^3/s 以上，5 a 平均洪峰流量为 2 670 m^3/s，较万家寨水库运用前的 1974～1998 年略有偏大，较万家寨水库运用后的 1999～2005 年增大约 1 000 m^3/s；5 a 平均 10 d 洪量为 13.03 亿 m^3，较 1974～1998 年同期略有增加，较 1999～2005 年同期增加 3.36 亿 m^3；相应 10 d 洪量的沙量平均为 0.130 2 亿 t，平均含沙量 9.99 kg/m^3，较各时期均偏小（见表 5-1）。在这种有利的桃汛洪水过程作用下，潼关河段河床发生冲刷调整。

表 5-1　潼关站不同时段桃汛洪水特征值比较

年份	洪峰流量 (m^3/s)	最大含沙量 (kg/m^3)	10 d 洪量 (亿 m^3)	10 d 沙量 (亿 t)	流量大于 2 000 m^3/s 天数(d)	三门峡水库起调水位 (m)	潼关高程变化 (m)
2006	2 620	17.9	13.46	0.151 7	3	313	-0.20
2007	2 850	33.8	12.96	0.201 0	3	313	-0.05
2008	2 790	37.9	13.84	0.126 4	3	313	-0.07
2009	2 340	15.9	11.01	0.070 0	1	313	-0.13
2010	2 750	15.5	13.88	0.101 9	3	313	-0.11
2006～2010	2 670	24.2	13.03	0.130 2	2.6	313	-0.11
1974～1986	2 599	23.5	12.25	0.149 4	0.8	319.75	-0.06
1987～1998	2 625	29.6	13.22	0.227 8	2.6	317.61	-0.18
1999～2005	1 687	22.8	9.67	0.123 8	0	315.41	-0.04

（一）桃汛期潼关高程冲刷下降

在2006～2010年桃汛洪水前后，潼关高程均有不同程度的冲刷下降（见表5-1）。其中2006年下降值最大为0.20 m，2007年和2008年下降值比较小，至2010年下降值为0.11 m。在洪峰流量和洪量相差不大的情况下，对比5 a桃汛期潼关高程的下降值和含沙量过程可见，2007年和2008年潼关站最大含沙量较大，特别是沙峰滞后于洪峰、出现在洪水的落水阶段，相应潼关高程下降值也小；而2006年沙峰峰值小，且在洪峰期大流量阶段，潼关高程下降值大；2009年洪峰流量最小，最大含沙量也出现在洪水过后，但含沙量比较小，潼关高程的下降值大于2007年、2008年和2010年，小于2006年。结果表明，当桃汛洪峰流量大于2 500 m^3/s后继续增大，潼关高程下降幅度减小，即对潼关高程下降影响的敏感程度减小，而含沙量较大特别是沙峰滞后洪峰的流量过程，对潼关高程冲刷十分不利。

（二）潼关（六）断面河底高程降低

桃汛洪水前后深泓点高程发生不同程度冲刷下降（见表5-2），如2006年下降了2.83 m，而2009年洪水前已经处于较低状态，洪水期没有继续降低。从328 m高程下的平均河底高程变化看，5 a试验期间桃汛洪水前后平均河底高程下降范围为0.53～3.52 m。从330 m高程下全断面看，在河宽变化不大的情况下，2006～2010年桃汛试验前后潼关（六）断面全断面平均河底高程也都发生了明显下降。

表5-2　桃汛试验前后潼关（六）断面不同高程下断面特征值

项目		深泓点高程（m）	328 m高程下平均河底高程（m）	330 m高程下平均河底高程（m）
2006年	试验前(3月19日)	323.91	326.62	326.62
	试验后(3月30日)	321.08	326.09	326.09
	变化值	-2.83	-0.53	-0.53
2007年	试验前(3月21日)	320.60	325.68	326.81
	试验后(3月28日)	319.37	323.64	326.11
	变化值	-1.23	-2.04	-0.70
2008年	试验前(3月17日)	319.97	326.16	327.30
	试验后(3月30日)	318.38	322.64	326.30
	变化值	-1.59	-3.52	-1.00
2009年	试验前(3月21日)	318.53	324.31	
	试验后(3月30日)	319.03	323.27	
	变化值	+0.50	-1.04	
2010年	试验前(3月26日)	320.03	324.20	325.34
	试验后(4月5日)	319.70	322.19	324.34
	变化值	-0.33	-2.01	-1.00

(三)潼关(六)断面主河槽变窄深

在洪水冲刷过程中,主槽断面形态发生调整。如2006年桃汛期冲刷以冲深为主,主河槽由洪水前的两股变成一股;2010年桃汛洪水前主槽呈“V”形,洪水后呈“U”形,洪水冲刷主要以展宽为主,见图5-1。

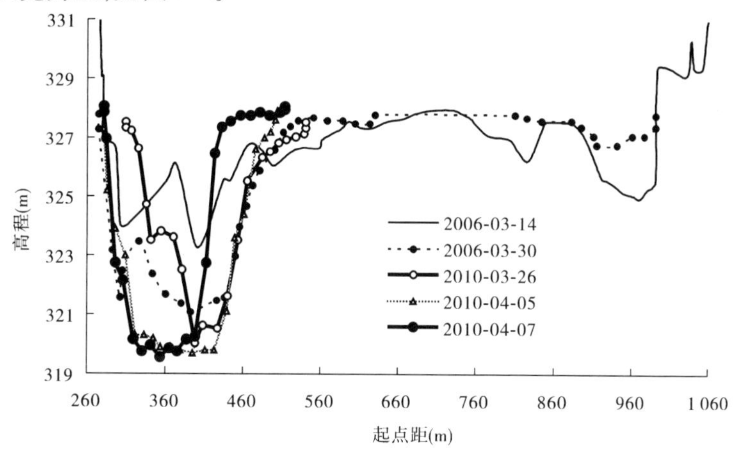

图5-1 桃汛试验前后潼关(六)断面套汇

对2006~2010年主槽断面特征(以328 m高程以下代表主槽)的分析表明(见表5-3),2006年桃汛洪水前后主槽河宽变化较小,维持在710 m左右,洪水后主槽面积增大了387 m^2,平均水深增加0.53 m,河相系数由19.3 $m^{\frac{1}{2}}/m$减小到14.0 $m^{\frac{1}{2}}/m$;2007年主槽河宽缩窄到329 m,桃汛洪水后主槽面积增大672 m^2,平均水深增加2.04 m,河相系数由7.8 $m^{\frac{1}{2}}/m$进一步减小到4.2 $m^{\frac{1}{2}}/m$;2008年桃汛洪水后河宽缩窄到264 m,但主槽面积增大801 m^2,平均水深增加,河相系数减小至3.0 $m^{\frac{1}{2}}/m$;2009年桃汛洪水前后主槽河宽变化较小,仍在260 m左右,洪水后主槽面积增大,平均水深增加,河相系数减小;2010年桃汛洪水前后主槽河宽230 m左右,洪水后主槽面积增大,平均水深增加,河相系数减小到2.56 $m^{\frac{1}{2}}/m$。从5 a的原型试验来看,桃汛洪水期间潼关(六)断面主槽均发生冲刷,平均水深增加,河相系数由2006年桃汛试验前的19.3 $m^{\frac{1}{2}}/m$减小到2010年桃汛后的2.56 $m^{\frac{1}{2}}/m$,主河槽明显变得窄深。

表5-3 桃汛试验前后潼关(六)断面328 m高程下河槽断面特征值

项目		河宽 B(m)	主槽面积 A(m^2)	平均水深 H(m)	$\sqrt{B}/H$($m^{\frac{1}{2}}/m$)
2006年	试验前(3月19日)	712	984	1.38	19.3
	试验后(3月30日)	717	1 371	1.91	14.0
	变化值	5	387	0.53	-5.3
2007年	试验前(3月21日)	329	764	2.32	7.8
	试验后(3月28日)	329	1 436	4.36	4.2
	变化值	0	672	2.04	-3.6

续表 5-3

项目		河宽 B(m)	主槽面积 A(m^2)	平均水深 H(m)	$\sqrt{B}/H$($m^{\frac{1}{2}}/m$)
2008 年	试验前(3 月 17 日)	335	615	1.84	10.0
	试验后(3 月 30 日)	264	1 416	5.36	3.0
	变化值	-71	801	3.52	-7.0
2009 年	试验前(3 月 21 日)	274	1 012	3.69	4.5
	试验后(3 月 30 日)	253	1 197	4.73	3.4
	变化值	-21	185	1.04	-1.1
2010 年	试验前(3 月 26 日)	231	878	3.80	4.0
	试验后(4 月 5 日)	222	1 289	5.81	2.56
	变化值	-9	411	2.01	-1.44

(四)潼关以下库区淤积分布得以改善

桃汛洪水期间,三门峡水库属于正常的非汛期蓄水运用阶段,库区均处于淤积状态,干流来沙以及渭河来沙一般都淤积在潼关以下库区。但是库区的淤积分布受三门峡水库桃汛起调水位的影响,起调水位越低,淤积重心越靠近大坝,越有利于水库汛前及汛期洪水期降低水位排沙。

根据部分年份桃汛洪水前后测验断面资料分析,桃汛试验期间三门峡水库潼关以下库区老灵宝(黄淤 26 断面)以上河段发生冲刷,而北村(黄淤 22 断面)以下河段发生淤积,黄淤 19 断面淤积量最大。这样,桃汛洪水前淤积在老灵宝以上河段的泥沙,在桃汛洪水期向下推移至北村以下,洪水期进入库区的泥沙也基本淤积在距坝约 50 km 的范围内,在汛期降低水位运用时极易冲刷出库,有利于减少库区累积性淤积,保持水库年内冲淤平衡。

(五)保持了年内潼关高程相对稳定

桃汛试验期间,三门峡水库蓄水位降到 313 m 以下,同时受桃汛洪水流量较大的影响,黄淤 26 断面以上库区发生冲刷,淤积物向坝前推进,有利于汛期的冲刷、保持潼关以下库区的冲淤平衡。

虽然桃汛后到汛前潼关高程都有一定回淤,但在汛期枯水少沙的情况下保持了汛后潼关高程的相对稳定(见表 5-4),说明桃汛洪水对潼关高程的直接冲刷作用以及对库区淤积分布的调整,对汛前潼关高程维持在较低水平具有重要作用。

为了进一步分析桃汛期潼关高程变化对汛后潼关高程的累积影响,利用三门峡库区一维泥沙水动力学模型进行计算,分析桃汛洪水过程的优化和不优化对潼关高程变化的影响。计算方案包括 2 种,一是采用 2005 年 11 月至 2010 年 10 月潼关水文站实际水沙过程,代表优化的桃汛洪水过程;二是没有进行桃汛洪水优化的水沙过程,以桃汛期头道拐最大 10 d 水沙过程同时考虑正常情况下万家寨水库蓄泄水情况,代替相应的 2005 年 11 月至 2010 年 10 月潼关站桃汛期最大 10 d 水沙过程。前者称为方案Ⅰ,后者称为方案Ⅱ。

表 5-4　2006 ~ 2010 年潼关高程变化

年份	桃汛期潼关高程(m)		桃汛期变化值(m)	汛前潼关高程(m)	汛后潼关高程(m)	汛期变化值(m)
	试验前	试验后				
2006	327.95	327.75	-0.20	328.10	327.79	-0.31
2007	327.98	327.93	-0.05	327.93	327.73	-0.20
2008	328.03	327.96	-0.07	328.06	327.72	-0.34
2009	328.11	327.98	-0.13	328.02	327.82	-0.20
2010	328.02	327.91	-0.11	328.06	327.77	-0.29

计算河段从潼关以上的黄淤 45(上源头)至坝前;初始边界条件采用 2005 年汛后地形;方案Ⅰ坝前水位为实测过程,方案Ⅱ桃汛期坝前水位以 2003 ~ 2005 年平均值控制,相应起调水位 315.7 m,其他时期与对应时间实测坝前水位一致。

两方案不同时段潼关高程计算结果见图 5-2。从 2006 年桃汛后开始到 2010 年汛后结束,方案Ⅱ各时期的潼关高程均高于方案Ⅰ。

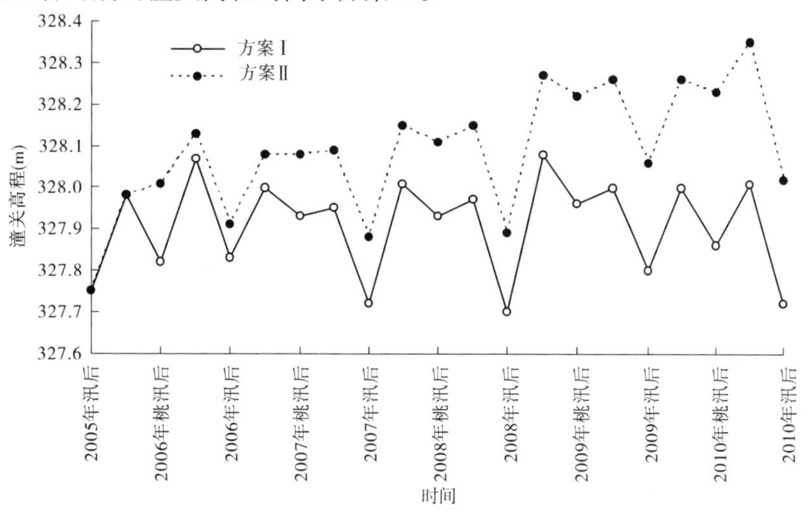

图 5-2　2006 ~ 2010 年两方案潼关高程变化过程

从 5 a 累计影响结果看,到 2010 年汛后,方案Ⅰ潼关高程是 327.72 m,方案Ⅱ潼关高程是 328.02 m,两者相差 0.30 m。也就是说,若 2006 ~ 2010 年不进行“利用并优化桃汛洪水过程冲刷降低潼关高程的试验”,5 a 末潼关高程值将比方案Ⅰ相应抬高 0.30 m,较初始值抬高 0.27 m。虽然模型计算结果具有一定的局限性,但可以定性说明在 2006 ~ 2010 年水沙条件下优化桃汛洪水过程对汛后潼关高程降低具有累积影响,可以有效控制潼关高程的累积抬升。

第六章　结论与认识

(1)2010 年黄河中游仍然为枯水少沙年份,但潼关水量为 1997 年以来最大值,沙量仍然很少。2010 年潼关洪水场次较多,5 场洪峰流量均在 2 000 m^3/s 以上,最大洪峰流量 3 320 m^3/s,汛期流量大于 1 500 m^3/s 天数较 1986 ~ 2009 年显著增多。

(2)2010 年三门峡水库排沙和库区冲刷均集中在敞泄期。年内潼关以下冲刷 0.272 亿 m^3,沿程分布呈上段少、下段多;小北干流河段冲刷 0.070 亿 m^3,沿程冲淤交替。

(3)2010 年潼关高程非汛期抬升 0.29 m,汛期下降 0.36 m,年内下降 0.07 m。汛期潼关高程下降主要发生在平水期和低含沙洪水期,渭河来水含沙量高但洪峰流量不大,对潼关高程不利。可见,在目前的水沙条件、水库运用方式以及优化桃汛洪水过程的共同作用下,潼关高程可以维持相对稳定。

(4)在 2000 ~ 2010 年的 11 a 中,三门峡入库水沙量偏少,洪峰流量小,平均含沙量也比较小。潼关以下库区发生累积冲刷,冲刷量为 0.949 3 亿 t,集中在 2003 年和 2005 年;小北干流河段也发生累积冲刷,冲刷量为 1.652 1 亿 t,主要是汛期淤积量减少所致。

(5)潼关高程的变化除受水沙条件直接影响外,影响因素还有 2000 ~ 2003 年继续实施潼关河段射流清淤、非汛期最高水位 318 m 控制运用、东垆湾裁弯淤堵试验工程,以及 2006 ~ 2010 年利用并优化桃汛洪水过程冲刷降低潼关高程试验。这些措施的共同作用,使得 2005 年以来汛后潼关高程处于相对稳定状态。

(6)2006 ~ 2010 年利用并优化桃汛洪水过程冲刷降低潼关高程试验期间,桃汛期潼关高程明显下降,平均下降 0.11 m;潼关断面形态调整,主河槽变窄深,平均河底高程下降;三门峡库区淤积分布调整,桃汛期黄淤 26 断面以上发生冲刷,淤积物向坝前推移;桃汛试验有效控制了汛后潼关高程累积抬升。

(7) 近 11 a 资料表明,有利的水沙条件是潼关高程和三门峡库区冲刷的前提,而工程措施的实施和水库运用方式调整对潼关高程相对稳定和三门峡库区相对冲淤平衡起着重要作用;利用桃汛洪水冲刷降低潼关高程试验,使得非汛期淤积物向坝前推进,增加了首次泄空运用(汛前调水调沙期)时的排沙量,有利于小浪底水库异重流的形成及排沙。建议桃汛期继续保持较低水位运用,尽可能使库区淤积泥沙向坝前推进。

第三专题　小浪底水库拦沙运用初期库区冲淤演变特性

黄河小浪底水利枢纽是一座以防洪(包括防凌)、减淤为主,兼顾供水、灌溉、发电,除害兴利、综合利用的枢纽工程,最高运用水位275 m,总库容127.5亿m^3,长期有效库容51亿m^3。1994年9月水库主体工程开工,1997年10月截流,1999年10月下闸蓄水,2000年5月正式投入运用。水库运用以来,随着库区淤积的发展,三角洲顶点不断向坝前推进,至2010年10月,已推进到距坝18.75 km的HH12断面附近。2002年以来,调水调沙及人工塑造异重流的运用极大地减缓了水库淤积。本专题对水库运用11年来的库区冲淤特性进行分析,并探讨了支流畛水河拦门沙成因。

第一章　2010 年小浪底水库冲淤特性

一、小浪底水库运用情况

(一)2010 年水库水沙条件

2010 年皋落(亳清河)、桥头(西阳河)、石寺(畛水河)等站观测到的入汇水沙量较少。从现有观测资料看,石寺站大部分时段处于干河状态,虽然 7 月 24 日出现瞬时流量大于 500 m^3/s 的水流,但历时小于 2 h。皋落站观测到最大流量 16.8 m^3/s;桥头站观测到最大流量 215 m^3/s,但历时小于 1 h,最大含沙量 132 kg/m^3。因此,相对干流而言,小浪底水库支流入汇水沙量可略而不计,仅以干流三门峡站水沙过程代表小浪底水库入库水沙条件。2010 年(水库运用年,2009 年 11 月至 2010 年 10 月,下同)小浪底水库入库水量、沙量分别为 252.99 亿 m^3、3.511 亿 t(见表 1-1)。从三门峡水文站 1987 ~ 2010 年枯水少沙系列实测的水沙量来看,2010 年入库水沙量分别是该系列多年平均水量 229.46 亿 m^3 的 110.25%、沙量 5.828 亿 t 的 60.24%。

表 1-1　三门峡水文站近年水沙量统计

年份	水量(亿 m^3)			沙量(亿 t)		
	汛期	非汛期	全年	汛期	非汛期	全年
1987	80.81	124.55	205.36	2.71	0.17	2.88
1988	187.67	129.45	317.12	15.45	0.08	15.53
1989	201.55	173.85	375.40	7.62	0.50	8.12
1990	135.75	211.53	347.28	6.76	0.57	7.33
1991	58.08	184.77	242.85	2.49	2.41	4.90
1992	127.81	116.82	244.63	10.59	0.47	11.06
1993	137.66	157.17	294.83	5.63	0.45	6.08
1994	131.60	145.44	277.04	12.13	0.16	12.29
1995	113.15	134.21	247.36	8.22	0	8.22
1996	116.86	120.67	237.53	11.01	0.14	11.15
1997	50.54	95.54	146.08	4.25	0.03	4.28
1998	79.57	94.47	174.04	5.46	0.26	5.72
1999	87.27	104.58	191.85	4.91	0.07	4.98
2000	67.23	99.37	166.60	3.341	0.229	3.570
2001	53.82	81.14	134.96	2.830	0	2.830

续表 1-1

年份	水量(亿 m^3)			沙量(亿 t)		
	汛期	非汛期	全年	汛期	非汛期	全年
2002	50.87	108.39	159.26	3.404	0.971	4.375
2003	146.91	70.70	217.61	7.559	0.005	7.564
2004	65.89	112.50	178.39	2.638	0	2.638
2005	104.73	103.80	208.53	3.619	0.457	4.076
2006	87.51	133.49	221.00	2.076	0.249	2.325
2007	122.06	105.71	227.77	2.514	0.611	3.125
2008	80.02	138.10	218.12	0.744	0.593	1.337
2009	85.01	135.43	220.44	1.615	0.365	1.980
2010	119.73	133.26	252.99	3.504	0.007	3.511
1987 ~ 2010 平均	103.84	125.62	229.46	5.461	0.367	5.828

2010 年小浪底水库共有 6 场洪水入库，主要发生在桃汛期、汛前调水调沙期和主汛期。

第一次为桃汛洪水。在总结 2006 ~ 2009 年利用并优化桃汛洪水过程冲刷降低潼关高程试验的基础上，黄河防总于 2010 年 3 月 24 日至 4 月 2 日进行了第五次试验。

第二次出现在 2010 年汛前调水调沙期间，即 2010 年第一次调水调沙，从 6 月 19 日至 7 月 7 日。

第三次出现在 2010 年第二次调水调沙期间，即 7 月 22 ~ 25 日。黄河流域泾河、渭河、北洛河、伊洛河发生强降雨过程，伊洛河各支流相继涨水，黄委统筹考虑干支流防洪减灾和水库、河道减淤，于 7 月 24 日至 8 月 3 日，通过三门峡、小浪底、陆浑、故县水库"时间差、空间差"的组合调度，实施了基于黄河中游水库群四库联合调度的本年度第二次调水调沙。

第四次出现在 2010 年第三次调水调沙期间。8 月 8 ~ 14 日，黄河流域山陕区间、泾渭河（泾河、渭河，下同）、北洛河、黄河下游出现一次降雨过程，黄河中游出现了一次洪水过程。黄委于 8 月 11 ~ 21 日，通过万家寨、三门峡、小浪底水库"时间差、空间差"的组合调度，将中游干支流小流量、高含沙的多股洪水过程，塑造成有利于水库河道减淤的协调水沙过程，实施了基于黄河中游水库群三库水沙联合调度的调水调沙。

最后两次洪水分别出现在 8 月 22 日至 9 月 4 日、9 月 20 ~ 30 日，其间，三门峡水库下泄较大流量含沙洪水。

表 1-2 给出了三门峡水文站洪水期水沙特征值。三门峡水库最大入库日均流量为 3 910 m^3/s（7 月 4 日），最大日均含沙量为 249 kg/m^3（7 月 5 日），均出现在汛前调水调沙期间，而且两者均为年内入库的最大日均流量和最大日均含沙量（见图 1-1）。

表 1-2　2010 年三门峡水文站洪水期水沙特征值

时段 (月-日)	水量 (亿 m^3)	沙量 (亿 t)	流量(m^3/s)		含沙量(kg/m^3)	
			最大日均	时段平均	最大日均	时段平均
03-24 ~ 04-02	10.85	0.006	2 510	1 256	1.77	0.55
06-19 ~ 07-07	12.21	0.418	3 910	744	249	34.23
07-24 ~ 08-03	13.28	0.901	2 380	1 397	183	67.85
08-11 ~ 08-21	15.46	1.092	2 280	1 627	208	70.63
08-22 ~ 09-04	22.13	0.503	3 100	1 830	64.5	22.73
09-20 ~ 09-30	15.30	0.438	2 660	1 610	89.3	28.63
合计	89.23	3.358	—	—	—	—

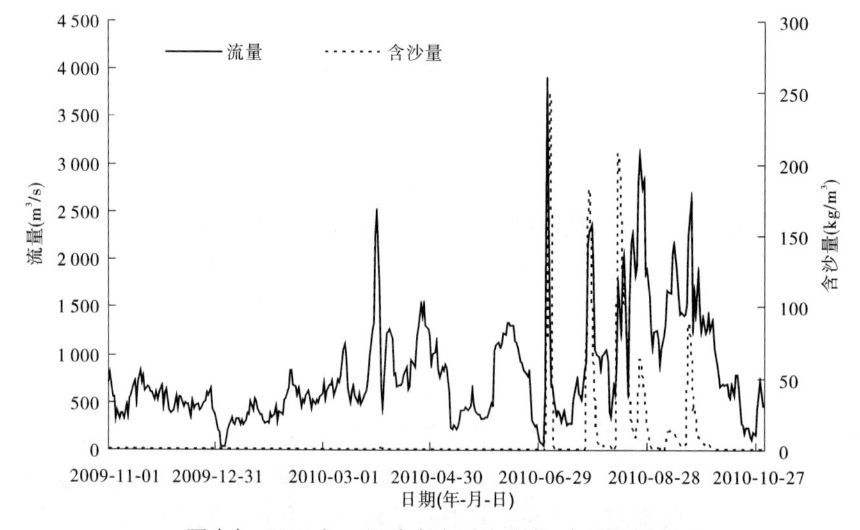

图 1-1　2010 年三门峡水库日均流量、含沙量过程

年内大部分时段入库流量不到 800 m^3/s；入库日均流量大于 2 000 m^3/s 流量级出现天数为 17 d，入库日均流量大于 1 000 m^3/s 流量级出现天数为 98 d。由于大部分时段三门峡水库下泄清水，所以年内大部分时段入库含沙量为 0。入库各级流量和含沙量持续时间及出现天数见表 1-3 及表 1-4。

表 1-3　2010 年三门峡水文站各级流量持续时间及出现天数

流量级 (m^3/s)	>2 000		2 000 ~ 1 000		1 000 ~ 800		800 ~ 500		<500	
	持续	出现	持续	出现	持续	出现	持续	出现	持续	出现
天数(d)	4	17	14	81	4	32	13	114	22	121

注：表中持续天数为全年该级流量连续出现最长时间。

表1-4 2010年三门峡水文站各级含沙量持续时间及出现天数

含沙量级(kg/m³)	>100		100~50		50~0		0	
	持续	出现	持续	出现	持续	出现	持续	出现
天数(d)	4	7	2	7	15	71	149	280

注:表中持续天数为全年该级含沙量连续出现最长时间。

2010年小浪底水库入库总水量为252.99亿 m³,从年内分配看,汛期7~10月入库水量为119.73亿 m³,占全年入库水量的47.3%;非汛期入库水量为133.26亿 m³,占全年入库水量的52.7%。全年入库沙量为3.511亿 t,几乎全部来自6~10月,其中,汛前调水调沙期间三门峡水库下泄沙量为0.418亿 t,占全年入库沙量的11.9%。图1-2给出了小浪底水库2010年进出库水量、沙量年内分配情况。

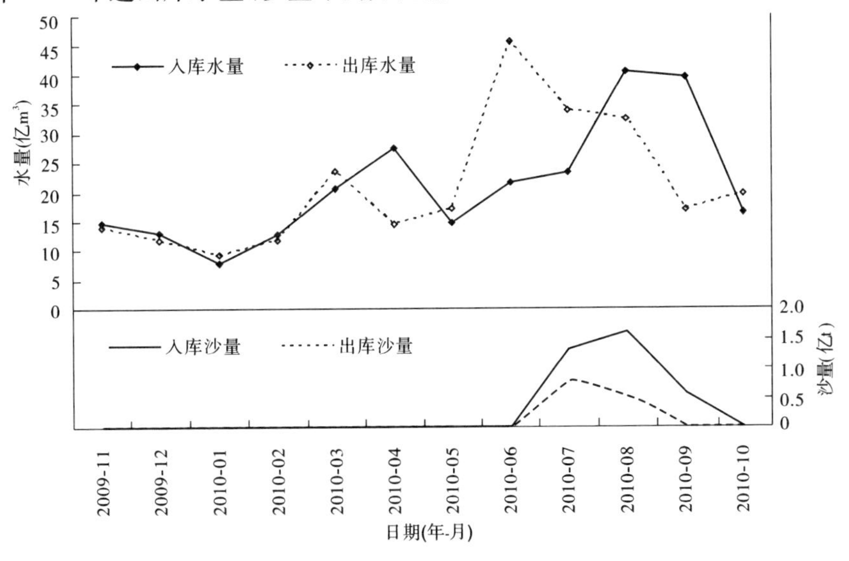

图1-2 2010年小浪底水库水沙量年内分配

小浪底水库出库站为小浪底水文站,2010年全年出库水量为250.55亿 m³,其中汛期7~10月水量为102.73亿 m³,占全年出库水量的41.00%;而春灌期3~6月水量为100.74亿 m³,占全年出库水量的40.21%。全年出库沙量仅为1.361亿 t,全部集中在汛期下泄洪水时段出库。出库水沙量年内分配见表1-5及图1-2。表1-6给出了小浪底水文站洪水期水沙特征参数。2010年汛前调水调沙期间,出库水量52.06亿 m³,占全年出库总水量的20.78%,最大出库日均流量为3 930 m³/s,最大出库日均含沙量为123 kg/m³,两者均为年内最大日均出库流量和含沙量;三次调水调沙期间共有1.319亿 t 泥沙排出库,占全年出库泥沙的96.9%。除表中给出的5次较大出库过程外,其他时间出库流量较小且过程均匀。从表1-7可以看出,全年有273 d出库流量小于800 m³/s。从表1-8可以看出,年内大部分时段水库下泄清水。图1-3给出了2010年小浪底水文站日均流量、含沙量过程。

表 1-5 小浪底水库出库水沙量年内分配表

年份	月份	水量(亿 m^3)	沙量(亿 t)
2009	11	13.98	0
	12	11.89	0
2010	1	9.28	0
	2	11.93	0
	3	23.53	0
	4	14.51	0
	5	17.15	0
	6	45.55	0
	7	33.82	0.810
	8	32.49	0.541
	9	16.85	0.010
	10	19.57	0
汛期		102.73	1.361
非汛期		147.82	0
全年		250.55	1.361

表 1-6 2010 年小浪底水文站洪水期水沙特征值

时段 (月-日)	水量 (亿 m^3)	沙量 (亿 t)	流量(m^3/s)		含沙量(kg/m^3)	
			最大日均	时段平均	最大日均	时段平均
06-19 ~ 07-07 (汛前调水调沙期)	52.06	0.553	3 930	3 171	123	10.62
07-24 ~ 08-03 (第二次调水调沙)	14.38	0.258	2 410	1 513	45.4	17.94
08-11 ~ 08-21 (第三次调水调沙)	19.82	0.508	2 650	2 085	41.2	25.63
08-22 ~ 09-04	8.88	0.034	1 410	734	10.7	3.83
09-20 ~ 09-30	7.01	0.008	1 910	738	3.74	1.14
合计	102.15	1.361	—	—	—	—

表 1-7　2010 年小浪底水文站各级流量持续时间及出现天数

流量级 (m³/s)	>3 000		3 000 ~ 2 000		2 000 ~ 1 000		1 000 ~ 800		800 ~ 500		<500	
	持续	出现	持续	出现	持续	出现	持续	出现	持续	出现	持续	出现
天数(d)	11	11	8	17	5	32	6	32	16	111	76	162

注:表中持续天数为全年该级流量连续时间出现最长时间。

表 1-8　2010 年小浪底水文站各级含沙量持续时间及出现天数

含沙量级 (kg/m³)	>100		100 ~ 50		50 ~ 0		0	
	持续	出现	持续	出现	持续	出现	持续	出现
天数(d)	1	1	1	1	24	43	245	320

注:表中持续天数为全年该级含沙量连续出现最长时间。

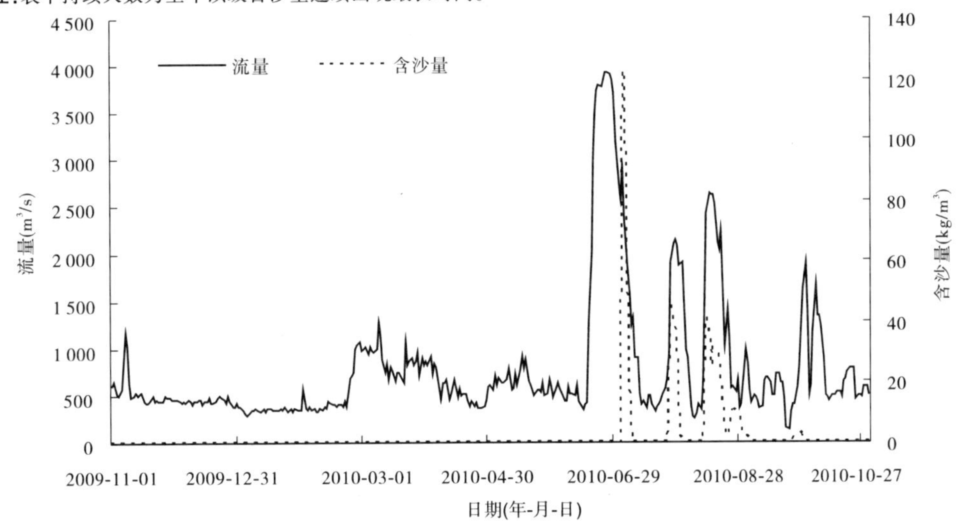

图 1-3　2010 年小浪底水文站日均流量、含沙量过程

表 1-9 给出了 2010 年小浪底水库各时段排沙情况,可以看出汛前调水调沙期间水库排沙 0.553 亿 t,排沙比达到 132.3%,为年内排沙比最大值。

表 1-9　2010 年小浪底水库主要时段排沙情况

时段(月-日)	水量(亿 m³)		沙量(亿 t)		排沙比(%)
	三门峡	小浪底	三门峡	小浪底	
06-19 ~ 07-07(汛前调水调沙期)	12.21	52.06	0.418	0.553	132.3
07-24 ~ 08-03(第二次调水调沙)	13.28	14.38	0.901	0.258	28.6
08-11 ~ 08-21(第三次调水调沙)	15.46	19.82	1.092	0.508	46.5

续表 1-9

时段（月-日）	水量（亿 m^3）		沙量（亿 t）		排沙比（%）
	三门峡	小浪底	三门峡	小浪底	
08-22～09-04	22.13	8.88	0.503	0.034	6.8
09-20～09-30	15.30	7.01	0.438	0.008	1.8
合计	78.38	102.15	3.352	1.361	40.6

（二）2010 年水库调度方式及过程

2010 年小浪底水库按照满足黄河下游防洪、减淤、防凌、防断流以及供水等要求为主要目标，进行了防洪和春灌蓄水、调水调沙及供水等一系列调度。2010 年水库日均最高水位达到 250.84 m（6 月 18 日），日均最低水位达到 211.60 m（8 月 19 日），库水位及蓄水量变化过程见图 1-4。

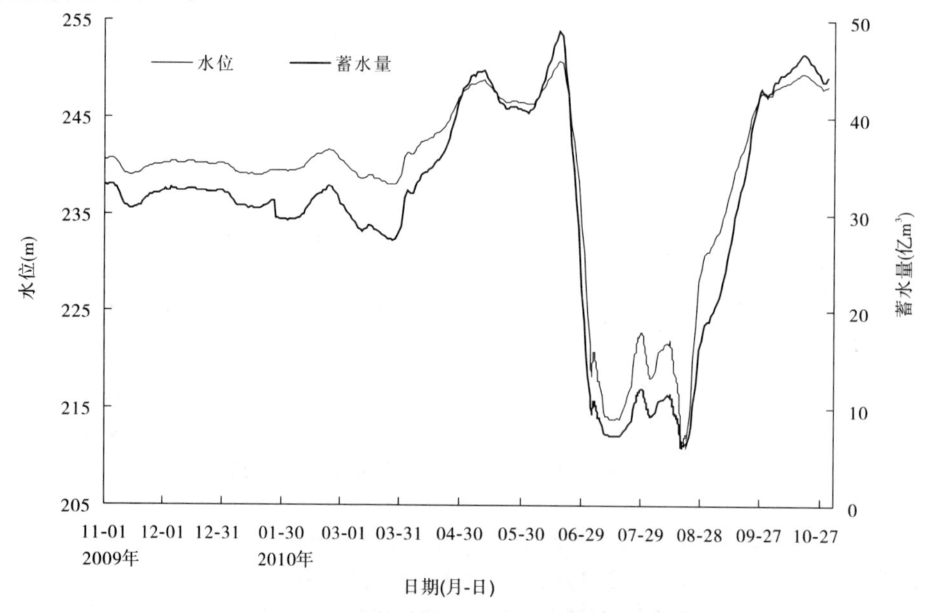

图 1-4　2010 年小浪底水库水位及蓄水量变化过程

2010 年水库运用可划分为三个阶段：

第一阶段为 2009 年 11 月 1 日至 2010 年 6 月 18 日。2009 年 11 月 1 日至 2010 年 2 月 2 日为防凌期，库水位基本维持在 240 m 左右。2 月 3 日至 2 月 24 日为春灌蓄水期，库水位一度抬高至 241.76 m。2 月 23 日至 4 月 6 日为春灌泄水期，为满足黄河中下游地区春灌用水及保证河道不断流，2 月 23 日，小浪底水库下泄日均流量由 380 m^3/s（2 月 22 日）增加大到 600 m^3/s，日均流量最大达到 1 280 m^3/s（3 月 9 日），库水位一度下降，3 月 27 日库水位下降至 238.09 m。根据小浪底水库蓄水情况和下游河道现状，4 月 7 日到 6 月 18 日库水位逐步抬高，由 241.74 m 上升至 250.84 m。

第二阶段 6 月 19 日至 7 月 7 日为汛前调水调沙生产运行期。该阶段调水调沙生产运行又可分为两个时段，第一时段为小浪底水库清水下泄（调水期），第二时段为小浪底水库排沙出库（调沙期）。第一时段从 2010 年 6 月 19 日 8 时开始，到 7 月 3 日 18 时 36 分结束。6 月 19 日 8 时小浪底水库水位 250.61 m，蓄水量 48.48 亿 m^3，利用小浪底水库下泄一定流量的清水，冲刷下游河槽。同时，本着尽快扩大主槽行洪输沙能力的要求，逐步加大小浪底水库的泄流量，以此逐步检验调水调沙期间下游河道水流是否出槽，以确保调水调沙生产运行的安全，至 7 月 3 日人工塑造异重流开始时，坝上水位已降至 219.82 m，蓄水量降至 10.20 亿 m^3（7 月 3 日 20 时）。第二时段从 2010 年 7 月 3 日 18 时 36 分开始，到 7 月 7 日 24 时结束。调水调沙开始后水库水位持续下降，7 月 4 日 8 时降至 218.29 m，通过万家寨、三门峡、小浪底 3 个水库联合调度，在小浪底水库塑造有利于形成异重流排沙的水沙过程，7 月 4 日 12 时 5 分小浪底水库排沙出库，7 月 7 日 24 时小浪底水库调水调沙过程结束，此时水位 217.64 m，蓄水量 9.00 亿 m^3，较调水调沙期前减少 39.48 亿 m^3。图 1-5 给出了 2010 年汛前调水调沙期间小浪底水库水位及蓄水量变化过程。

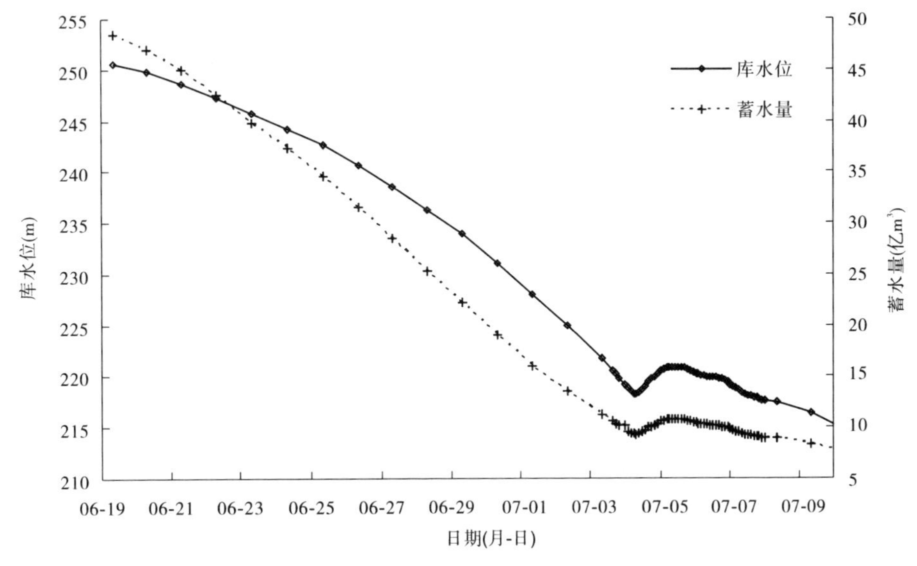

图 1-5　2010 年汛前调水调沙期间小浪底水库水位及蓄水量过程

第三阶段为 7 月 8 日至 10 月 31 日。8 月 25 日之前，水库以防洪运用为主，库水位一直维持在汛限水位 225 m 以下，其间，利用中上游干支流出现洪水的有利时机，进行过两次汛期调水调沙。7 月 24 日至 8 月 3 日，黄委统筹考虑干支流防洪减灾和水库、河道减淤，利用黄河流域泾渭河、北洛河、伊洛河发生强降雨过程，通过三门峡、小浪底、陆浑、故县水库“时间差、空间差”的组合调度，实施了基于黄河中游水库群四库联合调度的本年度第二次调水调沙。其间，水位一度抬升至 222.66 m（7 月 29 日），调水调沙结束水位降至 217.99 m（8 月 3 日）。8 月 11 ~21 日，黄委再次利用黄河流域山陕区间、泾渭河、北洛河、黄河下游降雨过程，通过万家寨、三门峡、小浪底水库的组合调度，将中游干支流小流量、高含沙的多股洪水过程，塑造成有利于水库河道减淤的协调水沙过程，实施了基于黄河中游水库群三库水沙联合调度的本年度第三次调水调沙。其间，水位一度降至 211.6

m(8 月 19 日),达到年内最低运用水位,调水调沙结束水位为 212. 65 m(8 月 21 日)。8 月 26 日之后,水库运用以蓄水为主,库水位持续抬升,最高库水位一度上升至 249. 7 m(10 月 18 日),至 10 月 31 日,库水位为 248. 36 m。

经过小浪底水库调节,进出库流量及含沙量过程发生了较大的改变。图 1-6 为进出库流量、含沙量过程。

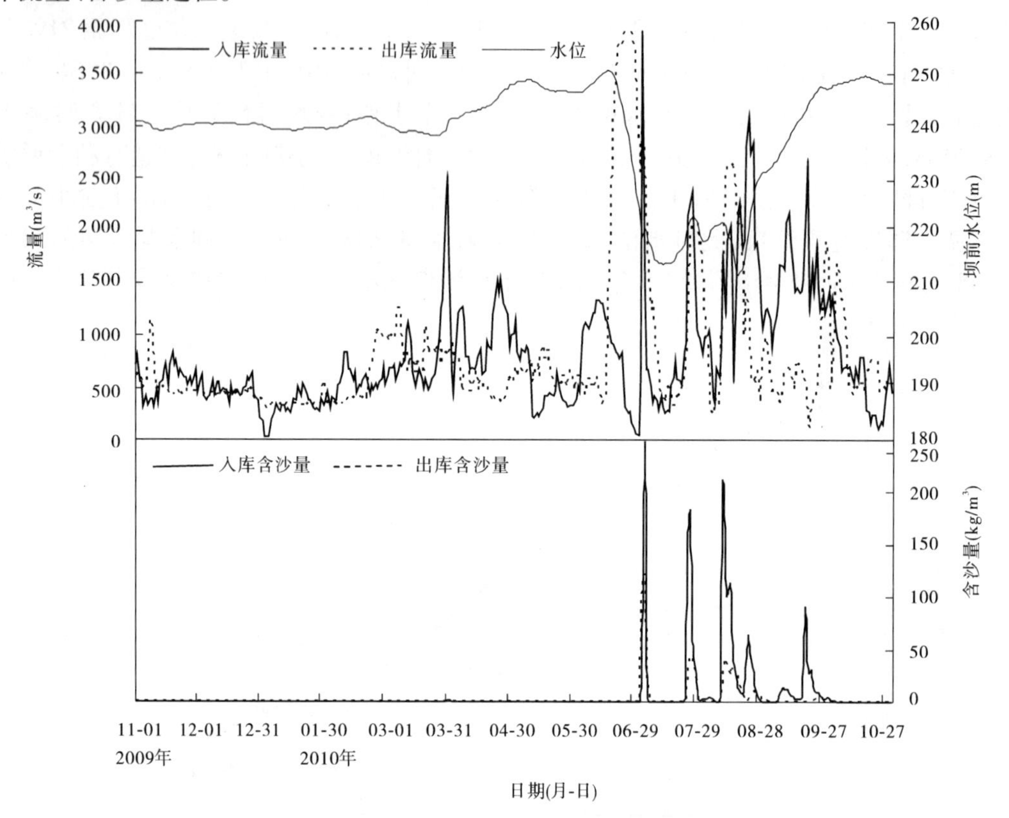

图 1-6　2010 年小浪底水库进出库流量、含沙量过程

二、库区冲淤特性及库容变化

(一)库区冲淤特性

根据库区断面测验资料,2010 年小浪底水库全库区淤积量为 2. 394 亿 m³,利用沙量平衡法计算库区淤积量为 2. 150 亿 t(入库 3. 511 亿 t,出库为 1. 361 亿 t)。根据断面法计算分析可以得出,泥沙的淤积分布有以下特点:

(1)2010 年全库区泥沙淤积量为 2. 394 亿 m³,其中干流淤积量为 1. 156 亿 m³,支流淤积量为 1. 238 亿 m³。

(2)2010 年库区淤积全部集中于 4 ~ 10 月,淤积量为 2. 724 亿 m³,其中干流淤积量 1. 291 亿 m³,占该时期库区淤积总量的 47. 39%。表 1-10 给出了断面法计算的 2010 年各时段库区干支流淤积量分布。

表 1-10　2010 年各时段库区冲淤量

时段		2009 年 11 月至 2010 年 4 月	2010 年 4～10 月	2009 年 11 月至 2010 年 10 月
冲淤量（亿 m^3）	干流	-0.135	1.291	1.156
	支流	-0.195	1.433	1.238
	合计	-0.330	2.724	2.394

注：表中“-”表示发生冲刷，下同。

(3)年内全库区除个别高程间(220～235 m、270～275 m)发生冲刷外，其余高程间均为淤积，淤积量为 2.817 亿 m^3。图 1-7 给出了不同高程间的冲淤量分布。

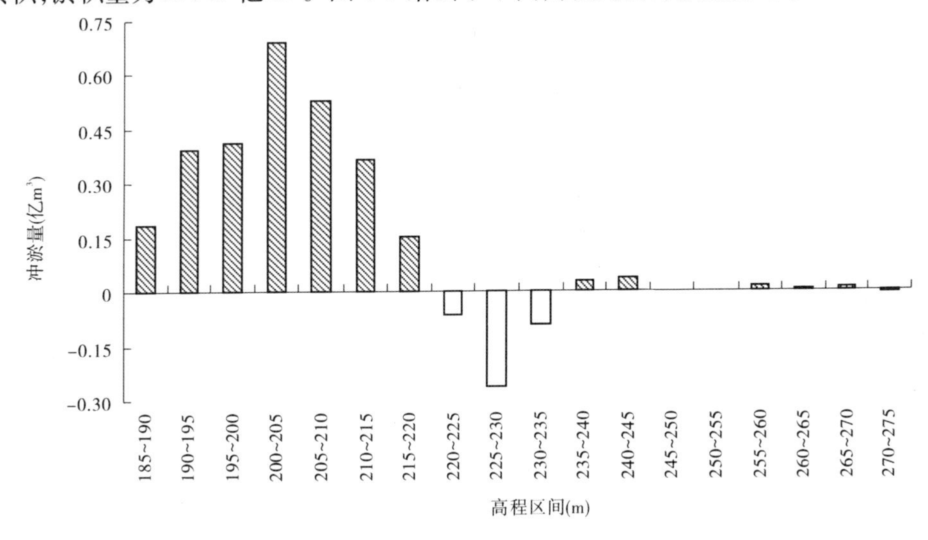

图 1-7　2010 年小浪底库区不同高程冲淤量分布

(4)泥沙主要淤积在 HH15 断面以下库段(含支流)，淤积量为 2.886 亿 m^3，HH45 断面以上有少量淤积；HH15～HH45 断面库段(含支流)发生冲刷，冲刷量为 0.543 亿 m^3。各断面间冲淤量分布见图 1-8，表 1-11 为不同库段冲淤量分布。

表 1-11　2010 年小浪底库区不同库段(含支流)冲淤量分布　（单位：亿 m^3）

库段		HH15 以下	HH15～HH19	HH19～HH26	HH26～HH45	HH45～HH56	合计
距坝里程(km)		0～24.43	24.43～31.85	31.85～42.96	42.96～82.95	82.95～123.41	—
冲淤量	2009-11～2010-04	-0.407	-0.022	0.004	0.098	-0.003	-0.330
	2010-04～2010-10	3.293	0.018	-0.136	-0.505	0.054	2.724
	全年	2.886	-0.004	-0.132	-0.407	0.051	2.394

(5)2010 年支流淤积量为 1.238 亿 m^3，其中非汛期冲刷，冲刷量为 0.195 亿 m^3，而汛期淤积量为 1.433 亿 m^3。支流泥沙主要淤积在位于三角洲顶点以下的支流以及库容较

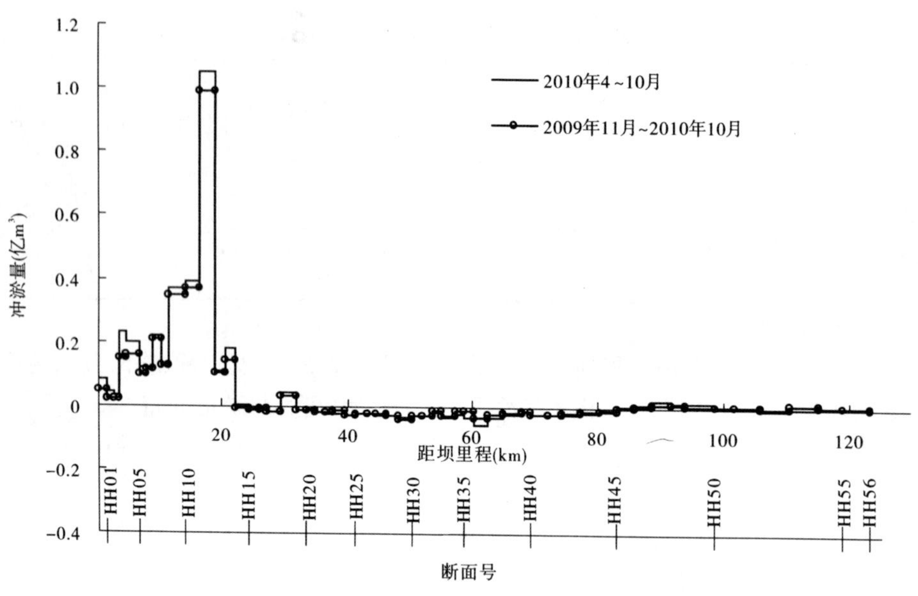

图 1-8　2010 年小浪底库区断面间冲淤量分布(含支流)

大的支流,如畛水河、石井河、大峪河、东洋河等。三角洲顶点以下库段支流淤积量为 1.118 亿 m^3,占支流淤积总量的 90.3%。其中,畛水河 2010 年 4 ~ 10 月淤积量达到 0.775 亿 m^3,占到该时期支流淤积总量 1.433 亿 m^3 的 54.08%。汛期干、支流的详细淤积情况见图 1-9,表 1-12 列出了年内淤积量大于 0.01 亿 m^3 的支流。支流淤积主要为干流来沙倒灌所致,淤积集中在沟口附近,沟口向上沿程减少。

表 1-12　典型支流淤积量变化表　　（单位:亿 m^3）

支流		位置	2009 年 11 月 ~2010 年 4 月	2010 年 4 ~ 10 月	全年
左岸	大峪河	HH03 ~ HH04	−0.060	0.162	0.102
	白马河	HH07 ~ HH08	−0.004	0.028	0.024
	大沟河	HH10 ~ HH11	−0.009	0.042	0.033
	五里沟	HH12 ~ HH13	−0.004	0.036	0.032
	东洋河	HH18 ~ HH19	−0.011	0.049	0.038
	西阳河	HH23 ~ HH24	0.007	0.014	0.021
	沇西河	HH32 ~ HH33	0.005	0.016	0.021
右岸	石门沟	大坝 ~ HH01	−0.019	0.039	0.020
	煤窑沟	HH04 ~ HH05	−0.001	0.029	0.028
	畛水河	HH11 ~ HH12	−0.051	0.775	0.724
	秦家沟	HH11 ~ HH12	0	0.010	0.010
	石井河	HH13 ~ HH14	−0.038	0.175	0.137

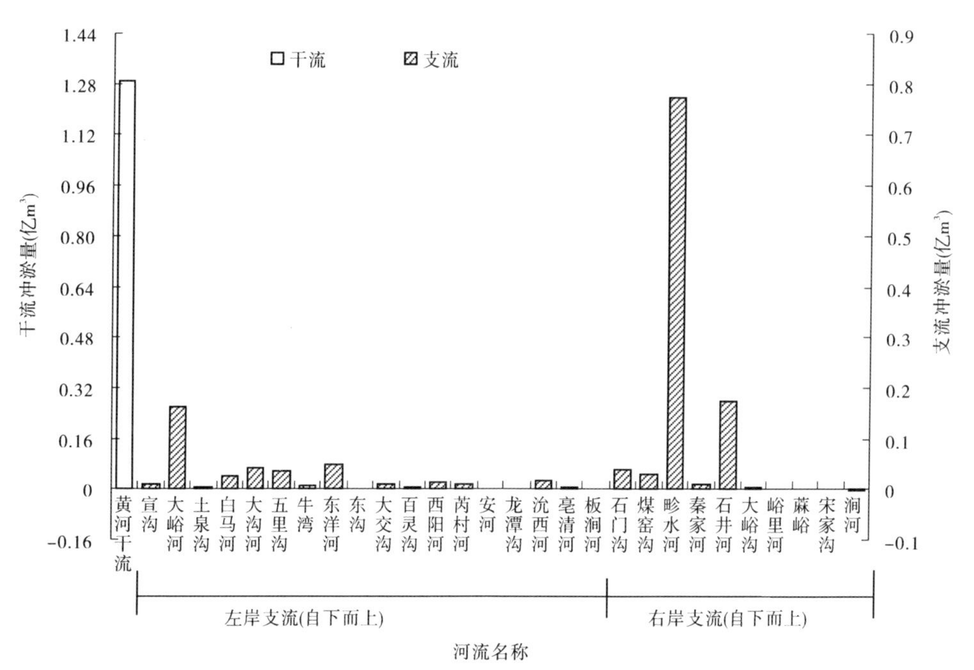

图 1-9 小浪底库区 2010 年汛期干、支流冲淤量分布图

(二)库区淤积形态

1. 干流淤积形态

1)纵向淤积形态

2009 年 11 月至 2010 年 6 月下旬,大部分时段三门峡水库下泄清水,小浪底水库进库沙量仅为 0.007 亿 t,无泥沙出库;干流纵向淤积形态在此期间变化不大。

2010 年 7 ~ 10 月,小浪底水库库区干流保持三角洲淤积形态,在库区三角洲洲面水流为明流流态,三角洲顶点以下的前坡段,水深陡增,流速骤减,水流挟沙力急剧下降,处于超饱和输沙状态,大量泥沙在此落淤,使三角洲洲体随库区淤积量的增加而不断向坝前推进。表 1-13、图 1-10 给出了三角洲淤积形态要素统计与干流纵剖面,三角洲各库段比降 2010 年 10 月较 2009 年 10 月均有所调整。首先,除 HH45 ~ HH49 库段有少量淤积外,三角洲洲面大部分库段(HH15 ~ HH45)均发生大幅度冲刷,HH15 ~ HH45 断面干流冲刷量为 0.660 亿 m³;与上年末相比,洲面长度分别向上游、下游延伸,HH37 ~ HH49 倒坡消失,洲面比降增加,达到 2.52‱。其次,随着三角洲前坡段与坝前淤积段的大量淤积,干流淤积量为 1.765 亿 m³,使三角洲顶点不断向坝前推进,由距坝 24.43 km(HH15 断面)推进到 18.75 km(HH12 断面),向下游推进了 5.68 km,三角洲顶点高程为 215.61 m;三角洲尾部段有少量淤积,比降有所增加,达到 15.38‱。

2)横断面淤积形态

横断面总体表现为同步淤积抬升趋势。图 1-11 为 2009 年 10 月至 2010 年 10 月三次库区典型横断面套绘,可以看出不同的库段冲淤形态及过程有较大的差异。

表 1-13　干流纵剖面三角洲淤积形态要素统计

<table>
<tr><th rowspan="2">时间
(年-月)</th><th colspan="2">顶点</th><th>坝前淤积段</th><th colspan="2">前坡段</th><th colspan="2">洲面段</th><th colspan="2">尾部段</th></tr>
<tr><th>距坝里程(km)</th><th>深泓点高程(m)</th><th>距坝里程(km)</th><th>距坝里程(km)</th><th>比降(‱)</th><th>距坝里程(km)</th><th>比降(‱)</th><th>距坝里程(km)</th><th>比降(‱)</th></tr>
<tr><td>2009-10</td><td>24.43</td><td>219.75</td><td>0 ~ 11.42</td><td>11.42 ~ 24.43</td><td>21.59</td><td>24.43 ~ 93.96</td><td>2.00</td><td>93.96 ~ 123.41</td><td>12.36</td></tr>
<tr><td>2010-10</td><td>18.75</td><td>215.61</td><td>0 ~ 8.96</td><td>8.96 ~ 18.75</td><td>19.01</td><td>18.75 ~ 101.61</td><td>2.52</td><td>101.61 ~ 123.41</td><td>15.38</td></tr>
</table>

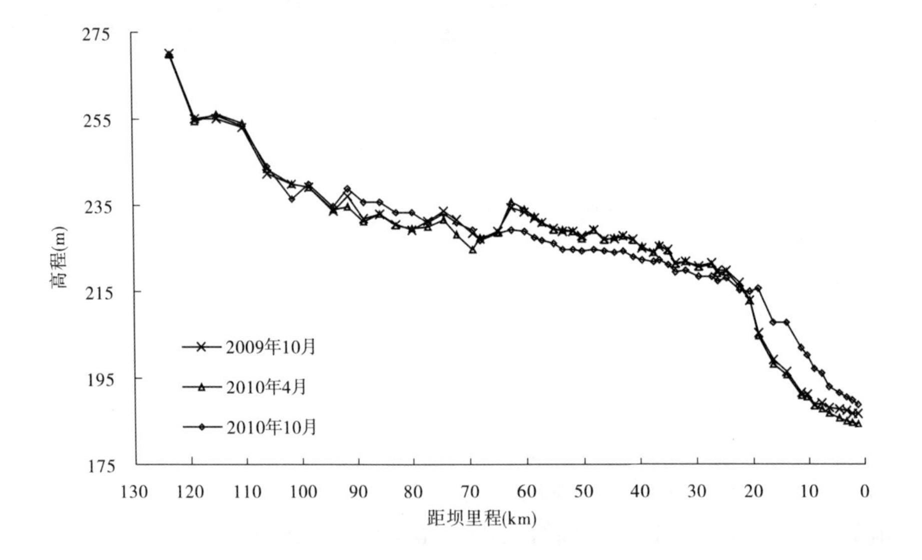

图 1-10　干流纵剖面套绘(深泓点)

2009 年 10 月至 2010 年 4 月,全库区地形总体变化不大。受水库蓄水影响,非汛期三角洲顶点以下的坝前淤积段发生密实固结,淤积面高程有所降低,随着距坝里程增加,降低程度减缓。三角洲顶点以上,只是在部分库段出现少量冲刷或淤积。如:HH21 ~ HH44 库段表现为淤积,干流淤积量为 0.093 亿 m^3;HH44 ~ HH51 库段整体表现为冲刷,干流冲刷量为 0.037 亿 m^3;三角洲尾部段 HH51 ~ HH56 表现为淤积,淤积量为 0.031 亿 m^3。

受汛期水沙条件及水库调度等的影响,与 2010 年 4 月地形相比,2010 年 10 月地形变化较大。汛期泥沙大量淤积,整个库区滩面均有不同程度的抬升。其中,坝前淤积段(HH07 断面以下)全断面淤积抬高,无明显滩槽,如距坝 7.74 km 处的 HH06(见图 1-11(a));前坡段(HH07 ~ HH12 断面)则表现为全断面较大幅度的淤积抬高,如 HH10 断面抬升幅度最大,全断面平均抬升约为 12 m,最大淤积厚度约 16 m,该库段为淤积量最大的库段,干流淤积量达到 1.304 亿 m^3。

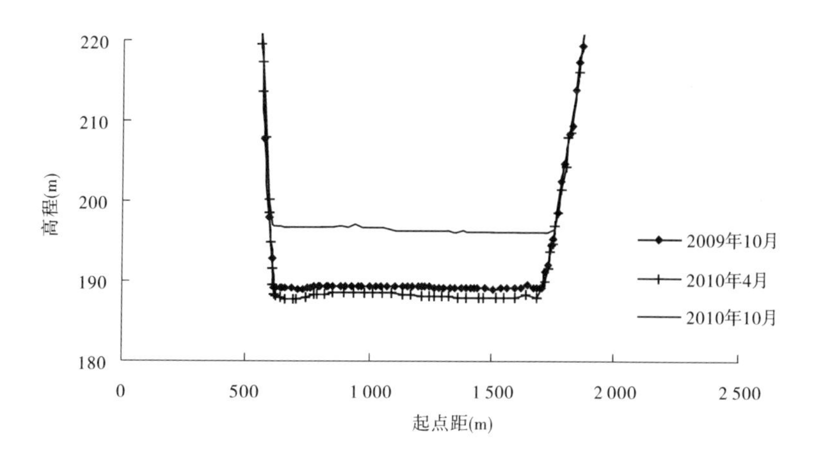

(a)HH06

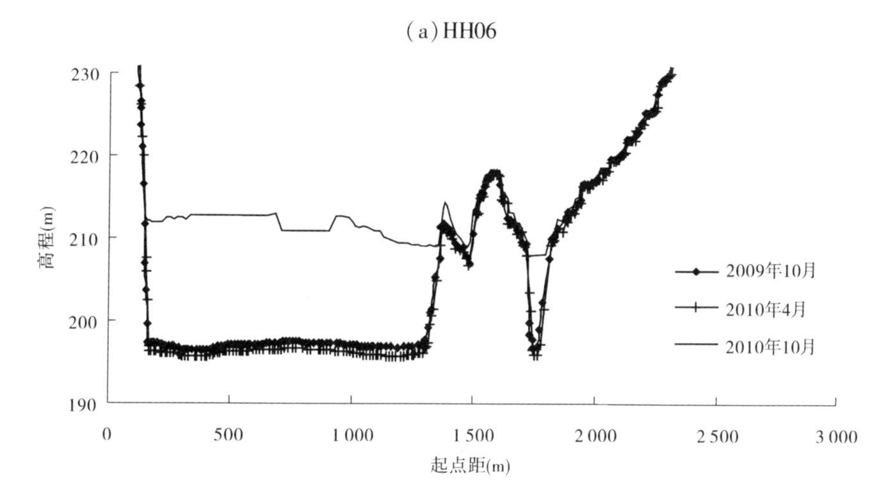

(b)HH10

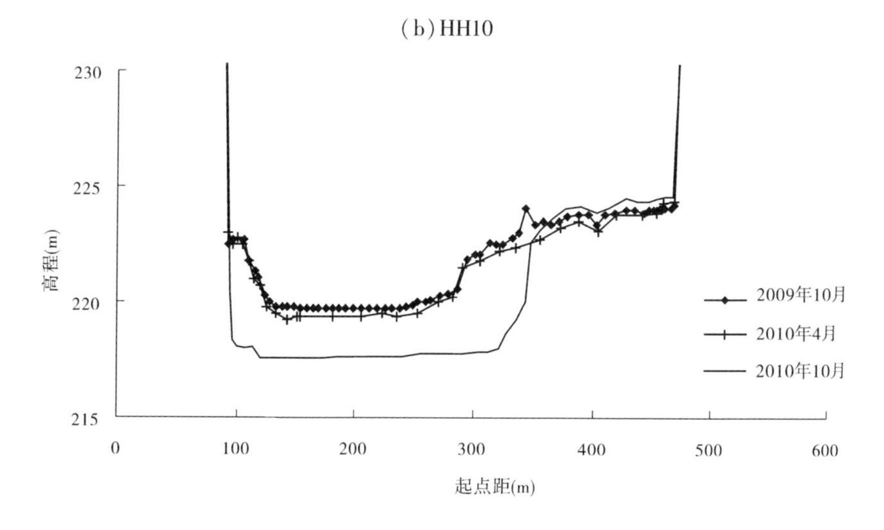

(c)HH16

图 1-11　典型横断面套绘图

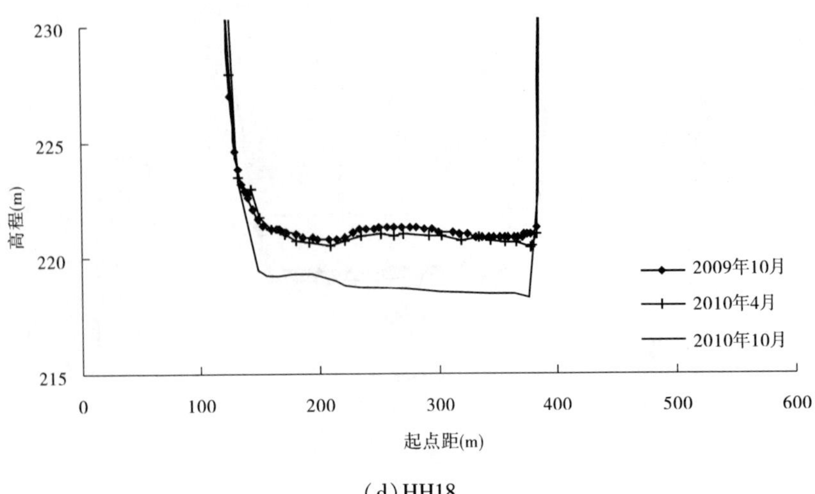

(d) HH18

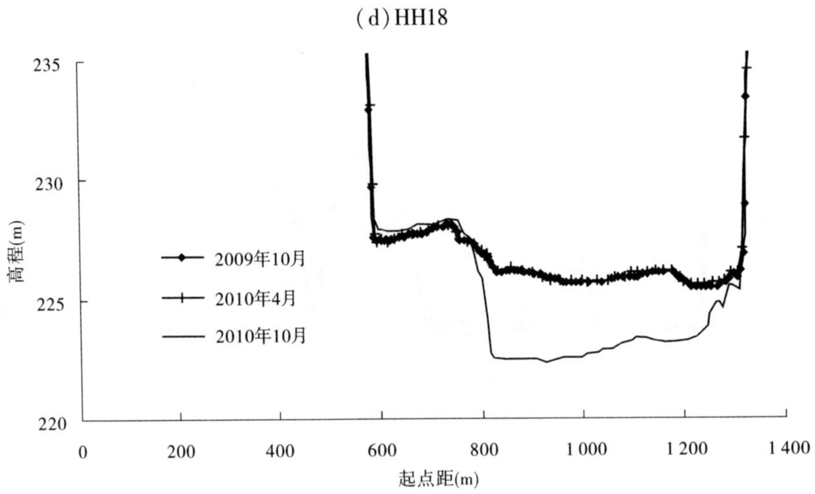

(e) HH22

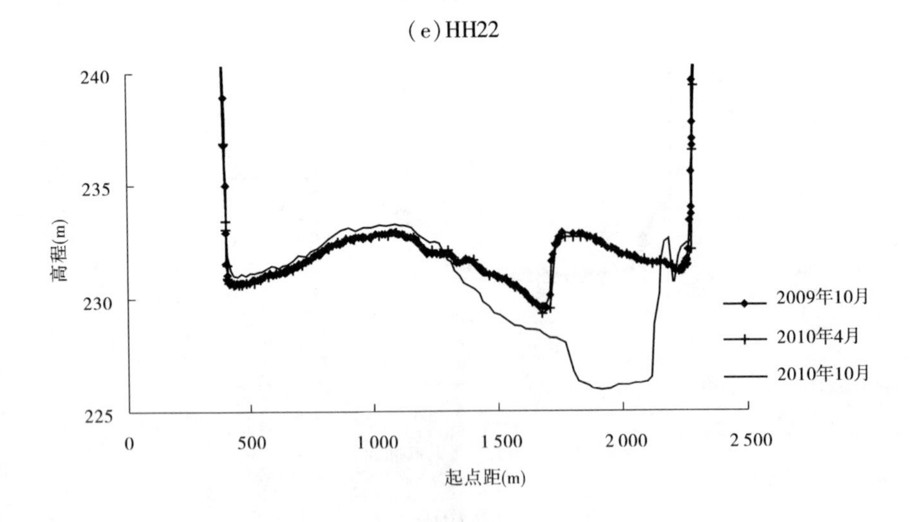

(f) HH33

续图 1-11

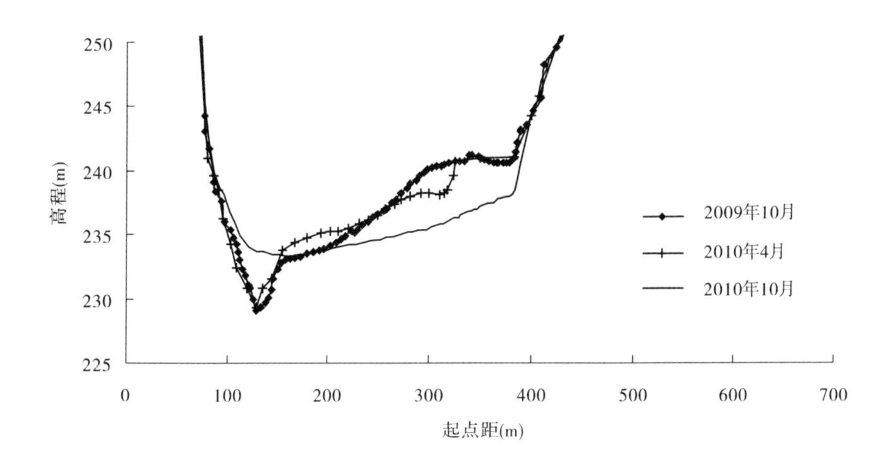

(g) HH44

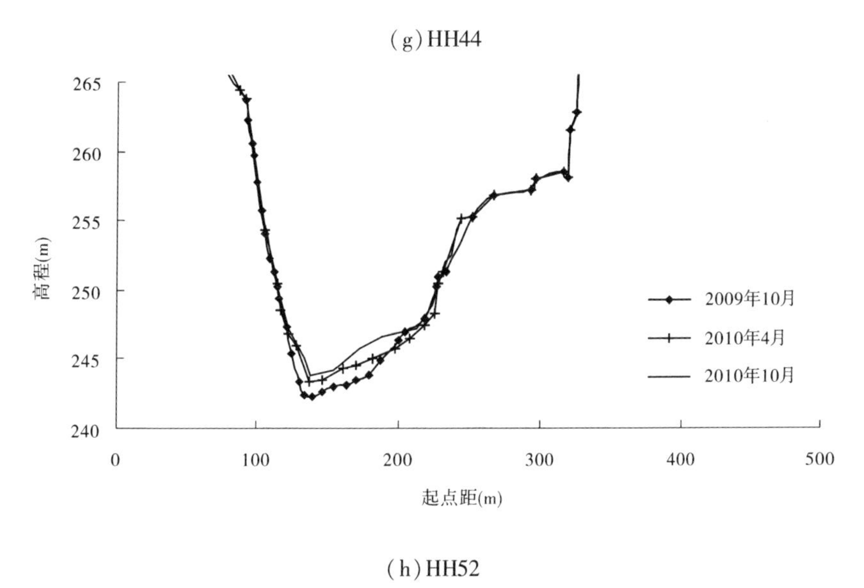

(h) HH52

续图 1-11

河槽边界一定条件下,其床面形态取决于水沙过程。2010 年汛期,水库运用水位均低于 220 m,最低降至 210.97 m(见图 1-6),低于距坝 24.43 km 处三角洲顶点高程 220.85 m,致使三角洲顶点以上 HH12 断面至 HH15 断面之间河槽冲刷下切为三角洲洲面段。在洲面段,横断面淤积状态整体表现为淤滩刷槽。小流量时,冲刷形成的河槽较小;遭遇较大流量时,河槽下切展宽,河槽过水面积显著扩大,如 HH16 断面;在较为顺直的狭窄库段,基本上表现为全断面过流,如八里胡同库段的 HH18 断面。

小浪底库区大部分库段在大部分时段河槽位置相对固定,只是随流量的变化,河槽形态发生调整或略有位移,如 HH37 断面以上、HH29 ~ HH27 断面之间、HH23 ~ HH14 断面之间库段,河槽比较稳定。其中,HH44 断面基本处于湾顶处,主流稳定在左岸;HH22 断面河槽稳定在右岸,遇到大洪水时,河槽下切展宽。部分库段受水库运用及地形条件的影响,河槽往往发生大幅度的位移,在 HH36 ~ HH30 断面之间往往是非汛期泥沙淤积的部位，在淤积过程中河槽被部分或全部掩埋，在翌年汛前降水过程中，河槽出现的位置受上下游河势变化等因素的影响，往往具有随机性。此外，该库段断面宽阔，一般为 2 000 ~ 2 500 m，在持续小流量年份河槽相对较小，滩地形成横比降，突遇较大流量，极易发生河槽位移，如图 HH33 断面，河槽沿横断面变化频繁且大幅度位移。HH52 断面上下游较为顺直且河谷狭窄，仅约 300 m，未能形成滩地。

2. 支流淤积形态

支流河床倒灌淤积过程与天然的地形条件（支流口门的宽度）、干支流交汇处干流的淤积形态（有无滩槽或滩槽高差，河槽远离或贴近支流口门）、来水来沙过程（历时、流量、含沙量）等因素密切相关。随干流滩面的抬高，支流沟口淤积面同步上升，支流淤积形态取决于沟口处干流的淤积面高程。干流浑水倒灌支流，并沿程落淤。2010 年汛期，小浪底水库运用水位较低，在三角洲顶点以上基本为准均匀明流输沙，以下库段大多为异重流输沙。

图 1-12、图 1-13 给出了部分支流纵、横断面套绘图。距坝约 4 km 的大峪河，非汛期由于淤积物的固结而表现为淤积面有所下降。汛期淤积量达到 0. 162 亿 m^3，全部为异重流倒灌，支流内部淤积面高程抬升幅度与河口处干流抬升幅度相当，横断面表现为平行抬升，各断面抬升比较均匀，为 3 ~ 4 m。

随干流三角洲向坝前推进，在交汇处干流淤积面大幅度抬升而产生大量淤积，与此同时，大量浑水以异重流形式倒灌进入位于干流三角洲顶点附近的支流畛水河，致使畛水河各断面淤积大幅度平行抬升，其中畛水河 1 断面淤积厚度最大，抬升 12 ~ 13 m，河底平均高程达到 213. 6 m，畛水河 2 ~ 6 断面抬升 8 ~ 9 m，畛水河 5 断面河底平均高程最低，为 206. 7 m，畛水河沟口形成明显的拦门沙坎，高约 7 m。2010 年 4 ~ 10 月，畛水河淤积量达到 0. 775 亿 m^3，占到该时期支流淤积总量的 54. 08%。

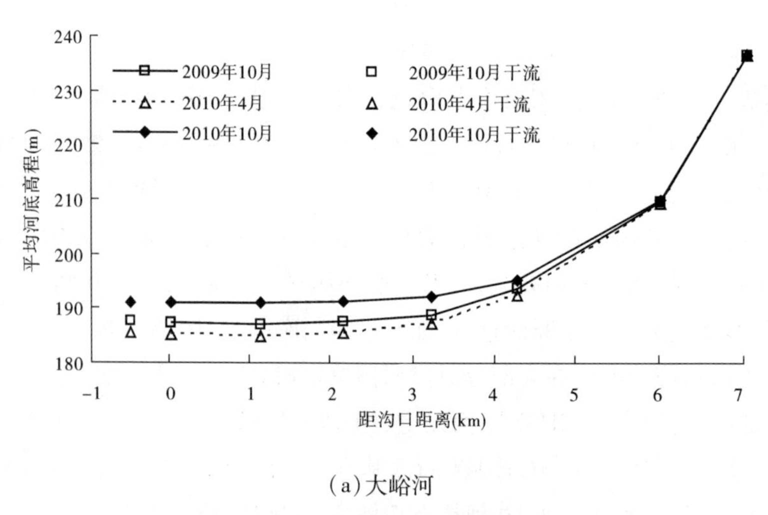

(a) 大峪河

图 1-12　典型支流纵剖面图

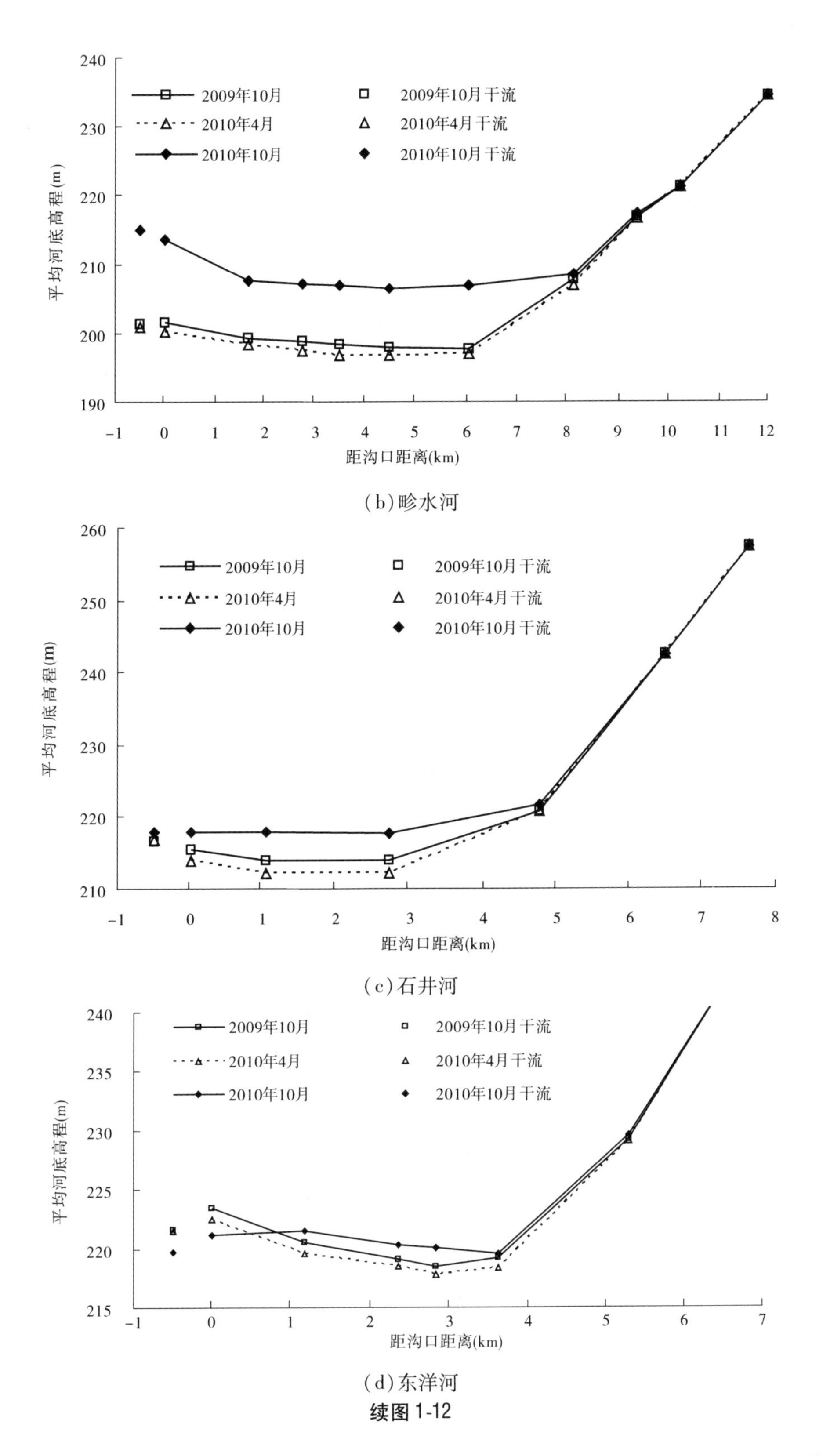

(b)畛水河

(c)石井河

(d)东洋河

续图 1-12

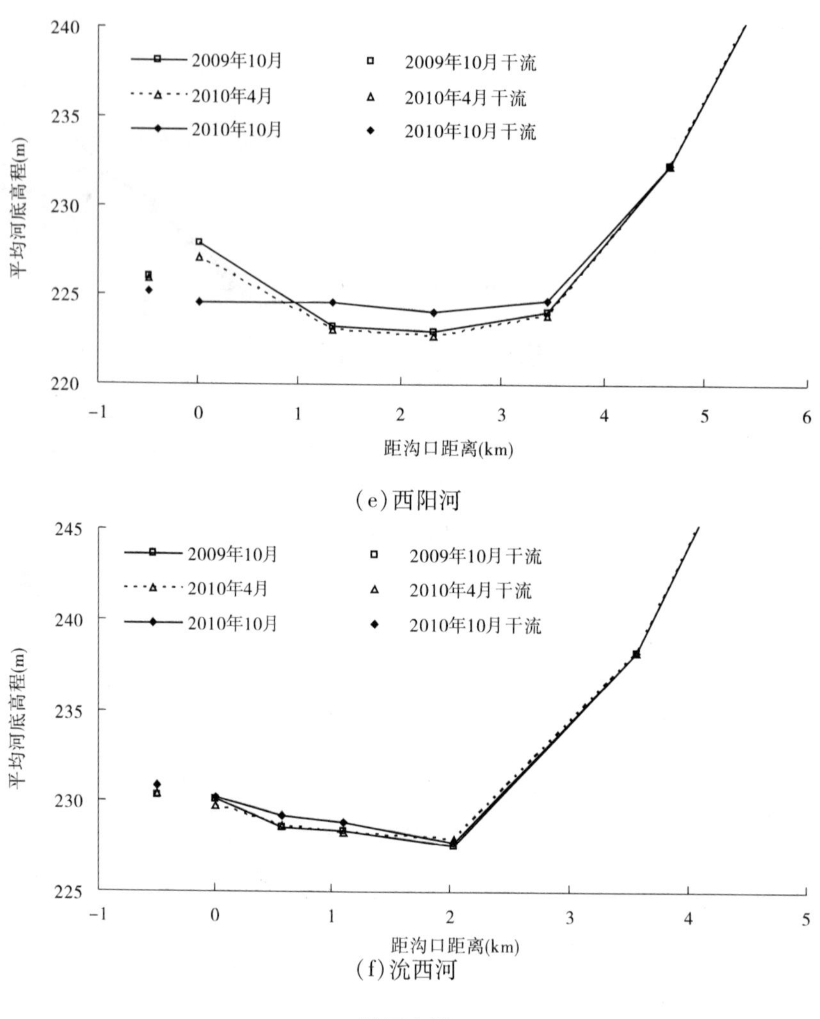

(e)西阳河

(f)沇西河

续图 1-12

与畛水河地形不同的是距坝约 22.1 km 的支流石井河,原始库容为 4.804 亿 m^3,275 m 高程回水长度约 10 km,沟口宽度大于 2 000 m,向上游过流宽度逐渐缩窄,距沟口约2 700 m 处,河谷宽度缩窄至 500 m 左右。地形条件使干流水沙倒灌量值大,支流内部铺沙宽度逐步减小,与支流畛水河相比,河床抬升速度快。在三角洲顶点由距坝 24.43 km 的 HH15 断面向下游推进的过程中,石井河也同样产生了较大的淤积,淤积量为 0.175 亿 m^3。

位于三角洲洲面段的支流东洋河、西阳河以及沇西河均为明流倒灌,淤积相对较少。水库运用过程中,三角洲洲面段河槽均出现大幅度的下切展宽,并伴有库水位下降,使得高水位时存储于支流内部的蓄水汇入干流。在支流内部水体流出的同时,部分支流沟口出现一条与干流主槽贯通的沟槽,沟口深泓点下降,使得支流内部与干流主槽连通,拦门沙坎降低甚至消失,从而使支流内部库容得以利用。如东洋河 1 断面出现了两条沟槽,其中较大的一条宽约 70 m,最深处达 3 m;西阳河 1 断面沟槽宽约 80 m,最深处达 4 m;沇西河 1 断面出现的沟宽约 150 m,最深处达 3.5 m。

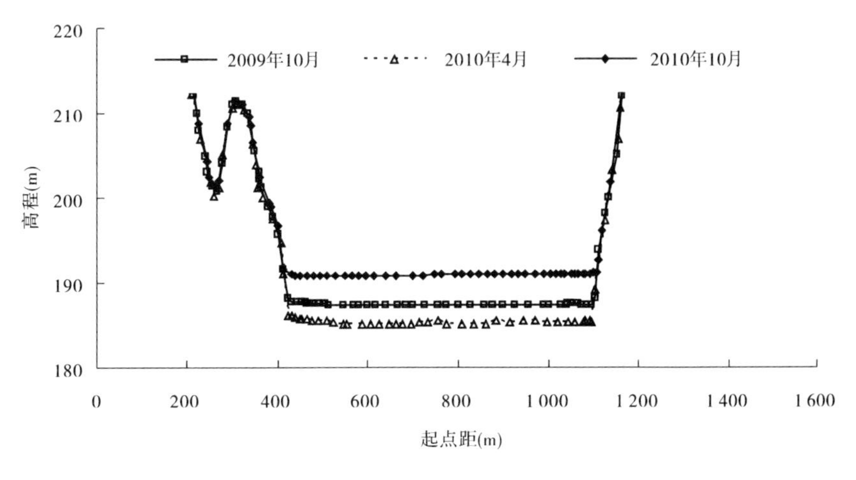

(a)大峪河 1 断面

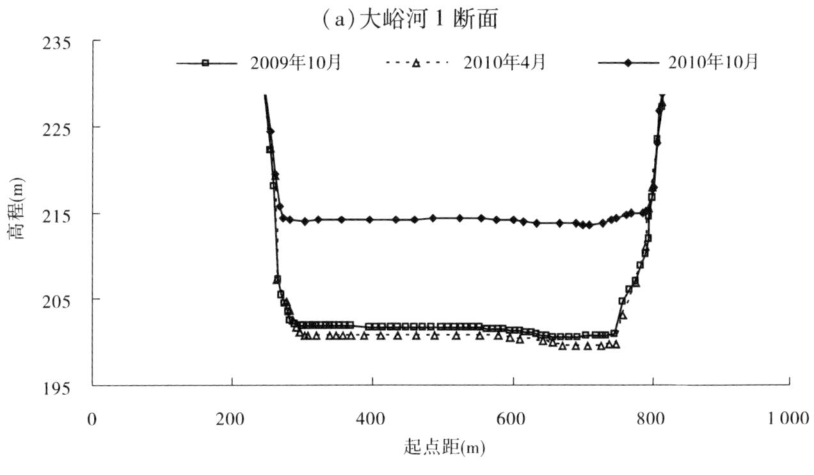

(b)畛水河 1 断面

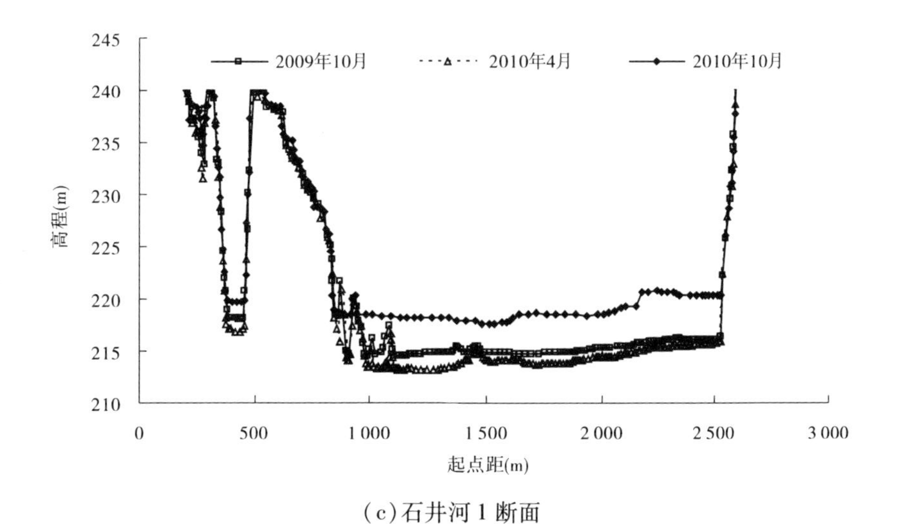

(c)石井河 1 断面

图 1-13　典型支流横断面图

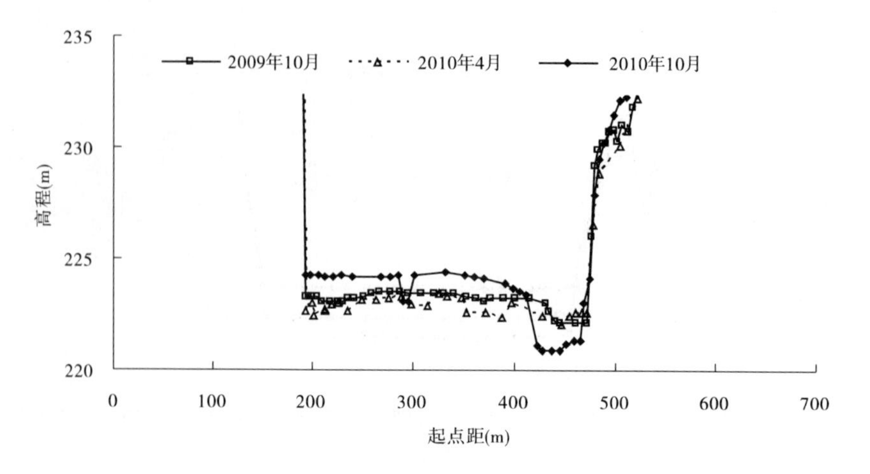

(d)东洋河 1 断面

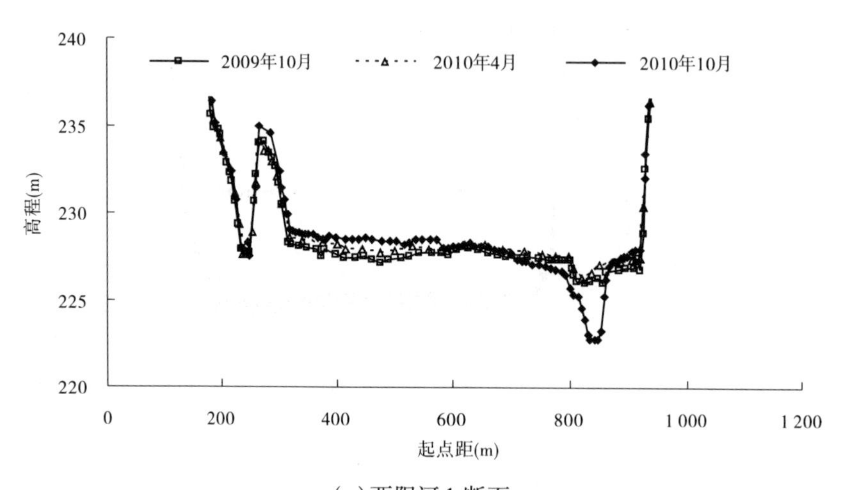

(e)西阳河 1 断面

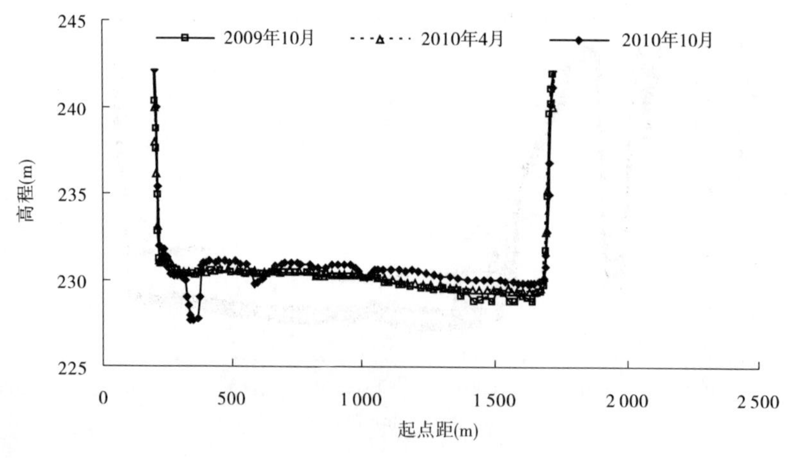

(f)沇西河 1 断面

续图 1-13

三、小结

(1)2010 年入库水量、沙量分别为 252. 99 亿 m^3、3. 511 亿 t,分别是 1987 ~ 2010 年系列多年平均水量的 110. 25% 、沙量的 60. 24% 。全年出库水量、沙量分别为 250. 55 亿 m^3、1. 361 亿 t。

(2)进出库泥沙集中在汛前和汛期调水调沙期间。年内共进行过三次调水调沙,调水调沙期间进出库泥沙分别为 2. 411 亿 t、1. 319 亿 t,分别占年内进出库泥沙的 68. 67% 、96. 91% 。

(3)水库运用可划分为三个阶段:第一阶段为 2009 年 11 月 1 日至 2010 年 6 月 18 日,包括防凌期、春灌蓄水期和春灌泄水期;第二阶段 6 月 19 日至 7 月 7 日为汛前调水调沙生产运行期;第三阶段为 7 月 8 日至 10 月 31 日,包括水库防洪运用和水库蓄水。2010 年水库日均最高水位达到 250. 84 m,日均最低水位达到 211. 60 m。

(4)年内全库区泥沙淤积量为 2. 394 亿 m^3,其中,干流淤积量为 1. 156 亿 m^3,支流淤积量为 1. 238 亿 m^3。从高程区间看,除个别高程间(220 ~ 235 m、270 ~ 275 m)发生冲刷外,其余高程间均为淤积。从淤积库段看,主要淤积在 HH15 断面以下库段。

(5)库区干流仍保持三角洲淤积形态,至 2010 年汛后,三角洲顶点推进到距坝 18. 75 km(HH12 断面),顶点高程为 215. 61 m。支流淤积主要在位于干流三角洲顶点以下的支流以及库容较大的支流。支流畛水河出现高达 7 m 的拦门沙坎。

第二章　小浪底水库运用 11 年情况总结

一、进出库水沙情况

小浪底水库运用以来，黄河为枯水少沙系列，见图 2-1 和表 2-1。2000 ~ 2010 年平均入库水量为 200.52 亿 m^3，较 1987 ~ 1999 年偏少 21.0%；入库沙量为 3.393 亿 t，较 1987 ~ 1999 年偏少 57.0%。其中，汛期水沙量偏少较多，与 1987 ~ 1999 年相比，汛期水沙量分别偏少 22.9% 和 58.9%。非汛期水沙量也有所减少，但减少幅度小于汛期。总体来看，沙量减少幅度大于水量。

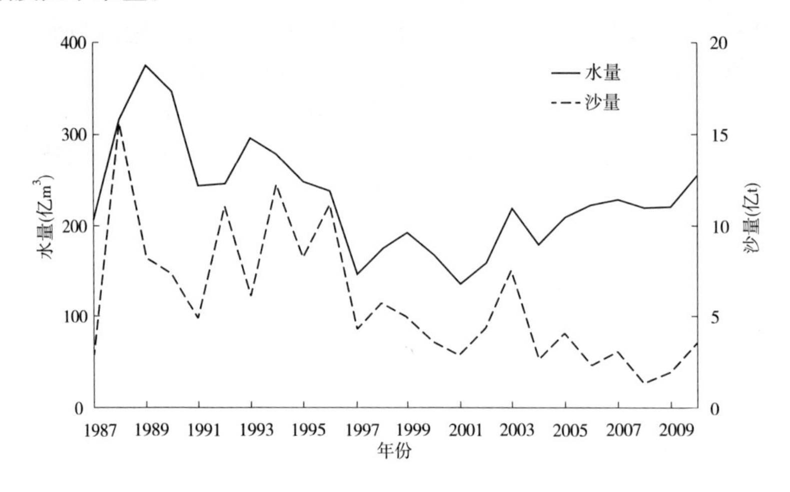

图 2-1　小浪底水库 1987 ~ 2010 年入库水沙过程

表 2-1　三门峡站水沙特征统计

时段	水量(亿 m^3)				沙量(亿 t)			
	非汛期	汛期	全年	汛期占全年(%)	非汛期	汛期	全年	汛期占全年(%)
1987 ~ 1999 年	137.93	116.02	253.95	45.7	0.409	7.479	7.888	94.8
2000 ~ 2010 年	111.09	89.43	200.52	44.6	0.316	3.077	3.393	90.7

水库运用调节了水量的年内分配。2000 ~ 2010 年，进出库年均水量分别为 200.52 亿 m^3 和 210.66 亿 m^3（见表 2-2），汛期入库的水量占年水量的 44.6%，经过水库调节后，汛期出库水量占年水量的比例减小到 34.2%，除 2002 年汛期出库水量占年水量百分比较入库水量的百分比大 12.5% 外，其余年份均小 6.3% ~ 17.7%。进出库年均沙量为 3.394 亿 t 和 0.643 亿 t。泥沙集中在汛期进出水库。

2000 ~ 2010 年入库日均最大流量大于 1 500 m^3/s 的洪水共 38 场，除 2006 ~ 2008 年、2010 年的桃汛洪水外，其他都集中分布在汛前或汛期，见表 2-3。对其中汛前或汛初的洪水进行了调水调沙，如对 2004 年 8 月和 2006 年的洪水进行了相机排沙，对 2007 年 7 月

29 日至 8 月 12 日以及 2010 年 7 ~ 8 月的洪水进行了汛期调水调沙；其余洪水大多被水库拦蓄和削峰，如 2003 年 7 月 13 日至 10 月 31 日，为了减少秋汛洪水对黄河下游滩区影响，小浪底水库与三门峡、陆浑、故县四库超常规联合调度，使花园口站可能形成的 5 000 ~ 6 000 m^3/s的洪峰，始终控制在 2 700 m^3/s 左右，削峰率达 60% ~ 70%，峰值最高的一场洪水削峰率达到了 81%。汛前调水调沙期间和汛期进出库流量及含沙量变化幅度较大，见图 2-2。

表 2-2　2000 ~ 2010 年小浪底水库进出库水沙量变化

年份	水量（亿 m^3）						沙量（亿 t）					
	入库			出库			入库			出库		
	全年	汛期	汛期占全年（%）	全年	汛期	汛期占全年（%）	全年	汛期	汛期占全年（%）	全年	汛期	汛期占全年（%）
2000	166.60	67.23	40.4	141.15	39.05	27.7	3.570	3.341	93.6	0.042	0.042	100
2001	134.96	53.82	39.9	164.92	41.58	25.2	2.830	2.830	100	0.221	0.221	100
2002	159.26	50.87	31.9	194.27	86.29	44.4	4.375	3.404	77.8	0.701	0.701	100
2003	217.61	146.91	67.5	160.70	88.01	54.8	7.564	7.559	99.9	1.206	1.176	97.5
2004	178.39	65.89	36.9	251.59	69.19	27.5	2.638	2.638	100	1.487	1.487	100
2005	208.53	104.73	50.2	206.25	67.05	32.5	4.076	3.619	88.8	0.449	0.434	96.7
2006	221.00	87.51	39.6	265.28	71.55	27.0	2.325	2.076	89.3	0.398	0.329	82.7
2007	227.77	122.06	53.6	235.55	100.77	42.8	3.125	2.514	80.4	0.705	0.523	74.2
2008	218.12	80.02	36.7	235.63	59.29	25.2	1.337	0.744	55.6	0.462	0.252	54.5
2009	220.44	85.01	38.6	211.36	66.75	31.6	1.980	1.615	81.6	0.036	0.034	94.4
2010	252.99	119.73	47.3	250.55	102.73	41.0	3.511	3.504	99.8	1.361	1.361	100
平均	200.52	89.43	44.6	210.66	72.02	34.2	3.394	3.077	90.7	0.643	0.596	92.7

表 2-3　2000 ~ 2010 年三门峡水文站洪水期水沙特征值

年份	时段（月-日）	水量（亿 m^3）	沙量（亿 t）	流量（m^3/s）			含沙量（kg/m^3）		
				洪峰	最大日均	时段平均	沙峰	最大日均	时段平均
2000	07-09 ~ 07-13	3.82	0.71	—	1 850	883	—	291.35	185.86
	10-10 ~ 10-17	8.86	0.87	—	2 430	1 281	—	157.20	98.19
2001	08-18 ~ 08-25	6.15	1.90	2 900	2 210	890	542	463.08	308.94

续表 2-3

年份	时段（月-日）	水量（亿 m^3）	沙量（亿 t）	流量（m^3/s）			含沙量（kg/m^3）		
				洪峰	最大日均	时段平均	沙峰	最大日均	时段平均
2002	06-23～06-27	5.35	0.79	4 390	2 670	1 238	468	359.00	147.66
	07-04～07-09	7.20	1.74	3 750	2 320	1 388	507	419.00	241.67
2003	08-01～08-09	7.22	0.82	2 280	1 960	931	916	338.20	113.57
	08-25～09-16	43.08	3.03	3 830	3 050	2 254	474	334.00	70.33
	09-17～09-29	23.79	0.41	3 860	3 320	2 118	36.6	33.40	17.23
	09-30～10-09	25.89	1.63	4 500	4 020	2 996	180	109.00	62.96
	10-10～10-16	13.46	0.39	3 500	3 420	2 224	37	35.10	28.97
2004	07-05～07-09	3.39	0.36	5 130	2 860	1 479	368	233.47	106.19
	08-21～08-31	10.27	1.71	2 960	2 060	1 188	542	406.31	166.50
2005	06-26～06-30	3.90	0.45	4 430	2 490	903	352	296.00	115.38
	07-03～07-07	4.32	0.80	2 970	1 790	1 000	301	271.00	185.19
	08-14～08-22	10.23	0.65	3 470	2 060	1 316	319	155.00	63.54
	09-17～09-25	11.34	0.62	4 000	2 420	1 459	319	147.00	54.67
	09-26～10-09	29.26	0.96	4 420	3 930	2 419	111	53.70	32.81
2006	03-16～04-02	18.74	0.02	2 960	2 490	1 205	10	5.82	1.07
	06-20～06-29	7.99	0.23	4 820	2 760	924	276	144.00	28.79
	07-21～08-04	14.20	0.53	4 090	1 920	1 096	454	198.00	37.32
	08-29～09-12	17.21	0.64	4 860	2 360	1 328	297	156.00	37.19
	09-13～09-24	14.84	0.53	3 570	2 210	1 483	356	148.00	35.71
2007	03-20～03-26	10.41	0.05	3 390	2 610	1 721	12.5	9.53	4.80
	06-27～07-05	12.94	0.64	4 910	2 620	1 664	343	173.00	49.46
	07-29～08-12	18.38	0.97	4 180	2 150	1 418	311	171.00	52.77
	10-08～10-19	17.25	0.70	3 610	2 290	1 663	384	221.00	40.58
2008	03-18～04-02	19.09	0.06	3 330	2 820	1 381	34.3	27.83	3.14
	06-27～07-03	8.01	0.74	6 080	2 470	1 324	355	168.92	92.38
	09-18～10-01	26.43	0.16	2 290	1 730	1 275	16.8	15.99	6.05

续表 2-3

年份	时段（月-日）	水量（亿 m^3）	沙量（亿 t）	流量（m^3/s）			含沙量（kg/m^3）		
				洪峰	最大日均	时段平均	沙峰	最大日均	时段平均
2009	06-27～07-05	5.20	0.545 2	4 600	2 360	669	478	178.00	104.85
	08-18～08-26	5.65	0.189 4	—	1 070	726	92.5	61.60	33.52
	08-28～09-06	11.93	0.603 0	2 710	2 080	1 381	311	163.00	50.54
	09-09～09-24	23.83	0.399 8	3 900	2 520	1 724	187	98.40	16.78
2010	03-24～04-02	10.85	0.006 3	3 630	2 510	1 256	2.05	1.77	0.58
	06-19～07-07	12.21	0.418 2	5 390	3 910	744	613	249.00	34.25
	07-24～08-03	13.28	0.901 0	3 200	2 380	1 397	349	183.00	67.85
	08-11～08-21	15.46	1.092 3	2 730	2 280	1 626	338	208.00	70.65
	08-22～09-04	22.13	0.503 2	3 690	3 100	1 830	94	64.50	22.74
	09-20～09-30	15.30	0.437 7	3 880	2 660	1 610	335	89.30	28.61

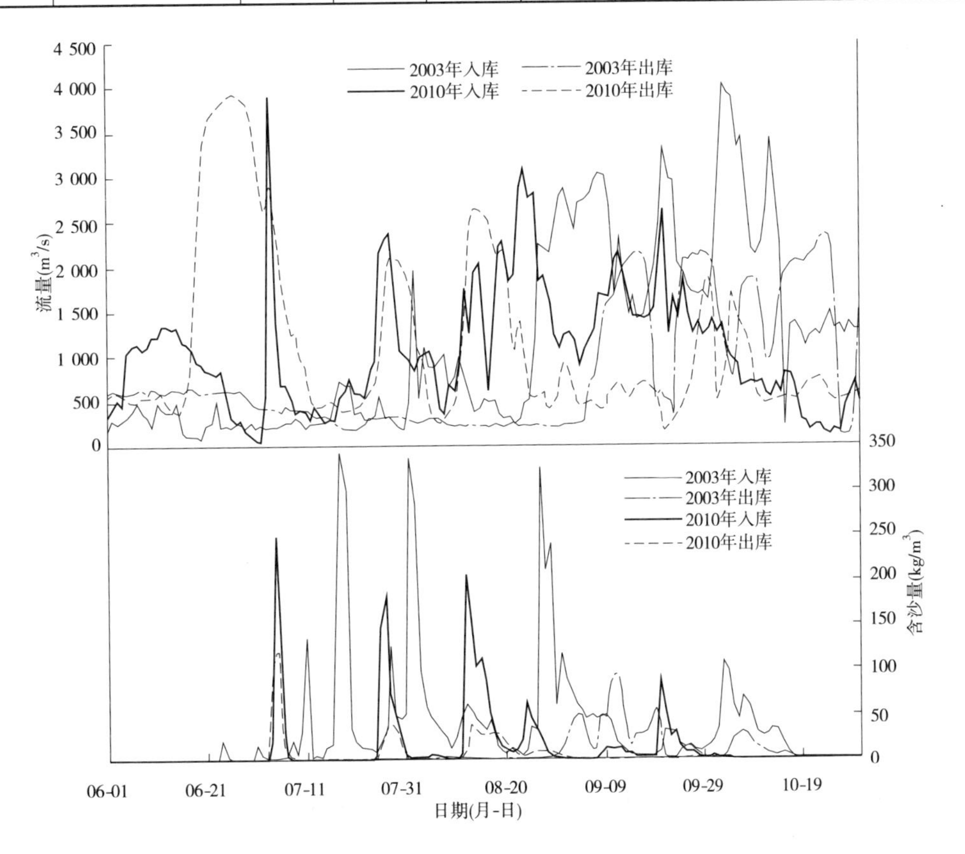

图 2-2　小浪底水库典型年份日均进出库水沙过程

除桃汛洪水外，非汛期大部分时段进出库流量均较小。如2006年3月小浪底水库非汛期入库流量超过1 500 m^3/s并持续4 d；2007年3月超过2 000 m^3/s并持续3 d；2010年桃汛洪水期间超过1 500 m^3/s并持续3 d，除此之外，非汛期入库流量一般小于1 000 m^3/s。为满足下游春灌要求，2001年4月和2002年3月，小浪底水库分别向下游河道泄放了日均最大流量1 500 m^3/s左右的洪水过程。除春灌泄水期和汛前调水调沙期外，非汛期大部分时段出库流量不到800 m^3/s。

进出库洪峰一般出现在汛前调水调沙期和汛期，水库运用以来，最大入库洪峰流量6 080 m^3/s，出现在2008年调水调沙期间，最大入库沙峰916 kg/m^3，出现在2003年调水调沙期间。泥沙一般集中在汛前或汛期的几次洪水期间入库。

二、水库调度运用

小浪底水库自1999年蓄水以来，根据运用情况，每个运用年水库调度分为3个阶段：第一阶段一般为上年11月1日至下年汛前调水调沙，该期间又可分为防凌、春灌蓄水期和春灌泄水期，水位整体变化不大；第二阶段为汛前调水调沙试验（2000～2004年）或调水调沙生产运行（2004年以后）期，水位大幅度下降；第三阶段为防洪运用以及水库蓄水期，其间抬高水位蓄水。部分年份水位变化见图2-3。

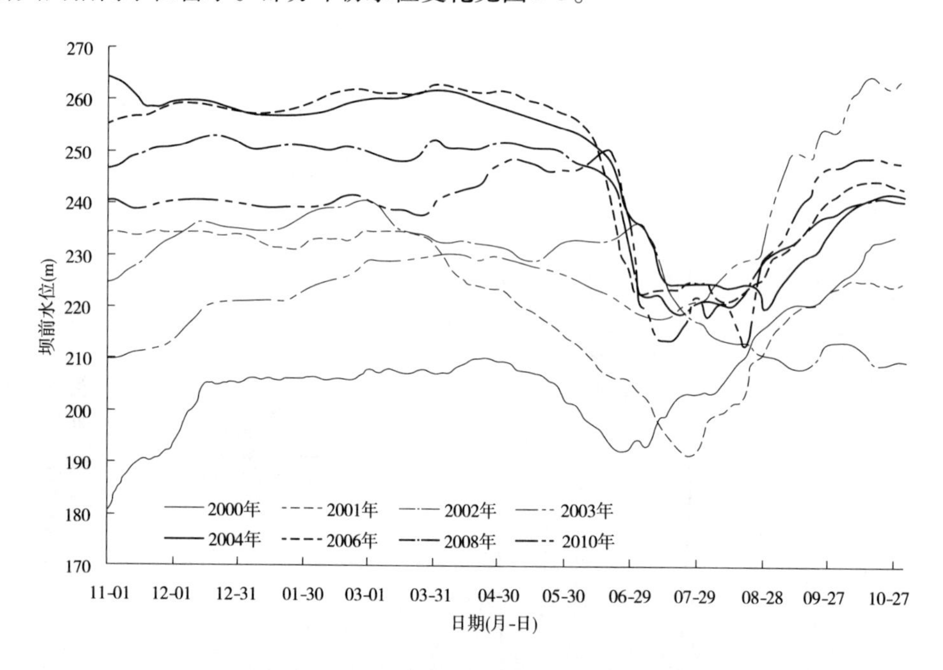

图2-3　2000～2010年小浪底水库水位变化对比

表2-4给出了11年来小浪底水库水位变化，可以看出，非汛期运用水位最高为2004年的264.30 m，最低为2000年的180.34 m；汛期运用水位变化复杂，2000～2002年主汛期（7月11日至9月30日）日平均水位在207.14～214.25 m变化，2003～2010年在225.77～

表 2-4　2000 ~ 2010 年小浪底水库蓄水运用情况

年份		2000	2001	2002	2003	2004	2005	2006	2007	2008	2009	2010
汛限水位(m)		215	220	225	225	225	225	225	225	225	225	225
汛期	最高水位(m)	234.3	225.42	236.61	265.48	242.26	257.47	244.75	248.01	241.60	243.61	249.70
	日期(月-日)	10-30	10-09	07-03	10-15	10-24	10-17	10-19	10-19	10-19	10-01	10-18
	最低水位(m)	193.42	191.72	207.98	217.98	218.63	219.78	221.09	218.83	218.80	215.84	211.60
	日期(月-日)	07-06	07-28	09-16	07-15	08-30	07-22	08-11	08-07	07-22	07-13	08-19
	平均水位(m)	214.88	211.25	215.65	249.51	228.93	233.84	231.57	232.80	230.00	229.44	231.68
汛期开始蓄水日期(月-日)		08-26	09-14	—	08-07	09-07	08-21	08-27	08-22	08-21	08-30	08-26
主汛期平均水位(m)		211.66	207.14	214.25	233.86	225.98	230.17	227.94	228.83	227.05	225.77	226.71
非汛期	最高水位(m)	210.49	234.81	240.78	230.69	264.30	259.61	263.30	256.15	252.90	250.23	250.84
	日期(月-日)	04-25	11-25	02-28	04-08	11-01	04-10	03-11	03-27	12-20	06-16	06-18
	最低水位(m)	180.34	204.65	224.81	209.6	235.65	226.17	223.61	226.79	225.10	226.09	230.56
	日期(月-日)	11-01	06-30	11-01	11-02	06-30	06-30	06-30	06-30	06-30	06-30	06-30
	平均水位(m)	202.87	227.77	233.97	223.42	258.44	250.58	257.79	248.85	249.49	243.28	242.05
年均水位(m)		208.88	219.51	224.81	236.46	243.68	242.21	248.95	242.35	242.99	238.61	238.55

注:1. 主汛期为 7 月 11 日至 9 月 30 日。

2. “汛期开始蓄水日期”是指汛期水库水位开始超过当年汛限水位之日。

3. 2006 年采用陈家岭水位资料。

233. 86 m 变化,其中 2003 年、2005 年主汛期平均水位最高达 233. 86 m、230. 17 m。主汛期高水位运用是引起库区大量淤积的主要原因之一,且淤积部位靠上。

三、库区冲淤特性

(一)淤积分布特点

小浪底水库从 1999 年 9 月开始蓄水运用至 2010 年 10 月的 11 a 间,全库区断面法淤积量为 28. 225 亿 m^3,其中干流淤积量为 22. 395 亿 m^3,支流淤积量为 5. 830 亿 m^3,分别占总淤积量的 79. 3% 和 20. 7% 。11 a 平均淤积量为 2. 566 亿 m^3。由于受来水来沙及水库调度的影响,各年淤积量也不尽相同,2003 年淤积量为各年最大,为 4. 885 亿 m^3;2008 年最小,仅 0. 241 亿 m^3。各年库区冲淤量见表 2-5。

表 2-5 小浪底水库历年干、支流冲淤量统计表 (单位:亿 m^3)

年份	2000	2001	2002	2003	2004	2005	2006	2007	2008	2009	2010	总计
干流	3. 842	2. 549	1. 938	4. 623	0. 297	2. 603	2. 463	1. 439	0. 256	1. 229	1. 156	22. 395
支流	0. 241	0. 422	0. 170	0. 262	0. 877	0. 308	0. 987	0. 848	-0. 015	0. 492	1. 238	5. 830
合计	4. 083	2. 971	2. 108	4. 885	1. 174	2. 911	3. 450	2. 287	0. 241	1. 721	2. 394	28. 225

从淤积部位来看,泥沙主要淤积在 235 m 高程以下,该高程下淤积量达到 28. 391 亿 m^3,其中,汛限水位 225 m 高程以下淤积量达到了 26. 157 亿 m^3,占总量的 92. 67% ,不同高程区间淤积量见图 2-4,累计淤积量见图 2-5 和表 2-6。

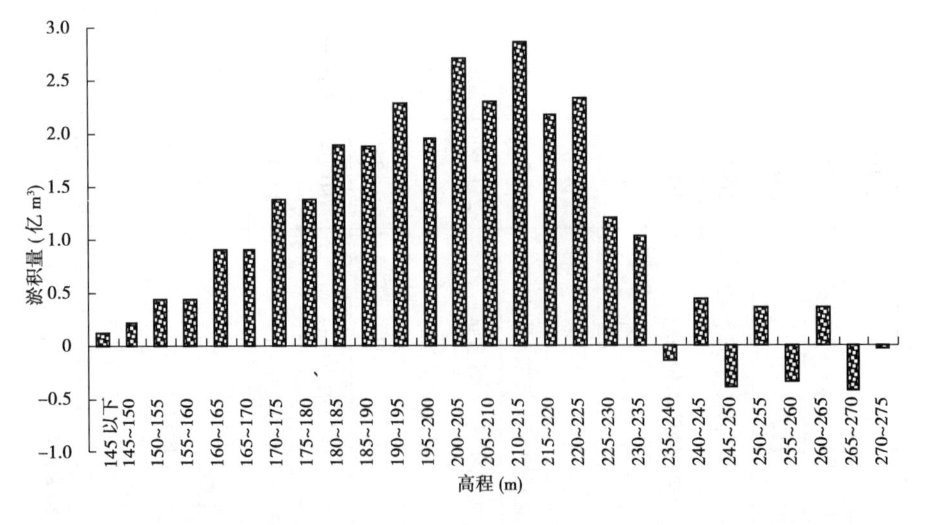

图 2-4 1999 年 9 月至 2010 年 10 月小浪底库区不同高程区间冲淤分布

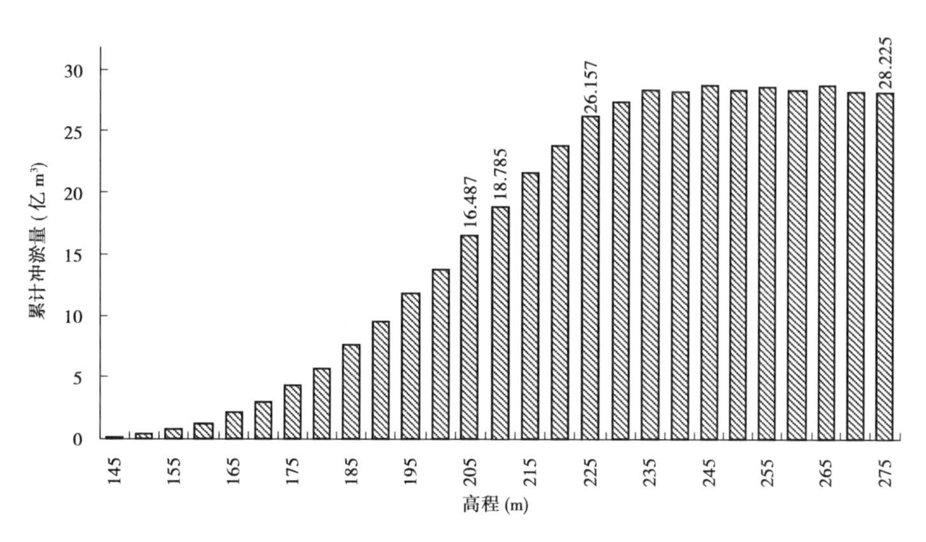

图 2-5　1999 年 9 月至 2010 年 10 月小浪底库区不同高程下的累计淤积量分布

表 2-6　1999 年 9 月至 2010 年 10 月小浪底库区不同高程下干、支流累计淤积量　（单位：亿 m^3）

高程(m)	干流	支流	总淤积	高程(m)	干流	支流	总淤积
145	0.125	0	0.125	215	17.245	4.400	21.645
150	0.346	0	0.346	220	19.002	4.821	23.823
155	0.774	0.012	0.786	225	20.696	5.461	26.157
160	1.203	0.023	1.226	230	21.693	5.660	27.353
165	2.026	0.101	2.127	235	22.385	6.006	28.391
170	2.849	0.178	3.027	240	22.385	5.863	28.248
175	4.013	0.387	4.400	245	22.526	6.158	28.684
180	5.176	0.595	5.771	250	22.397	5.897	28.294
185	6.671	0.996	7.667	255	22.544	6.111	28.655
190	8.155	1.393	9.548	260	22.409	5.900	28.309
195	9.865	1.960	11.825	265	22.544	6.129	28.673
200	11.347	2.436	13.783	270	22.404	5.848	28.252
205	13.275	3.212	16.487	275	22.395	5.830	28.225
210	15.053	3.732	18.785				

（二）淤积物组成

小浪底水库自 1999 年开始运用以来，淤积逐年递增。表 2-7 根据入出库沙量及级配列出了 2000～2010 年库区淤积物及排沙组成情况。小浪底入库沙量主要集中在汛期，平均占全年沙量的 90.7%；出库沙量也集中在汛期，汛期排沙量平均占全年排沙量的 92.8%。

表 2-7　2000～2010 年小浪底库区淤积物及排沙组成

年份	级配	入库沙量（亿 t）		出库沙量（亿 t）		淤积量（亿 t）		占全沙淤积量比例（%）	占全沙排沙比例（%）	排沙比（%）
		汛期	全年	汛期	全年	汛期	全年			
2000	细沙	1.152	1.230	0.037	0.037	1.116	1.195	33.9	88.1	3
	中沙	1.100	1.170	0.004	0.004	1.095	1.170	33.2	9.5	0.4
	粗沙	1.089	1.160	0.001	0.001	1.088	1.160	32.9	2.4	0.1
	全沙	3.341	3.560	0.042	0.042	3.299	3.525	100	100	1.2
2001	细沙	1.318	1.318	0.194	0.194	1.125	1.125	43.1	87.8	14.7
	中沙	0.704	0.704	0.019	0.019	0.685	0.685	26.2	8.6	2.7
	粗沙	0.808	0.808	0.008	0.008	0.800	0.800	30.7	3.6	1
	全沙	2.830	2.830	0.221	0.221	2.610	2.610	100	100	7.8
2002	细沙	1.529	1.905	0.610	0.610	0.919	1.295	35.3	87.0	32
	中沙	0.981	1.358	0.058	0.058	0.924	1.301	35.4	8.3	4.2
	粗沙	0.894	1.111	0.033	0.033	0.861	1.078	29.3	4.7	3
	全沙	3.404	4.374	0.701	0.701	2.704	3.674	100	100	16
2003	细沙	3.471	3.475	1.049	1.074	2.422	2.401	37.8	89.0	30.9
	中沙	2.334	2.334	0.069	0.072	2.265	2.262	35.6	6.0	3.1
	粗沙	1.755	1.755	0.058	0.060	1.696	1.695	26.6	5.0	3.4
	全沙	7.560	7.564	1.176	1.206	6.383	6.358	100	100	15.9
2004	细沙	1.199	1.199	1.149	1.149	0.050	0.050	4.3	77.3	95.8
	中沙	0.799	0.799	0.239	0.239	0.560	0.560	48.7	16.1	29.9
	粗沙	0.640	0.640	0.099	0.099	0.541	0.541	47.0	6.6	15.5
	全沙	2.638	2.638	1.487	1.487	1.151	1.151	100	100	56.4
2005	细沙	1.639	1.815	0.368	0.381	1.271	1.434	39.5	84.9	21
	中沙	0.876	1.007	0.041	0.042	0.835	0.965	26.6	9.3	4.2
	粗沙	1.104	1.254	0.025	0.026	1.079	1.228	33.9	5.8	2.1
	全沙	3.619	4.076	0.434	0.449	3.185	3.627	100	100	11
2006	细沙	1.165	1.273	0.289	0.353	0.876	0.920	47.7	88.7	27.7
	中沙	0.419	0.482	0.026	0.030	0.392	0.452	23.5	7.5	6.2
	粗沙	0.492	0.570	0.013	0.015	0.479	0.555	28.8	3.8	2.6
	全沙	2.076	2.325	0.328	0.398	1.747	1.927	100	100	17.1

续表 2-7

年份	级配	入库沙量（亿 t）		出库沙量（亿 t）		淤积量（亿 t）		占全沙淤积量比例（%）	占全沙排沙比例（%）	排沙比（%）
		汛期	全年	汛期	全年	汛期	全年			
2007	细沙	1.441	1.702	0.444	0.595	0.997	1.107	45.7	84.3	34.9
	中沙	0.501	0.664	0.052	0.072	0.449	0.592	24.5	10.2	10.8
	粗沙	0.572	0.759	0.027	0.039	0.545	0.720	29.8	5.5	5.1
	全沙	2.514	3.125	0.523	0.706	1.991	2.419	100	100	22.6
2008	细沙	0.483	0.712	0.186	0.365	0.297	0.348	39.7	79.0	51.2
	中沙	0.137	0.293	0.036	0.057	0.101	0.236	27.0	12.3	19.6
	粗沙	0.124	0.332	0.030	0.040	0.094	0.292	33.3	8.7	12
	全沙	0.744	1.337	0.252	0.462	0.492	0.876	100	100	34.5
2009	细沙	0.802	0.888	0.031	0.032	0.771	0.856	44.0	88.9	3.6
	中沙	0.379	0.480	0.003	0.003	0.376	0.477	24.6	8.3	0.6
	粗沙	0.434	0.612	0.001	0.001	0.433	0.611	31.4	2.8	0.2
	全沙	1.615	1.980	0.035	0.036	1.580	1.944	100	100	1.8
2010	细沙	1.675	1.681	1.034	1.034	0.642	0.647	30.1	76.0	61.5
	中沙	0.761	0.762	0.185	0.185	0.576	0.577	26.8	13.5	24.3
	粗沙	1.068	1.069	0.143	0.143	0.926	0.926	43.1	10.5	13.3
	全沙	3.504	3.512	1.362	1.362	2.144	2.150	100	100	38.8
合计	细沙	15.874	17.198	5.391	5.824	10.486	11.378	37.6	82.4	33.8
	中沙	8.991	10.053	0.732	0.781	8.258	9.277	30.7	11.0	7.8
	粗沙	8.980	10.070	0.438	0.465	8.542	9.606	31.7	6.6	4.6
	全沙	33.845	37.321	6.561	7.070	27.286	30.261	100	100	18.9

注：细沙粒径 $d<0.025$ mm，中沙粒径 0.025 mm $\leqslant d<0.05$ mm，粗沙粒径 $d\geqslant 0.05$ mm。

水库运用 11 a 库区淤积量为 30.261 亿 t，占入库沙量 37.321 亿 t 的 81.1%，其中细沙、中沙、粗沙分别占淤积总量的 37.6%、30.7% 和 31.7%，其中库区淤积的大部分都是中、粗颗粒泥沙，占 62.4%。

水库运用 11 a 共排沙出库 7.070 亿 t，占入库沙量的 18.9%，其中排沙中的细沙、中沙、粗沙分别占总排沙量的 82.4%、11.0% 和 6.6%，说明排出库外的泥沙绝大部分是细泥沙，从表 2-7 中也可以看出历年细沙排沙占总排沙量的比例为 76.0% ~89.0%。

细沙、中沙、粗沙排沙比分别为 33.8%、7.8% 和 4.6%，换句话说就是，细沙、中沙、粗沙淤积量分别占各自入库沙量的 66.2%、92.2%、95.4%。这说明水库在淤积大部分中、粗颗粒泥沙的同时,入库细沙中的66.2%也落淤在了水库。对下游不会造成大量淤积的细沙淤积在水库中,减少了淤积库容,缩短了水库的使用寿命。建议小浪底水库改变运用方式,在汛期适当降低库水位运用,加大小浪底水库淤粗排细的能力,增大细颗粒泥沙的排出。

四、库区淤积形态

(一)干流淤积形态

水库运用初始,干流淤积形态为锥体;至 2000 年 11 月,泥沙淤积在干流形成明显的三角洲洲面段、前坡段与坝前淤积段,干流纵剖面淤积形态已经转为三角洲,三角洲顶点距坝 70 km 左右;此后,三角洲形态及顶点位置随着库水位的运用状况而变化和移动,总的趋势是逐步向下游推进。图 2-6、图 2-7 给出了历年干流纵剖面淤积形态及三角洲顶点变化过程,表 2-8 为干流淤积形态特征参数。

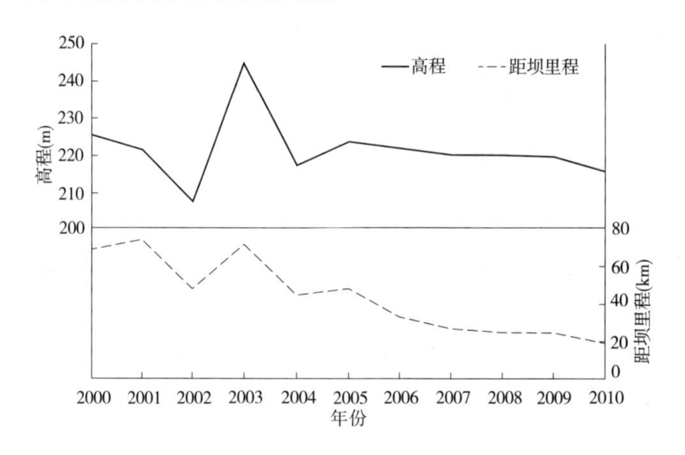

图 2-6 历年三角洲顶点高程及距坝里程变化

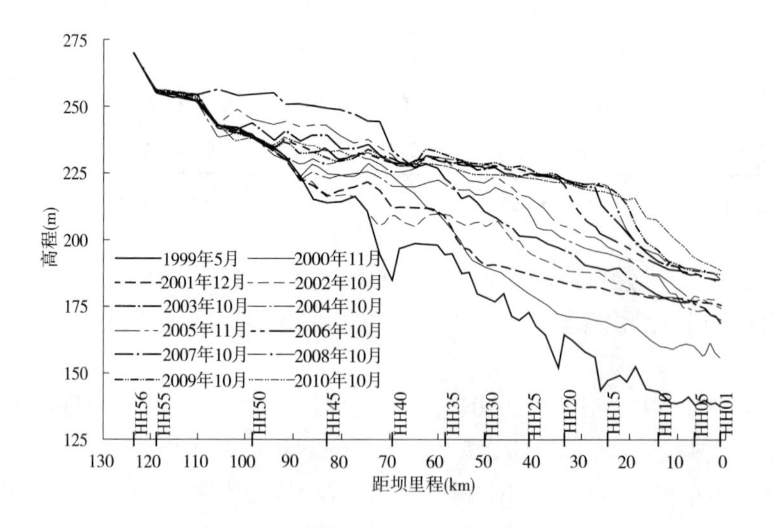

图 2-7 历年干流纵剖面(深泓点)

表 2-8　历年干流纵剖面特征值

时间（年-月）	水位（m）	三角洲顶点		三角洲前坡段		三角洲顶坡段	
		距坝里程（km）	高程（m）	距坝里程（km）	比降（‱）	距坝里程（km）	比降（‱）
2000-11	234.35	69.39	225.22	50.19 ~ 69.39	18.41	69.39 ~ 88.54	2.55
2001-12	235.33	74.38	221.53	50.19 ~ 74.38	12.83	74.38 ~ 82.95	-5.88
2002-10	210.98	46.00	206.60	39.49 ~ 46.00	16.42	46.00 ~ 74.38	1.12
2003-10	262.07	72.06	244.86	55.02 ~ 72.06	17.11	72.06 ~ 110.27	2.62
2004-10	240.59	44.53	217.39	39.49 ~ 44.53	25.29	44.53 ~ 88.54	1.07
2005-11	255.86	48.00	223.56	16.39 ~ 48.00	11.36	48.00 ~ 105.85	3.38
2006-10	244.63	33.48	221.87	13.99 ~ 33.48	16.24	33.48 ~ 96.93	2.05
2007-10	248.01	27.19	220.07	13.99 ~ 27.19	21.45	27.19 ~ 101.61	2.77
2008-10	241.30	24.43	220.25	20.39 ~ 24.43	45.69	24.43 ~ 93.96	2.50
2009-10	242.46	24.43	219.75	11.42 ~ 24.43	21.56	24.43 ~ 93.96	2.00
2010-10	248.69	18.75	215.61	8.96 ~ 18.75	19.01	18.75 ~ 101.61	2.52

水库非汛期淤积形态变化不大，调水调沙及汛期洪水期间，淤积形态受水沙条件、边界条件及水库运用方式的影响较大。距坝 60 km 以下回水区河床总体上淤积抬高，距坝 60 ~ 110 km 的回水变动区冲淤变化与库水位的升降关系密切。在调水调沙塑造人工异重流期间，三门峡水库均出现下泄大流量过程，适时对三角洲洲面进行冲刷，使得洲面段细颗粒泥沙得以输移，以异重流形式排沙出库，所以在历次调水调沙期间，三角洲洲面大部分发生冲刷。

2001 年汛期，三角洲洲面段发生冲刷，部分调整为前坡段；坝前淤积段大幅度淤积抬升，平均抬升约 11 m。2002 年汛期，三角洲前坡段与坝前淤积段大量淤积抬升，三角洲顶点迅速向下游推进至距坝 46 km。2003 年汛期，库水位上升 35.06 m，入库沙量 7.55 亿 t，其中，三角洲洲面发生大幅度淤积抬高，洲面段淤积量达到 4.237 亿 m^3，当年 10 月与 5 月中旬相比，原三角洲洲面 HH41 断面处淤积抬高幅度最大，深泓点抬高 41.51 m，河底平均高程抬高 17.7 m，三角洲顶点高程升高 36.64 m，顶点位置上移 24.06 km。随着 2004 年的调水调沙试验及“04·8”洪水期间运用水位降低，距坝 90 ~ 110 km 库段发生强烈冲刷，距坝约 88.5 km 以上库段的河底高程基本恢复到了 1999 年水平，三角洲顶点向坝前推进至距坝 44.53 km。2005 年汛期，受中游洪水及三门峡水库泄水的影响，小浪底水库出现了五次小洪水过程，全年入库沙量为 4.08 亿 t，出库沙量为 0.45 亿 t；高含沙量小流量的水沙过程，没有足够能量发生冲刷，全库区 4 ~ 11 月淤积量达到 3.332 亿 m^3，三角洲洲面段大幅度淤积抬高尤为明显，淤积量达到 1.527 亿 m^3，三角洲顶点随着淤积向后收缩抬高，河底平均高程抬高约 10 m。经过 2006 年调水调沙及小洪水的调度排沙，三角洲尾部段发生冲刷，至 2006 年 10 月，距坝 94 km 以上的库段仍保持 1999 年的水平，三角洲顶点向前推移至距坝 33.48 km。2007 年水库运用水位较高，大部分断面表现为淤积抬升。2008 年汛期，HH37 断面以上三角洲洲面发生沿程及溯源冲刷，HH47 断面以上恢复到 1999 年的水平。2010 年汛期，三角洲洲面大部分库段均发生大幅度冲刷，前坡段与坝前淤积段泥沙大量淤积，至 2010 年 10 月三角洲顶点向下游推进到距坝 18.75 km 的 HH12 断面，三角洲顶点高程为 215.61 m。

综上所述，水库对洪水的调节作用，决定了水库的淤积，水库淤积量的大小决定于入库水沙的多少，水库在高含沙洪水入库的情况下容易出现不同程度的淤积，改变水库淤积形态（如 2003 年、2005 年）；水库在低含沙、大流量洪水入库的情况下，容易发生三角洲洲面段的沿程冲刷，将三角洲顶点向坝前推进（2004 年、2006 年、2008 年）。入库含沙量的高低对水库冲淤有决定性的作用，而入库流量则提供水库冲淤的动力。

（二）支流淤积形态

小浪底库区支流来沙量少，可略而不计，所以支流的淤积主要为干流来沙倒灌所致。水库运用初期，库区较大的支流均位于干流异重流潜入点下游，干流异重流沿河底倒灌支流，干流河床基本为水平抬升，相应支流口门淤积较为平整，支流沟口高程与干流高程同步抬升（见图 2-8），沟口以上淤积厚度沿程减少（见表 2-9、图 2-9），只是由于受支流地形条件和泥沙沿程分选淤积的影响，部分支流河床纵剖面沿水流流向呈现一定的倒坡，如支流畛水河。随着干流三角洲向坝前推进，异重流潜入点下移，部分支流处于干流淤积三角洲的洲面，为明流倒灌淤积。此时，干流河床塑造出明显的滩槽，支流拦门沙坎相当于干流的滩地，支流内部淤积相对较慢，支流河床纵剖面沿水流流向呈现一定的倒坡，随着水库的运用，倒坡比降将经历一个先增加而后逐渐变缓的过程。

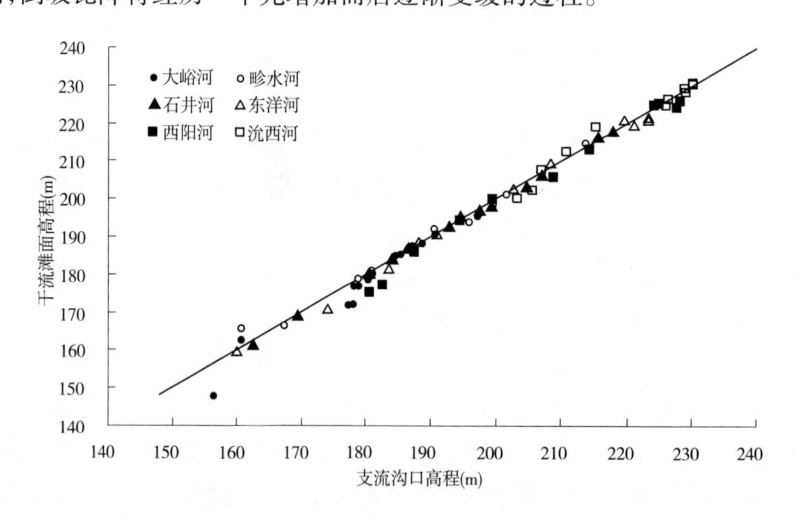

图 2-8 支流沟口与干流淤积面相关图

表 2-9　1999 年 8 月至 2010 年 10 月小浪底水库支流部分断面淤积统计

名称	对应位置	高程(m)		高差(m)
		1999-08	2010-10	
大峪河	DY01	156.37	190.91	34.54
	DY02	159.86	190.94	31.08
	DY03	170.92	191.26	20.34
	DY04	179.99	192.13	12.14
	干流滩面	148.10	191.10	43.00
畛水河	ZS01	160.59	213.63	53.04
	ZS02	167.94	207.58	39.64
	ZS03	175.22	207.15	31.93
	ZS04	177.84	206.89	29.05
	ZS05	182.93	206.55	23.62
	ZS06	194.40	206.80	12.40
	干流滩面	165.70	214.95	49.25
石井河	SJ01	162.40	217.83	55.43
	SJ02	178.96	217.79	38.83
	SJ03	197.22	217.78	20.56
	干流滩面	161.40	217.91	56.51

名称	对应位置	高程(m)		高差(m)
		1999-08	2010-10	
东洋河	DY01	181.34	221.20	39.86
	DY02	191.64	221.54	29.90
	DY03	198.75	220.34	21.59
	DY04	204.51	220.03	15.52
	DY05	213.52	219.57	6.05
	干流滩面	159.60	219.75	60.15
西阳河	XY01	180.60	224.57	43.97
	XY02	199.10	224.57	25.47
	XY03	206.62	224.08	17.46
	XY04	219.68	224.70	5.02
	干流滩面	175.25	225.22	49.97
沇西河	YX01	203.31	230.22	26.91
	YX01 +1	208.11	229.21	21.10
	YX01 +2	210.74	228.84	18.10
	YX02	219.65	227.70	8.05
	干流滩面	199.96	230.82	30.86

随着淤积三角洲顶点向前推移，位于坝前段较大支流的淤积量从 2005 年开始有明显增大的趋势。

五、库容变化

随着水库的淤积，库容随之减少。至 2010 年 10 月，水库 275 m 高程下总库容为 99.235 亿 m^3，其中干流库容为 52.385 亿 m^3，左岸支流库容为 21.822 亿 m^3，右岸支流库容为 25.028 亿 m^3。表 2-10 及图 2-10 给出了各高程下的库区干支流库容分布。起调水位 210 m 高程以下库容仅为 2.985 亿 m^3，汛限水位 225 m 以下库容仅为 10.503 亿 m^3。

由于干、支流泥沙淤积分布的不均匀性，干流淤积相对较多，库容损失多，而支流损失少，支流占总库容的比重逐渐上升；干流库容占总库容的百分比已由初始的 58.7% 降低到 52.8%，支流占总库容的百分比已由初始的 41.3% 上升到 47.2%。

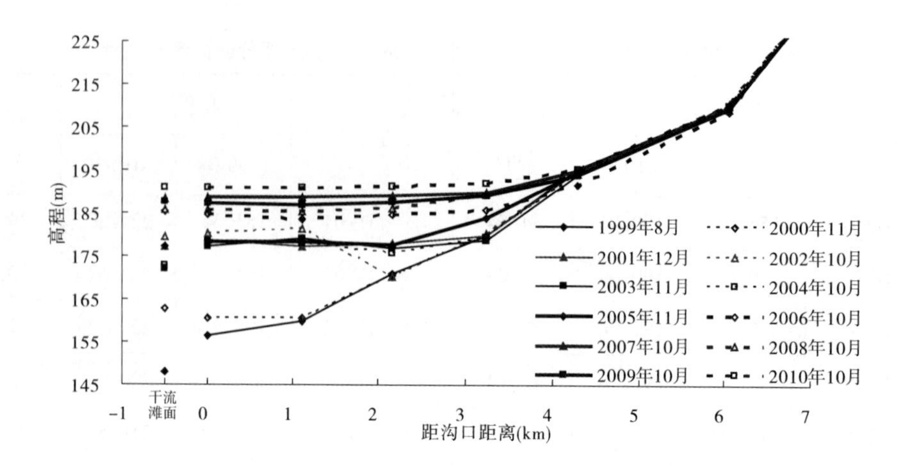

(a)大峪河

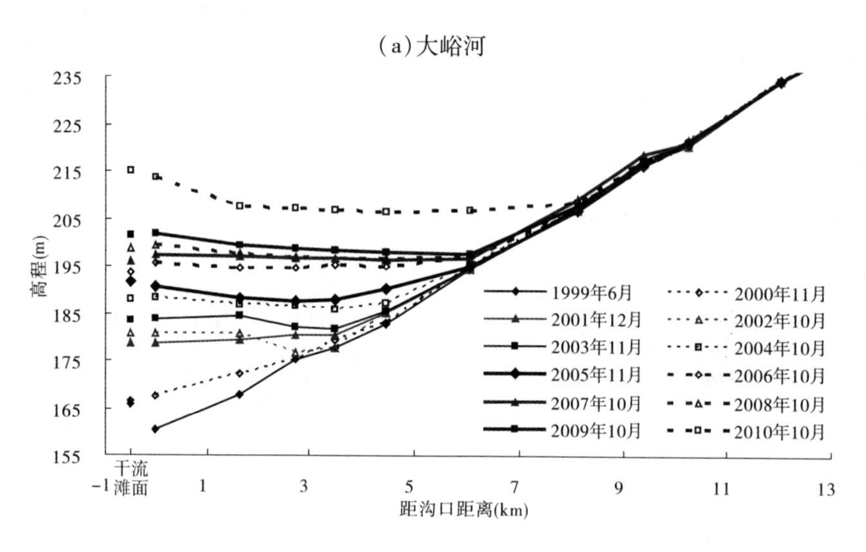

(b)畛水河

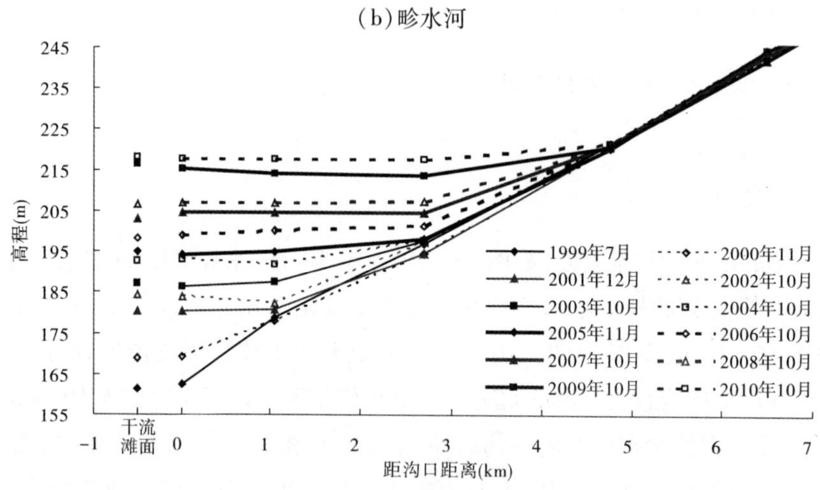

(c)石井河

图2-9　历年支流纵剖面

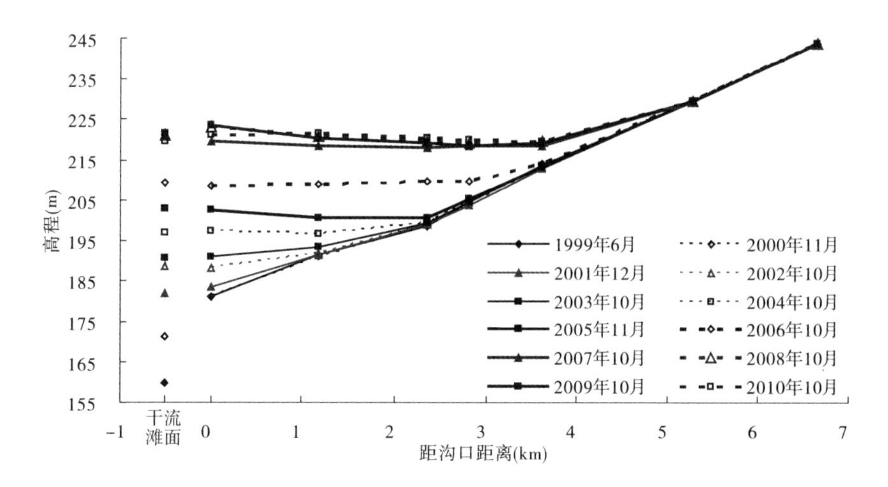

(d)东洋河

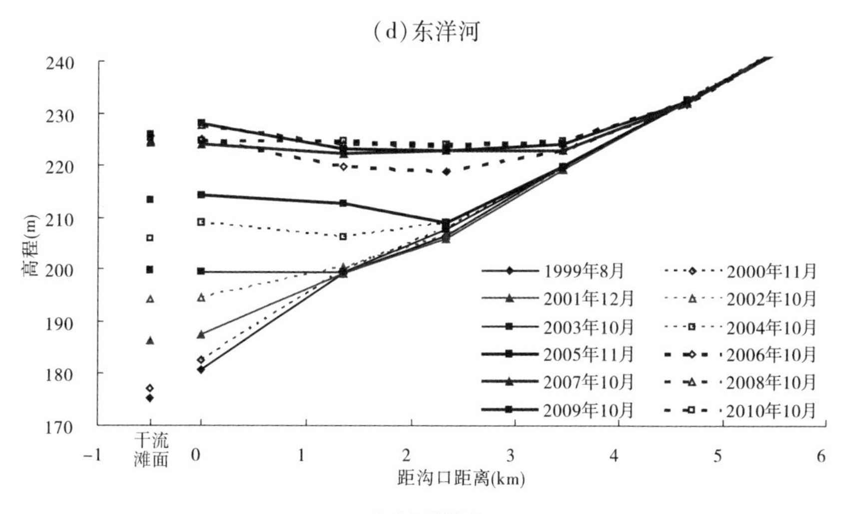

(e)西阳河

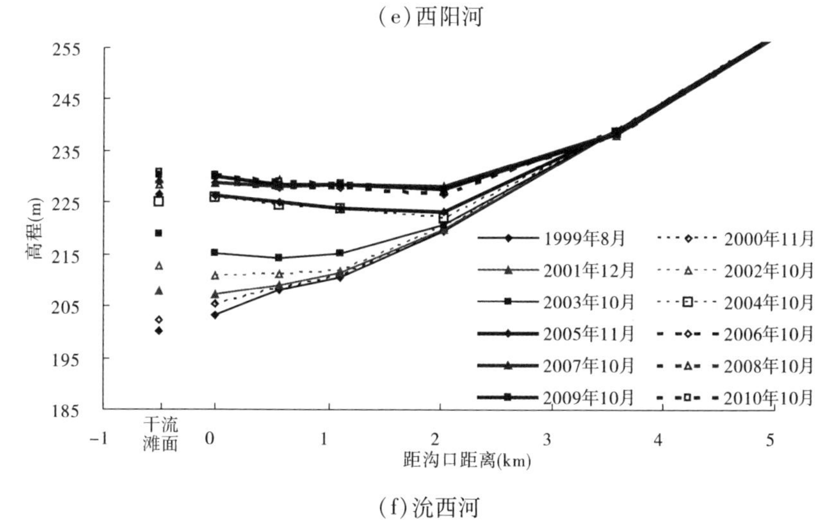

(f)沇西河

续图 2-9

表 2-10　2010 年 10 月小浪底水库库容表　（单位：亿 m^3）

高程(m)	干流	支流	总库容	高程(m)	干流	支流	总库容
190	0.010	0.003	0.013	235	11.925	8.939	20.864
195	0.203	0.113	0.316	240	15.975	11.947	27.922
200	0.623	0.314	0.937	245	20.409	15.452	35.861
205	1.185	0.573	1.758	250	25.113	19.513	44.626
210	1.897	1.088	2.985	255	29.991	24.044	54.035
215	2.805	1.925	4.730	260	35.151	29.000	64.151
220	4.148	3.009	7.157	265	40.626	34.446	75.072
225	6.009	4.494	10.503	270	46.376	40.402	86.778
230	8.567	6.420	14.987	275	52.385	46.850	99.235

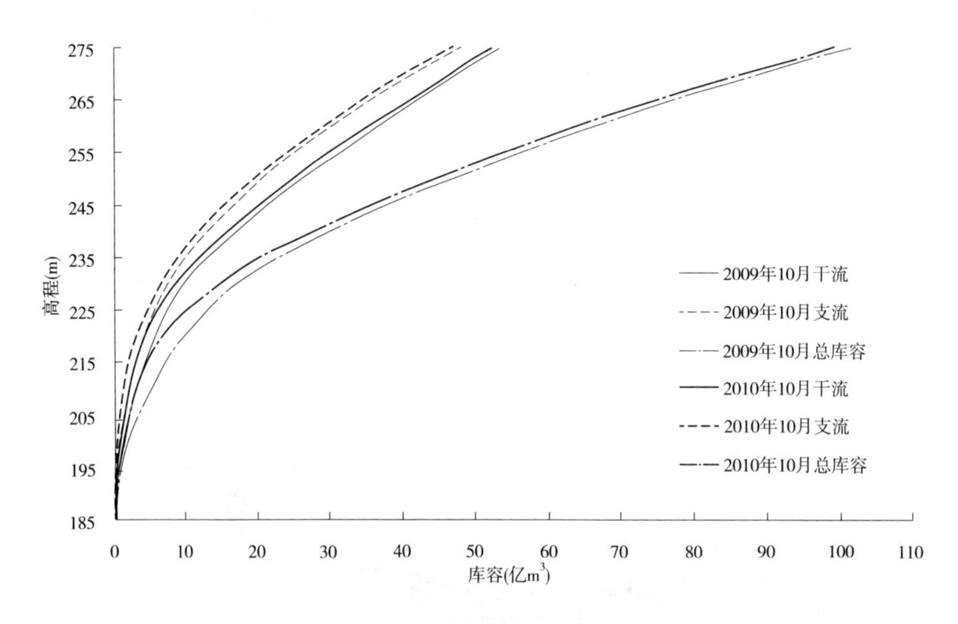

图 2-10　小浪底水库不同时期库容曲线

六、异重流排沙

在小浪底水库运用初期，异重流排沙是小浪底水库主要的排沙方式。异重流排沙的多少除受入库水沙、水库运用方式的影响外，还与潜入点以上细泥沙颗粒含量、异重流运行距离、水库边界条件等因素有关。表 2-11 列出了调水调沙期间异重流特征值。可以看出，异重流排沙比介于 4.4% ~132.3%。汛前调水调沙期间异重流排沙比相差很大，2008 年、2010 年高达 61.8%、132.3%，而 2005 年、2009 年排沙比仅分别为 4.4% 和 6.6%。从表 2-11 中还可以看出，随着三角洲顶点向坝前推进，异重流运行距离减小，异重流排沙效果增加。

表 2-11　调水调沙期间小浪底水库异重流特征值

年份	时段(月-日)	历时(d)	平均入库流量(m^3/s)	平均入库含沙量(kg/m^3)	沙量(亿 t)		排沙比(%)	三门峡 d_{50}(mm)	运行距离(km)
					三门峡	小浪底			
2004	07-07 ~ 07-14	8	690	80.76	0.385	0.055	14.3	0.003 7 ~ 0.040 2	58.51
2005	06-27 ~ 07-02	6	777	112.24	0.452	0.020	4.4	0.021 7 ~ 0.046 8	53.44
2006	06-25 ~ 06-29	5	1 255	42.43	0.230	0.069	30.0	0.014 4 ~ 0.041 3	44.13
2007	06-26 ~ 07-02	7	1 569	64.58	0.613	0.234	38.2	0.005 9 ~ 0.036 3	30.65
	07-29 ~ 08-12	15	1 418	52.85	0.971	0.426	43.9	0.006 0 ~ 0.036 9	—
2008	06-27 ~ 07-03	7	1 324	92.56	0.741	0.458	61.8	0.025 0 ~ 0.037 4	24.43
2009	06-30 ~ 07-03	4	1 063	148.45	0.545	0.036	6.6	0.035 1 ~ 0.049 0	20.39
2010	07-04 ~ 07-07	4	1 656	73.10	0.418	0.553	132.3	0.030 5 ~ 0.044 4	18.90
	07-24 ~ 08-03	10	1 397	67.85	0.901	0.258	28.6	0.006 2 ~ 0.039 9	—
	08-11 ~ 08-21	11	1 626	70.65	1.092	0.508	46.5	0.007 9 ~ 0.031 4	—

小浪底水库排沙与潼关流量持续时间及三门峡水库开始加大泄量时的蓄水量、水位、入库细颗粒泥沙含量、泄空时间、异重流运行距离、对接水位、入库沙量、支流倒灌等因素有关。近年来，汛前塑造异重流过程中的对接水位及异重流运行距离相差不大，影响小浪底水库排沙的主要因素是入库水沙条件和库区 HH37 断面以上的地形条件。

初步分析认为，入库水沙对异重流塑造起着关键作用：

(1)在调水调沙过程中，如果潼关以上来流量大，小浪底入库流量持续时间长，水库排沙比增大；

(2)三门峡水库泄放非汛期蓄水过程中，水量越大，塑造的洪峰越大，形成异重流前锋的能量就越大；

(3)三门峡水库敞泄期间，潼关来水越集中，洪水持续时间越长，在小浪底水库形成异重流的后续动力就越强，同时也会使小浪底水库 HH37 断面以上形成冲刷或减少淤积；

（4）入库细泥沙颗粒含量、小浪底水库床沙组成也是影响排沙的主要原因。

七、小浪底水库淤积形态

（一）水库淤积形态与水库调度

由表 2-12 可以看出，三角洲淤积形态与锥体淤积形态相比，若蓄水位相同，前者回水距离较短。通过实测资料分析、实体模型试验等对水库输沙规律的研究，认为在同淤积量与同蓄水量条件下，近坝段保持较大库容的三角洲淤积形态，在发挥水库拦粗排细减淤效果及优化出库水沙过程等方面，更优于锥体淤积形态。

表 2-12　库区不同淤积形态库容分布特征值

高程(m)	库容(亿 m^3)		回水长度(km)	
	三角洲	锥体	三角洲	锥体
215	4.730	3.367	19	27
220	7.157	6.291	34	42
225	10.503	10.206	54	57

1. 有利于优化出库水沙过程

按照《小浪底水利枢纽拦沙初期运用调度规程》，水库运用方式将由拦沙初期的“蓄水拦沙调水调沙”转为“多年调节泥沙，相机降水冲刷”，即一般水沙条件下调水调沙与较大洪水时相机降水冲刷相结合的运用方式。在一般水沙条件下水库调水调沙过程中，库区总是处于蓄水状态，蓄水量在 2 亿 m^3 至调控库容之间变化。显然，目前的三角洲淤积形态回水末端距坝更近，有利于形成异重流排沙且排沙效果更好。

1）同淤积量与同蓄水量条件下，异重流排沙效果优于壅水明流

水库蓄水状态下，在回水区有明流和异重流两种输沙流态，其中壅水明流排沙计算关系式为

$$\eta = a\lg Z + b \tag{2-1}$$

式中：η 为排沙比；Z 为壅水指标，$Z = \left(\frac{VQ_{入}}{Q_{出}^2}\right)$，其中 V 为计算时段中蓄水容积，$Q_{入}$、$Q_{出}$ 分别为入库、出库流量；a、b 为系数、常数。

选用在水库三角洲顶坡段未发生壅水明流输沙的 2006 ~ 2008 年调水调沙期间的入库水沙过程与蓄水条件，假定排沙方式为壅水明流排沙，利用式(2-1)计算水库排沙量，并与水库实际的异重流排沙结果进行对比，见表 2-13，可明显看出异重流排沙效果优于壅水明流。

表 2-13　壅水明流排沙计算同实测异重流排沙对比

年份	时段 （月-日）	异重流运行距离 （km）	入库沙量 （亿 t）	出库沙量（亿 t）	
				计算	实测
2006	06-25～06-28	44.13/HH27 下游 200 m	0.230	0.052	0.071
2007	06-26～07-02	30.65/HH19 下游 1 200 m	0.613	0.161	0.234
	07-29～08-08		0.834	0.153	0.426
2008	06-28～07-03	24.43/HH15	0.741	0.157	0.458

2）三角洲淤积形态更有利于异重流潜入

大量研究表明，小浪底水库异重流潜入点水深 h_0 可用式（2-2）计算

$$h_0 = \left(\frac{1}{0.6\eta_g g}\frac{Q^2}{B^2}\right)^{\frac{1}{3}} \tag{2-2}$$

韩其为认为，异重流潜入后，经过一定距离后成为均匀流，其水深

$$h'_n = \frac{Q}{V'B} = \left(\frac{\lambda'}{8\eta_g g}\frac{Q^2}{J_0 B^2}\right)^{\frac{1}{3}} \tag{2-3}$$

式中：η_g 为重力修正系数，$\eta_g g$ 为有效重力加速度；Q 为流量；B 为平均宽度；J_0 为水库底坡坡降；λ'为异重流的阻力系数，取为 0.025。

若异重流、均匀流水深 $h'_n < h_0$，则潜入成功；否则，异重流水深将超过表层清水水面，则异重流上浮而消失。

当$\frac{h'_n}{h_0}=1$ 时，相应临界底坡坡降 $J_{0,c} = J_0 = 0.001\ 875$。一般来讲，异重流除满足潜入条件式（2-2）外，还应满足水库底坡坡降 $J_0 > J_{0,c}$。因此，小浪底库区形成锥体淤积形态后，往往难以形成异重流输沙流态。

2. 有利于多拦较粗颗粒泥沙

三角洲的前坡段纵比降为锥体淤积形态的 10 余倍。在三角洲顶点高程以下，若坝前水位抬升值相同，两者回水长度的增加值可相差数倍。库区若为锥体淤积形态，除较粗颗粒泥沙在回水末端淤积外，大量较细颗粒泥沙也会沿程分选淤积。相对而言，异重流潜入后运行距离近，细沙排沙比较大。

3. 有利于支流库容的有效利用

在干流淤积三角洲以下，支流淤积为异重流倒灌，支流沟口难以形成拦门沙坎，支流库容可参与水库调水调沙运用。若形成锥体淤积，遇较长的枯水系列，在部分支流河口，往往形成拦门沙坎，拦门沙坎高程以下的库容在某些时段，不能得到有效利用。2010 年 10 月，库区最大支流畛水河是最不利于倒灌淤积的，在三角洲顶点即将推移到其沟口（畛水河沟口位于前坡段）时，迅速出现高达 7 m 的拦门沙坎。尽可能保持三角洲淤积形态有利于发挥库区下段几条较大支流库容的作用。

4. 有利于优化出库水沙组合

异重流运行至坝前以后，悬浮泥沙的颗粒细且浓度高，形成的浑水水库沉降缓慢。利

用这一特点，可根据来水来沙条件与黄河下游的输沙规律，通过开启不同高程的泄水孔洞，达到优化出库水沙组合的目的。

5. 有利于汛前调水调沙塑造异重流

在汛前进行调水调沙的过程中，三角洲淤积形态更有利于利用洲面的泥沙塑造异重流，增大水库排沙比。

（二）保持库区三角洲淤积形态的水库调度方式初步探讨

在淤积三角洲顶点附近较粗颗粒泥沙分选淤积，水流挟带较细颗粒泥沙形成异重流向坝前输移，在近坝段河床质大多为细颗粒泥沙，这种黏性淤积体在尚未固结的情况下可看作宾汉体，可用流变方程 $\tau = \tau_b + \eta \frac{du}{dy}$ 描述。当淤积物沿某一滑动面的剪应力超过其极限剪切力 τ_b，则产生滑塌，有利于库容恢复。图 2-11 所示为小浪底水库试验过程中，河槽溯源冲刷下切的同时水位下降，两岸尚未固结且处于饱和状态的淤积物失去稳定，在重力及渗透水压力的共同作用下向主槽内滑塌的现象。

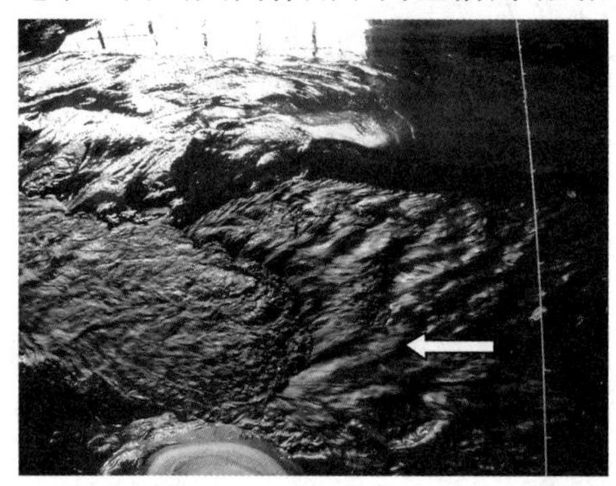

图 2-11　小浪底水库降水冲刷试验过程中滩地滑塌及河床溯源冲刷现象

在水库运用过程中，遇适当的洪水过程，通过控制运用水位，在坝前段及三角洲洲面形成溯源冲刷。通过坝前异重流淤积段的冲刷与三角洲的蚀退，恢复三角洲顶点以下库容。同时淤积三角洲冲刷的泥沙在向坝前输移的过程中，进行二次分选，使较细颗粒泥沙排出水库。在水库拦沙后期的运用过程中，尽可能保持三角洲淤积形态同步抬升，而不是锥体淤积形态逐步抬升。由于水库冲刷出库的大多是库区下段与滩地的较细颗粒泥沙，既可恢复库容，又有利于泥沙在下游河道输送。

不同量级水流与水库控制水位对坝前淤积物的冲刷效果及其出库水沙组合，不同量级高含沙水流在黄河下游河道的输沙规律，水库低水位冲刷时机及其综合影响等需要进一步深入研究。

综上所述，当前小浪底水库的调度应考虑适时进行排沙运用，尽可能延长库区由三角洲淤积转化为锥体淤积的时间，以便更有利于减少水库淤积，调整床沙组成，优化出库水沙过程，同时可增强小浪底水库运用的灵活性和调控水沙的能力。

八、小结

通过对小浪底水库运用以来 11 年来水来沙、水库运用、库区冲淤特性及形态等的分析，得出以下初步认识：

(1)2000～2010年年均入库水、沙量分别为200.52亿m^3、3.394亿t，较1987～1999年明显偏少，其中汛期水沙量偏少较多，沙量减少幅度大于水量。

(2)从小浪底水库开始运用至2010年10月，小浪底全库区断面法淤积量为28.225亿m^3，其中干流淤积量为22.395亿m^3，支流淤积量为5.830亿m^3。从淤积部位来看，泥沙主要淤积在235 m高程以下，该高程下淤积量达到28.391亿m^3，其中汛限水位225 m高程下淤积量达到了26.157亿m^3，占总量的92.67%。库区淤积量为30.261亿t，其中细沙、中沙、粗沙分别占淤积总量的37.6%、30.7%和31.7%，也就是说，库区淤积的大部分都是中、粗泥沙。水库共排沙出库7.070亿t，其中细沙、中沙、粗沙分别占总排沙量的82.4%、11.0%和6.6%，说明排出库外的泥沙绝大部分是细泥沙。细沙、中沙、粗沙排沙比分别为33.8%、7.8%和4.6%，换句话说就是，细沙、中沙、粗沙淤积量分别占各自入库沙量的66.2%、92.2%、95.4%，说明水库在淤积大部分中粗泥沙的同时，入库细沙中的66.2%也落淤在了水库。

(3)由于干支流泥沙淤积分布的差异性，干流库容损失多，支流损失少，支流占总库容的比重逐渐上升；干流占总库容的百分比已由初始的58.7%降低至52.8%，支流占总库容的百分比已由初始的41.3%上升到47.2%。

(4)2000年11月至2010年10月，库区干流一直保持三角洲淤积形态。水库非汛期蓄水拦沙，淤积形态变化不大，调水调沙及汛期洪水期间，淤积形态受水沙条件、边界条件及水库运用方式的影响而调整。距坝60 km以下回水区河床总体上淤积抬高，距坝60～110 km的回水变动区冲淤变化与库水位的升降关系密切。三角洲形态和顶点位置随着库水位的运用状况而变化及移动，总的趋势是逐步向下游推进。至2010年10月三角洲顶点向下游推进到距坝18.75 km的HH12断面附近，三角洲顶点高程为215.61 m。

(5)支流泥沙主要淤积在沟口附近，沟口向上淤积厚度沿程减少；随着淤积的发展，支流的纵剖面形态不断发生变化，总的趋势是由正坡至水平而后出现倒坡。至2010年10月，支流畛水河已出现明显拦门沙坎。

(6)相同淤积量与相同蓄水量条件下，三角洲淤积形态比锥体淤积形态的回水长度明显缩短，异重流排沙效果优于壅水明流排沙。当前水库调度应考虑适时进行排沙运用，尽可能延长库区由三角洲淤积转化为锥体淤积的时间，以便更有利于减少水库淤积，调整床沙组成，优化出库水沙过程，同时可增强小浪底水库运用的灵活性和调控水沙的能力。

(7)依靠自然的力量较长时期保持库区三角洲淤积形态，面临着水库实时调度及其对下游河床演变、沿黄用水等方面的技术问题，需进一步深入研究不同组成的淤积物沉积历时及沉积环境与其固结度的关系，不同固结度淤积物对不同量级水流与水库控制水位的响应，不同量级高含沙水流在黄河下游河道的输沙规律，水库低水位冲刷时机及其综合影响等。

第三章　支流畛水河拦门沙问题

一、畛水河概况

畛水河是小浪底水库最大的支流，位于干流 HH11 ~ HH12 断面的右岸，距小浪底大坝约 18 km，原始库容达 17.671 亿 m^3，占支流总库容的 33.6%，275 m 高程回水长度达 20 km 以上。图 3-1 为支流畛水河平面图。图 3-2 为支流畛水河设计淤积形态，图中显示支流原始河床比降为 56‱。设计的水库拦沙期淤积形态是，沟口 257.1 m 高程处为支流拦门沙坎，也相当于干支流交汇处干流滩面高程，拦门沙坎倒坡比降为 26‱，与支流滩地 252.4 m 高程的水平淤积面衔接，倒锥体高差为 4.7 m。水库正常运用期河口冲刷形态是，干流形成高滩深槽后，支流河床与河口段拦门沙倒锥体经支流多年洪水逐渐冲刷下切，形成与干流滩槽相应的淤积形态。图 3-2 中 16.8‱与 6‱衔接的槽底纵剖面即为支流洪水冲刷塑造的河槽纵剖面。在水库调水调沙运用过程中，该纵剖面河口段河槽或被干流倒灌淤堵，或被支流洪水冲开，处于不稳定状态。

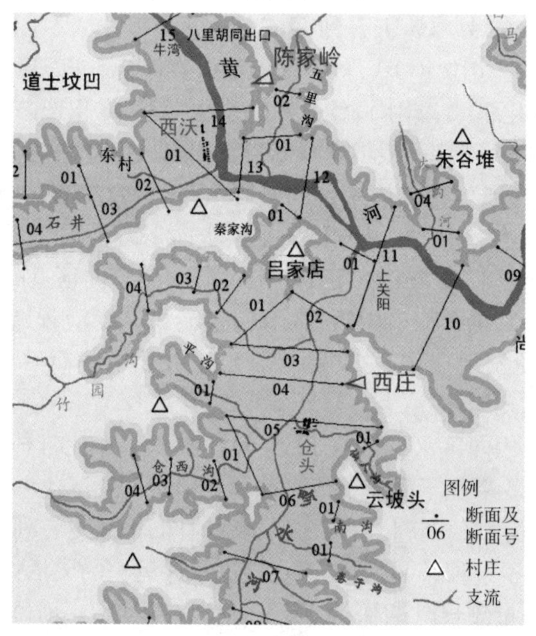

图 3-1　支流畛水河平面图

二、小浪底水库运用以来畛水河淤积形态

小浪底水库 2000 年 5 月正式投入运用，至 2000 年 10 月，泥沙淤积在干流形成明显的三角洲洲面段、前坡段与坝前淤积段，干流纵剖面淤积形态已经转为三角洲淤积。随着库区泥沙的不断淤积，总的趋势是三角洲洲面不断抬高，三角洲顶点不断向坝前推进，异重流潜入点也不断向下游移动，至 2010 年 10 月，潜入点已由 2000 年 11 月的 HH40 断面

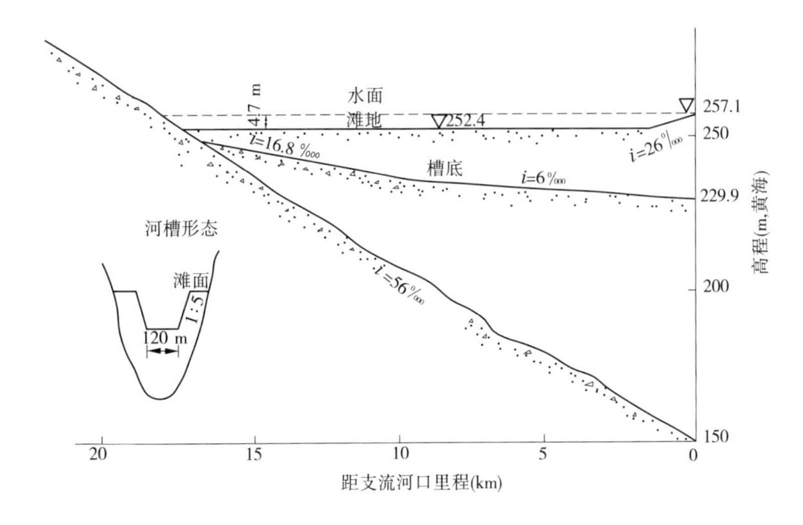

图 3-2　支流畛水河设计淤积形态

(距坝 69.39 km)下移至 HH11、HH12 断面和畛水河口之间。

至 2010 年汛前,畛水河一直处于干流三角洲下游,淤积形式基本为异重流倒灌,支流口门淤积较为平整,基本与干流同步抬升,只是由于受地形条件和泥沙沿程分选淤积的影响,在异重流倒灌的近几年,畛水河床纵剖面沿水流流向呈现一定的倒坡(见图 3-3)。随着干流河床淤积面不断抬高,支流内部淤积面抬升缓慢,使得干支流淤积面高差呈逐年增加的趋势,河床纵剖面倒坡愈加明显。沟口横断面淤积形式基本为平行抬升淤积(见图 3-4)。由于 2010 年汛期三角洲顶点推移到畛水沟口,畛水沟口对应干流滩面迅速抬升,此时干流滩面高程达到 215 m,畛水沟口(ZS01)断面也大幅度抬升,河底平均高程为 213.6 m,而在畛水河内部(ZS04)还不到 206.9 m,ZS05 断面河底平均高程最低,为 206.7 m,因此在沟口形成明显的拦门沙坎,高约 7 m。

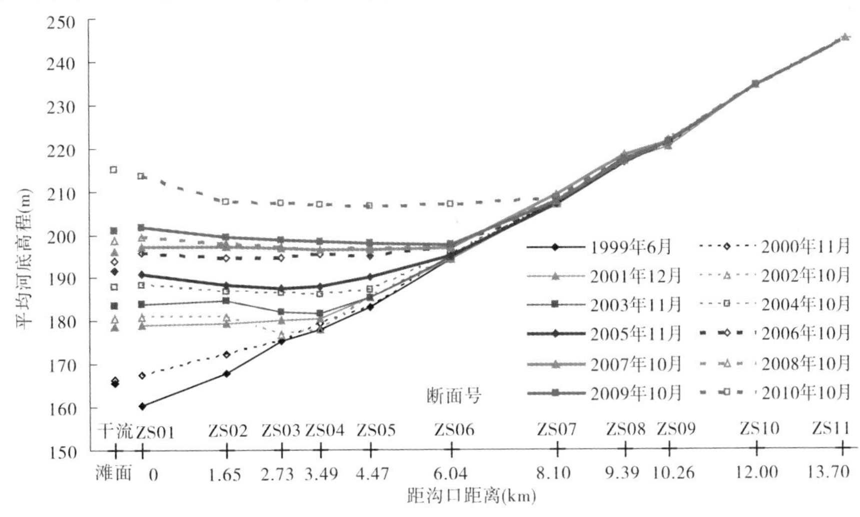

图 3-3　畛水河历年汛后纵剖面(平均河底高程)

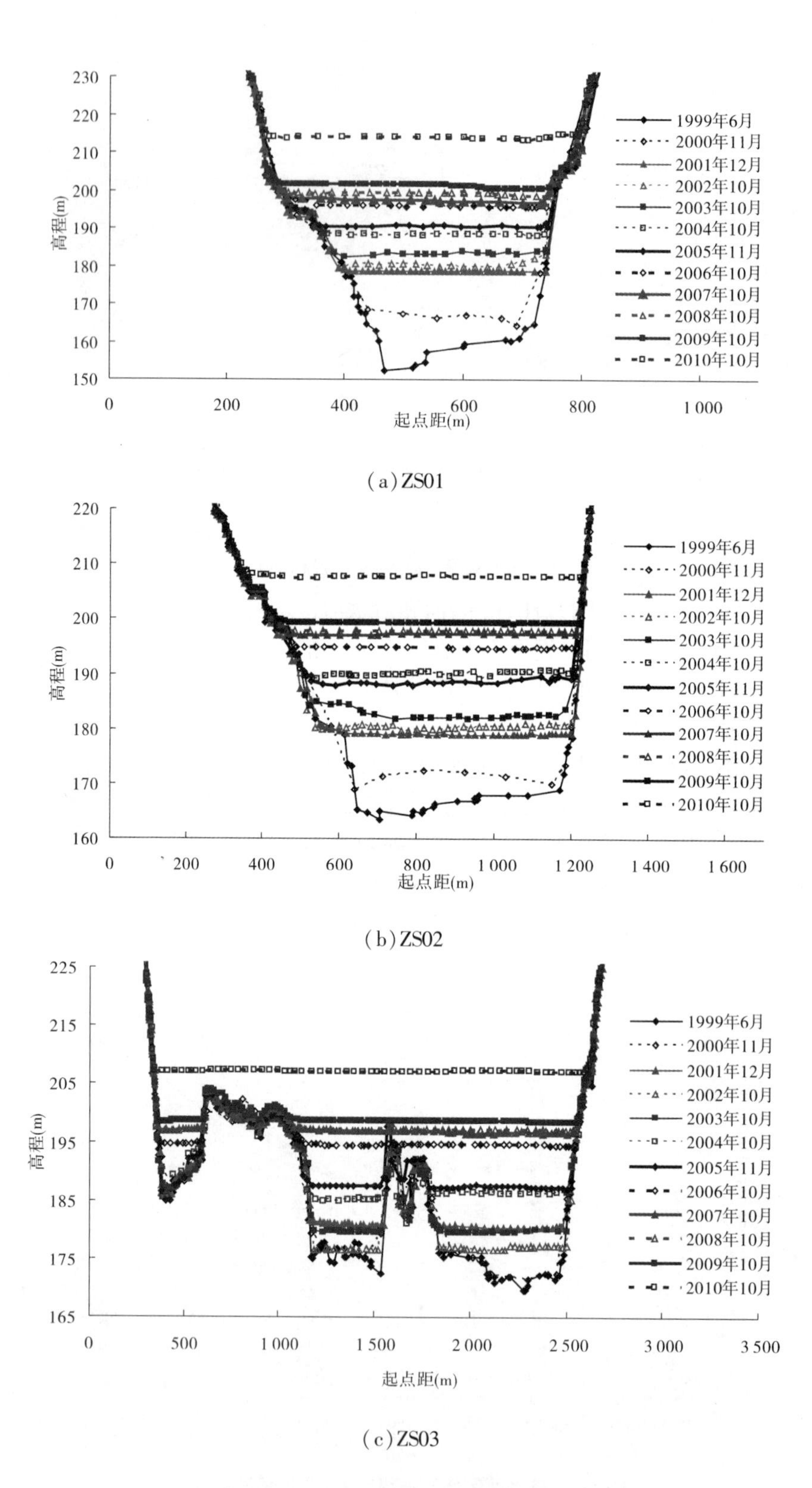

(a)ZS01

(b)ZS02

(c)ZS03

图3-4　畛水河历年汛后横断面套绘

三、畛水河淤积形态成因分析

畛水河入汇水沙量较少,基本上无水沙入库,因此畛水河淤积几乎全部为干流倒灌淤积。畛水河的拦门沙坎主要是由天然的地形条件造成的,畛水沟口断面狭窄,高程 230 m 时沟口宽约 580 m,高程 275 m 时沟口宽约 760 m,见图 3-5,干流水沙侧向倒灌进入畛水河时过流宽度小,意味着进入畛水河的沙量少。畛水河上游地形开阔,如距口门约 3 km 处,高程 275 m 时河谷宽度达 2 660 m 以上,由于沿程宽度骤然增加,倒灌进入支流的水流流速迅速下降,挟沙能力大幅度减小,泥沙沿程大量淤积。倒灌进入畛水河的浑水离口门越远,挟带的沙量越少,加之过流(铺沙)宽度较大,这是畛水河内部淤积面抬升幅度小的根本原因,也为狭窄的支流口门快速淤积抬高创造了有利的边界条件。随着干流河床淤积面不断抬高,支流淤积面抬升缓慢,使得干支流淤积面高差呈逐年增加的趋势;当畛水河位于干流三角洲的洲面时,这种趋势会更加明显。

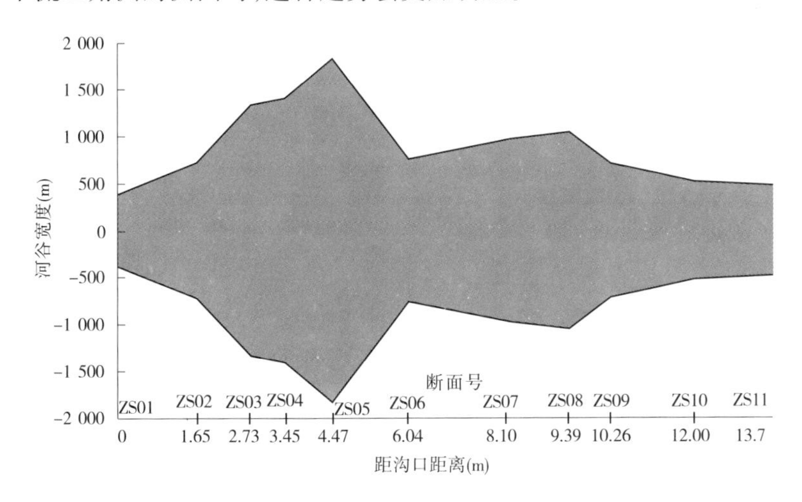

图 3-5　畛水河 275 m 高程平面展布图

表 3-1 给出了库区大于 2 亿 m^3 的六大支流的淤积情况。2010 年 10 月六大支流库容合计为 33.540 亿 m^3,占支流原始库容的 88.7%;1999 年 10 月至 2010 年 10 月,六大支流累计淤积 4.266 亿 m^3,占支流淤积量的 73.2%。支流畛水河淤积量为 1.690 亿 m^3,为各支流淤积量的最大值,占畛水河原始库容的 9.6%,除距坝较近的大峪河外,畛水河淤积较其他支流滞后。从表 3-1 可以得到,石井河淤积量占原始库容比例最高,达到 17.7%,为六大支流最大值,这主要是因为,石井河原始库容为 4.804 亿 m^3,275 m 高程回水长度约 9.4 km,沟口宽度大于 2 000 m,向上游过流宽度逐渐缩窄,距沟口约 2 700 m 处,河谷宽度缩窄至 500 m 左右。地形条件使干流水沙倒灌量值大,支流内部铺沙宽度逐步减少,与支流畛水河相比,河床抬升速度快。

受水库调度运用方式以及库区地形等多方面因素的影响,畛水河拦门沙坎的形成存在一定的必然性。分析发现,支流拦门沙坎的存在阻止干支流水沙交换,支流内部库容不能得到有效利用。非汛期或水库防洪运用时库水位较高,水流漫过拦门沙注入支流。库水位下降后,若干支流水位差不足以影响拦门沙的稳定,或是拦门沙不被完全冲开时,支流形成与干流隔绝的水域,造成支流内部库容无法充分利用,使得支流拦沙减淤效益受到影响,甚至会影响水库防洪效益。针对这种现象,有必要开展畛水河拦门沙坎的预防治理研究,以提出支流的综合利用措施。

表 3-1 典型支流淤积分析情况表

支流名称	1999 年 10 月 库容(亿 m^3)	2010 年 10 月 库容(亿 m^3)	淤积量 (亿 m^3)	淤积占原始 库容(%)	长度 (km)
大峪河	5.797	5.285	0.512	8.8	12.5
东洋河	3.111	2.759	0.352	11.3	10.4
西阳河	2.353	2.032	0.321	13.6	8.7
沇西河	4.070	3.531	0.539	13.2	6.4
畛水河	17.671	15.981	1.690	9.6	19.4
石井河	4.804	3.952	0.852	17.7	9.4
合计	37.806	33.540	4.266	11.3	—

四、畛水河库容变化

畛水河原始库容达 17.671 亿 m^3,占支流总原始库容 52.634 亿 m^3 的 33.6%。截至 2010 年汛后,畛水河累计淤积 1.690 亿 m^3,275 m 高程下库容为 15.981 亿 m^3,见图 3-6,占同期支流库容 46.850 亿 m^3 的 34.1%。其中 215 m 高程以下库容为 0.673 亿 m^3,汛限水位 225 m 以下库容为 1.916 亿 m^3,占相同高程下支流总库容 10.503 亿 m^3 的 18.2%。

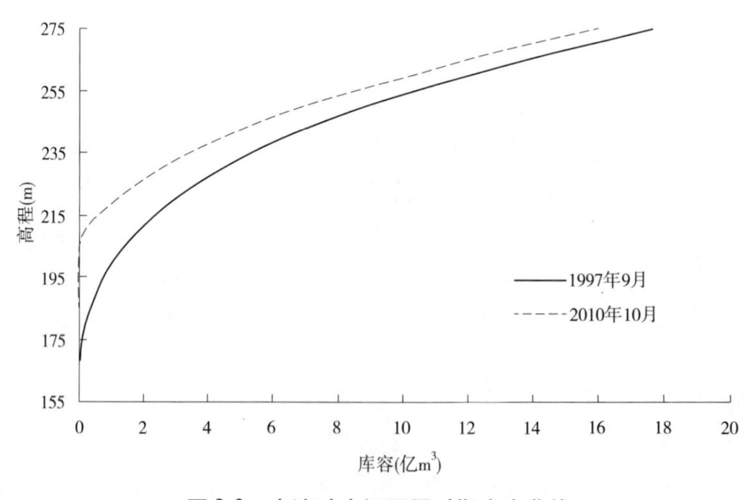

图 3-6 支流畛水河不同时期库容曲线

五、支流库容综合利用问题

小浪底水库是解决黄河下游防洪(防凌)、减淤等问题的关键工程,在以"维持黄河健康生命"为目标的治黄实践中具有极其重要且不可替代的作用。小浪底水库总库容127.538亿m^3,其中拦沙库容75.5亿m^3,在水库拦沙期通过调水调沙拦沙运用,以期最大限度地发挥水库拦沙减淤效益。

小浪底库区支流众多,275 m高程以下原始库容大于1亿m^3的支流有11条。支流原始库容52.634亿m^3,约占总库容的41.3%。设计的支流有效库容为16.1亿m^3,约占水库40.5亿m^3防洪库容的40%,是水库防洪库容的重要组成部分。设计支流最大拦沙量为21.7亿m^3(支流滩面以下的拦沙量),约占水库总拦沙库容的29%,支流拦沙对实现水库拦沙减淤效益举足轻重。库区支流倒锥体内死水容积总量约3亿m^3(水面与滩地高程之间的容积,既不能拦沙,也不能参与正常调度)。

1999年10月至2010年10月,库区累计淤积28.225亿m^3,干、支流淤积量分别为22.395亿m^3、5.830亿m^3,分别占总淤积量的79.3%、20.7%,分别占各自原始库容的29.9%、11.1%,分别占各自设计拦沙库容的41.6%、26.9%(见表3-2)。

表3-2 小浪底库区淤积分析成果表

名称	1999年10月库容(亿m^3)	2010年10月库容(亿m^3)	设计拦沙库容(亿m^3)	淤积量(亿m^3)	淤积量占原始库容(%)	淤积量占总淤积量(%)	淤积量占设计拦沙库容(%)
干流	74.780	52.385	53.8	22.395	29.9	79.3	41.6
支流	52.680	46.850	21.7	5.830	11.1	20.7	26.9
合计	127.460	99.235	75.5	28.225	22.1	100	37.4

图3-7所示为实测各支流历年淤积物组成情况(图例中数据为支流断面号),表明支流淤积物中值粒径绝大部分在0.012 mm以下。干流异重流倒灌支流,淤积物均为较细颗粒泥沙,即使干流为明流流态,干流向支流的倒灌也只是在干流涨水时水流漫过拦门沙坎分入支流。由于进入支流的往往是表层水流,泥沙颗粒相对较细。因此,支流淤积物组成较干流偏细。

设计阶段进行的水库减淤效益分析得出,水库拦沙减淤比约为1.6,即水库拦沙1.6亿t,黄河下游河道减淤1亿t。相对而言,支流拦截的大多为较细泥沙,较细泥沙在黄河下游主槽内几乎不产生淤积,甚至在高含沙水流中可转化为中性悬浮质,成为两相流的液相。因此,支流拦沙减淤效益应小于水库总体水平。下一步有必要开展支流拦沙量及淤积物组成、细沙对水流挟沙能力的影响等基础研究,进而研究支流拦沙减淤效益。

六、小结

通过对小浪底水库支流畛水河的分析,得出以下初步认识:

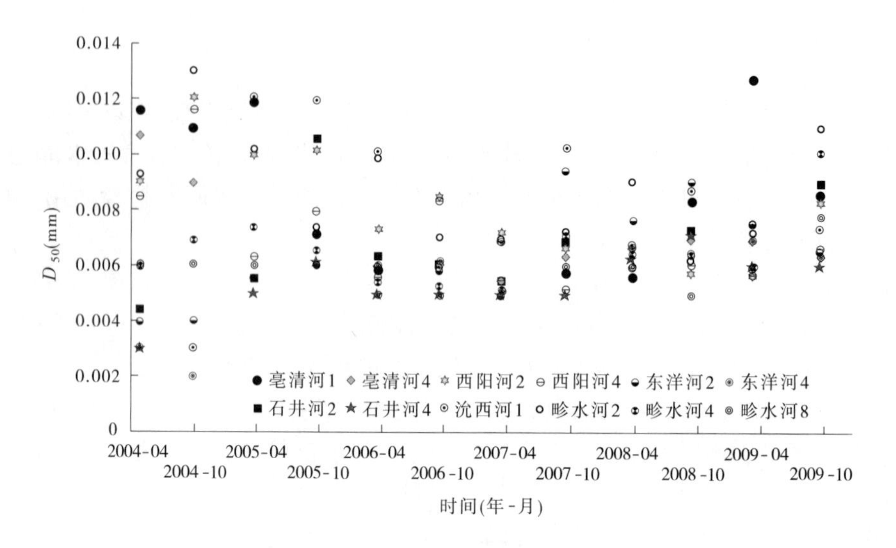

图 3-7　历年支流淤积物组成

(1)泥沙主要淤积在沟口附近,沟口向上沿程减少;随着淤积的发展,纵剖面形态不断发生变化,总的趋势是由正坡至水平而后出现倒坡。至 2010 年汛后,畛水河河口已形成高达 7 m 的拦门沙坎。

(2)畛水河的拦门沙坎主要是由天然的地形条件造成的。支流拦门沙坎的存在阻止干支流水沙交换,使得支流库容的充分利用受到影响,有必要开展畛水河拦门沙坎的预防治理研究,以提出支流的综合利用措施。

(3)设计支流最大拦沙量为 21.7 亿 m^3(支流滩面以下的拦沙量),约占水库总拦沙库容的 29%,支流拦沙对实现水库拦沙减淤效益举足轻重。研究表明,支流拦截的大多为较细泥沙,较细泥沙在黄河下游主槽内几乎不产生淤积,甚至在高含沙水流中可转化为中性悬浮质,成为两相流的液相。因此,支流拦沙减淤效益应小于水库总体水平。下一步有必要开展支流拦沙量及淤积物组成、细沙对水流挟沙能力的影响等基础研究,进而研究支流拦沙减淤效益。

第四章　主要结论及建议

一、主要结论

(1)2010 年小浪底水库入库水量、沙量分别为 252.99 亿 m^3、3.511 亿 t;全年出库水量、沙量分别为 250.55 亿 m^3、1.361 亿 t,进出库泥沙主要集中在汛前和汛期调水调沙期间。年内共进行过三次调水调沙,三次调水调沙期间进出库泥沙分别占年内进出库泥沙总量的 68.67%、96.91%。2000 ~ 2010 年平均入库水、沙量分别为 200.52 亿 m^3、3.394 亿 t,较 1987 ~ 1999 年明显偏少。汛期水沙量偏少较多,沙量减少幅度大于水量。

(2)2010 年全库区泥沙淤积量为 2.394 亿 m^3,其中干流淤积量为 1.156 亿 m^3,支流淤积量为 1.238 亿 m^3。库区泥沙淤积集中于 4 ~ 10 月,其间淤积量为 2.724 亿 m^3,其中干流淤积量 1.291 亿 m^3,占汛期库区淤积总量的 47.39%。

(3)1999 年 10 月至 2010 年 10 月,小浪底全库区断面法淤积量为 28.225 亿 m^3,其中干流淤积量为 22.395 亿 m^3,支流淤积量为 5.830 亿 m^3。从淤积部位来看,泥沙主要淤积在 235 m 高程以下,该高程下淤积量达到 28.391 亿 m^3,其中汛限水位 225 m 高程以下淤积量达到了 26.157 亿 m^3,占总量的 92.67%。库区共淤积 30.261 亿 t,其中细沙、中沙、粗沙分别占淤积总量的 37.6%、30.7% 和 31.7%,中、粗泥沙占到库区淤积总量的 62.4%。水库共排沙出库 7.070 亿 t,其中细沙、中沙、粗沙分别占排沙总量的 82.4%、11.0% 和 6.6%,说明排出库外的泥沙绝大部分是细泥沙。细沙、中沙、粗沙排沙比分别为 33.8%、7.8% 和 4.6%,换句话说就是,细沙、中沙、粗沙淤积量分别占各自入库沙量的 66.2%、92.2%、95.4%,说明水库在淤积大部分中、粗泥沙的同时,入库细沙中的 66.2% 也落淤在了水库。

(4)截至 2010 年汛后,库区总库容 99.235 亿 m^3,其中干流为 52.385 亿 m^3,支流为 46.850 亿 m^3。起调水位 210 m 以下库容仅为 2.985 亿 m^3。汛限水位 225 m 以下库容仅为 10.503 亿 m^3。由于干支流泥沙淤积分布的差异性,干流库容损失多,支流损失少,支流占总库容的比重逐渐上升;干流占总库容的百分比已由初始的 58.7% 降低到 52.8%,支流占总库容的百分比已由初始的 41.3% 上升到 47.2%。

(5)2000 年 11 月至 2010 年 10 月,库区干流一直保持三角洲淤积形态。水库非汛期蓄水拦沙,淤积形态变化不大,调水调沙期间及汛期洪水期,淤积形态受水沙条件、边界条件及水库运用方式的影响而发生调整。距坝 60 km 以下回水区河床总体上淤积抬高;距坝 60 ~ 110 km 的回水变动区冲淤变化与库水位的升降关系密切。三角洲形态及顶点位置随着库水位的运用状况而变化和移动,总的趋势是逐步向下游推进。至 2010 年 10 月三角洲顶点向下游推进至距坝 18.75 km 的 HH12 断面附近,三角洲顶点高程为 215.61 m。

(6)支流泥沙主要淤积在沟口附近,沟口向上淤积厚度沿程减少;随着淤积的发展,支流的纵剖面形态不断发生变化,总的趋势是由正坡至水平而后出现倒坡。至 2010 年 10 月,支流畛水河已出现高达 7 m 的拦门沙坎。

二、几点建议

(1)小浪底库区淤积三角洲不断向坝前推进,截至2010年汛后,三角洲顶点位于畛水沟口处,畛水河出现高达7 m的拦门沙坎。支流拦门沙坎的存在阻止了干支流的水沙交换,使得支流库容的充分利用受到影响,鉴于畛水河支流的特殊性(沟口断面狭窄约600 m,上游地形开阔,距口门约3 km处,河谷宽度达2 500 m以上),建议开展畛水河拦门沙坎的预防治理研究,以提出支流的综合利用措施。

(2)水库运用11 a,库区淤积细泥沙11.378亿t,占入库细沙的66.2%,也就是说,入库细沙的66.2%都淤积在了水库。对下游不会造成大量淤积的细沙颗粒淤积在水库中,减少了淤积库容,缩短了水库的使用寿命。建议小浪底水库改变运用方式,在汛期适当降低库水位运用,加大小浪底水库淤粗排细的能力,增大细颗粒泥沙的排出。

(3)相同淤积量与相同蓄水量条件下,三角洲淤积形态比锥体淤积形态的回水长度明显缩短,异重流排沙效果优于壅水明流排沙。当前水库调度应考虑适时进行排沙运用,尽可能延长库区由三角洲淤积转化为锥体淤积的时间,以便更有利于减少水库淤积,调整床沙组成,优化出库水沙过程,同时可增强小浪底水库运用的灵活性和调控水沙的能力。

(4)需进一步深入研究不同组成的淤积物沉积历时及沉积环境与其固结度的关系、不同固结度淤积物对不同量级水流与水库控制水位的响应、不同量级高含沙水流在黄河下游河道的输沙规律,以及水库低水位冲刷时机及其综合影响等。

(5)支流拦截的大多为较细泥沙,较细泥沙在黄河下游主槽内几乎不产生淤积,甚至在高含沙水流中可转化为中性悬浮质,成为两相流的液相。因此,支流拦沙减淤效益应小于水库总体水平。下一步有必要开展支流拦沙量及淤积物组成、细沙对水流挟沙能力的影响等基础研究,进而研究支流拦沙减淤效益。

第四专题　小浪底水库拦沙运用初期黄河下游河道及黄河河口冲淤演变

本专题对2010年黄河下游河道河床演变进行分析总结，包括2010年进入下游的水沙概况及流量级变化，伊洛河和东平湖等在内的黄河下游洪水特性和黄河下游河道冲淤特点，利用沙量平衡法、断面法和同流量水位法计算分析了黄河下游河道排洪能力变化，并分析了2010年小花间洪峰增值和枣树沟工程上游附近漫滩情况等。

从1999年汛后小浪底水库下闸蓄水到2010年汛后，水库已运用11年，其间自2002年起进行了12次调水调沙。本专题从11年来黄河下游来水来沙及其沿程变化、东平湖加水及流量级特点等方面分析了进入下游的水沙条件，分析了11年来黄河下游河道冲淤、河道横断面形态变化、床沙粗化、东平湖加水等对冲刷发展趋势的影响；从实测同流量水位变化、特大洪水水位及平滩流量变化三个方面对河道排洪能力和防洪形势的变化进行了分析；对小花间洪峰增值及沙峰滞后的5场异重流排沙洪水进行总结分析，并简要分析了洪峰增值的原因；总结了黄河下游11年来的游荡性河段河势变化特点，并提出河势变化存在的问题；对小浪底水库运用以来，黄河河口海岸的演变作了简要的总结，并提出了减缓黄河口淤积延伸速率的建议。

本专题还从来水来沙条件、冲刷在河道纵向上的分布、同流量水位变化以及洪水的冲刷特点等方面与三门峡水库拦沙运用期（1960年10月至1964年10月）进行对比分析，提出了以后应深入研究的问题。

第一章　2010 年黄河下游河道冲淤演变分析

一、水沙概况

2010 年(运用年,下同)小浪底、黑石关和武陟三站(小黑武)的总水量为 285.0 亿 m^3,其中汛期(7～10 月)水量占全年比例为 44.1%;利津年水沙量分别为 203.8 亿 m^3 和 1.70 亿 t,其中汛期占全年比例分别为 65.4% 和 82.4%,详见表 1-1。

表 1-1　2009 年 11 月至 2010 年 10 月黄河下游水沙统计

站名	年		汛期		汛期占年(%)	
	水量(亿 m^3)	沙量(亿 t)	水量(亿 m^3)	沙量(亿 t)	水量	沙量
小浪底	250.5	1.36	102.7	1.36	41.0	100.0
黑石关	33.2	0.01	22.2	0.01	66.9	100.0
武陟	1.3	0	0.9	0	69.2	—
小黑武	285.0	1.37	125.8	1.37	44.1	100.0
花园口	283.4	1.20	125.8	1.05	44.4	87.5
夹河滩	278.3	1.46	128.5	1.12	46.2	76.7
高村	266.3	1.59	126.5	1.19	47.5	74.8
孙口	250.7	1.54	124.8	1.17	49.8	76.0
艾山	249.1	1.71	138.6	1.33	55.6	77.8
泺口	233.2	1.68	107.4	1.37	46.1	81.5
利津	203.8	1.70	133.2	1.40	65.4	82.4

以小黑武作为进入下游的水沙控制断面,并与小浪底水库运用以来进行对比(见图 1-1和图 1-2),2010 年的水量为 285.0 亿 m^3,为小浪底水库运用以来平均值的 1.2 倍,沙量 1.37 亿 t,为平均值的 2.1 倍。

表 1-2 是 2010 年花园口站各流量级水沙量。2010 年花园口总水量为 283.4 亿 m^3,500～1 000 m^3/s 流量级的水量最多,为 129.7 亿 m^3,占总水量的 45.8%,且出现天数最多,为 226 d,小于 1 000 m^3/s 流量级的水量占年总水量的 55.3%,大于 1 500 m^3/s 的水量和大于 2 500 m^3/s 的水量分别为 100.9 亿 m^3 和 71.1 亿 m^3,分别占总水量的 35.6% 和 25.1%,可见,2010 年进入下游的水量仍以小流量水量居多。

2010 年花园口的总沙量为 1.20 亿 t,其中大于 1 500 m^3/s 的流量级和大于 2 500 m^3/s的流量级挟带的沙量分别为 1.02 亿 t 和 0.69 亿 t,分别占总沙量的 85.0% 和 57.5%。说明 2010 年进入下游的沙量主要由相对较大的流量级所挟带。2010 年小浪底水库排沙均为水库异重流排沙。

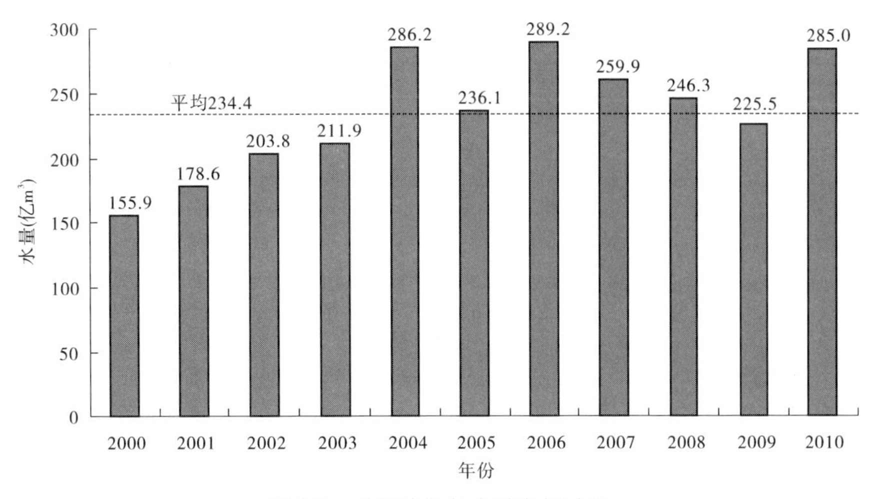

图 1-1　小黑武各年水量变化过程

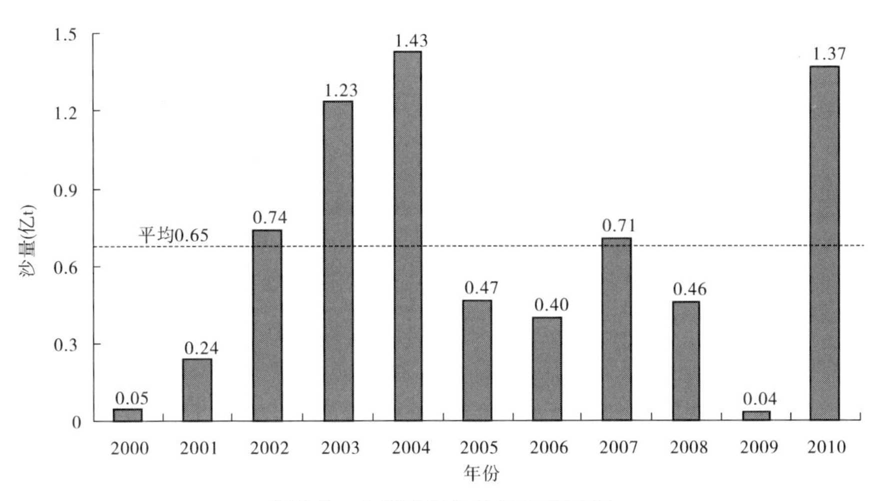

图 1-2　小黑武各年沙量变化过程

表 1-2　2010 年花园口站各流量级水沙量统计

流量级 (m^3/s)	水量 (亿 m^3)	沙量 (亿 t)	出现天数 (d)	平均含沙量 (kg/m^3)	占总量百分数(%)	
					水量	沙量
0 ~ 500	27.0	0.01	70	0.4	9.5	0.8
500 ~ 1 000	129.7	0.10	226	0.8	45.8	8.3
1 000 ~ 1 500	25.8	0.07	26	2.7	9.1	5.8
1 500 ~ 2 000	16.0	0.23	11	14.4	5.6	19.2
2 000 ~ 2 500	13.8	0.10	7	7.2	4.9	8.3
2 500 ~ 3 000	25.8	0.35	11	13.6	9.1	29.2

续表 1-2

流量级 (m^3/s)	水量 (亿 m^3)	沙量 (亿 t)	出现天数 (d)	平均含沙量 (kg/ m^3)	占总量百分数(%)	
					水量	沙量
3 000~3 500	8.0	0.06	3	7.5	2.8	5.0
3 500~4 000	23.3	0.05	7	2.1	8.2	4.2
4 000~4 500	14.0	0.23	4	16.4	4.9	19.2
合计	283.4	1.20	365	4.3	100.0	100.0
<1 500	182.5	0.18	322	130.4	64.4	15.0
1 500~2 500	29.8	0.33	18	259.9	10.5	27.5
>2 500	71.1	0.69	25	517.3	25.1	57.5

二、黄河下游洪水及支流入黄水量

2010 年进入下游洪水有 3 场,均为调水调沙所形成的。

(一)汛前调水调沙

汛前调水调沙可分为调水阶段和调沙阶段。

1. 调水阶段

为减少调水调沙初期河道水量损失,同时考虑到小浪底水库调水调沙前水位偏高的情况,实时调度中小浪底水库提前预泄,自 6 月 18 日 8 时起,小浪底水库按 1 500 m^3/s 均匀下泄。6 月 19 日 8 时调水调沙正式开始,小浪底水库联合西霞院水库按照预案设计的流量指标塑造一次洪水过程。19 日 9 时至 20 日 8 时水库按流量 2 800 m^3/s 下泄;20 日 8 时至 22 日 8 时按 3 000 m^3/s 下泄,22 日 8 时至 24 日 8 时按 3 800 m^3/s 下泄,根据下游洪水水位表现,24 日 8 时至 29 日 22 时下泄流量增加至 4 000 m^3/s。为确保小浪底水库人工异重流的成功塑造,要求三门峡水库尽量多蓄水,在水库泄放大流量之前,水库水位保持 318 m 左右。为尽量增加调水调沙后期小浪底水库异重流后续动力,同时考虑龙口水库施工要求,万家寨水库自 6 月 18 日 12 时起,出库流量按 200 m^3/s 控泄,待库水位达到 978.5 m 后按进出库平衡运用,并在调水调沙过程中,龙口水库最大流量按不大于 1 400 m^3/s 控制。6 月 27 日 8 时 50 分水位最高蓄至 978.84 m。

调水阶段从 6 月 19 日 8 时开始,7 月 3 日 18 时 36 分结束,历时 14.44 d,出库水量 43.48 亿 m^3,没有排沙,最大日均流量 3 930 m^3/s。

2. 调沙阶段

为满足预案设计的人工塑造异重流的技术指标,自 6 月 29 日 22 时起,万家寨、龙口水库联合调度,按 1 200 m^3/s 均匀下泄,直至万家寨水库水位降至汛限水位 966 m,龙口水库水位降至汛限水位 893 m 后,按进出库平衡运用。7 月 3 日 20 时,小浪底水库水位降至 219.82 m,三门峡水库开始加大泄放流量(相应水位 317.67 m)人工塑造异重流,流量过程按 3 000 m^3/s 控泄 6 h、4 000 m^3/s 控泄 12 h，而后按 5 000 m^3/s 控泄，直至水库敞泄运用。水库泄空后与万家寨水库加大下泄的水头相衔接。为延长水库异重流排沙历时及后期水资源的有效利用，7 月 4 日 8 时起，小浪底水库按 3 500 m^3/s 控泄，后减小至 2 700 m^3/s、1 800 m^3/s、1 200 m^3/s 下泄，7 日 24 时起，水库调水调沙调度结束。

水沙调控阶段从 7 月 3 日 8 时开始，7 月 7 日 24 时结束，历时 4.22 d，出库水量 7.88 亿 m^3，输沙量 0.553 亿 t。

表 1-3 是汛前调水调沙洪水特征值统计。在统计洪水特征值时，将汛前调水调沙洪水分为两个阶段。该场洪水第一阶段的洪峰流量小浪底站为 4 030 m^3/s，花园口站为 3 960 m^3/s，演进到孙口时为 3 830 m^3/s，说明第一阶段的洪峰在下游河道演进过程中坦化不大。第二阶段小浪底站最大流量 3 660 m^3/s，相应西霞院水库出库洪峰流量 3 550 m^3/s，演进到花园口时变为 6 600 m^3/s，即使考虑小花间支流加水流量 90 m^3/s，花园口的洪峰流量仍然增加了 2 960 m^3/s。但第二阶段的洪峰流量在其下游河段，尤其是花园口—高村河段的演进过程中迅速坦化，到达高村时洪峰流量削减为 4 700 m^3/s，洪峰流量削减了 29%，到达利津时为 3 900 m^3/s，又削减了 17%。

表 1-3　第一场调水调沙洪水特征值统计

水文站	第一阶段			第二阶段			
	洪峰流量（m^3/s）	发生时间（月-日 T时:分）	对应水位（m）	洪峰流量（m^3/s）	发生时间（月-日 T时:分）	对应水位（m）	最高含沙量（kg/m^3）
小浪底	4 030	06-29T20:00	136.96	3 660*	07-04T17:00	136.63	303.0
西霞院	4 250	06-21T18:18	121.73	3 550	07-04T18:07	121.31	277.0
花园口	3 960	06-24T04:00	92.36	6 600	07-05T12:00	93.16	153.0
夹河滩	4 190	06-28T10:00	75.67	5 350	07-06T02:00	75.98	107.0
高村	3 800	07-01T09:00	62.09	4 700	07-06T12:00	62.42	100.0
孙口	3 830	07-02T08:00	48.39	4 510	07-07T00:00	48.62	84.6
艾山	4 030	07-03T04:00	41.50	4 400	07-07T05:00	41.68	88.0
泺口	3 960	07-03T16:00	30.77	4 260	07-07T16:00	30.83	85.6
利津	3 600	07-04T04:00	13.25	3 900	07-08T07:00	13.18	69.7

注：* 汛前调水调沙第二阶段期间，黑石关流量不超过 90 m^3/s，武陟流量 0.17 m^3/s。

汛前调水调沙洪水的第一阶段为水库下泄清水，第二阶段为异重流排沙洪水，小浪底站的最大含沙量为 303 kg/m^3，共排沙 0.558 8 亿 t，在经过西霞院水库时发生微量淤积，花园口最大含沙量显著减小至 153 kg/m^3，在夹河滩站减小至 107 kg/m^3，此后，虽然最大含沙量是减小的，但减小的幅度较小，到达利津站的最大含沙量为 69.7 kg/m^3。表 1-4 为根据沙量平衡法计算的此场洪水的冲淤量，此次洪水小浪底—利津共冲刷 0.208 2 亿 t。

表 1-4　第一场调水调沙洪水在下游河道冲淤量统计

水文站	开始时间（月-日 T 时）	结束时间（月-日 T 时）	水量（亿 m^3）	输沙量（亿 t）	断面间引沙量（亿 t）	断面间冲淤量（亿 t）
小浪底	06-19T08	07-07T24	52.76	0.558 8		
花园口	06-20T00	07-08T20	52.80	0.518 6	0.014 2	0.026
夹河滩	06-20T08	07-09T08	53.76	0.550 0	0.007 9	-0.039 3
高村	06-20T22	07-10T08	49.68	0.532 1	0.013 8	0.004 1
孙口	06-21T02	07-10T20	48.03	0.566 5	0.019 1	-0.053 5
艾山	06-21T08	07-12T08	48.21	0.609 0	0.008 2	-0.050 7
泺口	06-22T00	07-13T08	50.00	0.681 8	0.006 5	-0.079 3
利津	06-22T20	07-14T08	46.43	0.687 1	0.010 2	-0.015 5
合计					0.079 9	-0.208 2

（二）第二场调水调沙洪水

7 月 22～25 日黄河流域泾河、渭河、北洛河、伊洛河发生强降雨过程，泾河、渭河、伊洛河各支流相继涨水。黄河防总按照《2010 年黄河中下游洪水调度方案》确定的原则制订了防洪及水沙调控调度方案，于 7 月 24 日至 8 月 3 日，通过三门峡、小浪底、陆浑、故县水库“时间差、空间差”的组合调度，按照调控花园口站流量 2 600～3 000 m^3/s 过程，实施了基于黄河中游水库群四库水沙联合调度的第二次调水调沙。此次洪水小浪底水库泄水 15.6 亿 m^3，洪水期间伊洛河发生了一场洪水，此场洪水期间小花间共加水 7 亿 m^3，则进入下游的水量为 22.1 亿 m^3，水库异重流排沙 0.258 亿 t。

表 1-5 为第二场调水调沙洪水特征值统计。第二场洪水的时间为 7 月 23 日至 8 月 4 日，历时 13 d。表 1-6 为用沙量平衡法和等历时法计算的此场洪水的冲淤量，此次洪水在西霞院水库淤积 0.097 亿 t，西霞院水库排沙比 62%，明显低于第一场的 97%；洪水在西霞院水文站以下河段发生冲刷，共冲刷 0.17 亿 t。

表 1-5　第二场调水调沙洪水特征值统计

水文站	洪峰流量（m^3/s）	发生时间（月-日 T 时:分）	对应水位（m）	最高含沙量（kg/m^3）
小浪底	2 290	07-27T22:00	135.64	148.0
西霞院	2 300	07-29T22:00	120.39	62.5
花园口	3 100	07-30T04:00	91.94	24.7
夹河滩	3 080	07-30T14:00	75.26	19.5
高村	2 810	07-31T09:36	61.53	21.9
孙口	2 890	07-30T18:00	47.5	25.8
艾山	2 850	07-31T06:00	40.63	24.1
泺口	2 950	08-01T00:00	29.86	27.1
利津	2 880	08-02T16:00	12.62	26.0

表 1-6　第二场调水调沙洪水在下游河道冲淤量统计（历时 13 d）

水文站	开始时间（月-日）	水量（亿 m^3）	沙量（亿 t）	平均流量（m^3/s）	平均含沙量（kg/m^3）	河段冲淤量（亿 t）
小浪底	07-23	15.6	0.258	1 387	16.54	
西霞院	07-23	15.1	0.161	1 348	10.63	0.097
西黑武	07-23	22.1	0.171	1 967	7.73	
花园口	07-24	22.2	0.217	1 980	9.76	-0.046
夹河滩	07-24	22.8	0.217	2 034	9.49	0
高村	07-25	21.8	0.257	1 943	11.80	-0.051
孙口	07-26	21.8	0.267	1 937	12.25	-0.010
艾山	07-26	21.7	0.292	1 932	13.46	-0.028
泺口	07-26	22.2	0.299	1 977	13.48	-0.007
利津	07-27	21.1	0.313	1 878	14.84	-0.028
西霞院—利津						-0.170

需要说明的是，第二场洪水西霞院水文站、黑石关水文站和武陟水文站三站（简称西黑武）的水量为 22.1 亿 m^3，比西霞院的 15.1 亿 m^3 大，是同期伊洛河发生洪水的缘故。

（三）第三场调水调沙洪水

8 月 8～14 日，黄河流域山陕区间、泾河、渭河、北洛河、黄河下游再次出现一次降雨过程，黄河中游出现了一次基本连续但有多个洪峰的洪水过程。黄河防总实施了基于万家寨、三门峡、小浪底水库水沙联合调度的第三次调水调沙。此次调水调沙洪水小浪底水库共泄水 20.1 亿 m^3，其间伊洛河、沁河加水 1.7 亿 m^3，小浪底水库发生异重流排沙，排沙量 0.508 亿 t。表 1-7 为第三场调水调沙洪水特征值统计表。

表 1-7　第三场调水调沙洪水特征值统计

水文站	洪峰流量（m^3/s）	发生时间（月-日 T 时:分）	对应水位（m）	最高含沙量（kg/m^3）
小浪底	3 090	08-15T11:12	136.25	95.5
西霞院	2 650	08-14T02:00	120.68	47.2
花园口	3 060	08-15T08:24	91.91	23.1
夹河滩	3 140	08-15T08:00	75.17	21.5
高村	3 020	08-15T22:00	61.55	21.7
孙口	2 970	08-16T07:00	47.5	21.8
艾山	2 870	08-16T15:30	40.60	22.3
泺口	2 980	08-17T11:00	29.96	22.9
利津	2 890	08-17T20:00	12.78	24.4

第三场洪水的时间为8月10日至8月21日,历时12 d。表1-8为第三场调水调沙洪水在下游河道冲淤量统计表,本场洪水在西霞院水库淤积0.215亿t,西霞院水库排沙比58%,与第二场的62%接近;西霞院—利津河段除艾山—泺口微淤外均发生冲刷,共冲刷0.134亿t。

表1-8 第三场调水调沙洪水在下游河道冲淤量统计(历时12 d)

站名	开始时间(月-日)	水量(亿 m^3)	沙量(亿 t)	平均流量(m^3/s)	平均含沙量(kg/m^3)	河段冲淤量(亿 t)
小浪底	08-10	20.1	0.508	1 941	25.21	
西霞院	08-10	20.4	0.292	1 966	14.34	0.215
西黑武	08-10	22.1	0.292	2 129	13.25	
花园口	08-11	22.5	0.312	2 175	13.85	-0.020
夹河滩	08-11	23.6	0.346	2 277	14.64	-0.033
高村	08-12	22.4	0.346	2 161	15.46	-0.017
孙口	08-13	23.1	0.351	2 230	15.19	-0.005
艾山	08-13	23.1	0.387	2 224	16.77	-0.038
泺口	08-13	22.9	0.372	2 208	16.26	0.012
利津	08-14	23.4	0.405	2 256	17.32	-0.033
西霞院—利津						-0.134

西霞院水库第一场洪水的排沙比为97%,后面的两场较低,为62%和58%,是由于第一场洪水排沙期间西霞院水库水位是降低的,而其他两场没有。

(四)下游支流入黄概况

1.伊洛河洪水

受流域降雨影响,伊洛河在7月下旬至8月上旬发生了一场洪峰流量为1 430 m^3/s的洪水,黑石关站流量和含沙量过程线见图1-3。此场洪水自7月25日开始,历时11.33 d,最大含沙量16.2 kg/m^3,水量6.72亿 m^3,沙量0.01亿t,见表1-9。

表1-9 伊洛河洪水特征值统计表

起涨时间(月-日)	历时(d)	洪峰流量(m^3/s)	最高含沙量(kg/m^3)	洪量(亿 m^3)	沙量(亿 t)
07-25	11.33	1 430	16.2	6.72	0.01

本场洪水刚好与小浪底水库第二场调水调沙洪水遭遇,从而加大了进入下游的流量,这对下游河道的冲刷有利。

2.东平湖入黄流量过程

2010年3~4月和7~9月,东平湖水库通过清河门闸和陈山口闸向黄河干流加水,共加水5.25亿 m^3,加水主要集中在9月,最大日均流量189.5 m^3/s。图1-4给出了2010年东平湖入黄日均流量过程线。

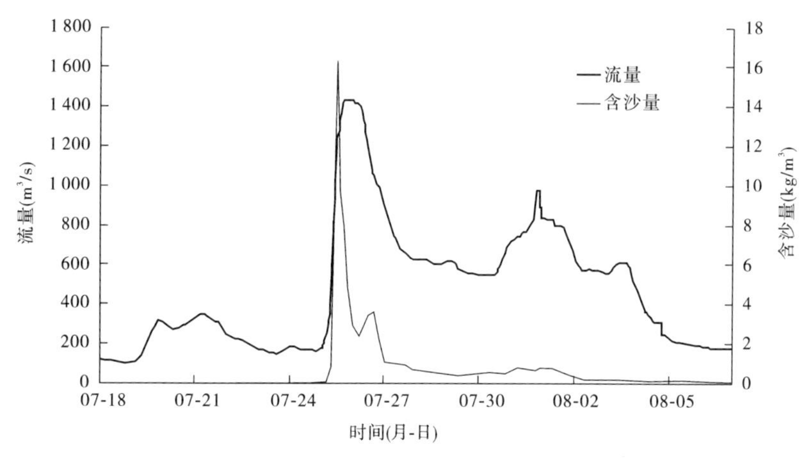

图 1-3　2010 年黑石关站洪水流量、含沙量过程线

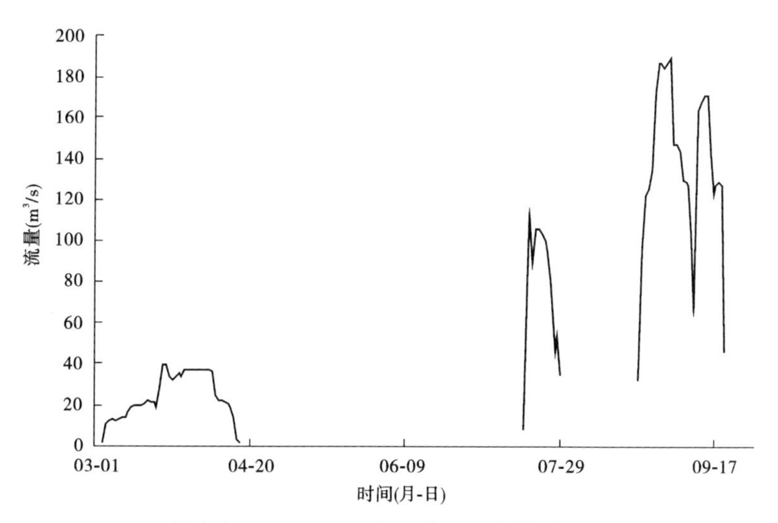

图 1-4　2010 年东平湖入黄日均流量过程线

3. 金堤河入黄水量

2010 年金堤河入黄水量 6.27 亿 m^3,但缺少流量过程资料。

三、河道冲淤及排洪能力变化

(一)河道冲淤变化

1. 沙量平衡法

运用沙量平衡法计算各河段冲淤量 $\Delta W_{S冲淤}$ 的方法如下：

$$\Delta W_{S冲淤} = W_{S上} - W_{S下} - W_{S引}$$

式中：$W_{S上}$ 为河段入口水文站的输沙量；$W_{S下}$ 为河段出口水文站的输沙量；$W_{S引}$ 为河段引沙量。

考虑到小浪底水库运用以来每年第一场调水调沙洪水在 7 月之前，以及断面法施测时间在每年的 4 月和 10 月，为和断面法一致起见，在利用沙量平衡法计算冲淤量时，改变以往将7~10月作为汛期的统计方法,按4月16日至10月15日统计,结果列于表1-10。从表1-10看,2009年10月14日至2010年4月15日利津以上微冲0.098亿t,2010年4月16日至2010年10月15日利津以上冲刷0.862亿t。全年利津以上共冲刷0.960亿t,其中花园口—利津冲刷0.782亿t,冲刷最多的是花园口—夹河滩,为0.231亿t。图1-5为2009年和2010年冲淤量沿程分布对比,2010年的冲刷量比2009年的0.460亿t大70%,是由于2010年进入下游的水量较上年多,且流量较大。

表1-10 黄河下游各河段沙量平衡法冲淤量计算结果 (单位:亿t)

河段	2009年10月14日至2010年4月15日	2010年4月16日至2010年10月15日	合计
西霞院—花园口	-0.044	-0.134	-0.178
花园口—夹河滩	-0.085	-0.146	-0.231
夹河滩—高村	-0.021	-0.171	-0.192
高村—孙口	0.020	-0.041	-0.021
孙口—艾山	-0.010	-0.185	-0.195
艾山—泺口	0.033	-0.047	-0.014
泺口—利津	0.009	-0.138	-0.129
利津以上	-0.098	-0.862	-0.960
花园口—利津	-0.054	-0.728	-0.782

注:西霞院水文站2010年开始有实测水沙资料。

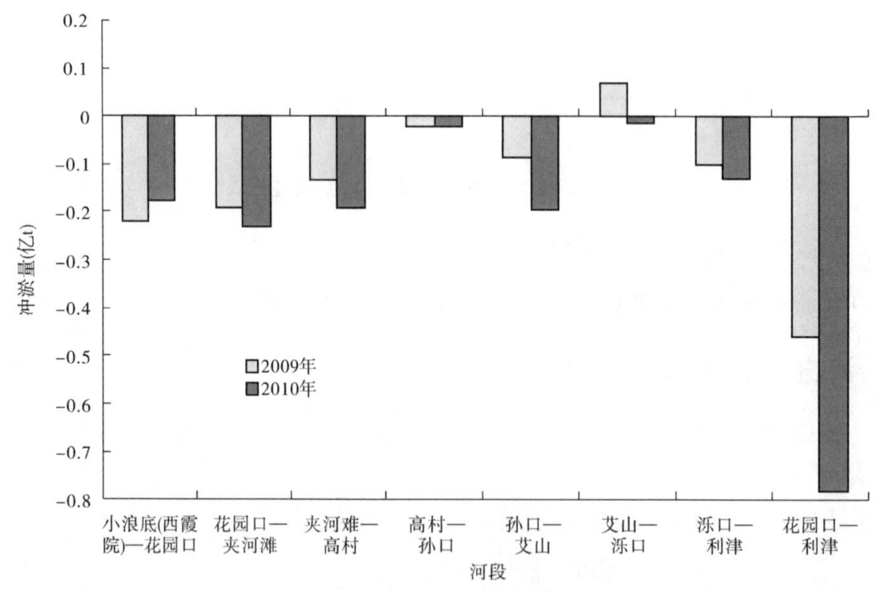

图1-5 2009年和2010年沙量平衡法冲淤量沿程分布

2. 断面法

根据黄河下游河道2009年10月、2010年4月和2010年10月三次统测大断面资料,分析计算了2010年非汛期和汛期各河段的冲淤量(见表1-11)。2010年白鹤—汊3河段主槽共冲刷1.061亿 m^3,其中非汛期和汛期分别冲刷0.131亿 m^3 和0.930亿 m^3;从非汛期冲淤的沿程分布看,冲淤大体上具有"上冲下淤"的特点,但冲淤的绝对值不大;汛期下游河道都是冲刷的;全年高村以上河段、高村—艾山河段和艾山—利津河段主槽分别冲刷0.695亿 m^3、0.171亿 m^3 和0.195亿 m^3,分别占白鹤—汊3河段总冲刷量的65%、16%和18%,全年的冲刷量集中在夹河滩以上河段,冲刷量占全下游的54%,孙口—艾山河段冲刷较少。

表1-11　2010年主槽断面法冲淤量计算成果　(单位:亿 m^3)

河段	2009年10月至2010年4月	2010年4~10月	2009年10月至2010年10月	占全下游(%)
白鹤—花园口	-0.055	-0.229	-0.284	27
花园口—夹河滩	-0.120	-0.170	-0.290	27
夹河滩—高村	-0.078	-0.043	-0.121	11
高村—孙口	0.036	-0.163	-0.127	12
孙口—艾山	-0.033	-0.011	-0.044	4
艾山—泺口	0.016	-0.117	-0.101	10
泺口—利津	0.043	-0.137	-0.094	9
利津—汊3	0.060	-0.060	0	0
白鹤—高村	-0.253	-0.442	-0.695	66
高村—艾山	0.003	-0.174	-0.171	16
艾山—利津	0.059	-0.254	-0.195	18
白鹤—利津	-0.191	-0.870	-1.061	100
白鹤—汊3	-0.131	-0.930	-1.061	100
占全年(%)	12	88	100	

图1-6为2009年和2010年断面法冲淤量沿程分布对比。利津以上2010年的冲刷量为1.06亿 m^3,比2009年的冲刷量0.85亿 m^3 大25%。从冲刷量的沿程分布看,花园口以上和艾山以下河段2010年的冲刷量比上年的大,而夹河滩—孙口河段2010年的冲刷量反而比上年的小。花园口—夹河滩和孙口—艾山2010年的冲刷量和上年的基本持平。

从1999年10月小浪底水库投入运用到2010年汛后,黄河下游利津以上河段全断面累计冲刷13.627亿 m^3,主槽累计冲刷14.106亿 m^3。

(二)同流量水位变化

用2010年末场洪水(第三场调水调沙洪水,即8月中下旬洪水)的同流量水位,减去

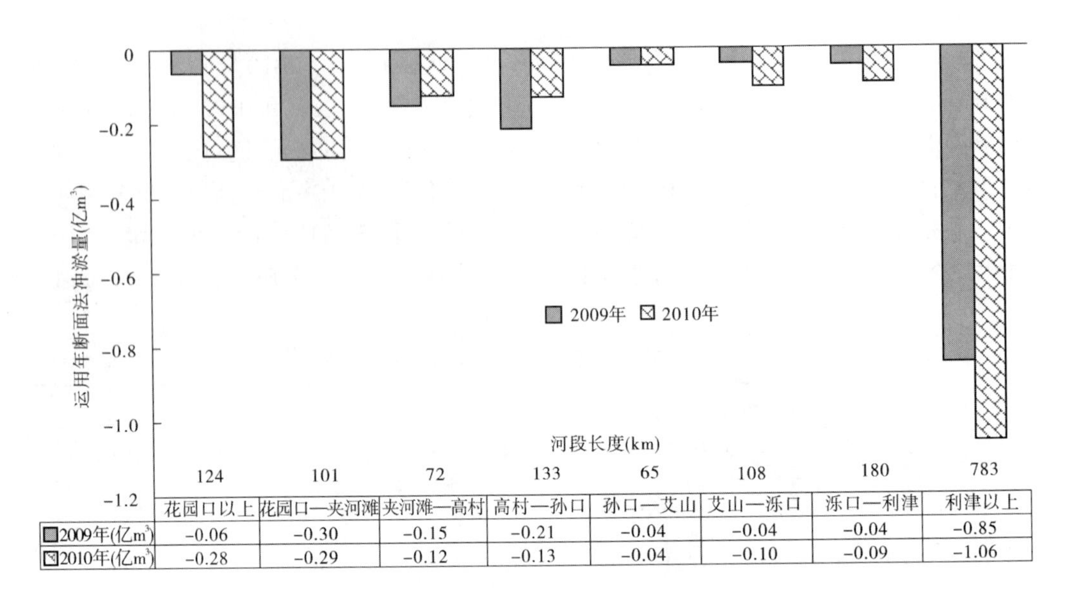

	花园口以上	花园口—夹河滩	夹河滩—高村	高村—孙口	孙口—艾山	艾山—泺口	泺口—利津	利津以上
河段长度(km)	124	101	72	133	65	108	180	783
2009年(亿m³)	-0.06	-0.30	-0.15	-0.21	-0.04	-0.04	-0.04	-0.85
2010年(亿m³)	-0.28	-0.29	-0.12	-0.13	-0.04	-0.10	-0.09	-1.06

图 1-6　2009 年和 2010 年断面法冲淤量沿程分布

首场洪水(第一场调水调沙洪水,即 6 月下旬汛前调水调沙洪水)同流量水位(并且均采用涨水期的),得到同流量水位的变化(其中负号表示水位下降),大体上反映了 2010 年汛期下游河道排洪能力的变化。图 1-7 为黄河下游水文站断面的同流量水位变化,泺口及其以上水文站的同流量水位基本上都是下降的,而利津的同流量水位则有所抬升。图 1-8 为 2010 年末场洪水和 2009 年调水调沙洪水相比同流量水位变化,大体反映了近两年下游河道排洪能力变化,从图 1-8 看到,泺口及其以上河段的同流量水位是明显下降的,只有利津的同流量水位没有下降。图 1-9 ~ 图 1-15 为自 2009 年汛前调水调沙以来,各场洪水黄河下游水文站涨水期水位流量关系。

总而言之,近两年来,黄河下游除利津的排洪能力略有降低外,其余河段的排洪能力是增大的。

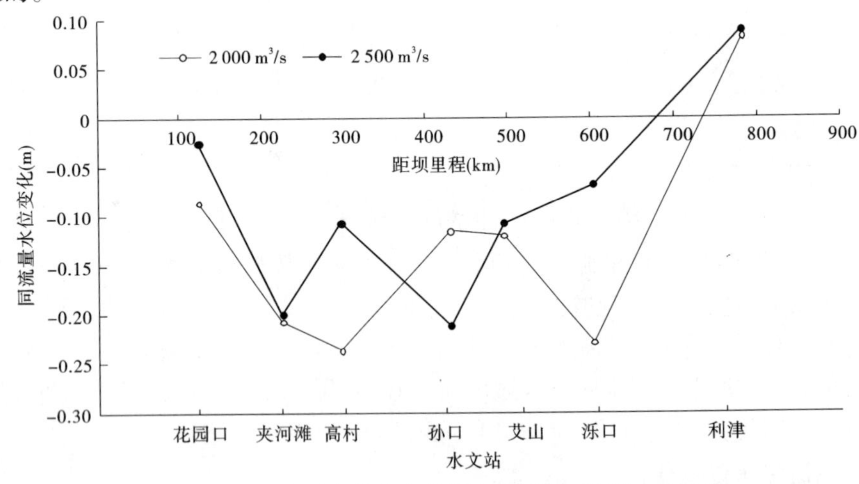

图 1-7　2010 年末场洪水和首场洪水相比同流量水位变化

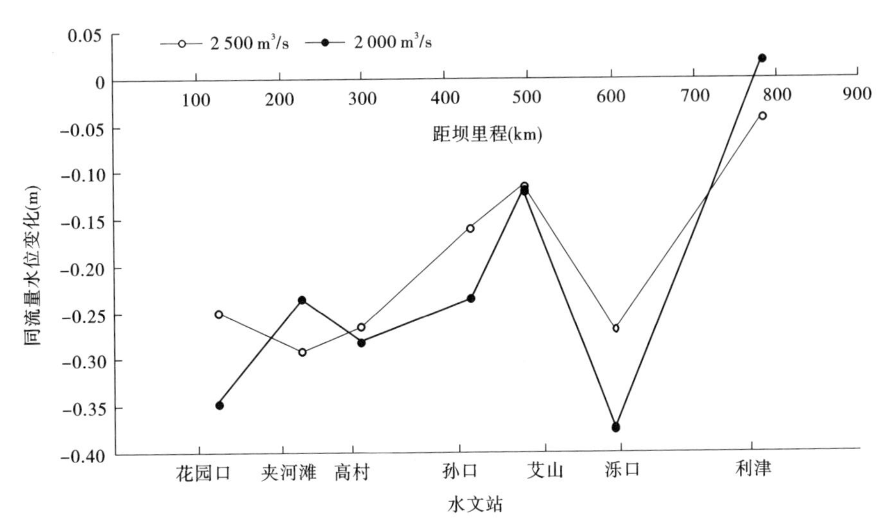

图 1-8　2010 年末场洪水和 2009 年调水调沙洪水相比同流量水位变化

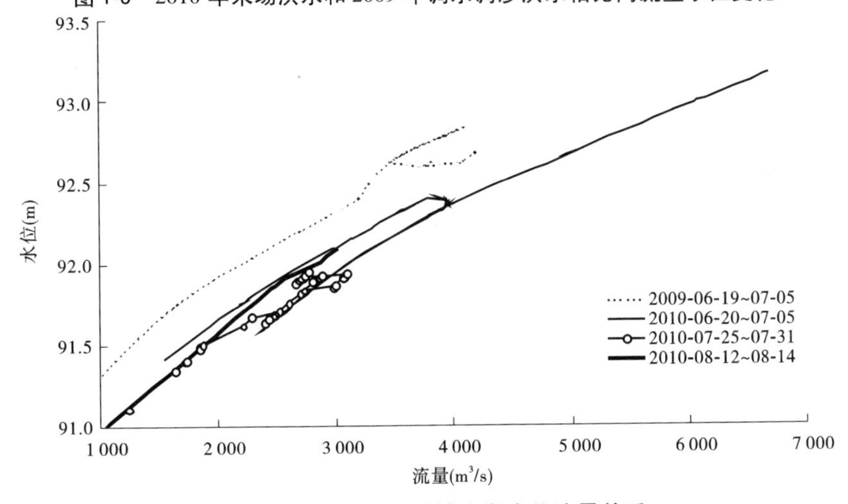

图 1-9　花园口水文站涨水期水位流量关系

图 1-10　夹河滩水文站涨水期水位流量关系

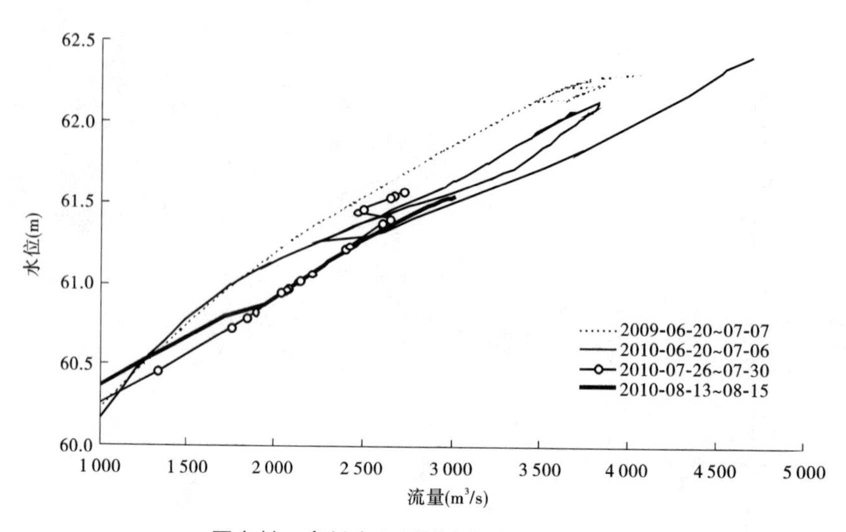

图 1-11　高村水文站涨水期水位流量关系

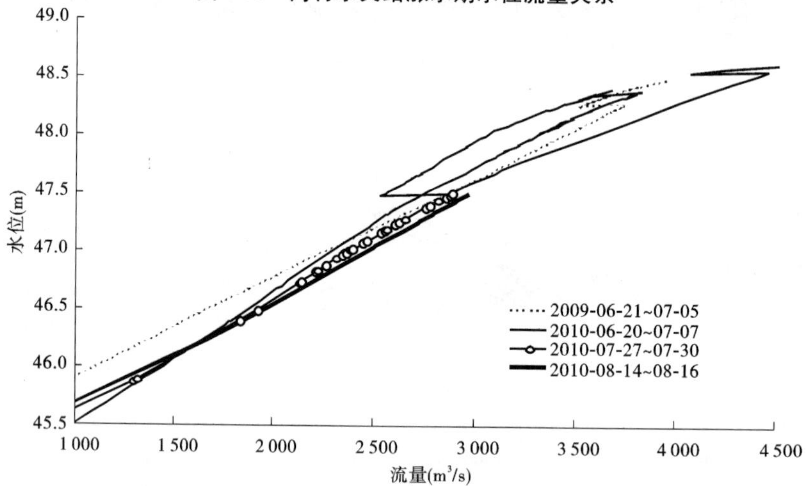

图 1-12　孙口水文站涨水期水位流量关系

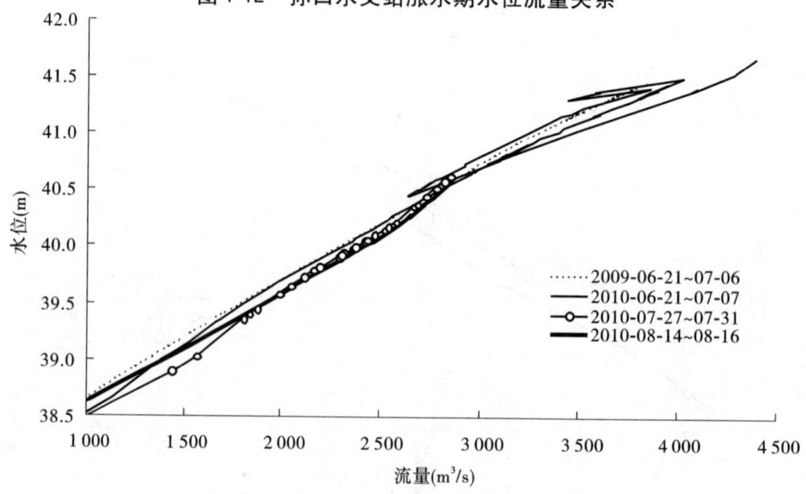

图 1-13　艾山水文站涨水期水位流量关系

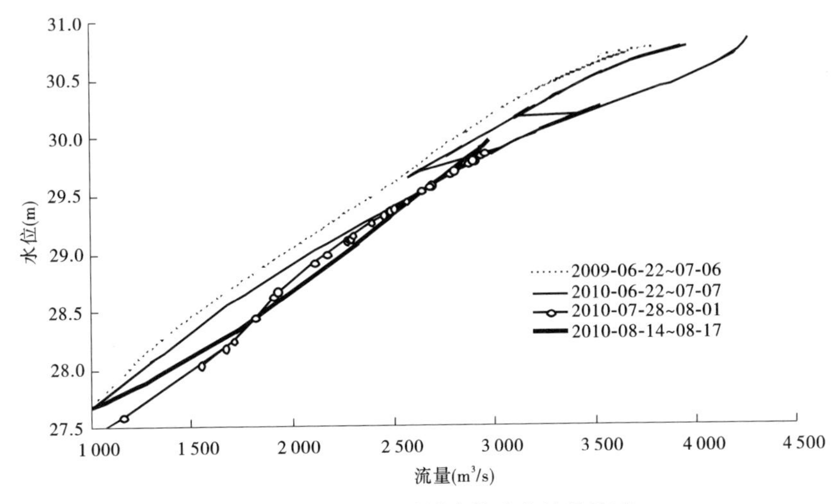

图 1-14　泺口水文站涨水期水位流量关系

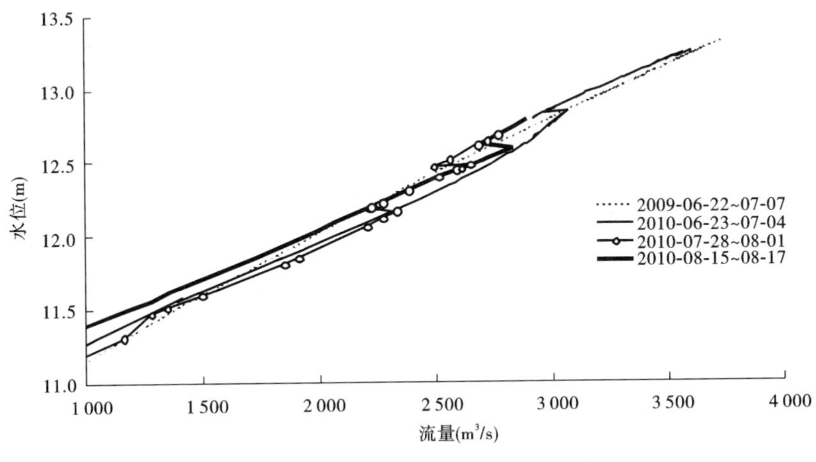

图 1-15　利津水文站涨水期水位流量关系

四、小花间洪峰增值和沙峰滞后现象

汛前调水调沙期间，流量过程在花园口以上河道演进时发生了洪峰增值现象。图 1-16为西霞院、黑石关、武陟及花园口水文站的流量过程线，西霞院的最大流量为3 550 m^3/s，黑石关和武陟的流量很小，不过 90 m^3/s，西霞院、黑石关和武陟的最大流量之和不过 3 640 m^3/s，但演进到花园口时，出现了一个十分明显的洪峰，洪峰流量达到 6 600 m^3/s，洪峰流量增加了 2 960 m^3/s，增幅为 81%。

为了解这场洪水在西霞院—花园口之间的增值过程，图 1-17 给出了西霞院—花园口之间 10 站(险工水位观测点、水位站或水文站)的水位过程线，为便于对比，水位均为自起涨点算起的相对水位。从图中可以看到，从西霞院到铁谢约 10 km 的河段峰型差别不大，均呈矮胖型；但从铁谢到逯村近 8 km 的河段峰型变化很大，由矮胖型变为尖瘦型；从逯村到赵沟之间约 14 km 的河段峰型变化不明显；自赵沟到老田庵之间 71 km 长的河段

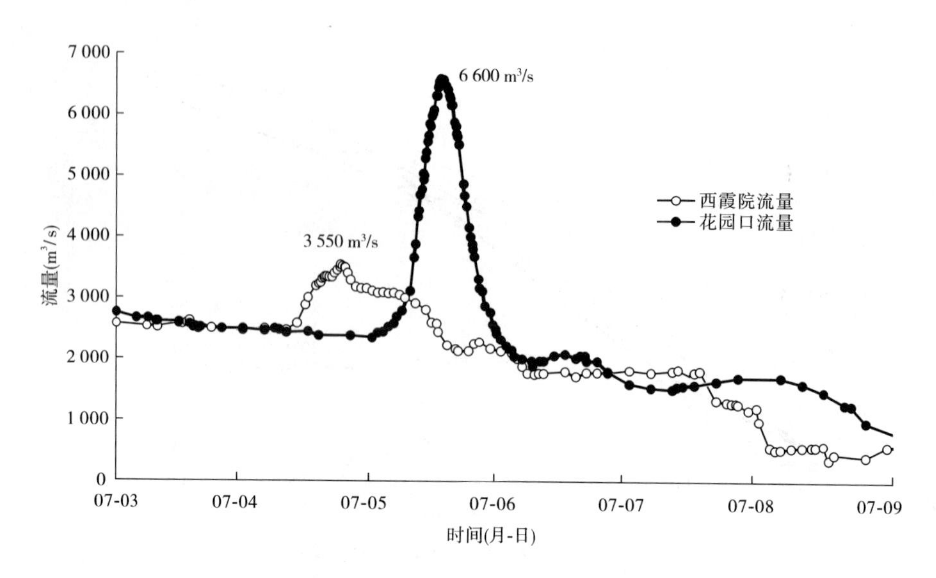

图 1-16　2010 年汛前调水调沙排沙期西霞院和花园口站流量过程线

峰型逐渐变得尖瘦;从老田庵到花园口之间 10 km 长的河段水位有一个陡涨的变化,但峰型变化不大。

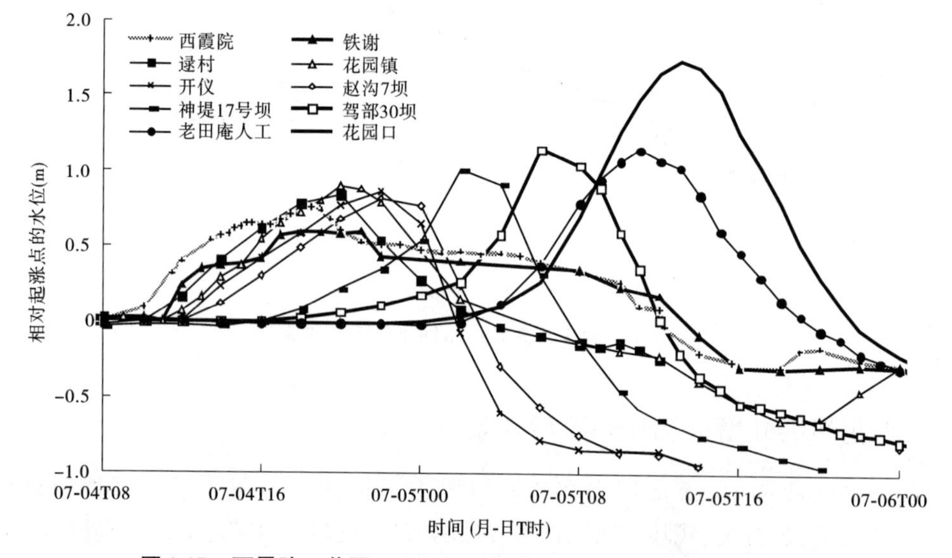

图 1-17　西霞院—花园口之间相对起涨点险工水位过程线套汇对比图

计算自起涨开始至落峰点西霞院水文站和花园口水文站的等历时(0.85 d)水量,同时还考虑了西霞院和小花间支流的同期水量,结果显示,“10 · 7”洪水花园口比西霞院的水量多出 0.733 亿 m^3,若以平均过水面积 1 500 m^2 考虑,这些水量相当于 49 km 长的河段的全部槽蓄量(见表 1-12)。而事实上引起洪峰增值的水量只是槽蓄量的一小部分,也就是说,洪峰增值是一个较长河段的渐变增值过程,这和图 1-17 的水位过程线反映的情况是一致的。

表 1-12 "10·7"洪峰增值水量计算表

水文站	起涨时刻(月-日 T 时)	洪水持续时间(d)	水量(亿 m^3)	槽蓄量河长计算	
				过水面积(m^2)	河长(km)
西霞院	07-04T08	0.85	2.302	1 000	73
黑石关			0.058	1 500	49
武陟			0.000 07	2 000	37
花园口	07-05T00		3.094	2 500	29
不平衡水量			0.733	3 000	24

这场主要因花园口以上流量增值所形成的洪峰在花园口以下河段演进中没有再发生流量增值现象，而是明显坦化，例如相应夹河滩的洪峰流量为 5 350 m^3/s、高村为 4 700 m^3/s、艾山为 4 400 m^3/s、利津为 3 900 m^3/s。

发生洪峰增值的洪水在整个下游河道演进的过程中发生沙峰不断滞后于洪峰的现象，即在洪水演进过程中沙峰相对洪峰出现的时间不断拉长。

五、枣树沟工程 27 垛上游嫩滩漫滩调查分析

2010 年黄河调水调沙期间，枣树沟控导工程 27 垛上首 200 m 向北 2 km 处黄河滩区丁村段一处嫩滩上水，主要在罗村坡与槽沟大断面之间约 2.5 km 长的河段，滩区淹没面积约 100 hm^2（见图 1-18）。黄河水利科学研究院组织人员赴漫滩地段进行了跟踪调查。据当地群众介绍，上水时间为 7 月 5 日早上 4 时多。8 时 30 分左右，所有群众均得到安全转移。

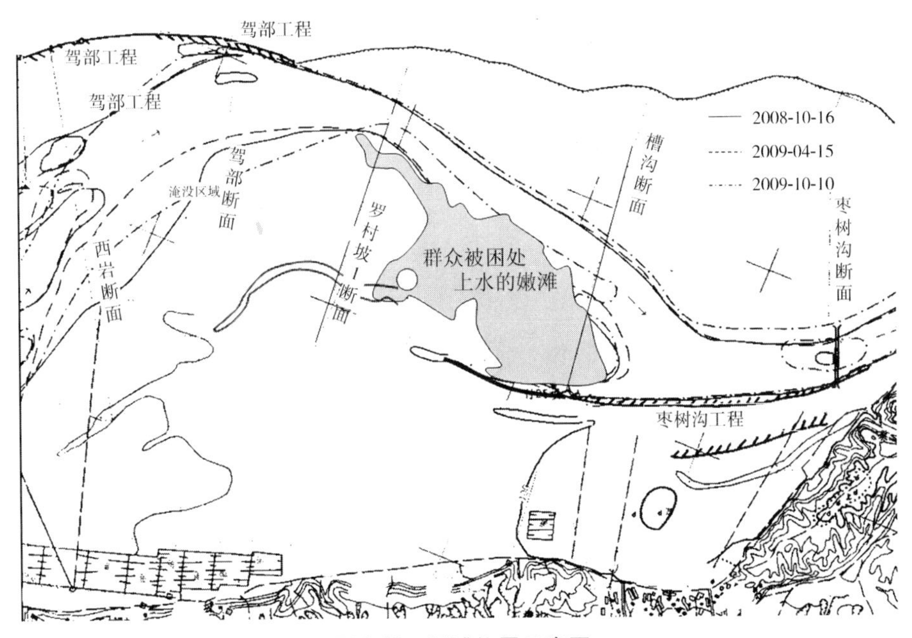

图 1-18 漫滩位置示意图

上水的滩地为黄河嫩滩，属于行洪河道，见图 1-19、照片 1-1。高滩高出嫩滩约 1.2

m,上水期间水流未进入高滩,高滩上的农作物未遭受损失(见照片 1-2),现场能看到最高水位的位置(见照片 1-3)。水流从东北方向流入滩地,退水时仍退向东北方向(见照片 1-4)。滩地上水时间持续约 7 h,7 月 5 日上午 11 时滩地全部退水。

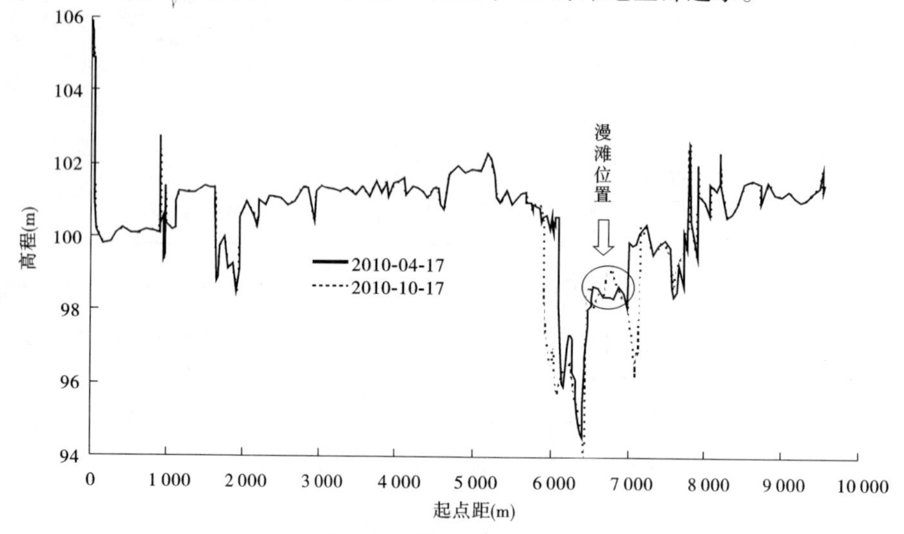

图 1-19　槽沟河道大断面

照片 1-1　曾经上水的滩地(往前 700 m 为河道)

照片 1-2　高滩高出上水滩地约 1.2 m

照片 1-3　滩地最高水位痕迹

照片 1-4　滩地退水时压倒的野草(朝向东北方向)

只有当河槽流量大于平滩流量时,才会出现漫滩现象。为给水库调度提供参考依据,利用已有的水文资料和野外实地调研资料,定量计算本漫滩河段的平滩流量。

假设:①洪水在西霞院和小花间的传播是匀速的;②洪峰流量的增值过程是线性增加的(根据以往的分析,大体上是这样的)。另外,鉴于洪水期间小花间支流加水流量不足100 m^3/s,忽略支流流量。

根据如下步骤推算平滩流量:

(1)计算西霞院和花园口水文站峰现时间及其时间差。

西霞院出现洪峰3 550 m^3/s 的时间是7月4日18时7分,花园口出现洪峰流量6 600 m^3/s 的时间是7月5日12时36分,二者的时间差为0.77 d。

(2)计算花园口和西霞院时间间隔一致的流量过程。

以西霞院的洪水要素表的时间,加上其至花园口的时间差,得到新的时间序列,据此时间序列,用线性插值程序在花园口的洪水要素表上查得流量,从而得到花园口和西霞院时间间隔一致的流量过程 $Q \sim t$。

(3)计算漫滩处的流量过程。

西霞院水文站和花园口水文站距坝里程分别为16.9 km和129.7 km,根据漫滩处距最近的大断面的距离和大断面的距坝里程,可以推算得到漫滩处的距坝里程为93.5 km。基于上述两个假设,根据线性插值的原理(认为漫滩处的对应流量从西霞院到花园口是线性过渡的),由西霞院的流量过程和花园口的流量过程 $Q \sim t$,线性插值得到漫滩处的流量过程,计算表明,漫滩处的洪峰流量为5 694 m^3/s,发生在7月5日6时47分。

(4)计算漫滩处的平滩流量。

漫滩河段开始漫滩的时间为7月5日4时,退水时间为7月5日11时。由这两个时间,在漫滩处的流量过程线上,可查得对应的流量分别为4 783 m^3/s 和4 356 m^3/s,详见图1-20给出的花园口、西霞院及漫滩河段三处洪峰增值时段的流量过程线。平均为4 570 m^3/s,即认为枣树沟工程27垛上游嫩滩平滩流量为4 570 m^3/s。

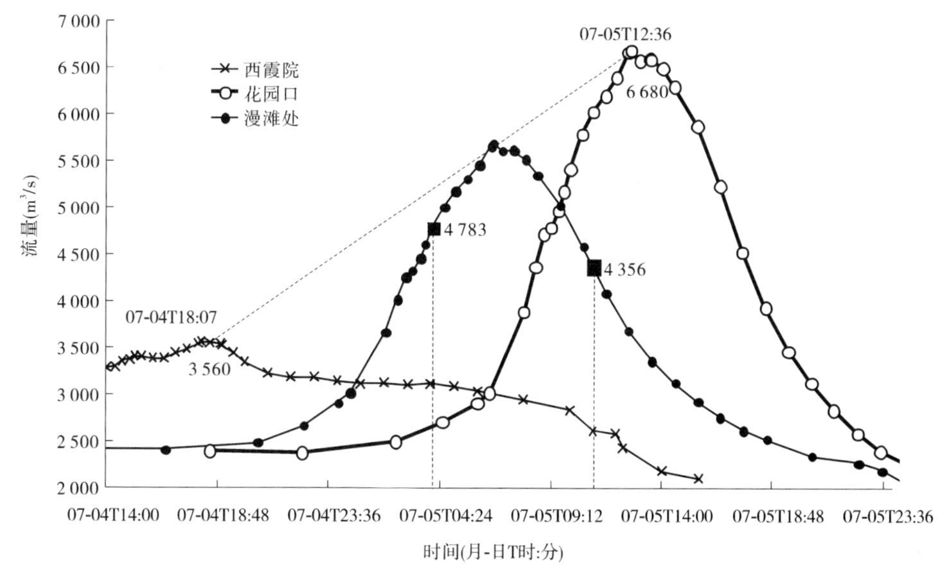

图1-20　花园口、西霞院及漫滩河段洪峰增值时段的流量过程线

六、认识与建议

（一）主要认识

（1）2010 年进入黄河下游的水量和沙量与 1999 ~ 2010 年平均值相比偏多。若以小黑武三站的水沙作为进入下游的水沙，并与小浪底水库运用以来进行对比，2010 年的水量为 285.0 亿 m^3，为小浪底水库运用以来平均值的 1.2 倍；沙量 1.37 亿 t，为平均值的 2.1 倍。2010 年伊洛河 7 月 25 日发生一场洪峰流量为 1 430 m^3/s、水量 6.72 亿 m^3 的小洪水。2010 年黄河下游支流大汶河发生洪水，经东平湖水库调蓄后，向黄河泄水 5.25 亿 m^3。2010 年金堤河入黄水量 6.27 亿 m^3。

（2）2010 年进入下游的洪水共有 3 场，均为调水调沙洪水。这 3 场洪水在西霞院—利津河段发生冲刷，共冲刷 0.512 亿 t。根据断面法计算，2010 年非汛期、汛期黄河下游利津以上河段冲刷 0.191 亿 m^3 和 0.870 亿 m^3，全年冲刷 1.061 亿 m^3。从河道沿程看，每个河段均发生了冲刷，冲刷在纵向上的分布有"上大下小"的特点。同流量水位除利津略有抬升外，其他水文站的同流量水位均是降低的。

（3）由于小浪底水库异重流排沙运用过程中，小花间发生洪峰增值现象，西霞院—花园口之间洪峰净增了 2 960 m^3/s，增幅为 81%，为小浪底水库运用以来最大的，致使花园口断面发生小浪底水库运用以来的最大洪峰流量为 6 600 m^3/s 的洪水。这场洪水洪峰十分尖瘦，在花园口以下河段迅速坦化，到达夹河滩的洪峰流量为 5 350 m^3/s，到达孙口为 4 510 m^3/s，艾山为 4 400 m^3/s，泺口为 4 260 m^3/s，利津为 3 900 m^3/s。洪水没有造成漫滩。

分析西霞院—花园口之间险工水位变化，计算洪峰增值水量（0.733 亿 m^3），认为花园口以上河段"10 · 7"洪水洪峰增值基本上是渐变增加而形成的。

（4）2010 年 7 月 5 日早上 4 时多，枣树沟工程 27 垛上游嫩滩发生了漫滩，通过开展实地调查和分析计算，得到该处的平滩流量为 4 570 m^3/s。

（二）建议

2010 年调水调沙期间，枣树沟工程上首河槽嫩滩发生漫滩，淹没面积约 100 hm^2，一些村民受淹，造成了一定的社会影响。嫩滩在河道整治工程范围内，为河槽的一部分，属于行洪河道，但近年来由于长期流量小，嫩滩一直不上水，滩区群众误以为嫩滩是安全的，部分村民甚至集体在嫩滩植树、造林、耕种、采砂、建房，或从事其他影响行洪的行为。此处嫩滩被当地政府包给了对岸的农民，以收取承包费，对此应加以制止。建议黄委水行政主管部门加强宣传力度，改进宣传方式，坚持不懈，并深入当地一线，避免发生类似事件，确保黄河下游行洪河道的畅通。

第二章　小浪底水库运用以来黄河下游河道及黄河河口冲淤演变分析总结

一、水沙条件

（一）来水来沙及沿程变化

表 2-1 为小浪底水库运用 11 a（1999 年 10 月 ~ 2010 年 10 月）黄河下游小黑武和利津年水沙量及汛期占年总量的百分数。小黑武 11 年年均水量为 234.4 亿 m^3，沙量为 0.65 亿 t。其中水量较多的年份为 2004 年、2006 年、2007 年、2008 年和 2010 年，这 5 年的水量均多于 11 年年均值。沙量较多的年份为 2003 年、2004 年和 2010 年，这三年的沙量均大于 1 亿 t。若以利津断面作为下游河道的出口站，则利津年均水量为 145.5 亿 m^3，沙量为 1.38 亿 t。从小黑武到利津，年均水量减少了 88.9 亿 m^3，占进入下游水量的 38%，说明引水及耗水量很大。

表 2-1　小浪底水库运用以来各年黄河下游水沙状况

年份	水量（亿 m^3）			沙量（亿 t）		
	小黑武		利津	小黑武		利津
	全年	汛期（%）	全年	全年	汛期（%）	全年
2000	155.9	32	38.0	0.05	100	0.15
2001	178.6	26	59.6	0.24	100	0.29
2002	203.8	45	44.6	0.74	98	0.55
2003	211.9	64	131.7	1.23	97	2.94
2004	286.2	29	249.4	1.43	100	3.32
2005	236.1	37	184.0	0.47	97	1.81
2006	289.2	28	215.7	0.40	83	1.59
2007	259.9	45	188.0	0.71	74	1.40
2008	246.3	26	157.1	0.46	55	0.83
2009	225.5	32	128.2	0.04	95	0.55
2010	285.0	44	203.8	1.37	100	1.70
年均	234.4	37	145.5	0.65	93	1.38

（二）东平湖加水

小浪底水库投入运用以来，除 2000 年、2002 年和 2009 年外，其他 8 a 东平湖均向黄河干流加水，共加水 90.29 亿 m^3，占同期艾山站水量 2 150 亿 m^3 的 4.2%。其中加水较多的是 2004 年、2005 年和 2007 年，这三年分别加水 26.76 亿 m^3、21.99 亿 m^3 和 12.59 亿 m^3，占 2000 年以来加水量的 67.9%（见图 2-1）。表 2-2 为 2000 ~ 2010 年东平湖各月向黄河的加水量统计表,12 个月中 7 ~ 11 月 5 个月的加水量为 85.38 亿 m^3,占 12 个月的 94.6%,8 ~ 9 月两个月的加水量为 56.3 亿 m^3,占 12 个月的 62.4%,说明东平湖向黄河的加水,主要集中在 7 ~ 11 月,尤其是 8 ~ 9 月。图 2-2 显示了东平湖加水各流量级的水量,东平湖加水以 100 ~ 300 m^3/s 流量级的水量较多,为 43.9 亿 m^3,占总量的 48.6%;大于 300 m^3/s 的水量为 30.5 亿 m^3,占全部加水量的 33.8%,向黄河加水的最大日平均流量为 704 m^3/s(2007 年 8 月 21 日)。

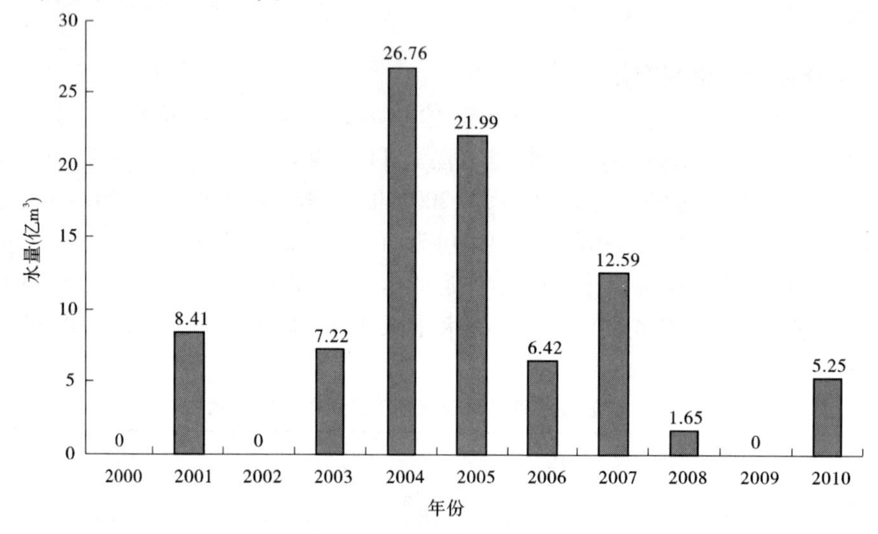

图 2-1　各年东平湖向黄河的加水量

表 2-2　2000 ~ 2010 年东平湖各月向黄河的加水量统计　　(单位:亿 m^3)

月份	1	2	3	4	5	6	7	8	9	10	11	12	合计
加水量	1.04	0.24	1.03	0.38	0.86	0.48	9.96	31.56	24.74	11.79	7.33	0.88	90.29

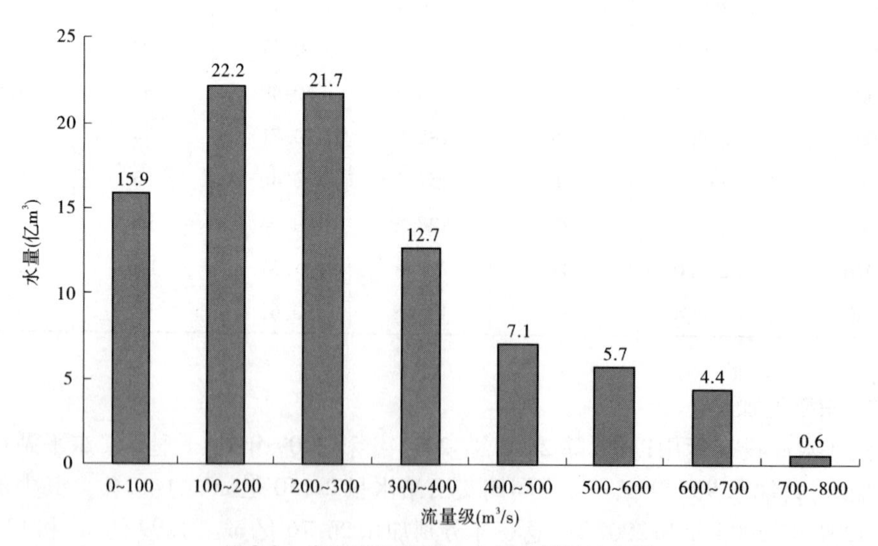

图 2-2　东平湖向黄河加水各流量级的水量

（三）流量级特点

图2-3、图2-4和图2-5分别为2000～2010年花园口站各流量级水量、沙量和含沙量。11年来，花园口站的总水量为2 584亿m^3，其中1 500 m^3/s以下的水量为1 916亿m^3，占总水量的74.1%，1 500 m^3/s以上的水量为668亿m^3，仅占总水量的25.9%，大于2 500 m^3/s的水量为422亿m^3，仅占总水量的16.3%。说明进入下游的水量绝大部分是小流量过程。从各流量级的平均含沙量看，流量大于1 500 m^3/s的含沙量较高，1 500～2 500 m^3/s流量级的平均含沙量为13.5 kg/m^3，2 500～4 500 m^3/s流量级的平均含沙量为9.2 kg/m^3，均大于1 500 m^3/s以下流量级的平均含沙量2.3 kg/m^3。较大流量的含沙量较高的特点明显。

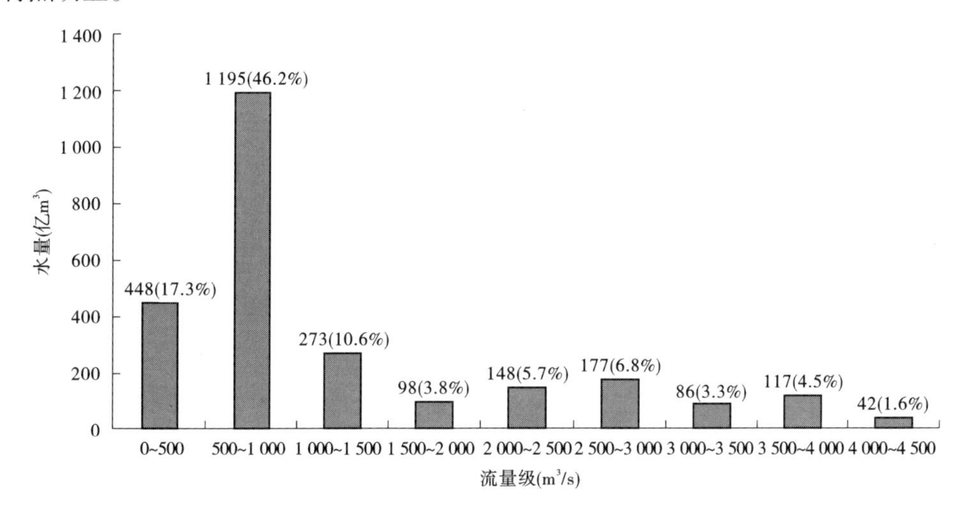

图2-3　2000～2010年花园口站各流量级水量及其占总水量百分数

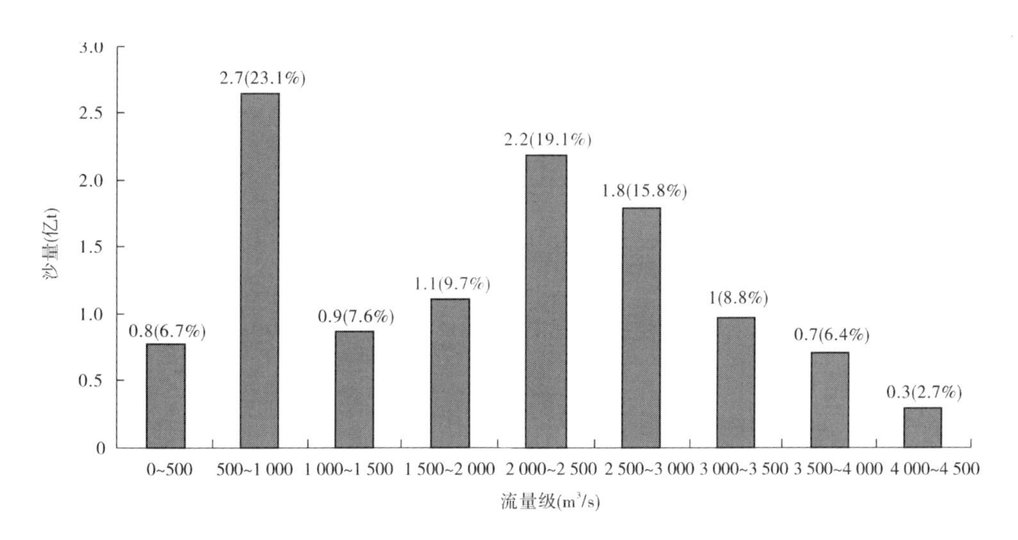

图2-4　2000～2010年花园口站各流量级沙量及其占总沙量百分数

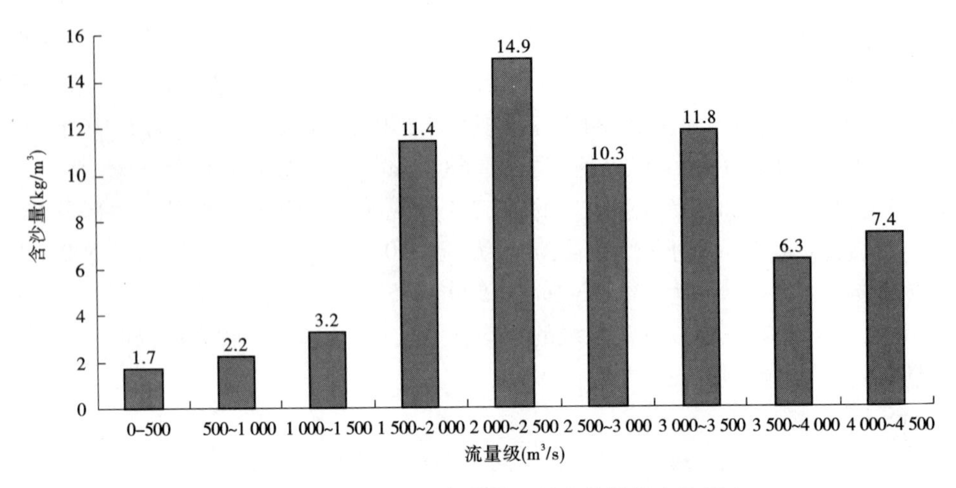

图 2-5　2000～2010 年花园口站各流量级含沙量

(四)洪水情况

表 2-3 为花园口站 2000 年以来洪峰流量大于 2 000 m^3/s 的洪水统计表,小浪底水库运用之初的 2000 年和 2001 年，没有出现小黑武时段平均流量大于 1 500 m^3/s 的洪水，2002 年以来,小黑武时段平均流量大于 1 500 m^3/s 的洪水共 23 场,总水量 668.5 亿 m^3，占 11 年小黑武总水量 2 578.4 亿 m^3 的 26%,总沙量 5.48 亿 t,占小黑武总沙量 7.14 亿 t 的 77%,可见泥沙主要由洪水挟带的特点比较明显。历时最长且洪量最大的是第 4 场因"华西秋雨"引起的长历时洪水,洪量为 69.9 亿 m^3;沙量最大的洪水是第 10 场的"04·8"洪水,小浪底水库排沙 1.37 亿 t。

表 2-3　2000 年以来黄河下游洪水统计

序号	开始时间 (年-月-日)	结束时间 (月-日)	历时 (d)	水量 (亿 m^3)	沙量 (亿 t)	洪峰流量 (m^3/s)
1*	2002-07-04	07-15	12	26.6	0.32	3 160
2	2003-08-30	09-06	8	11.0	0.08	2 770
3*	2003-09-06	09-18	13	26.0	0.75	2 760
4	2003-09-25	10-27	33	69.9	0.34	2 810
5	2003-10-31	11-04	5	7.4	0	2 450
6	2003-11-05	11-19	15	28.6	0	2 550
7	2004-06-16	06-19	4	5.2	0	2 330
8*	2004-06-19	07-13	25	47.9	0.04	2 970
9	2004-07-04	07-14	11	23.0	0.04	2 950
10	2004-08-23	08-31	9	15.2	1.37	3 990
11*	2005-06-16	07-01	16	51.4	0.02	3 530
12	2005-08-19	08-22	4	4.5	0	2 300
13	2005-10-02	10-12	11	17.9	0.06	2 780
14	2005-10-18	10-27	10	15.0	0	2 290
15*	2006-06-09	06-29	21	55.4	0.08	3 970

续表 2-3

序号	开始时间（年-月-日）	结束时间（月-日）	历时（d）	水量（亿 m^3）	沙量（亿 t）	洪峰流量（m^3/s）
16	2006-08-03	08-08	6	7.9	0.16	3 360
17*	2007-06-19	07-03	15	41.0	0.24	4 290
18*	2007-07-29	08-07	10	25.6	0.46	4 270
19*	2008-06-19	07-08	20	44.2	0.46	4 610
20*	2009-06-17	07-04	18	46.6	0.04	4 190
21*	2010-06-20	07-07	18.83	54.1	0.56	6 600
22*	2010-07-23	08-04	13	22.1	0.17	3 100
23*	2010-08-10	08-21	12	22.1	0.29	3 060
合计			309.83	668.6	5.48	

注：表中序号注*者为调水调沙洪水。

23 场洪水中，有 12 场为调水调沙洪水，总历时为 193.83 d，总水量和总沙量分别为 463 亿 m^3 和 3.44 亿 t，水量和沙量分别占 23 场洪水总量的 69% 和 63%。

第 21 场洪水的洪峰流量最大，为 6 600 m^3/s，是由于小花间洪峰增值引起的一场非常尖瘦的洪水，其日均流量仅 4 010 m^3/s。除此之外，没有洪峰流量大于 4 610 m^3/s 的洪水。

二、河道冲淤及变化特点

（一）冲刷量沿程分布

表 2-4 为 11 年黄河下游各河段的断面法冲淤量统计。11 年来黄河下游利津以上河道共冲刷 13.628 亿 m^3，其中主槽累计冲刷 14.106 亿 m^3。由于较大流量的水量主要集中在 4～10 月，故冲刷量也集中在 4～10 月，从 11 a 的总量看，4～10 月的冲刷量占全年的 71%。艾山—泺口和泺口—利津河段的汛期冲刷量所占比例超过 100%，说明这两个河段在非汛期是淤积的。

表 2-4　1999 年 10 月至 2010 年 10 月黄河下游冲淤状况

河段	总冲淤量（亿 m^3）	汛期（4～10 月）占全年比例（%）	河段占下游比例（%）
白鹤—花园口	-4.072	57	30
花园口—夹河滩	-4.564	49	33
夹河滩—高村	-1.345	61	10
高村—孙口	-1.267	93	9
孙口—艾山	-0.504	90	4
艾山—泺口	-0.682	147	5
泺口—利津	-1.194	138	9
花园口—高村	-5.909	52	43

续表 2-4

河段	总冲淤量(亿 m^3)	汛期(4~10月)占全年比例(%)	河段占下游比例(%)
高村—艾山	-1.771	92	13
艾山—利津	-1.876	142	14
白鹤—利津	-13.628	71	100

图 2-6 为各河段主槽累计冲刷面积在纵向上的分布,到 2005 年汛后高村—孙口河段冲刷最少,而目前冲刷最少的河段已经下移到艾山—泺口河段。小浪底水库运用以来,冲刷量主要集中在夹河滩以上河段,夹河滩以上河段和夹河滩—利津河段的冲刷量分别为 8.636 亿 m^3 和 4.992 亿 m^3,两河段的冲刷量之比为 1.73:1。从河段平均冲刷面积看,花园口以上河段、花园口—夹河滩、夹河滩—高村、高村—孙口、孙口—艾山、艾山—泺口和泺口—利津河段的冲刷面积分别为 3 340 m^2、4 577 m^2、2 094 m^2、1 098 m^2、785 m^2、637 m^2 和 666 m^2。夹河滩以上的冲刷面积超过了 3 300 m^2,而孙口以下河段尚不足 1 000 m^2,其中冲刷面积最小的是艾山—泺口河段,只有 637 m^2。沿程分布呈"上段冲刷多、下段冲刷少、中间段更少"的特点。

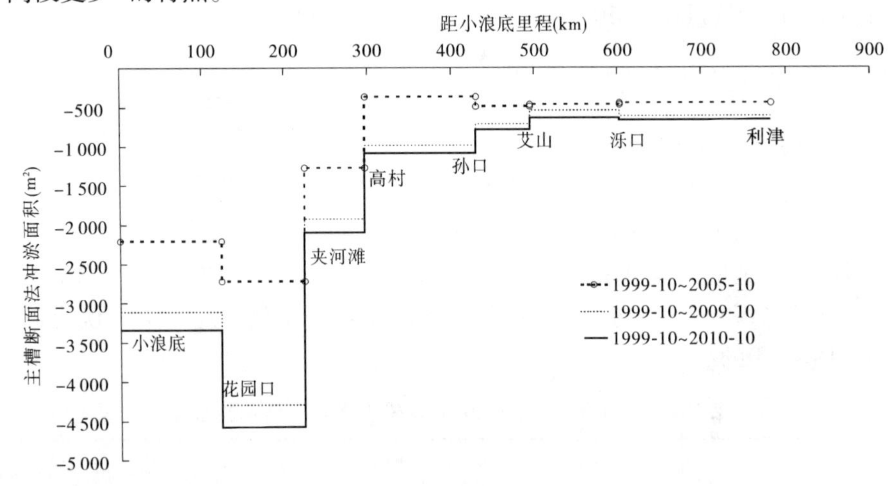

图 2-6 1999 年 10 月以来下游河道冲淤量沿程变化

(二)断面形态变化

2010 年与 1999 年相比(见表 2-5),从主槽宽度看,除艾山—泺口的主槽宽度因为新修生产堤的原因而变窄外,其他河段的主槽宽度均是增大的,主槽宽度增大最明显的是夹河滩以上的游荡性河段,增加到 1 202~1 257 m,很大程度上是由于嫩滩塌滩展宽引起的。从主槽平均水深变化看,各河段的平均水深均是增加的,增加幅度在 1.03~2.33 m,增加最明显的是花园口以上河段,平均水深增加了 2.33 m,其次为高村—孙口河段,平均水深增加了 2.10 m,平均水深增加最少的是花园口—夹河滩河段,增加了 1.03 m。从河相系数变化看,各河段的河相系数均是减小的,河相系数受主槽宽度和平均水深影响,由于平均水深的作用影响大于主槽宽度,故河相系数减小。河相系数减小,说明河槽横断面形态朝着更窄深的方向变化。在其他条件不变的情况下(例如糙率不变、过流面积等同),窄深的河槽拥有更大的流速,更有利于泄洪、河道冲刷和输沙。

表 2-5 小浪底水库运用以来黄河下游河道主槽横断面形态变化

河段	宽度 B(m)			平均水深 h(m)			河相系数 $\sqrt{B}/h$($m^{\frac{1}{2}}$/m)		
	1999 年	2010 年	变化	1999 年	2010 年	变化	1999 年	2010 年	变化
铁谢—花园口	922	1 257	335	1.62	3.95	2.33	18.7	9.0	-9.7
花园口—夹河滩	650	1 202	552	1.83	2.86	1.03	13.9	12.1	-1.8
夹河滩—高村	627	841	214	2.01	3.80	1.79	12.5	7.6	-4.9
高村—孙口	504	594	90	1.94	4.04	2.10	11.6	6.0	-5.6
孙口—艾山	477	506	29	2.57	4.39	1.82	8.5	5.1	-3.4
艾山—泺口	447	422	-25	3.52	4.98	1.46	6.0	4.1	-1.9
泺口—利津	421	430	9	3.14	4.63	1.49	6.5	4.5	-2.0

(三)河床粗化特点

小浪底水库运用以来,黄河下游河床明显粗化,和小浪底水库运用之初相比,黄河下游各河段床沙粒径粗化多在 2 倍以上。粗化过程可分为显著粗化和微粗化两个阶段。图 2-7为黄河下游各河段 1999 年、2005 年和 2010 年汛后床沙表层中值粒径变化,2005 年汛后和 1999 年汛后相比,整个下游河道床沙发生了非常明显的粗化,花园口以上的近坝段粒径增加了 2.5 倍,是粗化最为明显的河段,距离小浪底水库较远的花园口—利津河段的粒径增大了 0.8 ~1.2 倍,并且花园口—利津河段粒径增大没有向下游逐渐减小的趋势;2010 年汛后和 1999 年汛后相比,花园口以上河段粒径增加了 3.2 倍,花园口以下河段粒径增加了 1 ~1.3 倍,1999 ~2010 年花园口—利津河段粒径增大也没有向下游逐渐减小的趋势。通过比较 2005 年较 1999 年的变化倍数和 2010 年较 1999 年的变化倍数可

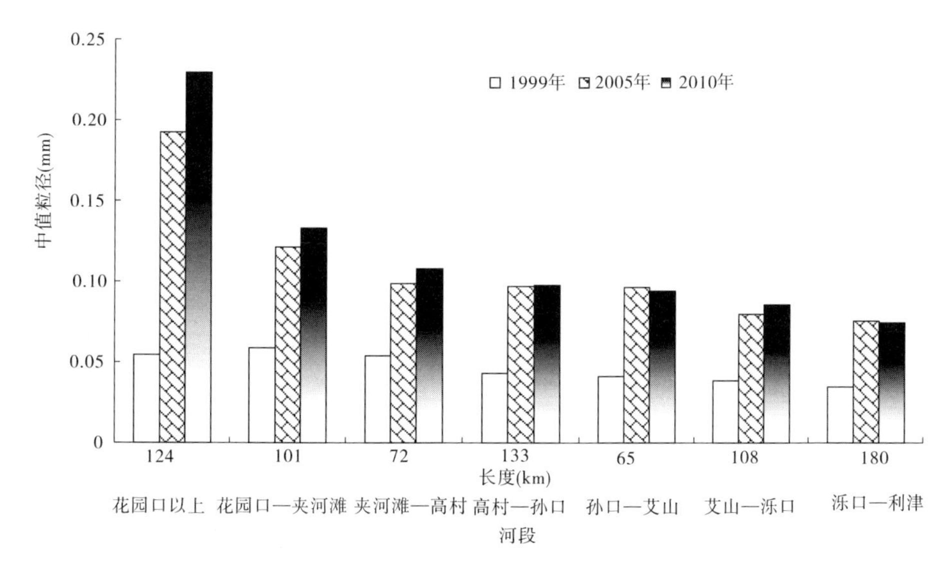

图 2-7 不同河段逐年汛后床沙表层中值粒径变化

知，下游各河段（尤其是花园口以下河段）的粗化主要发生在1999～2005年6年之间，是显著粗化阶段，2005～2010年的5年间虽然也是粗化的，但粗化的幅度不大，为微粗化阶段。河床粗化使得冲刷等量的泥沙需要更大的水流流速或更大的水流剪力，需要更强的水流条件，粗化不利于槽冲刷。

（四）冲刷效率变化及冲刷发展趋势

断面形态向窄深方向变化有利于冲刷，但床沙粗化不利于冲刷，二者的共同作用，综合体现在冲刷强度的变化上。图2-8～图2-11为由日均资料计算的黄河下游以花园口、

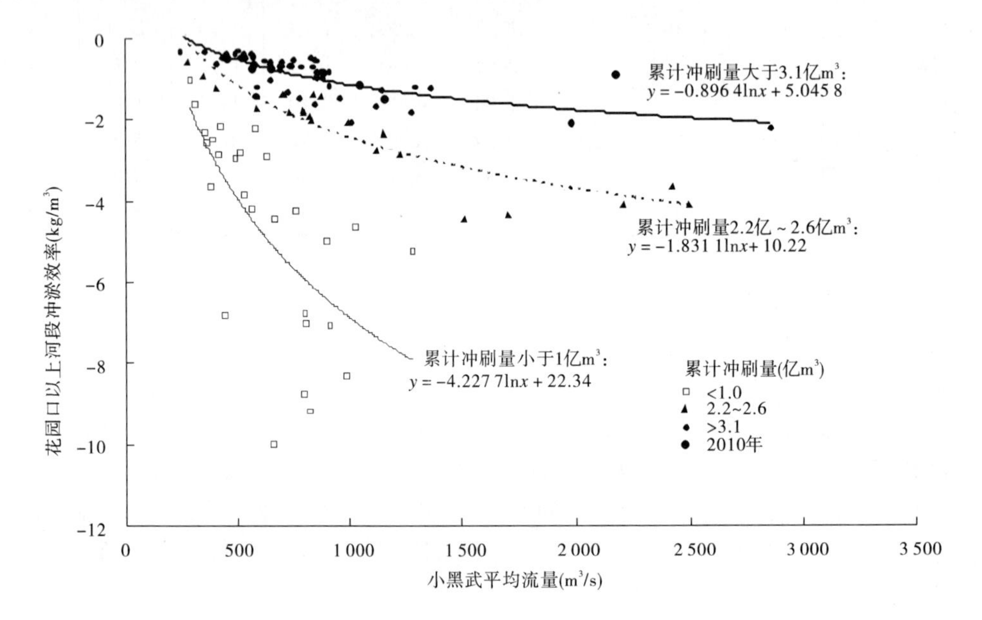

图2-8 花园口以上河段冲淤效率和平均流量的关系

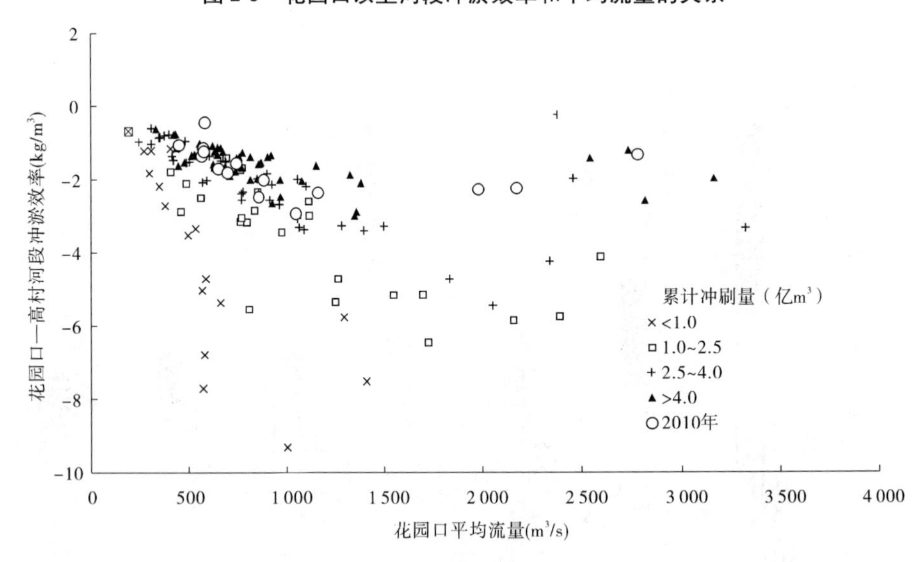

图2-9 花园口—高村河段冲淤效率和平均流量的关系

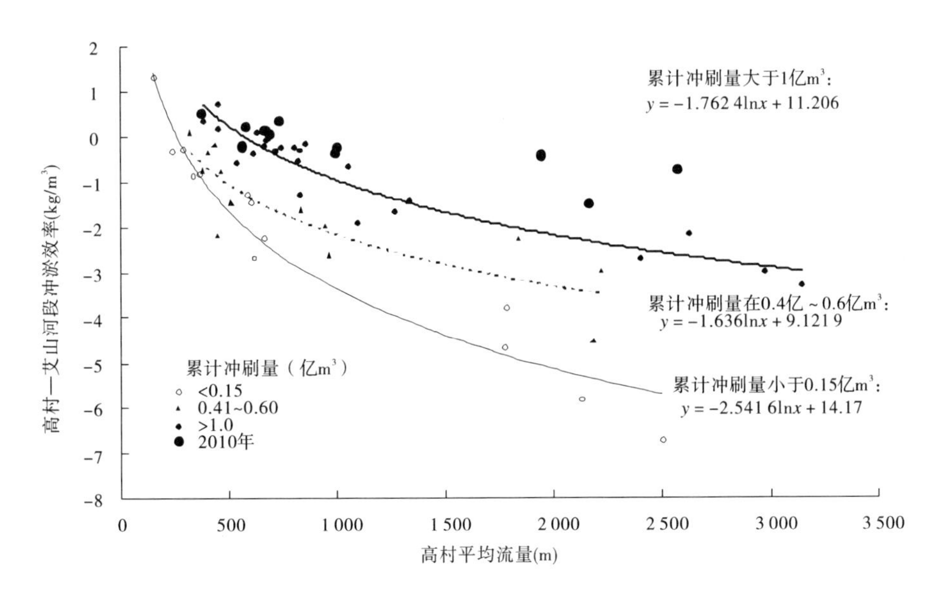

图 2-10　高村—艾山河段冲淤效率和平均流量的关系

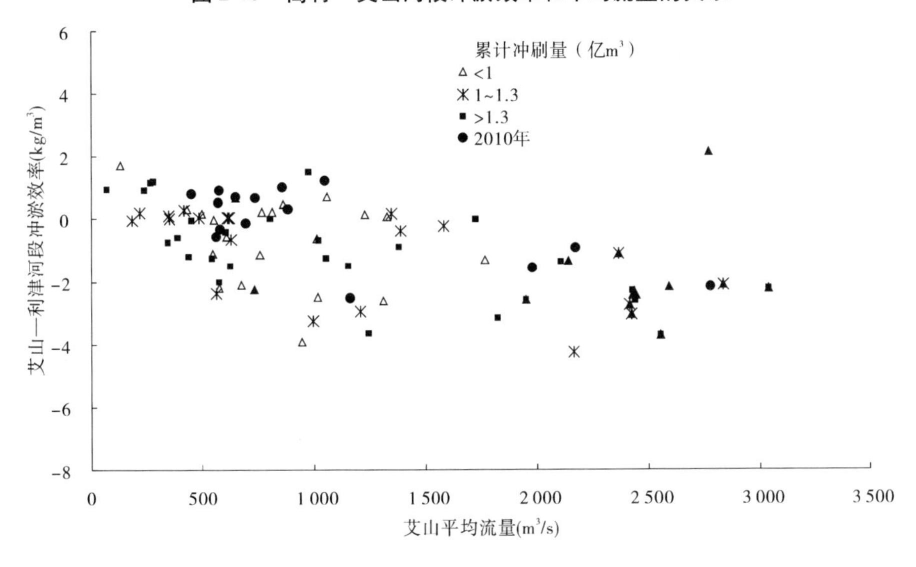

图 2-11　艾山—利津河段冲淤效率和平均流量的关系

高村、艾山分割的四个河段的洪水期冲刷效率(单位水量冲刷量)和洪水平均流量的关系,随着冲刷的发展,艾山以上河段有随着冲刷不断发展冲刷效率降低的趋势,但艾山以下河段同流量的冲刷效率降低不明显。图 2-12 ~ 图 2-14 给出黄河下游各河段汛期累计冲淤面积和累计来水量的关系,线段的斜率即冲刷强度。由图 2-8 和图 2-9 可见,艾山以上河道随着冲刷的发展,冲刷强度有逐渐减弱的趋势,但仍有一定的冲刷强度;艾山以下河道和上年相比减弱不明显。

(五)洪水期及历次调水调沙期冲淤量

表 2-6 为由沙量平衡法计算的 2000 ~ 2010 年不同时段的冲淤量。11 年下游利津以上共冲刷 12.53 亿 t,其中洪水期冲刷 6.85 亿 t,占 11 年冲刷量的 55%，而洪水期的水量

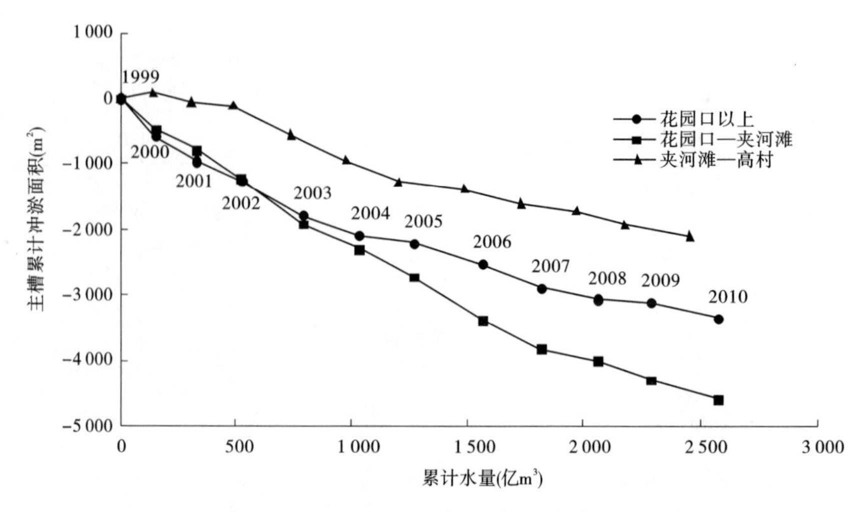

图 2-12　高村以上河段主槽累计冲淤面积与累计水量的关系

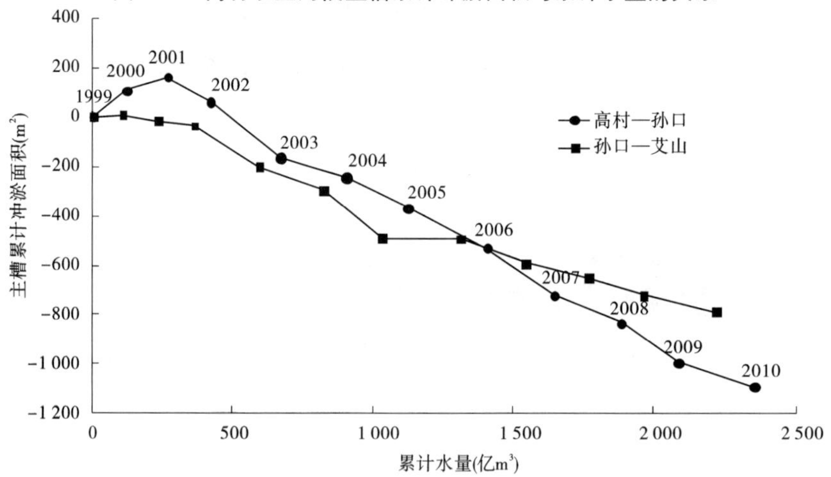

图 2-13　高村—艾山河段主槽累计冲淤面积与累计水量的关系

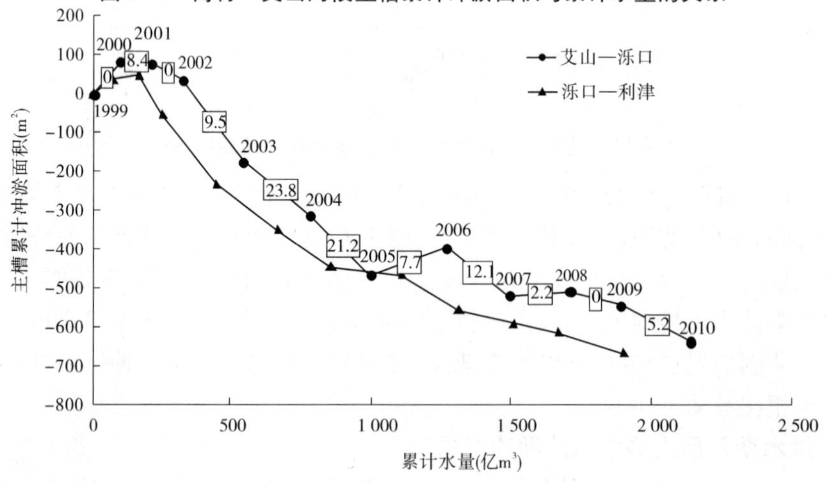

图 2-14　艾山—利津河段主槽累计冲淤面积与累计水量的关系

只占总量的1/4,说明洪水期的冲刷是河道冲刷的主体,尤其是艾山—利津河段(该河段在非汛期和小流量时期淤积)洪水期的冲刷量为1.20亿t,远大于11年的冲刷量0.21亿t,说明若没有洪水,山东河道将呈淤积,可见洪水对山东河道的冲刷起着至关重要的作用。

表2-6　2000~2010年及洪水期冲淤量统计

<table>
<tr><th colspan="2">河段</th><th>高村以上</th><th>高村—艾山</th><th>艾山—利津</th><th>下游</th></tr>
<tr><td colspan="2">2000~2010年冲淤量(亿t)</td><td>-9.24</td><td>-3.08</td><td>-0.21</td><td>-12.53</td></tr>
<tr><td rowspan="3">洪水期(包含调水调沙期)冲淤量(亿t)</td><td>2000~2005年间</td><td>-2.34</td><td>-1.80</td><td>-0.71</td><td>-4.85</td></tr>
<tr><td>2006~2010年间</td><td>-0.66</td><td>-0.85</td><td>-0.49</td><td>-2.00</td></tr>
<tr><td>合计</td><td>-3.00</td><td>-2.65</td><td>-1.20</td><td>-6.85</td></tr>
<tr><td rowspan="3">其中调水调沙期冲淤量(亿t)</td><td>汛前7场</td><td>-1.36</td><td>-1.01</td><td>-0.56</td><td>-2.93</td></tr>
<tr><td>汛期5场</td><td>-0.32</td><td>-0.45</td><td>-0.22</td><td>-0.99</td></tr>
<tr><td>共计(12场)</td><td>-1.68</td><td>-1.45</td><td>-0.78</td><td>-3.91</td></tr>
<tr><td colspan="2">洪水期占全年(%)</td><td>32</td><td>86</td><td>571</td><td>55</td></tr>
<tr><td colspan="2">调水调沙期占洪水期(%)</td><td>56</td><td>55</td><td>65</td><td>57</td></tr>
</table>

表2-7给出的是历次调水调沙进入下游的水沙量和各河段冲淤量统计表。小浪底水库于1999年10月投入运用,自2002年7月进行首次调水调沙以来,共进行了12场调水调沙。其中,2010年进行了汛前1场、汛期2场,共3场调水调沙,是调水调沙次数最多的一年。12场调水调沙洪水中,有7场为汛前调水调沙,5场为汛期调水调沙。

汛前7场调水调沙进入下游的水量340.6亿m^3,沙量1.449亿t,分别占12场调水调沙洪水的74%和42%,其在下游利津以上河段的冲刷量为2.923亿t,占12场调水调沙洪水冲刷量3.908亿t的75%。汛前调水调沙对高村—利津河段影响明显,例如,汛前调水调沙高村—艾山河段冲刷量为1.01亿t,占该河段2000~2010年冲淤量3.08亿t的33%,而高村以上河段仅为15%,说明汛前调水调沙对高村—艾山河段的冲刷作用要甚于高村以上河段。洪水期在艾山—利津河段的冲刷量为1.20亿t,远大于该河段的总冲刷量0.21亿t,说明汛前调水调沙不但能够冲刷掉艾山—利津河段在小水期的淤积,还能够产生0.99亿t的净冲刷,对艾山—利津河段影响非常显著。

汛期5场为2002年一场、2003年一场、2007年一场、2010年两场,汛期5场调水调沙洪水水量122.4亿m^3,沙量1.992亿t,分别占12场调水调沙洪水的26%和58%,5场洪水在利津以上河段冲刷0.99亿t,占12场洪水冲刷量的25%。

12次调水调沙下游小浪底(或西霞院)—利津河段共冲刷3.91亿t,占11年沙量平衡法总冲淤量12.53亿t的31%。12次调水调沙的总水量为463.0亿m^3,占11年总水量2 578亿m^3的18%。也就是说,12次调水调沙以18%的水量,取得了31%的冲刷量,说明调水调沙的效果是显著的。

(六)东平湖加水的增冲效果

点绘艾山—利津河段冲淤效率与艾山和大汶河的流量差的关系于图2-15。需要说

表 2-7　历次调水调沙进入下游的水沙量及河段冲淤量统计

序号	开始时间（年-月-日）	历时（d）	进入下游的		河段冲淤量(亿 t)							
			水量（亿 m^3）	沙量（亿 t）	小浪底—花园口	花园口—夹河滩	夹河滩—高村	高村—孙口	孙口—艾山	艾山—泺口	泺口—利津	小浪底—利津
1	2002-07-04	12	26.6	0.319	-0.051	-0.025	0.069	-0.028	-0.084	-0.015	-0.064	-0.198
2	2003-09-06	13	26.0	0.751	-0.105	-0.031	-0.117	0.033	-0.209	-0.011	-0.042	-0.482
3	2004-06-19	25	47.9	0.044	-0.169	-0.101	-0.046	-0.123	-0.074	-0.001	-0.150	-0.664
4	2005-06-16	16	51.4	0.020	-0.180	-0.100	-0.120	-0.120	-0.060	0.050	-0.040	-0.570
5	2006-06-09	21	55.4	0.084	-0.101	-0.191	0.006	-0.153	-0.039	0.005	-0.128	-0.601
6	2007-06-19	15	41.0	0.244	-0.065	-0.028	-0.018	-0.085	-0.016	-0.031	-0.044	-0.287
7	2007-07-29	10	25.6	0.459	0.094	0.016	-0.003	-0.063	-0.013	-0.006	-0.026	0.001
8	2008-06-19	20	44.2	0.462	0.023	-0.024	-0.041	-0.118	0	-0.019	-0.029	-0.208
9	2009-06-17	18	46.6	0.036	-0.093	-0.067	-0.033	-0.098	-0.014	0.004	-0.083	-0.384
10	2010-06-20	18.83	54.1	0.559	0.026	-0.039	0.004	-0.054	-0.051	-0.079	-0.016	-0.209
11	2010-07-23	13	22.1	0.171	-0.046	0	-0.051	-0.010	-0.028	-0.007	-0.028	-0.170
12	2010-08-10	12	22.1	0.292	-0.020	-0.033	-0.017	-0.005	-0.038	0.012	-0.033	-0.134
汛前 7 场		133.83	340.6	1.449	-0.559	-0.550	-0.248	-0.751	-0.254	-0.071	-0.490	-2.923
汛期 5 场		60	122.4	1.992	-0.128	-0.073	-0.119	-0.073	-0.372	-0.027	-0.193	-0.985
合计		193.83	463.0	3.441	-0.687	-0.623	-0.367	-0.824	-0.626	-0.098	-0.683	-3.908

明，为消除引水的影响，图 2-15 选用的点据是艾山—利津河段引水比小于 0.2 的点据。可以看到，相同的黄河干流流量，东平湖加水流量大的情况下艾山—利津河段单位水量的冲刷量大，在流量大于 1 000 m^3/s 更为明显，说明东平湖加水确实能够增加河道的冲刷。

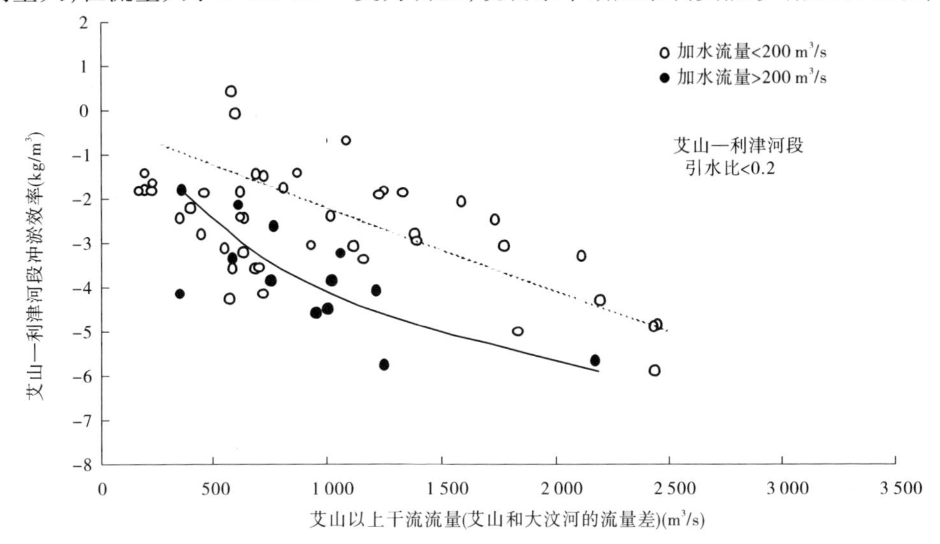

图 2-15　东平湖加水对艾山—利津河段冲淤效率的影响

为区分干流来水和东平湖加水的影响，在建立定量关系之前，将艾山—泺口和泺口—利津河段入口站艾山和泺口的日平均流量减掉东平湖加水的日平均流量，得到艾山和泺口断面黄河干流部分的日平均流量过程，再计算其不同流量级的水量。

河段的平均冲刷面积与艾山或泺口干流部分不同流量级水量和东平湖加水量关系为

艾山—泺口：

$$\Delta A = -0.27W_{Q\leqslant 800} - 1.59W_{800<Q\leqslant 1\,500} + 1.37W_{1\,500<Q\leqslant 2\,600} + 2.22W_{Q>2\,600} + 4.39W_{东}$$

泺口—利津：

$$\Delta A = -0.33W_{Q\leqslant 800} - 1.77W_{800<Q\leqslant 1\,500} + 1.50W_{1\,500<Q\leqslant 2\,600} + 1.61W_{Q>2\,600} + 3.83W_{东}$$

式中：ΔA 为艾山—泺口或泺口—利津河段冲刷增加的面积，m^2，冲刷时取正值；$W_{Q\leqslant 800}$ 为艾山或泺口断面干流部分❶流量小于等于 800 m^3/s 的水量，亿 m^3；$W_{800<Q\leqslant 1\,500}$ 为艾山或泺口断面干流部分流量介于 800 m^3/s 和 1 500 m^3/s 之间的水量，亿 m^3；$W_{1\,500<Q\leqslant 2\,600}$ 为艾山或泺口断面干流部分流量介于 1 500 m^3/s 和 2 600 m^3/s 之间的水量，亿 m^3；$W_{Q>2\,600}$ 为艾山或泺口断面干流部分流量大于 2 600 m^3/s 的水量，亿 m^3；$W_{东}$ 为东平湖向黄河的加水量，亿 m^3。

上式的相关系数分别为 0.95 和 0.92。

式中 $W_{Q\leqslant 800}$ 和 $W_{800<Q\leqslant 1\,500}$ 的系数小于 0，表明小于 1 500 m^3/s 的流量级会导致艾山—泺口河段淤积，并且 $W_{800<Q\leqslant 1\,500}$ 的系数为 −1.59 和 −1.77，其绝对值比 $W_{Q\leqslant 800}$ 的系数的绝对值大得多，这意味着流量介于 800 ~ 1 500 m^3/s 的流量级比流量小于 800 m^3/s 的流量

❶　用日均资料计算的艾山干流部分的流量为艾山水文站的流量与东平湖向黄河加水的流量之差。

级更容易且很容易引起河段淤积。分析认为，之所以 800 ~ 1 500 m^3/s 的流量级容易导致该河段淤积，是由于此流量级挟带的来自该河段上游河段的泥沙较多，而本河段此流量级的水流挟沙能力不足以挟带，同时这个流量级的引水量也最大；两个河段 $W_{Q>2\,600}$ 的系数均比 $W_{1\,500<Q\leqslant 2\,600}$ 的系数大，意味着流量越大冲刷效率越高；$W_{东}$ 的系数为 4.39 和 3.83，是其前两项系数的 2 倍多，这说明自小浪底水库运用以来，东平湖加水量的冲刷效率是等水量干流来水的 2 倍左右。

根据以往的研究，东平湖向黄河干流加水的冲刷作用不但与加水量的多少有关，还与加水流量大小、加水时机等有关。加水流量越大，增冲的效果越好，加水加在干流大流量时，比加在干流小流量期间的增冲效果好。因此，上式虽然可以用来预估未来几年的冲刷发展趋势，但不能用来准确计算未来东平湖加水的定量影响。

三、河道排洪能力变化

（一）实测同流量水位变化

图 2-16 为小浪底水库运用以来黄河下游水文站 3 000 m^3/s 水位变化。从 1999 年 10 月到 2003 年，只有花园口及以上河段是净冲刷的，夹河滩及其以下河段虽然经历了 2002 年的首次调水调沙试验，全下游是冲刷的，但洪水期夹河滩以下河段的冲刷量不足以抵消 2000 年和 2001 年的小水淤积，故夹河滩及其以下河段的同流量水位是抬升的，且以夹河滩抬升最大。经过 2003 年长历时的“华西秋雨”洪水的冲刷，全下游水位下降，但水位降低呈“两头大、中间小”，即孙口附近水位降低很少，孙口附近由此成为下游河道排洪能力最小的“瓶颈河段”。到 2006 年，各河段的同流量水位继续下降，但孙口降得较少，孙口附近依旧是“瓶颈河段”。2006 ~ 2010 年，孙口的同流量水位下降较为明显，瓶颈河段下移，孙口—艾山成为 1999 年以来水位下降最少的河段。

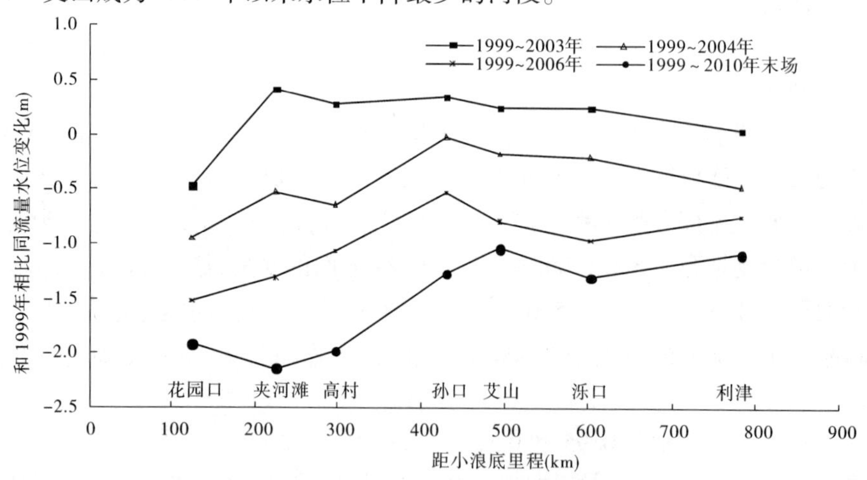

图 2-16 小浪底水库运用以来 3 000 m^3/s 同流量水位变化

图 2-17 为水文站 3 000 m^3/s 相对水位（相对 1950 年水位）变化过程，就各断面水位恢复到最靠近时期的水平来说，处于上段的花园口同流量水位已经恢复到 1966 年水平，水位较低；夹河滩恢复到 1973 年水平，高村恢复到 1986 年水平，最下游的利津已经恢复

到 1987 年水平，而孙口、艾山和泺口分别只恢复到 1991 年、1992 年和 1990 年水平，说明孙口—泺口附近河道的排洪能力恢复最慢。

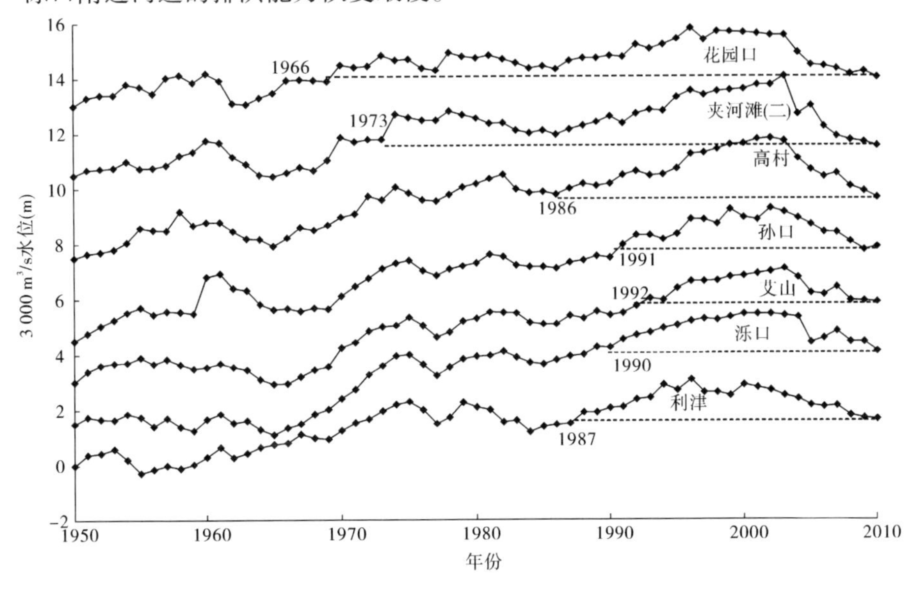

图 2-17　3 000 m^3/s 相对水位变化过程

（二）特大洪水水位及防洪形势变化

和 1999 年相比，孙口及其以上河段 2 000 m^3/s 水位降幅基本上在 1.46～1.90 m，泺口—利津的水位降幅在 1.30～1.49 m，但艾山的水位降幅最小，为 0.96 m。为进一步说明小浪底水库运用以来特大洪水的防洪状况，表 2-8 给出了黄河下游水文站断面特大洪水水位对应流量的变化，以及特大洪水水位与黄河大堤堤顶高程的比较、与 1958 年大洪水水位的比较。

2000 年，黄河下游水文站断面设防流量为 22 000 m^3/s（花园口）、21 500 m^3/s（夹河滩）、20 000 m^3/s（高村）、17 500 m^3/s（孙口）、11 000 m^3/s（艾山）、11 000 m^3/s（泺口）和 11 000 m^3/s（利津），相应水位为 95.70 m、79.57 m、65.66 m、52.13 m、45.72 m、35.60 m 和 17.24 m；经分析计算，到 2010 年，设防流量下的水位下降为 95.22 m、79.00 m、65.27 m、51.93 m、45.42 m、35.19 m 和 16.76 m，下降了 0.48 m（花园口）、0.57 m（夹河滩）、0.39 m（高村）、0.20 m（孙口）、0.30 m（艾山）、0.41 m（泺口）和 0.48 m（利津）。2010 年时，2000 年设防水位下的流量增加了 8 727 m^3/s（花园口）、8 142 m^3/s（夹河滩）、4 874 m^3/s（高村）、1 234 m^3/s（孙口）、714 m^3/s（艾山）、820 m^3/s（泺口）和 1 500 m^3/s（利津）。2010 年各站设防水位低于堤顶高程 4.26～4.29 m（花园口）、3.56～4.56 m（夹河滩）、3.35～3.77 m（高村）、2.99～3.59 m（孙口）、3.8 m（艾山）、2.84～3.28 m（泺口）、2.39～2.80 m（利津）。即使考虑到大堤的安全超高值，2010 年的设防水位均有一定的富余。但各站 2010 年设防水位仍然比 1958 年洪水位高 0.80 m（花园口）、4.69 m（夹河滩）、2.31 m（高村）、3.08 m（孙口）、2.29 m（艾山）、3.10 m（泺口）和 3.00 m（利津）。

总而言之，小浪底水库运用以来，3 000 m^3/s 流量的同流量水位降幅较大，特大洪水的水位降幅较小。

表 2-8　特大洪水水位比较(高程、水位均为大沽高程)

水文站			花园口	夹河滩(二)	高村	孙口	艾山	泺口	利津
大堤现有堤顶高程(m)	左岸	(1)	99.48	83.56	68.62	55.52	49.22	38.47	19.15
	右岸	(2)	99.51	82.56	69.04	54.92		38.03	19.56
设防流量(m^3/s)		(3)	22 000	21 500	20 000	17 500	11 000	11 000	11 000
设防流量下的水位(m)	2000 年	(4)	95.70	79.57	65.66	52.13	45.72	35.60	17.24
	2010 年	(5)	95.22	79.00	65.27	51.93	45.42	35.19	16.76
	水位变化	(6)	-0.48	-0.57	-0.39	-0.20	-0.30	-0.41	-0.48
2000 年设防水位下目前流量(m^3/s)		(7)	30 727	29 642	24 874	18 734	11 714	11 820	12 500
1958 年洪水	流量(m^3/s)	(8)	22 300	20 500	17 900	15 900	12 600	11 900	10 400
	水位(m)	(9)	94.42	74.31	62.96	48.85	43.13	32.09	13.76
1996 年洪水	流量(m^3/s)	(10)	7 860	7 150	6 810	5 800	5 030	4 700	4 130
	水位(m)	(11)	94.73	76.44	63.87	49.66	42.75	32.34	14.70
大堤安全超高(m)		(12)	3	3	2.5	2.5	2.1	2.1	2.1
2000 年设防水位低于大堤(m)	左岸	(13)=(1)-(4)	3.78	3.99	2.96	3.39	3.50	2.87	1.91
	右岸	(14)=(2)-(4)	3.81	2.99	3.38	2.79		2.43	2.32
2010 年设防水位低于大堤(m)	左岸	(15)=(1)-(5)	4.26	4.56	3.35	3.59	3.80	3.28	2.39
	右岸	(16)=(2)-(5)	4.29	3.56	3.77	2.99		2.84	2.80
2010 年设防水位高于 1958 年洪水水位(m)		(17)=(5)-(9)	0.80	4.69	2.31	3.08	2.29	3.10	3.00

注:大堤现有堤顶高程、2000 年设防流量对应水位根据《2000 年黄河下游河道排洪能力分析》报告,为和水文站高程系统一致起见,堤顶高程已经换算为大沽高程。

（三）平滩流量变化

图 2-18 和图 2-19 分别为黄河下游水文站断面的平滩流量时空变化。1996 年，黄河下游花园口水文站断面的平滩流量为 3 500 m^3/s、夹河滩 3 300 m^3/s、高村 2 800 m^3/s、孙口 3 300 m^3/s、艾山 3 450 m^3/s、泺口 3 350 m^3/s、利津 3 200 m^3/s，其中高村断面为 2 800 m^3/s，是下游河道平滩流量最小的断面。1996 年到 1999 年间，花园口和夹河滩断面的平滩流量因为河道冲刷而略有增大，但高村及其以下河段的平滩流量不断减小，到 1999 年，高村的平滩流量减小到 2 700 m^3/s，仍为黄河下游河道平滩流量最小的河段。

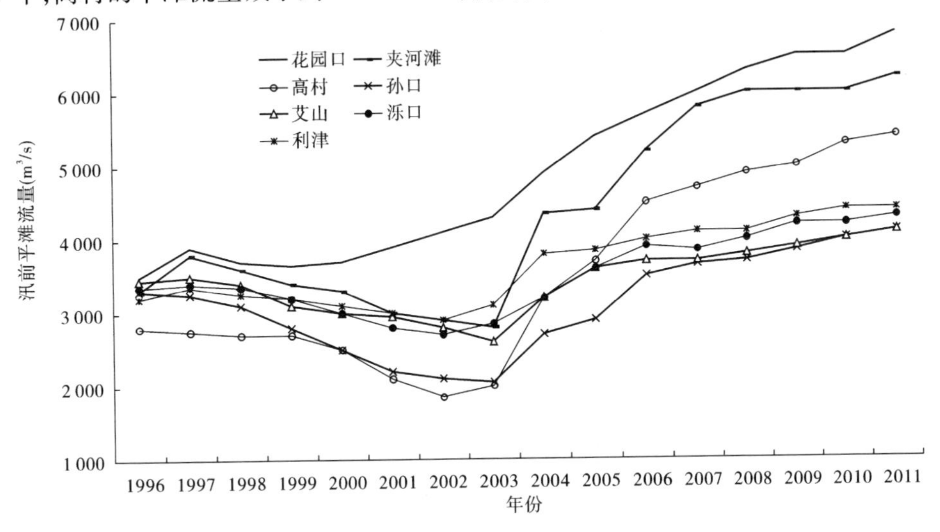

图 2-18　黄河下游主要站平滩流量沿时程变化过程

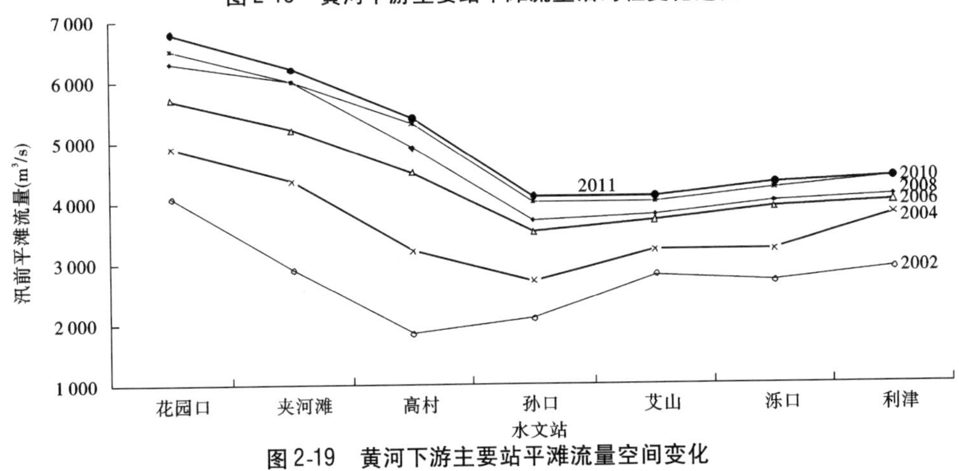

图 2-19　黄河下游主要站平滩流量空间变化

小浪底水库运用以来，下游河道的平滩流量变化可分为“减小—持续增加”两个阶段：

（1）平滩流量减小阶段：2000～2002 年，由于进入下游的流量小，河道冲刷仅限于花园口以上河段，夹河滩及其以下河段由于淤积，平滩流量减小，到 2002 年汛前平滩流量降到最小，其中高村的平滩流量减小到 1 850 m^3/s，是所有水文站断面平滩流量最小的河段，为历史最低。

（2）平滩流量持续恢复增加阶段：2003 年黄河下游发生“华西秋雨”洪水，黄河下游发生自小浪底水库运用以来首次全线冲刷,此后每年都进行调水调沙试验或生产运行,整个下游河道发生全线冲刷,每年各河段平滩流量均有不同程度增加。

随着小浪底水库下泄清水、黄河下游冲刷的发展,在沿程平滩流量普遍不断增加的同时,瓶颈河段的位置也不断下移,2003 年下移到孙口,2009 ~ 2010 年,孙口的平滩流量的增幅已经大于艾山,瓶颈河段的位置仍有继续下移的趋势,到 2011 年汛前,孙口和艾山均为 4 100 m^3/s,是黄河下游平滩流量最小的两个水文站断面。

各河段的平滩流量在普遍增加的同时,上下河段平滩流量的悬殊程度也增大了。1996 年以来,下游各河段的平滩流量沿程变化不均匀的方向发展,例如 1996 年最大平滩流量为花园口的 3 500 m^3/s,最小为高村的 2 800 m^3/s,二者之差为 700 m^3/s,到 1999 年最大与最小值之差变为 950 m^3/s,到 2002 年扩大到 2 250 m^3/s,2008 年扩大到 2 600 m^3/s,2011 年扩大到 2 700 m^3/s,详见表 2-9。

表 2-9　主要节点平滩流量统计表

年份	最小平滩流量(m^3/s)	最大平滩流量(m^3/s)	差值(m^3/s)
1996	2 800	3 500	700
1999	2 700	3 650	950
2002	1 850	4 100	2 250
2008	3 700	6 300	2 600
2011	4 100	6 800	2 700

到 2011 年汛前,黄河下游水文站断面中孙口和艾山的平滩流量最小,为 4 100 m^3/s。进一步分析认为,目前彭楼—陶城铺河段仍是全下游主槽平滩流量最小的河段,最小值预估为 4 000 m^3/s,平滩流量最小的局部河段有四处,分别是为十三庄断面附近河段、于庄断面附近河段、徐沙洼—大寺张河段,以及大田楼—路那里河段,详见图 2-20。

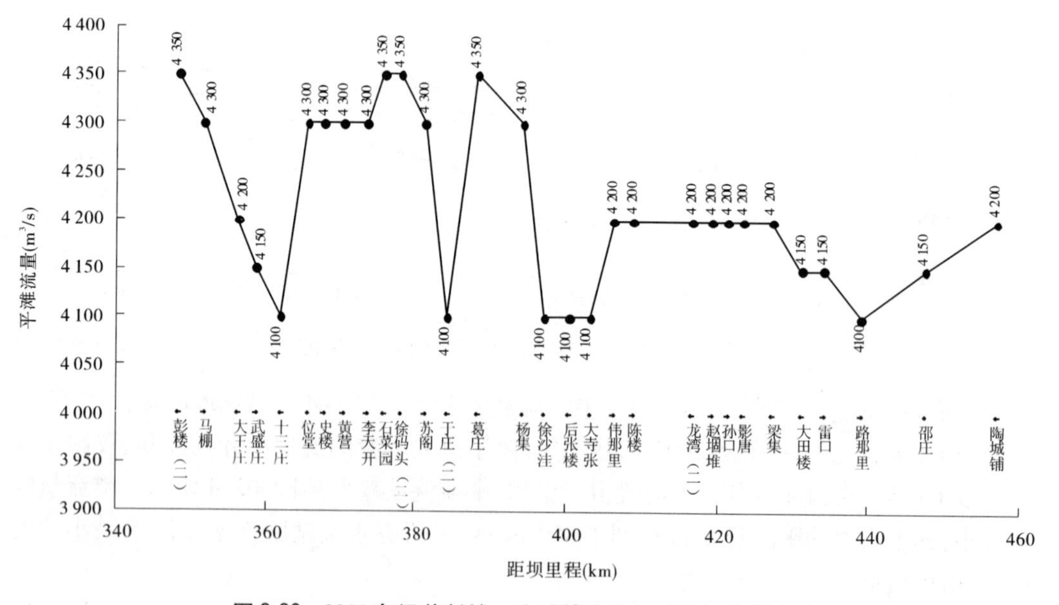

图 2-20　2011 年汛前彭楼—陶城铺河段平滩流量沿程变化

目前黄河下游河道的平滩流量均已达到了4 000 m³/s,满足近期排洪输沙低限要求的河槽基本形成。

四、洪峰增值和沙峰滞后现象

小浪底水库运用以来,黄河下游小花间洪峰增值洪水共5场,这5场洪水是"04·8"洪水、"05·7"洪水、"06·8"洪水、"07·7"洪水及"10·7"洪水,这5场洪水均为小浪底水库异重流排沙的极细沙含沙洪水。5场洪水的水库排沙量分别为1.42亿t、0.41亿t、0.25亿t、0.46亿t和0.51亿t,即"04·8"洪水的排沙量最大;小花间发生洪峰增值之前对应小浪底站的流量分别为2 590 m³/s、2 330 m³/s、2 230 m³/s、2 380 m³/s和3 560 m³/s,"10·7"洪水小浪底站的流量最大;小浪底站的最高含沙量分别为346 kg/m³、152 kg/m³、303 kg/m³、177 kg/m³和303 kg/m³,即"04·8"洪水的含沙量最高。表2-10为根据洪水要素表统计的5场洪水的基本情况。

表2-10 洪峰增值洪水基本情况统计

洪水		"04·8"	"05·7"	"06·8"	"07·7"	"10·7"
年份		2004	2005	2006	2007	2010
洪水序号		1	2	3	4	5
花园口开始时间		8月23日14时	7月6日8时	8月3日8时	7月29日8时	7月4日2时
历时(d)		9.5	9.88	5.05	11	7.3
小浪底	水量(亿m³)	13.67	8.59	6.97	20.02	10.87
	沙量(亿t)	1.42	0.41	0.25	0.46	0.51
	含沙量(kg/m³)	103.88	47.73	35.87	22.93	46.82
	Q_{max}(m³/s)	2 590	2 330	2 230	2 380	3 560
	S_{max}(kg/m³)	346	152	303	177	303
小花间支流流量(m³/s)		200	55	110	200	90
花园口	水量(亿m³)	16.66	10.31	7.36	26.71	11.38
	沙量(亿t)	1.53	0.32	0.16	0.36	0.43
	含沙量(kg/m³)	91.84	31.04	21.74	13.64	37.89
	Q_{max}(m³/s)	4 150	3 640	3 360	4 160	6 600
	S_{max}(kg/m³)	368	87	138	47.3	152

(一)小花间洪峰增值

表2-11为5场洪峰增值洪水小花间流量增值幅度统计表,其中流量增加的绝对量为花园口和小黑武("10·7"洪水为西黑武,即西霞院、黑石关和武陟三站之和)流量的差,相对量为流量增加量和小黑武("10·7"洪水为西黑武)之比。5场洪水中,"10·7"洪水是流量增加的绝对量和相对量最大的洪水,花园口的洪峰流量增加了2 960 m³/s,相对增

加了81%，其他4场洪水的洪峰流量的相对和绝对增幅差别不太大，“06・8”洪水的增幅最小。

表2-11　小花间洪峰增值洪水增值幅度统计

洪水	“04・8”	“05・7”	“06・8”	“07・7”	“10・7”
绝对量(m^3/s)	1 360	1 255	1 020	1 580	2 960
相对量(%)	49	53	44	61	81

(二)沙峰滞后于洪峰

5场洪水在从小浪底到利津整个下游河道的演进过程中发生了沙峰滞后于洪峰的现象，但各场洪水沙峰滞后于洪峰的程度不同。表2-12为各场洪水沙峰滞后洪峰时间统计表，这5场洪水在花园口站时，沙峰滞后洪峰7.4～18.0 h，在洪水的演进过程中，沙峰还不断滞后于洪峰，到达利津站时，沙峰滞后洪峰时间达到31～55 h，其中尤以“10・7”洪水程度最为严重，利津断面的滞后时间为55 h，比花园口断面增长了47.6 h，是花园口断面滞后时间的7.4倍。

表2-12　沙峰滞后洪峰时间统计　　（单位:h）

水文站	“04・8”	“05・7”	“06・8”	“07・7”	“10・7”
小浪底	15.4	10.0			7.2
花园口	18.0	8.6	7.8	8.9	7.4
夹河滩	16.0	8.8	10.0	16.0	14.6
高村	25.0	10.8	15.5	18.0	16.3
孙口	36.4	24.0	24.7	19.7	33.0
艾山	24.9	20.0	26.9	11.0	32.9
泺口	49.1	28.0	36.0	24.4	45.7
利津	46.0	36.0	44.3	31.0	55.0
利津—花园口	28.0	27.4	36.5	22.1	47.6
利津/花园口	2.6	4.2	5.7	3.5	7.4

需要补充说明，沙峰滞后洪峰的现象并不限于此5场洪水，其他多数水库排沙洪水也有沙峰滞后洪峰的现象。

沙峰滞后于洪峰，导致越来越多的沙量由更小的流量挟带，因此更容易发生河道淤积。

为比较5场洪水在花园口断面形成的洪峰的胖瘦程度和洪峰相对起涨流量的大小，计算花园口断面每场洪水流量相对其洪峰流量的流量差，作为相对流量，并将所有5场洪水的峰现时间统一，套汇5场洪水相对花园口流量过程线，见图2-21。很显然，“10・7”的峰型最为尖瘦，流量涨幅也最大，为4 260 m^3/s，其次为“04・8”洪水，流量涨幅为

3 247 m³/s。其中峰型最矮胖的是"05·7"洪水,而流量涨幅最小的是"07·7"洪水,仅 910 m³/s。

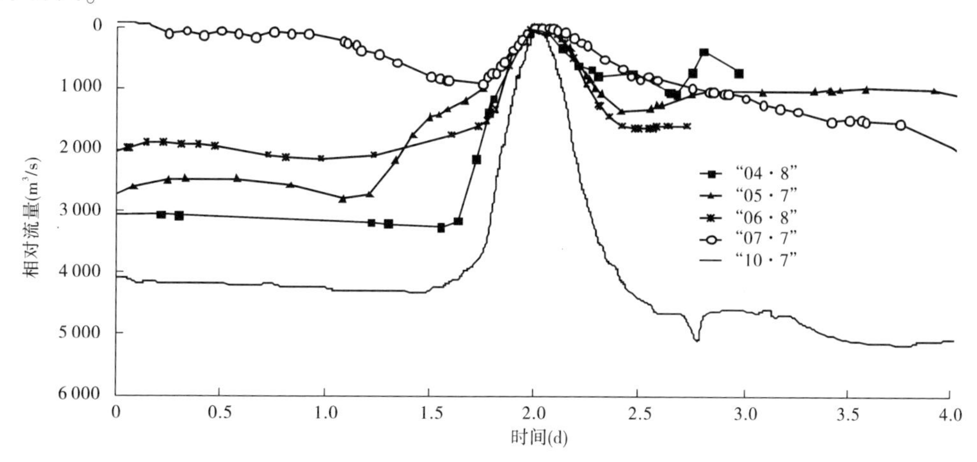

图 2-21　5 场洪水相对花园口流量过程线

由此可见,"10·7"流量过程,其含沙量不是最高的,沙量也不是最大的,但所导致的洪峰增值幅度、沙峰滞后洪峰时间和洪峰流量的涨幅却是几场洪水中最为突出的。

(三)洪峰增值的主要原因初步分析

"10·7"流量过程,其含沙量不是最高的,沙量也不是最大的,但所导致的洪峰增值幅度、沙峰滞后洪峰时间和洪峰流量的涨幅却是几场洪水中最为突出的。既然并不是含沙量越高,洪峰增值的幅度越大,说明含沙量的高低不是洪峰增值幅度的唯一影响因素。

"10·7"洪水排沙前小浪底站的流量一直维持在 2 500 m³/s,这要比"04·8"洪水的 810 m³/s 大得多,也就是说,"10·7"洪水前期河槽的槽蓄量比"04·8"洪水大得多。初步分析认为,造成"10·7"洪峰增值大的原因,还和小浪底水库排沙时坝下河道的前期槽蓄量大小有关,而河道前期槽蓄量大小取决于排沙前小浪底水库泄放的流量大小,水库泄放的流量大,则坝下河道的槽蓄量大。

今后水沙过程可能两极分化更严重,高含沙出现几率增多。小浪底水库多排沙是近期以至未来小浪底水库调控的目标,因此应该从影响洪峰增值的因子入手,多方面调节来减小洪峰增值的幅度,不应该以限制含沙量来减小洪峰增值的幅度,故很有必要进一步研究上述特殊现象的机理和建立洪峰增值定量预报的计算方法。

五、河势变化

(一)小浪底水库拦沙运用来河势变化特点

小浪底水库自 2009 年 10 月投入运用以来,由于下游长期来水偏枯,致使河势出现了新的特点,河道整治工程适应性也发生一定改变。

河宽普遍展宽、心滩增加,工程靠河位置普遍下挫。其中工程靠河位置下挫突出的有驾部、老田庵、花园口、双井、九堡等工程。

河势游荡程度减弱(见表 2-13 和图 2-22),铁谢—伊洛河口河段平均主流摆幅由 1986~1999 年的 317 m 减小为 232 m,花园口—黑岗口河段由 883 m 减小为 324 m,夹河滩—高村河段由 293 m 减小为 183 m。

表 2-13　各河段、各时段河湾要素汇总

河段	时段	年均平面形态参数		
		弯曲系数	河湾个数(个)	主流摆幅(m)
铁谢—伊洛河口	1986 ~ 1999 年	1. 14	8	317
	2000 ~ 2010 年	1. 16	9	232
花园口—黑岗口	1986 ~ 1999 年	1. 11	8	883
	2000 ~ 2010 年	1. 14	9	324
夹河滩—高村	1986 ~ 1999 年	1. 23	8	293
	2000 ~ 2010 年	1. 25	10	183

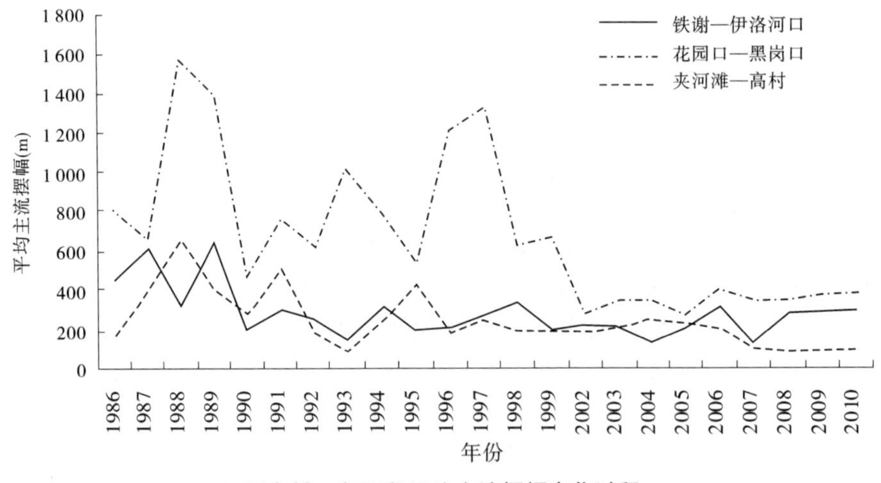

图 2-22　各河段平均主流摆幅变化过程

弯曲系数略有增加，如表 2-13 所示，铁谢—伊洛河口河段弯曲系数由 1986 ~ 1999 年的 1. 14 略增为 1. 16。花园口—黑岗口河段弯曲系数由 1986 ~ 1999 年的 1. 11 略增为 1. 14。夹河滩—高村河段弯曲系数由 1986 ~ 1999 年的 1. 23 增为 1. 25。

河湾个数相对稳定，如图 2-23 所示，1986 ~ 1999 年，铁谢—伊洛河口河段河湾个数由 3 个逐渐增加到 8 个，花园口—黑岗口河段由 3 个增加到 8 个，夹河滩—高村河段由 4 个增加到 8 个。而 2000 年以来，各河段河湾个数很稳定，基本在 9 ~ 10 个。

总体来说，小浪底水库拦沙运用以来，河势整体趋于规划流路，大部分工程适应性较好。

(二)河势存在问题

个别河段工程适应性较差，主要有伊洛河口—花园口河段，该河段工程靠河几率由 1993 ~ 1999 年的 61% 降为 2000 ~ 2010 年的 54%。河出桃花峪后下滑南摆，造成老田庵下首浮桥南桥头路基严重冲刷(见图 2-24)，工程靠溜位置下挫，至 2010 年汛后完全脱河，从而导致保合寨、马庄脱河，2010 年汛后马庄工程下首出现河势下败现象，花园口险工靠溜位置严重下挫。若继续长期来沙偏枯，该河段工程的适应性将更为减弱。赵口险

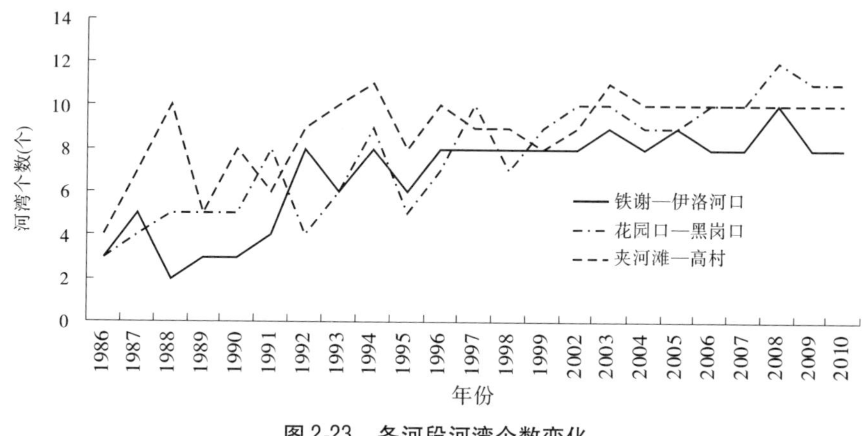

图 2-23　各河段河湾个数变化

工—黑岗口河段，工程靠河几率变化不大，1993 年以来平均为 55%，并有进一步恶化的可能，如图 2-25 所示。该河段主流散乱，甚至主流摆到张毛庵工程背后，三官庙工程、徐庄工程偶尔靠河，大王庄工程也经常脱河。

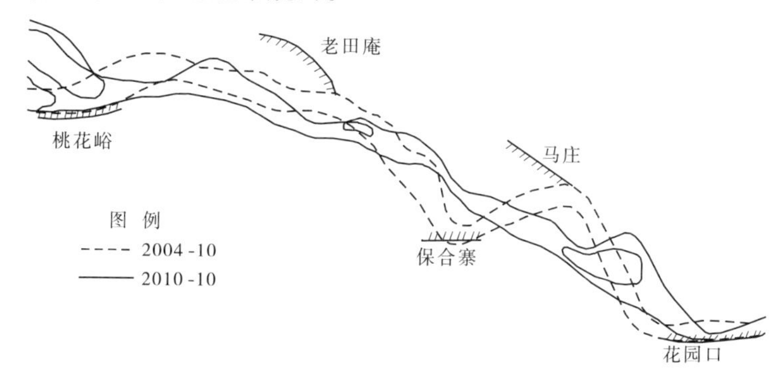

图 2-24　桃花峪—花园口河段河势套绘

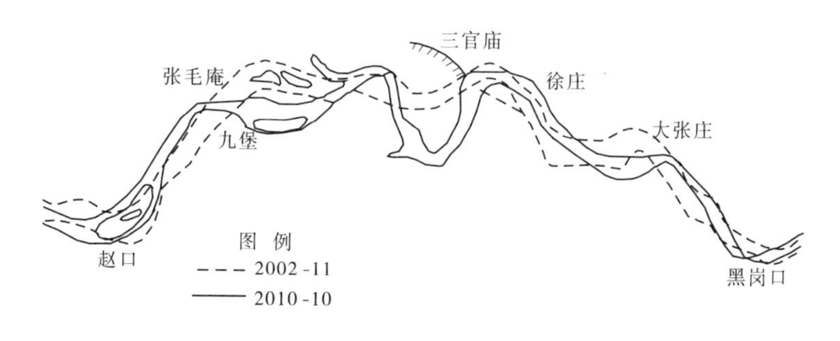

图 2-25　赵口—黑岗口河段河势套绘

小浪底水库运用以来，河槽发生冲刷。当河床冲刷粗化到一定程度难以继续冲刷后，水流有富余挟沙能力，就会引起河岸、心滩冲刷。因工程河脖处水流流速较大，使得原来位于工程河脖上游的心滩易于遭受冲刷，当心滩滩尖被冲掉时，工程靠溜位置就会逐渐下挫，同时冲刷工程下首的滩岸，严重时就会出现河势下败。因此，过去长期靠河很好的一些河道整治工程，近些年出现对来溜不太适应的情况，如逯村工程，如图 2-26 所示，自

1996 年洪水发生下挫后，一直未恢复，仅下首几道坝靠溜；驾部工程，如图 2-27 所示，该工程一直靠送溜较好，自 2002 年以来靠河位置开始出现逐渐下挫，目前工程前已成横河；花园口险工，如图 2-28 所示，该工程一直靠送溜较好，自 2002 年以来靠河位置开始出现逐渐下挫，目前工程前已成斜河，致使多年靠溜很好的将军坝脱河，目前河势已下挫到 124 号坝以下，造成大堤坝裆根石淘刷（见照片 2-1、照片 2-2），花园口险工靠溜位置下挫，导致多年靠溜很好的双井工程也近乎脱河，马渡险工靠溜位置也严重下挫。

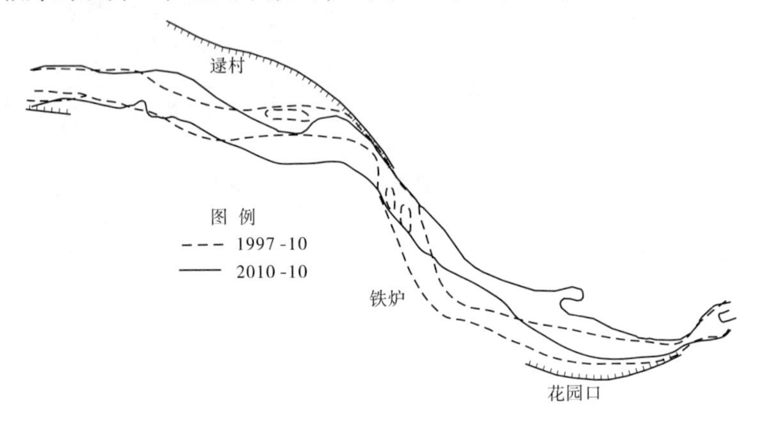

图 2-26　逯村工程靠河情况

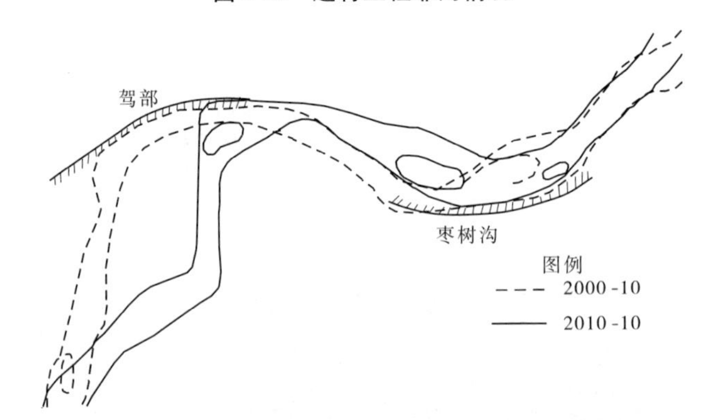

图 2-27　驾部工程 2000 年与 2010 年河势变化

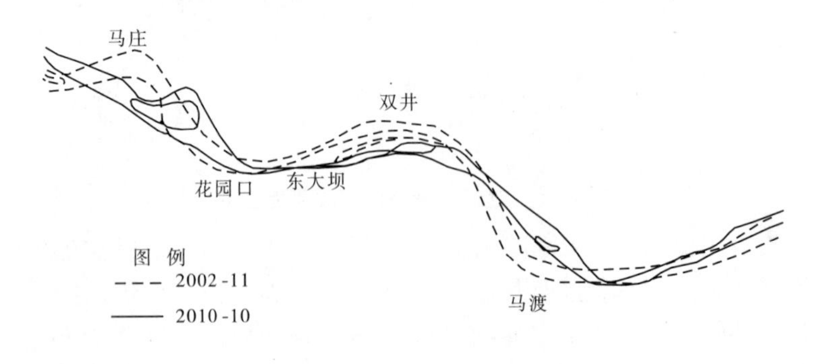

图 2-28　花园口险工 2002 年与 2010 年河势变化

照片 2-1 花园口险工 120 号坝附近坝裆淘刷情况

照片 2-2 花园口险工 121 号坝堤根淘刷情况

根据上述分析初步预测，小浪底水库若继续长期枯水枯沙，目前已普遍下挫的河势将更加严重，特别是伊洛河口—花园口河段，工程适应性会进一步降低，桃花峪—保合寨—花园口河段南岸坍塌会继续增加；驾部工程前的横河很有可能发展成畸形河湾；赵口—黑岗口河段河势可能进一步恶化，整治工程对目前来水来沙条件不够适应。

小浪底水库在蓄水拦沙初期结束后，将转入拦沙后期，根据《小浪底水库拦沙后期防洪减淤运用方式下游河道实体模型试验研究总报告》运用方式二中，对小浪底水库在转入拦沙运用后期的十五年河势变化的分析可以得出：

(1)伊洛河口至花园口在该时期河势变化相对较大，其中铁路桥至花园口河段，受初始工程靠河状况较差影响，河势不断调整，并逐渐恶化。

(2)花园口至赵口河段，花园口险工受上游老田庵、保合寨、马庄节点工程靠溜不稳的影响，花园口险工长期脱河，双井险工也逐渐脱河，且长期处于脱河状态，以下马庄险工、赵口工程河势下挫很不稳定。

(3)赵口至黑岗口河段，河势虽有上提下挫，但在前 5 年基本接近规划流路，试验中后期靠河状况较好，多数工程后期靠溜在工程中上部。

六、现行黄河河口流路演变

(一)黄河河口水沙简况

黄河小浪底水库下闸蓄水以来，11 年来持续枯水少沙(见图 2-29、图 2-30)，1999 年 10 月至 2010 年 10 月利津年均来水量 145.5 亿 m^3，来沙量 1.38 亿 t，分别为长系列(1950 ~ 2010 年)均值的 47% 和 19%，为枯水少沙系列。

1999 ~ 2005 年日均流量均小于 3 000 m^3/s，2005 年以来最大日均流量均大于 3 000 m^3/s，最大达 3 940 m^3/s(2008 年)。小浪底水库运用后汛期平均含沙量及年平均含沙量大幅度降低，由长系列多年平均的 33.20 kg/m^3、23.92 kg/m^3 降低为 12.38 kg/m^3、9.58 kg/m^3，最大日均含沙量除 2003 年及 2004 年较大外，其余年份基本小于 60 kg/m^3，与 1985 ~ 1999 年相比，明显偏低。

(二)河长变化

清水沟流路改道初期的 1976 年，利津以下河长仅为 75 km(见图 2-31)，由于改道当

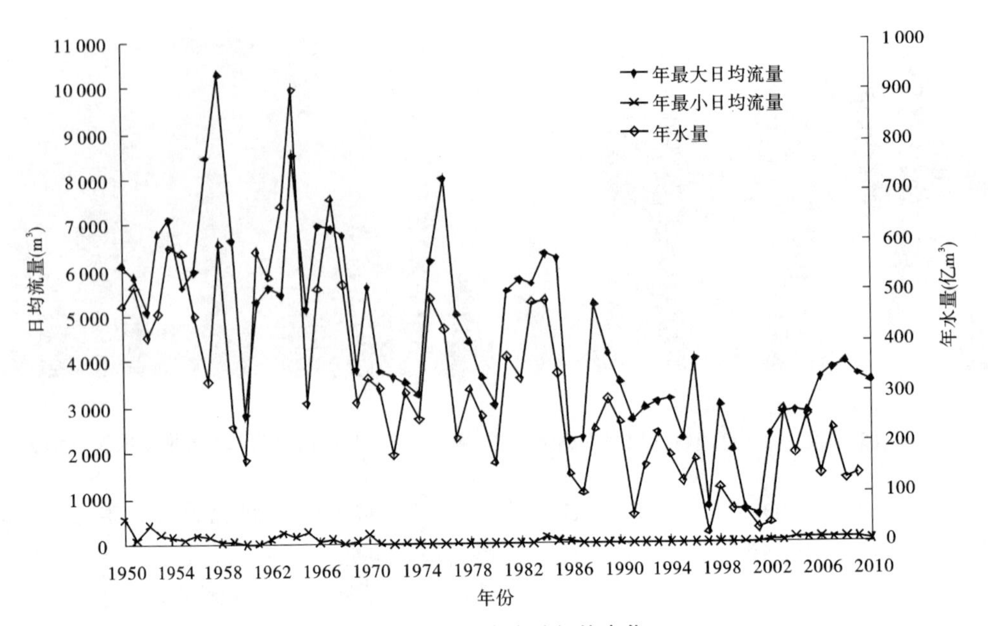

图 2-29 利津来水特征值变化

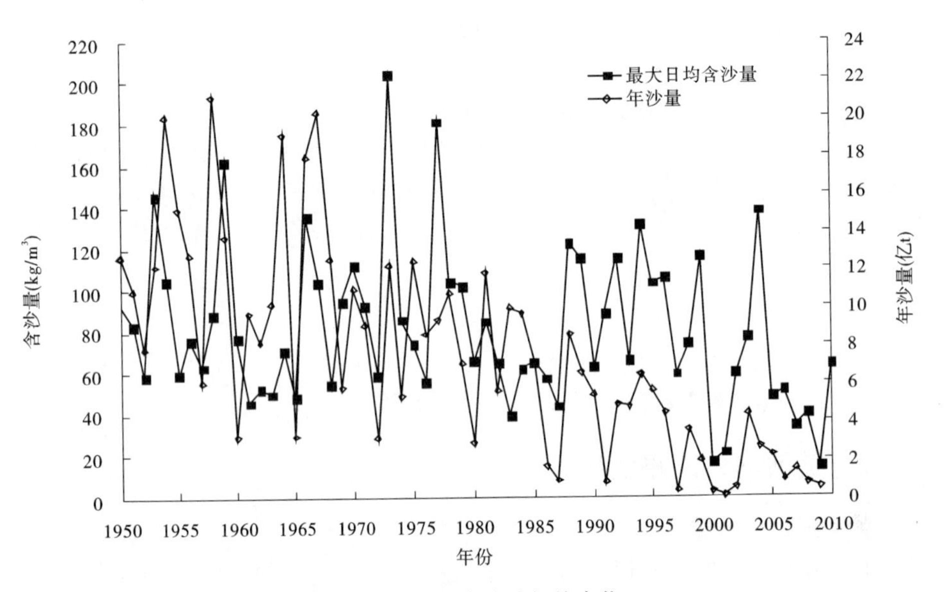

图 2-30 利津来沙特征值变化

年泥沙大量沉积，河道延长达 26 km，其后 1978 年至 1996 年汛前清 8 改汊前，利津以下河长由 86 km 延长至 113 km，是黄河口历史上入海流路的最大河长（神仙沟、刁口河的末期河长分别为 101.30 km、105.94 km），该时段延伸速率为 1.6 km/a。

1996 年实施的清 8 改汊，使得流路缩短 16 km，利津以下河长由出汊前的 113 km 缩短为 97 km，改汊当年即延伸至 103 km，至 2006 年达到 107.5 km。若不考虑改汊当年河长延伸，1997 ~ 2006 年延伸速率仅为 0.45 km/a，不足 1996 年之前的 1/3。

2007 年 7 月，河口发生较大规模的出汊（见图 2-32(a)），流路缩短近 5 km；目前，西

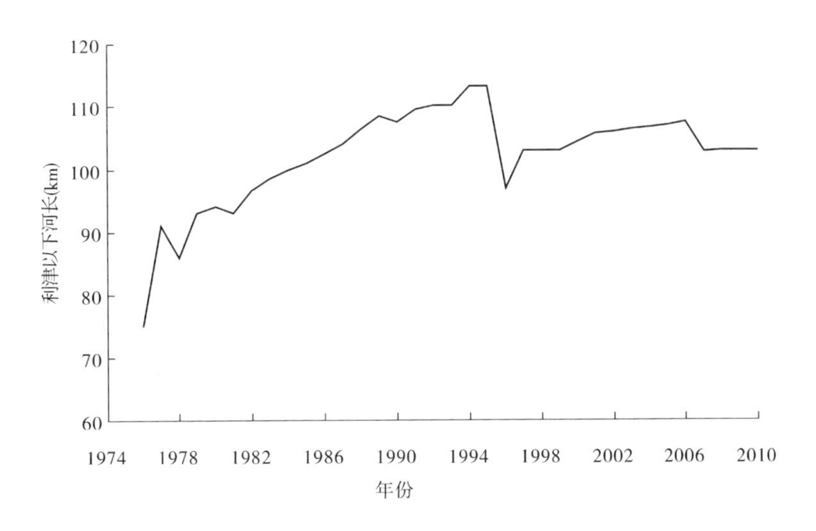

图 2-31　清水沟流路河长变化

河口以下河长基本维持在 103 km 左右(见图 2-32(b)),与 1987 年河长相当,也与神仙沟、刁口河最大河长基本相当,但仍较 1996 年的最大河长短 10 km 左右。

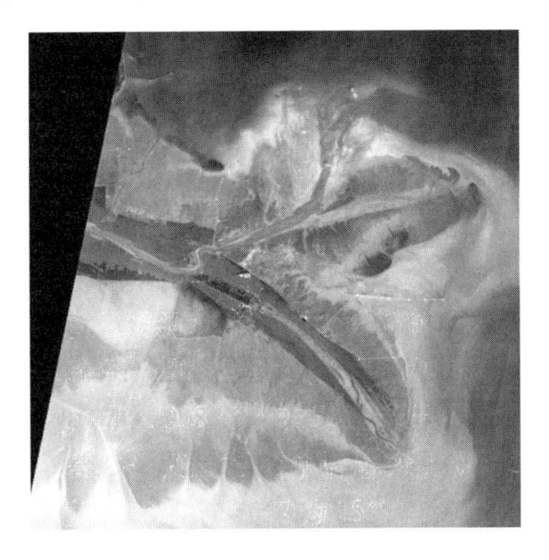

(a)2008年8月

(b)2010年9月

图 2-32　黄河河口流路卫片

(三)主槽面积变化

由于河口河道多数断面存在滩面横比降,加之受生产堤的修毁影响,滩唇位置及高程善变,加之断面的冲淤变化,主槽面积也变化较大。从图 2-33 可以看出,1985 年 10 月主槽面积较大,多在 2 000 m^2 以上,清 1 最大达 3 580 m^2,清 7 断面最小,为 1 640 m^2。1985 年后经过长时期枯水系列,主槽淤积萎缩,到 1999 年 10 月主槽面积基本小于 1 500 m^2,个别断面不到 1 000 m^2,如渔洼断面仅为 821 m^2。

自 1999 年 10 月小浪底水库开始运用后,由于主槽发生冲刷,面积普遍增大,大都在 1 500 m^2 左右。

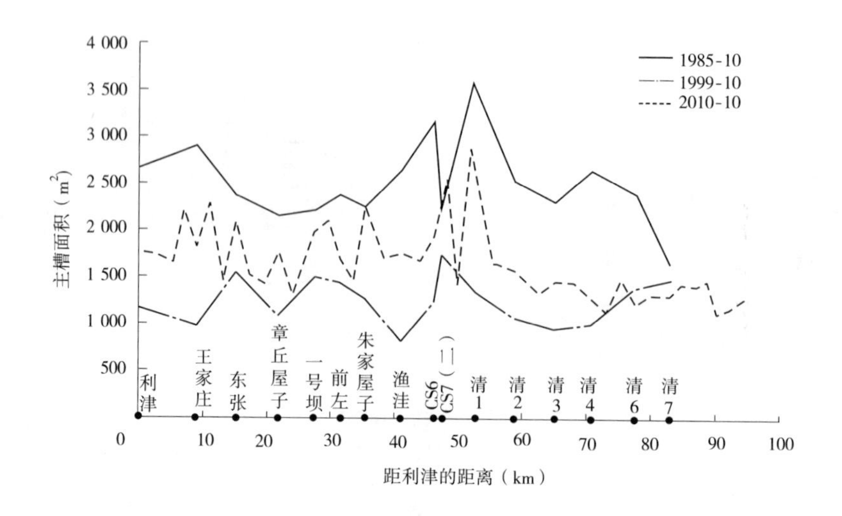

图 2-33　主槽面积变化

从目前的情况看，主槽面积仍未达到 1985 年汛后的状态，河段平均相差 1 000 m² 左右。主要是由于小浪底水库运用后，主槽以刷深为主，一些断面主槽已刷深到 1985 年汛后的程度，但主槽过流宽度还没有恢复到 1985 年的水平。从图 2-33 可以看出，清 3 以下河道主槽面积普遍偏小，除本河段冲刷较小外，另一原因是滩唇高程有所降低。

从图 2-34 可以看出，小浪底水库运用以来的 11 年，利津—清 7 河段大多数断面发生冲刷，清 3 以上河段主槽冲刷面积在 600 ~ 850 m²，清 3 以下河段主槽冲刷沿程减小，清 7 冲刷约 220 m²。

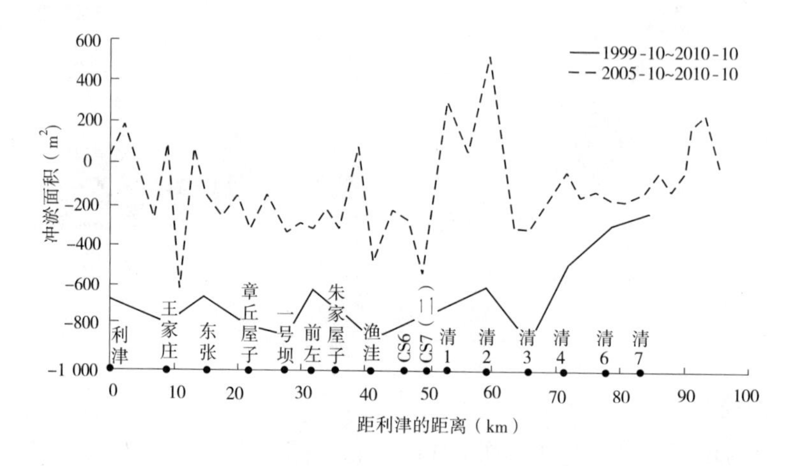

图 2-34　黄河河口河道冲淤面积沿程分布

到 2010 年 10 月清 3 断面以下冲刷越来越少，及至清 7 以下河段已转为淤积。

（四）纵剖面变化

纵剖面变化与断面冲淤面积变化基本一致（见图 2-35）。

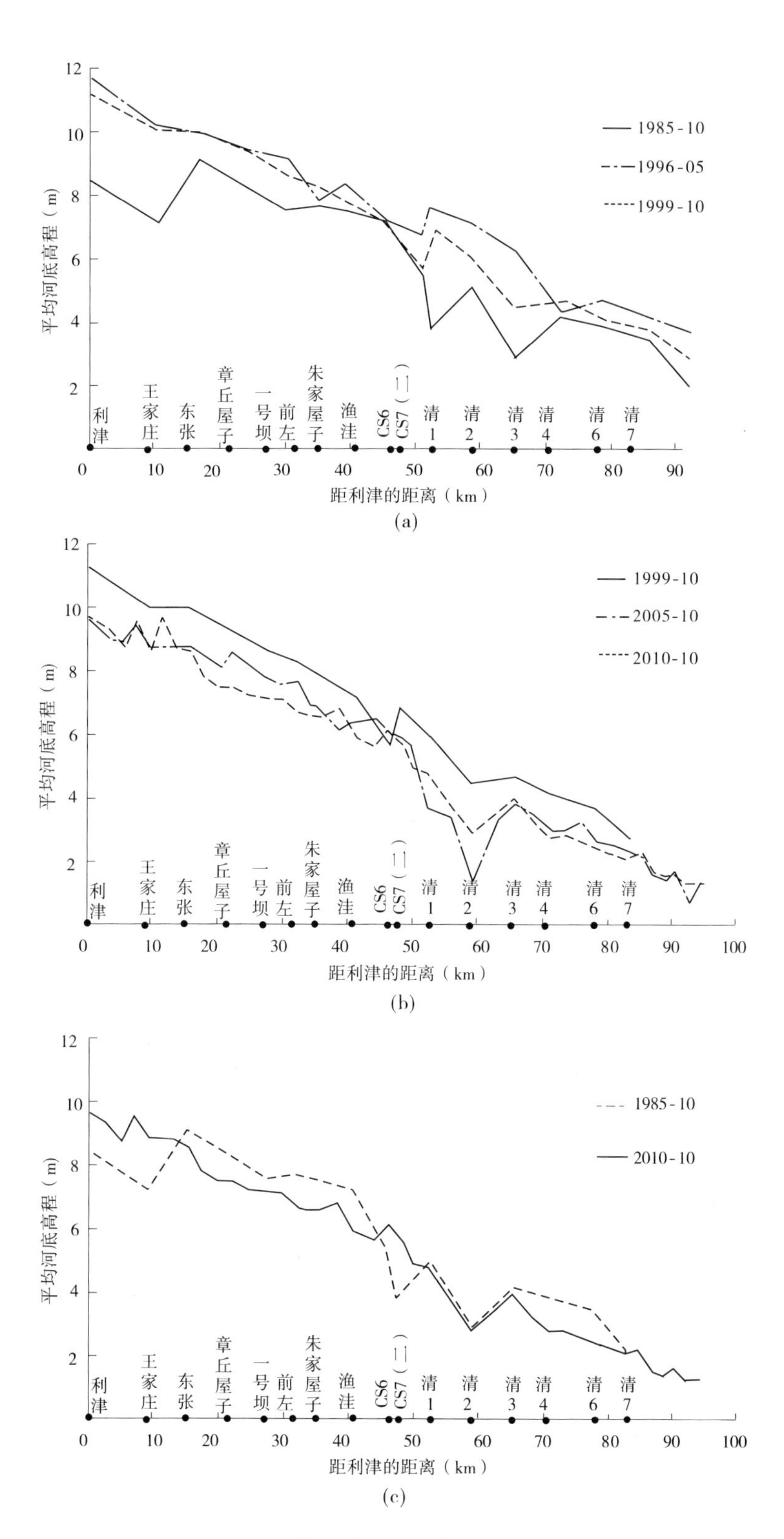

图 2-35　利津以下纵剖面变化

1996 年 5 月至 1999 年 10 月，渔洼以上河段主槽平均河底高程变化不大，渔洼以下河段由于 1996 年 8 月人工改汊造成溯源冲刷，平均河底高程下降，纵剖面变陡，河段平均比降由约 0.091‰增大到约 0.103‰。

小浪底水库运用后，2010 年 10 月与运用前的 1999 年 10 月相比，清 7 断面以上河床下切幅度上大下小，平均下切 1.25 m 左右，而清 7 断面以下淤积，该时段河床纵剖面变缓，平均比降减小了约 0.018‰（绝对值），呈现典型的上游河道沿程冲刷、下游河道溯源淤积的特点，目前纵剖面比降约 0.085‰。CS6—清 2 河段弯道较多，冲淤变幅较大，造成纵剖面升降幅度也大。

从主槽平均河底高程看，目前多数断面的主槽平均河底高程已经恢复到接近 1985 年的状态。

（五）横断面形态变化特征

断面河相系数$\sqrt{B}/h$ 变化见图 2-36。2010 年 10 月与 1999 年 10 月相比，由于清水冲刷，清 7 断面以上河段绝大多数断面主槽刷深，$\sqrt{B}/h$ 从原来的 8 ~ 10 减小到 5 ~ 7，即断面变窄深；清 7 断面下游河段由于淤积，断面变得相对宽浅，$\sqrt{B}/h$ 为 6 ~ 8。

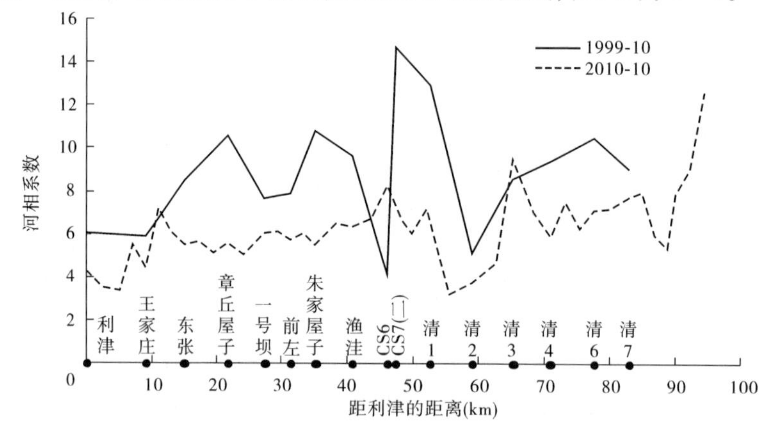

图 2-36　断面河相系数$\sqrt{B}/h$ 变化图

各断面主槽深度变化见图 2-37，小浪底水库运用后清 7 断面以上河段主槽断面刷深明显。典型断面变化见图 2-38 ~ 图 2-40。

（六）水位变化

利用实测资料，可得出黄河河口河段典型水文水位站 3 000 m^3/s 水位变化情况，如图 2-41 所示。黄河河口的水位变化可分为如下几个阶段。

1. 1976 ~ 1979 年

该时期来水来沙条件相对不利，其中 1977 年 5 月至 1979 年 10 月平均含沙量高达 39.1 kg/m^3，来沙系数为 0.041 $kg \cdot s/m^6$，较容易造成淤积；再加上改道初期改道点以下没有稳定的河槽，流路散乱，从而导致泥沙大量落淤，水位上升。利津、一号坝、西河口、十八公里四站同流量（3 000 m^3/s）水位分别上升了 0.67 m、0.60 m、0.73 m 和 1.30 m，上升幅度下大上小。

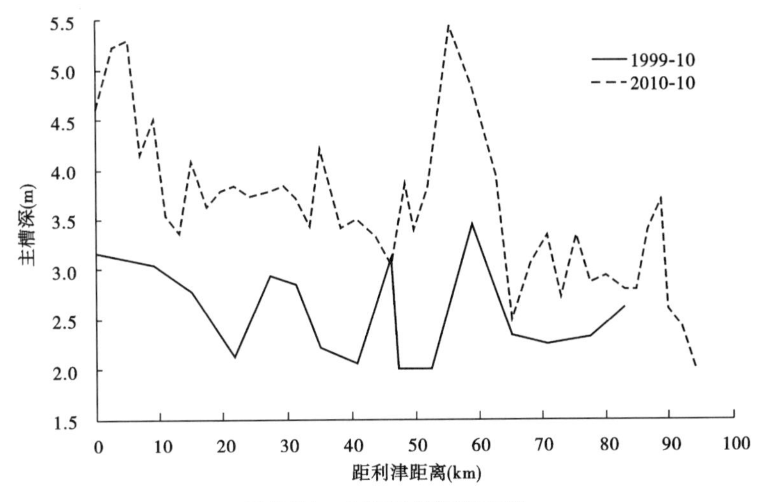

图 2-37　主槽深度沿程变化

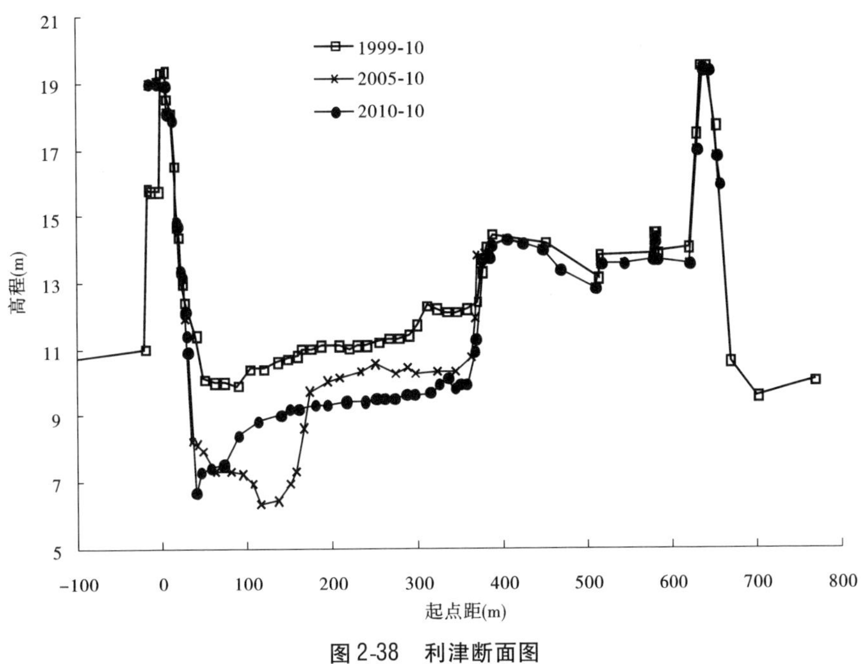

图 2-38　利津断面图

2. 1980 ~ 1985 年

该时段来水超过 2 000 亿 m^3,来沙在 46 亿 t 左右,平均流量 1 254 m^3/s,平均含沙量 22 kg/m^3,时段平均来沙系数 0. 018 $kg \cdot s/m^6$,远小于漫流成槽阶段(1976 ~ 1979 年)的 0. 041 $kg \cdot s/m^6$;同时,经过改道初期的漫流成槽阶段,西河口以下基本上已经形成了稳定的河槽,因此容易引起冲刷。冲刷使河道变得窄深,利于行洪,断面宽深比减小,同流量水位有明显降低。与 1979 年相比,1985 年利津、一号坝、西河口、十八公里四站同流量(3 000 m^3/s)水位分别下降了 0. 87 m、0. 89 m、1. 05 m 和 0. 56 m。

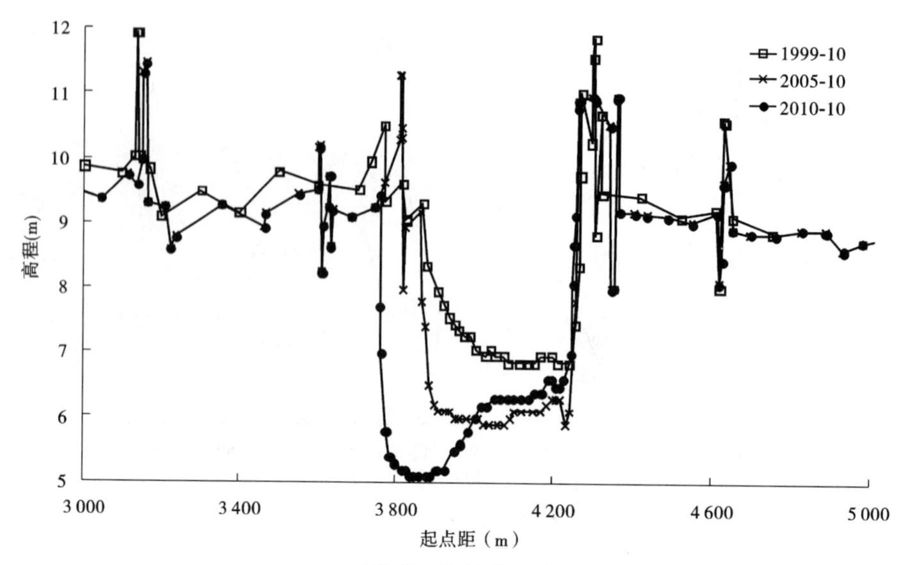

图 2-39　渔洼断面图

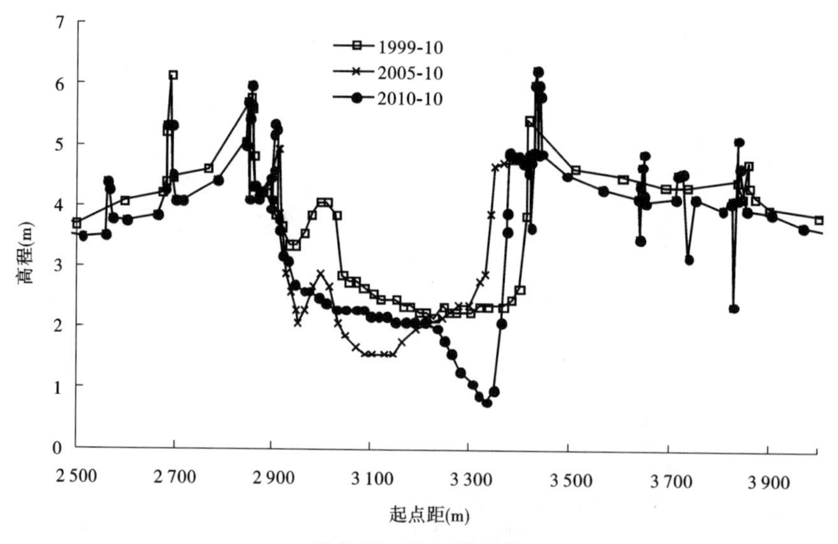

图 2-40　清 7 断面图

3. 1986 ~ 1995 年

1986 年之后利津站来水来沙量明显减少，其中，1985 年 11 月至 1996 年 4 月共来水 1 884 亿 m^3，来沙 47. 48 亿 t，平均流量 620 m^3/s，含沙量 25. 2 kg/m^3，平均来沙系数 0. 041 $kg \cdot s/m^6$；由于流量较小以及河口口门持续外延溯源淤积的影响，本阶段以淤积为主，其中 1985 年 11 月至 1996 年 4 月，利津断面至清 4 断面共淤积 1. 55 亿 t。河口河道的大量淤积，使得河口河段的水位持续上升，1995 年与 1985 年相比，利津、一号坝、西河口三站同流量（3 000 m^3/s）水位分别上升了 1. 76 m、1. 50 m 和 1. 74 m。

4. 1996 ~ 1998 年

1996 年 8 月，黄河河口实施了清 8 改汊工程，改汊后河长缩短 16 km，河道纵比降由

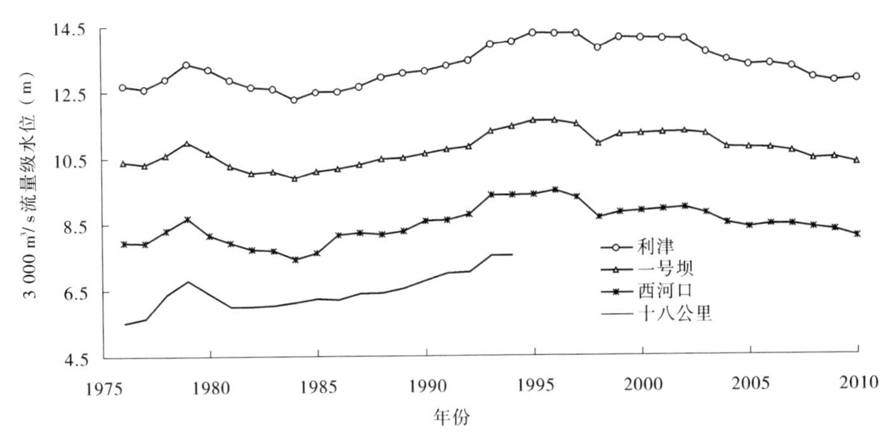

图 2-41　黄河河口典型测站同流量(3 000 m³/s)水位变化过程图

原河道的 10.2‰加大到 20.5‰,加之“96 · 8”洪水时来水集中,水沙条件相对有利,河道发生溯源冲刷(其上界在清 3 断面附近),使河口地区同流量水位普遍下降,其中丁字路口水位站同流量(1 000 m³/s)水位 1996 年比 1995 年下降 1.18 m,流量在 3 000 m³/s 时水位下降 0.6 m。1997 年以来,改汉后溯源冲刷的影响作用继续体现,至 1999 年河口河段水位均有不同程度的下降,利津、一号坝、西河口三站同流量(3 000 m³/s)水位较 1995 年分别下降了 0.46 m、0.70 m 和 0.70 m。

5. 1999 ~ 2010 年

该阶段除自 2002 年开始的调水调沙试验工程外,按照《黄河挖河固堤工程近期实施计划》的要求,1997 年、2001 年、2004 年还分别实施了三次挖河疏浚工程。其中,第三次挖河疏浚工程历时近 8 个月,总投资 4 400 万元,开挖河道长 9.8 km,开挖工程量达到了 159 万 m³。

该阶段水位的变化可分为两个不同的时期,第一时期是 1999 ~ 2002 年,该时期河口来水来沙极其偏枯,而且缺乏大流量洪峰的持续作用,因此黄河河口演变的剧烈程度大幅度降低,水位变化十分缓慢,略有上升。第二时期是 2002 ~ 2010 年,受小浪底水库拦沙及调水调沙运用的影响,水位呈现缓慢下降的态势,2002 ~ 2009 年,利津、一号坝、西河口三站同流量(3 000 m³/s)水位分别下降了 1.28 m、0.80 m 和 0.68 m,下降幅度上大下小。

2010 年利津、一号坝同流量(3 000 m³/s)水位已略高于 1976 年改道当年的水位,而西河口水位上涨幅度较大,达到了 0.33 m,水位自下而上溯源淤积的特征已比较明显,需要引起足够重视。

总之,自 1999 年小浪底水库运用以来到 2010 年 10 月,利津、一号坝、西河口三站同流量(3 000 m³/s)水位分别下降了 1.28 m、0.86 m 和 0.75 m(见图 2-42);目前,利津、一号坝、西河口与 1987 年左右水位相当,这与 2010 年、1987 年河长基本相同的特点相对应。

(七)滨海区海岸演变情况

1. 黄河新口门淤积造陆情况

2001 ~ 2007 年利津年均来沙量 1.98 亿 t,清水沟新口门(清 8 出汉后口门)年均淤积造陆 6.0 km²(见表 2-14),对比 1976 ~ 1992 年年均来沙量 6.8 亿 t、年均造陆速率 32.8

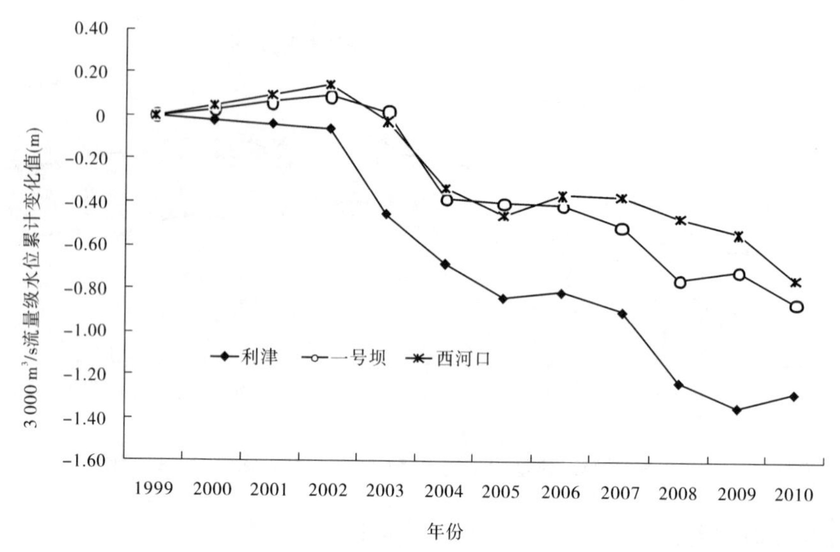

图 2-42 小浪底水库运用以来黄河河口典型测站 3 000 m^3/s 水位累计变化过程

km^2(净造陆[1] 17.92 km^2)的情况可知,年均来沙量大的时期黄河河口年均造陆速率大,年均来沙量小的时期年均造陆速率小。

表 2-14 来沙量与造陆速率表

时 段	年均来沙量(亿 t)	年均造陆速率(km^2)	单位泥沙年均造陆速率(km^2/亿 t)
1996～2001 年	1.76	4.6	2.61
2001～2007 年	1.98	6.0	3.03
1976-05～1992-10	6.80	32.8(净造陆 17.92)	4.8(净造陆 2.63)

2. 远离行河口门的海岸演变

神仙沟、刁口河流路停止行河后,神仙沟—刁口河海岸相对突出海岸线,在海洋动力"夷平"规律作用下,海岸发生冲刷(见图 2-43、图 2-44)。其中 1976～1988 年黄河三角洲北部海岸从挑河湾—孤东临海堤北端 66 km 长的海岸年均蚀退 2.11 亿 t。冲刷特点是近岸浅水区冲刷(见图 2-45)、海床粗化(见图 2-46)。小浪底水库运用以来,冲刷的过程继续,冲刷速率逐渐减小,直至冲刷停止。深水区稍有淤积。也就是说,以前单股行河时淤积在深水区的泥沙就像进入了"保险箱",很难被海洋动力再悬浮、输送。

3. 减缓黄河河口淤积延伸速率的初步研究

利用黄河河口波流输沙数学模型研究了渤海海洋动力及其输沙特点,发现:

(1)加大入海流量仅能在河口附近较小范围(10～20 km)内增加挟沙能力;

(2)三角洲沿岸挟沙能力在浅水区较大,而在深水区较小(见图 2-47)。

---

[1] 当三角洲蚀退面积(负值)和造陆面积(正值)的代数和为正值时称为净造陆面积。

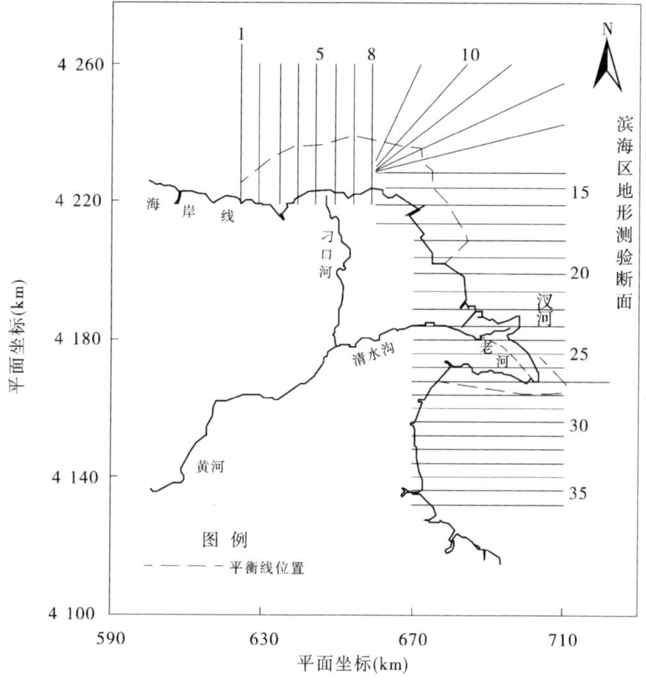

注:图中1,5,8,…,35是滨海区地形测验断面号

图2-43　黄河三角洲滨海区强冲刷海岸范围示意图

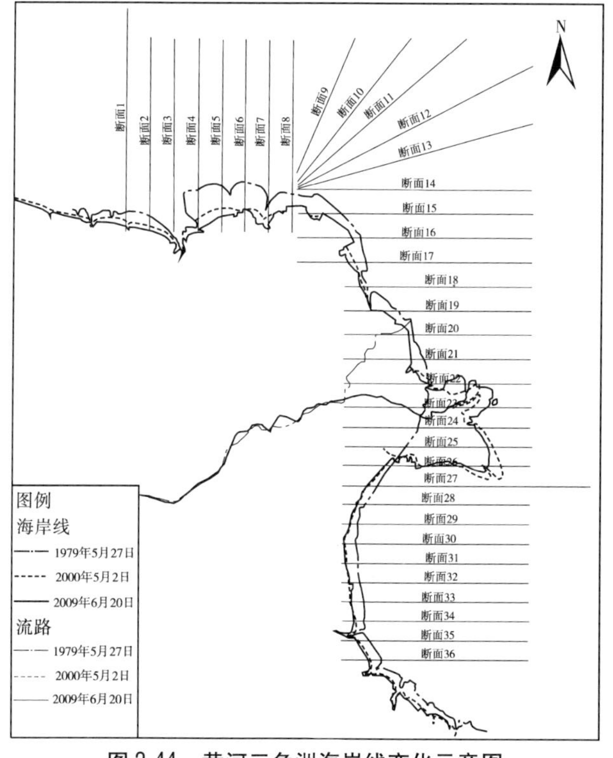

图2-44　黄河三角洲海岸线变化示意图

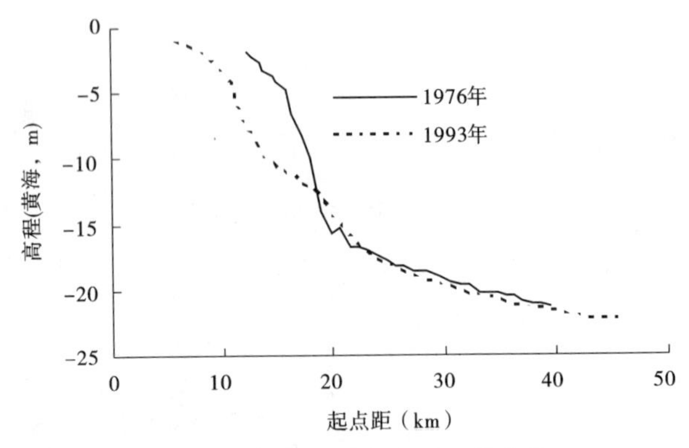

图 2-45　滨海区地形断面 8 的变化

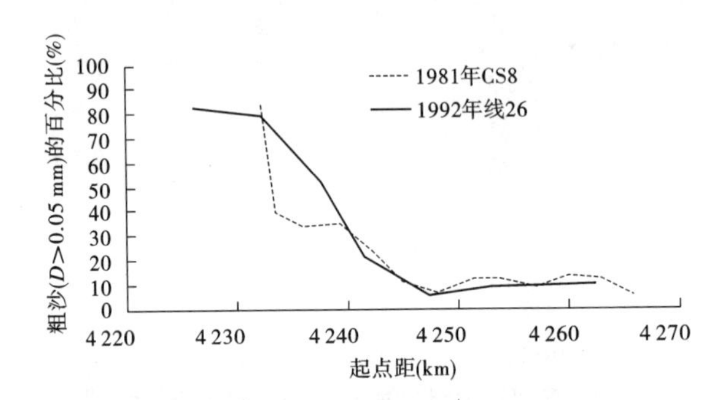

注:1992 年线 26、1981 年 CS8 与图 2-45 中断面 8 在同一位置

图 2-46　滨海区断面 8 附件河床质粗沙百分比

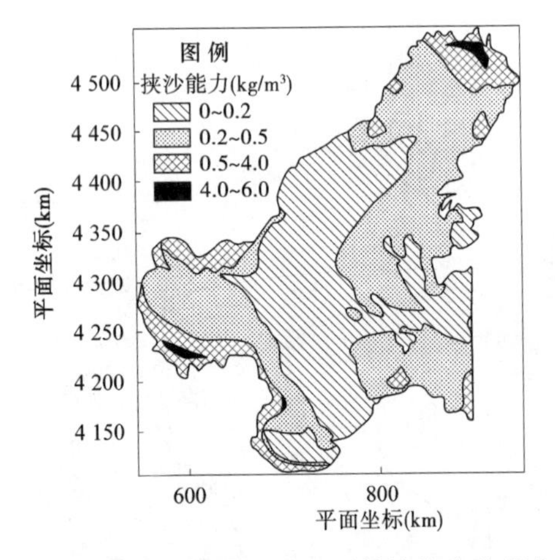

图 2-47　黄河入海流量为 0 时挟沙能力空间分布

结合上述冲淤特点,深水区淤积的泥沙很难被海洋动力再悬浮、输送。因此,可以通过多流路把黄河泥沙相对均匀地输送到黄河三角洲沿岸浅水区,借助于海洋动力把较细的泥沙带到渤海深海区。当然,河口多流路行河涉及分水分沙,如何避免分水分沙造成流路淤积等问题,要进一步深入研究。

七、认识与建议

(一)主要认识

(1)小浪底水库运用以来的11 a,进入下游的年均水沙量分别为234.4亿m^3和0.65亿t。其中,1 500 m^3/s以下的水量占74.1%,说明进入下游的水量绝大部分是小流量的水量,较大流量所占比例很低。进入下游的泥沙主要由较大流量级的水流挟带。2000年以来共发生25场洪峰流量大于2 000 m^3/s的洪水。11 a东平湖向黄河共加水90.29亿m^3,占小黑武总水量2 578亿m^3的3.5%,占艾山水量的4.2%。

(2)11 a黄河下游利津以上河道共冲刷13.628亿m^3,其中河道主槽累计冲刷14.106亿m^3。但冲淤沿程分布极不均匀,呈"上段冲刷多、下段冲刷少、中间段更少"的特点,63%的冲刷量集中在夹河滩以上河段,孙口—艾山河段冲刷最弱。

(3)11年来,河槽展宽和冲深同时发生,但冲深甚于展宽,故河槽的河相系数减小,河槽变得更窄深;持续冲刷发展使床沙粗化,但粗化主要发生在2006年以前,2006年以后粗化幅度明显减小。随着冲刷的发展,冲刷强度有降低的趋势,但上段降低明显,例如,花园口以上河段1 000 m^3/s以上流量的冲刷效率已由最初的8 kg/m^3降低到目前的1 kg/m^3,花园口—高村河段的冲刷效率降低到2 kg/m^3。艾山—利津河段降低不明显,目前仍然为2 kg/m^3。

(4)与1999年10月相比,黄河下游实测同流量水位沿程均是下降的,降幅在1 m以上。分析认为设防流量下的水位也是降低的,降幅在0.2~0.56 m,同流量(3 000 m^3/s)和设防流量下的水位均呈现"两头降得多、中间河段降得少"的特点,最小的是孙口—艾山河段。防洪形势的好转更多地体现在较小流量的排洪能力增加方面;小浪底水库投入运用的前两年,下游河道的最小平滩流量是减小的,2002年高村平滩流量仅1 850 m^3/s,为小浪底水库运用以来黄河下游河道平滩流量最小的"瓶颈河段",之后平滩流量不断增大,"瓶颈河段"不断下移。目前瓶颈河段在孙口—艾山河段附近,最小平滩流量已经达到4 000 m^3/s,满足高效排洪输沙低限的中水河槽初步形成。

据分析,小浪底水库运用11年来,黄河下游花园口水文站断面设防流量下的水位下降了0.48 m,夹河滩0.57 m、高村0.39 m、孙口0.20 m、艾山0.30 m、泺口0.41 m、利津0.48 m;在2000年设防水位下花园口流量增加了8 727 m^3/s,夹河滩8 142 m^3/s、高村4 874 m^3/s、孙口1 234 m^3/s、艾山714 m^3/s 、泺口820 m^3/s、利津1 500 m^3/s,防洪效益明显。

(5)小浪底水库运用以来,由于下游长期清水下泄,致使河势出现了新的特点,河道整治工程适应性也发生了一定改变。总的河势变化特点为:河宽普遍展宽、心滩增加,工程靠河位置普遍下挫,游荡程度减弱,弯曲系数略有增加,河湾个数相对稳定,整体趋于规划流路,大部分工程适应性较好。

工程适应性较差的河段,主要是伊洛河口—花园口和赵口—黑岗口河段。该河段靠河几率下降,主流散乱,河势下挫,工程脱河情况严重,有些甚至绕到工程背后。也有过去长期靠河很好的一些河道整治工程,近些年出现对来溜不太适应的情况。如逯村工程,自1996年洪水发生下挫后,仅下首几道坝靠溜;驾部工程,自2002年以来靠河位置开始出现逐渐下挫,目前工程前已成横河;花园口险工,自 2002 年以来靠河位置开始出现逐渐下挫,目前工程前已成斜河。

(6)黄河河口流路的演变受河流、海洋、边界(如工程、河长等)等多种因素的影响。2010 年河长较短,与 1987 年相当,水位、河床与 1987 年也基本相当;河口来沙多,延伸速率大,反之,来沙少延伸速率就小,当来水含沙量较低时,河口蚀退;较之于单纯受径流影响的河口段,近口门河道(感潮段)由于还受潮汐顶托影响,易淤积;强冲积性的河口河道边界易变化,决定了河道水流挟沙能力较小;较之于深水区,三角洲沿岸浅水区挟沙能力较大,浅水区海岸易冲刷、粗化,而深水区泥沙易淤积,淤积的泥沙不易被海洋动力再悬浮。

(二)建议

(1)鉴于孙口以下(尤其是艾山以下)河段主槽过流面积仍是黄河下游河道河槽面积相对不大、小浪底水库运用以来冲刷较少的河段,同时艾山以下河道的冲刷效率降低不明显,而黄河下游上段的冲刷强度减弱,洪水期上段冲刷后进入下段的含沙量降低,沙量减少,建议继续实施调水调沙,以继续扩大艾山以下河槽,从而达到整体增大黄河下游河道排洪能力的目的。

(2)河床粗化,形态变化,输沙能力下降,艾山以上河段冲刷效率降低,艾山以下河段冲刷效率降低不明显。因此,目前为减少库区淤积,保持长期有效库容,又能充分发挥下游河道的输沙能力,应考虑改变小浪底水库的运用方式。

随着小浪底水库的不断淤积,在洪水显著减少的情况下,为延缓水库淤积,保持长期有效库容,应充分利用下游河道主槽的排洪输沙能力,尽可能利用洪水或塑造洪水排沙。因此,未来应考虑改变小浪底水库的运用方式,总的原则是调节洪水,利用大水排沙,调度方案需具体研究。

(3)研究认为,造成洪峰增值的原因,除含沙量外,还和小浪底水库排沙时坝下河道的前期槽蓄量大小有关,而河道前期槽蓄量大小取决于排沙前小浪底水库泄放的流量大小,水库泄放的流量大,则坝下河道的槽蓄量大。关于上述洪峰增值和沙峰滞后现象的机理和定量预报的计算方法,很有必要进一步深入研究。

(4)由于河口多流路行河涉及分水分沙,如何避免分水分沙造成流路淤积等问题要进一步深入研究。

第三章　与三门峡水库运用初期对比分析

三门峡水库拦沙期和小浪底水库拦沙期是黄河流域有实测资料以来两个典型的清水下泄期，有着和其他时期的水沙条件不同的特点。另外，两个清水下泄期由于河道边界条件、来水来沙条件，以及黄河河口条件等的不同，黄河下游河道沿程冲刷特点也不同。全面分析两个时期的来水来沙特点和河道冲淤特点，对于全面深入地认识黄河下游河道在水库蓄水拦沙的清水冲刷下泄时期的冲淤规律具有重要意义。本章从多个方面与三门峡水库运用初期进行对比分析，包括来水来沙条件、冲刷在河道纵向上的分布、同流量水位变化以及洪水的冲刷特点等。

一、水沙条件比较

（一）水沙量对比

表 3-1 为两个时期的年和汛期的水沙量统计表。首先比较二者的总量。三门峡水库拦沙初期 4 a（1960 年 10 月～1964 年 10 月，即 1961～1964 年）水库出库总水量为 1 972.1亿 m^3，小浪底水库拦沙初期 11 a 水库出库水量为 2 318.2 亿 m^3。前者 4 a 的水库出库总沙量为 21.7 亿 t，后者为 7.0 亿 t。若从进入下游（三黑武或小黑武三站之和）的总水量和总沙量看，大体上也是如此。由此可见，两个时期的总水量差别不大，但总沙量差别较大，因此后者出库的平均含沙量为 3 kg/m^3，为前者 11 kg/m^3 的 27%。

表 3-1　小浪底水库拦沙期与三门峡水库运用初期下游水沙条件比较

断面		年		汛期		汛期占年(%)	
		1961～1964 年	2000～2010 年	1961～1964 年	2000～2010 年	1961～1964 年	2000～2010 年
水库出库	总水量（亿 m^3）	1 972.1	2 318.2	1 124.1	793.6	57	34
	年均水量（亿 m^3）	493.0	210.7	281.0	72.1		
	总沙量（亿 t）	21.7	7.0	16.0	6.5	74	93
	年均沙量（亿 t）	5.43	0.64	4.00	0.59		
进入下游	总水量（亿 m^3）	2 235.0	2 578.4	1 281.0	953.5	57	37
	年均水量（亿 m^3）	558.8	234.4	230.3	86.7		
	总沙量（亿 t）	23.3	7.1	17.2	6.6	74	93
	年均沙量（亿 t）	5.82	0.65	4.3	0.6		

续表 3-1

断面		年		汛期		汛期占年(%)	
		1961 ~ 1964 年	2000 ~ 2010 年	1961 ~ 1964 年	2000 ~ 2010 年	1961 ~ 1964 年	2000 ~ 2010 年
花园口	总水量(亿 m^3)	2 329.8	2 584.9	1 355.8	985.9	58	38
	年均水量(亿 m^3)	582.5	235.0	339.0	89.6		
	总沙量(亿 t)	31.5	11.5	23.5	7.8	75	68
	年均沙量(亿 t)	7.87	1.05	5.89	0.71		
利津	总水量(亿 m^3)	2 485.0	1 600.1	1 508.0	867.8	61	54
	年均水量(亿 m^3)	621.3	145.5	377.0	78.9		
	总沙量(亿 t)	44.9	15.1	34.5	10.6	77	70
	年均沙量(亿 t)	11.22	1.37	8.62	0.96		
花园口平均流量(m^3/s)		1 846.0	667.8	3 189.0	678.8		

其次,将二者的年平均值进行比较。小浪底水库拦沙初期 11 a 年均泄水量 210.7 亿 m^3,年均排沙量 0.64 亿 t,较三门峡水库拦沙初期 4 a 年均出库水沙分别减少 57.2% 和 88.2%,其中汛期年均水沙量分别为 72.1 亿 m^3 和 0.59 亿 t,与三门峡拦沙初期相比,分别偏小 74.3% 和 85.3%。从水沙量年内分配看,小浪底水库汛期出库水量集中程度降低,而沙量集中程度提高,如汛期水量占全年水量的比例,三门峡水库拦沙初期为 57%,而小浪底水库为 34%,汛期沙量占年沙量的比例前者和后者分别为 74% 和 93%。小浪底水库运用初期与三门峡水库运用初期相比,花园口年均水沙量分别减少了 60% 和 87%,其中汛期分别减少 74% 和 88%;汛期占年比例水量由过去的 58% 减少到 38%,沙量由过去的 75% 减少到 68%。

对比利津和花园口的水量可知,三门峡水库运用初期利津的年均水量为 621.3 亿 m^3,同期花园口的年均水量为 582.5 亿 m^3,利津的水量明显大于花园口的,说明该时期下游的支流加水量大于引水量;而小浪底水库运用以来利津的水量比花园口的水量年均小 89.5 亿 m^3,说明 2000 ~ 2010 年来下游河道的引水多于加水,引水主要发生在非汛期。

综上所述,三门峡水库运用初期花园口站年平均流量和汛期平均流量分别为 1 846 m^3/s 和 3 189 m^3/s,远大于小浪底水库运用以来的 667.8 m^3/s 和 678.8 m^3/s,但小浪底水库运用以来的含沙量只有前者的约 1/3。

(二)流量级对比

由日平均流量和输沙率资料,统计两个水库运用初期花园口站不同流量级的历时、水

量和沙量情况(见表 3-2、图 3-1、图 3-2),可以看出:

表 3-2　花园口站两个时期不同流量级水沙量比较

流量级 (m^3/s)	1961～1964 年		2000～2010 年		1961～1964 年		2000～2010 年	
	水量 (亿 m^3)	占总量 (%)	水量 (亿 m^3)	占总量 (%)	沙量 (亿 t)	占总量 (%)	沙量 (亿 t)	占总量 (%)
<1 500	479. 2	21	1 912. 3	74	4. 0	13	4. 3	37
1 500～2 500	589. 3	25	250. 1	10	6. 5	21	3. 3	29
>2 500	1 261. 3	54	422. 4	16	21. 0	67	3. 9	34
合计	2 329. 8	100	2 584. 9	100	31. 5	100	11. 5	100

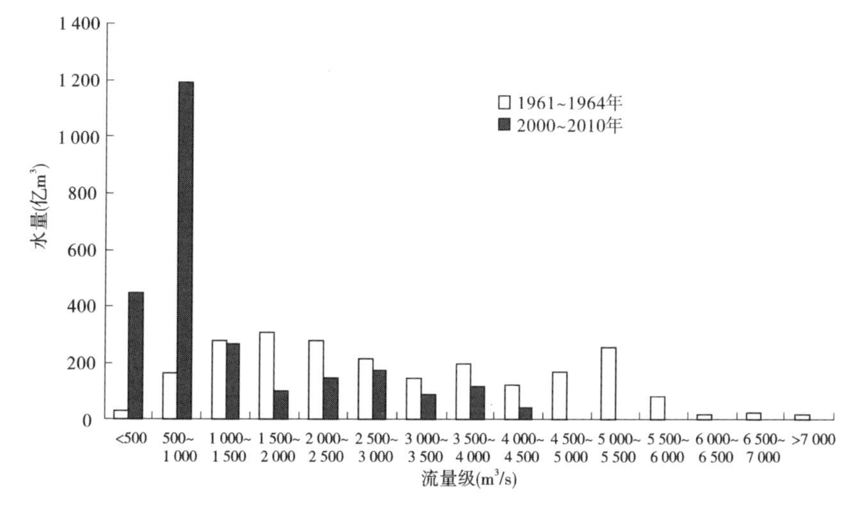

图 3-1　花园口站两个时期各流量级的水量

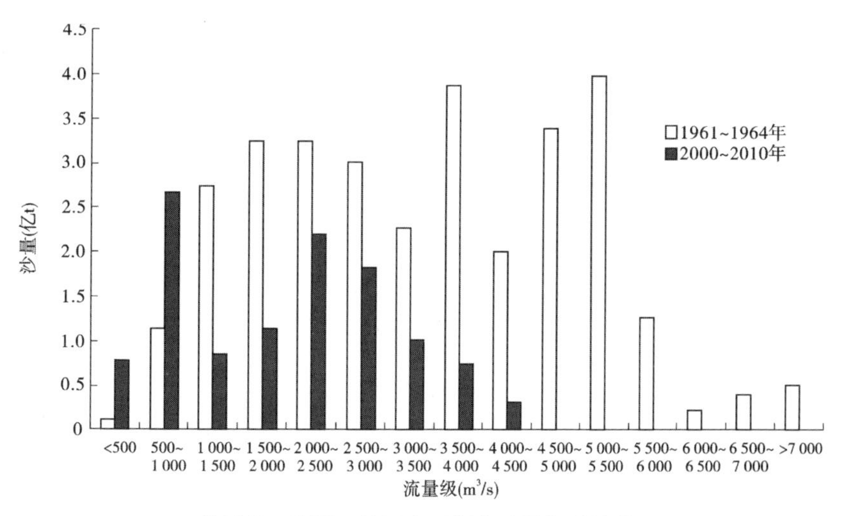

图 3-2　花园口站两个时期各流量级的沙量

（1）流量小于 1 500 m^3/s 的水量三门峡水库运用初期为 479.2 亿 m^3，只占总水量的 21%，而小浪底水库运用以来的水量为 1 912.3 亿 m^3，占总水量的 74%；小浪底水库运用以来的水量为三门峡水库运用初期的 3.5 倍。

（2）流量大于 2 500 m^3/s 的水量三门峡水库运用初期为 1 261.3 亿 m^3，占总水量的 54%，而小浪底水库运用以来的水量为 422.4 亿 m^3，只占总水量的 16%；小浪底水库运用以来的水量为三门峡水库运用初期的 1/3 左右。三门峡水库运用初期大于 4 500 m^3/s 的水量为 475.5 亿 m^3，而小浪底水库运用以来则没有日平均流量大于 4 500 m^3/s 的洪水。

（3）从各流量级的沙量看，三门峡水库运用初期 67% 的沙量由流量大于 2 500 m^3/s 的水量挟带，而小浪底水库运用以来只有 34%。

二、冲淤效果对比

对比三门峡水库运用初期与小浪底水库运用初期下游冲刷情况（见表 3-3、图 3-3），可以看出，前者冲刷量为 23.12 亿 t，后者为 19.07 亿 t，前者大于后者；从冲刷量的沿程分布看，三门峡水库运用初期的冲刷量主要集中在孙口以上（孙口以上河段的冲刷量占利津以上冲刷量的 91%），小浪底水库运用以来的冲刷量虽然也是很不均匀的（主要集中在夹河滩以上，占利津以上的 63%），但相比三门峡水库运用初期要均匀一些。另外，泺口—利津河段，小浪底水库运用以来该河段年均冲刷量占利津以上河段的比例为 9%，大于三门峡水库运用初期的 2%。

表 3-3　全断面冲淤量对比表

河段	总冲淤量（亿 t）		年平均冲淤量（亿 t）		沿程分布（%）	
	1961～1964 年	2000～2010 年	1961～1964 年	2000～2010 年	1961～1964 年	2000～2010 年
花园口以上	-7.60	-5.70	-1.90	-0.52	33	30
花园口—夹河滩	-5.88	-6.39	-1.47	-0.58	25	33
夹河滩—高村	-3.36	-1.88	-0.84	-0.17	15	10
高村—孙口	-4.12	-1.77	-1.03	-0.16	18	9
孙口—艾山	-0.88	-0.71	-0.22	-0.06	4	4
艾山—泺口	-0.76	-0.95	-0.19	-0.09	3	5
泺口—利津	-0.52	-1.67	-0.13	-0.15	2	9
白鹤—利津	-23.12	-19.07	-5.78	-1.73	100	100

点绘历年花园口累计水量与各河段累计冲刷量关系图（见图 3-4～图 3-8），两个时期冲刷量均随着水量增加而增加，累计水量相同时，由于历时相差较大，流量过程不同，冲刷量差别很大。小浪底拦沙期冲刷量明显小于三门峡拦沙期。特别是花园口以上河段和高村—艾山河段，只有花园口—高村河段和艾山—利津河段二者较为接近。

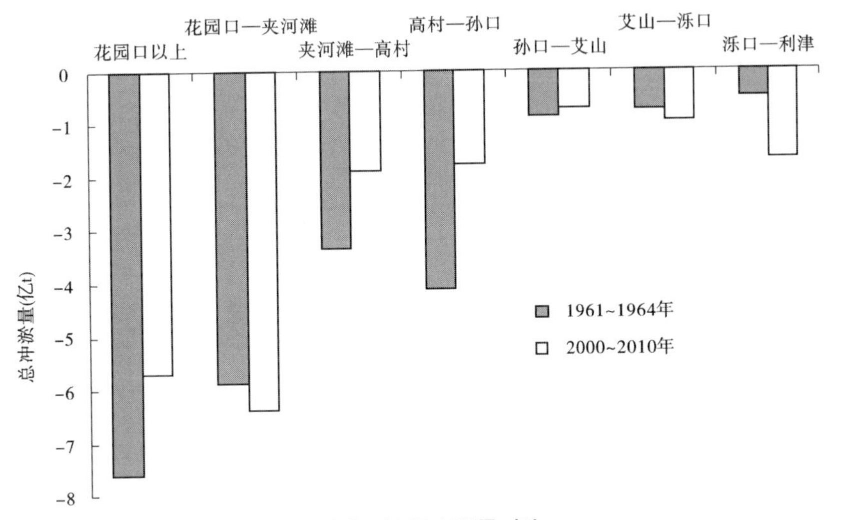

图 3-3　沿程冲刷量对比

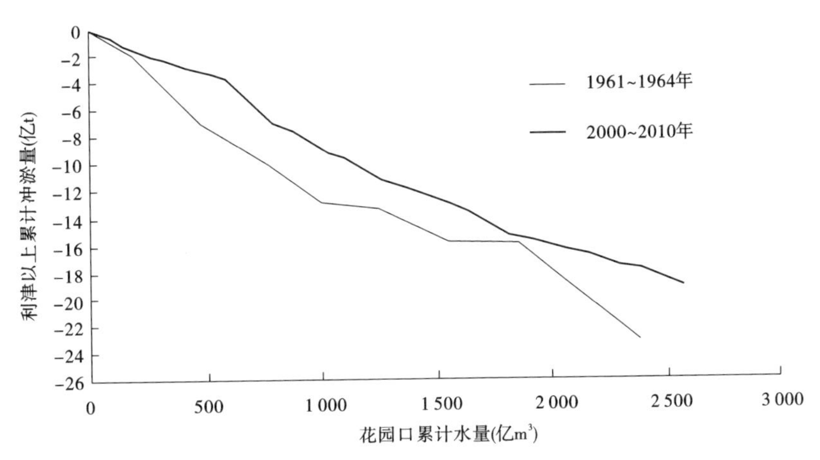

图 3-4　花园口累计水量与全下游累计冲刷量关系

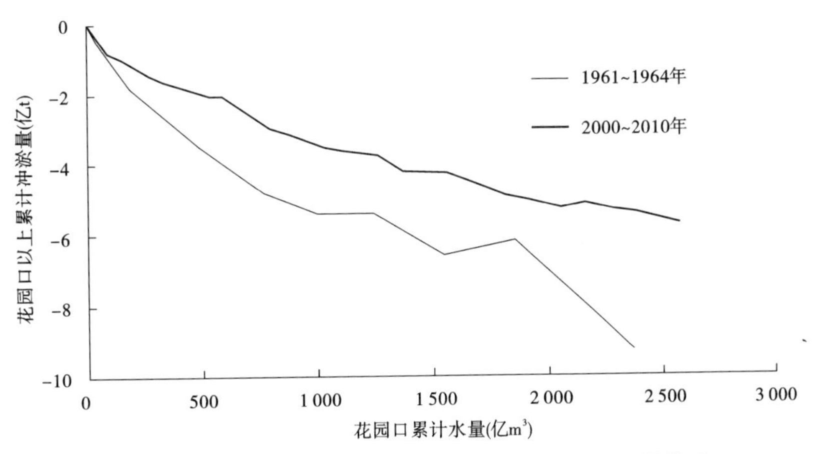

图 3-5　花园口累计水量与花园口以上河段累计冲刷量关系

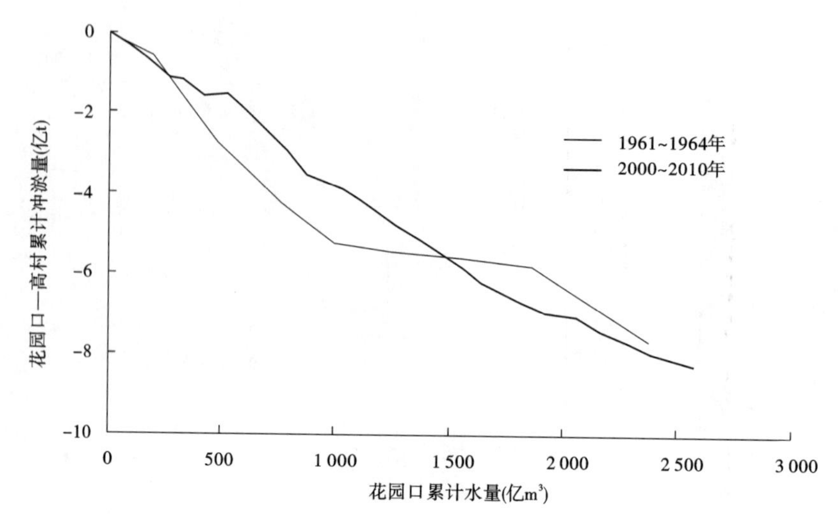

图 3-6 花园口累计水量与花园口—高村河段累计冲刷量关系

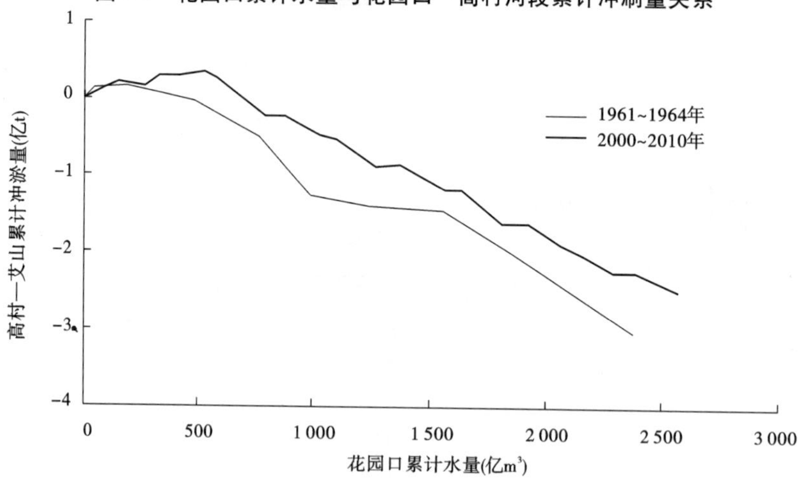

图 3-7 花园口累计水量与高村—艾山河段累计冲刷量关系

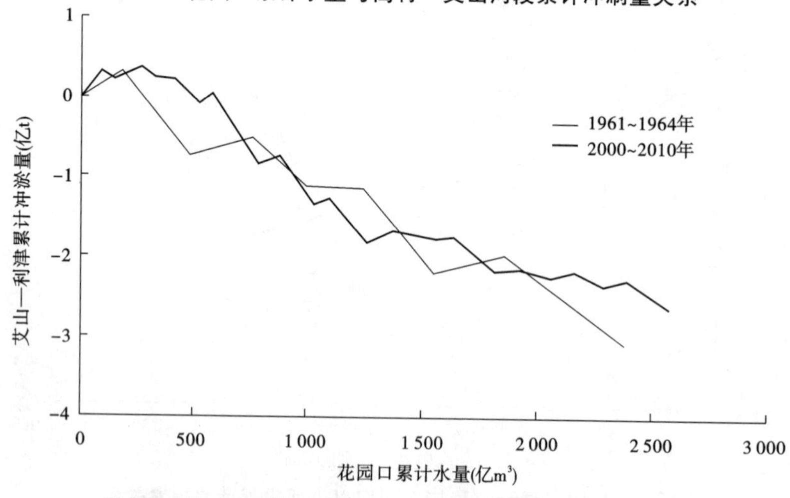

图 3-8 花园口累计水量与艾山—利津河段累计冲刷量关系

三、同流量水位变化对比

对比两个时期下游主要水文站同流量(3 000 m^3/s)水位变化情况(见图3-9)可以看出,两个时期的同流量水位差别很大,表现在:

(1)三门峡水库运用初期,泺口以上水文站的同流量水位降幅在0.36~1.26 m,而小浪底水库运用以来为1.04~2.14 m,后者的降幅明显大于前者,二者的水位变幅之差在0.28~1.35 m,差别最大的是高村的1.35 m。

(2)利津水文站在三门峡水库运用初期水位不但没有降低,甚至还抬升了0.34 m,小浪底水库运用以来利津水位显著降低了1.09 m。

(3)小浪底水库运用以来同流量水位变化呈"两头大、中间小",即中间河段的孙口—艾山河段的降幅最少。

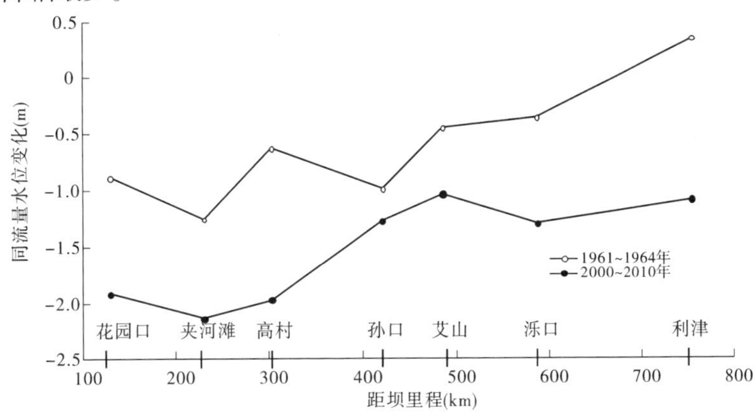

图3-9　同流量水位下降幅度对比

四、河床粗化对比

三门峡水库运用初期的1961年9月,黄河下游花园口、高村、孙口和艾山河床中值粒径分别为0.128 mm、0.062 mm、0.09 mm和0.097 mm,而1999年汛后河床中值粒径花园口、高村、孙口和艾山分别为0.082 mm、0.063 mm、0.064 mm和0.049 mm。也就是说,小浪底水库运用之初黄河下游的床沙粒径比三门峡水库运用之初的细。

三门峡水库运用初期下游河道经过4 a持续冲刷后,主要水文站河床中值粒径比值为1.0~1.5。

对小浪底水库运用以来下游河道的床沙粒径的统计计算结果显示,2006年6月与1999年汛后相比,中值粒径比值为1.5~2.1,全下游主槽河床质粗化非常明显,其中花园口粗化最为明显,中值粒径由原来的0.08 mm增大为0.21 mm;其次为夹河滩和高村,由原来的0.06 mm左右增大为0.13 mm左右。而2006年到2010年间,床沙粗化不明显。小浪底水库运用以来,河床中值粒径比值为1.5~2.4,较三门峡水库运用初期粗化程度大。这也可能成为影响小浪底水库运用初期下游河道冲刷效率的因素之一。

五、冲刷效率对比

对比三门峡水库清水下泄期间和小浪底水库拦沙运用期间的冲刷效率(见表3-4),可以看出,三门峡水库运用初期的冲刷效率为8~20 kg/m³,小浪底水库运用以来,除第四年的冲刷效率最高为14.1 kg/m³外,其余年份的冲刷效率都没有超过10 kg/m³的。可见,从整个黄河下游看,水浪底水库拦沙运用期比三门峡水库清水下泄期的冲刷效率要低得多。

三门峡水库拦沙初期冲刷效率相对较大,主要是两个因素:①流量较大;②河道整治工程不如小浪底水库拦沙初期完善,塌滩较多。

表3-4　两个时期下游河槽冲刷效率对比

年序号	三门峡水库清水下泄期		水浪底水库拦沙运用期	
	年份	冲刷效率(kg/m³)	年份	冲刷效率(kg/m³)
第一年	1961	20	2000	7.5
第二年	1962	17	2001	6.4
第三年	1963	8	2002	5.2
第四年	1964	13	2003	14.1
第五年			2004	9.3
第六年			2005	8.8
第七年			2006	6.3
第八年			2007	9.2
第九年			2008	4.0
第十年			2009	5.4
第十一年			2010	5.2

六、冲淤特点对比

两个时期洪水在全下游的冲淤调整规律共同的特点是:

(1)随着洪水平均流量的增加,冲刷效率增大;

(2)随着冲刷的发展,相同流量的冲刷效率降低。

图3-10~图3-12为黄河下游各河段洪水冲淤效率和洪水平均流量的关系(其中不包括一些水库异重流排沙洪水发生淤积的点据),由此可看出两个时期的差别:

(1)高村以上河段三门峡水库运用初期的冲淤效率明显大于小浪底水库运用以来的;

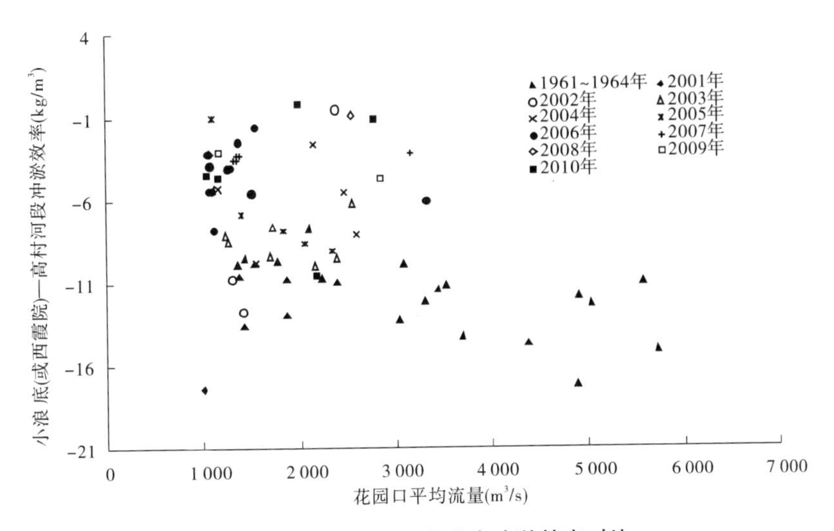

图 3-10 高村以上河段洪水冲淤效率对比

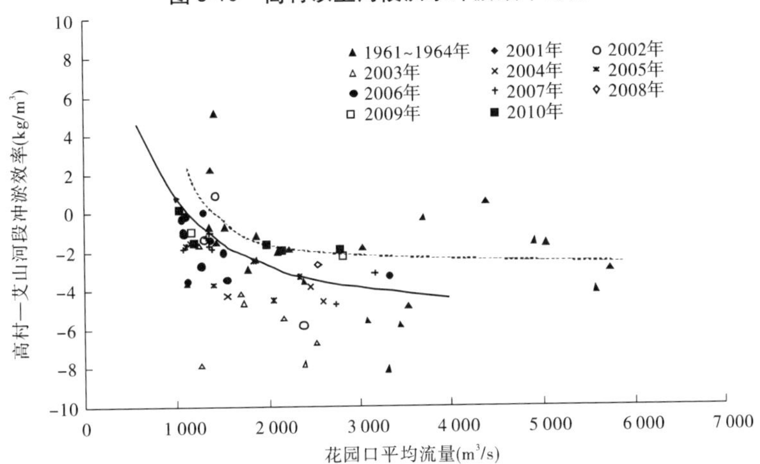

图 3-11 高村—艾山河段洪水冲淤效率对比

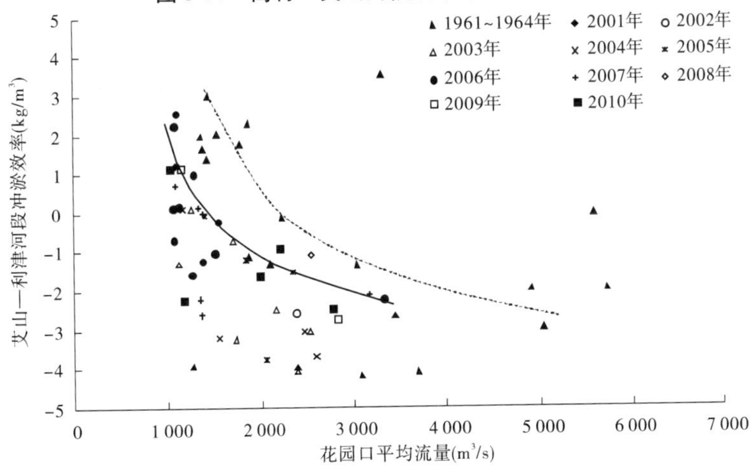

图 3-12 艾山—利津河段洪水冲淤效率对比

(2)相同的洪水平均流量下，高村—艾山河段目前的冲淤效率和三门峡水库运用初期大体一致，高村—艾山河段三门峡水库运用初期的临界冲淤流量为 1 200 m^3/s，略大于小浪底水库运用以来的临界冲淤流量 1 100 m^3/s；

(3)艾山—利津河段三门峡水库运用初期冲刷的临界流量约为 2 500 m^3/s，而小浪底水库运用以来的为 1 200 m^3/s。

因此，目前河道边界条件下，黄河下游河道在小浪底水库下泄清水时的冲刷临界流量为 1 200 m^3/s。

七、认识

(1)三门峡水库运用初期(简称前者)和小浪底水库运用以来(简称后者)的水沙条件差别很大，前者的流量要比后者大得多，前者的沙量和平均含沙量大于后者。大于 2 500 m^3/s的水量前者为 1 261.3 亿 m^3，而后者为 422.4 亿 m^3；流量小于 1 500 m^3/s 的水量前者为 479.2 亿 m^3，只占总水量的 21%，而后者的水量为 1 912.3 亿 m^3，占总水量的 74%；前者 4 a 的水库出库总沙量为 21.7 亿 t，后者 11 a 的为 7.0 亿 t，后者仅为前者的 1/3。

(2)从冲刷量的沿程分布看，二者的冲刷分布均极不均匀，但前者甚于后者。从水文站断面年均同流量水位降幅看，前者泺口及其以上的同流量水位降幅小于后者。

(3)三门峡水库拦沙初期，冲刷效率相对较大，主要原因是其流量较大。由于当时河道整治工程不如小浪底水库拦沙初期完善，塌滩较多。

(4)从洪水冲刷效率和洪水平均流量的关系看，二者共同的特点是，随着洪水平均流量的增加，冲刷效率增大；随着冲刷的发展，相同流量的冲刷效率降低。但二者不同之处为，前者高村以上河段的冲刷效率高于后者；前者的临界流量(全下游每个河段均发生冲刷的最小流量)为 2 500 m^3/s，而后者为 1 200 m^3/s，后者远小于前者。

第五专题　窟野河流域近期实测径流泥沙量锐减成因分析

近年来黄河中游水沙变化的剧烈程度超出了预料，日益成为大家关注的热点和焦点，对变化的成因也存在不同的认识和看法，特别是在黄河重大规划和工程论证审查过程中，成为置疑和讨论的重点，继续开展研究非常必要而迫切。

窟野河是黄河中游河龙区间的一条主要来洪来沙支流，流域面积8 706 km^2，其中多沙粗沙区面积5 456 km^2，粗泥沙集中来源区面积4 001 km^2，分别占流域面积的62.7%和46%。窟野河曾于1959年和1976年分别出现过14 100 m^3/s和14 000 m^3/s的大洪水，1959年神木至温家川区间输沙模数高达10万t/(km^2·a)，1958年7月10日还出现1 700 kg/m^{3}的实测最大含沙量。

近年来，窟野河来水来沙量锐减，1954～2006年实测平均径流量5.746亿m^3，但2008年、2009年和2010年实测径流量分别只有1.503亿m^3、1.246亿m^{3}和1.252亿m^3；1954～2006年实测平均输沙量0.899亿t，但2008年、2009年和2010年实测输沙量分别仅有40万t、3万t和13万t。为什么会发生如此重大的变化，原因何在？

窟野河流域近期来水来沙锐减，尤其是最近3 a来水来沙剧减，是黄河中游近期水沙剧烈变化的缩影，也是黄河中游近期水沙变化最为剧烈的一条支流，具有典型性和代表性。为深入剖析水沙锐减成因，解剖“麻雀”，2010黄河河情年度咨询及跟踪研究项目特设立水土保持专题“窟野河流域近期实测径流泥沙量锐减成因分析”，试图通过流域查勘和调研，从近期下垫面变化和水利水土保持措施等人类活动减水减沙量计算分析入手，分析流域近期实测径流泥沙量锐减成因。

第一章　流域概况

窟野河发源于内蒙古自治区鄂尔多斯市东胜区柴登乡拌树村的巴定沟，自西北向东南流经鄂尔多斯市伊金霍洛旗、东胜区、准格尔旗和陕西省府谷县、神木县等5县（旗、区），于神木县贺家川镇沙峁村汇入黄河。窟野河干流全长241.8 km，流域面积8 706 km^2，其中内蒙古境内面积4 658 km^2，陕西境内面积4 048 km^2。1954～2006年平均径流量5.746亿m^3，1954～2006年实测平均输沙量0.899亿t。

窟野河有乌兰木伦河和牸牛川两大一级支流，其中乌兰木伦河（西支流）与牸牛川（东支流）在神木县店塔镇房子塔村汇合后形成干流窟野河。从河源至转龙湾为干流上游段，长68 km，面积1 937 km^2，平均比降4.5‰；转龙湾至神木县城为干流中游段，长99.6 km，面积5 361 km^2（其间汇入的支流牸牛川集水面积2 274 km^2），平均比降2.8‰；神木县城至河口为下游段，长74.2 km，面积1 408 km^2，平均比降2.3‰。

窟野河流域气候属寒温带干旱半干旱大陆性季风气候，多年平均气温7.9 ℃，但温差较大，极端最高气温38.9 ℃，极端最低气温－30.7 ℃，无霜期135～174 d。年平均风速为2.5～3.0 m/s，冬春季多西北风，最大风速达19～23 m/s，沙尘天数为20～40 d。

窟野河是黄河中游河口镇至龙门区间（简称河龙区间）第二大支流，又是河龙区间中府谷至吴堡区间的最大支流。流域地处毛乌素沙地、鄂尔多斯台地和黄土丘陵沟壑区等三大地貌的过渡区，兼有风沙高原和黄土丘陵地貌。流域海拔800～1 300 m，地势西北高、东南低。流域东北部为砾石、岩屑组成的砾质丘陵区，面积2 476 km^2；西北部为风沙土覆盖的砂质丘陵区，面积4 413 km^2；南部为黄土丘陵沟壑区，面积1 817 km^2。地表组成物质主要为黄土、砒砂岩、沙盖黄土和砾石基岩（见图1-1）。流域地貌特点是：神木以上主要为风沙区或盖沙区，风沙下部多为青灰色的砒砂岩；河谷开阔，漫滩及一级阶地发育，滩面较平，地表植被稀疏；神木以下沿窟野河干流两侧黄土覆盖较厚，地面沟壑纵横，梁峁起伏，坡陡沟深，沟壑密度为3.3 km/km^2。

窟野河流域多年（1954～2006年）平均降水量375.2 mm，而蒸发量却高达1 360 mm；降水多以暴雨形式出现，多年平均汛期（6～9月）降水量占年降水量的78.2%，其中7、8两月降水量又占年降水量的50%左右。由于降雨集中，窟野河季节性河流的特征比较明显，一年中有60%以上的时间是过水流量小于10 m^3/s的枯水流量（甚至断流）。

窟野河流域又是河龙区间最常见的暴雨中心，暴雨季节一般为7～8月，历时短，强度大，落区集中，突发性强，经常形成区域暴雨中心。大柳塔和神木附近出现暴雨的几率最多。

窟野河流域植被分布具有明显的地带性。砾质丘陵区主要是针茅草，以多年生禾本科草本植物为主；砂质丘陵区主要为沙生植被；黄土丘陵沟壑区主要为灌草植被。

2010年窟野河流域总人口65.2万人，其中城镇人口34.0万人，城镇化率56%。2010年神木县经济综合实力位居全国县（市、区、旗）第44位；伊金霍洛旗、准格尔旗也是2009年度全国百强县。流域矿产资源丰富，神府、东胜煤田已探明煤炭地质储量2 236亿t，远景储量10 000亿t，是中国探明储量最大的煤田，与俄罗斯的顿巴斯、德国的鲁尔等并

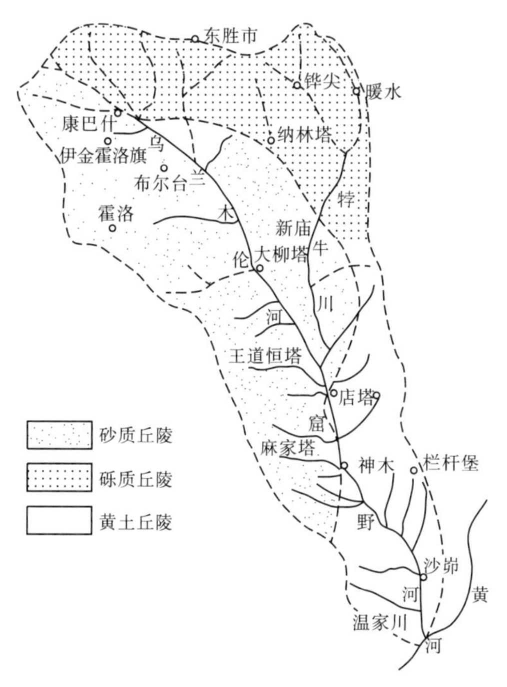

图 1-1　窟野河流域图

列为世界七大煤田之一,同时也是特大型优质煤和出口煤的生产基地。20 世纪 90 年代初期,国家实施能源战略西移计划,以神府、东胜煤田开发建设为重点的“神华工程”,被国家确定为四大跨世纪工程之一。

第二章　近期治理情况

窟野河流经黄河中游多沙粗沙区,全流域风蚀、水蚀均较严重,水土流失面积 8 305 km^2,占流域面积的 95.4%;多沙粗沙区面积 5 456 km^2,粗泥沙集中来源区面积 4 001 km^2,分别占流域面积的 62.7% 和 46%。窟野河曾于 1959 年和 1976 年分别出现过 14 100 m^3/s 和 14 000 m^3/s 的大洪水,1959 年神木至温家川区间输沙模数高达 10 万 $t/(km^2 \cdot a)$,1958 年 7 月 10 日还出现 1 700 kg/m^3 的实测最大含沙量。流域出口水文站温家川水文站 1958 ~ 2006 年平均粒径小于 0.025 mm 的细泥沙、大于 0.05 mm 的粗泥沙和大于 0.1 mm 的特粗泥沙含量分别为 32.6%、52.8% 和 35.5%,粗泥沙量超过了泥沙总量的一半;1958 ~ 2009 年平均中值粒径 0.045 mm,是黄河粗泥沙的主要来源区之一,也是黄河中游水土保持重点治理区。

根据最新资料统计,截至 2010 年底,窟野河流域水土流失治理面积 4 868.3 km^2,治理度(治理度 = 治理面积/水土流失面积 × 100%)为 58.6%;已建设中小型水库 6 座,总库容 1.76 亿 m^3。根据 2008 年淤地坝普查数据,已建淤地坝 1 548 座,其中骨干坝、中型、小型淤地坝分别为 284 座、356 座和 908 座。在干支流建成暖水、一云渠、二云渠等引水灌溉工程,有效灌溉面积 2.1 万 hm^2。随着工业的发展,特别是煤炭资源的大规模开发,流域水资源供需矛盾十分突出。

根据"十一五"国家科技支撑计划重点项目课题"黄河流域水沙变化情势评价研究"提供的 1997 ~ 2006 年窟野河流域水土保持措施保存面积,结合 2010 年与 2011 年外业调查,得到窟野河流域 1997 ~ 2010 年水土保持(简称水保)措施保存面积(见表 2-1)。

表 2-1　窟野河流域近期水保措施保存面积　(单位:hm^2)

年份	梯(条)田	林地	草地	坝地	封禁治理	合计
1959	477	3 530	2 303	27	0	6 337
1969	3 483	12 083	5 177	330	0	21 073
1979	7 040	45 420	11 147	987	0	64 594
1989	7 180	107 953	35 483	1 513	0	152 129
1996	10 639	129 630	38 260	2 253	0	180 782
1997	6 072	126 574	68 941	2 995	0	204 582
1998	6 600	139 027	69 762	3 086	0	218 475
1999	7 281	155 506	72 232	3 425	4	238 448
2000	7 602	170 801	73 921	3 775	4 868	260 967
2001	7 919	189 687	77 872	3 959	7 940	287 377
2002	8 245	209 606	81 241	4 086	26 022	329 200
2003	8 576	226 699	84 123	4 331	31 675	355 404

续表 2-1

年份	梯(条)田	林地	草地	坝地	封禁治理	合计
2004	8 797	240 520	86 814	4 593	37 329	378 053
2005	9 348	253 760	90 623	4 805	41 040	399 576
2006	9 939	265 189	93 823	5 039	44 635	418 625
2007	10 600	271 130	97 120	5 610	49 610	434 070
2008	11 310	277 280	98 330	6 040	51 830	444 790
2009	12 040	287 760	99 810	6 420	54 670	460 700
2010	12 790	307 370	101 650	6 710	58 310	486 830

注:1997 年以前数据来自文献[21]。

截至 2010 年底,窟野河流域水土保持措施综合治理保存面积 486 830 hm^2,其中梯(条)田 12 790 hm^2,林地 307 370 hm^2,草地 101 650 hm^2,坝地6 710 hm^2,封禁治理 58 310 hm^2。与 1997 年相比,13 a 间窟野河流域各种水保措施保存面积增加了 138%。其中,梯(条)田增加了 110.6%,林地增加了 142.8%,草地增加了 47.4%,坝地增加了 124.0%。封禁治理从 1999 年开始,到 2010 年底也达到了 58 310 hm^2。

从窟野河流域近期水土保持综合治理进程来看,1999 年开始实施退耕还林还草工程,坡耕地现已全部退耕;2000 年开始实施封山禁牧,迄今为止效果明显。2010 年流域开始实施“坡改梯工程”(坡耕地改造成梯田)。

窟野河流域 1997 ~2010 年水保措施保存面积变化过程线分别见图 2-1、图 2-2。

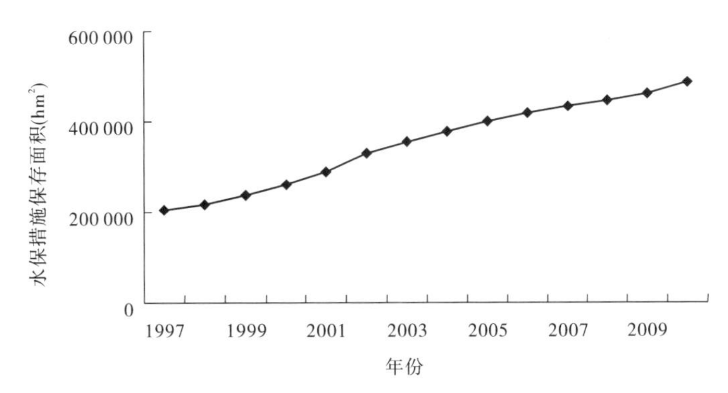

图 2-1　窟野河流域近期水保措施保存面积变化过程线

由图 2-1 可以看出,1997 ~2010 年窟野河流域水保措施总体保存面积稳定增长,2007 年以后增长速率加快。由图 2-2 可以看出,在各类水保措施中,林地措施保存面积增长最为明显,其次是坝地,再次为梯(条)田;封禁治理面积自 2002 年以后也保持了稳定增长的趋势,说明窟野河流域近期植被措施覆盖度变化显著。相比之下,草地保存面积增幅不到 50%。

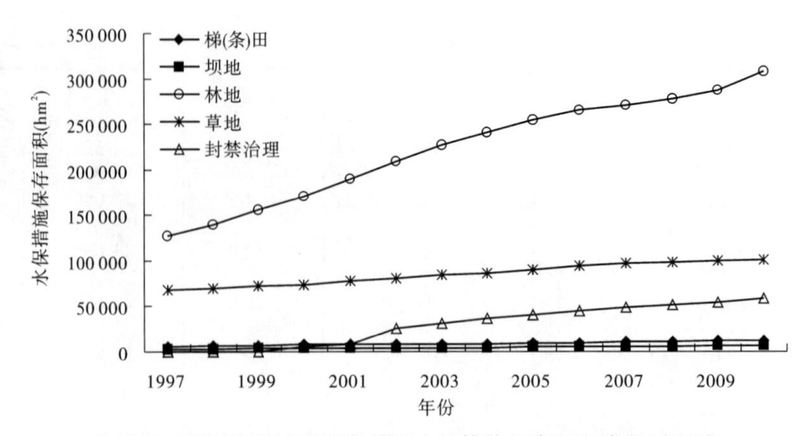

图 2-2　窟野河流域近期各单项水保措施保存面积变化过程线

第三章　近期水沙变化特征

窟野河流域目前设有 4 个水文站，45 个雨量站。其中，支流乌兰木伦河出口水文站为王道恒塔水文站，控制面积 3 839 km^2；支流牸牛川出口水文站为新庙水文站，控制面积 1 527 km^2；干流水文站分别为神木水文站和流域出口站温家川水文站，控制面积分别为 7 298 km^2 和 8 645 km^2。窟野河流域水系简图见图 3-1。

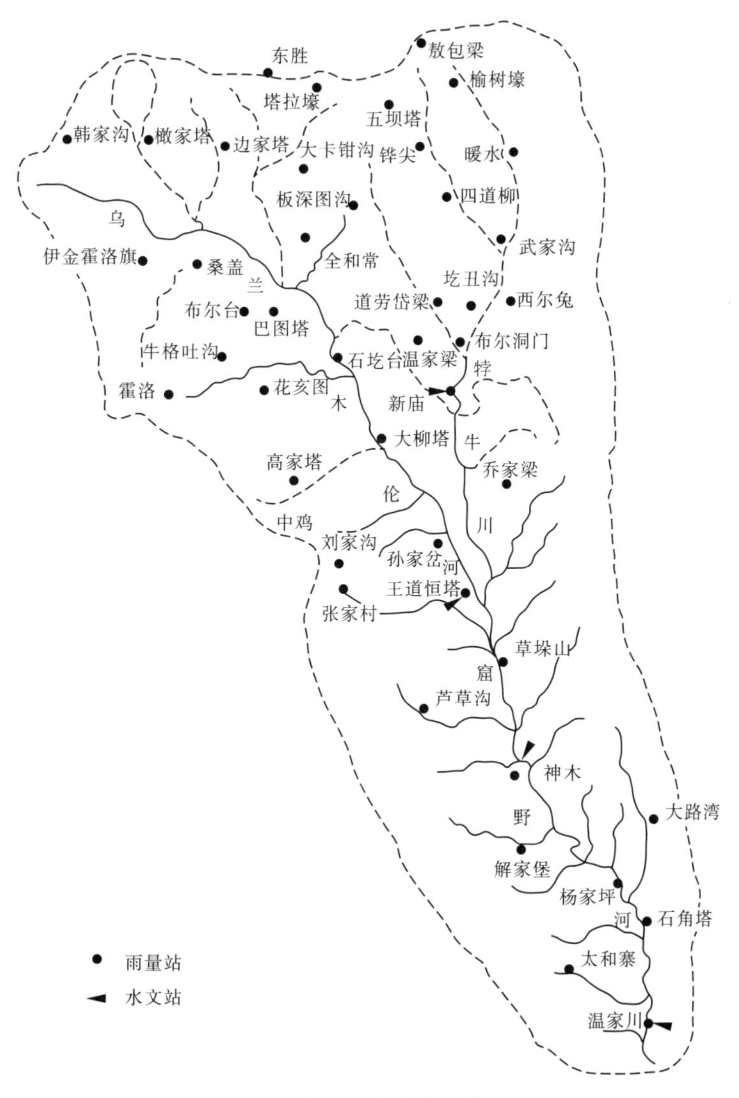

图 3-1　窟野河流域水系简图

一、径流泥沙来源

根据 1954～1998 年资料（见表 3-1），窟野河流域温家川以上实测多年平均径流量 6.453 亿 m^3，其中乌兰木伦河王道恒塔水文站以上来水量为 2.092 亿 m^3，占 32.4%；牸牛川新庙水文站以上来水量为 1.078 亿 m^3，占 16.7%；新庙、王道恒塔至神木区间来水量为 2.169 亿 m^3，占 33.6%；神木至温家川区间来水量为 1.114 亿 m^3，占 17.3%。流域多年平均汛期径流量占年径流量的 54.0%；7、8 两月径流量占年径流量的 40.7%。

表 3-1　窟野河流域径流泥沙来源及特征值统计(1954～1998 年)

水文站及区间	汇水面积 (km^2)	面积百分比(%)	年降水量 (mm)	年径流量 (亿 m^3)	年径流系数	年径流模数 (万 m^3/km^2)	年输沙量 (亿 t)	年输沙模数 (万 t/km^2)
新庙以上	1 527	17.7	363.2	1.078	0.194	7.06	0.155	1.015
王道恒塔以上	3 839	44.4	352.8	2.092	0.154	5.45	0.266	0.693
神木以上	7 298	84.4	369.5	5.339	0.198	7.32	0.588	0.806
温家川以上	8 645	100	386.9	6.453	0.193	7.46	1.047	1.211
新、王—神区间	1 932	22.3	382.6	2.169	0.293	11.2	0.167	0.864
神温区间	1 347	15.6	390.8	1.114	0.212	8.27	0.459	3.408

注:"新、王—神区间"代表新庙、王道恒塔至神木区间;"神温区间"代表神木至温家川区间。

窟野河流域温家川以上实测多年平均输沙量 1.047 亿 t，其中王道恒塔以上来沙量为 2 660 万 t，占 25.4%；新庙以上来沙量为 1 550 万 t，占 14.8%；新庙、王道恒塔至神木区间来沙量为 1 670 万 t，占 16.0%；神木至温家川区间来沙量为 4 590 万 t，占 43.8%。流域多年平均汛期输沙量占年输沙量的 96.0%；7、8 两月输沙量占年输沙量的 92.2%。

由此可知，窟野河流域径流主要来自新庙、王道恒塔至神木区间和王道恒塔以上；泥沙主要来自神木至温家川区间，其次为王道恒塔以上。新庙、王道恒塔至神木区间年径流系数和年径流模数最大，其次为神木至温家川区间；神木至温家川区间年输沙模数最大。因此，神木至温家川区间是窟野河流域径流模数和输沙模数高值区，王道恒塔以上为低值区。高值区输沙模数是低值区的 4.9 倍。

根据 1999～2009 年资料，窟野河流域年均来水 1.688 亿 m^3，年均来沙 503 万 t，其中王道恒塔以上年均来水 6 570 万 m^3，年均来沙 75 万 t，分别占流域同期来水来沙量的 38.9% 和 14.9%；新庙以上年均来水 2 715 万 m^3，年均来沙 159 万 t，分别占流域同期来水来沙量的 16.1% 和 31.6%，则新庙、王道恒塔至温家川区间年均来水来沙量分别占流域同期来水来沙量的 45.0% 和 53.5%。因此，与 1954～1998 年相比，新庙、王道恒塔至温家川区间年均来水来沙量所占比例下降，其中年均来水所占比例由 50.9% 下降为 45.0%，年均来沙所占比例由 59.8% 下降为 53.5%；王道恒塔以上来水所占比例上升了 6.5%，来沙所占比例则下降了 10.4%，新庙以上来水所占比例仅下降了 0.6%，但来沙所占比例却上升了 16.7%，增幅较大。这"一升一降"实际上反映了近期流域下垫面出现的一些新的变化，乌兰木伦河由于河道大量挖沙，填洼用沙量明显增大；水保措施减沙量也有增大，河源区生态修复和封禁治理对涵养水源有重要作用；牸牛川治理水平不及乌兰木伦河，开发建设项目人为新增水土流失较为严重。

二、近期来水来沙情况

窟野河流域1997～2009年来水来沙特征值见表3-2。

表3-2 窟野河流域近期来水来沙特征值

年份	年降水量(mm)	年径流量(亿 m^3)	年输沙量(亿 t)	来沙系数($kg\cdot s/m^6$)	中值粒径(mm)
1997	229.3	3.283	0.232	6.798	0.028
1998	383.6	3.925	0.379	7.782	0.041
1999	216.8	1.679	0.034	3.759	0.011
2000	219.7	1.717	0.058	6.158	0.013
2001	338.9	1.873	0.113	10.152	0.026
2002	368.0	1.714	0.076	8.177	0.016
2003	442.1	2.321	0.127	7.432	0.028
2004	402.4	2.043	0.072	5.432	0.041
2005	304.0	1.419	0.024	3.781	0.032
2006	321.4	1.358	0.026	4.463	0.011
2007	529.2	1.695	0.019	2.086	0.013
2008	441.1	1.503	0.004	0.545	0.012
2009	371.0	1.246	0.000 3	0.064	0.024
1954～1969	426.4	7.685	1.248	5.755	0.047*
1970～1979	390.1	7.226	1.399	8.153	0.062
1980～1989	357.9	5.205	0.671	7.072	0.055
1990～1996	343.9	5.134	0.833	8.750	0.049
1954～1996	388.6	6.586	1.081	7.106	0.053
1997～2009	351.3	1.983	0.090	5.125	0.023

注：*窟野河流域中值粒径资料起始年份为1958年。

近年来，窟野河流域降水、径流、泥沙均呈明显减少趋势。与1954～1996年多年平均值相比，近年降水量、径流量、输沙量分别减少了9.6%、69.9%和91.7%。尤其是2007年、2008年和2009年，在年降水量与多年平均值相比分别增加36.2%、13.5%和减少4.5%的情况下，年径流量分别只有1.695亿 m^3、1.503亿 m^3 和1.246亿 m^3，分别减少了74.3%、77.2%和81.1%；年输沙量分别只有190万t、40万t和3万t，分别减少了98.2%、99.6%和几乎100.0%。窟野河流域2010年径流量只有1.252亿 m^3，输沙量也仅有13万t。

窟野河流域1954～2009年年降水量、年径流量、年输沙量变化过程线分别见图3-2、

图 3-3 和图 3-4。

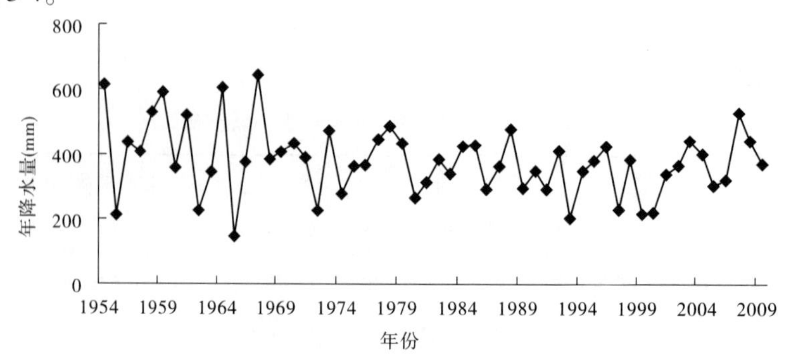

图 3-2　窟野河流域年降水量变化过程线

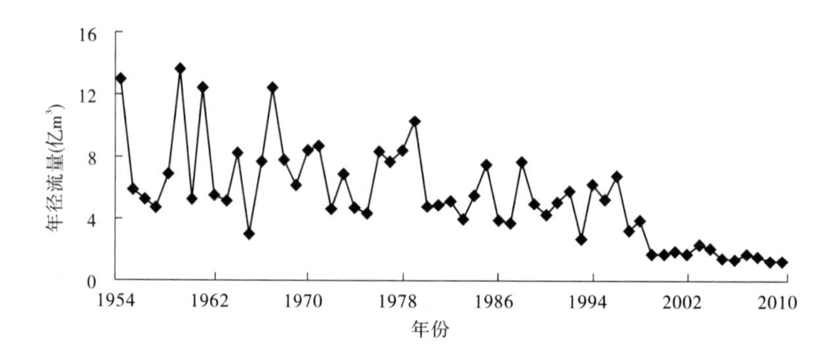

图 3-3　窟野河流域年径流量变化过程线

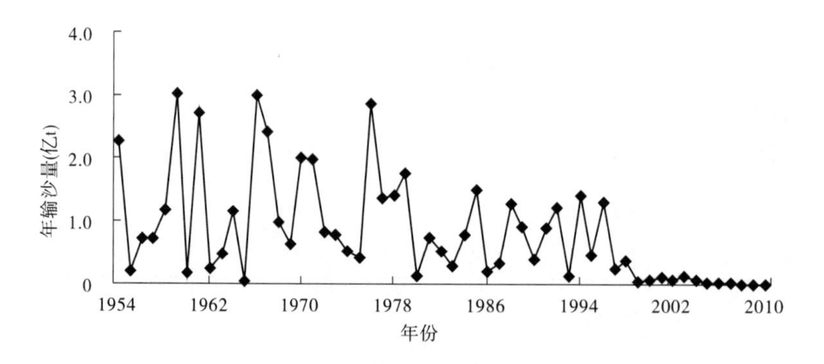

图 3-4　窟野河流域年输沙量变化过程线

窟野河流域年平均来沙系数(年平均来沙系数 = 年平均含沙量/年平均流量)和年平均中值粒径变化过程线分别见图 3-5 和图 3-6。与 1954 ~ 1996 年多年平均来沙系数 7. 106 kg · s/m^6 相比,1997 ~ 2009 年来沙系数减小为 5. 125 kg · s/m^6,减小了 27. 9%;与 1958 ~ 1996 年多年平均中值粒径 0. 053 mm 相比,近期中值粒径变细为 0. 023 mm,来沙细化趋势非常明显。

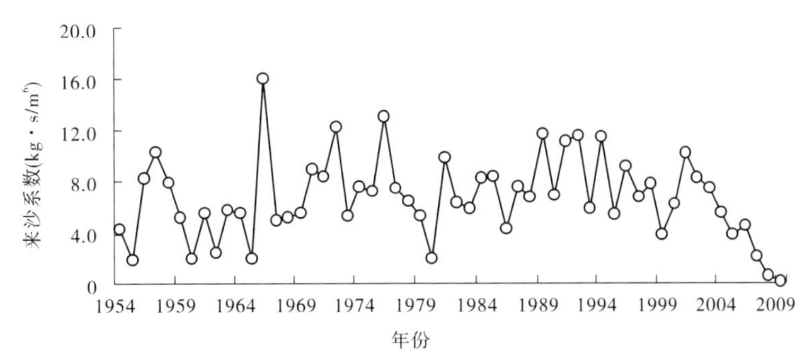

图 3-5　窟野河流域年平均来沙系数变化过程线

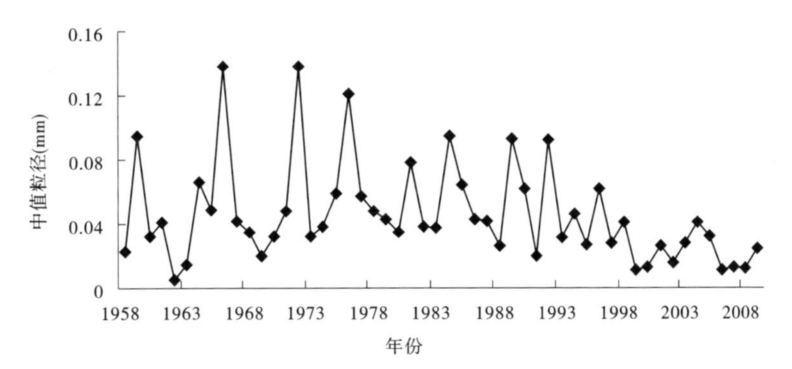

图 3-6　窟野河流域年平均中值粒径变化过程线

三、近期水沙关系变化

窟野河流域不同时段年降水径流关系和年降水产沙关系分别见图 3-7 和图 3-8。可以看出,1997～2009 年相同年降水对应的产流产沙量明显减少,尤其是随着年降水量的增大(变化范围 200～500 mm),年径流量和年输沙量变化不大,且径流量大多小于 2 亿 m^3,输沙量大多不超过 0.1 亿 t。由此说明窟野河流域近期降水变化对产流产沙影响不大。

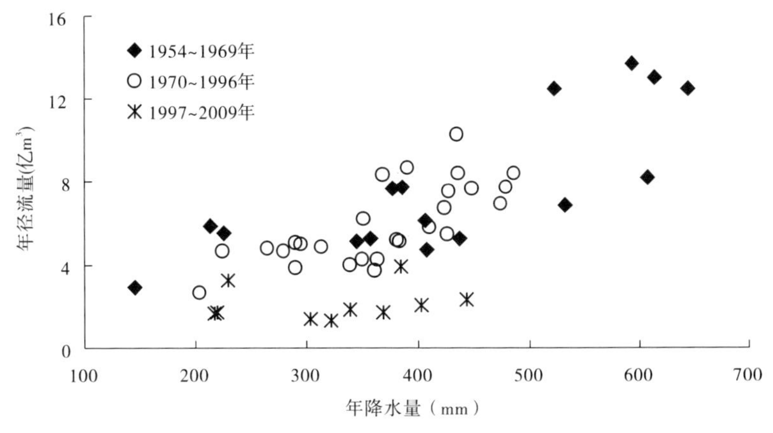

图 3-7　窟野河流域年降水径流关系

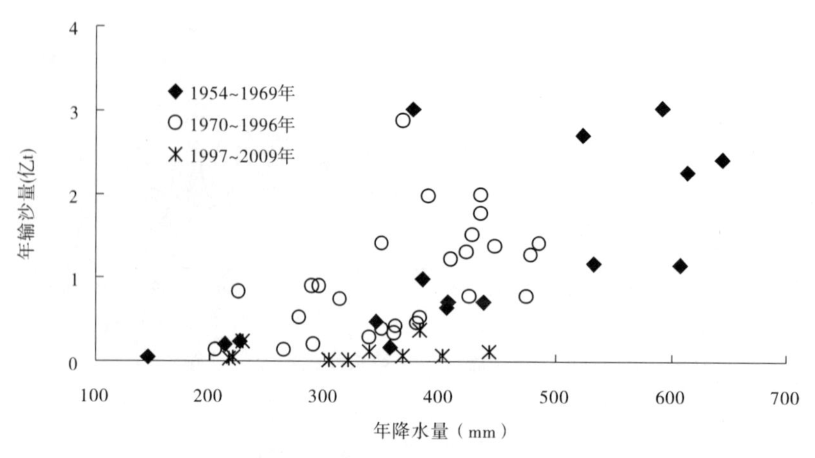

图 3-8　窟野河流域年降水产沙关系

窟野河流域汛期降雨产洪关系和汛期降雨产沙关系分别见图 3-9 和图 3-10。随着汛期降雨量的增大,汛期洪水径流量和洪水输沙量也变化很小,说明窟野河流域近期汛期降雨对产流产沙的影响也不大。

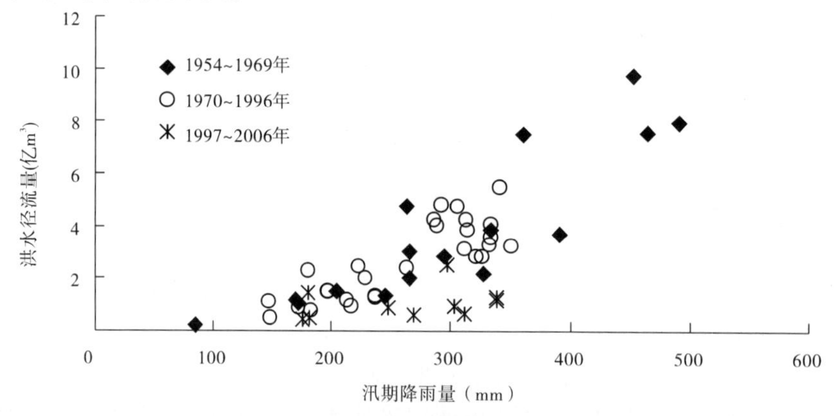

图 3-9　窟野河流域汛期降雨产洪关系

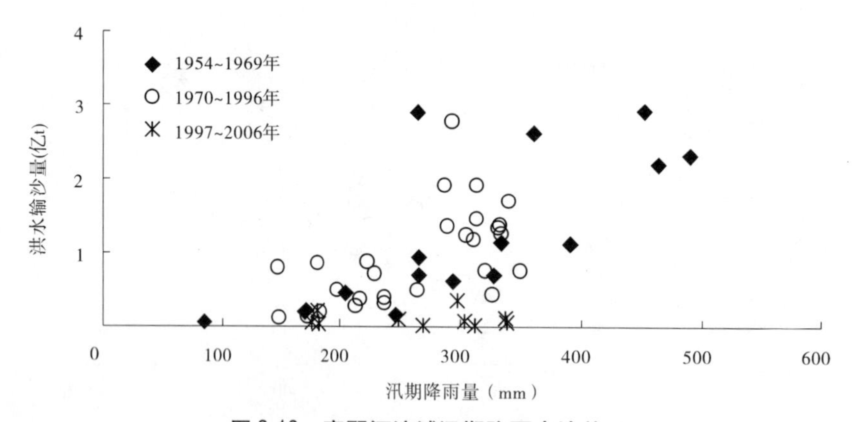

图 3-10　窟野河流域汛期降雨产沙关系

对窟野河流域1954~1969年、1970~1996年和1997~2010年的年径流泥沙线性相关的斜率统计表明(见图3-11),三个时段分别为0.274 t/m^3、0.309 t/m^{3}和0.133 t/m^3,近期关系线的斜率最小,说明近期单位年径流对应的来沙量最小。

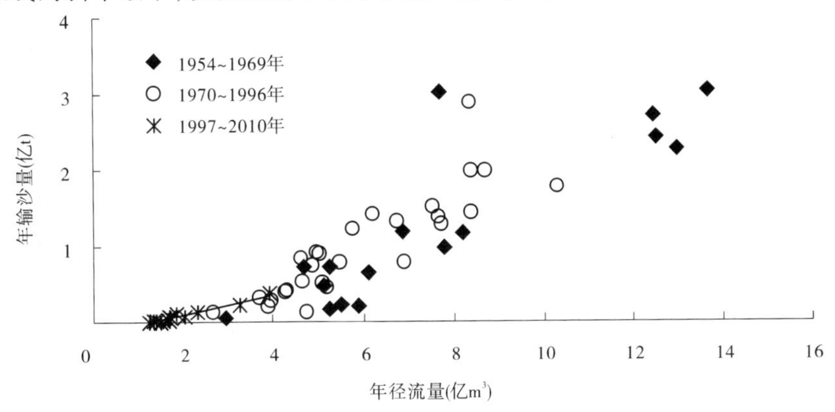

图3-11 窟野河流域径流泥沙关系

窟野河流域1997~2010年径流泥沙关系见图3-12,其关系式为

$$W_S = 0.133W - 0.173\ 6 \tag{3-1}$$

式中:W为年径流量,亿m^3;W_S为年输沙量,亿t。相关系数为0.98。

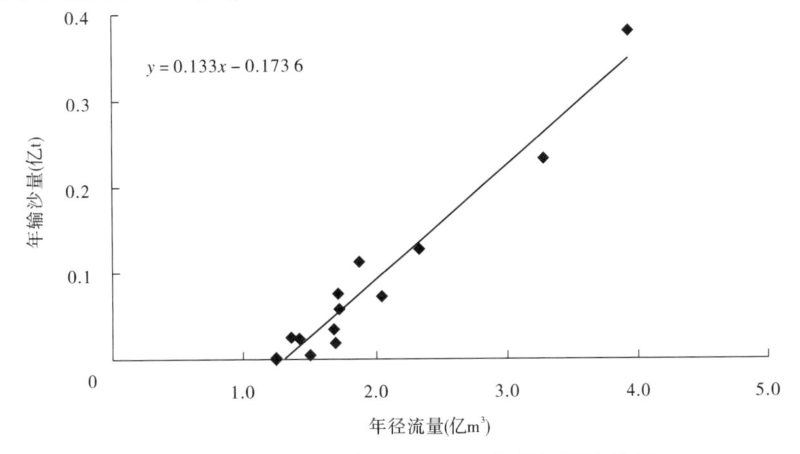

图3-12 窟野河流域1997~2010年径流泥沙关系

第四章　近期减水减沙量计算

窟野河流域近期水利水土保持综合治理等人类活动减水减沙量仍采用“水文法”和“水保法”两种方法进行计算。

一、“水文法”减水减沙量计算

“水文法”是利用流域水文泥沙观测资料分析流域水利水土保持综合治理等人类活动减水减沙作用的一种方法。河流的水量和沙量，是流域降雨和下垫面结合的产物，它们之间具有函数关系。一个流域，如果下垫面条件不变，在一定的降雨条件下，将会产生一定的水量和沙量；如果下垫面条件变动，在同样的降雨条件下，将会产生不同的水量和沙量。“水文法”计算的首要任务即是根据此原理，利用治理前(通常称为基准期)实测的水文资料，建立降雨产流产沙数学模型，然后将治理后的降雨因子代入所建模型，计算出相当于治理前的产流产沙量，再与治理后的实测水沙量比较，其差值即水利水土保持综合治理等人类活动减少的水量和沙量；基准期流域实测水沙值和降雨产流产沙数学模型计算的水沙值之差，即为治理期由于降雨变化所引起的水沙变化量。

窟野河流域以超渗产流方式为主，降雨强度在产流产沙过程中具有重要的作用。为此，在考虑雨量、雨强共同影响的基础上，以 1954 ~ 1969 年作为基准期(认为此时段流域受人类活动影响较小，接近天然状况)，建立了窟野河流域温家川水文站基于雨强的降雨产流产沙经验模型：

$$W = 17.08P_aI_a + 18\ 565 \tag{4-1}$$

$$W_S = 0.048(P_aI_a)^{1.504\ 8} \tag{4-2}$$

式中：W 为年径流量，万 m^3；W_S 为年输沙量，万 t；P_a 为年降水量，mm；I_a 为年均雨强，mm/d，$I_a = P_a/T$，T 为年内实际降水日数。

式(4-1)、式(4-2)相关系数分别为 0.868 和 0.873。对所建模型进行的显著性检验表明，各因子之间的相关性都是极显著的。窟野河流域“水文法”减水减沙量计算结果分别见表 4-1、表 4-2。

表 4-1　窟野河流域近期水利水土保持综合治理等人类活动减水量

时段	实测年径流量(万 m^3)	计算年径流量(万 m^3)	总减少量(万 m^3)	人类活动影响			降雨影响	
				减少量(万 m^3)	作用(%)	占总量(%)	减少量(万 m^3)	占总量(%)
1954 ~ 1969 年	76 850							
1970 ~ 1979 年	72 260	64 700	4 590	-7 560	-11.7	-165	12 150	265
1980 ~ 1989 年	52 050	63 460	24 800	11 410	18.0	46.0	13 390	54.0
1990 ~ 1996 年	51 340	62 650	25 510	11 310	18.1	44.3	14 200	55.7
1997 ~ 2009 年	19 830	57 750	57 020	37 920	65.7	66.5	19 100	33.5

表 4-2　窟野河流域近期水利水土保持综合治理等人类活动减沙量

时段	实测年输沙量（万 t）	计算年输沙量（万 t）	总减少量（万 t）	人类活动影响			降雨影响	
				减少量（万 t）	作用（%）	占总量（%）	减少量（万 t）	占总量（%）
1954～1969 年	12 480							
1970～1979 年	13 990	7 330	－1 510	－6 660	－90.8	441	5 150	－341
1980～1989 年	6 710	7 030	5 770	320	4.6	5.5	5 450	94.5
1990～1996 年	8 330	6 780	4 150	－1 550	－22.9	－37.3	5 700	137.3
1997～2009 年	900	5 660	11 580	4 760	84.2	41.1	6 820	58.9

由表 4-1 计算结果可知，窟野河流域近期年均总减水 5.702 亿 m^3，其中因水利水土保持综合治理等人类活动年均减水 3.792 亿 m^3，占总减水量的 66.5%；因降雨变化影响年均减水 1.91 亿 m^3，占总减水量的 33.5%。人类活动与降雨影响之比约为 6.7∶3.3。近期人类活动对径流减少的影响占主导地位。

由表 4-2 计算结果可知，窟野河流域近期年均总减沙 1.158 亿 t，其中因水利水土保持综合治理等人类活动年均减沙 0.476 亿 t，占总减沙量的 41.1%；因降雨变化影响年均减沙 0.682 亿 t，占总减沙量的 58.9%。人类活动与降雨影响之比约为 4∶6。近期降雨变化对泥沙减少的影响占主导地位。

需要说明的是，表 4-1 及表 4-2 计算结果中出现的 20 世纪 70 年代水利水土保持综合治理等人类活动增水增沙现象，可能与窟野河流域基准期水沙资料的代表性尤其是降水资料的代表性不强有关，也与水沙系列突变点的选取是否合理有关。将窟野河流域水沙变化基准期选定为 1954～1969 年，以 1970 年作为流域水沙系列突变点值得商榷。因为 1954～1969年是窟野河流域降雨最为丰沛的时期，但流域雨量站很稀疏，与 70 年代以后的现状雨量站布设信息不对称，由此引起的误差有多大，至今尚未开展研究。

二、"水保法"减水减沙量计算

窟野河流域"水保法"减水减沙量计算采用"以洪算沙法"和"指标法"等两种方法平行计算。

（一）"以洪算沙法"

"以洪算沙法"的核心是"一体系"和"一模型"，即流域坡面水土保持措施减洪指标体系和以洪算沙经验模型。

首先通过代表小区措施区与对照区的对比分析，建立坡面水土保持措施减洪指标体系，然后采用汛期降雨量同频率对应分析，转化为流域坡面水土保持措施减洪指标体系，完成由小区向流域的尺度转换。以洪算沙经验模型是利用流域治理前（基准期）洪水和泥沙的良好相关性，根据减洪量计算减沙量（需进行迭代计算）。窟野河流域坡面水土保持措施减洪指标体系见表 4-3。

表 4-3　窟野河流域坡面水土保持措施减洪指标体系

年份	流域汛期降雨量(mm)	模比系数	点面修正系数	小区对应的汛期降雨量(mm)	频率(%)	修正后的减洪指标(万 m^3/km^2)		
						梯田	林地	草地
1997	201.4	0.68	0.7	287.7	80	0.12	0.22	0.05
1998	331.2	1.13		473.1	20	1.64	1.07	0.48
1999	202.1	0.69		288.6	80	0.12	0.22	0.05
2000	195.5	0.66		279.3	80	0.11	0.18	0.04
2001	276.4	0.94		394.8	40	0.74	0.72	0.36
2002	337.7	1.15		482.3	20	1.75	1.11	0.51
2003	375.7	1.28		536.7	10	2.77	1.47	0.72
2004	376.1	1.28		537.3	10	2.78	1.48	0.72
2005	347.0	1.18		495.7	10	1.88	1.16	0.54
2006	300.0	1.02		428.5	30	1.08	0.87	0.42
2007	404.6	1.36		578.0	10	2.99	1.59	0.77
2008	389.6	1.31		556.6	10	2.88	1.53	0.74
2009	329.8	1.11		471.1	20	1.63	1.06	0.48

注:1997 ~2006 年减洪指标来自文献[25]。

通过回归分析,窟野河流域基准期(1954 ~1969 年)洪水泥沙幂函数经验关系式为

$$W_{HS} = 0.022\,8W_H^{1.244} \tag{4-3}$$

式中:W_{HS}为温家川水文站年洪水输沙量,万 t;W_H 为温家川水文站年洪水径流量,万 m^3。相关系数为 0.97。

(二)"指标法"

"指标法"是根据各水土保持单项措施减水减沙指标和水土保持措施数量,分别计算其减水减沙量,然后逐项相加,从而求得水土保持措施减水减沙总量的一种方法,多用于水土保持坡面措施和淤地坝减水减沙量的计算。

根据"十一五"国家科技支撑计划课题分析,1997 ~2006 年窟野河流域近期水土保持措施减洪减沙指标见表 4-4。

表 4-4　窟野河流域近期水土保持措施减洪减沙指标

措施种类	梯(条)田	林地	草地	坝地	封禁治理
减洪指标(万 m^3/hm^2)	0.013 6	0.011 8	0.003 97	0.427 7	0.004 79
减沙指标(万 t/hm^2)	0.006 75	0.001 54	0.001 86	0.191 6	0.002 51

根据表2-1水土保持措施保存面积和表4-4中修正后的减洪减沙指标，两者相乘即可求得窟野河流域1997～2010年逐年水土保持措施（指梯（条）田、林地、草地、坝地和封禁治理）减洪减沙量。

由于“以洪算沙法”计算的水土保持措施减水量是汛期减少的洪水量（减洪量），据此推求的减水指标为汛期减少洪水指标（减洪指标），因此其计算结果没有包括水土保持措施非汛期减水量，这是由该计算方法本身决定的。为了完整计算水保措施减水减沙量，应当考虑水保措施非汛期减水减沙量。水保措施汛期减洪减沙量与非汛期减水减沙量之和即为水保措施总减水减沙量。

根据以往研究成果，河龙区间水土保持措施非汛期减水量约为汛期减洪量的50%。根据前述课题对1997～2006年的分析成果，河龙区间控制区水土保持措施非汛期减水量与汛期减洪量基本相当。考虑到窟野河流域多年平均汛期（6～9月）降水量占年降水量的78.2%，其中7、8两月降水量又占年降水量的50%左右的实际，本次研究窟野河流域水土保持措施非汛期减水量按汛期减洪量的50%计算，即流域水土保持措施总减水量等于汛期减洪量的1.5倍，总减沙量按照汛期减沙量的1.125倍计算。

（三）计算结果

窟野河流域1997～2010年水利水保措施等减水减沙量“指标法”计算结果分别见表4-5、表4-6。其中窟野河流域总减水作用或总减沙效益计算公式为

$$\eta = W_{减} / (W_{实} + W_{减}) \times 100\% \tag{4-4}$$

式中：η为总减水作用或总减沙效益（%）；$W_{减}$为治理期水利水保措施等减水量或减沙量；$W_{实}$为同期实测径流量或输沙量。

表4-5　窟野河流域水利水保措施等减水量

年份	水保措施减洪量（万 m^3）						水保措施总减水量（万 m^3）
	梯（条）田	林地	草地	坝地	封禁治理	小计	
1970～1996	139	1 002	141	1 076	—	2 358	3 537
1997～2006	109	2 315	323	1 718	107	4 572	6 858
2007～2010	159	3 379	394	2 649	257	6 838	10 257
1997～2010	123	2 619	343	1 984	150	5 219	7 829
2007	144	3 204	385	2 399	238	6 370	9 555
2008	154	3 277	390	2 583	248	6 652	9 978
2009	164	3 401	396	2 746	262	6 969	10 453
2010	174	3 633	403	2 870	280	7 360	11 040

续表 4-5

年份	水利措施减水量(万 m^3)			工业及生活用水(万 m^3)	人为增水(万 m^3)	总减水作用		
	灌溉	水库	小计			总减少量(万 m^3)	实测年径流量(万 m^3)	减水作用(%)
1970～1996	1 952	172	2 124	511	-51	6 121	59 360	9.3
1997～2006	5 846	128	5 974	12 937	-45	25 724	21 330	54.7
2007～2010	5 994	213	6 207	20 053	-45	36 472	14 240	71.9
1997～2010	5 888	152	6 040	14 970	-45	28 795	19 300	59.9
2007	6 150	241	6 391	14 850	-58	30 740	16 950	64.5
2008	5 520	221	5 741	18 820	-40	34 500	15 030	69.7
2009	5 980	186	6 166	22 020	-35	38 604	12 460	75.6
2010	6 325	204	6 529	24 520	-45	42 043	12 520	77.1

表 4-6 窟野河流域水利水保措施等减沙量

年份	水保措施减沙量(万 t)						总减沙量(万 t)
	梯(条)田	林地	草地	坝地	封禁治理	小计	
1970～1996	51	358	51	378	—	838	943
1997～2006	53	309	156	913	83	1 514	1 703
2007～2010	79	440	185	1 187	135	2 026	2 279
1997～2010	60	347	164	991	98	1 660	1 868
2007	72	418	181	1 075	125	1 871	2 105
2008	76	427	183	1 157	130	1 973	2 220
2009	81	443	186	1 230	137	2 077	2 337
2010	86	473	189	1 286	146	2 180	2 453

年份	水利措施减沙量(万 t)			河道冲淤(万 t)	人为增沙(万 t)	总减沙效益		
	灌溉	水库	小计			总减少量(万 t)	实测年输沙量(万 t)	减沙作用(%)
1970～1996	21	62	83	406	-439	993	9 825	9.2
1997～2006	82	66	148	670	-542	1 979	1 140	63.5
2007～2010	77	69	146	890	-310	3 003	62	98.0
1997～2010	81	67	148	733	-476	2 272	832	73.2
2007	93	93	186	890	-310	2 869	190	93.8
2008	75	76	151	890	-310	2 951	40	98.7
2009	68	56	124	890	-310	3 041	3	99.9
2010	71	49	120	890	-310	3 153	13	99.6

需要说明的是,表 4-6 中河道冲淤量包括了窟野河流域主要是乌兰木伦河王道恒塔水文站以上河道的填洼和挖沙量。经过调查和粗略估算,该数值基本可靠。

三、"水文法"与"水保法"计算结果差异原因分析

根据前述"水文法"和"水保法"减水减沙计算结果,窟野河流域近期水利水土保持综合治理等人类活动年均减水量分别为 3.792 亿 m^3 和 2.879 亿 m^3,年均减沙量分别为 0.476 亿 t 和 0.227 亿 t。"水文法"减水减沙计算结果均大于"水保法"减水减沙计算结果,其中减水量偏大 24.1%,减沙量偏大 52.3%,相差较大。

在黄河中游地区诸多支流中,"水文法"减水减沙计算结果一般均大于"水保法"结果。其原因是,"水文法"计算结果是根据流域出口处实测水沙资料计算的,其减少量包括流域内所有能对水沙起影响作用的下垫面因素;"水保法"计算结果则是流域内对水沙起主要影响作用的水利水土保持措施正效应、河道冲淤和人为新增水土流失负效应之和,因此"水文法"减水减沙计算结果一般比"水保法"结果要大。窟野河流域近期减水减沙计算结果亦是如此。窟野河流域近期"水文法"与"水保法"计算结果差异较大的原因是:

(1)流域降雨资料收集不全及代表性不够的影响,导致"水文法"计算结果偏大。窟野河流域共有雨量站 45 个,分属黄委和陕西省及内蒙古自治区管辖,本次研究中收集的雨量资料不到 2/3,导致流域降雨平均值计算结果偏大,从而使"水文法"计算结果偏大。根据进一步的对比分析,降雨资料不全及代表性不够的影响导致计算结果偏大 10% 左右。

(2)"水保法"计算减水减沙指标偏小,流域基准期洪水泥沙关系的非线性影响等导致林地减沙量计算结果平均偏小约 800 万 t,从而导致"水保法"计算结果总体上偏小。流域基准期洪水泥沙关系是"水保法"计算中根据"以洪算沙"模型计算坡面措施减沙量的重要依据,对其要求是应基本为线性关系。当为非线性关系时计算结果误差较大。如前所述,窟野河流域基准期(1954~1969 年)洪水泥沙幂函数经验关系式为 $W_{HS}=0.0228 W_H^{1.244}$。显然,窟野河流域基准期洪水泥沙关系式的指数为 1.244,比 1.0 偏大近 25%,因 1997 年至今流域下垫面变化很大,故应予以修正。如何修正有待进一步研究。

(3)近年来窟野河流域实施的"村村通"公路网建设一定程度上截断了所在地域的径流通道,对流域产流产沙量也有影响。但其尚未纳入"水保法"计算范畴,如何定量计算也有待进一步研究。

第五章　近期实测径流泥沙量锐减成因分析

1997 年以来窟野河流域来水来沙发生两次剧减突变的原因何在？根据本次研究野外调研查勘、定量计算和初步分析，近期窟野河流域径流锐减原因按照影响程度大小为人类活动 > 降雨；泥沙锐减的主要影响因素按照影响程度大小排序为：降雨 > 水土保持 > 水资源开发利用(煤炭开采) > 河道采沙填洼等。兹从成因方面分析如下。

一、降水影响

(一)降水量变化

根据表 3-2 统计结果，窟野河流域年降水量依时序减小，但近期有所增大。1997 ~ 2009 年流域年降水量为 351.3 mm，比 20 世纪 70 年代减少了 9.9%，比 80 年代仅减少 1.8%，但比 90 年代增加了 2.1%。因此，从窟野河流域年降水量来看，自 1980 年以来的 30 a 间变化不大。

窟野河流域不同年代年降水量及汛期降雨量见表 5-1。最近 10 a(2000 ~ 2009 年)的降水量为 373.8 mm，仅次于 20 世纪 70 年代(1970 ~ 1979 年)的 390.1 mm，大于 80 年代(1980 ~ 1989 年)和 90 年代(1990 ~ 1999 年)的 357.9 mm 和 323.7 mm。

从窟野河流域不同年代汛期(6 ~ 9 月)降雨量统计来看，变化较大。最近 10 a 的汛期降雨量为 321.8 mm，分别比 70、80、90 年代增大了 5.7%、18.6% 和 18.3%，在各个年代中最大。

表 5-1　窟野河流域不同年代降水量统计表　(单位：mm)

时段	1954 ~ 1969 年	1970 ~ 1979 年	1980 ~ 1989 年	1990 ~ 1999 年	2000 ~ 2009 年
年降水量	426.4	390.1	357.9	323.7	373.8
汛期降雨量	321.1	303.3	262.0	263.0	321.8

(二)降雨强度变化

从降雨强度变化来看，窟野河流域降雨强度依时序持续减小。与 20 世纪 70 年代相比，近 10 a 降雨强度明显减弱，其中 3 h、6 h、12 h 和 24 h 降雨量分别减少了 14.6%、21.7%、26.6% 和 27.1%，呈现出持续偏小的趋势(见表 5-2)。短历时的 3 h 降雨量减少幅度虽然最小，但也超过了 14%；长历时的 24 h 降雨量减少幅度最大，达到了 27.1%。

(三)强降雨的频次和笼罩范围

根据本次调查，近 10 年来窟野河流域强降雨频次明显减少，但笼罩范围变化不大。1995 年以后几乎没有出现过 12 h 降雨量大于 90 mm 的大暴雨，而在此之前这样的暴雨几乎两年一次。强降雨的频次和笼罩范围与流域产流产沙关系密切，限于资料和时间，本次研究未能进行定量分析，值得今后进一步深入研究。

表 5-2 窟野河流域不同范围不同年代不同时段降雨量统计表 （单位：mm）

范围	时段	近 10 a	90 年代	80 年代	70 年代
神木以上	3 h	29.2	29.0	30.0	33.7
神温区间		27.6	29.0	28.7	32.1
窟野河流域		28.6	28.9	29.8	33.5
神木以上	6 h	37.3	39.8	39.3	48.3
神温区间		37.1	37.3	40.4	44.3
窟野河流域		37.2	39.1	39.3	47.5
神木以上	12 h	44.7	50.5	47.3	62.3
神温区间		46.8	43.1	51.5	56.5
窟野河流域		44.9	48.8	47.8	61.2
神木以上	24 h	50.1	54.8	54.0	71.3
神温区间		54.4	48.9	56.5	63.8
窟野河流域		50.7	53.4	54.2	69.5

由前述表 4-1 计算结果可知，窟野河流域近期年均总减水 5.702 亿 m^3，其中因降雨变化影响年均减水 1.91 亿 m^3，占总减水量的 33.5%。人类活动与降雨影响之比约为 6.7∶3.3。近期人类活动对径流减少的影响占主导地位。

由前述表 4-2 计算结果可知，窟野河流域近期年均总减沙 1.158 亿 t，其中因降雨变化影响年均减沙 0.682 亿 t，占总减沙量的 58.9%。人类活动与降雨影响之比约为 4∶6。近期降雨变化对泥沙减少的影响占主导地位。

二、水土保持治理影响

（一）水利水保措施减水减沙量

窟野河流域水利水土保持综合治理措施的实施，改变了流域下垫面的产流产沙过程，发挥了显著的减水减沙作用。

根据表 4-5 计算结果，窟野河流域 1997 ~ 2010 年水利水土保持综合治理等人类活动年均减水 2.880 亿 m^3，减水作用 59.9%，其中 2007 ~ 2010 年水利水土保持综合治理等人类活动年均减水 3.647 亿 m^3，减水作用 71.9%。2007 ~ 2010 年与 1997 ~ 2006 年相比，水利水土保持综合治理等人类活动年均减水量增大了 41.8%。

根据表 4-6 计算结果，窟野河流域 1997 ~ 2010 年水利水土保持综合治理等人类活动年均减沙 0.227 亿 t，减沙效益 73.2%，其中 2007 ~ 2010 年水利水土保持综合治理等人类活动年均减沙 0.300 亿 t，减沙效益 98.0%。2007 ~ 2010 年与 1997 ~ 2006 年相比，水利水土保持综合治理等人类活动年均减沙量增大了 51.7%。

以上计算结果说明，2007 ~ 2010 年窟野河流域水利水土保持综合治理等人类活动减水减沙作用与 1997 ~ 2006 年相比有了明显提高。水利水土保持综合治理等人类活动是最近 4 a 窟野河流域水沙锐减的主要影响因素之一。

(二)水利水保措施减水减沙贡献率

窟野河流域近期水利水保措施减水减沙贡献率计算结果见表 5-3。所谓水利水保措施减水减沙贡献率,是指水利水保措施减水减沙量占水利水土保持综合治理等人类活动减水减沙总量的百分比。水利水保措施减水减沙贡献率是评价其减水减沙效果的重要指标。

表 5-3　窟野河流域近期水利水保措施减水减沙贡献率计算结果

项目	时段	总减少量	坡面措施	贡献率(%)	坝地	贡献率(%)	水利措施	贡献率(%)
减水(万 m^3)	1970~1979 年	3 150	706.5	22.4	852	27.0	1 433	45.5
	1980~1989 年	4 170	1 185	28.4	864	20.7	1 755	42.1
	1990~1996 年	8 610	2 244	26.1	1 697	19.7	3 638.5	42.3
	1997~2006 年	25 720	4 281	16.6	2 577	10.0	5 974	23.2
	2007~2010 年	36 470	6 284	17.2	3 974	10.9	6 207	17.0
	1997~2010 年	28 795	4 853	16.8	2 976	10.3	6 040	21.0
减沙(万 t)	1970~1979 年	638	266	41.7	299	46.9	75.2	11.8
	1980~1989 年	663	414	62.4	301	45.4	75.6	11.4
	1990~1996 年	1 568	800	51.0	602	38.4	105	6.7
	1997~2006 年	1 979	676	34.2	1 027	51.9	148	7.5
	2007~2010 年	3 003	944	31.4	1 335	44.4	145	4.8
	1997~2010 年	2 272	753	33.1	1 115	49.1	148	6.5

注:1. 1997 年以前数据来自文献[21]。

2. 1997~2010 年封禁治理归并为坡面措施。

3. 坡面措施和坝地减水量按照表 4-5 减洪量计算结果的 1.5 倍计算。

4. 坡面措施和坝地减沙量按照表 4-6 减少洪水输沙量计算结果的 1.125 倍计算。

从表 5-3 计算结果来看,窟野河流域 2007~2010 年坡面措施减水贡献率为 17.2%,坝地减水贡献率为 10.9%,与 1997~2006 年相比分别提高了 0.6 和 0.9 个百分点;水利措施减水贡献率为 17%,比 1997~2006 年相比降低了 6.2 个百分点。2007~2010 年坡面措施减沙贡献率为 31.4%,坝地减沙贡献率为 44.4%,分别比 1997~2006 年降低了 2.8 和 7.5 个百分点;水利措施减沙贡献率为 4.8%,比 1997~2006 年降低了 2.7 个百分点。

以上计算结果说明,与 1997~2006 年相比,最近 4 a(2007~2010 年)窟野河流域水利水保措施减水减沙绝对量虽有增大,但水保措施减水贡献率增幅很小,减沙贡献率明显下降;水利措施减水减沙贡献率双双下降,说明最近 4 a 水利水保措施对流域减水减沙的影响程度在减小。这是一个值得深思和研究的重要问题。

2007～2010 年窟野河流域水利水保措施减水贡献率合计为 45.1%，减沙贡献率合计为 80.6%，说明水利水保措施减水对流域总体减水的影响居于次要地位，水利水保措施减沙对流域总体减沙的影响居于绝对主导地位。淤地坝仍是流域水土保持措施减沙的主体（贡献率 44.4%），其次为坡面措施（贡献率 31.4%）。

（三）沙棘减沙作用

长期的水土保持治理实践证明，沙棘是治理黄土高原砒砂岩区水土流失的先锋树种。在其他植物难以生长的立地条件下，沙棘以其耐干旱、耐土壤瘠薄的特性在水土保持植物措施减沙功能上发挥了不可替代的独特作用。窟野河流域自 1998 年开始实施“晋陕蒙砒砂岩沙棘生态工程”项目，收到了良好效果，项目区生态环境得到了较大改善。

截至 2008 年底，窟野河流域砒砂岩区沙棘累计保存面积 80 919 hm^2，占同年流域林地总保存面积 277 280 hm^2 的 29.2%。2009 年窟野河流域又开始实施“晋陕蒙砒砂岩区窟野河流域沙棘生态减沙工程”项目，通过在沟底布设沙棘植物拦沙坝，沟坡布设沙棘植物防蚀网，沟头沟沿布设沙棘植物防护篱，河岸布设沙棘植物柔性防护坝，沙地布设沙棘防风固沙林，形成沙棘综合拦沙防护体系。根据调查，2009 年、2010 年两年沙棘新增种植面积分别达到 1.49 万 hm^2 和 2.787 万 hm^2。内蒙古鄂尔多斯市砒砂岩区沙棘种植面积以每年新增 2.7 万 hm^2 的速度向前推进。

以上沙棘生态减沙工程项目沙棘栽种质量很高，成活率高达 95% 以上。根据调查，当年种植的沙棘没有明显的减洪减沙作用，栽植 3 a 后的沙棘开始郁闭成林，发挥效益。砒砂岩区地势陡峻，沟谷切割很深，大部分水土流失来自沟道，为了有效减少水土流失，沙棘生态减沙工程的沙棘林大都种植在流域支毛沟的沟道，从产沙源头拦截了大量泥沙尤其是粗泥沙，减沙效益巨大。根据有关研究，窟野河流域 2002～2008 年沙棘林年均减沙 136 万 t，约占同期林地总减沙量 232.8 万 t 的 58.4%。因此，林地质量是有效减沙的关键。在窟野河流域林地减沙量中，高质量的沙棘林起到了至关重要的减沙作用。

三、植被措施变化及其影响

（一）流域调查情况

1997 年以来，黄河中游地区水土保持工作进展迅速，发展势头良好。国家推行的以退耕还林还草及封禁治理措施为主的生态修复技术，使黄河中游地区的植被覆盖度得到了很大提高，生态环境逐渐向良性方向发展。

地处黄河中游多沙粗沙区和粗泥沙集中来源区腹地的窟野河流域，尽管自然条件极为恶劣，但近期水土保持生态建设也取得了令人瞩目的成就。截至 2010 年底，窟野河流域水土保持综合治理保存面积 486 830 hm^2，其中林地、草地保存面积合计 409 020 hm^2，占流域水土保持综合治理总保存面积的 84%；林草措施的增长速度明显大于其他水保措施。同时，近期还增加了封禁治理面积 58 310 hm^2。与 1997 年以前相比，近期窟野河流域植被措施面积增加了 2.4 倍。

借助国家实行的退耕还林还草和封禁治理政策，地方政府也出台了相应的配套政策并投入大量资金，使窟野河流域植被得到了有效恢复。地处流域中下游的神木县，截至 2009 年林草覆盖度达到 50.8%，比 20 世纪 80 年代提高了 35.8%；地处流域源头和上游东部的伊金霍洛旗、准格尔旗,2009 年林草覆盖度分别为 86% 和 70%。神木以上的风沙区和盖沙区林草植被普遍恢复很好,其林草植被覆盖度和郁闭度均达到了 70% ~85%;流域内除少许河川地外,几乎没有农田。神木以下的黄土丘陵区林草植被虽然稍差,但其覆盖度总体上也达 50% ~60%。不过,在下游牛栏沟附近地区(黄河流域侵蚀模数最大的地区),仍可以看到零星的坡耕地,且其沟谷的陡坡上几乎没有林草,林草主要分布在沟间地和谷底。

调查中同时注意到,早年种植的杨树与近年封禁形成的林草在郁闭度方面有明显差异,前者不仅郁闭度偏低,而且林下基本上为裸地,没有枯枝落叶层,其水保作用明显不大。而在封禁和人工林草措施共存的地方,林草郁闭度均很好,大多可达到 70% 以上。据调查,实行封禁后,3 a 左右时间草就可以达到很好的状况,5 a 左右就会有灌木生出;有灌木的林草郁闭度和稳定性明显好于纯林或纯草。

退耕还林还草和封禁治理等封育措施的实施,社会经济结构、农业种植方式的显著改变,对流域植被自然恢复具有重大的促进作用,从而显著减少了入黄泥沙尤其是粗泥沙。根据本次研究,1997 ~2010 年窟野河流域水利水土保持综合治理等人类活动年均减水 2.880 亿 m^3,年均减沙 0.227 亿 t。林草措施的减水减沙贡献率平均分别达到 8.8% 和 28%。

近期窟野河流域植被措施保存面积的迅速增大,明显改变了流域产流产沙的下垫面条件,使流域在同等降雨条件(特别是日降雨不超过 100 mm)下的产流产沙明显减少。在王道恒塔、新庙和神木水文站的两次调查与座谈中,谈及窟野河流域近期水沙锐减问题及其成因,水文站职工都认为植被覆盖度增大是水沙锐减的主要原因之一。神木水文站原站长郝宏亮介绍说,2010 年 8 月 10 日神木以上发生日降雨量达 70 mm 的特大暴雨,但基本上没有产流。当地人也感觉到了近年窟野河流域来水来沙的巨大变化。他们看到的现象是:日降雨 50 ~80 mm 情况下几乎不会产流产沙。2010 年 9 月中旬考察期间也巧遇一场暴雨,其 2 h 的雨强为 33.5 mm/h,落区主要在牸牛川,但雨后未出现洪水;牸牛川新庙水文站已连续两年没有测到过大于 1 m^3/s 的流量。另据黄河水情报汛数据,2005 年以来,当 2 h 降雨量不超过 70 mm 时,窟野河河道内基本没有来水来沙。当然,除植被作用外,还有其他影响因素的作用。

(二)流域植被 TM 影像解译与分析

为了进一步搞清楚 20 世纪 80 年代以来窟野河流域不同地区林草植被覆盖率变化情况,本次研究委托黄委黄河上中游管理局水土保持生态环境监测中心,采用遥感技术对窟野河流域植被 TM 影像图进行了专门分析。

1.数据源与数据处理

根据窟野河流域所处地理位置和有关研究成果综合分析,4 ~9 月为植被主要生长季,7 ~8 月为植被典型生长季;8 月的植被覆盖度最高。因此,研究中尽量选择流域植被主要生长季的 TM 遥感影像,进而定量分析植被覆盖变化。本次研究中窟野河流域植被覆盖信息提取所使用的数据源分别为 1987 年、1990 年、1998 年、2000 年、2006 年、2008 年和 2009 年,共 7 期 TM 影像,影像的空间分辨率为 30 m×30 m,具体拍摄时间分别为 1987 年 7 月 4 日、1990 年 9 月 11 日、1998 年 6 月 13 日、2000 年 6 月 29 日、2006 年 9 月 10 日、

2008 年 9 月 15 日和 2009 年 10 月 4 日。

在提取植被信息前，利用 ERDAS - IMAGINE 软件对原始 TM 影像进行了拼接及纠正，并按照流域界裁切出窟野河流域，然后将处理好的遥感影像利用软件的空间增强模块提取流域归一化植被指数（NDVI）。

归一化植被指数（NDVI）是当前应用最为广泛的一种表征植被生长状况的参数，可以较好地反映像元对应区域的植被覆盖和土地覆盖类型的综合情况。NDVI 是植被生长状态和植被空间分布密度的最佳指示因子，与植被覆盖分布密度呈线性相关，常用于分析土地覆被的时空变化，其计算依赖于遥感影像近红外波段的反射值（NIR）和可见光红外波段的反射值（Red），其计算公式为

$$NDVI = (NIR - Red)/(NIR + Red) \tag{5-1}$$

NDVI 一般介于 -1 到 1 之间。裸地 NDVI 最低，约为 0；植被覆盖好的区域，NDVI 较高，大于 0.7；水域的 NDVI 为负值。

植被覆盖度是指植被冠层的垂直投影面积与土壤总面积之比。根据归一化植被指数与植被覆盖度的关系，利用 ERDAS 的建模工具计算窟野河流域植被覆盖度。根据水利部 2008 年 1 月颁布的《土壤侵蚀分类分级标准》（SL 190—2007）中对植被覆盖度的分级规定，利用 ArcGIS 软件对植被覆盖度进行分级，得到窟野河流域植被覆盖度分级图，在此基础上统计不同级别覆盖度的植被面积。

2. 植被覆盖度解译结果及其分析

依据上述方法，分别对 1987 ~ 2009 年间的 7 期遥感影像提取 NDVI 值，并将 NDVI 值转换成相应的植被覆盖度。窟野河流域不同分级植被覆盖度提取结果见表 5-4。不同年代共 7 期植被覆盖图见图 5-1。根据 1987 ~ 2009 年间 7 期 TM 影像解译数据，绘制窟野河流域各年度植被覆盖度变化柱状图，见图 5-2。

从图 5-1 中可以看出，1987 ~ 2000 年流域植被覆盖度处于相对持续较低阶段，流域内植被覆盖度小于 10% 的低覆盖面积超过了流域总面积的一半以上；2000 年植被覆盖情况最差，低覆盖面积占到流域总面积的 76.5%；植被覆盖度在 10% ~ 30% 的面积为 17% ~ 34%，植被覆盖度大于 30% 的面积只有 3% ~ 11%。

2006 年以后，植被覆盖度小于 10% 的面积大幅度减少，流域植被进入快速恢复期。2006 年和 2009 年植被覆盖度在 10% 以下的面积分别降至 13.5% 和 37.8%，植被覆盖度在 10% ~ 30% 之间的面积分别为 66.6% 和 39.6%，说明流域植被处于持续恢复阶段，植被覆盖度为 30% ~ 50% 的面积也成倍提高，生态修复成果得到进一步的巩固，生态环境逐步向良性方向发展。尽管 2009 年植被覆盖度小于 10% 的面积比 2006 年有所回升，但植被覆盖度大于 30% 的面积依然有较大幅度的增加，占到流域总面积的 22.6%，特别是植被覆盖度在 50% 以上的面积增加尤为显著，占到流域总面积的 8.4%，是 2006 年的 5.6 倍。

从空间变化来看，窟野河流域植被存在着较明显的空间差异。2000 年以前，全流域基本处于中低覆盖度以下，植被较好的区域基本集中分布在乌兰木伦河上游右岸，沿河道、沟道也有零星分布。中下游地区植被非常稀少，基本处于裸露状态，大部分区域植被覆盖度小于 10%。2006 年以后，全流域植被状况良好，自上游到下游植被覆盖度逐渐增加，特别是下游左岸植被覆盖度增加最快，2009 年的植被分布最为典型。

表 5-4　窟野河流域 1987～2009 年植被覆盖 TM 影像解译结果及其变化

年份	不同植被覆盖度面积(km^2)									
	0～10% 低覆盖度	占总面积 (%)	10%～30% 较低覆盖度	占总面积 (%)	30%～50% 中覆盖度	占总面积 (%)	50%～70% 较高覆盖度	占总面积 (%)	>70% 高覆盖度	占总面积 (%)
1987	5 589.5	63.9	2 243.0	25.6	558.8	6.4	244.0	2.8	115.5	1.3
1990	5 117.7	58.5	2 959.5	33.8	504.4	5.8	142.6	1.6	26.4	0.3
1998	5 961.5	68.1	2 480.4	28.4	242.1	2.8	46.5	0.5	20.2	0.2
2000	6 694.7	76.5	1 556.1	17.8	289.9	3.3	97.5	1.1	112.6	1.3
2006	1 184.9	13.5	5 824.8	66.6	1 613.6	18.4	121.4	1.4	6.0	0.1
2008	960.5	11.0	6 062.2	69.3	1 591.5	18.2	132.0	1.5	4.6	0.05
2009	3 308.2	37.8	3 469.3	39.6	1 239.3	14.2	395.0	4.5	339.0	3.9
2009 年与 1998 年差值	-2 653.3	-30.3	+988.9	11.3	+997.2	11.4	+348.5	4.0	+318.8	3.6

注：遥感信息源分别为 1998-06TM 影像和 2009-10TM 影像。“+”表示增加，“-”表示减少。

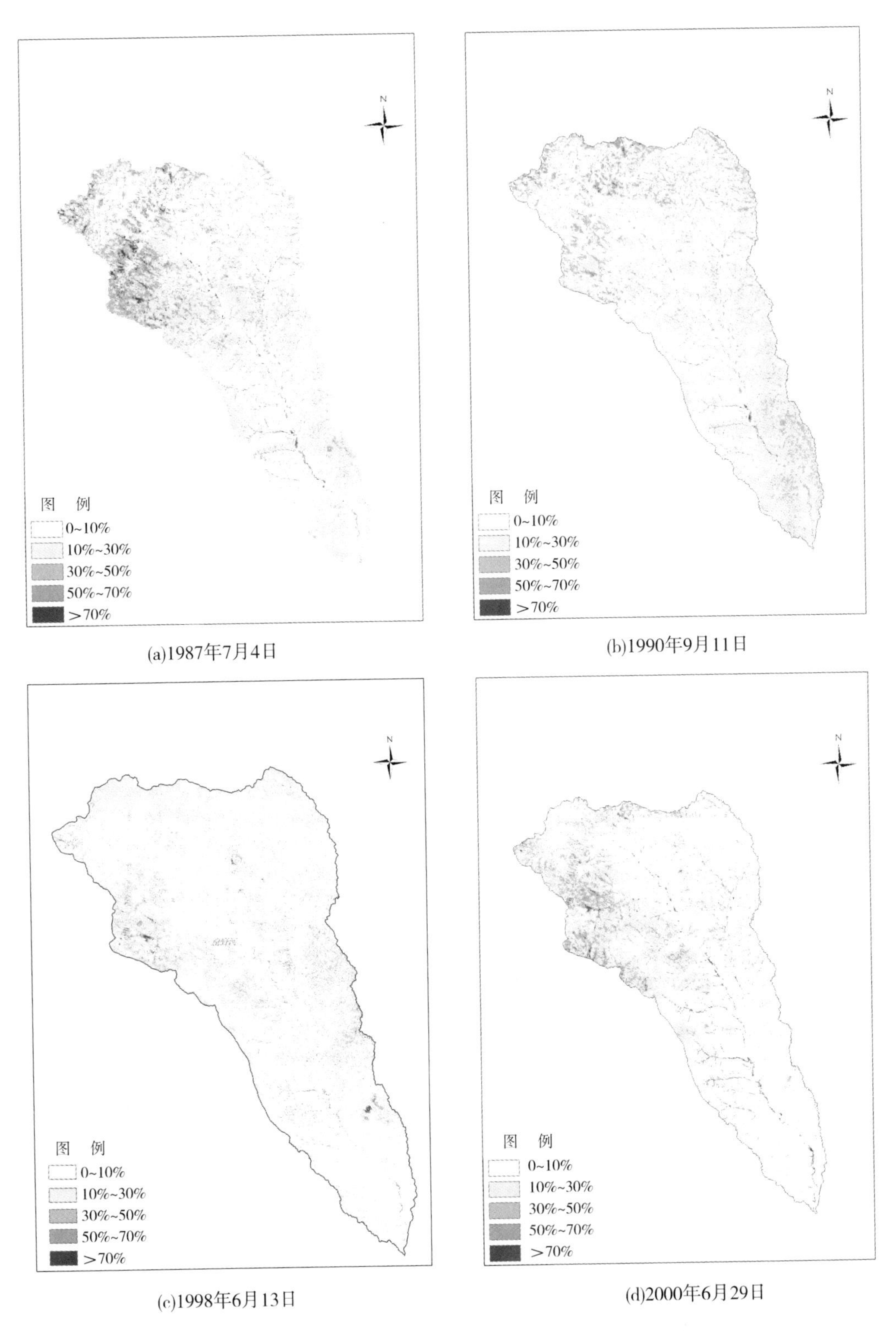

(a)1987年7月4日　(b)1990年9月11日

(c)1998年6月13日　(d)2000年6月29日

图 5-1　窟野河流域 1987 ~ 2009 年植被覆盖度 TM 影像图

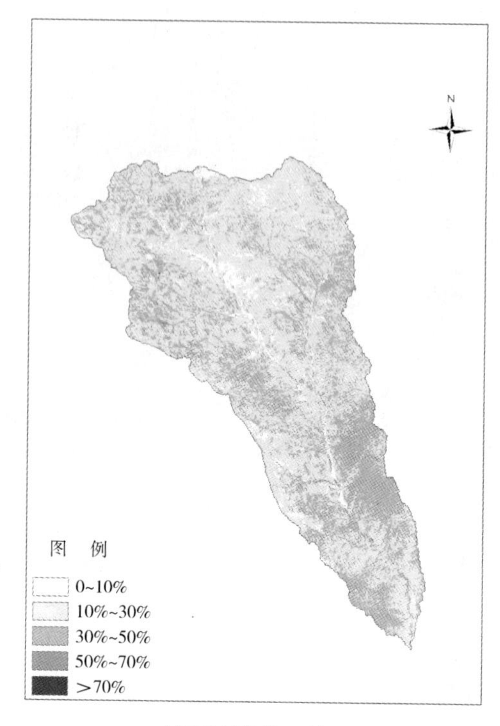

(e)2006年9月10日

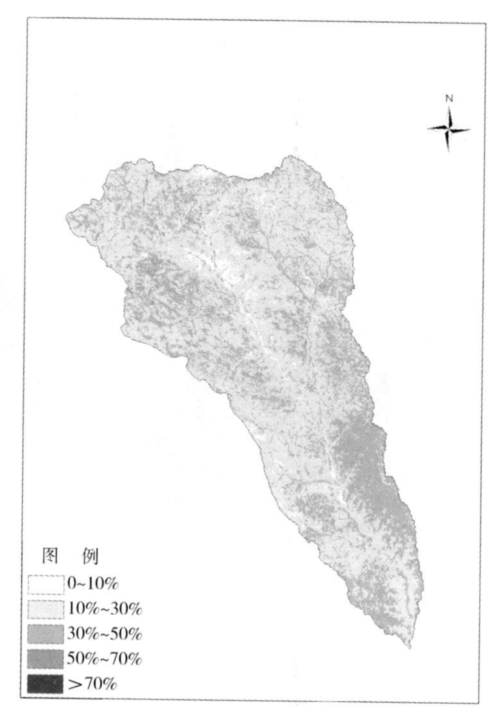

(f)2008年9月15日

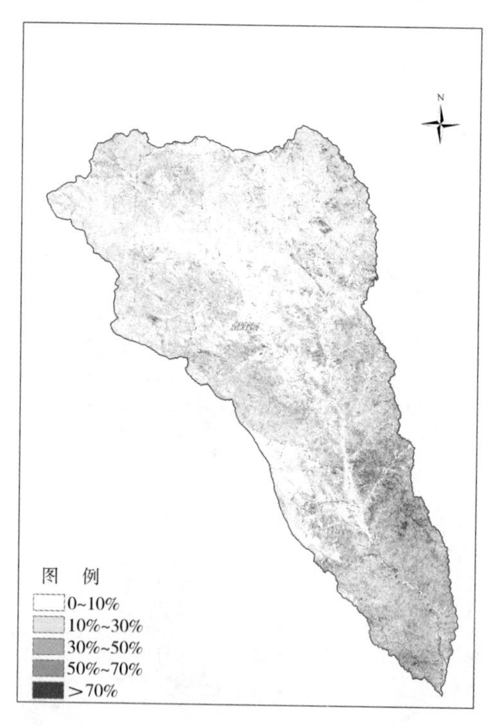

(g)2009年10月4日

续图 5-1

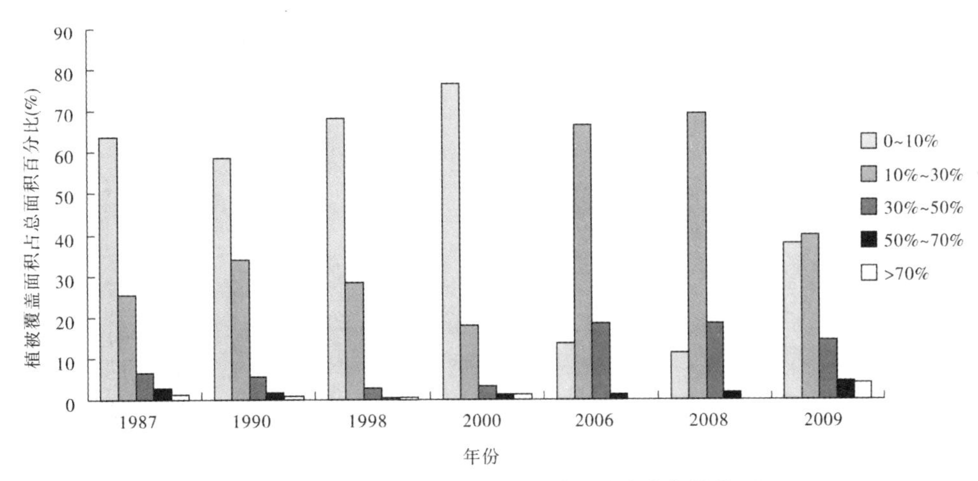

图 5-2　窟野河流域不同年度植被覆盖度变化柱状图

将 1998 年、2009 年的植被覆盖度进行对比,得到不同植被覆盖情况变化对比图(见图 5-3)。其中,变化正值表示植被覆盖度呈上升趋势,植被增加;负值表示植被覆盖度在下降,植被退化。从 2009 年与 1998 年的植被覆盖对比来看,除内蒙古伊金霍洛旗部分地区植被覆盖减少外,大部分地区植被覆盖度明显增加,尤其是下游的神温区间。

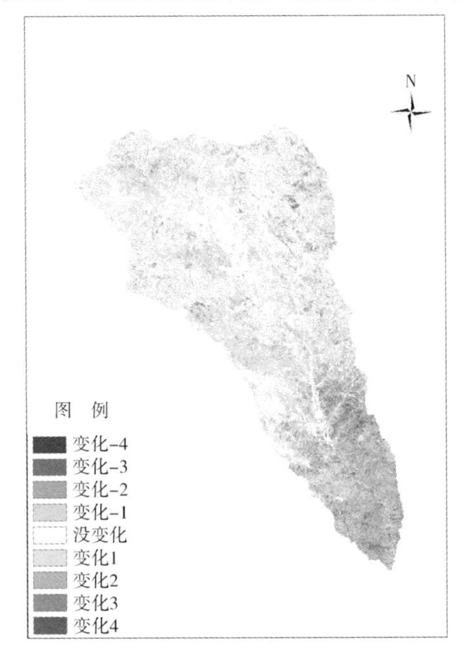

图 5-3　窟野河流域植被覆盖情况变化对比图

需要说明的是,窟野河流域不同时期植被 TM 影像图反映的是流域林草等植被措施的覆盖度及其变化情况,且以草被为主,但无法具体区分林地与草地。由于 2009 年流域植被 TM 影像图拍摄于 10 月,加之窟野河流域 80% 以上的农村剩余劳动力已经转移,坡耕地撂荒现象非常严重,因此流域不同时期植被 TM 影像图覆盖度信息中农作物覆盖的影响很小，主要仍是植被覆盖度信息。

2009 年与 1998 年窟野河流域不同植被覆盖度面积解译结果对比表明，0～10%低覆盖度的植被面积显著减少，10%～50%中覆盖度的植被面积明显增加，50%～70%较高覆盖度的植被面积增加了约 350 km^2，尤其是大于 70%的高覆盖度植被面积也增加了约 320 km^2。因此，窟野河流域近期植被覆盖度变化巨大。迅速增大的植被覆盖度是流域近期水沙锐减的重要影响因素之一。

从解译结果看，低覆盖度（0～10%）的植被面积减少量占流域总面积的 30.3%；较低覆盖度（10%～30%）和中覆盖度（30%～50%）的植被面积有明显增加，增加量占流域总面积的 22.7%；较高覆盖度（50%～70%）的植被面积增加量占流域总面积的 4.0%；高覆盖度（>70%）的植被面积增加量占流域总面积的 3.6%。流域较高覆盖度（50%以上）的植被面积合计增加量占流域总面积的 7.6%。

窟野河流域低覆盖度的植被面积减少 2 653.3 km^2 后分别转化为其他覆盖度的植被面积，其中较低覆盖度和中覆盖度植被增加面积分别占低覆盖度植被减少面积的 37.3%和 37.6%，较高覆盖度和高覆盖度植被增加面积分别占 13.1%和 12.0%。

四、水资源开发利用影响

近年来，窟野河流域社会经济高速发展，城镇化速度明显加快，用水量显著增加，这是导致流域来水来沙大幅度减少的重要原因之一。在考察中了解到，窟野河流域内工业园区建设方兴未艾，需要引用大量的生产生活用水。为保证引水，流域内的水库建设基本上把其上游来水来沙量全部“吃光喝净”。流域内的取水方式除水库蓄水、河道引水外，诸如河床内打井、截潜流（当地称为截覆流）、矿井水利用等进一步减少了进入下游的水量和沙量。

由于窟野河流域水资源消耗量急剧增加，供需矛盾日趋尖锐。神木县为了缓解日趋严峻的水资源供需矛盾，除竭尽所能充分利用窟野河地表径流量外，还在采兔沟水库上游 13 km 处兴建了瑶镇水库，总库容 1 060 万 m^3，年供水能力 7 000 万 m^3，已于 2010 年 4 月开始向神木县城供水。

根据调查，窟野河流域主要用水户包括采煤、洗选煤、煤化工、火电和农业用水等。根据本次研究“水保法”计算结果，2007～2010 年窟野河流域工业和生活年均用水 2.0 亿 m^3，农业年均用水约 0.6 亿 m^3，城镇景观用水造成的蒸发损失每年约 300 万 m^3。

根据本次调查和计算，2010 年窟野河流域社会经济耗水量在 3 亿 m^3 左右，其中煤炭开采是最大的用水户，年用水量为 2.25 亿 m^3；灌溉用水量为 6 325 万 m^3；农村及城镇人口生活年用水量约为 1 020 万 m^3；兰炭企业年用水量 700 万 m^3；城镇景观用水蒸发损失 300 万 m^3。

根据调查，2008 年和 2009 年窟野河流域社会经济耗水量接近 2 亿 m^3，其中，神木县用水总量约 8 000 万 m^3，神华神东煤炭集团有限责任公司（简称神东公司）7 250 万 m^3，内蒙古鄂尔多斯市伊金霍洛旗、东胜区、准格尔旗等 3 旗（区）约 3 200 万 m^3，还有无法准确统计的中小煤炭类企业用水，这些用水绝大部分发生在神木县城以上。而在 20 世纪 70 年代至 90 年代初，窟野河流域用水量不足 2 000 万 m^3。据最新的黄河水资源评价成果，窟野河流域浅层地下水可开采量为零。该流域煤矿开采目前主要在100 m以内的浅层，故其所有用水均可视为地表水。

五、煤矿开采影响

窟野河流域煤矿开采对径流的影响主要包括煤炭开采用水和矿井涌水两部分。窟野河流域的煤矿绝大部分位于山区，地形复杂，河谷切割很深，沟谷径流较少，大部分为季节性河流。煤炭开采过程中形成的巷道和开采后形成的采空区，严重破坏地表水、地下水运移、赋存的天然状态，甚至会破坏地下不透水层，使得地表水渗入地下或矿坑，称之为矿井涌水，因而使地表径流减少。神东煤田现状开采区主要分布在窟野河神木县城以上至乌兰木伦河转龙湾之间。

最近5 a窟野河流域煤炭超设计能力开采对水资源的影响尤为严重。神东公司拥有17个矿井，矿区整体生产能力目前已达2亿t/a。其中大柳塔煤矿设计生产能力为600万t/a，活鸡兔煤矿为500万t/a，目前两矿实际生产能力均已达到2 200万t/a，分别是原设计生产能力的3.7倍和4.4倍；榆家梁煤矿设计生产能力为500万t/a，目前已达到1 800万t/a，是原设计生产能力的3.6倍。

根据本次调查和统计，1998年窟野河流域原煤产量仅为0.217亿t，其中神东公司0.071亿t；2010年窟野河流域原煤产量约3.2亿t，其中神东公司2.1亿t，12 a间增长了13.7倍。如此大规模、超强度的开采，伴生的地表塌陷、水源渗漏和植被枯死等环境恶化问题非常严重。目前，神木县采空区面积130 km^2（全县总面积7 365 km^2），已形成塌陷面积72.67 km^2，其中神东煤矿占93%。神木县已有数十条河流断流，30多个泉眼干涸；窟野河流域每年有2/3以上时间断流或基本断流，变成了季节河。受大柳塔神东煤矿影响，活鸡兔沟3座小型水库干涸。

更令人担忧的是，煤矿开采形成的塌陷区及其以上汇流区，已不再是流域汇流区。调查中看到，煤矿开采后不仅有塌陷区出现，而且在该区坡面上还出现了较长的裂缝，这样一来，由降水产生的径流随着缝隙流入塌陷区，形成部分矿井水，使得在中小洪水时，塌陷区及其以上区域已经不再是真正意义上的产流区和汇流区，在该区产生的洪水泥沙难以在出口水文站观测断面上反映。

根据近两年黄委审核的窟野河流域所在地区煤矿水资源论证报告，目前该地区煤矿开采、洗选和周边绿化等基本上依靠矿井涌水，吨煤涌水量0.3~0.5 m^3。2009年窟野河流域原煤产量为2.79亿t，估计涌水量1亿~1.4亿m^3；2010年原煤产量约为3.2亿t，估计涌水量1.1亿~1.6亿m^3，这其中还不包括煤矿开采可能会破坏地下不透水层而导致的径流下渗量。

矿井涌水也是导致窟野河流域地表径流减少的重要影响因素，对流域地下水和地表水的转化方式有一定影响，有待进一步研究。

六、其他影响

（一）河道挖沙

在窟野河干流河道尤其是乌兰木伦河主河道内，挖沙现象非常严重，屡禁不止，河道被挖得千疮百孔。挖沙的同时也挖河卵石，过筛后沙石分离，卵石粉碎后和沙同时出售，利润很大。根据调查，乌兰木伦河主河道内挖沙形成的沙堆有数米甚至十几米高，挖沙形成的坑深2～3 m。由于河道出现了大量高低不平的坑洼，在流域出现中小暴雨、形成径流泥沙并先后汇入河道后，先期汇入的径流泥沙将全部用于填补河道沙坑。河道大量挖沙使填洼的水沙量大增，也导致流域出口断面实测水沙量锐减。在近期窟野河流域大暴雨明显减少的情况下，对于出现的中小洪水，填洼水沙量对流域出口断面实测水沙量的影响更为明显。

（二）农村剩余劳动力转移

随着产业结构的调整和农村非农产业的发展，窟野河流域大量的农村剩余劳动力得以向非农产业和城市转移，自2002年开始进入快速转移时期。2005年以来，随着窟野河流域企业尤其是煤炭等矿产开采业的高速发展，对青壮年劳动力的需求大量增加，从而使得农村剩余劳动力大量向城镇转移。

以神木县为例，在北部矿区，农村剩余劳动力基本上全部就地打工；在中南部有85%左右的农村剩余劳动力进城打工。由于农村劳动力大幅度减少，农村耕地撂荒、弃耕现象比较普遍，因农业种植所造成的水土流失也显著减少。窟野河流域巨大的煤炭资源优势和超强经济实力客观上促进了产业结构调整，巩固了退耕还林、封山禁牧的成果，对林草植被建设和流域植被覆盖度的迅速提高起到了很大的促进作用。

（三）河道冲淤和公路建设

调查发现，由于近期窟野河流域很少发生大暴雨，中小洪水即使产沙，大部分也淤积在河道中，一些水文测验断面多有淤积抬高现象。根据本次“水保法”研究中对现场调查结果的粗略估算，2007年以来窟野河流域干流河道年均淤积量为890万t。此外，近年来窟野河流域实施的“村村通”公路建设标准很高，但“网格化”的公路建设一定程度上截断了所在地域的径流通道，对流域产流产沙量也有影响。

第六章　初步结论与建议

一、初步结论

（一）特大暴雨减少，降水强度明显减小

窟野河流域近期特大暴雨减少，降水强度明显减小。近期年降水量变化不大，汛期降雨量比前期增大，最大 3 h、6 h、12 h 和 24 h 降水量呈现出持续减小的趋势。强降雨频次明显减少，但笼罩范围变化不大。

（二）水利水保措施减水减沙效果明显

（1）根据“水文法”计算结果，窟野河流域近期年均总减水 5.702 亿 m^3，其中因水利水土保持综合治理等人类活动年均减水 3.792 亿 m^3，占总减水量的 66.5%；因降雨变化影响年均减水 1.91 亿 m^3，占总减水量的 33.5%。人类活动与降雨影响之比约为 6.7∶3.3。近期人类活动对径流减少的影响占主导地位。

（2）根据“水文法”计算结果，窟野河流域近期年均总减沙 1.158 亿 t，其中因水利水土保持综合治理等人类活动年均减沙 0.476 亿 t，占总减沙量的 41.1%；因降雨变化影响年均减沙 0.682 亿 t，占总减沙量的 58.9%。人类活动与降雨影响之比约为 4∶6。近期降雨变化对泥沙减少的影响占主导地位。

（3）根据“水保法”计算结果，窟野河流域 1997～2010 年水利水土保持综合治理等人类活动年均减水 2.880 亿 m^3，减水作用 59.9%，其中 2007～2010 年水利水土保持综合治理等人类活动年均减水 3.647 亿 m^3，减水作用 71.9%。2007～2010 年与 1997～2006 年相比，年均减水量增大了 41.8%。

（4）根据“水保法”计算结果，窟野河流域 1997～2010 年水利水土保持综合治理等人类活动年均减沙 0.227 亿 t，减沙效益 73.2%，其中 2007～2010 年水利水土保持综合治理等人类活动年均减沙 0.300 亿 t，减沙效益 98.0%。2007～2010 年与 1997～2006 年相比，年均减沙量增大了 51.7%。

（5）2007～2010 年窟野河流域水保措施减水贡献率增幅很小，减沙贡献率明显下降。水利水保措施减水贡献率合计为 45.1%，减沙贡献率合计为 80.6%。淤地坝仍是流域水土保持措施减沙的主体（贡献率 44.4%），其次为坡面措施（贡献率 31.4%）。

（三）植被覆盖度大幅增加，有利于降水入渗

窟野河流域近期植被覆盖度大幅增加。2009 年与 1998 年流域植被 TM 影像图及其解译结果对比表明，低覆盖度（0～10%）的植被面积减少，中覆盖度（10%～50%）和较高覆盖度（50%以上）的植被面积增加。

（四）开矿引起径流锐减，塌陷区不产流

2007～2010 年窟野河流域工业和生活年均用水 2.0 亿 m^3，农业年均用水约 0.6 亿 m^3，城镇景观用水造成的蒸发损失每年约 300 万 m^3。其中煤炭开采是最大的用水户。煤矿开采形成的塌陷区及其汇流区，已不再是流域产流区和汇流区。塌陷区出现裂缝渗漏。

（五）其他影响因素

河道挖沙形成的大坑需要大量的填洼水沙；农村剩余劳动力转移减少了因农业种植所造成的水土流失，促进了植被恢复，减少了流域产水产沙量；“村村通”公路建设一定程度上截断了径流通道，使流域产流产沙量大为减少。

总体来看，近期窟野河流域年降水总量变化不大，汛期降雨量还有增加，导致径流量和输沙量锐减的原因，按影响程度大小排序为：第一是特大暴雨减少，降水强度明显减小；第二是水利水保措施减水减沙效果明显；第三是植被覆盖度大幅增加，有利于降水入渗；第四是煤矿开采用水量很大，塌陷区不产流；第五是河道挖沙后填洼水沙量大增；第六是农村剩余劳动力转移后减轻了水土流失；第七是“村村通”公路建设截断了径流通道，对流域产流产沙量也有影响。

二、建议

（一）恢复黄河水沙变化研究基金

水利部曾于1988年设立黄河水沙变化研究基金，先后开展了两期研究，取得了大量有价值的研究成果，后因经费等原因停止。考虑到目前水利部掌握着水资源管理费，且河流水沙变化研究与评价属于水资源费使用的范畴，建议黄委向水利部建议，争取恢复水利部黄河水沙变化研究基金。

（二）开展流域产流机制变化研究

水土保持生态建设可以改变流域下垫面状况，包括植被覆盖度、土壤结构、土壤含水量、地下水循环等，大面积的生态建设还可能对局地气候产生影响。窟野河流域近期植被覆盖度大幅度提高，对流域产流产沙影响非常大，有可能已经改变了流域的产流机制，急需进一步深入研究流域产流机制的变化。这是分析流域水沙锐减成因的重要基础理论问题。

（三）开展生产力布局与水资源约束关系研究

晋陕蒙接壤地区是我国重要的能源化工基地，随着经济社会的快速发展，用水量在不断增加，水资源供需矛盾日益突出。有必要深入开展生产力布局与水资源约束关系的研究，在考虑生产力布局基础上对当地水资源进行优化配置，同时考虑水资源约束条件，适当调整当地经济发展和用水结构，以实现水资源可持续利用，进而支撑经济社会可持续发展。同时，建议开展陕北能源重化工基地建设与当地水资源承载力的相关研究。

（四）强化煤炭采空区（塌陷区）治理

目前，窟野河流域水土保持生态建设虽然取得了很大成绩，但煤炭采空区（塌陷区）治理却严重滞后，导致山体崩塌、地表塌陷、地面裂缝、水源渗漏、植被枯死、塌陷地震等生态灾害频发。煤炭采空区（塌陷区）治理严重滞后的主要原因是投入不足。建议国家设立窟野河流域煤炭采空区（塌陷区）专项治理基金，保证投入，强化煤炭采空区（塌陷区）治理。

（五）设立大柳塔矿区生态保护区

地处窟野河流域的神东公司，2010年原煤产量已达2.1亿t，开采吨煤用水量为1~2 m^3/t，主产区在大柳塔矿区。目前大柳塔矿区共有人口约10万人，地表取用水量为2万 m^3/d。水资源供需矛盾日益突出。建议把大柳塔矿区设立为生态保护区，涵养水源；煤炭开采区内的人口实施生态移民。

第六专题　小浪底水库调水调沙期对接水位对排沙效果的影响

异重流排沙是减少水库淤积的一条重要途径。小浪底水库库底纵比降大，水库蓄有大量清水，当上游来水来沙具备一定的条件时，就会产生异重流。利用人造洪峰，产生足够的能量，使上游来沙和库中前期淤积的泥沙能够多排出库。本专题分析了小浪底水库异重流排沙与入库沙量、入库泥沙组成、潼关流量持续时间、三门峡水库蓄水量、小浪底对接水位等诸多因素的关系，为小浪底水库调水调沙运用提供科技支撑。

同时，对2010年调水调沙期间小浪底水库排沙比大于100%的原因进行了分析，在此基础上结合小浪底库区淤积物组成、沿程分布、排沙关系等，组合了不同水沙、不同对接水位等几种方案，分别利用经验公式和数学模型进行了分析计算；提出了2011年调水调沙小浪底水库异重流塑造的建议。

第一章　水库异重流排沙分析

一、异重流排沙特征

（一）历年排沙特征

小浪底水库自1999年开始蓄水运用，2001年开始异重流测验，到2010年已连续观测10 a，从2004年开始至2010年，基于干流水库群联合调度，在汛前调水调沙期间人工异重流塑造已经进行了7次，排沙情况因入库水沙、边界条件及水库运用方式的不同而各异（见表1-1）。

表1-1　汛前调水调沙小浪底水库排沙特征值

年份	时段（月-日）	历时（d）	入库平均流量（m^3/s）	入库平均含沙量（kg/m^3）	沙量（亿t）		排沙比（%）
					三门峡	小浪底	
2004	07-07～07-14	8	689.7	80.76	0.385	0.055	14.3
2005	06-27～07-02	6	776.9	112.24	0.452	0.020	4.4
2006	06-25～06-29	5	1 254.5	42.43	0.230	0.069	30.0
2007	06-26～07-02	7	1 568.7	64.58	0.613	0.234	38.2
2008	06-27～07-03	7	1 324.0	92.56	0.741	0.458	61.8
2009	06-30～07-03	4	1 062.8	148.45	0.545	0.036	6.6
2010	07-04～07-07	4	1 655.5	73.1	0.418	0.553	132.3
合计					3.384	1.425	42.1

2004～2009年汛前调水调沙期间，小浪底入库沙量3.384亿t，出库沙量共1.425亿t，平均排沙比42.1%。但汛前异重流排沙比相差很大，2005年、2009年排沙比仅分别为4.4%和6.6%，2008年、2010年高达61.8%、132.3%。

尤其2010年汛前调水调沙水库排沙比为132.3%，这就要求我们进一步深入了解入库水沙在小浪底水库的运行情况以及各因素对水库排沙的影响，进一步加强认识，更好地为今后的异重流塑造及水库运用服务。

（二）2010年汛前调水调沙

2010年汛前调水调沙从6月19日8时开始（见图1-1），三门峡水库7月3日18时36分开始加大泄量，4日16时最大出库流量5 300 m^3/s，4日19时三门峡水库开始排沙，7月5日1时最大出库含沙量591 kg/m^3。

6月19日8时小浪底水库水位250.61 m，蓄量48.48亿m^3，调水调沙开始后水库水位持续下降，7月4日8时降至218.29 m，水库出库站小浪底水文站6月26日9时57分最大流量为3 930 m^3/s。7月4日12时5分开始排沙出库，含沙量1.09 kg/m^3，7月4日

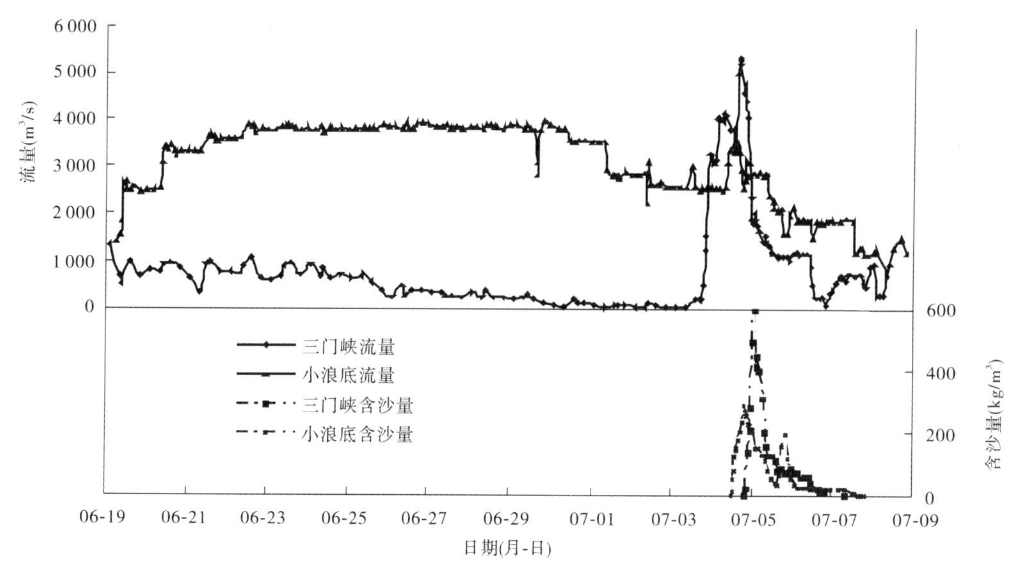

图 1-1　2010 年汛前调水调沙期间小浪底水库进出库水沙过程

19 时 12 分最大含沙量达 288 kg/m^3。7 月 8 日 0 时小浪底水库调水调沙过程结束,此时水位 217.64 m,蓄量 9.00 亿 m^3,较调水调沙期前(6 月 19 日 8 时)减少 39.48 亿 m^3。

根据小浪底水文站水沙过程,本次调水调沙过程分为两个阶段,第一阶段为小浪底水库清水下泄阶段(调水期),第二阶段为小浪底水库排沙出库阶段(调沙期):

第一阶段,从 2010 年 6 月 19 日 8 时开始,7 月 3 日 18 时 36 分结束,历时 14.44 d,洪水总量约为 43.48 亿 m^3,输沙量为 0,6 月 29 日 20 时最大日均流量 3 930 m^3/s。

第二阶段,从 2010 年 7 月 3 日 18 时 36 分开始,7 月 8 日 0 时结束,历时 4.22 d,洪水总量 7.88 亿 m^3,输沙量 0.553 亿 t,7 月 4 日 12 时最大流量 3 490 m^3/s,7 月 4 日 19 时 12 分最大含沙量 288 kg/m^3。

图 1-2 为小浪底水库排沙期间水沙过程图,从图中可以看出,小浪底水库排沙存在 2 个沙峰:在三门峡水库排沙(7 月 4 日 19 时)之前,小浪底水库已经开始排沙(7 月 4 日 12 时 5 分),含沙量高达 288 kg/m^3(7 月 4 日 19 时 12 分),说明三门峡水库泄空时塑造的洪峰在小浪底水库发生强烈冲刷,冲刷的泥沙在小浪底水库形成异重流并排沙出库,形成小浪底水库排沙的第一个沙峰(7 月 5 日 1 时);三门峡水库排沙形成的异重流排沙出库,形成第二个沙峰(7 月 5 日 20 时)。

三门峡水库加大泄量(7 月 3 日 18 时 36 分)到小浪底水库开始排沙(7 月 4 日 12 时 5 分)时间间隔为 17.48 h;三门峡水库排沙形成的沙峰(7 月 5 日 1 时)和小浪底第二个沙峰(7 月 5 日 20 时)时间间隔为 19 h,二者传播时间基本一致。如果把小浪底形成第二个沙峰出库沙量开始增加的时间(7 月 5 日 16 时 33 分)作为分界点,可粗略地认为 7 月 5 日 16 时 33 分之前小浪底水库排沙量为三门峡水库下泄清水冲刷三角洲形成异重流的出库沙量,这之后小浪底水库排沙量为三门峡水库排沙形成异重流运行到小浪底坝前的沙量(见图 1-2、表 1-2)。

整个调水调沙期间,小浪底入库沙量为 0.418 亿 t,出库沙量为 0.553 亿 t,排沙比为

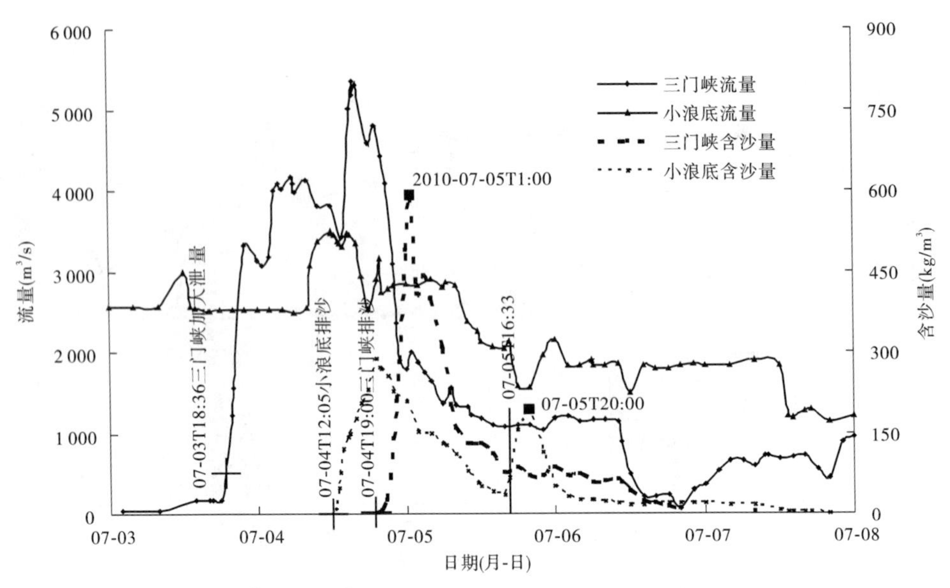

图 1-2　2010 年小浪底水库排沙期间水沙过程

132.3%(见表 1-2)。三门峡水库排沙之前塑造洪峰冲刷小浪底库区三角洲顶坡段形成的异重流出库沙量为 0.411 亿 t,整个调水调沙期间小浪底水库排沙量为 0.553 亿 t,则三门峡水库排沙所形成的异重流使小浪底水库排出沙量 0.142 亿 t,其间三门峡水库排沙量为 0.418 亿 t,则三门峡水库排沙期间小浪底水库排沙比为 34%。

表 1-2　2010 年汛前调水调沙期间小浪底水库进出库水沙统计

统计时段 (月-日 T 时:分)	入库水量 (亿 m³)	入库沙量 (亿 t)	出库水量 (亿 m³)	出库沙量 (亿 t)	排沙比 (%)
06-19 ~ 07-07	12.21	0.418	52.06	0.553	132.3
07-04 ~ 07-07	5.653	0.418	7.62	0.553	132.3
07-03T18:36 ~ 07-05T16:33	—	0	—	0.411	—
07-05T16:33 ~ 07-08T08:00	—	0.418	—	0.142	34.0

2010 年小浪底水库排沙比大于 100%,主要是因为三角洲顶点以上的顶坡段发生溯源及沿程冲刷,使得潜入点的沙量远大于入库沙量而形成的,还与水库的入库水沙、淤积形态、边界条件及运用方式等有关。

二、小浪底水库调度和边界条件

小浪底水库自运用以来,库区淤积呈三角洲形态,三角洲顶点不断向坝前推进,其边界条件有所不同,采用不同的水库运用方式,水库的排沙比也各异。

以三门峡水库开始加大泄量的时间作为汛前异重流塑造的开始,对应的水位称为对接水位,图 1-3 ~ 图 1-9 点绘了 2004 年以来各年小浪底水库汛前三角洲淤积纵剖面及对接水位,以此来探讨淤积形态及水库调度对排沙的影响。

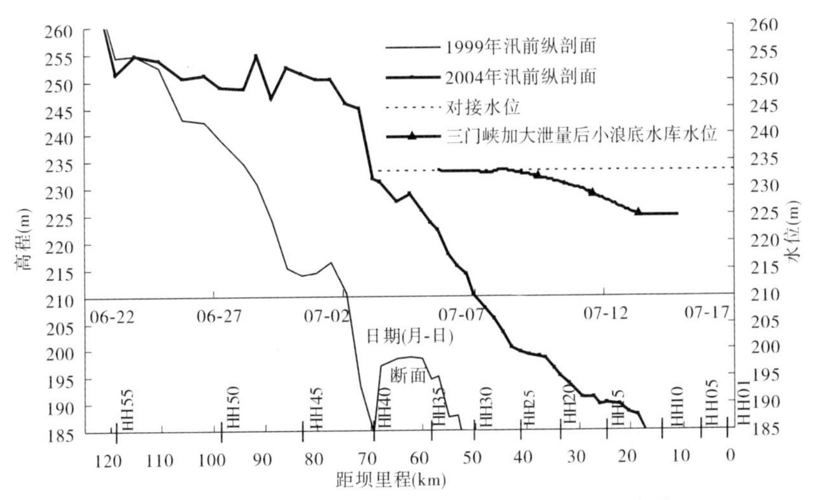

图 1-3　2004 年汛前纵剖面及异重流塑造期间库水位

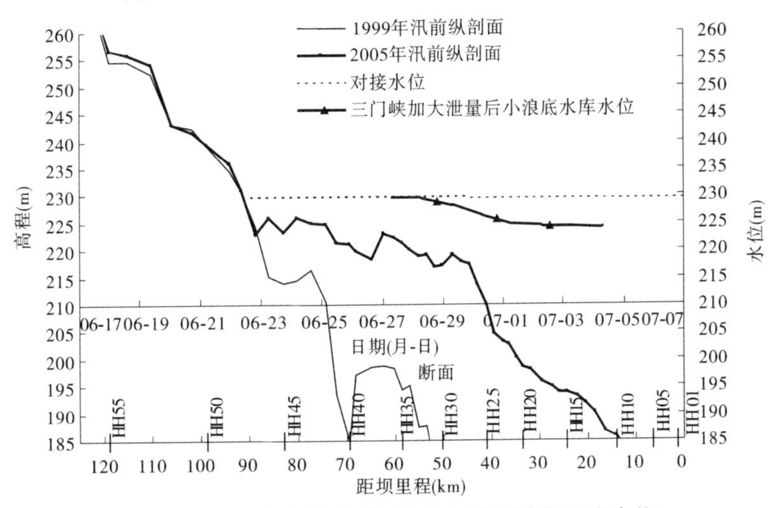

图 1-4　2005 年汛前纵剖面及异重流塑造期间库水位

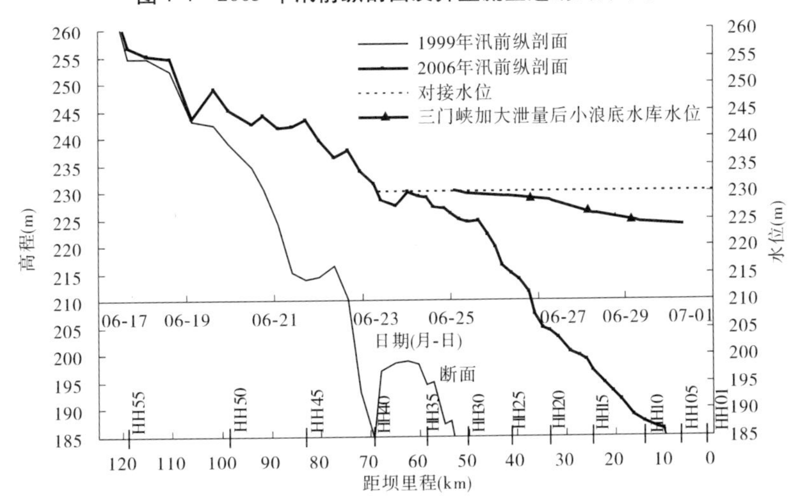

图 1-5　2006 年汛前纵剖面及异重流塑造期间库水位

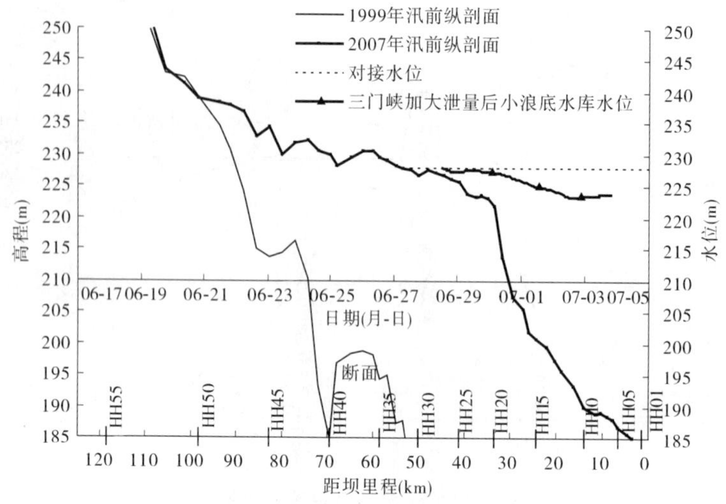

图 1-6 2007 年汛前纵剖面及异重流塑造期间库水位

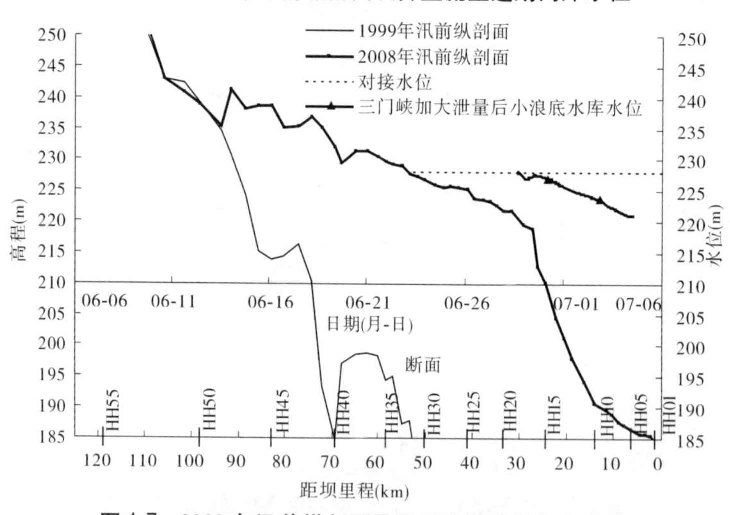

图 1-7 2008 年汛前纵剖面及异重流塑造期间库水位

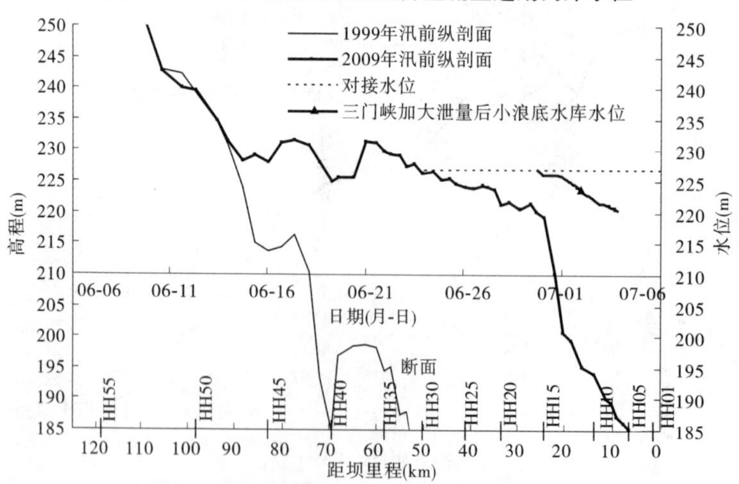

图 1-8 2009 年汛前纵剖面及异重流塑造期间库水位

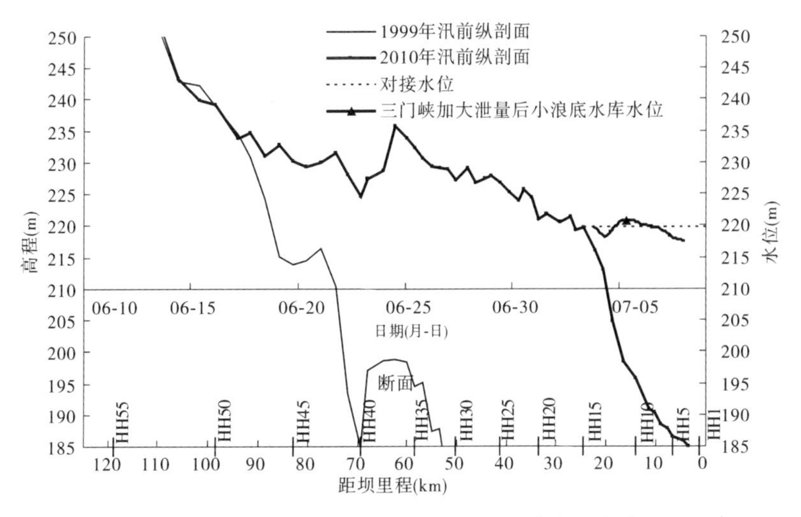

图 1-9　2010 年汛前纵剖面及异重流塑造期间库水位

对图 1-3 ~ 图 1-9 汛前异重流塑造淤积纵剖面及水库运用特征值(见表 1-3)的分析表明,2005 年(见图 1-4)壅水距离长,三角洲洲面平缓,在回水范围内产生壅水输沙,且回水末端以上接近初始河床,没有沙源补给,因此排沙比仅为 4.42%;2009 年由于 HH37 断面以上存在倒比降,HH37 断面至回水末端之间可补充的沙源少,同时潼关洪峰小,历时短,是 2009 年排沙比小的主要原因之一。

表 1-3　汛前异重流塑造水库运用特征值

年份	三角洲顶点			对接水位			壅水长度(km)	异重流最大运行距离(km)	排沙比(%)
	断面	高程(m)	距坝里程(km)	三门峡水库加大泄量时间(年-月-日 T 时:分)	高程(m)	回水长度(km)			
2004	HH41	244.86	72.06	2004-07-05T14:30	233.49	69.6	0	57.00	14.29
2005	HH27	217.39	44.53	2005-06-27T07:12	229.70	90.7	46.17	53.44	4.42
2006	HH29	224.68	48.00	2006-06-25T01:30	230.41	68.9	20.90	44.03	30.00
2007	HH20	221.94	33.48	2007-06-28T12:06	228.15	54.1	20.62	30.65	38.17
2008	HH17	219.00	27.19	2008-06-28T16:00	228.14	53.7	26.51	24.43	61.81
2009	HH15	219.16	24.43	2009-06-29T19:18	227.00	50.7	26.27	23.10	6.61
2010	HH15	219.61	24.43	2010-07-03T18:36	219.91	24.5	0.07	18.90	132.30

从表 1-3 中看到,对接水位接近三角洲顶点的 2010 年,由于在异重流塑造期间,库水位低于三角洲顶点,潜入点以上库段发生了沿程和溯源冲刷,补充的沙量大,能够产生较大的排沙效果。

因此,可以说2010年排沙比大于100%的主要原因是对接水位接近于三角洲顶点,且在小浪底水库排沙期间,水位最低降至217.55 m,三角洲顶点以上的顶坡段发生溯源及沿程冲刷。三门峡水库泄水塑造的洪峰冲刷小浪底水库三角洲泥沙形成的异重流排沙出库沙量达0.411亿t,占整个调水调沙期小浪底水库排沙量的74.3%。

三、调水调沙期间三门峡水库调度与潼关来水分析

(一)三门峡水库调度

在汛前调水调沙塑造异重流期间,三门峡水库的调度可分为三门峡水库泄空期及敞泄排沙期两个时段。

1.三门峡水库泄空期

本时段主要是利用三门峡水库蓄水,塑造大流量洪峰过程,冲刷小浪底水库三角洲洲面泥沙,在适当的条件下产生异重流。这是小浪底水库汛前调水调沙最早形成的异重流,作为异重流的前锋。

2.三门峡水库敞泄排沙期

三门峡水库临近泄空时,由于坝前溯源冲刷,出现较高含沙量水流。泄空后,万家寨水库塑造的洪峰进入三门峡水库,水流在三门峡水库基本为明流流态,可在三门峡库区产生冲刷,沿程含沙量增加,形成较高含沙量水流,作为异重流持续运行的水沙过程。

分析认为,汛前调水调沙在小浪底水库形成异重流的沙源主要为小浪底水库三角洲洲面泥沙、三门峡水库冲刷的泥沙。前者的水流条件主要为三门峡水库的泄水,后者主要决定于潼关的来水情况。

图1-10~图1-16绘出了历年汛前调水调沙塑造异重流期间潼关流量、史家滩水位及三门峡水库出库流量过程,其特征值统计见表1-4。

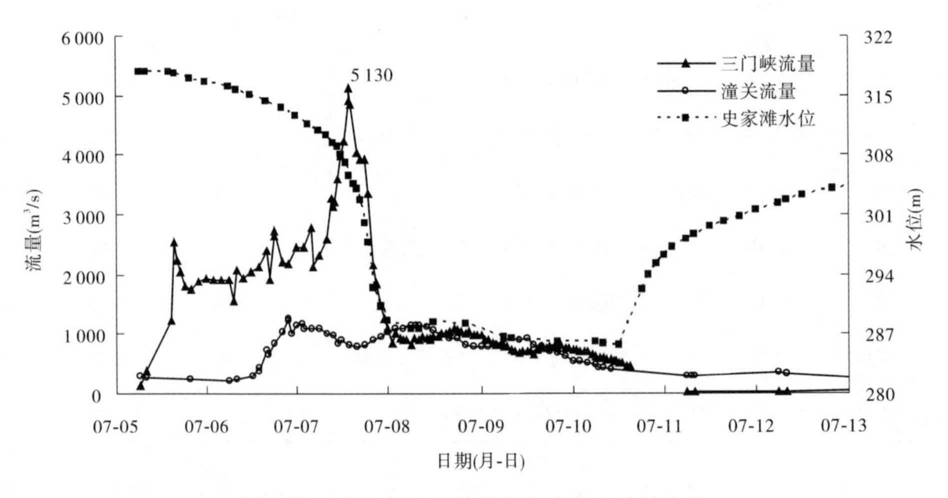

图1-10 2004年三门峡水库入出库水沙及水位

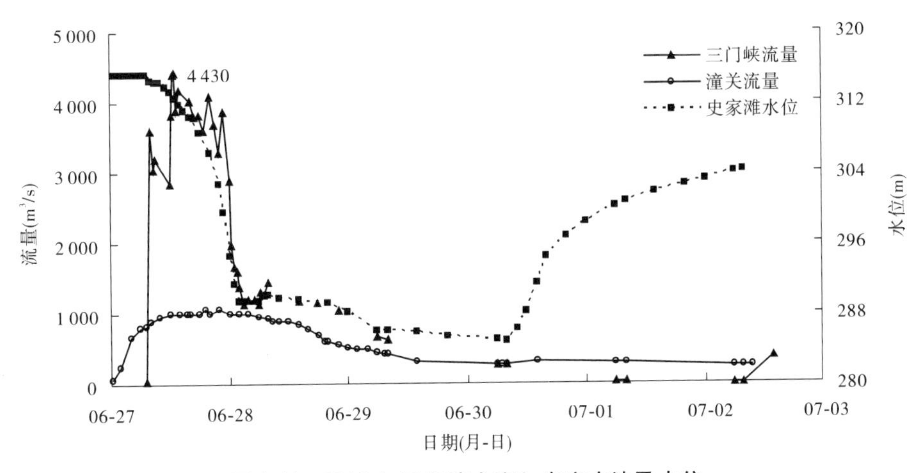

图 1-11　2005 年三门峡水库入出库水沙及水位

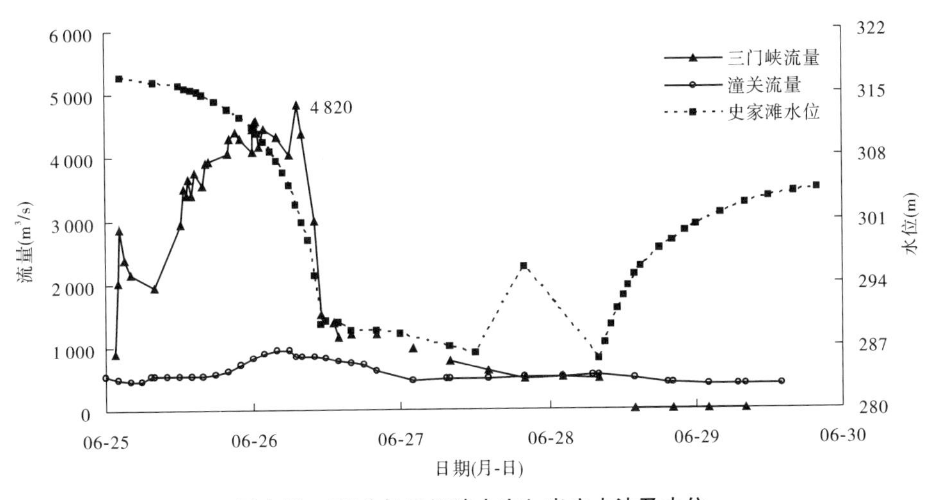

图 1-12　2006 年三门峡水库入出库水沙及水位

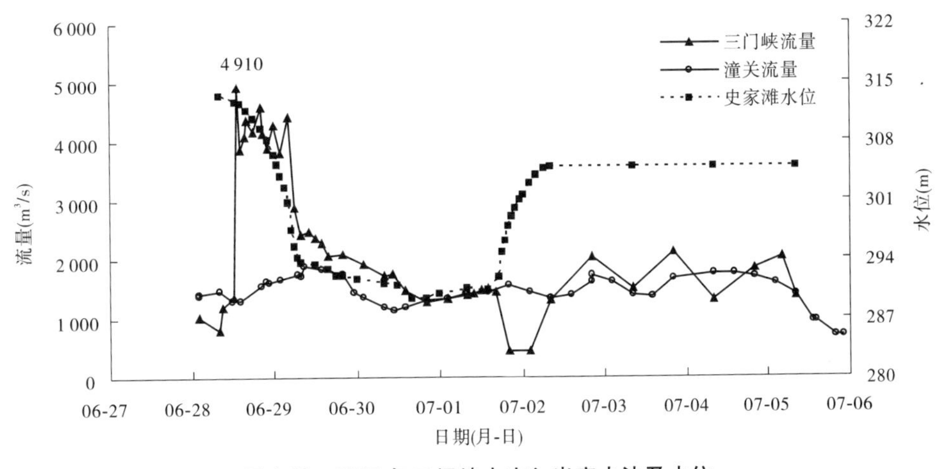

图 1-13　2007 年三门峡水库入出库水沙及水位

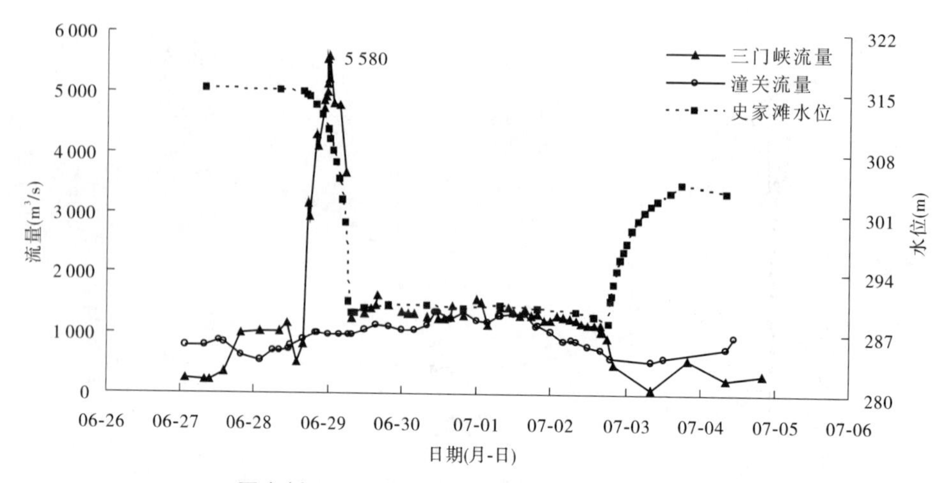

图 1-14 2008 年三门峡水库入出库水沙及水位

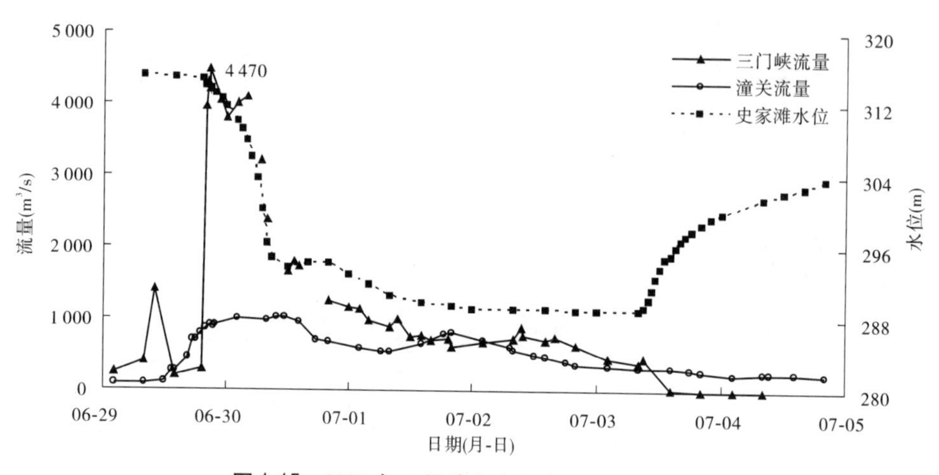

图 1-15 2009 年三门峡水库入出库流量及水位

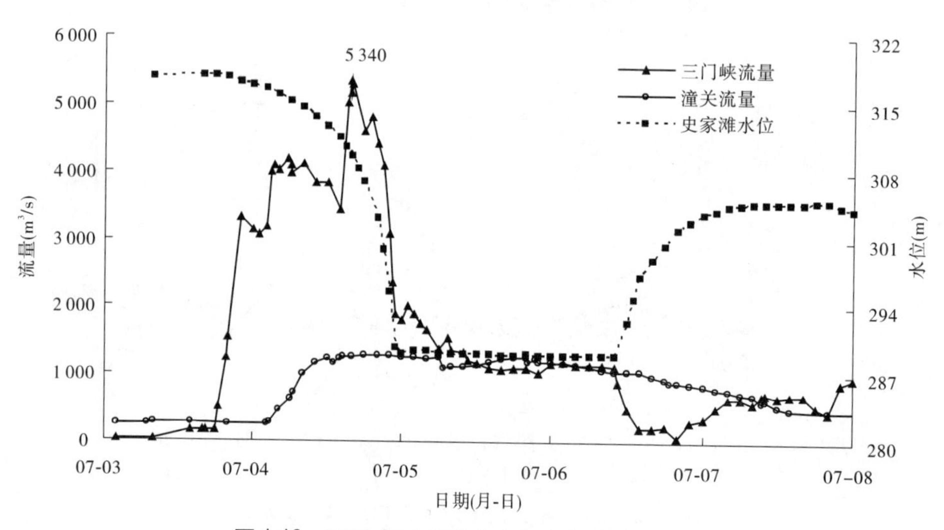

图 1-16 2010 年三门峡水库入出库流量及水位

表 1-4　三门峡水库汛前调水调沙期特征值

年份		2004	2005	2006	2007	2008	2009	2010
三门峡水库	加大泄量时水位(m)	317.84	315.18	316.74	313.35	315.04	314.69	317.84
	加大泄量时水量(亿 m^3)	4.90	2.87	4.20	2.30	2.89	2.46	4.46
	最大洪峰流量(m^3/s)	5 130	4 430	4 820	4 910	5 580	4 470	5 340
	畅泄时间(d)	2.94	1.58	2.00	1.04	3.54	3.67	1.54
	出库沙量(亿 t)	0.385	0.452	0.230	0.613	0.741	0.545	0.418
潼关	大于 800 m^3/s 流量历时(h)	68	32	12	237	126	18	68
	大于 1 000 m^3/s 流量历时(h)	24	10	0	228	61	10	56
	小浪底水库排沙比(%)	14.3	4.4	30.0	38.2	61.8	6.6	132.3

由表 1-4 分析可知,三门峡水库增大泄量开始时水位越高,塑造的洪峰越大(大于 5 000 m^3/s,如 2008 年、2010 年),水库的排沙比越高。应说明的是,2004 年排沙比小,同小浪底水库的边界条件有关,异重流运行距离最长。

潼关流量持续时间长的 2007、2008、2010 年,大于 800 m^3/s 的持续历时分别达到 237、126、68 h,大于 1 000 m^3/s 持续历时也分别达到 228、61、56 h,也决定了小浪底水库较大的排沙比。2004 年尽管异重流运行距离最长,由于洪峰过程的持续时间长,排沙比也大于 2005 年和 2009 年。

小浪底水库地形条件不利的 2005 年、2009 年,三门峡水库蓄水、潼关洪峰持续时间均相近,这 2 a 排沙比也相近。

三门峡水库塑造的洪峰越大、潼关的后续洪水越强,对小浪底水库的冲刷越强,越能够补充塑造异重流的沙源。在同样潼关来水的情况下,三门峡水库蓄水塑造的洪峰越强,水量越大,小浪底水库相应的排沙比就会越大(2008 年、2010 年),这也是 2010 年排沙比大的主要原因之一。

(二)潼关来水

万家寨水库塑造的流量过程到达潼关时,三门峡水库基本处于泄空状态,潼关流量大小和持续时间决定了三门峡水库出库流量的大小和持续时间,也就决定了形成异重流的强弱以及能否运行到坝前并排沙出库,直接影响了小浪底水库的排沙比。

2004 ~ 2010 年汛前调水调沙,都是基于万家寨、三门峡、小浪底水库联调的模式。潼关流量大小及持续时间的长短,取决于万家寨水库蓄水及头道拐—潼关区间来水、水流损失等因素。表 1-5、表 1-6 列出了 2004 年以来调水调沙期间头道拐—潼关河段各站的水量及区间水量变化,从表中可以看出,2007 年、2008 年之所以潼关达到 3.8 亿 m^3 水量,主要是头道拐水量大,加上万家寨水库的蓄水,才塑造了潼关较长的较大流量持续时间;2009 年头道拐水量小,依靠万家寨水库的蓄水塑造的洪峰流量也小,在龙门—潼关区间由于水流坦化,损失了 0.852 亿 m^3 的水量,头道拐水量偏小、小北干流水流坦化是潼关洪峰偏小的主要原因,这也是 2009 年小浪底水库异重流排沙比小的原因之一。2010 年头道拐水量尽管只有 0.795 亿 m^3,但万家寨补水 2.391 亿 m^3,区间水量损失不大,万家寨塑造的洪水过程到达潼关后仍有3.040亿 m^3 的水量，这就给冲刷三门峡水库提供了很好的洪水过程，为小浪底水库较大的排沙比提供了保障。

表1-5 汛前调水调沙期头道拐—潼关河段各站水量 （单位：亿 m^3）

年份	2004	2005	2006	2007	2008	2009	2010
天数(d)	5	3	3	3	4	4	4
头道拐	0.323	0.129	0.688	3.551	1.791	0.882	0.795
河曲	3.247	2.276	1.469	3.663	3.475	2.697	3.186
龙门	3.670	2.073	1.738	3.646	3.763	2.935	3.382
潼关	3.230	1.741	1.538	3.871	3.846	2.083	3.040

表1-6 调水调沙期区间水量变化 （单位：亿 m^3）

区间		2004年	2005年	2006年	2007年	2008年	2009年	2010年
头道拐—河曲(万家寨补水)		2.924	2.147	0.781	0.112	1.684	1.814	2.391
河曲—潼关区间补水	河曲—龙门	0.423	-0.202	0.270	-0.018	0.287	0.239	0.196
	龙门—潼关	-0.441	-0.332	-0.200	0.225	0.083	-0.852	-0.342
	河曲—潼关	-0.018	-0.535	0.070	0.207	0.370	-0.613	-0.146

四、影响因素综合分析

小浪底水库排沙与潼关流量持续时间，三门峡水库开始加大泄量时蓄水量、水位、入库细泥沙含量、三门峡水库泄空时间、异重流运行距离、对接水位、入库沙量、支流倒灌等因素有关。表1-7给出了2004~2010年汛前调水调沙期间异重流塑造的特征值。

小浪底水库异重流塑造，其泥沙来源有三种：一是黄河中游发生小洪水，潼关以上来沙；二是非汛期淤积在三门峡水库中的泥沙，这部分泥沙通过水库调节、潼关来水包括万家寨水库补水的冲刷，进入小浪底水库，是形成异重流的主沙源；三是来自于小浪底水库顶坡段自身冲刷的泥沙，依靠三门峡在调水调沙初期下泄的大流量过程，冲刷堆积在水库上段的淤积物，其中部分较细泥沙以异重流方式排沙出库。

近几年来自潼关以上的沙量很少，汛前塑造异重流主要依靠冲刷三门峡水库及小浪底水库的泥沙。在汛前塑造异重流期间冲刷三门峡水库泥沙的主要为潼关的水量，即万家寨水库蓄水及万家寨至潼关之间发生的小洪水；冲刷小浪底水库泥沙的主要为三门峡水库的蓄水及潼关的来水。潼关的大流量洪水历时越长，三门峡水库加大泄量时的水位越高、蓄水量越大，塑造的大流量清水冲刷历时越长，三门峡库区和小浪底库区就会发生越强烈的冲刷，冲刷的高含沙水流以极大的能量潜入小浪底水库蓄水体，并运行至坝前，排泄出库。如排沙较大的2008年和2010年，潼关和三门峡1 000 m^3/s 以上流量均持续55 h以上，三门峡库区和小浪底库区均发生强烈冲刷。2008年三门峡库区冲刷0.741亿t，小浪底水库排沙量为0.458亿t；2010年三门峡库区冲刷0.418亿t，小浪底水库排沙量为0.553亿t；排沙比分别达到61.8%和132.3%（见表1-7）。

表 1-7　历年汛前调水调沙特征值

水文站	特征参数	2004 年	2005 年	2006 年	2007 年	2008 年	2009 年	2010 年
潼关	$Q>800\ m^3/s$ 历时(h)	68	32	12	237	126	18	68
	$Q>1\ 000\ m^3/s$ 历时(h)	24	10	0	228	61	10	56
三门峡水库	$Q>800\ m^3/s$ 历时(h)	86.5	38	48	204	118	37.5	66.25
	$Q>1\ 000\ m^3/s$ 历时(h)	66.5	38	42	204	110	30	64.25
	敞泄时间(d)	2.94	1.58	2	1.04	3.54	3.67	1.54
	加大泄量时水位(m)	317.84	315.18	316.74	313.35	315.04	314.69	317.84
	加大泄量时水量(亿 m^3)	4.90	2.87	4.20	2.30	2.89	2.46	4.46
	最大洪峰流量(m^3/s)	5 130	4 430	4 820	4 910	5 580	4 470	5 340
	入库细泥沙($d<0.025$ mm)含量(%)	34.55	36.95	43.14	40.13	32.25	27.16	34.52
小浪底水库	涨水期河堤以上水面比降(‱)			4.0	2.8	3.8	2.3	1.8
	退水期河堤以上水面比降(‱)			3.2	3.4	3.1	2.8	3.3
	调水调沙前后冲淤量估算(亿 m^3)			−0.237	−0.024	−0.142	0.012	—
	最大运行距离(km)	58.51	53.44	44.13	30.65	24.43	22.10	18.90
	异重流潜入点位置	HH35	HH32	HH27 下游 200 m	HH19 下游 1 200 m	HH15	HH14	HH12 上游 150 m
	上一水文年三角洲顶点以上淤积部位及淤积量(亿 m^3)	HH41 以上 0.921 5	HH27 ~ HH29 0.058 6	HH29 ~ HH54 1.698 4	HH20 ~ HH39 1.731 5	HH33 ~ HH51 0.362 7	HH15 ~ HH38 0.459 7	HH19 以上 0.661 8
	三角洲顶点高程(m)及断面	244.86 HH41	217.39 HH27	224.68 HH29	221.94 HH20	219.00 HH17	219.16 HH15	219.61 HH15
	对接水位(m)	233.49	229.70	230.41	228.15	228.14	227.00	219.91
	入库沙量(亿 t)	0.385	0.452	0.230	0.613	0.741	0.545	0.418
	出库沙量(亿 t)	0.055	0.020	0.069	0.234	0.458	0.036	0.553
	排沙比(%)	14.29	4.42	30.00	38.17	61.81	6.61	132.30

异重流运行距离越短,能量损失越小,运行至坝前能量越大,排沙效果越好。对接水位越低,库区发生溯源冲刷越剧烈,冲刷的沙量可以补充形成异重流的沙量。

异重流排沙效果是多种因素综合影响的结果。以 2010 年汛前调水调沙为例,通过对三门峡水库调度、潼关来水以及入库泥沙的分析认为,2010 年汛前调水调沙排沙比大于 100% 的原因主要有以下几点。

（一）三门峡水库调度及潼关来水

2010 年汛前调水调沙三门峡水库加大泄量时库水位 317.84 m，接近三门峡水库最高运用水位（318 m），相应蓄水量 4.46 亿 m^3，塑造的洪峰流量为 5 340 m^3/s，这是汛前调水调沙最高水位及蓄水量（同 2004 年相近），塑造的洪峰也较大。这就给小浪底水库三角洲顶坡段的泥沙冲刷提供了很大的动力，在小浪底水库形成较大的异重流前锋。

同时在三门峡水库泄空后，潼关来水 $Q>1\ 000\ m^3/s$ 历时 56 h，冲刷三门峡水库，提供了小浪底水库异重流运行的后续动力。

在汛前调水调沙过程中应尽可能利用三门峡水库蓄水塑造较大的洪水过程，洪峰在 5 000 m^3/s 以上，冲刷小浪底水库三角洲顶坡段，补充异重流潜入的沙源；利用万家寨水库蓄水尽可能维持潼关大流量的历时，在三门峡水库敞泄期间排沙，增强小浪底水库形成异重流的后续动力。

（二）水库调度的影响

2010 年汛前调水调沙对接水位 219.91 m，接近三角洲顶点高程（219.61 m），在小浪底水库排沙期，最低运用水位 217.55 m。库水位的降低使得小浪底水库发生溯源冲刷和沿程冲刷，大幅度地补充了形成异重流的沙量。

此外，潜入点的泥沙组成也是影响异重流排沙比大的主要原因，但由于淤积三角洲长期在水下，不便于进行内部取样，缺少三角洲内部淤积物级配，还需进一步研究。

第二章　小浪底库区淤积物组成、沿程分布及排沙关系

一、库区淤积物组成

小浪底水库2000～2010年淤积物组成及排沙组成见表2-1、图2-1。从表2-1可以看出，小浪底水库运用11年来，库区淤积量为30.261亿t，占入库沙量的81.1%，其中细颗粒泥沙（简称细沙）、中颗粒泥沙（简称中沙）、粗颗粒泥沙（简称粗沙）分别占淤积总量的37.6%、30.7%和31.7%，可以得到，中沙、粗沙淤积量占到全沙淤积总量的62.4%，也就是说，库区淤积的大部分都是中、粗泥沙。

水库运用11 a共排沙出库7.07亿t，占入库沙量的18.9%，其中细沙、中沙、粗沙分别占排沙总量的82.4%、11.0%和6.6%，说明排出库外的泥沙中绝大部分是细泥沙，从表2-1中也可以看出历年细沙排沙比在76.0%～89.0%。

细沙、中沙、粗沙淤积量分别占各自入库沙量（淤积比）的66.2%、92.2%、95.4%，这说明大部分中沙、粗沙淤积的同时，入库细沙中的66.2%也落淤在了水库内。本来对下游不会造成大量淤积的细沙淤积在水库中，明显减少了淤积库容，缩短了水库的使用寿命。

值得关注的是2004年，细沙淤积量仅占入库细泥沙的4.2%，而中沙、粗沙分别为70.1%、84.5%（见表2-1、图2-1）。这主要是因为：第一，2003年库区运用水位较高，库区淤积在三角洲顶坡段上段，在2004年汛前调水调沙及“04·8”洪水的作用下，三角洲洲面发生了强烈冲刷，冲刷的泥沙补充了异重流潜入的沙源；第二，2004年汛前调水调沙及“04·8”洪水期间进、出库沙量分别为2.145亿t、1.483亿t，占全年进、出库沙量的81.3%和99.7%，这两场洪水是全年沙量的主要来源，排沙也集中在这两场洪水期间；另外，细泥沙落淤相对较慢，异重流排沙以细泥沙为主。因此，造成了2004年较大的排沙比。

表2-1　2000～2010年小浪底库区淤积物及排沙组成

年份	级配	入库沙量（亿t）		出库沙量（亿t）		淤积量（亿t）		占全沙淤积量比例（%）	占全沙排沙比例（%）	淤积比（%）
		全年	汛期	全年	汛期	全年	汛期			
2000	细沙	1.152	1.230	0.037	0.037	1.116	1.195	33.9	88.1	97.2
	中沙	1.100	1.170	0.004	0.004	1.095	1.170	33.2	9.5	100
	粗沙	1.089	1.160	0.001	0.001	1.088	1.160	32.9	2.4	100
	全沙	3.341	3.560	0.042	0.042	3.299	3.525	100	100	99.0

续表 2-1

年份	级配	入库沙量（亿 t）		出库沙量（亿 t）		淤积量（亿 t）		占全沙淤积量比例（%）	占全沙排沙比例（%）	淤积比（%）
		全年	汛期	全年	汛期	全年	汛期			
2001	细沙	1. 318	1. 318	0. 194	0. 194	1. 125	1. 125	43. 1	87. 8	85. 4
	中沙	0. 704	0. 704	0. 019	0. 019	0. 685	0. 685	26. 2	8. 6	97. 3
	粗沙	0. 808	0. 808	0. 008	0. 008	0. 800	0. 800	30. 7	3. 6	99. 0
	全沙	2. 830	2. 830	0. 221	0. 221	2. 610	2. 610	100	100	92. 2
2002	细沙	1. 529	1. 905	0. 610	0. 610	0. 919	1. 295	35. 3	87. 0	68. 0
	中沙	0. 981	1. 358	0. 058	0. 058	0. 924	1. 301	35. 4	8. 3	95. 8
	粗沙	0. 894	1. 111	0. 033	0. 033	0. 861	1. 078	29. 3	4. 7	97. 0
	全沙	3. 404	4. 374	0. 701	0. 701	2. 704	3. 674	100	100	84. 0
2003	细沙	3. 471	3. 475	1. 049	1. 074	2. 422	2. 401	37. 8	89. 0	69. 1
	中沙	2. 334	2. 334	0. 069	0. 072	2. 265	2. 262	35. 6	6. 0	96. 9
	粗沙	1. 755	1. 755	0. 058	0. 060	1. 696	1. 695	26. 6	5. 0	96. 6
	全沙	7. 560	7. 564	1. 176	1. 206	6. 383	6. 358	100	100	84. 1
2004	细沙	1. 199	1. 199	1. 149	1. 149	0. 050	0. 050	4. 3	77. 3	4. 2
	中沙	0. 799	0. 799	0. 239	0. 239	0. 560	0. 560	48. 7	16. 1	70. 1
	粗沙	0. 640	0. 640	0. 099	0. 099	0. 541	0. 541	47. 0	6. 6	84. 5
	全沙	2. 638	2. 638	1. 487	1. 487	1. 151	1. 151	100	100	43. 6
2005	细沙	1. 639	1. 815	0. 368	0. 381	1. 271	1. 434	39. 5	84. 9	79. 0
	中沙	0. 876	1. 007	0. 041	0. 042	0. 835	0. 965	26. 6	9. 3	95. 8
	粗沙	1. 104	1. 254	0. 025	0. 026	1. 079	1. 228	33. 9	5. 8	97. 9
	全沙	3. 619	4. 076	0. 434	0. 449	3. 185	3. 627	100	100	89. 0
2006	细沙	1. 165	1. 273	0. 289	0. 353	0. 876	0. 920	47. 7	88. 7	72. 3
	中沙	0. 419	0. 482	0. 026	0. 030	0. 392	0. 452	23. 5	7. 5	93. 8
	粗沙	0. 492	0. 570	0. 013	0. 015	0. 479	0. 555	28. 8	3. 8	97. 4
	全沙	2. 076	2. 325	0. 328	0. 398	1. 747	1. 927	100	100	82. 9
2007	细沙	1. 441	1. 702	0. 444	0. 595	0. 997	1. 107	45. 7	84. 3	65. 1
	中沙	0. 501	0. 664	0. 052	0. 072	0. 449	0. 592	24. 5	10. 2	89. 2
	粗沙	0. 572	0. 759	0. 027	0. 039	0. 545	0. 720	29. 8	5. 5	94. 9
	全沙	2. 514	3. 125	0. 523	0. 706	1. 991	2. 419	100	100	77. 4

续表 2-1

年份	级配	入库沙量（亿 t）		出库沙量（亿 t）		淤积量（亿 t）		占全沙淤积量比例（%）	占全沙排沙比例（%）	淤积比（%）
		全年	汛期	全年	汛期	全年	汛期			
2008	细沙	0.483	0.712	0.186	0.365	0.297	0.348	39.7	79.0	48.9
	中沙	0.137	0.293	0.036	0.057	0.101	0.236	27.0	12.3	80.5
	粗沙	0.124	0.332	0.030	0.040	0.094	0.292	33.3	8.7	88.0
	全沙	0.744	1.337	0.252	0.462	0.492	0.876	100	100	65.4
2009	细沙	0.802	0.888	0.031	0.032	0.771	0.856	44.0	88.9	96.4
	中沙	0.379	0.480	0.003	0.003	0.376	0.477	24.6	8.3	99.4
	粗沙	0.434	0.612	0.001	0.001	0.433	0.611	31.4	2.8	99.8
	全沙	1.615	1.980	0.035	0.036	1.580	1.944	100	100	98.2
2010	细沙	1.675	1.681	1.034	1.034	0.642	0.647	30.1	76.0	38.5
	中沙	0.761	0.762	0.185	0.185	0.576	0.577	26.8	13.5	75.7
	粗沙	1.068	1.069	0.143	0.143	0.926	0.926	43.1	10.5	86.6
	全沙	3.504	3.512	1.362	1.362	2.144	2.150	100	100	61.2
合计	细沙	15.874	17.198	5.391	5.824	10.486	11.378	37.6	82.4	66.2
	中沙	8.991	10.053	0.732	0.781	8.258	9.277	30.7	11.0	92.2
	粗沙	8.980	10.070	0.438	0.465	8.542	9.606	31.7	6.6	95.4
	全沙	33.845	37.321	6.561	7.070	27.286	30.261	100	100	81.1

注：细沙粒径 $d<0.025$ mm，中沙粒径 $0.025\ \text{mm}\leqslant d<0.05$ mm，粗沙粒径 $d\geqslant 0.05$ mm。

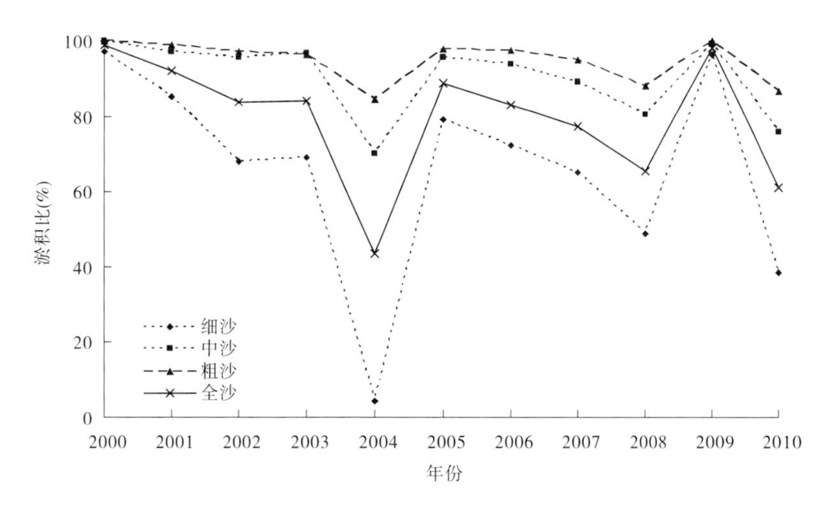

图 2-1　2000～2010 年小浪底库区淤积比

分析认为，为了改善小浪底库区淤积细泥沙含量偏多的局面，汛期洪水期间，适当降低水库运用水位，使三角洲洲面发生沿程或溯源冲刷，可以期望达到调整淤积物组成的目的。

二、淤积物沿程分布及调整分析

小浪底水库运用的前4 a，为了减少大坝渗水，在坝前形成淤积铺盖，控制了水库排沙。从2004年调水调沙开始，进行了汛前调水调沙人工异重流塑造，即合理调度黄河中游多座水库蓄水，促使三门峡库区及小浪底库区淤积三角洲产生冲刷，并在小浪底水库回水区产生异重流。从2004年以来观测的床沙组成来看（见图2-2），由于HH37断面以上容易发生大幅度的淤积或冲刷调整，其床沙相对较粗；而HH35断面以下，大多是中值粒径小于0.025 mm的细泥沙。

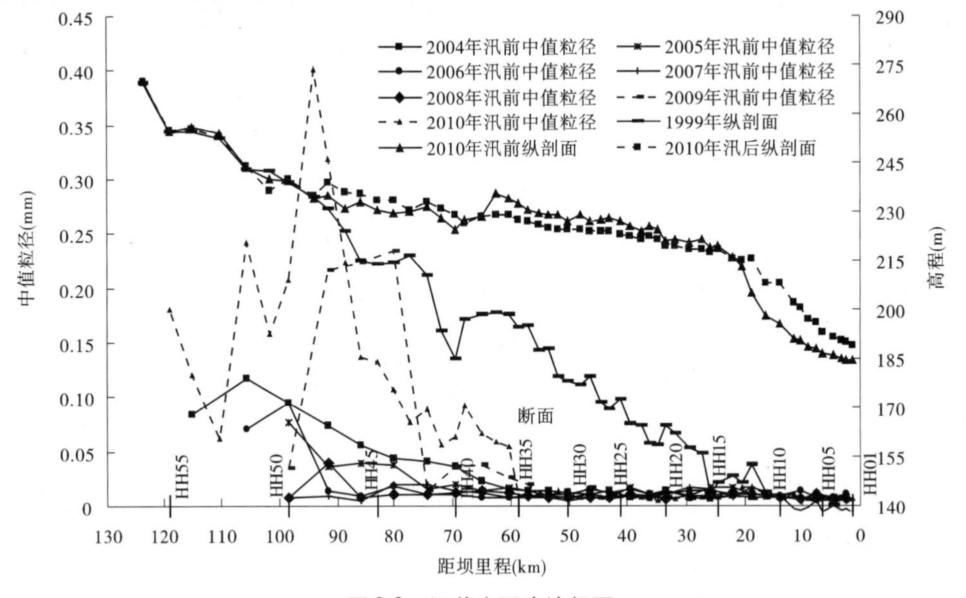

图2-2　汛前库区床沙级配

小浪底水库目前的排沙方式主要是异重流排沙，出库泥沙多为细泥沙，从小浪底水库历年汛前调水调沙期出库分组泥沙统计（见表2-2）可以得到证实，排沙比相对较大的年份2008年、2010年，细泥沙含量也可以达到78.82%和64.38%。

进一步分析2008年、2010年汛前调水调沙小浪底水库排沙的实测资料表明，如果在汛期中游发生洪水的条件下，小浪底水库实时降低库水位，使三角洲顶坡段发生沿程及溯源冲刷，将调整淤积物的分布，淤积物中的细泥沙会被冲起，在水流的作用下排沙出库。表2-3列出了三角洲顶坡段发生强烈冲刷的2008年、2010年汛前调水调沙期间水库入、出库的分组沙情况。从表中可以看出，这两年细泥沙不但没有在库区造成淤积，而且由于三角洲顶坡段的冲刷作用，还带走了前期淤积的细泥沙，2008年汛前调水调沙期间库区细泥沙淤积量减少了0.122亿t，2010年减少了0.230亿t；相反，中、粗沙还是在库区造成淤积。

表 2-2　小浪底水库历年汛前调水调沙期出库分组沙统计

年份	时段（月-日）	沙量（亿 t）		排沙比（%）	按级配划分出库沙量（亿 t）			出库细沙占出库总沙量的百分比（%）
		三门峡	小浪底		细沙（$d<0.025$ mm）	中沙（0.025 mm$\leqslant d<0.05$ mm）	粗沙（$d\geqslant 0.05$ mm）	
2004	07-07～07-14	0.385	0.055	14.29	0.047	0.004	0.004	85.45
2005	06-27～07-02	0.452	0.020	4.42	0.018	0.001	0.001	90.00
2006	06-25～06-29	0.230	0.069	30.00	0.059	0.007	0.003	85.51
2007	06-26～07-02	0.613	0.234	38.17	0.196	0.024	0.014	83.76
2008	06-27～07-03	0.741	0.458	61.81	0.361	0.057	0.040	78.82
2009	06-30～07-03	0.545	0.036	6.61	0.032	0.003	0.001	88.89
2010	07-04～07-07	0.418	0.553	132.30	0.356	0.094	0.103	64.38

表 2-3　2008 年、2010 年汛前调水调沙期间水库入、出库分组沙统计

年份	时段（月-日）	级配	入库沙量（亿 t）	出库沙量（亿 t）	冲淤量（亿 t）	排沙比（%）
2008	06-27～07-03	细沙	0.239	0.361	-0.122	151.05
		中沙	0.208	0.057	0.151	27.40
		粗沙	0.294	0.040	0.254	13.61
		全沙	0.741	0.458	0.283	61.81
2010	07-04～07-07	细沙	0.126	0.356	-0.230	282.54
		中沙	0.117	0.094	0.023	80.34
		粗沙	0.175	0.103	0.072	58.86
		全沙	0.418	0.553	-0.135	132.30

根据 2004～2010 年汛前异重流排沙资料，点绘了小浪底水库分组泥沙排沙比与全沙排沙比的关系（见图 2-3），并回归了经验关系。需要说明的是，图 2-3 只是利用汛前小浪底水库进出库资料点绘的，没考虑三角洲洲面冲淤变化，只是反映进出库的泥沙级配。从图中可以看出，随着排沙比的增加，分组泥沙的排沙比也在增大，细泥沙增加幅度最大，2007 年为 79.84%，2008 年为 151.05%，2010 高达 282.54%；2008 年、2010 年出库细沙量之所以大于入库细沙，是因为库区三角洲洲面发生了冲刷，补充了形成异重流的沙源，同时也表明三角洲顶坡段淤积的泥沙偏细。

图 2-4 所示为分组沙占出库沙量的百分数随排沙比的变化，可以看出，随着出库排沙比的增大，细沙所占的百分数有减小的趋势，中沙和粗沙所占比例有所增大。

以往的观测资料证明，小浪底水库发生沿程及溯源冲刷，将会调整三角洲洲面的淤积物组成，使水库达到增大排沙比、多排细沙、拦粗排细的目的，延长水库拦沙期使用年限。

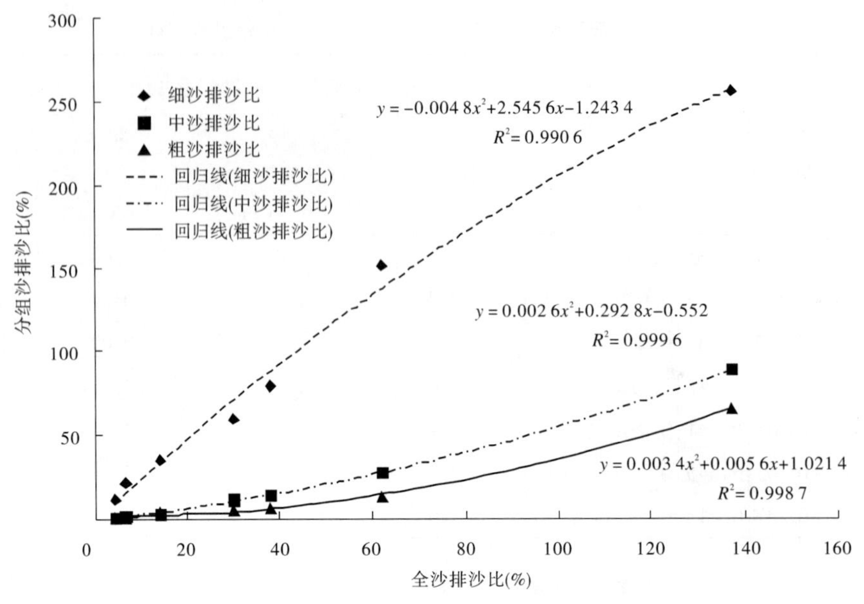

图 2-3　分组泥沙排沙与全沙排沙比关系

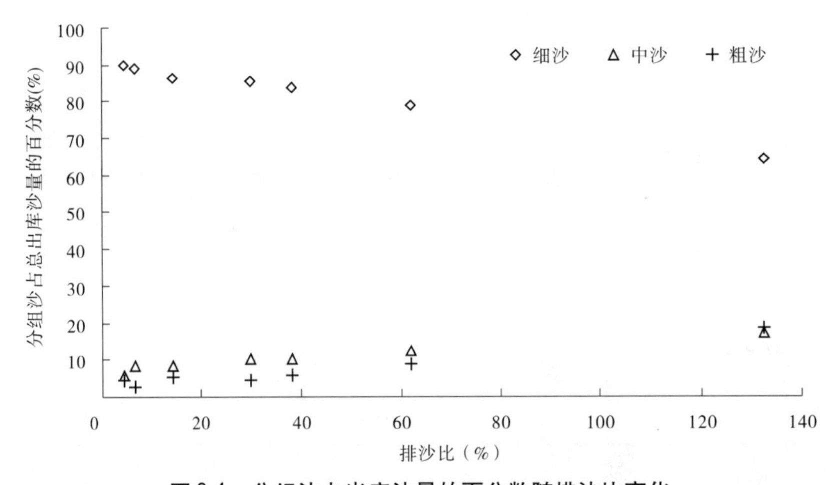

图 2-4　分组沙占出库沙量的百分数随排沙比变化

第三章　对接水位对小浪底水库排沙比的影响

小浪底水库近坝段淤积的泥沙多为细泥沙，通过改变水库的运用方式，可以调整水库淤积三角洲的床沙组成，达到多排细沙的目的。因此，在2010年汛后地形基础上，选取不同的水沙过程及水库运用方式，进行对接水位对水库排沙的敏感性分析。

一、方案的选择

（一）水沙过程的选择

汛前调水调沙人工塑造异重流，就是在中游未发生洪水的情况下，通过联合调度万家寨、三门峡和小浪底水库，充分利用万家寨、三门峡水库汛限水位以上的蓄水，冲刷三门峡非汛期淤积的泥沙和堆积在小浪底库区尾部段的泥沙，在小浪底库区塑造异重流并排沙出库，实现小浪底水库排沙及调整库尾淤积形态的目标。塑造异重流可变水库弃水为输沙水流，排泄库区泥沙，减少水库淤积，并使水库泄水加载出库泥沙顺利入海。为此水沙的选择从2004～2010年人工塑造异重流的入库水沙过程中选取，表3-1列取了近年相应时段的水沙量。

表3-1　汛前调水调沙异重流塑造期间入库水沙统计

年份	时段（月-日）	历时（d）	水量（亿 m^3）	沙量（亿 t）
2004	07-07～07-14	8	6.28	0.385
2005	06-27～07-02	6	4.03	0.452
2006	06-25～06-29	5	5.40	0.230
2007	06-26～07-02	7	8.83	0.613
2008	06-27～07-03	7	7.56	0.741
2009	06-30～07-03	4	4.60	0.545
2010	07-04～07-07	4	5.72	0.418

2007年、2008年在调水调沙期间，遭遇中游的小洪水过程；2006年万家寨水库为迎洪度汛，在调水调沙生产运行期间，提前泄水，致使塑造异重流的重要动力条件减弱；2009年龙门—潼关河段水量损失近1亿 m^3，2010年潼关以上河段区间水量损失不大。综合分析后选取2009年调水调沙期间水沙过程（2009年三门峡水文站6月29日19时18分开始起涨，7月3日18时30分排沙洞关闭）作为相对不利的水沙过程，2010年调水调沙期间水沙过程（2010年7月3日18时36分开始加大泄量，7月8日0时小浪底水库调水调沙过程结束）作为相对稳定的水沙过程（见图3-1、图3-2）。

（二）地形条件

图3-3为2010年汛后淤积纵剖面，三角洲顶点位于距坝18.75 km的HH12断面，顶点高程215.61 m，三角洲顶坡段比降为3.2‱，前坡段比降为33‱。2010年汛后至2011年汛前入库沙量很少，库区变化不大，因此以2010年汛后地形作为方案计算的地形条件。

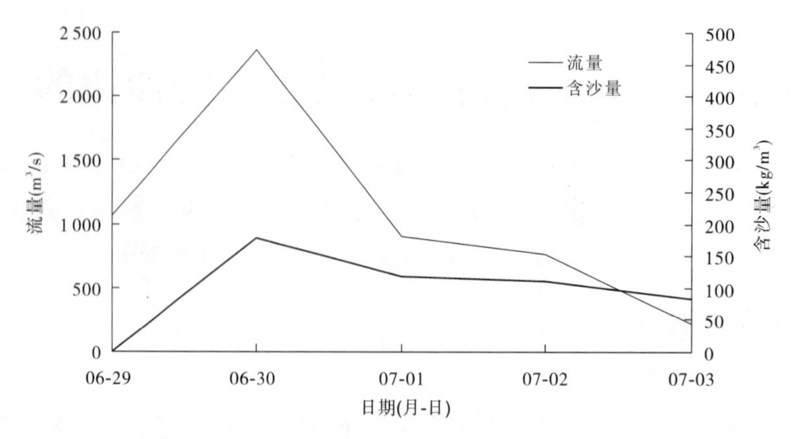

图 3-1　2009 年汛前调水调沙小浪底排沙期入库水沙过程

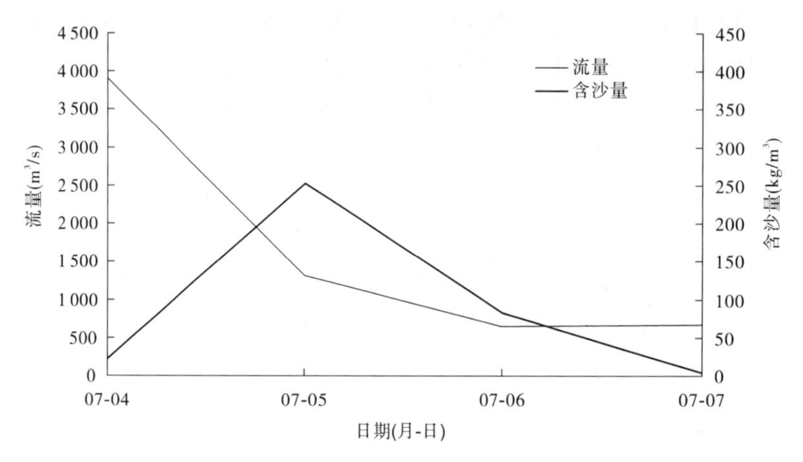

图 3-2　2010 年汛前调水调沙小浪底排沙期入库水沙过程

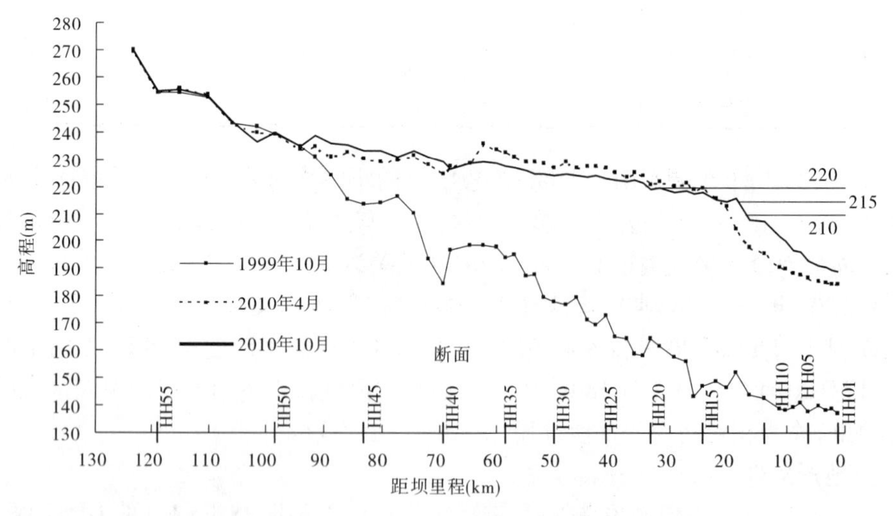

图 3-3　小浪底库区 2010 年干流纵剖面(深泓点)

（三）水库调度方式

按小浪底水库进出库平衡考虑水库发生溯源冲刷的条件，库水位分别按 220 m、215 m、210 m 考虑，分别计算 3 种不同调度方式下水库的排沙量及排沙比。

二、经验公式计算

（一）验证计算

2010 年汛前淤积三角洲顶点位于距坝 24.43 km 的 HH15 断面，顶点高程 219.61 m，三角洲顶坡段比降为 4.2‱，前坡段比降为 30.5‱；入库水沙过程、库水位均采用实测值。

1. 三角洲顶坡段计算方法

库区三角洲上游明流段的冲刷强度主要取决于水流的动力条件，明流段冲刷按以下公式计算

$$G = \psi \frac{Q^{1.6} J^{1.2}}{B^{0.6}} \times 10^3$$

式中：Q 为流量，m^3/s；B 为冲刷段水面宽度，m；J 为冲刷段水面平均比降；ψ 为系数（ψ 依据河床质抗冲性的不同取不同的系数：$\psi = 650$，代表河床质抗冲性能最小的情况；$\psi = 300$，代表中等抗冲性能的情况；$\psi = 180$，代表抗冲性能最大的情况）。

2. 异重流计算方法

异重流不平衡输沙在本质上与明流一致，其含沙量及级配的沿程变化，可采用韩其为不平衡输沙公式进行计算

$$S_j = S_i \sum_{l=1}^{n} P_{4,l,i} e^{(-\frac{\alpha \omega_l L}{q})}$$

式中：S_i 为潜入断面含沙量；S_j 为出口断面含沙量；$P_{4,l,i}$ 为潜入断面级配百分数；α 为恢复饱和系数，与来水含沙量和床沙组成关系密切，率定值为 0.15；l 为粒径组号；ω_l 为第 l 组粒径泥沙沉速；q 为单宽流量；L 为异重流运行距离。

验证结果见表 3-2 和图 3-4。从出库上看，入库沙量 0.418 亿 t，计算出库沙量 0.524 亿 t，实测出库沙量 0.553 亿 t，相差不大。但从输沙率对比（见图 3-4）看，峰值出现较大误差，且计算结果沙峰相位及相应输沙率相差较大。冲刷计算公式中有关参数还有待于小浪底水库实测资料的率定。

表 3-2　验证试验计算结果

三门峡加大泄量时间（年-月-日 T 时:分）	入库沙量（亿 t）	计算三角洲冲刷量（亿 t）	计算出库沙量（亿 t）	计算排沙比（%）	实测出库沙量（亿 t）	实测排沙比（%）
2010-07-03T18:36 ~ 07-06T22:00	0.418	0.569	0.524	125.4	0.553	132.3

通过分析认为，从总排沙量看，上述方法可用于预估小浪底水库汛前调水调沙不同方案下的出库沙量及排沙比。

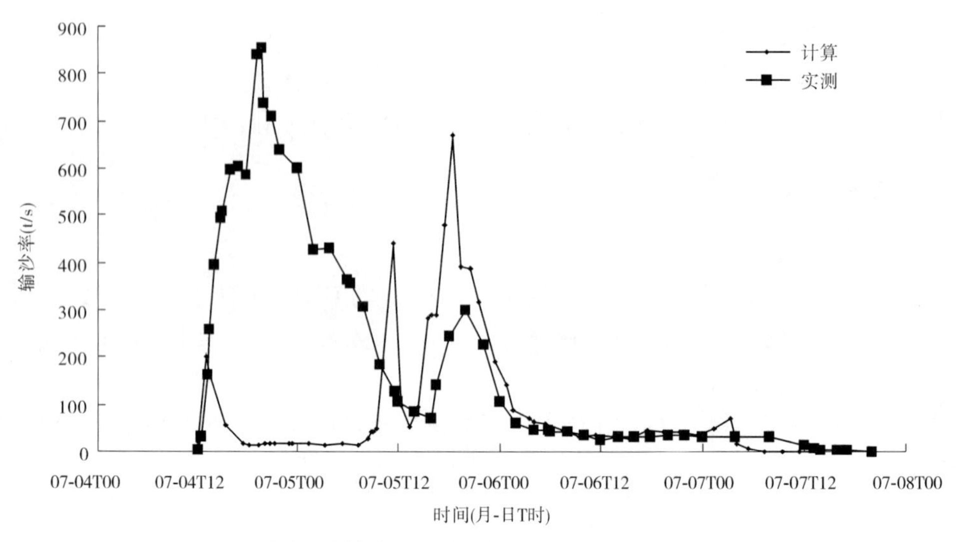

图 3-4 计算出库输沙率同实测出库输沙率对比

(二)方案计算

在 2010 年汛后地形条件下,根据不同的水沙过程、水库调度方式,组合 6 种方案,利用经验公式进行估算,方案计算结果见表 3-3。排沙效果较差的为 2009 年水沙、控制水位 220 m 的组合,排沙比仅为 20.52%;排沙效果最好的是 2010 年水沙、控制水位 210 m 的组合,排沙比达 162.27%。

表 3-3 不同方案组合及计算结果

方案	时段	入库水量(亿 m^3)	入库沙量(亿 t)	控制水位(m)	出库沙量(亿 t)	出库含沙量(kg/m^3)	排沙比(%)
1	2010-07-03 ~ 07-07	5.72	0.418 2	220	0.175 7	30.7	42.01
2				215	0.528 2	92.3	126.30
3				210	0.678 6	118.6	162.27
4	2009-06-29 ~ 07-03	4.60	0.545 2	220	0.111 9	24.3	20.52
5				215	0.449 6	97.7	82.47
6				210	0.537 9	116.9	98.66

从计算结果看,2010 年水沙条件下的排沙效果优于 2009 年的。主要原因是 2010 年三门峡水库从 317.8 m 开始加大泄量,相应水量 4.46 亿 m^3,而 2009 年从 314.69 m 开始加大泄量,相应水量为 2.26 亿 m^3,水量的减少使小浪底水库三角洲顶坡段的冲刷幅度减小,因而 2009 年水库排沙相对小些。

相同条件下,低水位排沙效果优于高水位。2010 年对接水位 220 m 时,小浪底水库三角洲顶坡段发生沿程冲刷和壅水输沙,潜入点以上可补充沙量很少,而 215 m 以下对接水位时,三角洲顶坡段发生沿程冲刷和溯源冲刷,增大了异重流潜入时的沙量。对接水位 215 m 时,排沙出库 0.528 2 亿 t,排沙比为 126.30%;当对接水位为 210 m 时,排沙效果更为显著,排沙量达到 0.678 6 亿 t,排沙比达到 162.27%。对接水位 215 m、210 m 时分别比水位 220 m 时多排泥沙 0.352 5 亿 t、0.502 9 亿 t，排沙比分别提高了 84.29%、120.26%。因此，调水调沙期间，降低对接水位，有利于提高水库的排沙效果。

表 3-4 列出了 2010 年第三次调水调沙过后，库水位接近 212 m 时 8 月 18～20 日的排沙情况，这三天中，入库沙量 0.088 4 亿 t，出库沙量 0.126 5 亿 t，排沙比 143.1%，方案计算结果中控制水位 210 m 方案与之较接近，说明经验公式计算结果还是可信的。

表 3-4 2010 年汛期库水位接近 212 m 时的排沙统计

日期（月-日）	水位（m）	入库			出库		
		流量（m^3/s）	含沙量（kg/m^3）	沙量（亿 t）	流量（m^3/s）	含沙量（kg/m^3）	沙量（亿 t）
08-18	211.7	1 600	26.2	0.036 2	2 120	29.2	0.053 5
08-19	211.6	2 190	15.6	0.029 5	2 040	22.6	0.039 8
08-20	212.1	2 280	11.5	0.022 7	2 250	17.1	0.033 2
合计				0.088 4			0.126 5

三、水动力学数学模型计算

（一）模型率定

利用 2008 年小浪底水库调水调沙过程对模型参数进行率定。

1. 计算区域

计算干流河段为三门峡水库出口—小浪底坝址，其间考虑大峪河、煤窑沟、白马河、畛水河、石井河、东洋河、大交沟、西阳河、峪里河、沇西河、亳清河、板涧河等主要支流。干流布设断面 56 个，支流布设断面 118 个。

2. 地形边界

采取 2008 年汛前干、支流库区地形大断面资料。

3. 进口边界

模型进口边界为三门峡水库出口，以实测三门峡水库出库流量、含沙量及级配过程作为计算河段进口边界控制条件。计算时段为 2008 年 6 月 27 日至 7 月 3 日。

4. 出口边界

模型出口边界为小浪底水库坝址断面，以相应小浪底水库坝前水位及下泄流量作为出口控制条件。

5. 模型计算结果分析

图 3-5 为库区河段内计算与实测沿程断面深泓点对比，可以看出，数学模型能够基本模拟出河堤站（距坝里程约 65 km）以上库段发生冲刷，而淤积主要发生在河堤站以下库段的基本特性，河段内断面深泓点变化与实测基本吻合。

表 3-5 为 2008 年调水调沙期间进出库沙量统计表。该时段入库沙量为 0.741 亿 t，计算出库沙量为 0.439 亿 t，实测出库沙量为 0.458 亿 t，计算全沙排沙比为 59.24%，实测值为 61.81%，模型计算值与实测值符合较好。

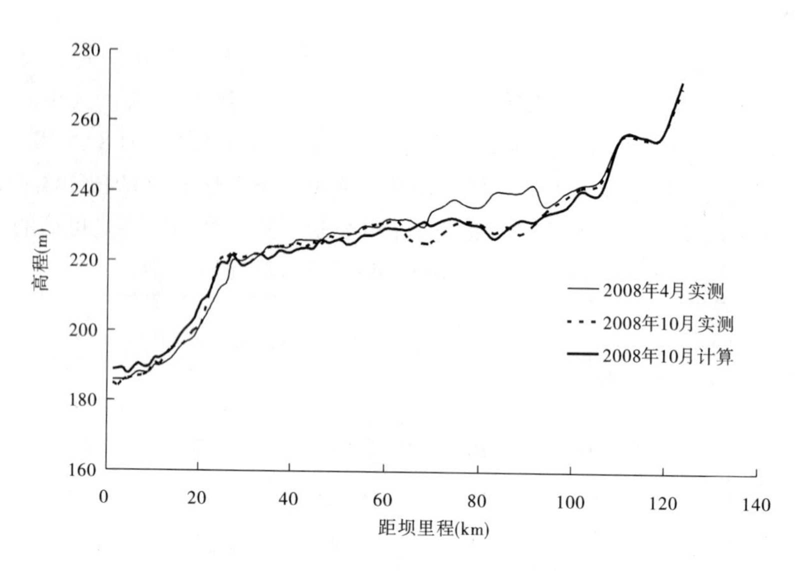

图 3-5　2008 年调水调沙期间深泓点计算与实测对比

表 3-5　2008 年调水调沙期间进出库沙量及冲淤量统计表

项目	入库沙量(亿 t)	出库沙量(亿 t)	淤积沙量(亿 t)	排沙比(%)
计算	0.741	0.439	0.302	59.24
实测	0.741	0.458	0.283	61.81

通过数学模型计算,可以得到 2008 年调水调沙期间异重流潜入点位置及其潜入点流量、含沙量变化情况,见表 3-6。可以看出,2008 年调水调沙期间仅有 4 d 出现异重流排沙,潜入断面均在 HH16 断面(距小浪底坝址约 26 km)附近,潜入点的含沙量均在 44 kg/m^3以上。

表 3-6　2008 年调水调沙期间异重流特征统计

日期(月-日)	潜入断面	潜入断面流量(m^3/s)	潜入断面含沙量(kg/m^3)
06-29	HH16	2 737	111.73
06-30	HH16	1 902	103.87
07-01	HH16	1 839	77.49
07-02	HH16	1 330	44.06

通过对 2008 年调水调沙过程的计算分析,初步率定小浪底水库库区分河段初始糙率 n、挟沙力系数 K 与指数 m、平衡状态下泥沙恢复饱和系数,见表 3-7,可以看出:小浪底水库库区糙率在0.011 ~0.013之间。

表 3-7　小浪底水库库区各河段率定成果表

模型参数		HH01 ~ HH20	HH21 ~ HH40	HH40 以上
糙率(主槽)	n	0.013 0	0.011 5	0.010 5
挟沙力系数	K	0.501 5	0.551 5	0.451 5
挟沙力指数	m	0.761 4	0.771 4	0.761 4
饱和系数	α	0.012	0.010	0.010

(二)模型验证

利用率定的数学模型,对 2009 年、2010 年小浪底水库调水调沙资料进行验证计算。

1.2009 年调水调沙验证计算

1)地形边界

采取 2009 年汛前干、支流库区地形大断面资料。

2)进口边界

模型进口边界为三门峡水库出口,以实测三门峡水库出库流量、含沙量及级配过程作为计算河段进口边界控制条件。计算时段为 2009 年 6 月 29 日至 7 月 3 日。

3)出口边界

模型出口边界为小浪底水库坝址断面,以相应小浪底水库坝前水位及下泄流量作为出口控制条件。

4)验证计算结果分析

图 3-6 为库区河段内沿程断面深泓点计算、实测高程对比,可以看出,HH48 断面(距小浪底坝址约 91 km)—河堤站断面(距小浪底坝址约 65 km)间为微冲微淤,但总体有回淤趋势,计算与实测值基本符合;河堤站以下三角洲顶点(距小浪底坝址 22 km)以上河段,实测无明显变化,计算结果则有微冲趋势,需补充该河段的床沙级配及床沙钻孔资料,

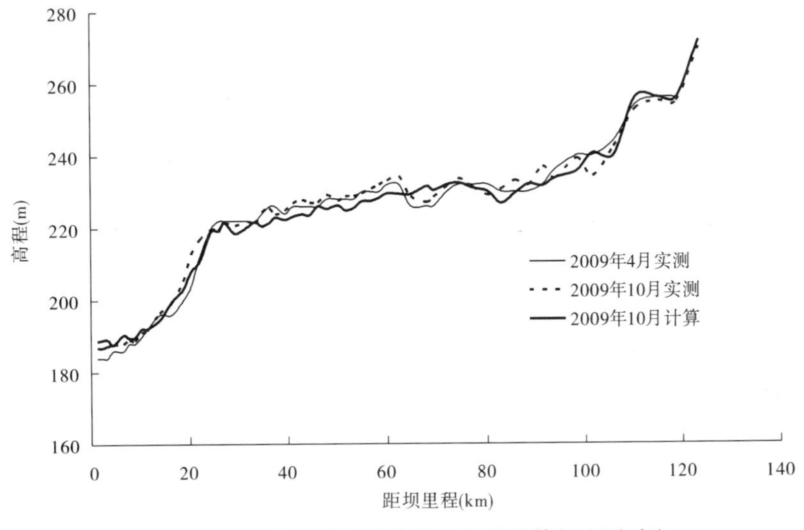

图 3-6　2009 年调水调沙期间深泓点计算与实测对比

并结合演变分析，进一步预测其变化趋势；三角洲顶点以下库段，整体表现为淤积，计算河段内断面深泓点变化与实测基本吻合，计算结果能够基本模拟变化特性。

表3-8为2009年调水调沙期间进出库泥沙量。该时段入库沙量为0.545亿t，计算出库沙量为0.085亿t，实测出库沙量为0.036亿t，计算全沙排沙比为15.60%，实测值为6.61%。

表3-8 2009年调水调沙期间进出库沙量及冲淤量统计表

项目	入库沙量(亿t)	出库沙量(亿t)	淤积沙量(亿t)	排沙比(%)
计算	0.545	0.085	0.460	15.60
实测	0.545	0.036	0.509	6.61

通过数学模型计算，可以得到2009年调水调沙期间异重流潜入点位置及其潜入点流量、含沙量变化情况，见表3-9。可以看出，2009年调水调沙期间仅有4 d出现异重流排沙，潜入点在HH15(距小浪底坝址22.1 km)~HH16(距小浪底坝址26 km)断面，潜入点的含沙量均在35 kg/m^3以上。

表3-9 2009年调水调沙期间异重流特征统计

日期(月-日)	潜入断面	潜入断面流量(m^3/s)	潜入断面含沙量(kg/m^3)
06-30	HH16	2 710	109.3
07-01	HH16	1 605	45.6
07-02	HH15	1 231	49.5
07-03	HH15	591	35.1

2.2010年调水调沙验证计算

1)地形边界

采用2010年汛前干、支流大断面资料。

2)进口边界

模型进口边界为三门峡水库出口，以三门峡流量、含沙量及级配过程作为计算河段进口边界控制条件。计算时段为2010年7月3日至8月31日。

7月3日至8月31日，小浪底出库最高含沙量为303 kg/m^3。7月26~30日，小浪底出库含沙量为148 kg/m^3。8月12~22日，小浪底最大出库含沙量为95.5 kg/m^3(见图3-7)。

3)出口边界

模型出口边界为小浪底水库坝址断面，以相应小浪底水库坝前水位及下泄流量作为出口控制条件。

4)验证计算结果分析

表3-10为2010年调水调沙期间进出库泥沙统计表。7月3~7日入库沙量为0.418亿t，计算出库沙量为0.527亿t，实测出库沙量为0.553亿t，计算全沙排沙比为126.08%，实测值为132.30%。7月26~30日，计算全沙排沙比为50.26%，实测值为

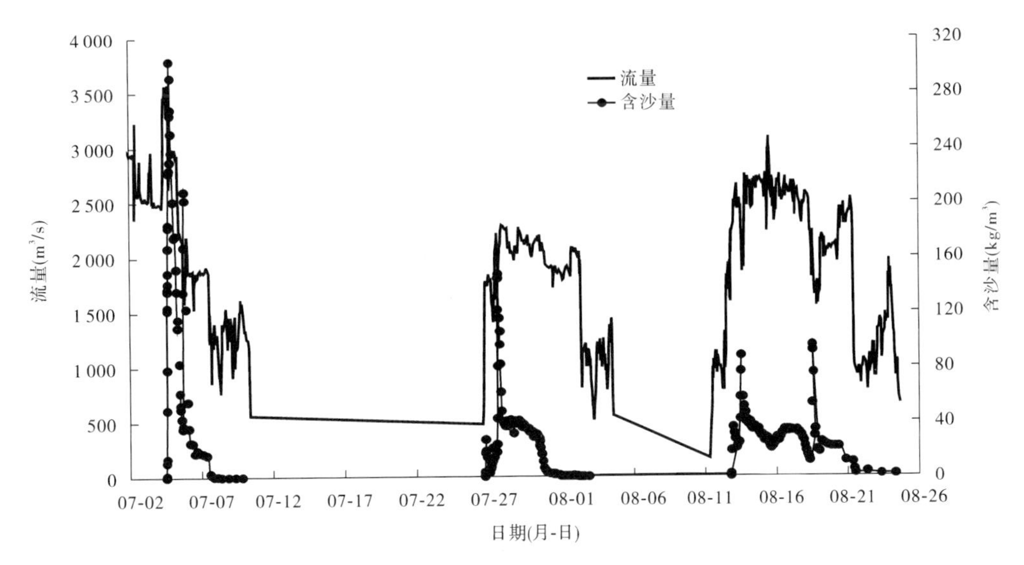

图 3-7　2010 年调水调沙小浪底出库流量、含沙量过程

28.53%。8 月 12～22 日,计算全沙排沙比为 53.41%,实测值为 46.85%。表明模型计算结果基本接近实测值,是可信的。

表 3-10　2010 年调水调沙期间进出库沙量及排沙比统计

时段(月-日)	项目	沙量(亿 t)		排沙比(%)
		入库	出库	
07-03～07-07	计算	0.418	0.527	126.08
	实测	0.418	0.553	132.30
07-26～07-30	计算	0.778	0.391	50.26
	实测	0.778	0.222	28.53
08-12～08-22	计算	1.159	0.619	53.41
	实测	1.159	0.543	46.85

图 3-8 为小浪底出库流量及坝前水位过程图,第一场高含沙洪水(7 月 3～7 日),由于坝前水位逐渐降低,库区溯源冲刷,排沙比较大。第二场洪水(7 月 26～30 日),水库运用水位较高,为 220～222 m,三角洲顶点在 219 m 附近,小浪底库区没有发生溯源冲刷,排沙比减小。第三场洪水(8 月 12～22 日),虽然水库运用水位较低(最低 211.65 m),但由于前两场洪水在库区河道的持续冲刷,使得三角洲顶点附近的河床粗化,细泥沙减少,因此排沙比相对减小,基本上在 50% 左右。

(三)模型计算

为研究在相同地形条件下,不同水沙条件和不同运用水位对小浪底库区的影响,利用验证后的小浪底水库库区数学模型,分以下两种设计方案进行模拟计算。

(1)利用 2009 年调水调沙期资料(2009 年三门峡水文站 6 月 29 日 19 时 18 分开始起涨,7 月 3 日 18 时 30 分排沙洞关闭),在 2010 年汛后的地形基础上,计算小浪底水库

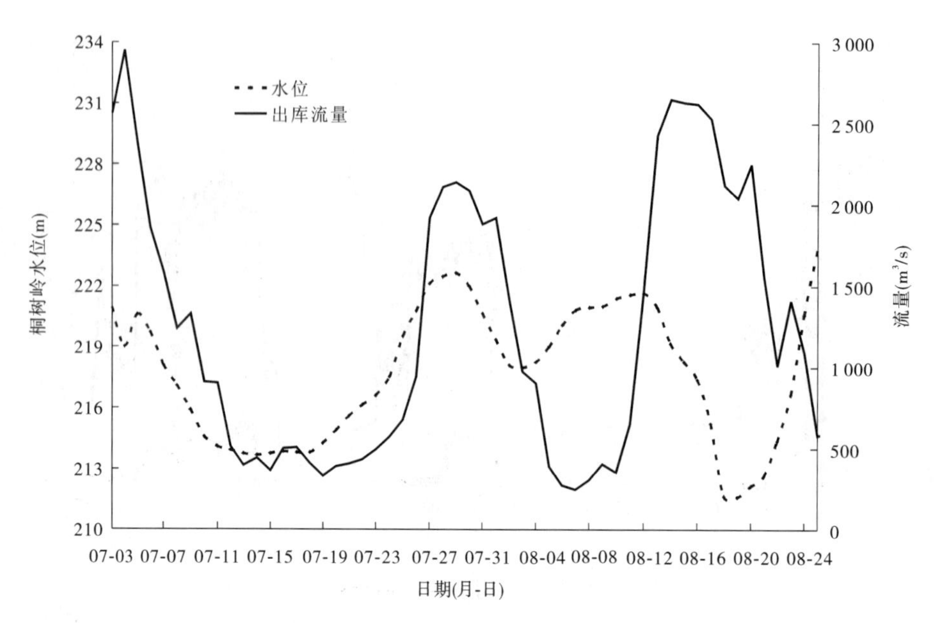

图 3-8　小浪底水库出库流量及坝前水位过程

在不同库水位 225 m、220 m、215 m、210 m 运用下的排沙比。

(2)用 2010 年调水调沙期入库水沙(2010 年 7 月 3 日 18 时 36 分开始加大泄量,7 月 8 日 0 时小浪底水库调水调沙过程结束),在 2010 年汛后的地形基础上,计算小浪底水库在不同库水位 225 m、220 m、215 m、210 m 运用下的排沙比。

1. 2009 年调水调沙水沙过程模型计算与分析

1)地形边界

采取 2010 年汛后干、支流库区大断面资料。

2)进口边界

模型进口边界为三门峡水库出口,以三门峡流量、含沙量及级配过程作为计算河段进口边界控制条件。计算时段为 2009 年 6 月 29 日至 7 月 3 日。

3)出口边界

模型出口为小浪底水库坝址断面,以小浪底水库坝前水位 225 m、220 m、215 m、210 m 进行控制。

4)模型计算结果分析

表 3-11 为不同坝前水位下的计算结果。随着对接水位的降低,小浪底水库的排沙比增加,出库含沙量增加,出库细沙含量有所降低。当对接水位为 220 m 时,在三门峡水库清水下泄期,由于沿程冲刷,小浪底水库出库沙量为 0. 033 亿 t;在三门峡水库排沙期,小浪底水库出库沙量为 0. 256 亿 t;整个时段小浪底水库出库沙量为 0. 289 亿 t,出库含沙量为 62. 8 kg/m³,排沙比为 53. 03%,细沙占出库沙量的 86. 2%。当小浪底水库坝前水位为 215 m 时,清水期小浪底水库出库沙量为 0. 171 亿 t,排沙期小浪底水库出库沙量为 0. 290 亿 t,整个时段小浪底水库出库沙量为 0. 461 亿 t,出库含沙量达到 100 kg/m³,排沙比达到 84. 59%,细沙占出库沙量的 76. 8%。当小浪底水库坝前水位为 210 m 时,清水期小浪底水库出库沙量为 0. 193 亿 t,排沙期小浪底水库出库沙量为 0. 311 亿 t,整个时段小浪底水

库出库沙量为 0.504 亿 t，出库含沙量达到 110 kg/m³，排沙比达到 92.48%，细沙占出库总沙量的 73.0%。

表 3-11　2009 年水沙系列不同坝前水位下分组沙排沙量及排沙比

坝前水位(m)	时段(月-日 T 时)	入库水量(亿 m³)	入库沙量(亿 t)	出库沙量(亿 t)				排沙比(%)	整个时段出库含沙量(kg/m³)	整个时段出库细沙含量(%)
				全沙	细沙	中沙	粗沙			
225	06-30T06 之前	4.6	0	0.013	0.012	0.001	0		46.1	87.8
	06-30T06 ~ 07-03T20		0.545	0.200	0.175	0.022	0.003	36.70		
	合计		0.545	0.212	0.186	0.023	0.003	38.90		
220	06-30T06 之前	4.6	0	0.033	0.030	0.003	0		62.8	86.2
	06-30T06 ~ 07-03T20		0.545	0.256	0.219	0.030	0.007	46.97		
	合计		0.545	0.289	0.249	0.033	0.007	53.03		
215	06-30T06 之前	4.6	0	0.171	0.127	0.032	0.012		100	76.8
	06-30T06 ~ 07-03T20		0.545	0.290	0.227	0.047	0.016	53.21		
	合计		0.545	0.461	0.354	0.079	0.028	84.59		
210	06-30T06 之前	4.6	0	0.193	0.130	0.041	0.022		110	73.0
	06-30T06 ~ 07-03T20		0.545	0.311	0.238	0.051	0.022	57.06		
	合计		0.545	0.504	0.368	0.092	0.044	92.48		

可以得出，发生溯源冲刷较强烈的 215 m 方案及 210 m 方案，排沙量分别为 0.461 亿 t、0.504 亿 t，同 220 m 方案相比，排沙量分别增加 0.172 亿 t、0.215 亿 t，多排细沙分别为 0.105 亿 t、0.119 亿 t，整个时段全沙排沙比由 53.03% 增大至 84.59%、92.48%。

2. 2010 年调水调沙水沙过程模型计算与分析

1）地形边界

采取 2010 汛后干、支流库区地形大断面资料。

2）进口边界

模型进口边界为三门峡水库出口，以实测三门峡流量、含沙量及级配过程作为计算河段进口边界控制条件。计算时段为 2010 年 7 月 3 ~ 8 日。

3）出口边界

模型出口边界为小浪底水库坝址断面，以小浪底水库坝前水位 225 m、220 m、215 m、210 m 进行控制。

4)模型计算结果分析

图3-9、表3-12为不同坝前水位下小浪底水库出库排沙比模型计算值,可以得出,随着坝前水位的降低,排沙比增大,出库含沙量增加,出库细沙含量降低。当坝前水位为220 m时,三门峡水库来清水的情况下,由于沿程冲刷,小浪底水库出库沙量为0.062亿t;三门峡水库排沙期,小浪底水库出库沙量为0.249亿t;整个时段小浪底水库出库沙量为0.311亿t,出库含沙量为53.8 kg/m³,全沙排沙比为74.40%,细沙占出库总沙量的87.8%。当水位为215 m时,清水期小浪底水库出库沙量为0.231亿t,三门峡水库排沙期,小浪底水库出库沙量为0.282亿t,整个时段小浪底水库出库沙量为0.513亿t,出库含沙量达到89.9 kg/m³,排沙比达到122.73%,细沙占出库总沙量的75.0%。当水位为210 m时,清水期小浪底水库出库沙量为0.270亿t,三门峡水库排沙期,小浪底水库出库沙量为0.368亿t,整个时段小浪底水库出库沙量为0.638亿t,出库含沙量达到111.9 kg/m³,排沙比达到152.63%,细沙占出库总沙量的67.2%。

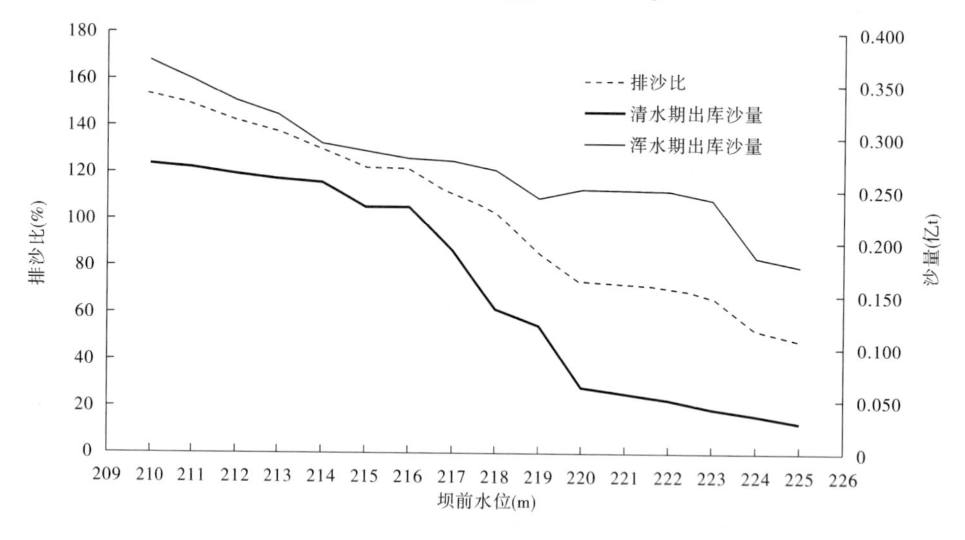

图3-9 排沙比随坝前水位变化

表3-12 2010年水沙系列不同坝前水位下库区冲淤量及排沙比

坝前水位(m)	时段(月-日T时)	入库水量(亿m³)	入库沙量(亿t)	出库沙量(亿t)				排沙比(%)	整个时段出库含沙量(kg/m³)	整个时段出库细沙含量(%)
				全沙	细沙	中沙	粗沙			
225	07-04T18之前	5.72	0	0.027	0.026	0.001	0		35.5	92.1
	07-04T18~07-08T00		0.418	0.175	0.160	0.014	0.001	41.87		
	合计		0.418	0.202	0.186	0.015	0.001	48.33		

续表 3-12

坝前水位(m)	时段(月-日 T时)	入库水量(亿 m^3)	入库沙量(亿 t)	出库沙量(亿 t)				排沙比(%)	整个时段出库含沙量(kg/m^3)	整个时段出库细沙含量(%)
				全沙	细沙	中沙	粗沙			
220	07-04T18 之前	5.72	0	0.062	0.056	0.006	0		53.8	87.8
	07-04T18 ~ 07-08T00		0.418	0.249	0.217	0.027	0.005	59.57		
	合计		0.418	0.311	0.273	0.033	0.005	74.40		
215	07-04T18 之前	5.72	0	0.231	0.161	0.051	0.019		89.9	75.0
	07-04T18 ~ 07-08T00		0.418	0.282	0.224	0.040	0.018	67.46		
	合计		0.418	0.513	0.385	0.091	0.037	122.73		
210	07-04T18 之前	5.72	0	0.270	0.162	0.067	0.041		111.9	67.2
	07-04T18 ~ 07-08T00		0.418	0.368	0.267	0.058	0.043	88.04		
	合计		0.418	0.638	0.429	0.125	0.084	152.63		

215 m、210 m 方案,排沙量分别为 0.513 亿 t、0.638 亿 t,同 220 m 方案相比,排沙量分别增加 0.202 亿 t、0.327 亿 t,其中多排细沙分别为 0.112 亿 t、0.156 亿 t,整个时段全沙排沙比由 74.40% 增大至 122.73%、152.63%。

(四)结论

(1)利用小浪底水库库区数学模型,对 2008 年、2009 年、2010 年调水调沙实际过程进行了验证计算,库区淤积量及排沙比模型计算值与实际值符合较好。

(2)利用 2010 年汛后地形,2009 年和 2010 年三门峡实际出库水沙过程,对小浪底水库不同对接水位 225 m、220 m、215 m、210 m 进行计算,结果均表明:随着对接水位的降低,小浪底水库的排沙比增加,出库含沙量增加,出库细沙含量有所降低。

(3)利用 2010 年汛后地形,2009 年三门峡实际出库水沙过程进行计算,可以得到:当小浪底坝前水位为 220 m 时,小浪底水库出库沙量为 0.289 亿 t,出库含沙量为 62.8 kg/m^3,排沙比为 53.03%,出库细沙占出库总沙量的 86.2%。当小浪底水库坝前水位为 215 m 时,小浪底水库出库沙量为 0.461 亿 t,出库含沙量达到 100 kg/m^3,排沙比达到 84.59%,出库细沙占出库总沙量的 76.8%。当小浪底水库坝前水位为 210 m 时,小浪底水库出库沙量为 0.504 亿 t,出库含沙量达到 110 kg/m^3,排沙比达到 92.48%,出库细沙占出库总沙量的 73.0%。同 220 m 方案相比,发生溯源冲刷较强烈的 215 m 方案及 210 m 方案,排沙量分别增加 0.172 亿 t、0.215 亿 t,多排细沙分别为 0.105 亿 t、0.119 亿 t,整个时段全沙排沙比由 53.03% 增大至 84.59%、92.48%。

(4)利用 2010 年汛后地形,2010 年三门峡实际出库水沙过程进行计算,可以得到:当小浪底水库坝前水位为 220 m 时,小浪底水库出库沙量为 0.311 亿 t,出库含沙量为 53.8

kg/m^3,排沙比为 74.40%,出库细沙占出库总沙量的 87.8%。当小浪底水库坝前水位为 215 m 时,小浪底水库出库沙量为 0.513 亿 t,出库含沙量达到 89.9 kg/m^3,排沙比达到 122.73%,出库细沙占出库总沙量的 75.0%。当小浪底坝前水位为 210 m 时,小浪底水库出库沙量为 0.638 亿 t,出库含沙量达到 111.9 kg/m^3,排沙比达到 152.63%,出库细沙占出库总沙量的 67.2%。同 220 m 方案相比,215 m、210 m 方案排沙量分别增加 0.202 亿 t、0.327 亿 t,其中多排细沙分别为 0.112 亿 t、0.156 亿 t,整个时段全沙排沙比由 74.40% 增大至 122.73%、152.63%。

四、综合分析

经验公式和水动力学模型的计算表明,随着对接水位的降低,出库沙量增加,排沙比明显提高,降低水位有利于增加水库的排沙效果。2010 年排沙效果优于 2009 年。水动力学模型计算结果表明,出库细沙含量随排沙比的增加而有所减小,这一点和库区原型观测资料是一致的。

通过两类模型计算的对比发现,在对接水位 220 m 时,经验公式计算的出库沙量较少,2009 年 2010 年分别为 0.112 亿 t、0.176 亿 t,低于水动力学模型计算的 0.289 亿 t、0.311 亿 t。但在对接水位 215 m、210 m 时,两种方法计算结果比较接近,如 2009 年对接水位 215 m 时,经验公式和水动力学模型计算的出库沙量分别为 0.450 亿 t、0.461 亿 t,排沙比分别为 82.47%、84.59%;对接水位 210 m 时,经验公式和水动力学模型计算的出库沙量分别为 0.538 亿 t、0.504 亿 t,排沙比分别为 98.66%、92.48%。表明不同对接水位方案间比较还可以,在目前的计算手段下,这些计算成果还是可信的。

第四章　对2011年汛前调水调沙的建议

分析认为,2010年汛前调水调沙异重流塑造期间,水库运用水位较低,低于三角洲顶点,三角洲顶坡段发生沿程冲刷及溯源冲刷,异重流潜入点沙量远远大于入库沙量,才导致了2010年大于100%的排沙比。

根据2010年汛后实际情况,小浪底水库220 m、215 m、210 m相应蓄水量分别为7.16亿m^3、4.73亿m^3、2.99亿m^3(见表4-1),如果使小浪底水库发生溯源冲刷,对接水位不应高于三角洲顶点,但三角洲顶点附近小浪底水库蓄水量不足5亿m^3;按照小浪底水库运用规程要求,小浪底水库2011年6月底要蓄10亿m^3水,但2010年10月225 m以下库容仅为10.5亿m^3,并且还有支流的部分蓄水出不来(畛水河约0.5亿m^3)。

表4-1　2010年10月汛限水位以下小浪底水库库容　　(单位:亿m^3)

高程(m)	干流	左岸支流	右岸支流	支流	总库容
185	0	0	0	0	0
190	0.010	0	0.003	0.003	0.013
195	0.203	0.077	0.036	0.113	0.316
200	0.623	0.224	0.090	0.314	0.937
205	1.185	0.417	0.156	0.573	1.758
210	1.897	0.638	0.450	1.088	2.985
215	2.805	0.907	1.019	1.926	4.731
220	4.148	1.236	1.773	3.009	7.157
225	6.009	1.695	2.799	4.494	10.503

如果2011年小浪底水库追求排沙比大于100%的目标,必须使潜入点以上的顶坡段发生沿程冲刷及溯源冲刷,且冲刷幅度要大。这同小浪底水库实现"防断流"以及应对7月上旬的"卡脖子旱"等问题出现矛盾。

从目前的认识来看,为了增加水库排沙,减少库区淤积,对2011年汛前调水调沙有以下建议:

(1)在三门峡水库最高水位及库内工程允许水位最大降幅的前提下,三门峡水库在增大泄量时,尽可能塑造较大洪峰,达到冲刷小浪底水库三角洲洲面的目的;建议三门峡水库从318 m时开始增大泄量,塑造的洪峰流量大于5 000 m^3/s。

(2)万家寨从最高蓄水位降到最低蓄水位,尽可能维持三门峡水库泄空后潼关800 m^3/s甚至1 000 m^3/s的持续时间,并进一步优化万家寨及三门峡水库调度,使得万家寨泄流与三门峡水库准确衔接。

(3)对接水位降至215 m以下,使三门峡蓄水塑造的洪峰及潼关来水(万家寨塑造的洪峰)在三角洲发生沿程冲刷及溯源冲刷,加大异重流潜入时的沙量。

第五章　结论及建议

(1)2010 年汛前调水调沙排沙比大于 100% 的原因主要为:一是三门峡水库在接近最高运用水位(318 m)时开始塑造洪峰,水量大,塑造的洪水过程流量大、历时长;二是对接水位接近三角洲顶点,小浪底水库三角洲顶坡段发生沿程冲刷及溯源冲刷,较大幅度地补充了异重流潜入时的沙量。

(2)通过对小浪底水库的床沙组成分析,HH37 断面以上由于容易发生大幅度的淤积或冲刷调整,其床沙相对较粗,HH35 断面以下,大多是中值粒径小于 0.025 mm 的细泥沙。

(3)小浪底水库目前的排沙方式主要是异重流排沙,出库泥沙多为细泥沙,即使是排沙比相对较大的年份,如 2008 年、2010 年,细泥沙含量也分别为 78.82% 和 64.38%,而细泥沙的排沙比达到了 151.05% 和 282.54%。这主要是由于三角洲顶坡段发生强烈沿程冲刷及溯源冲刷,带走了前期淤积物中的细泥沙,这将会调整三角洲洲面的淤积物组成,使水库达到增大排沙比、多排细沙、拦粗排细的目的,延长水库拦沙期使用年限。

(4)利用 2010 年汛后地形,2009 年和 2010 年三门峡实际出库水沙过程,对小浪底水库不同对接水位 225 m、220 m、215 m、210 m 进行计算,经验公式和水动力学数学模型均表明:随着对接水位的降低,排沙比增加,出库含沙量增加,出库细沙含量有所降低。2010 年排沙效果优于 2009 年,低水位排沙效果优于高水位。

(5)根据 2011 年现状,建议 2011 年汛前调水调沙期间,利用万家寨和三门峡水库的最大蓄水量塑造洪峰;同时对接水位低于三角洲顶点高程,以便更大限度地排沙出库,减少库区淤积。

第七专题　利用西霞院水库协调黄河下游水沙关系的可能性及效果分析

利用西霞院水库位于小浪底水库下游的区位优势，优化西霞院水库运用方式，协调进入下游河道的水沙关系，提高下游河道水流输沙潜力是非常有意义的。通过数学模型计算西霞院滞沙效果及其对黄河下游的影响，结果表明：尽管西霞院水库库容有限，在汛期还是能够拦滞一部分泥沙，同时利用汛前调水调沙洪水过程能够把大部分泥沙冲刷出库；西霞院水库对下游的加沙如果集中在小浪底出库大流量的清水期，加入下游的泥沙基本能够被输送入海。

近年来，利用小浪底水库调水调沙以及人工塑造异重流，在有效冲刷下游河道、减少水库淤积等方面取得了显著效果。现有以小浪底水库为中心的水库群联合运用，以三门峡水库318 m水位以下4.47亿m^3的可用水量冲刷小浪底水库三角洲顶坡段的泥沙，以万家寨977 m水位以下2.18亿m^3的可调水量冲刷三门峡水库库区的泥沙，作为塑造小浪底水库异重流的后续沙源。而每年汛前储存于小浪底水库约40亿m^3的可调水量，仍难以有效排泄自身的泥沙。随着小浪底水库拦沙运用、下游冲刷历时的增长，下游河道平滩流量全线恢复到了4 000 m^3/s以上，同时随着河床粗化，下游河道冲刷效率也显著降低。为此，拟利用西霞院水库位于小浪底水库下游的区位优势，进一步协调进入下游河道的水沙关系，在基本维持下游河道不淤或微淤的前提下，进一步发挥下游河道的输沙潜力：①当汛期发生短历时高含沙洪水（如“04·8”洪水）、小浪底水库排沙而下游河道又不能带走，发生明显淤积时，适当抬高西霞院水库运用水位，拦蓄部分泥沙，维持下游河道微淤；②在小浪底水库汛前调水调沙，尤其是下泄清水阶段，将上年度汛期淤积在西霞院水库的泥沙通过短期降低库水位冲刷出库，让这部分泥沙加载在清水大流量时期输沙入海，同时不显著增加下游河道淤积；③小浪底水库异重流排沙阶段，出库泥沙细、含沙量大，易于在花园口以上河段形成洪峰增值现象，若通过西霞院水库，适当滞蓄沙峰、降低进入下游的含沙量，则可有效降低洪峰增值幅度；待来年汛前调水调沙时（小浪底水库下泄清水阶段），再将其冲刷出库。

第一章　西霞院水库基本情况

一、基本情况

黄河小浪底水利枢纽配套工程——西霞院反调节水库位于黄河干流中游河南境内，上距小浪底 16 km，下距花园口 145 km。以反调节为主，结合发电，兼顾灌溉、供水等综合利用。反调节运用指西霞院水库通过对小浪底水电站调峰发电的不稳定流进行再调节，使下泄水流均匀稳定，减少下游河床的摆动，减轻对下游堤防等防护工程的冲刷。当小浪底水库发电流量较大时，西霞院水库按反调节流量要求发电，多余水量存于库中，或根据需要调峰发电；当小浪底水电站停机时，利用库中存水按反调节水量下泄，满足黄河下游河段的工农业用水要求。西霞院水库主体工程于 2004 年 1 月开工，2007 年 6 月 18 日首台机组并网发电。

二、设计指标

西霞院水库设计最大坝高 20.2 m，坝顶高程 138.2 m，总库容 1.62 亿 m^3，正常蓄水位 134 m，汛期限制水位 131 m。西霞院水库库容很小，根据 2010 年库容曲线（见图 1-1），西霞院水库汛限水位 131 m 和正常蓄水位 134 m 的库容分别为 0.77 亿 m^3 和 1.44 亿 m^3。总装机容量 140 MW，淤积平衡后库容为 0.452 亿 m^3，多年平均发电量 5.83 亿 kWh。设计发电最低水位为 128.5 m，百年一遇设计洪水滞洪水位 132.56 m。

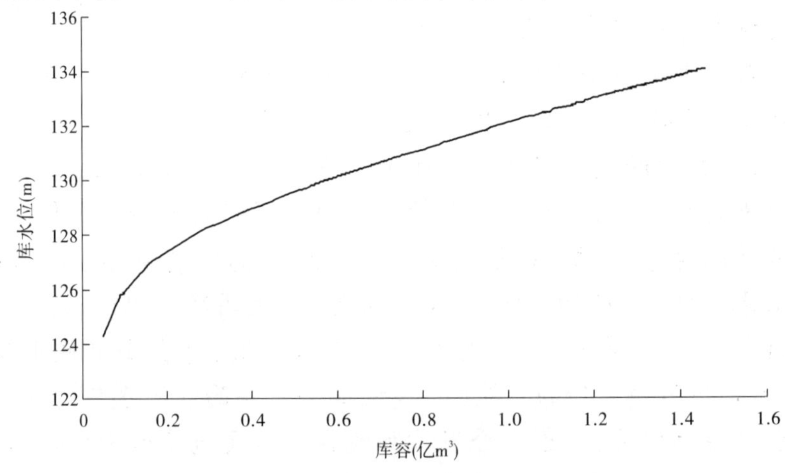

图 1-1　西霞院水库 2010 年库容曲线

三、运用方式

小浪底水库汛期防洪运用时，水库下泄流量较大，小浪底电站承担基荷运行；西霞院水库采用敞泄滞洪的运用方式，基本对洪水无调节作用。洪水期间，随流量加大，泄洪设施开启的顺序为排沙底孔、排沙洞、泄洪闸。

小浪底水库汛期调水调沙运用，下泄流量两极分化。在小浪底水库下泄流量较大时，小浪底水库基荷发电，不需要西霞院反调节，且西霞院入库水流含沙量较大，在此期间西霞院水库宜维持枯水位 131 m 基荷发电运行。当小浪底水库下泄流量小于 800 m^3/s 时，小浪底水库蓄水运用，下泄水流一般较清，西霞院水库则根据小浪底出库水流条件灵活运用：当下泄水流较清时，西霞院水库反调节运用；若小浪底水库下泄水流有一定的含沙量，西霞院水库可视情况进行反调节运用或维持水位 131 ~ 132 m 径流发电。

在非汛期，由于小浪底水库基本为调峰发电，需要西霞院水库反调节运用，西霞院水库运用水位一般在 133 ~ 134 m 变动，最低运用水位在 132 m 左右。只有当小浪底水库腾空防凌库容或腾空防洪库容时，下泄流量较大，小浪底电站基荷发电，不需要西霞院反调节。

第二章　2010 年西霞院水库滞沙运用计算及分析

西霞院水库滞沙运用是计算汛期小浪底水库下泄洪水经过西霞院水库调节后在西霞院水库的淤积过程，同时利用小浪底水库塑造的汛前调水调沙过程冲刷西霞院水库前期淤积物。

一、2010 年西霞院水库汛期洪水计算

（一）计算条件

由于目前西霞院断面资料匮乏，计算采用 2007 年汛前实测断面作为 2010 年汛前现状地形资料。在西霞院水库 2007 年汛前地形基础上，对 2010 年汛期洪水（7 月 20 日至 8 月 24 日）进行计算。计算断面为小浪底坝下断面至小铁 5 断面共 14 km 的库区范围。计算进口水沙采用小浪底水库出库实测资料，级配采用 2010 年汛前调水调沙期实测平均悬沙级配。出口采用西霞院坝上断面实测水位过程资料（见图 2-1）。2010 年汛期 7 月 27 日至 8 月 2 日出现了第一次洪峰，洪峰流量为 2 215 m^3/s 左右，在 8 月 13 日至 8 月 21 日出现第二次洪峰，峰值在 2 500 m^3/s 左右。

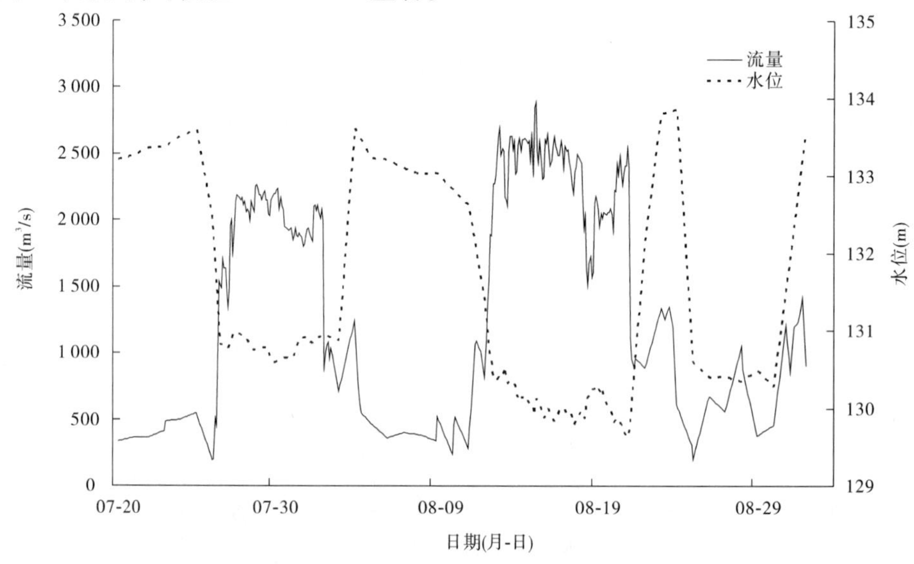

图 2-1　2010 年西霞院水库入库流量及坝前水位过程

（二）计算成果及分析

图 2-2 为汛期排沙期西霞院水库计算与实测出库含沙量过程对比。从图中可以看出，在 7 月 27 日 8 时至 7 月 31 日 20 时出现第一个沙峰，计算最大含沙量为 68. 5 kg/m^3，实测最大含沙量为 62. 5 kg/m^3，计算与实测传播过程基本吻合；在 8 月 13 日 0 时至 8 月 21 日 20 时出现第二个沙峰，计算最大含沙量为 54. 8 kg/m^3，实测最大含沙量为 47. 2 kg/m^3，计算与实测传播过程亦基本吻合。模型基本能反映泥沙在西霞院水库的输移。

表 2-1 为 2010 年汛期西霞院水库计算进出库泥沙统计表。结合图 2-2 可以看出，在

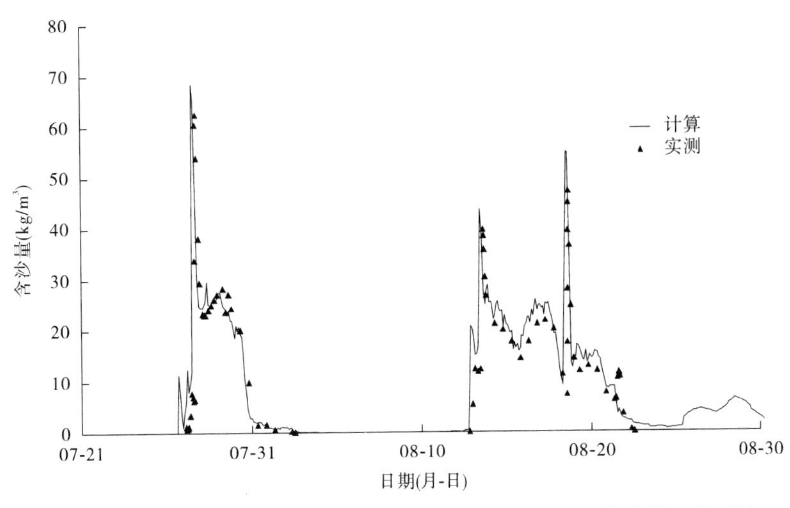

图 2-2　2010 年汛期排沙期西霞院水库计算与实测出库含沙量过程对比

汛期西霞院水库入库泥沙为 0.589 亿 m^3(淤积物干容重取 1.3 t/m^3,下同),出库为 0.300 亿 m^3,淤积了 0.289 亿 m^3,排沙比为 50.9%,与实际淤积 0.262 亿 m^3 比较接近。

表 2-1　2010 年汛期西霞院水库泥沙统计表　　(单位:亿 m^3)

项目	入库泥沙	出库泥沙	淤积	排沙比(%)
计算	0.589	0.300	0.289	50.9

图 2-3 为模型计算库底高程变化,图 2-4 ~ 图 2-8 为小铁 1—小铁 5 断面变化图。从图中可以看出,2010 年汛期水沙过程在西霞院水库发生了淤积。小铁 1—小铁 5 断面变化能够反映西霞院水库淤积过程。

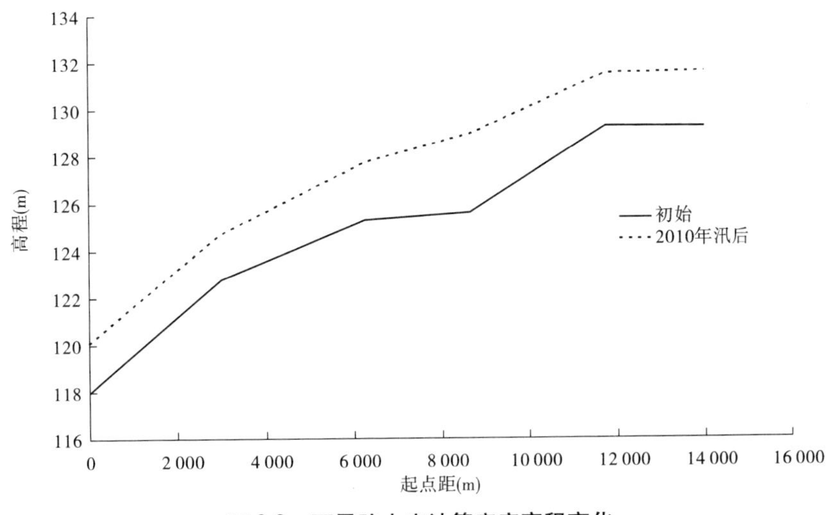

图 2-3　西霞院水库计算库底高程变化

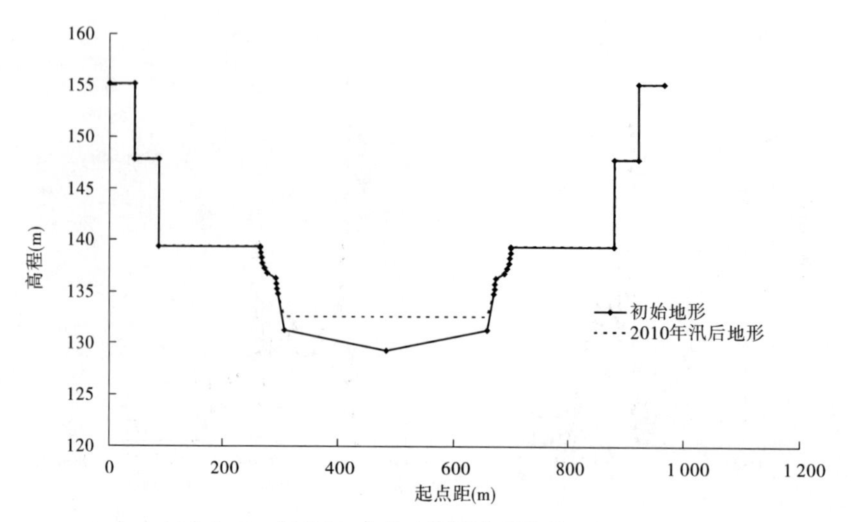

图 2-4　小铁 1 断面地形变化

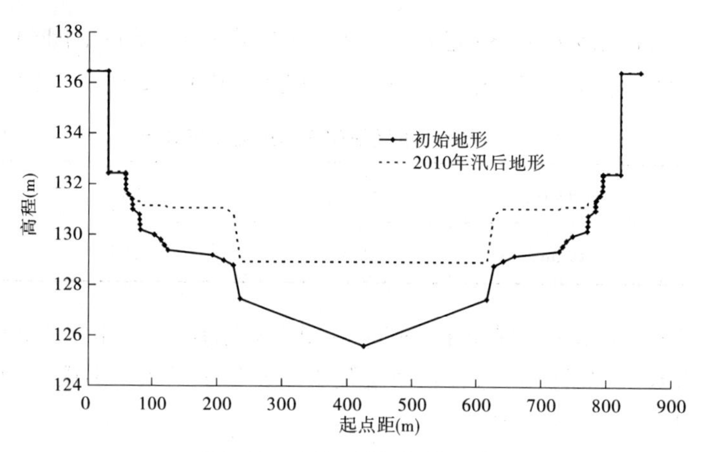

图 2-5　小铁 2 断面地形变化

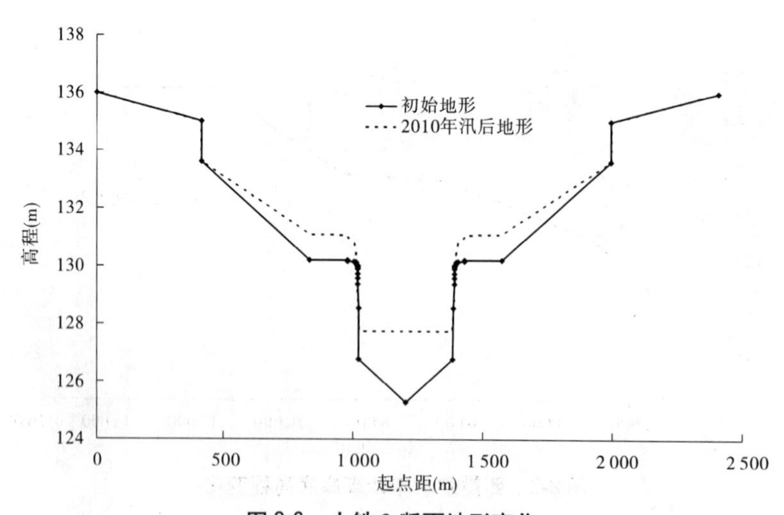

图 2-6　小铁 3 断面地形变化

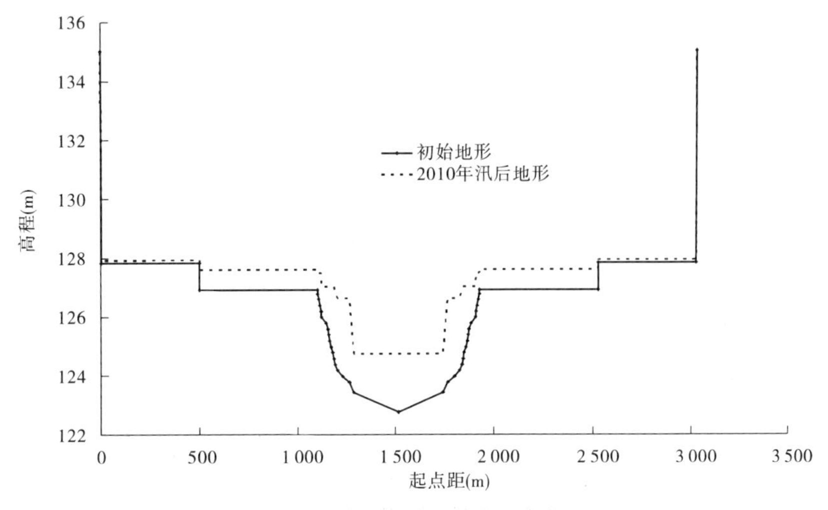

图 2-7　小铁 4 断面地形变化

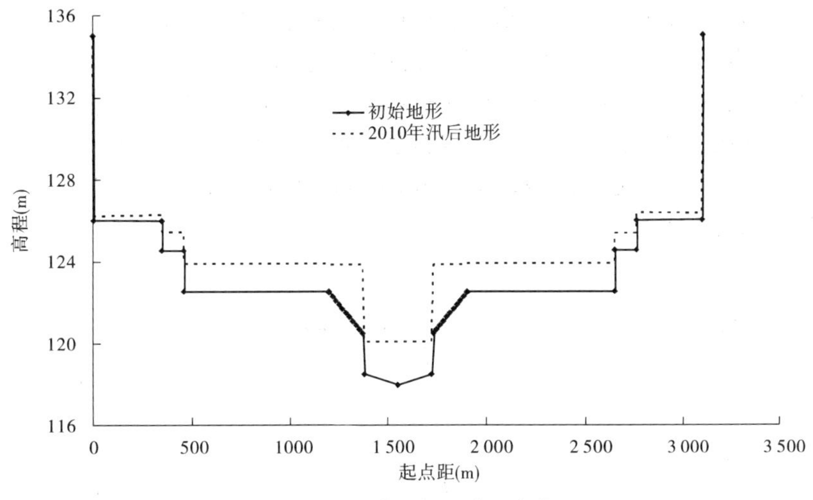

图 2-8　小铁 5 断面地形变化

图 2-9 为西霞院水库计算库容曲线，由于西霞院水库发生了淤积，计算 2010 年汛后库容变小，对比西霞院 2010 年实际库容曲线，计算库容曲线与实际库容曲线比较接近。尽管计算采用的是 2007 年汛前地形作为初始边界，这与 2010 年汛期地形可能有差异，但是计算 2010 年汛后库容曲线与 2010 年实际库容曲线比较接近，这也能够说明使用 2007 年汛前地形代替 2010 年汛前地形是可行的。

二、西霞院水库滞沙方案计算

（一）计算条件

在 2007 年汛前地形基础上，经过 2010 年汛期洪水过程，塑造了 2010 年汛后地形。在 2010 年汛后地形基础上，对 2010 年汛前调水调沙方案进行计算。计算区间为小浪底坝下—小铁 5，进口水沙及级配采用实测小浪底水库出库资料，出口按照设计方式运用

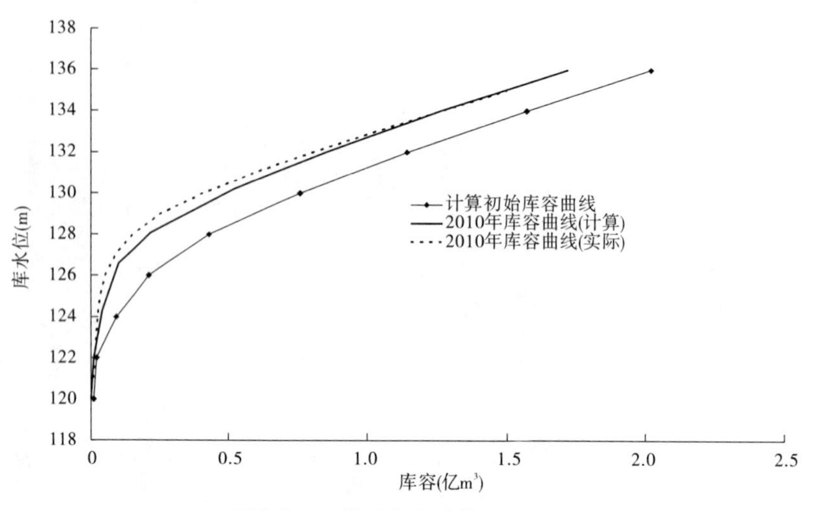

图 2-9　西霞院水库计算库容曲线

(见图 2-10)。先按 132 m 运用,当西霞院水库入库流量大于 3 500 m^3/s 时按每天降 3 m,直到水位降到 128.5 m 为止,再按 128.5 m 运用 1 d,然后敞泄运用 3 d,这一时段称为第一次排沙期,再按每天升 3 m 至 132 m,后按 132 m 运用至排沙期。在排沙期仍按降低水位到 128.5 m 并运用到排沙期结束,这一时段称为第二次排沙期,最后升到 132 m,并运用到整个过程结束。计算起始时段设定为 2010 年 6 月 18 日至 7 月 9 日。西霞院水库泄流水位流量关系见表 2-2。

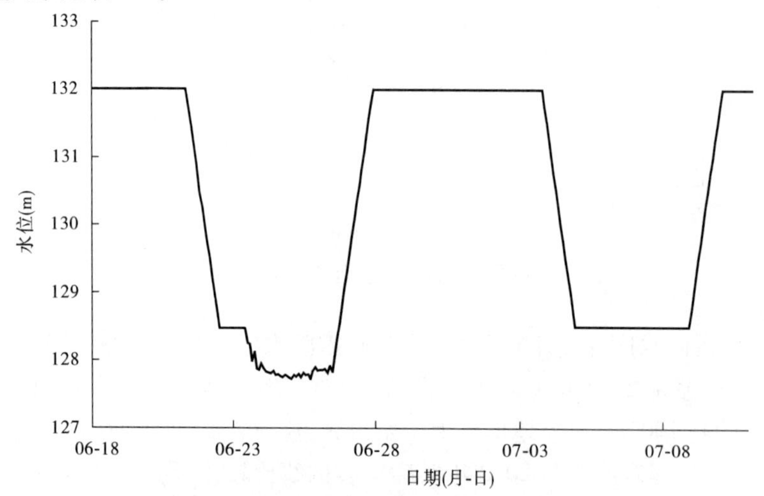

图 2-10　2010 年设计西霞院水库坝前水位过程

表 2-2　西霞院水库泄流水位流量关系

水位(m)	128	129	130	131	132	133	134	135
流量(m^3/s)	4 105	5 251	6 452	7 824	9 350	10 995	12 762	14 579

（二）计算成果及分析

图 2-11 为西霞院水库入库及出库计算流量过程图。从图中可以看出，在 6 月 21 ~ 26 日受库水位降至 128.5 m 及敞泄运用影响，出库流量大于入库流量；在 6 月 26 ~ 27 日受库水位升至 132 m 运用影响，出库流量小于入库流量；在 7 月 3 ~ 4 日受库水位降至 128.5 m 运用影响，出库流量大于入库流量。

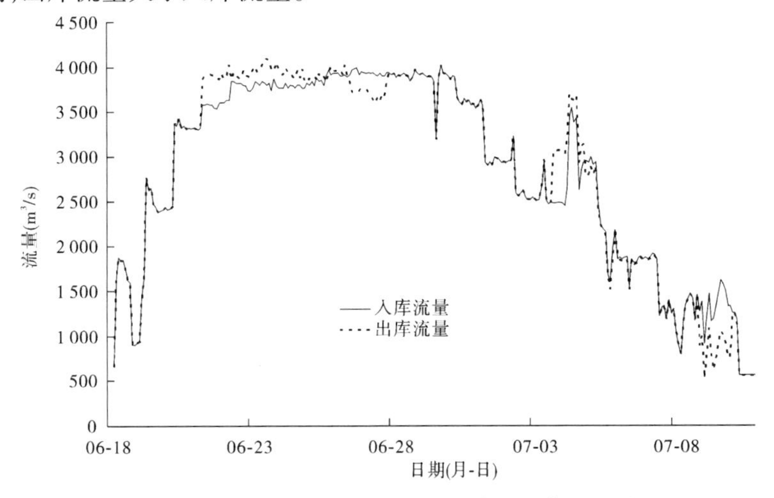

图 2-11　2010 年西霞院水库入库及出库计算流量过程

图 2-12 为西霞院水库入库及出库计算含沙量过程。从图中可以看出，在 6 月 21 ~ 26 日第一次排沙期，受进出库流量过程及库水位变化影响，水库在此时段发生了清水冲刷，冲刷最大含沙量为 47.61 kg/m^3。第二次排沙期西霞院水库发生了淤积，西霞院入库最大含沙量为 264 kg/m^3，计算西霞院水库出库最大含沙量为 210.51 kg/m^3。

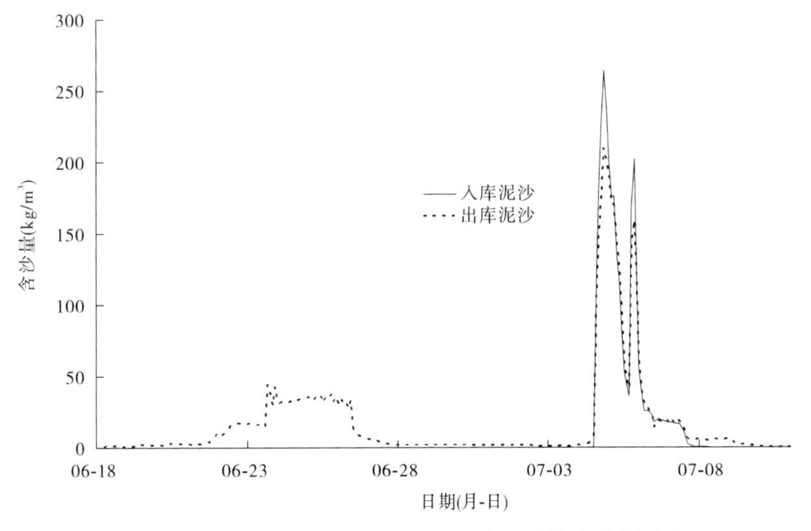

图 2-12　2010 年西霞院水库入库及出库计算含沙量过程

表 2-3 为 2010 年汛后调水调沙计算西霞院水库出入库泥沙统计表，结合图 2-12 可以

看出，西霞院水库发生了冲刷，入库泥沙为 0.420 亿 m^3，计算出库泥沙为 0.662 亿 m^3，冲刷了 0.242 亿 m^3，相应排沙比则为 157.62%。在降水冲刷期冲刷了 0.226 亿 m^3，在排沙期淤积了 0.025 亿 m^3。

表 2-3　2010 年汛后调水调沙计算西霞院水库出入库泥沙统计　（单位：亿 m^3）

项目	入库泥沙	出库泥沙	冲淤	排沙比(%)
计算(整个调水调沙期)	0.420	0.662	-0.242	157.62
计算(第一次排沙期)	0	0.226	-0.226	
计算(第二次排沙期)	0.420	0.395	0.025	
计算(其他时段)	0	0.041	-0.041	

图 2-13 为西霞院水库模型计算库底高程变化。在 2010 年汛后地形基础上对 2010 年汛前调水调沙方案进行计算，西霞院水库发生冲刷，断面调整能够反映此物理过程。结合 2010 年汛期计算结果，西霞院水库在汛期淤积了 0.289 亿 m^3，经过汛前调水调沙方案计算能够冲刷出 0.242 亿 m^3。

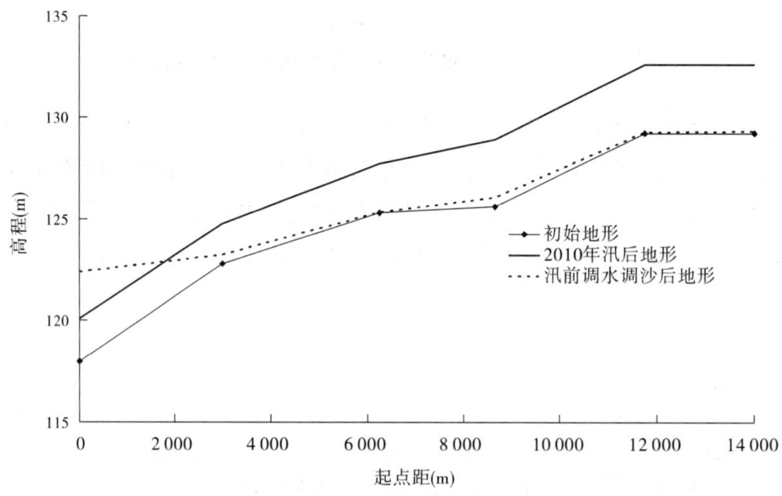

图 2-13　西霞院水库库底高程变化过程

第三章 “04·8”洪水西霞院水库滞沙及对黄河下游影响计算分析

为了进一步反映西霞院水库滞沙效果,选用短历时、高含沙洪水的“04·8”洪水作为代表洪水。并在“04·8”洪水基础上运用2010年汛前调水调沙过程,研究西霞院水库对下游补沙作用,并评价不同水沙过程对下游河道的影响。

一、“04·8”洪水西霞院滞沙计算分析

(一)计算条件

在西霞院水库2007年汛前地形基础上,对2004年汛期洪水(8月22日至9月2日)进行计算。计算断面为小浪底坝下—小铁5断面共14 km的库区范围。计算进口水沙采用小浪底水库出库实测资料,级配采用2004年汛期实测悬沙级配,出口采用汛限水位131 m运用。在此基础上利用2010年汛前调水调沙过程对西霞院水库进行运用,进口运用条件及方式与前述相同,设计坝前水位过程见图2-10。

(二)计算成果及分析

图3-1、图3-2分别为计算“04·8”洪水西霞院水库出入库流量、含沙量过程,图3-3为西霞院水库库底高程变化图,结合西霞院水库库容曲线变化(见图3-4)及西霞院水库泥沙冲淤状况(见表3-1)可以看出,“04·8”洪水进入西霞院水库泥沙为1.089亿 m^3,库区淤积量0.554亿 m^3,排沙比为49.13%。在此基础上模拟了2010年汛前调水调沙过程,西霞院水库又发生了冲刷,共冲刷0.372亿 m^3,排沙比为188.57%。

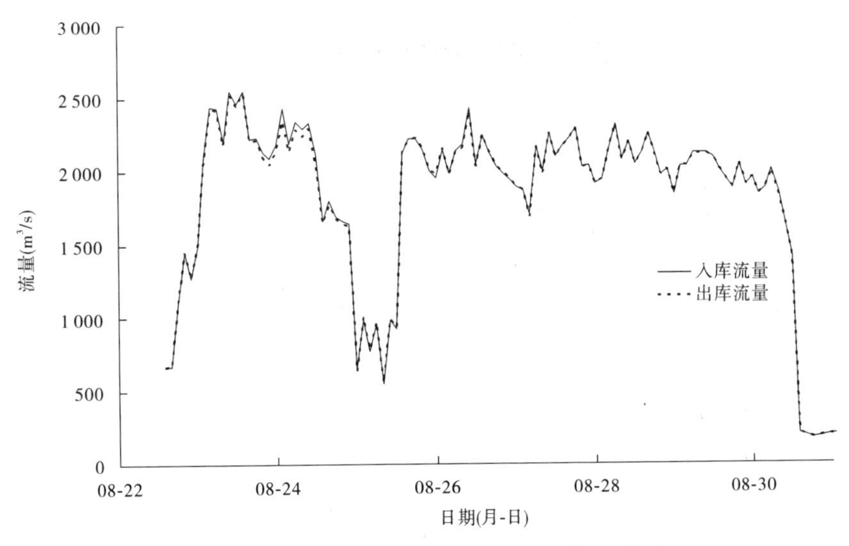

图3-1 “04·8”洪水西霞院水库出入库流量过程

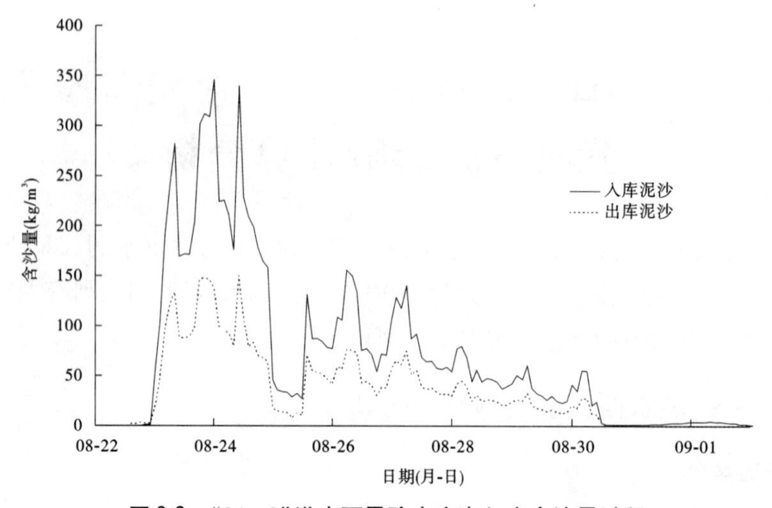

图 3-2 "04·8"洪水西霞院水库出入库含沙量过程

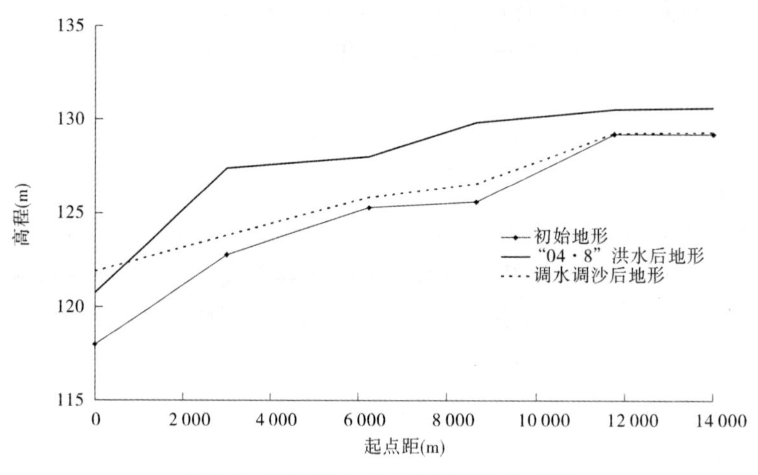

图 3-3 西霞院水库库底高程变化过程

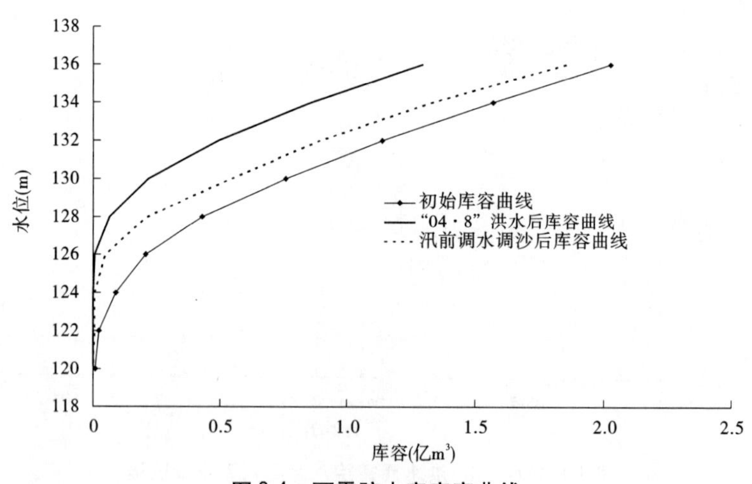

图 3-4 西霞院水库库容曲线

表 3-1 "04·8"洪水及调水调沙后西霞院水库泥沙冲淤统计 （单位：亿 m^3）

项目	入库泥沙	出库泥沙	冲淤	排沙比(%)
"04·8"洪水期	1.089	0.535	0.554	49.13
计算(整个调水调沙期)	0.420	0.792	-0.372	188.57

二、西霞院水库滞沙对下游影响计算分析

(一)计算条件

利用黄河下游一维非恒定流水沙数学模型(YRCC1D)对西霞院水库滞沙对下游河道影响进行计算。计算区域为白鹤—利津河段，地形采用 2010 年汛前实测大断面资料，分别计算"04·8"小浪底出库洪水和西霞院出库洪水在下游的水沙演进及下游各河段的冲淤。分别采用"04·8"洪水小浪底水库出库泥沙实测级配及"04·8"洪水经西霞院水库调节后计算出库泥沙级配，对"04·8"水沙过程进行分析，结果表明，在小浪底排沙期出库泥沙较细，中值粒径约为 0.008 mm，进入西霞院水库平均流量约为 2 200 m^3/s，流量相对较小，在西霞院水库又发生了淤积，使得西霞院出库泥沙更细，中值粒径约为 0.003 4 mm。

(二)计算成果及分析

表 3-2 为上述两个方案在黄河下游各河段冲淤量，可以看出，不考虑西霞院水库滞沙作用，"04·8"洪水在黄河下游发生了淤积，共淤积 0.075 亿 m^3。"04·8"洪水经过西霞院滞沙，在西霞院水库淤积了 0.466 亿 m^3，且出库泥沙较细，在黄河下游发生了冲刷，全下游冲刷了 0.098 亿 m^3。因此，通过对"04·8"洪水过程的计算可以看出，西霞院水库能够起到明显滞沙作用，且对黄河下游的影响比较明显。

表 3-2 "04·8"洪水在黄河下游各河段冲淤量 （单位：亿 m^3）

方案	小浪底—花园口	花园口—夹河滩	夹河滩—高村	高村—孙口	孙口—艾山	艾山—泺口	泺口—利津	小浪底—利津
不考虑西霞院	0.059 3	0.005 56	0.004 96	-0.007 81	-0.002 27	0.006 41	0.009 19	0.075
考虑西霞院	-0.009 62	-0.026 5	-0.019 2	-0.027 9	-0.008 24	0.000 767	-0.007 57	-0.098

三、西霞院水库加沙对下游影响计算分析

(一)计算条件

利用黄河下游一维非恒定流水沙数学模型(YRCC1D)针对西霞院水库加沙对下游河道影响进行计算分析。计算区域为白鹤—利津河段，地形采用 2010 年汛前实测大断面资料，计算"04·8"洪水淤积后的西霞院水库经过 2010 年汛前调水调沙计算后的出库水沙过程对黄河下游各河段冲淤的影响。

(二)计算成果及分析

表3-3为2010年汛前调水调沙过程经西霞院调节前后各河段冲淤量。在西霞院第一次排沙期冲刷出库泥沙约为0.410 3亿m^3,这部分泥沙级配较细,细沙(粒径<0.025 mm)含量约为94%,此泥沙在黄河下游基本属于冲泻质,能够基本被大流量、低含沙洪水输送入海。在排沙期,西霞院水库通过降低水位至128.5 m运用,出库流量峰值稍大于入库流量峰值,出库泥沙含沙量峰值有所变小,在西霞院水库发生了淤积,这段时间在西霞院淤积了0.078亿m^3,出库泥沙中值粒径较小浪底出库稍有变细,细沙含量约为91%。计算全下游冲刷了0.085亿m^3,较实际少冲刷了0.075亿m^3,因此2010年汛前调水调沙没经西霞院水库调节进入下游泥沙为0.420亿m^3,在全下游冲刷了0.160亿m^3,经过利津入海沙量为0.580亿m^3;2010年汛前调水调沙进入下游泥沙为0.420亿m^3,经西霞院水库调节补入下游0.372亿m^3,在全下游又冲刷了0.085亿m^3。

表3-3 2010年汛前调水调沙过程经西霞院调节前后各河段冲淤量 (单位:亿m^3)

项目	西霞院—花园口	花园口—夹河滩	夹河滩—高村	高村—孙口	孙口—艾山	艾山—泺口	泺口—利津	西霞院—利津
调节前(输沙率法计算)	0.020	-0.030 2	0.003 2	-0.041 2	-0.039 1	-0.061	-0.011 9	-0.160
调节后(YRCC1D计算)	0.006 6	-0.008 8	-0.002 9	-0.018 5	-0.022 0	-0.032 3	-0.006 8	-0.085

第四章 小 结

(1)在2010年汛后计算成果基础上泄放2010年汛前调水调沙过程,在西霞院水库第一次排沙期,库区冲刷泥沙0.226亿m^3,在西霞院水库第二次排沙期,库区淤积泥沙0.025亿m^3,两次合计冲刷0.201亿m^3,为前期(2010年汛期)淤积量的69.6%。

(2)选取“04·8”洪水作为短历时、高含沙洪水典型洪水过程,在2007年汛前地形条件下(相当于2010年汛前调水调沙后地形)进行滞沙运用。洪水期进入西霞院水库的泥沙为1.089亿m^3,水库淤积0.554亿m^3;在此基础上,再利用2010年汛前调水调沙过程冲刷西霞院水库、补充泥沙,共冲刷0.372亿m^3,为前期淤积量的66.4%。通过模型计算可以看出,尽管西霞院水库库容有限,在汛期还是能够拦滞一部分泥沙的,同时利用汛前调水调沙洪水过程能够把大部分泥沙冲刷出库。

(3)如果没有西霞院水库配合,直接施放2010年汛前调水调沙过程,下游河道冲刷0.160亿m^3。“04·8”洪水不经过西霞院水库调节,在2010年汛后地形条件下在黄河下游淤积0.075亿m^3,经过西霞院水库调节在黄河下游冲刷0.098亿m^3;“04·8”洪水经过西霞院水库调节后,小浪底水库再施放2010年汛前调水调沙过程,西霞院水库仍按上述方式运用,由此引起下游河道冲刷量为0.085亿m^3,与无西霞院水库调节相比少冲刷了0.075亿m^3。因此,西霞院水库对下游的加沙如果集中在小浪底出库大流量的清水期,加入下游的泥沙基本能够被输送入海。

本研究仅利用西霞院水库坝下—小铁5共6个断面开展模型计算,为了能够更为深入研究西霞院水库滞沙效果及对黄河下游影响,应加密观测西霞院水库地形。

第八专题　黄河下游分组泥沙冲淤规律及对小浪底水库排沙的要求

1950 年以来,按照来水来沙条件、三门峡水库和小浪底水库的运用方式,可分为三个时期:接近天然时期(1950 年至 1960 年 10 月)、三门峡水库单独运用时期(1961 年 11 月至 1999 年 10 月)、小浪底水库拦沙运用期(1999 年 11 月至现在)。在三门峡水库单独运用时期,按其运用方式又分为三个时段:拦沙期(1960 年 11 月至 1964 年 10 月)、滞洪排沙期(1964 年 11 月至 1973 年 10 月)、蓄清排浑期(1973 年 11 月至 1999 年 10 月)。

按照洪水平均含沙量的不同,将进入下游的洪水分为两种情况:一为一般含沙量洪水,即 1964 年 11 月至 1999 年 10 月期间,平均流量大于2 000 m^3/s、平均含沙量大于 20 kg/m^3 的场次洪水;二为低含沙量洪水,即水库拦沙期下泄清水与异重流排沙过程含沙量低于 20 kg/m^3 的洪水。

对于低含沙量洪水,冲淤效率(单位水量的冲淤量,即冲淤量与来水量的比值,负值为冲刷,正值为淤积,kg/m^3)主要取决于平均流量的大小,同时河床物质组成对低含沙量洪水的冲刷效率起到制约性作用。对于一般含沙量洪水,其冲淤效率则主要取决于水沙条件,包括洪水平均流量、平均含沙量、泥沙组成及洪水历时等。黄河下游河道的冲淤变化不仅与水沙条件密切相关,还与河床边界条件关系很大。本专题着重分析平均流量、平均含沙量和泥沙组成对洪水冲淤效率的影响,揭示黄河下游河道分组泥沙冲淤调整规律,为小浪底水库汛前调水调沙提供科学依据。

第一章 一般含沙量洪水下游冲淤规律研究

一、全沙冲淤规律

（一）冲淤效率影响因子

通过研究洪水期下游河道的冲淤效率与平均流量关系（见图1-1）发现，冲淤效率与平均流量的关系比较分散，同流量级洪水的冲淤效率差别很大，且小流量级洪水的冲淤效率变幅大于大流量级的。图中点群按照含沙量级的不同而呈分带分布，含沙量低的偏于下方，含沙量高的偏于上方，同一含沙量级则随着流量的增大而减小。

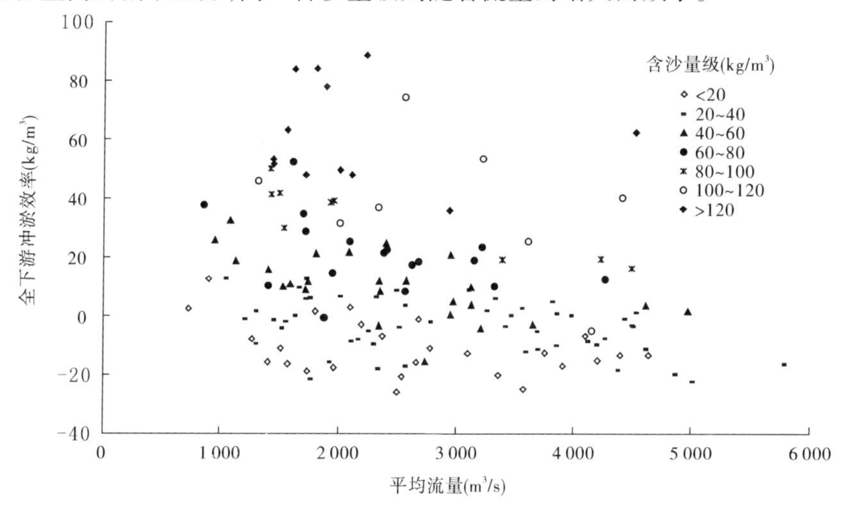

图1-1 黄河下游洪水冲淤效率与洪水平均流量关系

根据洪水冲淤效率与平均含沙量关系（见图1-2），按照洪水平均流量的不同分为7个流量级，各流量级洪水的冲淤效率均随着平均含沙量的增大而呈线性增大，流量级小的点据在上方，流量级大的点据在下方，相同含沙量条件下因平均流量的不同，洪水的冲淤效率变化幅度能达到20 kg/m³左右。

可见，洪水平均含沙量大小对洪水期冲淤效率的大小起着决定性作用，洪水平均流量的大小对其也有较大的影响。

以往研究表明，洪水泥沙组成对河道冲淤也有一定影响，来沙组成细的洪水淤积比小，来沙组成粗的洪水淤积比大。一般用粒径小于0.025 mm的细泥沙占全沙的比例$P_{0.025}$来表征泥沙组成的粗细程度，$P_{0.025}$越大则说明泥沙组成越细。

将图1-2中点据按照细泥沙的比例分组（见图1-3），分析不同来沙组成对洪水期冲淤效率的影响。同含沙量条件下，来沙组成粗的洪水冲淤效率大，来沙组成细的洪水冲淤效率小，进一步表明了来沙组成的粗细对洪水的冲淤效率也有一定影响。

为了定量分析不同来沙条件下洪水期下游河道的冲淤量，依据统计的场次洪水的平均流量、平均含沙量、细泥沙比例和相应下游河道的冲淤效率等参数，来建立河道冲淤与

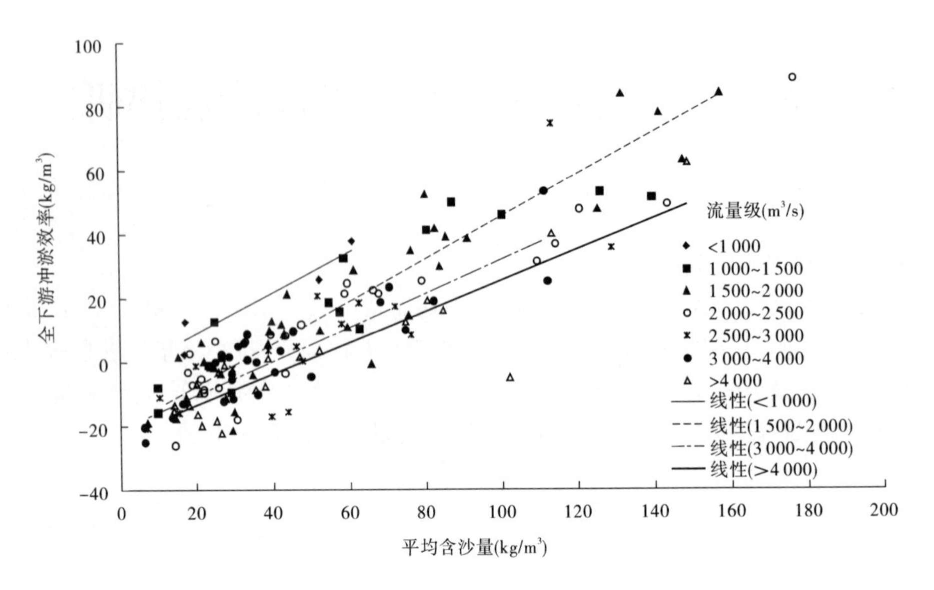

图 1-2　黄河下游洪水冲淤效率与洪水平均含沙量关系

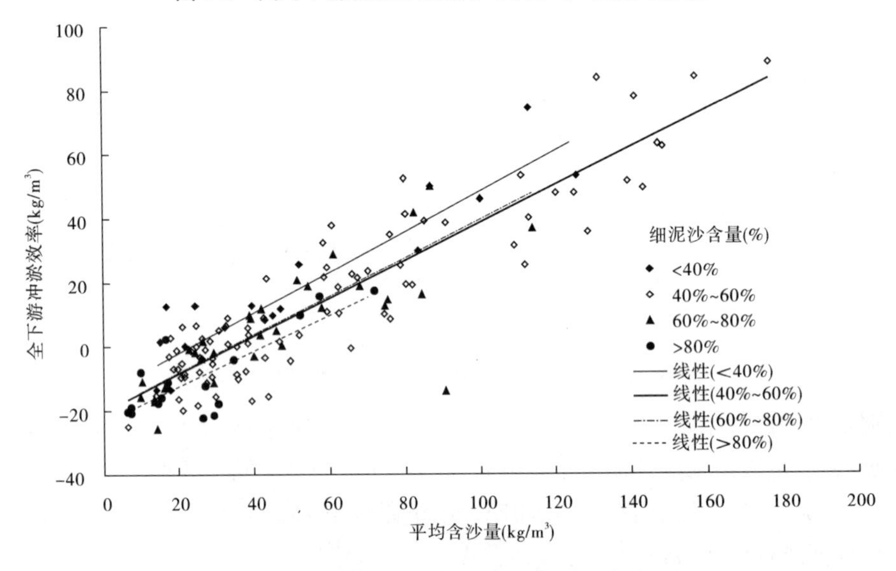

图 1-3　不同来沙组成条件下冲淤效率与洪水平均含沙量关系

水沙条件的关系。上述分析表明,黄河下游洪水的冲淤效率与洪水的平均含沙量关系最密切,同时受洪水平均流量大小的影响较大,来沙组成粗细程度也有一定影响。因此,在建立冲淤效率计算公式的过程中,将含沙量作为第一因子,流量作为第二因子,细泥沙比例作为第三因子。

(二)冲淤效率计算公式建立

根据图 1-2,选取洪水的平均含沙量和平均流量两个因子为自变量,建立洪水冲淤效率的计算公式为

$$\Delta S = 0.5 \frac{Q}{1\,000} \frac{S}{100} + 0.5S - 4.5 \frac{Q}{1\,000} - 4.8 \tag{1-1}$$

$$R^2 = 0.85$$

式中:ΔS 为冲淤效率,kg/m^3;Q 为洪水平均流量,m^3/s,一般不超过 5 000 m^3/s;S 为洪水平均含沙量,kg/m^3,一般不超过 200 kg/m^3。

利用公式(1-1)计算的洪水期下游河道冲淤效率与实测值的对比(见图 1-4)显示,公式计算结果与实测值比较一致,说明该公式具有较好的代表性。

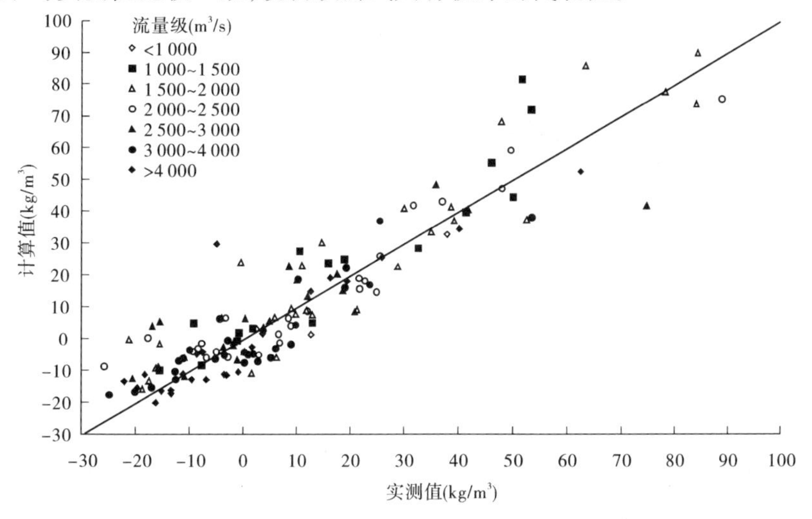

图 1-4 冲淤效率计算公式(1-1)的计算值与实测值对比

根据图 1-2 和图 1-3,选取洪水的平均含沙量、平均流量和来沙中细泥沙的比例三个因子为自变量,与式(1-1)相比增加了细泥沙含量这一因子。为了去除沿程流量变化(引水较多或大汶河加水较多的情况)对输沙的影响,建立关系式时,选取利津站平均流量与进入下游的平均流量的变化在 20% 以内的场次,且洪水平均流量大于 2 000 m^3/s,建立洪水冲淤效率的计算公式为

$$\Delta S = \frac{41.26S^{0.678}}{Q^{0.376}P^{0.371}} - 30 \qquad (1\text{-}2)$$

$$R^2 = 0.85$$

式中:P 为细泥沙的比例,以小数计;其他参数含义同上。

利用公式(1-2)计算的冲淤效率与实测值的对比(见图 1-5)可见,对于平均流量大于 2 000 m^3/s 的场次洪水,影响其冲淤的主要为水沙因子,利用公式(1-2)计算的冲淤效率与实测值非常一致。

二、分组泥沙冲淤规律

进入黄河下游的泥沙按其粒径大小一般分为三组:细颗粒泥沙($d<0.025$ mm,简称细泥沙),中颗粒泥沙(0.025 mm$\leqslant d<0.05$ mm,简称中泥沙),粗颗粒泥沙($d\geqslant0.05$ mm,简称粗泥沙)。按照泥沙输移特点,又可以把粗泥沙分为较粗颗粒泥沙(0.05 mm$\leqslant d<$ 0.1 mm,简称较粗泥沙)和特粗颗粒泥沙($d\geqslant0.1$ mm,简称特粗泥沙),即分为四组。由于特粗泥沙在黄河下游河道中淤积比例很高,且在河床中大量存在,因此采用第二种泥沙

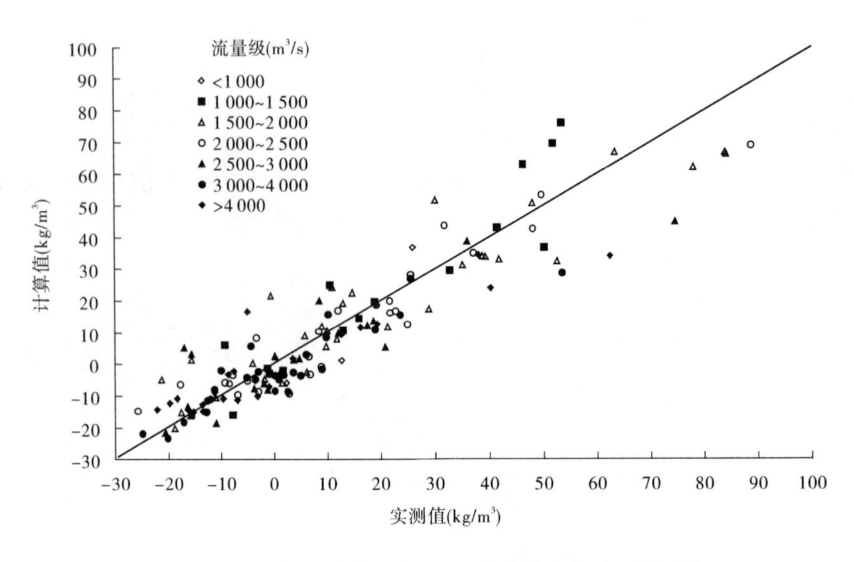

图 1-5　冲淤效率计算公式(1-2)的计算值与实测值对比

分组方法。

前面分析表明,黄河下游洪水的冲淤效率与洪水的平均含沙量关系最密切,同时受洪水平均流量和来沙组成影响也较大。含沙量不同的洪水在下游河道中的冲淤规律不同,对于一般含沙量洪水,洪水期水流以输沙为主,冲淤效率的大小主要取决于水沙条件;而对于水库拦沙期以下泄清水为主的低含沙量洪水,下游河道发生持续冲刷,洪水期的冲淤效率不仅与洪水流量有关,还与河床边界的补给能力密切相关。

图 1-6 为细泥沙的冲淤效率与细泥沙含量的关系,二者呈线性关系,尽管是细泥沙但仍随其含量的增加而淤积增大。同时可以看出,洪水平均流量小的细泥沙冲淤效率高,淤积多;平均流量大的洪水,冲淤效率低,淤积少或者发生冲刷。

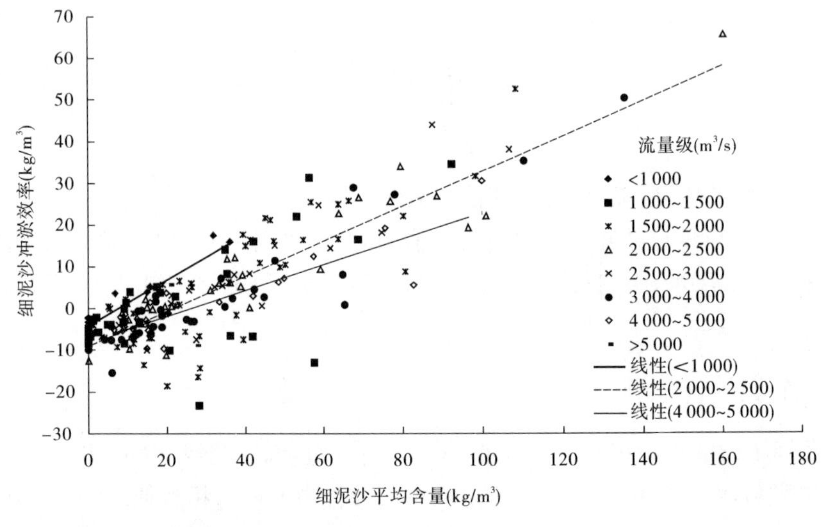

图 1-6　细泥沙冲淤效率与细泥沙含量关系

依据图 1-6 中冲淤效率与平均含沙量和平均流量的关系,回归得到细泥沙的冲淤效

率计算公式为

$$\Delta S_x = -5.1\frac{Q}{1\,000}\frac{S_x}{100} + 0.52S_x - 2\frac{Q}{1\,000} - 2.9 \tag{1-3}$$

式中：ΔS_x 为细泥沙的冲淤效率，kg/m³；Q 为平均流量，m³/s；S_x 为细泥沙含量，kg/m³。

利用式(1-3)计算的细泥沙冲淤效率与实测值的对比见图 1-7，计算值与实测值比较一致，特别当流量大于 2 000 m³/s 后，二者相对更为接近。对于流量小于 2 000 m³/s 的几场洪水，其计算值与实测值差别较大，主要是由于沿程流量衰减的影响。

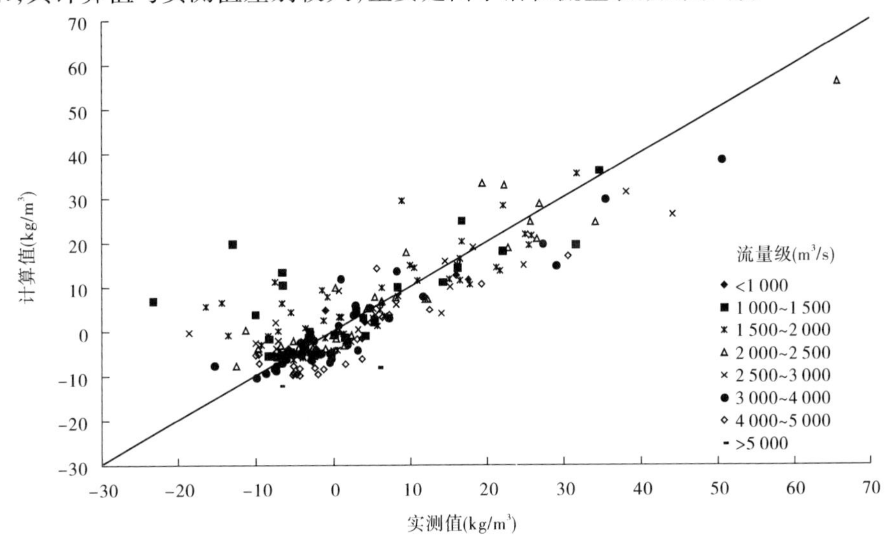

图 1-7　细泥沙冲淤效率计算公式(1-3)的计算值与实测值对比

一般来说，黄河下游河道中床沙质与冲泻质泥沙的分界粒径约为 0.025 mm。但通过实测资料分析表明，在单个场次洪水过程中，粒径小于 0.025 mm 的细泥沙的含量较高时，在下游河道中也同样发生淤积。下游河床中冲泻质泥沙含量很小，主要是因为：即使在场次洪水过程中细泥沙发生淤积，由于其在水流中的输沙能力较高，很容易被后续的较低含沙量水流冲刷而带走。冲泻质的输移率决定于上游来沙多寡，它和流量间的关系是建立在流域因素共同性上的关系，有赖于实测或经验公式验定。

中、粗泥沙的冲淤效率与各分组泥沙含沙量同样呈线性关系，按照流量级的大小分带分布，见图 1-8 和图 1-10。以相同的方法建立中、粗泥沙的冲淤效率计算公式为

$$\Delta S_z = -7.05\frac{Q}{1\,000}\frac{S_z}{100} + 0.85S_z - 1.5\frac{Q}{1\,000} - 2.2 \tag{1-4}$$

$$\Delta S_c = -9.07\frac{Q}{1\,000}\frac{S_c}{100} + 0.996S_c - 0.9\frac{Q}{1\,000} - 1.37 \tag{1-5}$$

式中：ΔS_z、ΔS_c 为中、粗泥沙的冲淤效率，kg/m³；Q 为平均流量，m³/s；S_z、S_c 为中、粗泥沙含量，kg/m³。

利用式(1-4)和式(1-5)计算的中、粗泥沙冲淤效率与实测值的对比见图 1-9 和图 1-11，计算值与实测值基本一致。

特粗泥沙的冲淤效率也同样与含沙量呈线性关系，但其受平均流量的影响不如其他

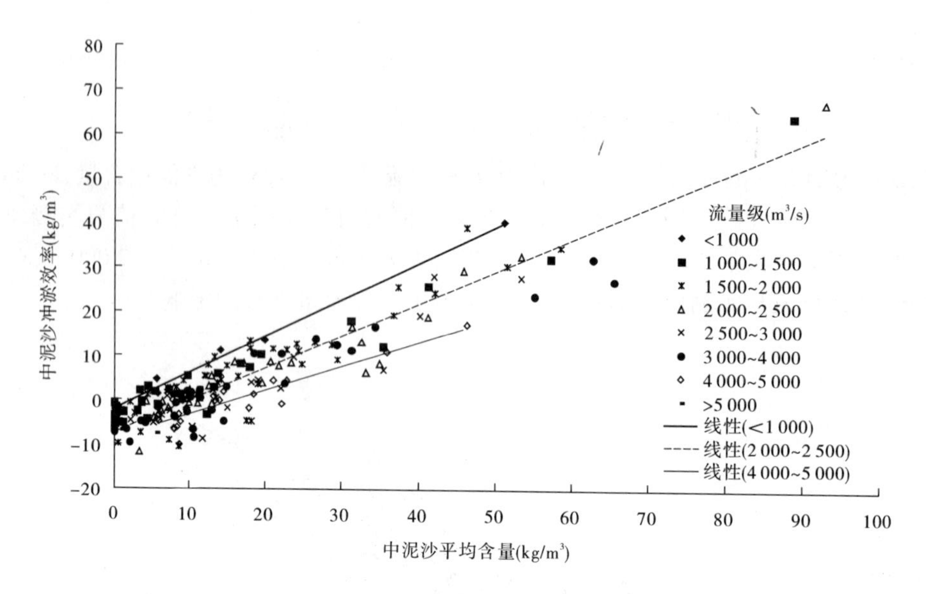

图 1-8　中泥沙冲淤效率与中泥沙平均含量关系

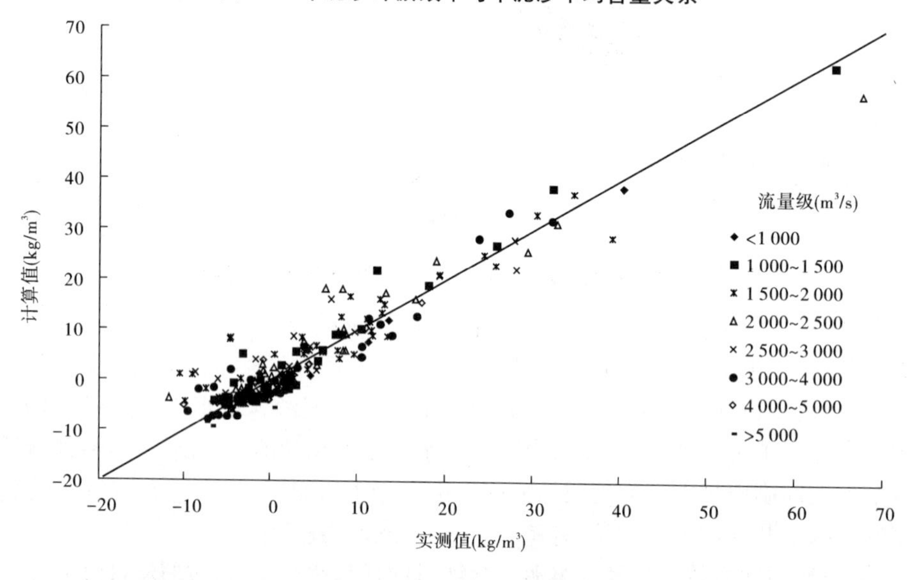

图 1-9　中泥沙冲淤效率计算公式(1-4)的计算值与实测值对比

粒径组泥沙明显(见图 1-12)。这是由于特粗泥沙的输沙能力较小,随着洪水流量级的增加,输沙能力增加的幅度小于其他粒径组。因此,建立特粗泥沙的冲淤效率关系式时,可以不考虑流量对其的影响,仅以特粗泥沙的平均含沙量作为影响因子。依据图 1-12,回归建立特粗泥沙冲淤效率公式为

$$\Delta S_{tc} = 0.89 S_{tc} - 0.17 \tag{1-6}$$

式中:ΔS_{tc}为特粗泥沙的冲淤效率,kg/m³;S_{tc}为特粗泥沙含量,kg/m³。

利用式(1-6)计算的特粗泥沙冲淤效率与实测值的对比见图 1-13,计算值与实测值比较一致。

分析洪水过程中分组泥沙的冲淤效率与各粒径组泥沙的含沙量关系发现,细、中、粗

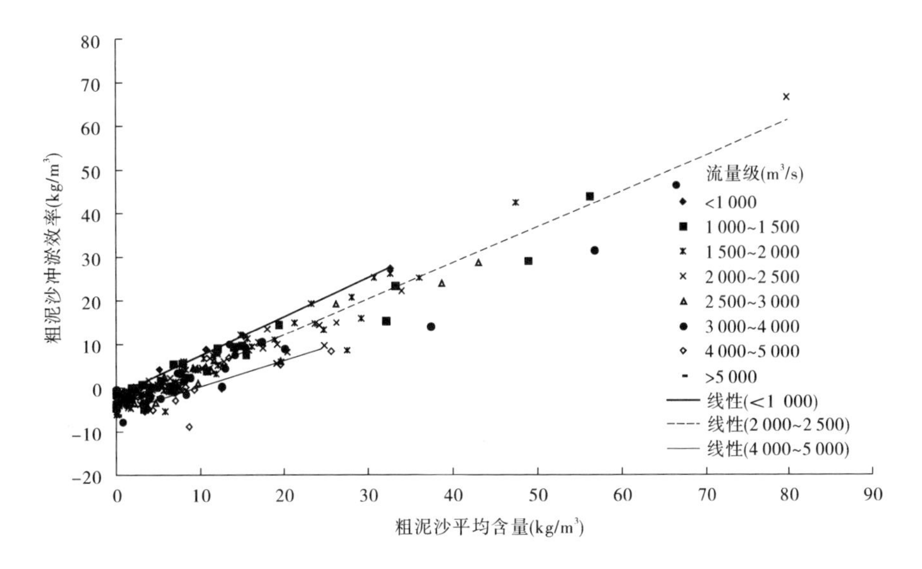

图 1-10　粗泥沙冲淤效率与粗泥沙平均含量关系

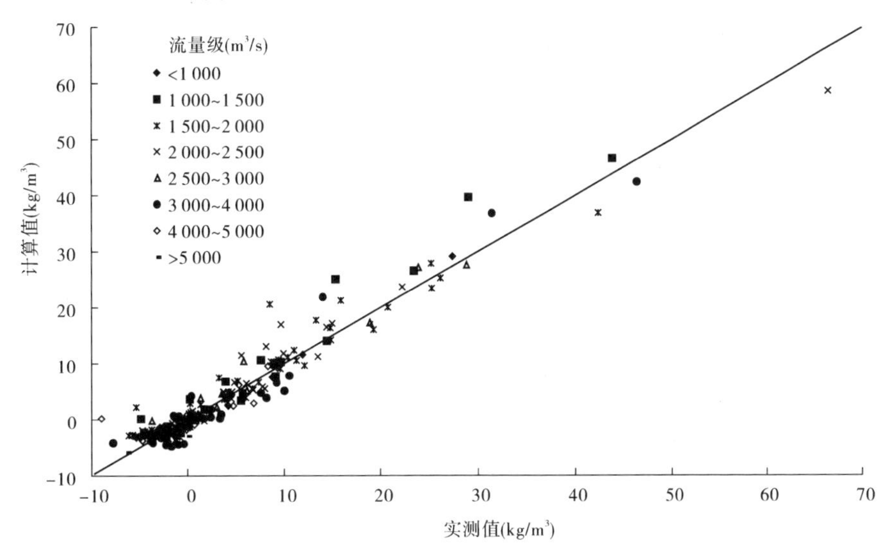

图 1-11　粗泥沙冲淤效率计算公式(1-5)的计算值与实测值对比

和特粗四组泥沙在下游河道中的冲淤效率与各自来沙含沙量关系均密切,且泥沙粒径越粗,其相关性越好。利用实测资料回归分析建立的分组泥沙冲淤效率与分组含沙量和平均流量的关系式,计算各分组泥沙的冲淤效率,对细泥沙来说分散性最大,随着粒径组变粗,公式的计算精度越高。以上分析说明,一方面,平均含沙量的大小决定了冲淤效率发展方向,平均流量对其有一定影响;另一方面,细泥沙的冲淤效率除受水沙条件的影响外,受边界条件的影响也较大,特别是泥沙补给程度的影响。

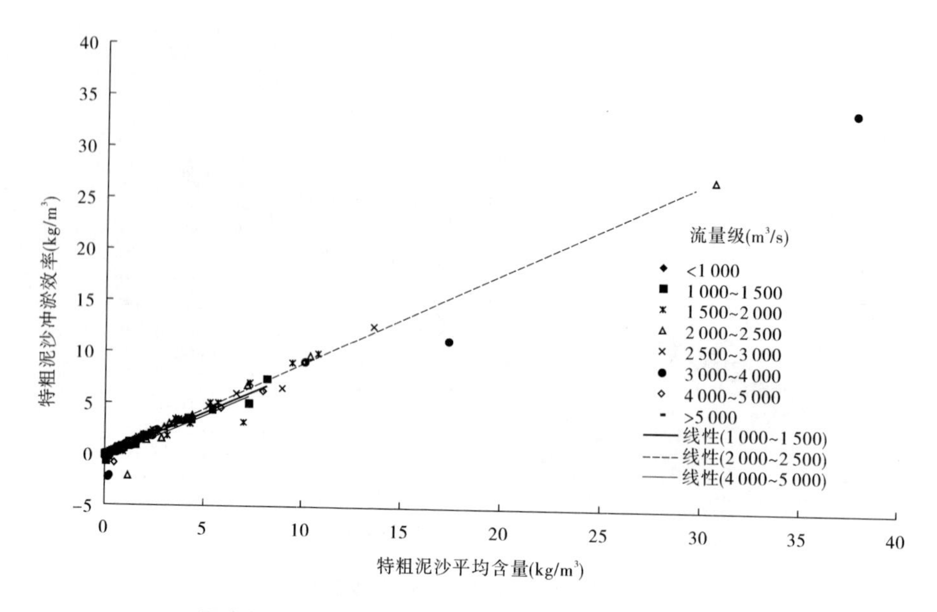

图 1-12　特粗泥沙冲淤效率与特粗泥沙平均含量关系

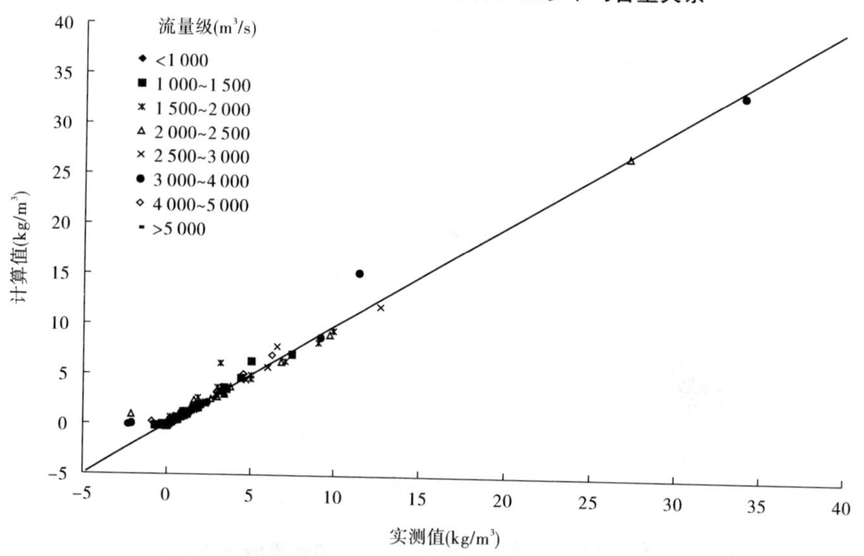

图 1-13　特粗泥沙冲淤效率计算公式(1-6)的计算值与实测值对比

第二章 水库拦沙期低含沙洪水下游冲淤规律

一、不同粗化程度的下游冲淤规律

1999 年 10 月小浪底水库建成投入运用后,在运用初期(拦沙期)进入下游河道的水沙搭配发生了根本性变化,水库下泄的水流基本为清水,或以异重流方式排沙,进入下游河道的泥沙以细泥沙为主,下游河道进入冲刷调整状态。

冲刷效率也用 ΔS 表示,是河道冲刷量与来水量的比值

$$\Delta S = \frac{\Delta W_S}{W} \tag{2-1}$$

式中:ΔW_S 为冲刷量;W 为来水量(小浪底、黑石关和武陟三个站的水量之和,简称小黑武,下同)。

根据输沙平衡原理可得

$$\Delta W_S = W_{S进} - W_{S出} - W_{S引} \tag{2-2}$$

$$W = Q_{进} T \tag{2-3}$$

式中:$W_{S进}$为进口来沙量(小黑武沙量);$W_{S出}$为出口站输沙量(黄河下游河道以最后一个水文站利津站作为出口站);$W_{S引}$为沿程引沙量;$Q_{进}$ 为三黑武平均流量;T 为洪水历时。

黄河下游洪水在演进过程中会发生坦化和水量损耗等现象,并受支流加水等影响,利津站的平均流量可以用三黑武的平均流量乘以一个接近 1 的系数 α 来表示

$$Q_{出} = \alpha Q_{进} \tag{2-4}$$

沿程引沙量可以表示为

$$W_{S引} = Q_{引} S_{引} T \tag{2-5}$$

式中:$Q_{引}$、$S_{引}$ 分别为沿程的平均引水流量和平均引水含沙量。

引水流量 $Q_{引}$ 可以表示为

$$Q_{引} = \beta Q_{进} \tag{2-6}$$

将式(2-4)~式(2-6)代入式(2-2)得

$$\Delta W_S = Q_{进} S_{进} T - \alpha Q_{进} S_{出} T - \beta Q_{进} S_{引} T \tag{2-7}$$

将式(2-7)和式(2-3)代入式(2-1),即

$$\Delta S = S_{进} - \alpha S_{出} - \beta S_{引} \tag{2-8}$$

式(2-8)表示,在沿程不引水条件下,冲刷效率 ΔS 实际上是洪水的平均含沙量在下游河道的变化。

点绘出三门峡水库和小浪底水库拦沙期下游河道洪水冲刷效率与洪水的平均流量的关系,见图 2-1,图中标注为场次洪水的平均含沙量。

对于三门峡水库拦沙期和小浪底水库拦沙期的前半时段(2000~2005 年床沙粗化完成以前),当洪水平均流量小于 4 000 m^3/s 时,场次洪水的冲刷效率随平均流量的增大而增大;当流量达到 4 000 m^3/s 左右时,洪水的冲刷效率约为 20 kg/m^3;之后,随着平均流量的增大,冲刷效率变化不明显,基本维持在 20 kg/m^3 左右,甚至个别场洪水的冲刷效率还

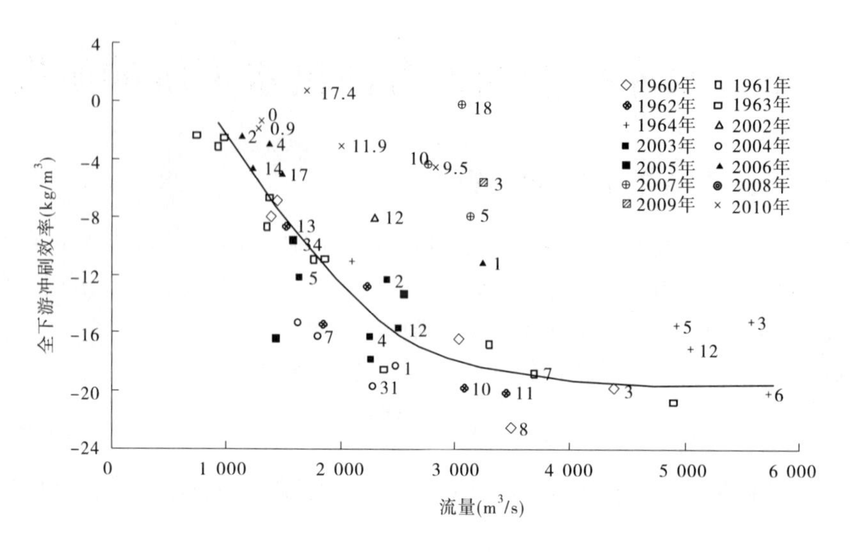

图 2-1 清水下泄期黄河全下游全沙冲刷效率与平均流量的关系

有所降低,如1964年的三场流量较大的洪水。由此可见,冲刷效率与平均流量有较好的相关关系。从图中还可以看出,三门峡水库拦沙运用期和小浪底水库拦沙期下游河道的洪水冲刷效率随着流量增大变化的趋势相同。值得注意的是,当洪水平均流量大于4 000 m³/s时,虽然冲刷效率不再显著增加,但在相同时间内洪水的洪量大,泥沙的冲刷总量也大。

对于三门峡水库而言,由于水库1962年3月开始滞洪排沙运用,且下游的河道整治工程还不完善,河道可以自由展宽,故该时期的细、中泥沙的补给较充足。对小浪底水库而言,在水库拦沙期的开始阶段河床未发生显著粗化,河床中的细、中泥沙补给相对充足,水流在下游河道中的冲刷效率主要与平均流量关系密切。可见,拦沙期进入水库下游的洪水含沙量低且来沙颗粒极细,下游河床未显著粗化时,冲刷效率主要取决于水流的能量和河床的床沙补给。

对于小浪底水库拦沙期的后半时段(2006～2010年床沙粗化完成以后),河道经清水冲刷后河床中的细泥沙逐渐被带走,粗泥沙逐渐集聚于床面,河床组成逐渐粗化。小浪底水库拦沙运用后下游河道河床组成明显粗化,从上至下粗化程度不断减小。在清水冲刷过程中,随着床沙组成逐渐变粗,糙率也随之加大,水流输沙(冲刷)能力逐渐降低(见图2-2)。

1999年汛后花园口以上、花园口—高村、高村—艾山和艾山—利津四个河段的河床表层泥沙的中值粒径分别为0.054 5 mm、0.056 6 mm、0.042 2 mm和0.036 4 mm,到2005年汛后分别粗化到0.192 4 mm、0.111 9 mm、0.096 6 mm和0.077 3 mm;2009年汛后四个河段的河床表层泥沙的中值粒径分别为0.220 3 mm、0.119 7 mm、0.102 2 mm和0.078 4 mm。1999年汛后至2009年汛后下游各河段河床表层泥沙粗化量中,2005年之前粗化量占83%、87%、90%和97%。由此可见,2005～2009年各河段床沙中值粒径变化幅度不大,表明到2005年下游河道的粗化基本完成。

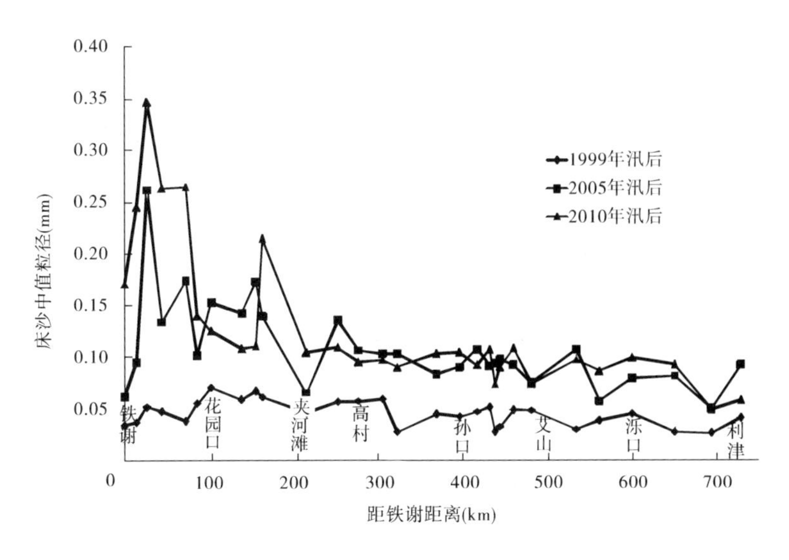

图 2-2　下游河道床沙表层泥沙中值粒径沿程变化

随着床面粗化,河道的曼宁糙率系数 n 也随之增大。黄河下游河道较其他冲积河流来讲,泥沙组成较细,中值粒径一般为 0.06 ~ 0.12 mm,河床阻力除沙粒阻力外,还包括沙波阻力。在水流条件较弱时,床面沙波较为发育,动床阻力较大,随着水流强度的增大,沙波逐渐向动平床过渡,沙波阻力较小,在洪水期水流主要受沙粒阻力的影响。黄河下游糙率在小流量时特别大,随着流量的增大糙率逐渐减小,当流量增加到一定量级时,糙率达到最小值,之后随着流量的增大糙率维持一常数或缓慢增加。李勇、苏运启、申冠卿等研究认为,黄河下游各站在流量为 1 000 ~ 1 500 m^3/s 时,糙率达到最小值,流量大于 1 500 m^3/s 后随着流量的增大糙率维持一常数或缓慢增加。

在水库拦沙初期,黄河下游的低含沙量洪水的流量越大,下游河道的冲刷越剧烈,河床粗化越明显(当量粗糙度 Δ 越大),但同时水深也越大,由于当量粗糙度 Δ 和水深 h 同时增大,相对糙度(Δ/h)变化不大。因而,洪水期随着流量的增大糙率 n 变化不大。

拦沙初期后半时段与前半时段相比,由于河道展宽、河床粗化,同量级洪水的平均水深 h 减小,当量粗糙度 Δ 增加,相对糙度 Δ/h 增大,糙率明显增大。因此,拦沙初期前半时段(2000 ~ 2005 年)同量级洪水的冲刷效率大于拦沙初期后半时段(2006 ~ 2010 年)同量级洪水的冲刷效率。

小浪底水库拦沙初期进入下游的洪水主要是汛前调水调沙洪水,小浪底水库均实施人工塑造异重流,洪水期进入下游的洪水有一定的含沙量。另外,在汛期也有一些小洪水过程,一般也配有水库异重流排沙。分析发现,在下游河道显著粗化后,洪水冲淤效率与分组泥沙的含沙量有密切关系。因此,利用 2006 ~ 2010 年进入下游的场次洪水资料,通过回归分析,建立下游河道的冲淤效率计算公式。

图 2-3 ~ 图 2-7 为 2006 ~ 2010 年下游河道显著粗化后,洪水期分组泥沙和全沙的冲淤效率与各自含沙量关系图。各粒径组泥沙的冲淤效率与平均含沙量的线性关系均为

$$\Delta S = kS - m \tag{2-9}$$

式中:ΔS 为各粒径组泥沙的冲淤效率;S 为进入下游(小黑武三站之和)的各粒径组泥沙

的平均含沙量；k 为系数；m 为常数项。

式(2-9)用于拦沙初期床沙粗化后的计算。不同粒径组泥沙的 k 和 m 值见表 2-1。

表 2-1　各粒径组泥沙冲淤效率回归关系式的系数和常数项

粒径组(mm)	<0.025	0.025～0.05	0.05～0.1	>0.1	全沙
k	0.325	1.2	1.467	1.717	0.528
m	3.5	3.3	2.9	1.25	11.8

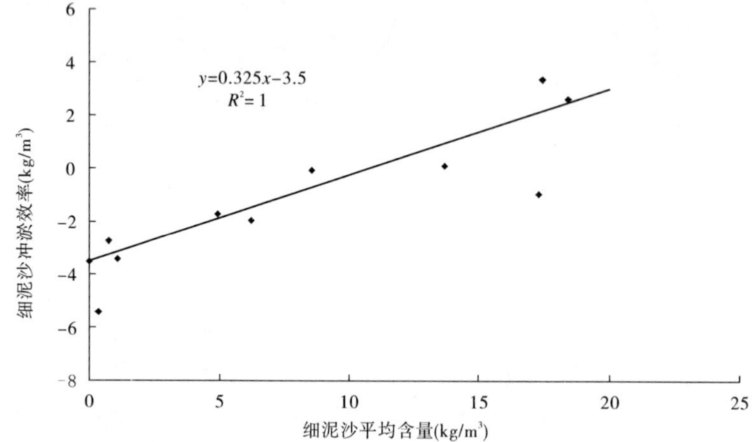

图 2-3　河道粗化后细泥沙冲淤效率与细泥沙含量关系

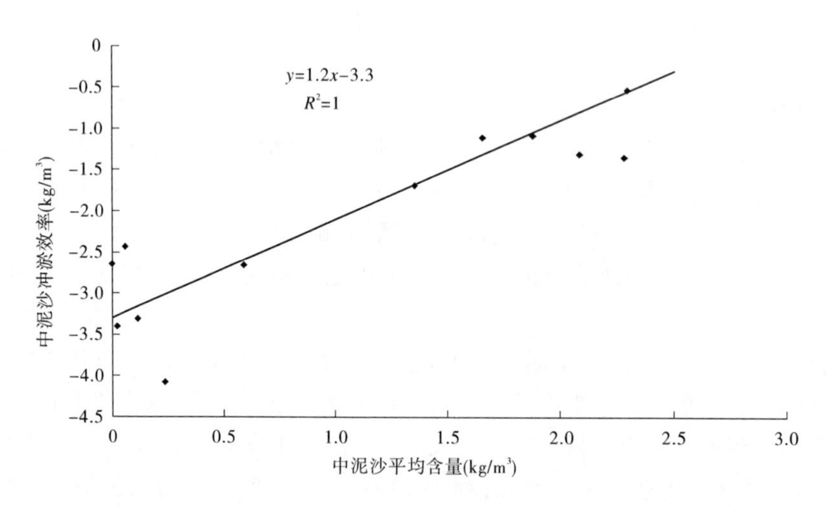

图 2-4　河道粗化后中泥沙冲淤效率与中泥沙含量关系

表 2-1 中的参数仅适用于水库拦沙期下游河床显著粗化后，清水或水库以异重流排出细泥沙为主的低含沙洪水，中、粗和特粗泥沙在下游河道中发生冲刷的条件。当分组含沙量代入后，中、粗和特粗泥沙的冲淤效率为正值(表示发生淤积)时则不适用，即中、粗

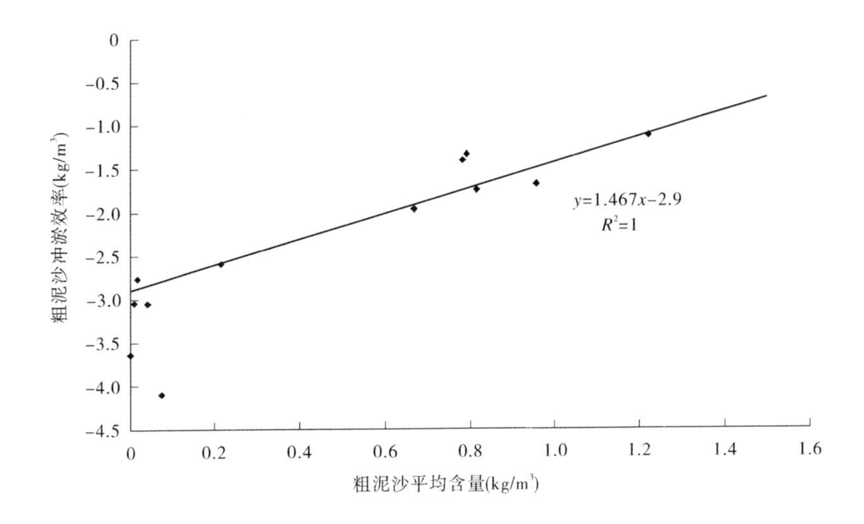

图 2-5　河道粗化后粗泥沙冲淤效率与粗泥沙含量关系

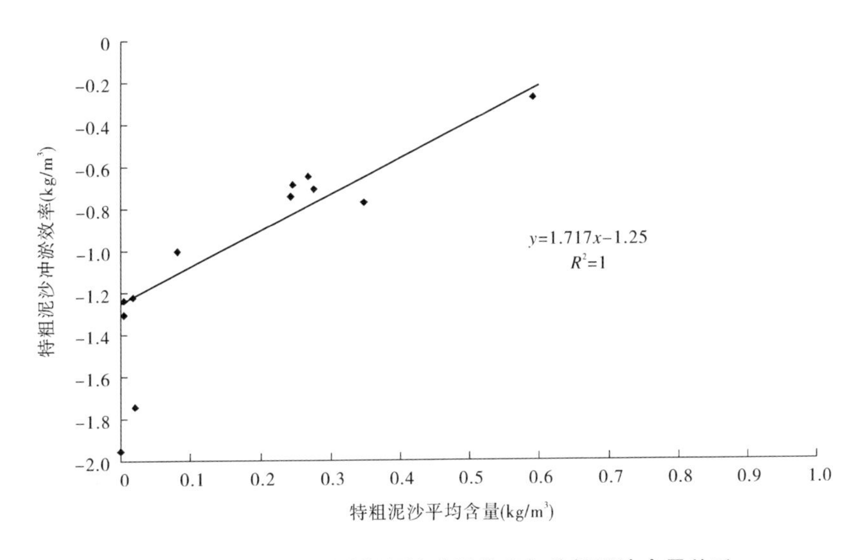

图 2-6　河道粗化后特粗泥沙冲淤效率与特粗泥沙含量关系

和特粗泥沙的来沙含沙量小于 2.8 kg/m³、2.0 kg/m³ 和 0.7 kg/m³ 的情况。

二、小浪底水库拦沙期进入下游泥沙组成

不同粒径组泥沙在下游河道中输沙能力不同，因此不同来沙组成的水流，其输沙效果有差异。在分析过程中常用细泥沙的含量来表示泥沙组成的粗细，但计算分组泥沙的冲淤量时，需要各粒径组泥沙占全沙的比例来计算分组泥沙的含量。为了获取其他粒径组泥沙的比例，利用小浪底水库投入运用以来历年实测来沙组成资料，分析中、粗和特粗泥沙的含量与细泥沙含量关系，见图 2-8 ~ 图 2-10。

由图可见，中、粗和特粗泥沙含量均与细泥沙含量有较好的关系，细泥沙含量越高，其他粒径组泥沙含量与其关系越好。依据图 2-8 ~ 图 2-10 回归出中、粗和特粗泥沙的估算

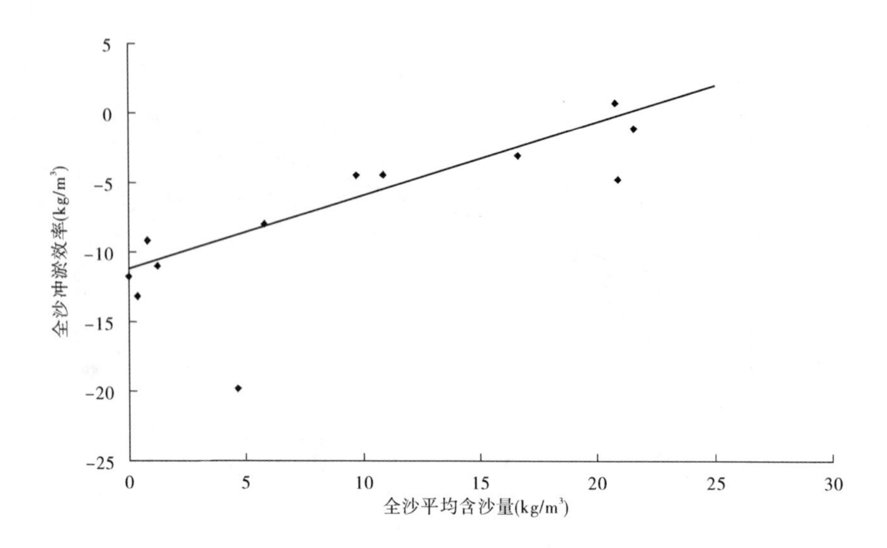

图 2-7　河道粗化后全沙冲淤效率与全沙含沙量关系

公式,见式(2-10)~式(2-12)

$$P_z = -0.0077P_x^2 + 0.7465P_x + 1.86 \tag{2-10}$$

$$P_c = 0.005024P_x^2 - 1.16P_x + 66 \tag{2-11}$$

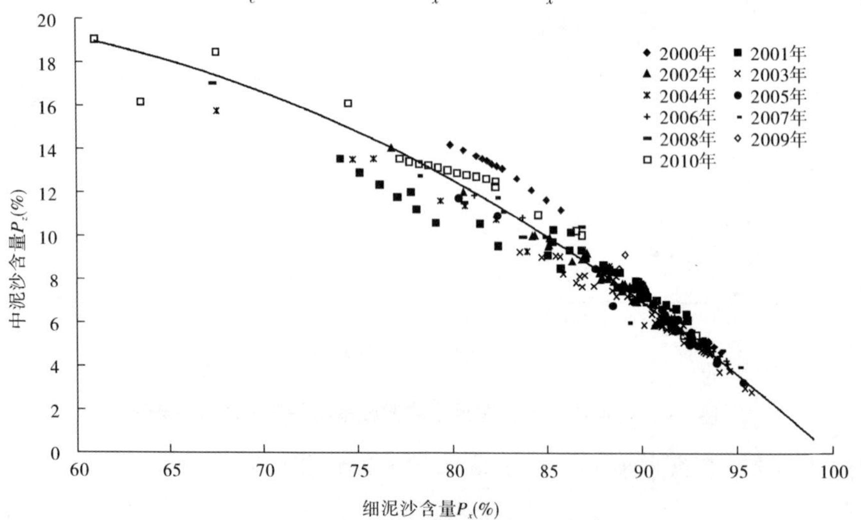

图 2-8　小浪底水库拦沙期进入下游的中泥沙含量与细泥沙含量关系

$$P_{tc} = 0.0000976P_x^3 - 0.02035P_x^2 + 1.18P_x - 11.94 \tag{2-12}$$

式中:P_x、P_z、P_c 和 P_{tc}分别为细、中、粗和特粗泥沙的比例(%)。

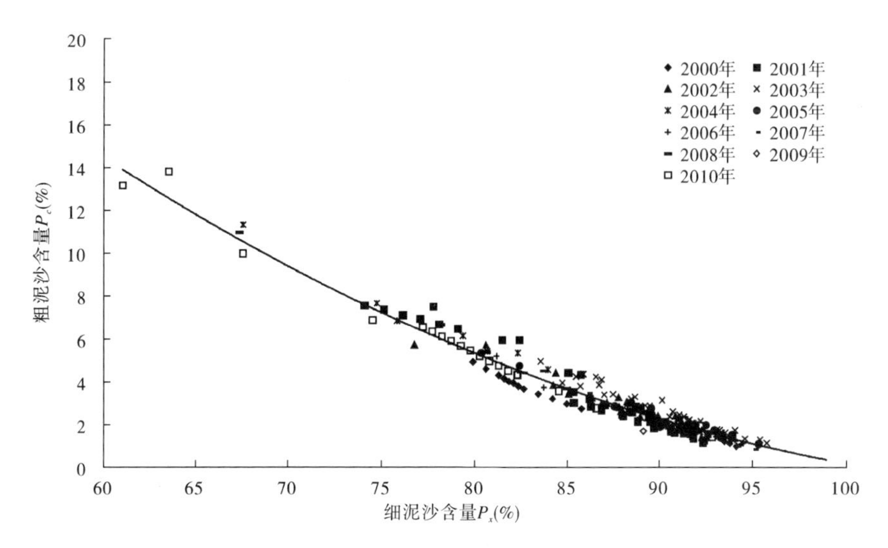

图 2-9　小浪底水库拦沙期进入下游的粗泥沙含量与细泥沙含量关系

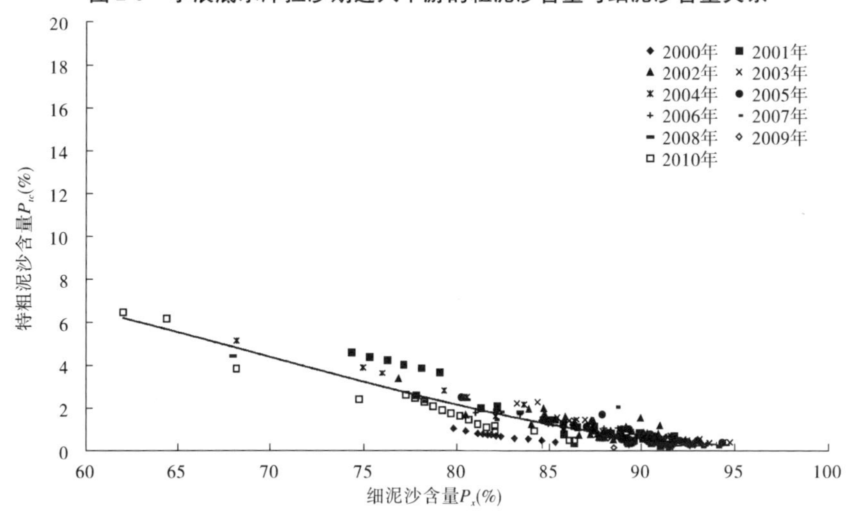

图 2-10　小浪底水库拦沙期进入下游的特粗泥沙含量与细泥沙含量关系

第三章　2011年汛前调水调沙下游冲淤估算

一、进入下游的水沙条件

借鉴2010年汛前调水调沙模式,小浪底水库2011年汛前调水调沙先下泄清水,库水位降低后通过异重流排沙。在后期仍利用三门峡水库提供后续动力,小浪底水库的对接水位选取220 m、215 m和210 m三个方案。三个方案的清水过程借用2010年汛前调水调沙的清水过程,浑水过程为在2010年汛后地形基础上按经验公式和水动力学数学模型两种方法分别计算出对接水位220 m、215 m和210 m下的6个出库水沙过程,详见表3-1。表中水量为整个调水调沙期(清水+浑水)的,平均流量和平均含沙量为整个调水调沙期的平均值。

表3-1　进入下游的水沙条件

对接水位(m)	水沙来源	水量(亿 m^3)	沙量(亿t)	细泥沙量(亿t)	细泥沙比例(%)	平均流量(m^3/s)	平均含沙量(kg/m^3)
220	数模	52.042	0.298	0.235	78.9	3 063	5.7
	经验公式	52.094	0.134	0.106	79.1	3 066	2.6
215	数模	52.042	0.497	0.331	66.6	3 063	9.5
	经验公式	52.094	0.411	0.264	64.2	3 066	7.9
210	数模	52.0	0.943	0.264	28.0	3 063	18.1
	经验公式	52.5	0.686	0.220	32.1	3 090	13.1

二、下游冲淤计算

为佐证计算结果,同时采用黄河下游水动力学模型、黄河下游水文学模型和回归关系式三种方法。

(一)回归关系式计算

1.验证计算

对于不同的来水来沙条件,下游河道的冲淤表现不同;相同水沙条件下,前期边界条件不同,例如河床持续冲刷历时和床沙粗化程度不同,下游冲淤表现也不同。到目前,小浪底水库已经拦沙运用了11 a,进入下游的大流量过程集中在每年的汛前调水调沙期。进入下游的泥沙均为小浪底水库异重流排出的,泥沙组成细且沙量少,黄河下游河道发生持续冲刷,河床已显著粗化。因而在相同的水沙条件下,冲刷效率较之前明显降低。在这种情况下,利用拦沙期后半时段建立的泥沙冲淤与水沙的关系式,即式(2-9)和表2-1中参数,来计算下游冲淤更为合理,洪水期分组泥沙的含沙量超过式(2-9)的适用条件,则用式(1-3)~式(1-6)来计算。

选取2002~2010年以来的洪水过程(有明显涨落过程的水流过程)进行验证计算,

计算结果见表3-2。计算结果显示,除了“04·8”洪水的计算值与实测值有较大差别,其他场次计算值与实测值基本一致。“04·8”洪水计算值与实测值差别较大,主要是由于小浪底水库在异重流排沙的同时,将前期水库中形成的浑水泥沙一并排出,使得进入下游的泥沙组成非常细,小于0.005 mm的泥沙含量达到35 kg/m³,洪水输沙能力显著提高。本章仅考虑粒径小于0.025 mm的细泥沙比例,没有考虑极细泥沙对水流输沙的影响。

表3-2 回归关系式计算的洪水冲淤效率与实测值对比

时段(年-月-日)	平均流量(m³/s)	平均含沙量(kg/m³)	细泥沙比例(%)	冲淤效率(kg/m³)		
				实测	计算	差值
2002-07-03 ~ 07-17	2 312	12.2	88.0	-8.1	-11.4	-3.3
2003-09-24 ~ 10-26	2 451	4.9	91.6	-16.4	-15.4	1.0
2004-06-15 ~ 06-18	1 516	0	0	-15.7	-13.3	2.4
2004-06-19 ~ 06-28	2 495	0	0	-16.8	-17.6	-0.8
2004-07-03 ~ 07-13	2 422	1.9	88.5	-12.2	-16.5	-4.3
2004-08-22 ~ 08-30	1 946	90.6	78.1	0.3	29.9	29.6
2005-06-08 ~ 07-03	2 394	0.4	90.0	-13.2	-17.0	-3.8
2005-07-04 ~ 07-15	1 033	29.3	82.5	1.1	4.3	3.2
2005-09-22 ~ 09-30	909	9.0	70.9	-7.0	-5.4	1.6
2005-10-01 ~ 10-11	1 869	3.6	92.8	-19.8	-13.3	6.5
2005-10-17 ~ 10-26	1 732	0	0	-11.8	-14.3	-2.5
2006-06-10 ~ 06-28	3 375	1.2	85.8	-11.0	-9.7	1.3
2006-08-02 ~ 08-07	1 531	19.3	82.9	-4.8	-1.4	3.4
2006-09-01 ~ 09-07	1 321	15.1	92.9	-4.3	-4.3	0
2007-06-19 ~ 07-03	3 138	5.8	84.8	-8.0	-7.7	0.3
2007-07-29 ~ 08-08	2 672	17.8	85.4	-1.1	-2.4	-1.3
2008-06-19 ~ 07-06	2 756	10.8	78.9	-4.4	-5.0	-0.6
2009-06-18 ~ 07-03	3 255	0.8	89.8	-9.2	-9.9	-0.7
2010-06-18 ~ 07-11	2 823	9.5	64.3	-4.5	-4.6	-0.1
2010-07-24 ~ 08-05	2 003	11.9	82.4	-3.0	-4.8	-1.8
2010-08-10 ~ 08-30	1 705	17.4	84.0	0.7	-2.4	-3.1

2. 方案计算

利用上述的回归关系式,计算出各水沙条件下,清水阶段下游河道的冲淤效率为 -11 kg/m³,冲淤量为 -0.506 亿 t,浑水阶段下游冲淤计算结果见表3-3。

表 3-3　回归关系式计算的下游冲淤量结果

对接水位(m)	项目	清水	数模出库水沙			经验公式出库水沙		
			来沙量(亿 t)	浑水	清+浑	来沙量(亿 t)	浑水	清+浑
220	冲淤效率(kg/m³)	-11	0.298	16.7	-7.8	0.134	1.2	-0.96
	冲淤量(亿 t)	-0.506		0.098	-0.408		0.007	-0.499
215	冲淤效率(kg/m³)	-11	0.497	38.1	-5.5	0.411	30.4	-6.3
	冲淤量(亿 t)	-0.506		0.222	-0.284		0.179	-0.327
210	冲淤效率(kg/m³)	-11	0.943	83.4	-0.4	0.686	47.7	-3.7
	冲淤量(亿 t)	-0.506		0.453	-0.053		0.280	-0.226

由于随着对接水位的降低，进入下游沙量增加，同时细泥沙的比例减小，下游河道的冲刷量减小，当进入下游的沙量达到 0.943 亿 t 时，下游河道仅冲刷 0.053 亿 t。主要因为对接水位 210 m 时，浑水阶段进入下游的细泥沙比例较其他排沙水位时低，约为 60%，进入下游河道的沙量显著增加，且排沙集中在 3.5 d 时间内，故排沙期下游淤积较多，从而基本抵消了清水下泄时下游的冲刷量。

计算表明，与对接水位 220 m 相比，在对接水位 215 m 和 210 m 时，多输送入海的泥沙量占多排入下游河道的泥沙量的 38% 左右和 45% ~51%，下游河道少冲刷泥沙量占多排沙量的 62% 左右和 55% ~49%，见图 3-1。

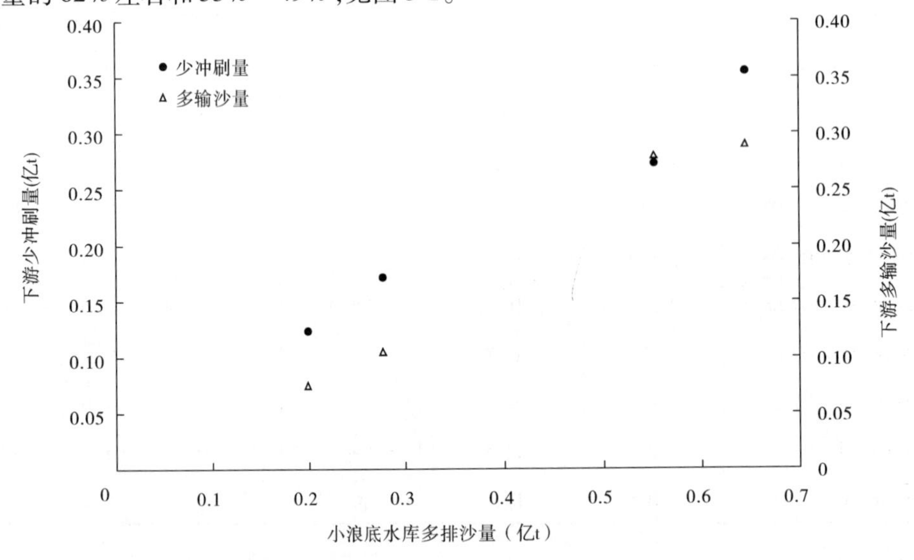

图 3-1　与对接水位 220 m 相比下游少冲刷量和多输沙入海量与多排沙量关系(回归关系式)

(二)黄河下游水文学模型计算

1. 模型简介

水文学模型建立在三个基本控制方程上，即：

水流连续方程
$$\frac{\partial Q}{\partial x}+\frac{\partial A}{\partial t}=0 \tag{3-1}$$

水流动量方程
$$V\frac{\partial V}{\partial x}+\frac{\partial V}{\partial t}+g\frac{\partial h}{\partial x}+g\frac{\partial y}{\partial x}=g(J_o-J_f) \tag{3-2}$$

泥沙连续方程
$$\frac{\partial Q_S}{\partial x}+\gamma_S B\frac{\partial z}{\partial t}=0 \tag{3-3}$$

式中:Q 为流量;A 为过水断面面积;h 为水深;y 为河床变形厚度;V 为断面平均流速;J_o 为床面坡降;J_f 为阻力坡降;Q_S 为输沙率;x 为水流方向距离;t 为时间;z 为河床高程;B 为河宽;γ_S 为泥沙容重。

利用差分法将以上方程离散化,略去微小变化项,以黄河下游实测资料推求有关参数,代入方程进行沿程洪水推演及泥沙水力学计算,所以该方法也称为水文水力学方法。该方法包括以下几个部分。

1)河床边界概化

根据黄河下游断面形态特征对河道横断面进行概化,概化后河床计算断面见图 3-2。

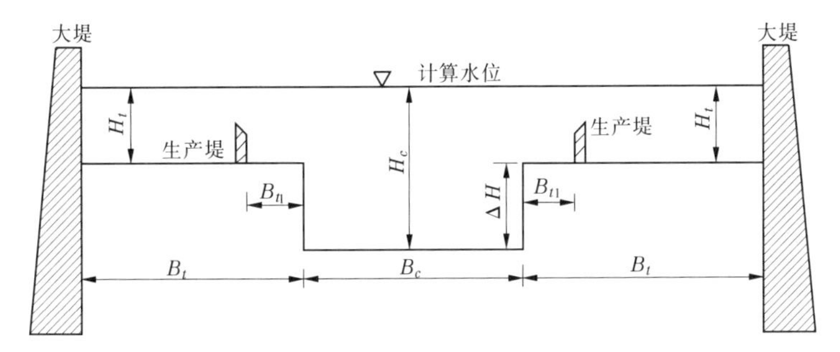

图 3-2　河道计算断面概化图

图中,H_t 表示滩地水深,H_c 表示主槽水深,B_t 表示滩地宽度,B_c 表示主槽宽度,B_{t1} 表示生产堤内滩地宽度,ΔH 表示滩槽高差。

2)沿程流量计算

当来水流量小于河段平滩流量时,出口断面流量等于进口断面流量扣除沿程引水。当来水流量大于平滩流量时,根据水流连续性方程,利用马斯京根法进行出口断面流量演算。

3)滩槽水力学计算

滩槽水力学计算包括滩槽分流和分沙计算。考虑到天然河流水力学计算,水流动量方程中惯性项、河段附加比降及河床冲淤分布不均匀性相对较小,忽略后即变为均匀流阻力公式,采用曼宁公式进行滩槽分流计算。滩槽分沙计算根据漫滩洪水实测资料,分析各河段主槽与入滩水流含沙量之比,以确定滩槽输沙分配。

$$Q = Q_p + Q_t = \frac{B_p J^{1/2}}{n_p}(\Delta H + H_t)^{5/3} + \frac{B_t J_t^{1/2}}{n_t} - H_t^{5/3} \tag{3-4}$$

式中:Q_p、Q_t 分别为平滩流量和滩地流量;B_p、B_t 分别为对应于平滩流量、滩地流量的河宽;J_t 为滩地纵比降;H_t 为滩地水深;ΔH 为滩槽高差;n_t 为滩地糙率;n_p 为对应于平滩流量的主槽糙率;J 为主槽比降。

4)滩地挟沙能力计算

上滩水流经过漫滩淤积后,由滩地返回主槽的水流含沙量采用黄河干支流挟沙力公式计算

$$S_* = 0.22\left(\frac{V_t^3}{gH_t\omega_t}\right)^{0.76} \tag{3-5}$$

式中:V_t 为滩地流速;H_t 为滩地水深;ω_t 为滩地泥沙平均沉速。

5)出口断面输沙率

通过分析黄河下游历年实测资料,得到本站主槽输沙率 Q_S 与本站流量 Q、上站含沙量 $S_{上}$、小于0.05 mm 泥沙颗粒含量 P 以及前期累积冲淤量 $\sum\Delta W_S$ 之间的关系式,据此可求得各计算河段出口断面的主槽输沙率,再根据主槽输沙率与全断面输沙率的关系,求得各河段的出口断面输沙率。黄河下游各断面输沙率公式见表3-4。

表3-4 黄河下游各河段主槽输沙公式

时期	河段	使用条件	公式
汛期	铁谢—花园口	漫滩及不漫滩	$Q_S=0.001\ 08Q^{1.318}\exp(0.212S_{上}^{0.49})P^{0.974}\exp(0.060\ 8\sum\Delta W_S)$
	花园口—高村	漫滩	$Q_S=0.005\ 4Q^{1.16}S_{上}^{0.763}\exp(0.038\ 8\sum\Delta W_S)$
		不漫滩	$Q_S=0.000\ 46Q^{1.21}\exp(0.016\ 8\sum\Delta W_S)S_{上}^{0.763}P^{0.156}$
	高村—艾山	漫滩	$Q_S=0.000\ 79Q^{1.062}S_{上}^{0.911}\exp(0.031\ 7\sum\Delta W_S)$
		不漫滩	$Q_S=0.000\ 65Q^{1.085\ 7}S_{上}^{0.93}\exp(0.012\sum\Delta W_S)$
	艾山—利津	漫滩及不漫滩	$Q_S=0.000\ 43Q^{1.093\ 8}S_{上}\exp(0.043\ 9\sum\Delta W_S)$
非汛期	铁谢—花园口	清水及浑水	$W_S=0.002\ 68W^{1.369}\exp(0.188S_{上}^{0.4})\exp(0.25\sum\Delta W_S)$
	花园口—高村	浑水	$W_S=0.001\ 07W^{1.337}S_{上}^{0.582\ 75}\exp(0.028\ 2\sum\Delta W_S)$
	高村—艾山	浑水	$W_S=0.000\ 51W^{1.164}S_{上}^{0.989\ 7}$
	艾山—利津	浑水	$W_S=0.000\ 14W^{1.308}S_{上}^{1.18}$

6)滩槽冲淤变形计算

根据进出口断面的输沙率可求得计算河段主槽和滩地的总冲淤量,根据图3-2中的概化断面,将其平铺在整个主槽和滩地上,可得主槽和滩地的冲淤厚度。滩槽冲淤变形后,形成新的断面和滩槽高差,利用新的滩槽高差计算下一时段的平滩流量。

2.模型验证

基于以上冲淤模型,利用2010年调水调沙实际水沙过程,对模型进行验证。2010年第一次调水调沙时间为6月19日至7月7日,总水量52.06亿 m^3,其中清水水量44.5亿

m^3,小浪底水库排沙水量7.56亿m^3,总排沙量0.553亿t,模型验证结果见表3-5。

表3-5　2010年调水调沙过程实测和计算冲淤量　（单位:亿t）

河段	小浪底—花园口	花园口—高村	高村—艾山	艾山—利津	全下游
实测	0.026	-0.035	-0.104	-0.095	-0.208
计算	0.022	-0.033	-0.089	-0.093	-0.193

3.方案计算

下游地形条件采用2010年汛后概化地形,各水沙条件下下游冲淤计算结果见表3-6。

计算结果显示,随着对接水位的降低,下游冲刷量减小。各水沙条件下,下游除花园口—高村河段有两个方案微淤外,其他河段均发生冲刷。冲刷最多的均是小浪底—花园口河段,最少的是花园口—高村河段,高村—艾山和艾山—利津河段的冲刷量基本相当。

表3-6　小浪底水库不同对接水位不同出库水沙条件下下游河道冲淤量（单位:亿t）

水库对接水位(m)	水沙条件	小浪底—花园口	花园口—高村	高村—艾山	艾山—利津	全下游
220	数模	-0.330	0.004	-0.091	-0.103	-0.520
	经验公式	-0.415	-0.045	-0.090	-0.091	-0.641
215	数模	-0.202	0.035	-0.093	-0.108	-0.368
	经验公式	-0.297	-0.022	-0.088	-0.092	-0.499
210	数模	-0.106	-0.045	-0.107	-0.084	-0.342
	经验公式	-0.164	-0.049	-0.087	-0.086	-0.386

水文学模型计算表明,与对接水位220 m相比,在对接水位215 m和210 m时,多输送入海的泥沙量占多排入下游河道的泥沙量的24%~49%和54%~73%,见图3-3。

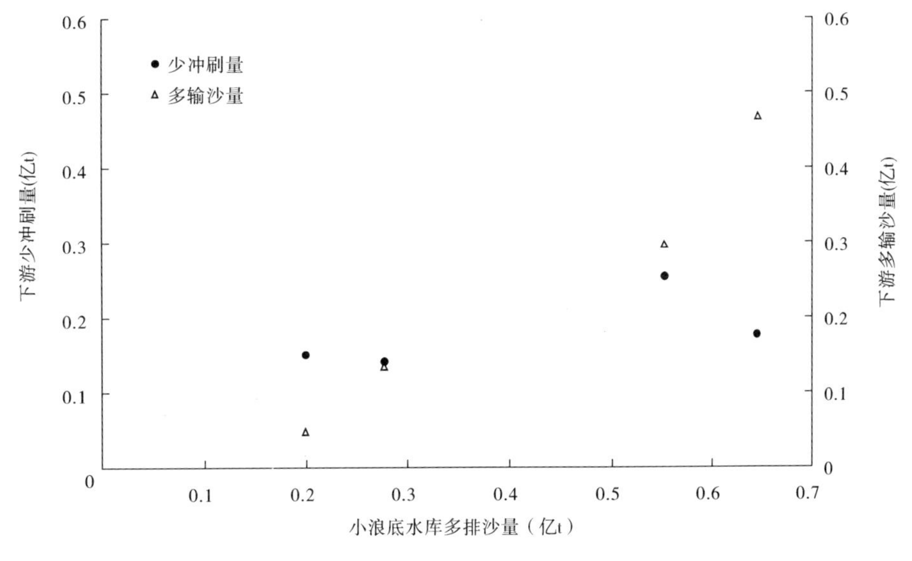

图3-3　与对接水位220 m相比下游少冲刷量和多输沙入海量与多排沙量关系(水文学模型)

（三）黄河下游一维水动力学模型计算

黄河下游一维水动力学模型，吸收了国内外最新的建模思路和理论，进行了标准化设计，注重了泥沙成果的集成，引入最新的悬移质挟沙级配理论等研究成果，在继承优势模块和水沙关键问题处理方法等基础上，增加了近年来黄河基础研究的最新成果。

1. 模型中关键问题处理

1）非均匀沙沉速

单颗粒泥沙自由沉降公式一般采用水电部1975年水文测验规范中推荐的沉速公式

$$\omega_{0k}=\begin{cases}\dfrac{\gamma_S-\gamma_0}{18\mu_0}d_k^2 & (d_k<0.1\ \text{mm})\\(\lg S_a+3.79)^2+(\lg\varphi_a-5.777)^2=39 & (0.1\ \text{mm}\leqslant d_k<1.5\ \text{mm})\end{cases}\tag{3-6}$$

式中：粒径判数 $\varphi_a=\dfrac{g^{1/3}\left(\dfrac{\gamma_S-\gamma_0}{\gamma_0}\right)^{1/3}d_k}{\nu_0^{\frac{2}{3}}}$，沉速判数 $S_a=\dfrac{\omega_{0k}}{g^{1/3}\left(\dfrac{\gamma_S-\gamma_0}{\gamma_0}\right)^{1/3}\nu_0^{1/3}}$；$\gamma_S$、$\gamma_0$ 分别为泥沙和水的容重，取值为 2.65 t/m^3 和 1.0 t/m^3，μ_0、ν_0 分别为清水动力黏滞系数（kg·s/m^2）和运动黏滞系数（m^2/s）。

2）挟沙水流单颗粒沉速

考虑到黄河水流含沙量高、细沙含量多，颗粒间的相互影响大，浑水黏性作用较强，故需对单颗粒泥沙的自由沉降速度作修正。采用修正公式如下

$$\omega_S=\omega_0(1-1.25S_V)\left(1-\frac{S_V}{2.25\sqrt{d_{50}}}\right)^{3.5}\tag{3-7}$$

式中：d_{50} 为泥沙中值粒径，mm；ω_S、ω_0 分别为浑水和清水单颗粒沉速；S_V 为泥沙体积含沙量。

3）非均匀沙混合沉速

非均匀沙混合沉速采用下式进行计算

$$\omega=\sum_{k=1}^{NFS}p_k\omega_{Sk}\tag{3-8}$$

式中：NFS 为泥沙粒径组数，模型中取8；p_k 为悬移质泥沙级配；ω_{Sk} 为泥沙分组沉速。

4）水流挟沙力及挟沙力级配

水流挟沙力是反映河床处于冲淤平衡状态下，水流挟带泥沙能力的综合性指标。模型中先计算全沙挟沙力，再由挟沙力级配求得分组挟沙力。

对于全沙挟沙力，选用张红武公式

$$S_*=2.5\left[\frac{(0.0022+S_V)U^3}{\kappa\dfrac{\gamma_S-\gamma_m}{\gamma_m}gh\omega_S}\ln\left(\frac{h}{6D_{50}}\right)\right]^{0.62}\tag{3-9}$$

式中：D_{50} 为床沙中值粒径，mm；浑水卡门常数 $\kappa=0.4[1-4.2\sqrt{S_V}(0.365-S_V)]$；$U$ 为水流流速；h 为水深；γ_S 和 γ_m 分别为泥沙和清水的容重。

挟沙力级配主要选用韩其为公式。

5)泥沙非饱和系数

泥沙非饱和系数随水力泥沙因子的变化而变化,结合含沙量分布公式,经归纳分析后,可将 f_S 表示如下

$$f_S = \left(\frac{S}{S_*}\right)^{\left[\frac{0.1}{\arctan\left(\frac{S}{S_*}\right)}\right]} \tag{3-10}$$

式中:S 为含沙量,S_* 为挟沙力。

当 $\frac{S}{S_*} > 1$ 时,河床处于淤积状态,$f_S > 1$,一般不会超过 1.5;

当 $\frac{S}{S_*} < 1$ 时,河床处于冲刷状态,$f_S < 1$。

含沙量小,挟沙力大时,f_S 是一个较小的数。

6)动床阻力变化

动床阻力是反映水流条件和河床形态的综合系数,取值的合理与否直接影响到水沙演变的计算精度。通过比较国内目前的研究成果,采用以下计算公式进行计算

$$n = \frac{c_n \delta_*}{\sqrt{g} h^{5/6}} \left\{0.49\left(\frac{\delta_*}{h}\right)^{0.77} + \frac{3\pi}{8}\left(1 - \frac{\delta_*}{h}\right)\left[\sin\left(\frac{\delta_*}{h}\right)^{0.2}\right]^5\right\}^{-1} \tag{3-11}$$

式中:δ_* 为摩阻高度,$\delta_* = d_{50} 10^{10[1-\sqrt{\sin(\pi Fr)}]}$;$c_n$ 为涡团参数,$c_n = 0.375\kappa$。

2. 模型验证

1)计算条件

初始地形:2007 年 5 月汛前黄河下游花园口—利津大断面资料。

进口水沙:2007 年 7 月 29 日至 8 月 13 日花园口站实测日均水沙资料,见图 3-4。引水资料采用实测过程。泥沙粒径分为 7 组,分界粒径分别为 0.008 mm、0.016 mm、0.031 mm、0.062 mm、0.125 mm、0.5 mm。

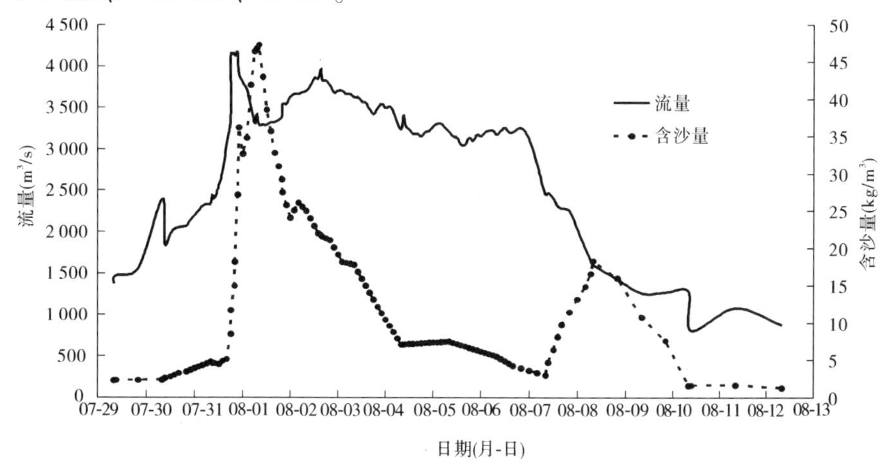

图 3-4 2007 年花园口站实测流量、含沙量过程

从图 3-4 中可以看出,花园口站最大流量出现在 7 月 31 日 21 时,为 4 160 m^3/s,此时含沙量为 27.2 kg/m^3,最大含沙量 47.3 kg/m^3 出现在 8 月 1 日 8 时,此时花园口流量为 3 290 m^3/s。经统计,该计算时段的水量为 31.87 亿 m^3,沙量为 0.375 亿 t。

2)洪水传播过程验证

黄河下游花园口—利津河段洪水传播过程模型计算结果见图3-5，花园口、夹河滩、高村、孙口、艾山、泺口、利津7个水文站的计算洪峰流量分别为4 160 m^3/s、3 778 m^3/s、3 737 m^3/s、3 687 m^3/s、3 658 m^3/s、3 587 m^3/s、3 509 m^3/s，见表3-7。而实测洪峰值分别为4 160 m^3/s、4 080 m^3/s、3 720 m^3/s、3 740 m^3/s、3 720 m^3/s、3 690 m^3/s、3 710 m^3/s，实测过程见图3-6。除夹河滩、泺口、利津计算值分别偏小302 m^3/s、103 m^3/s 、201 m^3/s外，其他站均和实测值符合较好。从沿程各水文站洪峰出现的时机(各河段洪水传播时间)来看，花园口—利津河段洪水传播时间实测值为82 h，而模型计算值为81 h。可见，该模型计算结果基本反映了黄河下游的实际情况。

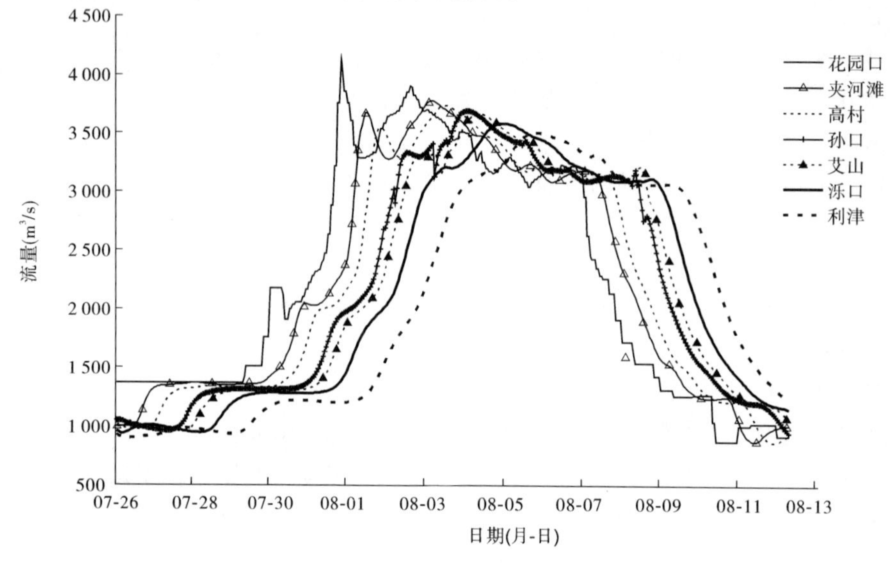

图3-5　2007年黄河下游洪水沿程传播过程计算结果

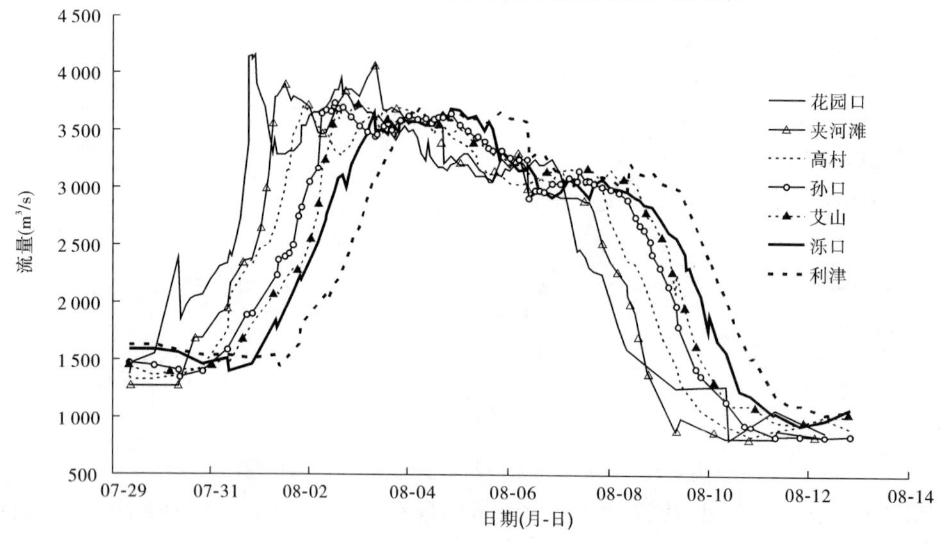

图3-6　2007年黄河下游洪水沿程传播过程实测值

表 3-7　2007 年汛期调水调沙过程实测与模型计算值统计表

站名	特征值	花园口	夹河滩	高村	孙口	艾山	泺口	利津
实测	洪峰流量(m^3/s)	4 160	4 080	3 720	3 740	3 720	3 690	3 710
	传播时间(h)		14	9	15	12	8	24
计算	洪峰流量(m^3/s)	4 160	3 778	3 737	3 687	3 658	3 587	3 509
	传播时间(h)		13	10	13	10	10	25

3)各河段冲淤量验证

黄河下游各河段冲淤量模型计算值与实测值比较见表 3-8,花园口—利津整个河段模型计算共冲刷泥沙 947 万 t,而实测值为 602 万 t,计算值比实测值偏多 345 万 t;除艾山—泺口、夹河滩—高村河段定性结果不一致外,其他河段均与实测值符合较好,见图 3-7。

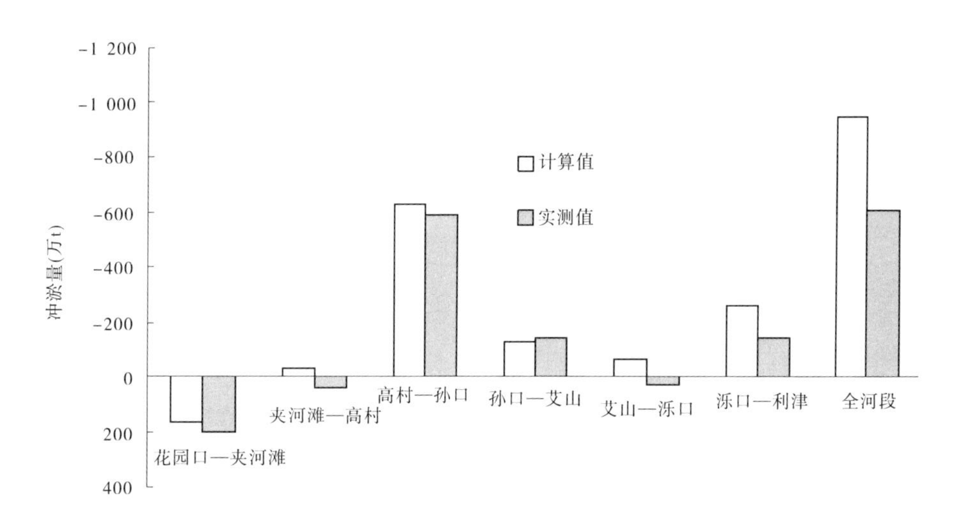

图 3-7　黄河下游各河段冲淤量比较

表 3-8　各河段计算及实测冲淤量　　(单位:万 t)

河段	计算值	实测值	差值
花园口—夹河滩	162	201	-39
夹河滩—高村	-32	36	-68
高村—孙口	-627	-589	-38
孙口—艾山	-129	-138	9
艾山—泺口	-61	26	-87
泺口—利津	-260	-138	-122
合计	-947	-602	-345

3. 方案计算

采用2010年汛后地形，利用一维水动力学模型计算出不同方案的冲淤量，见表3-9。

表3-9 水动力学模型计算结果 （单位：亿t）

水库对接水位(m)	水沙条件	小浪底—花园口	花园口—高村	高村—艾山	艾山—利津	全下游
220	数模	-0.045	-0.085	-0.140	-0.144	-0.414
	经验公式	-0.051	-0.096	-0.142	-0.144	-0.433
215	数模	-0.010	-0.058	-0.129	-0.111	-0.308
	经验公式	-0.010	-0.067	-0.125	-0.111	-0.313
210	数模	0.008	-0.046	-0.123	-0.089	-0.250
	经验公式	0.012	-0.037	-0.112	-0.093	-0.230

水动力学模型计算结果显示，不同对接水位排沙条件下，除小浪底—花园口河段在一个方案中发生微淤外，其他河段均发生冲刷。冲刷最多的是高村—艾山和艾山—利津两个河段，对接水位220 m时艾山—利津河段最大，对接水位215 m和210 m时，高村—艾山河段最大；各水沙条件下均是小浪底—花园口河段最少，花园口—高村河段次之。水动力学模型计算表明，与对接水位220 m相比，在对接水位215 m和210 m时，多输送入海的泥沙量占多排入下游河道的泥沙量的47%～57%和63%～75%，见图3-8。

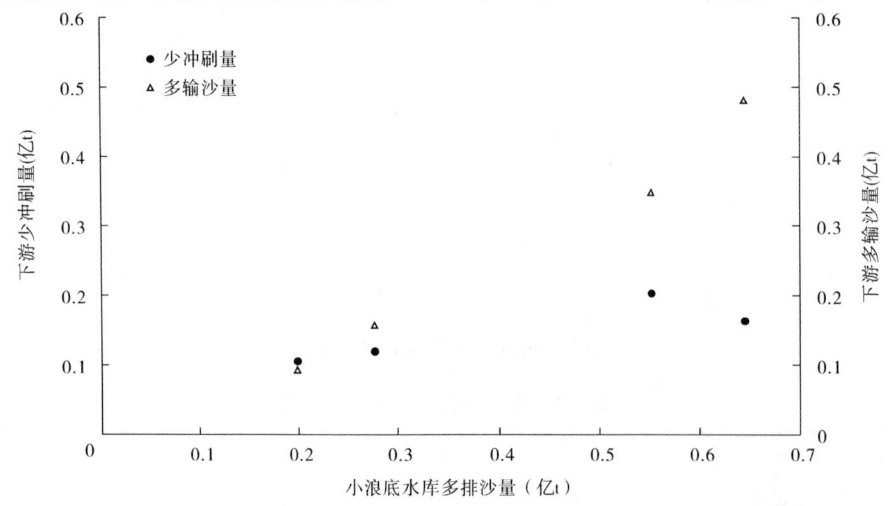

图3-8 与对接水位220 m相比下游少冲刷量和多输沙入海量与多排沙量关系(水动力学模型)

三、计算结果分析

将回归关系式、水文学模型和水动力学模型三种手段计算的结果汇总于表3-10、表3-11。小浪底水库对接水位220 m和215 m时，三种方法计算的下游冲淤量比较相近。小浪底对接水位为210 m时，三种方法计算的下游冲淤量差别相对较大。

表 3-10　三种方法计算结果对比(一)

对接水位(m)	水沙条件	水量(亿 m^3)	沙量(亿 t)	平均含沙量(kg/m^3)	下游冲淤量计算结果(亿 t)		
					水动力学模型	水文学模型	回归关系式
220	数模	52.042	0.298	5.7	-0.414	-0.520	-0.408
	经验公式	52.094	0.134	2.6	-0.433	-0.641	-0.499
215	数模	52.042	0.497	9.5	-0.308	-0.368	-0.284
	经验公式	52.094	0.411	7.9	-0.313	-0.499	-0.327
210	数模	52.000	0.943	18.1	-0.250	-0.342	-0.053
	经验公式	52.500	0.686	13.1	-0.230	-0.386	-0.226

表 3-11　三种方法计算结果对比(二)　(单位:亿 t)

水沙条件	方案对比	多来沙量	回归关系式结果			水动力学模型结果			水文学模型结果		
			少冲刷量	多输沙量	ξ(%)	少冲刷量	多输沙量	ξ(%)	少冲刷量	多输沙量	ξ(%)
数模	215—220	0.199	0.124	0.075	37.7	0.106	0.093	46.7	0.151	0.048	24.1
	210—220	0.645	0.355	0.290	45.0	0.164	0.481	74.6	0.177	0.468	72.6
经验公式	215—220	0.277	0.172	0.105	37.9	0.120	0.157	56.7	0.142	0.135	48.7
	210—220	0.552	0.273	0.279	50.5	0.203	0.349	63.2	0.255	0.297	53.8

注:ξ 为多输沙量占多来沙量的比例。

小浪底水库对接水位 220 m 和 215 m 时,三种计算方法的结果比较相近,回归关系式匡算和水动力学模型计算的结果小一些,水文学模型计算的结果稍大。对接水位 220 m 时,进入下游的沙量在 0.134 亿~0.298 亿 t,下游发生冲刷,冲刷量为 0.408 亿~0.641 亿 t;对接水位 215 m 时,进入下游的沙量在 0.411 亿~0.497 亿 t,下游发生冲刷,冲刷量为0.284 亿~0.499 亿 t。

小浪底水库对接水位为 210 m 时,三种计算方法计算的下游冲淤量差别较大。经验公式计算的来沙条件下,三种方法计算的结果均发生冲刷,冲刷量也比较接近,为 0.230 亿~0.386 亿 t;数模计算的来沙条件下,三种方法的计算结果有较大差别,回归关系式计算的冲刷量仅为 0.053 亿 t,水动力学模型计算的冲刷量为 0.250 亿 t,水文学模型计算的冲刷量为 0.342 亿 t。

随着小浪底水库对接水位的降低,水库的排沙比增大,进入下游的沙量增加,下游河道的冲刷量减少,入海沙量增加。当排沙水位从 220 m 降到 215 m 时,多排沙量的 24%~57% 可以输送入海;排沙水位从 220 m 降到 210 m 时,多排沙量的 45%~75% 可以输送入海。

因此,在下游河道显著粗化、洪水冲刷效率明显降低时期,在确保下游河道不发生淤积的条件下,可以让小浪底水库多排沙,增加入海沙量,减少小浪底水库和下游河道的组合体的泥沙淤积量。

第四章　维持下游河道不淤对小浪底水库排沙的要求

一、汛前调水调沙小浪底水库排沙量要求

小浪底水库汛前调水调沙期包括清水下泄和浑水排沙两个阶段，下游河道相应在前一阶段冲刷、后一阶段淤积，从历次调水调沙情况来看，冲刷量大于淤积量，调水调沙期总的都是冲刷的。如果今后小浪底水库调水调沙期浑水阶段加大排沙量，下游淤积量有可能较大，超过清水阶段冲刷量，造成调水调沙期河道淤积。为避免这一状况的发生，利用经验公式，研究了为保持整个调水调沙期不淤积对浑水排沙期水库下泄含沙量的要求。

以2010年汛前调水调沙水沙条件作为计算水沙过程，清水阶段出库水量为46亿m^3，平均流量为3 300 m^3/s，计算出下泄清水阶段下游河道的冲刷量为0.5亿t。浑水阶段水量为6.5亿m^3，平均流量为2 600 m^3/s，计算设定出库泥沙的细泥沙含量为40%、50%、60%和70%四个方案，以浑水排沙期下游河道淤积量等于清水阶段冲刷量为控制，计算得到满足下游调水调沙期冲淤平衡的浑水阶段平均含沙量分别为166 kg/m^3、171 kg/m^3、180 kg/m^3和193 kg/m^3（见表4-1）。

表4-1　汛前调水调沙下游河道冲淤平衡的来沙量要求

沙量（亿t）	平均含沙量（kg/m^3）	细泥沙比例（%）	<0.025 mm		0.025~0.05 mm		≥0.05 mm		全沙冲淤量（亿t）
			冲淤量（亿t）	占全沙（%）	冲淤量（亿t）	占全沙（%）	冲淤量（亿t）	占全沙（%）	
1.080	166	40	0.115	22.9	0.101	20.1	0.286	57.0	0.502
1.110	171	50	0.162	32.3	0.109	21.8	0.230	45.9	0.501
1.170	180	60	0.219	43.7	0.110	21.9	0.172	34.4	0.501
1.260	193	70	0.289	57.4	0.100	19.9	0.114	22.7	0.503

计算结果显示，随着小浪底水库出库泥沙的细泥沙含量增大，满足整个调水调沙期下游河道冲淤平衡的小浪底出库沙量也增大。随着出库泥沙组成变细，不仅下游河道冲淤平衡出库沙量增大，而且下游河道淤积物中的粗泥沙含量显著减小，淤积的粗泥沙占全沙的比例显著降低。当出库细泥沙含量分别为40%、50%、60%和70%时，满足下游冲淤平衡的浑水阶段平均含沙量分别为166 kg/m^3、171 kg/m^3、180 kg/m^3和193 kg/m^3。

洪水期下游河道分组泥沙冲淤规律表明，粗泥沙的输沙能力小于细、中泥沙，低含沙水流的冲刷也以细、中泥沙为主体，淤积在河道中的粒径大于0.05 mm的粗泥沙很难被低含沙水流冲刷带走。因此，为了满足调水调沙期下游河道不发生淤积，不仅要控制小浪底水库的出库沙量在一定的范围内，同时还要控制出库泥沙组成，使得粗泥沙在下游河道中的淤积量较小。

由于天然情况下进入下游的细泥沙含量为50%左右，经过水库调节后进入下游河道的细泥沙含量有所增加。同时考虑到，当水库排沙组成很细（细泥沙含量较高）时，洪水的平均含沙量不会很高。由此建议，汛前调水调沙浑水阶段小浪底水库出库的细泥沙含量在60%～70%（通过控制排沙水位，从而控制排沙比来实现），平均含沙量在180～190 kg/m^3 范围。

二、实现洪水期下游不淤对小浪底水库排沙的要求

随着小浪底水库排沙量的增大，下游河道将会由冲刷转为淤积。天然来水来沙条件下，下游河道不发生淤积的平衡含沙量大小主要取决于水流平均流量的大小和泥沙组成的粗细。水库的修建运用改变了天然水沙条件，水库的拦粗排细运用减少了进入下游的粗泥沙量，使得进入下游的泥沙组成显著变细。由于来沙组成变细，下游河道输沙平衡含沙量也发生相应改变。因此，需要开展洪水期不同泥沙组成条件下下游河道输沙平衡含沙量研究。

依据实测资料回归的经验公式（1-1）中只考虑了来水平均流量和平均含沙量的影响。利用该公式，令 $\Delta S=0$，得输沙平衡含沙量 S_* 的计算公式为

$$S_* = \frac{0.009Q + 9.6}{1 + 10^{-5}Q} \tag{4-1}$$

在下游平衡输沙能力方面，申冠卿建立了淤积比与来水来沙因子的关系

$$S/Q^{0.8} = 0.18\eta^3 + 0.3\eta^2 + 0.17\eta + 0.66 \tag{4-2}$$

式中：η 为淤积比，令 $\eta = 0$，得输沙平衡含沙量计算式

$$S_* = 0.66Q^{0.8} \tag{4-3}$$

利用式（4-1）和式（4-3）计算出下游输沙平衡含沙量，见表4-2。

表4-2　利用式（4-1）和式（4-3）计算的输沙平衡含沙量　　（单位：kg/m^3）

流量（m^3/s）	1 500	2 000	2 500	3 000	3 500	4 000
式（4-1）	22.8	27.1	31.3	35.5	39.7	43.8
式（4-3）	22.9	28.9	34.5	39.9	45.2	50.3

两个公式的计算结果比较一致，随着来水流量从1 500 m^3/s 增加到4 000 m^3/s，下游输沙平衡含沙量增加范围分别为：由22.8 kg/m^3 增加到43.8 kg/m^3 和由22.9 kg/m^3 增加到50.3 kg/m^3。

依据式（1-2），得输沙平衡含沙量的计算公式为

$$S_* = 0.625Q^{0.555}P^{0.547} \tag{4-4}$$

式中：P 以小数计。

式（4-4）反映了洪水量级和来沙组成对输沙能力的影响，据此可以进一步计算出不同来沙组成，特别是来沙组成显著变细条件下的输沙平衡含沙量，见图4-1。在相同流量条件下，随着细泥沙比例的增加，下游输沙平衡含沙量也增加。如，在平均流量4 000 m^3/s 条件下，细泥沙比例从50%提高到70%和90%，下游输沙平衡含沙量从41.0 kg/m^3 提高到49.2 kg/m^3 和56.5 kg/m^3，与细泥沙比例50%相比分别提高了20%和38%。

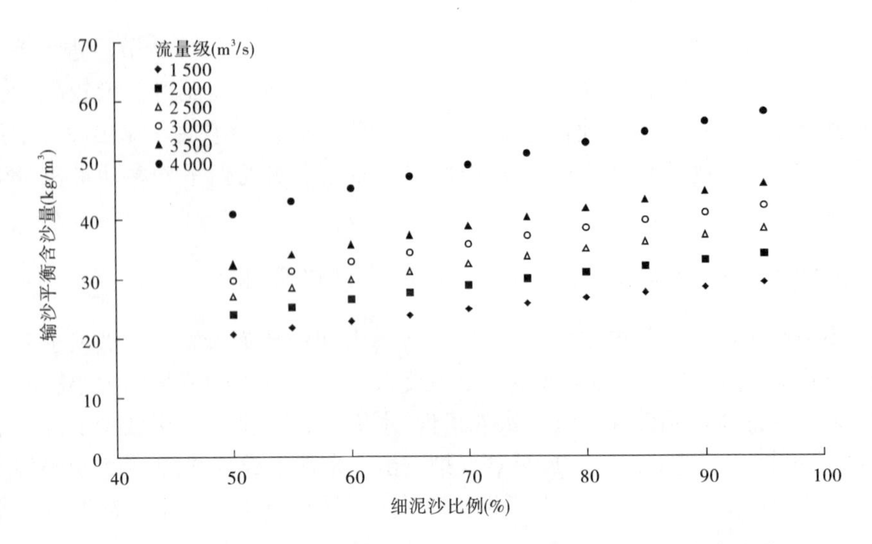

图 4-1　利用式(4-4)计算的不同细泥沙比例下下游输沙平衡含沙量

利用申冠卿建立的下游淤积比与水沙关系式

$$\frac{\eta - 1.27}{0.38} = \ln\left(\frac{S}{Q^{0.8}}e^{-1.2P_*}\right) \tag{4-5}$$

令 $\eta = 0$,得输沙平衡含沙量计算式

$$S_* = \frac{0.035Q^{0.8}}{e^{-1.2P}} \tag{4-6}$$

李国英依据实测洪水资料得出冲淤临界含沙量与流量和细泥沙含量的关系

$$S_* = 0.030\ 8QP^{1.551\ 4} \tag{4-7}$$

根据式(4-6)和式(4-7)计算出不同流量级下的输沙平衡含沙量随细泥沙比例的变化,见图4-2和图4-3。

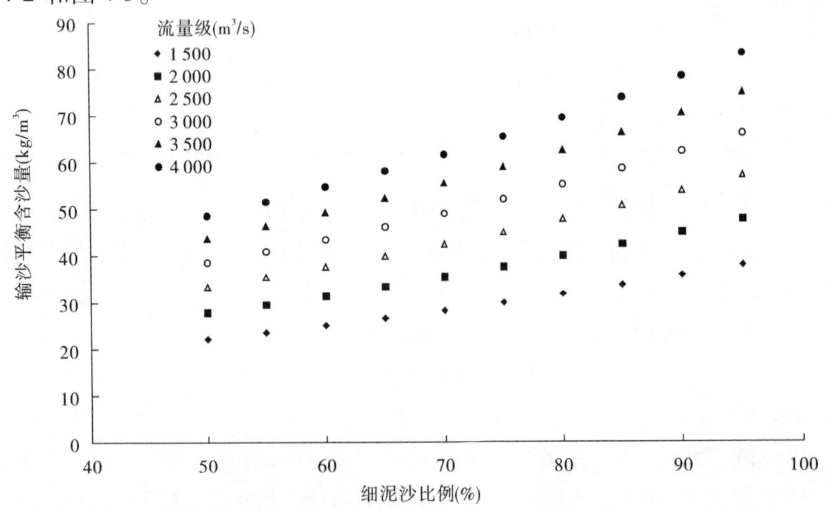

图 4-2　利用式(4-6)计算的不同细泥沙比例下下游输沙平衡含沙量

利用式(4-6)计算流量4 000 m³/s的输沙平衡含沙量时,当细泥沙比例从50%提高到70%和90%时,输沙平衡含沙量从48.6 kg/m³提高到61.7 kg/m³和78.5 kg/m³,与细

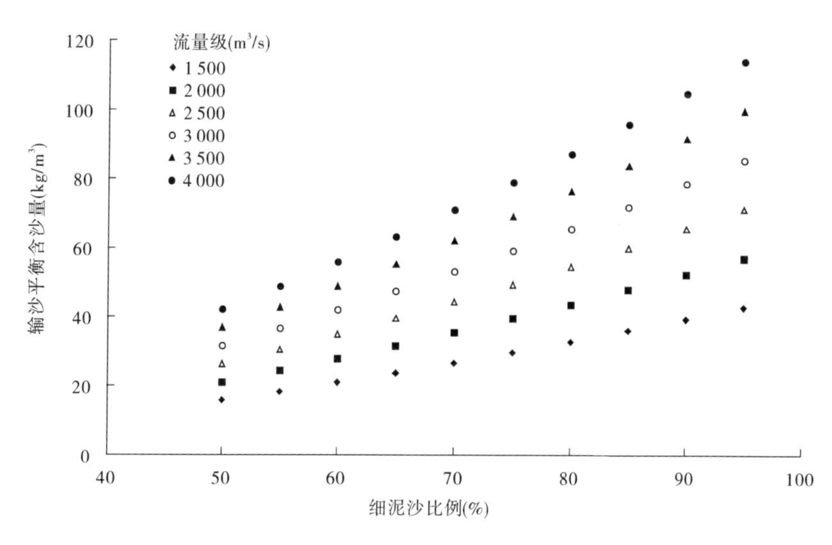

图 4-3　利用式(4-7)计算的不同细泥沙比例下下游输沙平衡含沙量

泥沙比例50%相比分别提高了27%和62%。利用式(4-7)计算流量4 000 m^3/s 的输沙平衡含沙量时,当细泥沙比例从50%提高到70%和90%时,输沙平衡含沙量从42.0 kg/m^3 提高到70.8 kg/m^3 和104.6 kg/m^3,与细泥沙比例50%相比分别提高了69%和149%。

上述分析表明,各流量下随细泥沙比例增加,下游输沙平衡含沙量均增大。采用式(4-6)来计算各流量级不同细泥沙含量条件下的输沙平衡含沙量,计算结果见表4-3。

表 4-3　利用式(4-6)计算的下游河道输沙平衡含沙量　　(单位:kg/m^3)

平均流量(m^3/s)	细泥沙含量(%)								
	50	55	60	65	70	75	80	85	90
2 500	33.3	35.4	37.6	39.9	42.4	45.0	47.8	50.7	53.9
3 000	38.6	41.0	43.5	46.2	49.0	52.1	55.3	58.7	62.3
3 500	43.6	46.3	49.2	52.2	55.5	58.9	62.6	66.4	70.5
4 000	48.6	51.6	54.8	58.1	61.7	65.6	69.6	73.9	78.5

计算表明,由于水库的拦粗排细作用进入下游泥沙的细泥沙比例明显增加,下游河道的输沙平衡含沙量显著提高,相同水流条件下可以输送更多的泥沙入海。

黄河下游河道冲淤演变的规律非常复杂,除受水沙条件影响外,河道边界条件的影响也很大,特别是河床组成情况的影响很大。为了进一步反映河床调整的影响,需要在今后的工作中进一步将床沙组成的影响加入到公式中去。

第五章　主要认识

(1)黄河下游洪水的冲淤效率与洪水的平均含沙量关系密切,同时受洪水平均流量和来沙组成影响也较大。含沙量不同的洪水在下游河道中的冲淤规律不同,对于一般含沙量洪水,洪水期水流以输沙为主,冲淤效率的大小主要取决于水沙条件。

(2)对于水库拦沙期以下泄清水和异重流排沙为主的低含沙量洪水,下游河道发生持续冲刷,在床沙粗化完成之前,冲淤效率主要取决于平均流量的大小,河床物质组成对低含沙量洪水的冲刷效率起到制约性作用;粗化完成后,洪水期的冲淤效率不仅与洪水流量有关,河床边界的补给能力起主要作用。

(3)假定2011年汛前调水调沙小浪底水库的对接水位分别为220 m、215 m和210 m,通过水库排沙经验关系式和水库水动力学数学模型计算给出了6个进入下游的水沙条件。

小浪底水库对接水位220 m和215 m时,三种计算方法的结果比较相近,回归关系式匡算和水动力学模型计算的结果小一些,水文学模型计算的结果稍大。对接水位220 m时,进入下游的沙量在0.134亿~0.298亿t,下游发生冲刷,冲刷量为0.408亿~0.641亿t;对接水位215 m时,进入下游的沙量在0.411亿~0.497亿t,下游发生冲刷,冲刷量为0.284亿~0.499亿t。

小浪底水库对接水位为210 m时,三种计算方法计算的下游冲淤量差别较大。回归关系式计算的来沙条件下,三种方法计算的结果均发生冲刷,冲刷量也比较接近,为0.230亿~0.386亿t;数模计算的来沙条件下,三种方法的计算结果有较大差别,回归关系式计算的冲刷量仅为0.053亿t,水动力学模型计算的冲刷量为0.250亿t,水文学模型计算的冲刷量为0.342亿t。

随着小浪底水库对接水位的降低,水库的排沙比增大,进入下游的沙量增加,下游河道的冲刷量减少,入海沙量增加。当排沙水位从220 m降到215 m时,多排沙量的24%~57%可以输送入海;排沙水位从220 m降到210 m时,多排沙量的45%~75%可以输送入海。因此,在下游河道显著粗化、洪水冲刷效率明显降低时期,在确保下游河道不发生淤积的条件下,可以让小浪底水库多排沙,增加入海沙量,减少小浪底水库和下游河道的组合体的泥沙淤积量。

(4)在汛前调水调沙流量过程与2010年类似情况下,为避免下游河道淤积以及减少粗泥沙的淤积量,建议汛前调水调沙期的浑水阶段(平均流量不低于2 600 m^3/s),小浪底水库出库的细泥沙含量在60%~70%,平均含沙量在180~190 kg/m^3范围。

(5)由于水库的修建运用改变了天然水沙条件,水库的减淤作用主要是通过拦粗排细减小进入下游的粗泥沙量,使得进入下游的水沙组成变细。在来沙组成变细条件下,相同流量级洪水的输沙平衡含沙量明显提高。

为了维持下游主槽过流能力,应尽量使洪水期下游河道不发生淤积;同时,为了延长水库的使用年限、最大程度地利用小浪底水库的拦粗排细作用,应让水库多排沙。为此,建议小浪底水库排沙运用时,调节出库水量和沙量,使得洪水平均含沙量接近下游河道不发生淤积的输沙平衡含沙量。

第九专题　小浪底水库运用初期下游游荡性河段河势变化与河道整治工程适应性分析

小浪底水库运用11年来，经历了12场调水调沙过程，最大下泄流量为4 000 m^3/s左右，除调水调沙期有异重流排沙外，其余为清水下泄。由于下游河道持续冲刷，与小浪底水库运用前的1986～1999年相比，河势出现了新的特点。主要表现在：主流摆幅减弱；河湾个数相对较稳定；弯曲系数略有增加；河宽增加，心滩增多，河势普遍下挫。目前河势比较稳定、工程适应性较好的河段是夹河滩—高村、铁谢—伊洛河口；河势转好的河段为黑岗口—夹河滩，目前河势规顺，基本与规划流路一致；工程适应性有所减弱的是伊洛河口—黑岗口河段，其中减弱较明显的是伊洛河—赵口河段；赵口—黑岗口河段一直为河势较乱的河段，目前仍未得到有效控制。河势的调整是一个长期过程，总体来看，在这样长期低含沙持续小水作用下，大部分河段河势基本上变化于工程控制范围以内，说明目前的中水整治工程对小水也有一定的控制作用。

第一章　水沙及工程概况

一、水沙条件

小浪底水库运用11年来，下游来水偏枯，有17次短期中小水过程，其中有12次为调水调沙过程，除洪水期有低含沙异重流排沙外，其余为清水下泄。以花园口站的水沙作为进入下游的水沙条件。图1-1为1986~2010年花园口站年均流量和年均含沙量过程。表1-1为两个时期的年均水沙量。从中可以看出，2000~2010年的年均流量和年均含沙量都小于1986~1999年的，特别是年均含沙量偏小更多，其中前者年均流量747 m^3/s，后者876 m^3/s，前者比后者小14.7%；前者年均含沙量4.2 kg/m^3，后者年均含沙量24.6 kg/m^3，前者比后者偏少82.9%。而且，年均流量过程与年均含沙量过程基本上成反比关系，与2000年前的已有不同。

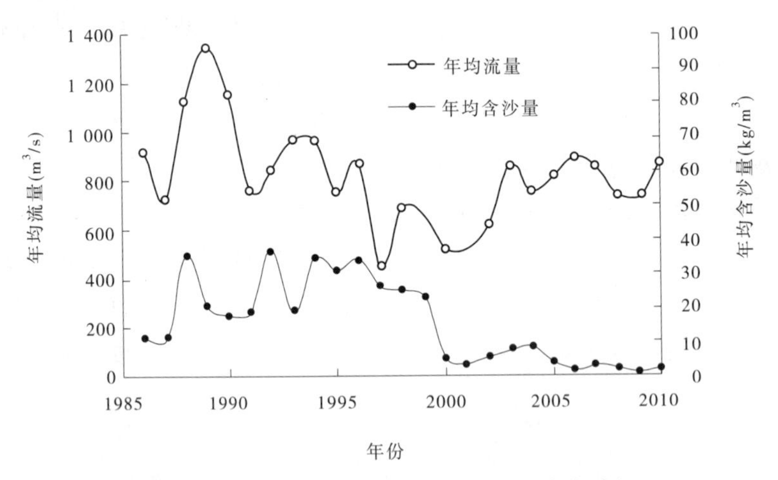

图1-1　花园口站年均流量、年均含沙量变化过程

表1-1　花园口站1986~2010年年均水沙量

时期	年均水量（亿 m^3）	年均沙量（亿t）	年均流量（m^3/s）	年均含沙量（kg/m^3）
1986~1999年	276	6.8	876	24.6
2000~2010年	236	1.0	747	4.2

小浪底水库运用以来，进入下游的水量65%集中在1 000 m^3/s流量以下，其中没有大于5 000 m^3/s的流量过程；4 000~5 000 m^3/s流量的水量也仅占总水量的1%，2 500~4 000 m^3/s流量的水量占总水量的14%，1 000~2 500 m^3/s流量的水量占总水量的20%（见图1-2）。而1986~1999年，进入下游的流量48%集中在1 000 m^3/s以下，其中大于5 000 m^3/s的很少，仅占总水量的0.6%，4 000~5 000 m^3/s流量的水量也仅占总水量的2%，2 500~4 000 m^3/s流量的水量占总水量的10%，1 000~2 500 m^3/s流量的水量占总

水量的 39%。可以看出,两个时期流量过程差别不大,但 2000 年以来小于 1 000 m^3/s 的流量过程占总水量比例要大于 1986 ~ 1999 年的,而大于 5 000 m^3/s 的流量过程 2000 年以来没有。

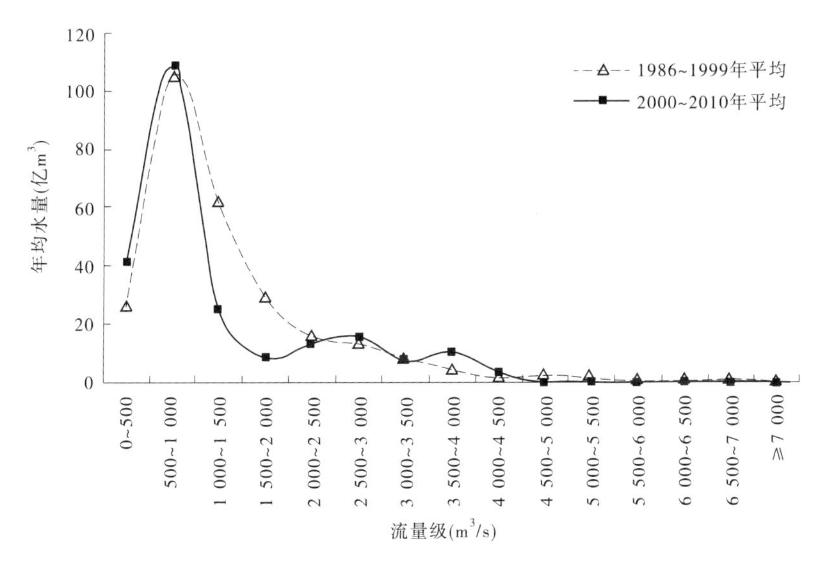

图 1-2　1986 ~ 2010 年各流量级年均水量

总之,小浪底水库运用以来的 2000 ~ 2010 年,年均水沙量均小于 1986 ~ 1999 年,但前者主要是以长期下泄低含沙(平均为 4.5 kg/m^3)、小流量(65% 集中在 1 000 m^3/s 以下)的水沙过程为主,因此小浪底水库运用以来的河势及工程适应性方面表现出一些与 1986 ~ 1999 年明显不同的特点。

二、整治工程概况

河道整治工程主要包括险工和控导护滩工程。各河段河道整治工程修建情况见表 1-2,资料仅统计到 2001 年,因 2001 年之后规划的河道整治工程批复的很少,且未进行详细统计,本专题将 2001 年的河道整治工程修建规模作为现状情况进行分析,其对结果的影响极小。

(1)铁谢—伊洛河口河段,1970 ~ 1974 年都完成了布点,工程已占河段长的 77.5%。1993 年起,为兴建小浪底水利枢纽移民安置区,该河段又陆续修建了上续下延工程,至 2001 年已占河道长度的 90% 以上。

(2)伊洛河口—花园口河段,截至 2000 年工程个数为 12 个,工程长度 46.5 km,约占河道总长度的 79.5%。

(3)花园口—黑岗口河段,截至 2001 年底,该河段工程长度约占河道总长度的 52%。

(4)黑岗口—夹河滩河段,截至 2001 年底,河段工程长度约占河道总长度的 65%。

(5)夹河滩—高村河段,1973 年完成全部工程布点,到 1992 年工程基本完善,该河段工程占河道总长度的 66%。

表 1-2　截至 2001 年底各河段治导线上整治工程情况

河段	河道长度(km)	工程个数(个)	工程长度(km)	占河道长度(%)
铁谢—伊洛河口	44.67	9	42.4	95.0
伊洛河口—花园口	58.50	12	46.5	79.5
花园口—黑岗口	61.10	10	31.8	52.0
黑岗口—夹河滩	39.70	10	25.9	65.2
夹河滩—高村	70.60	11	46.6	66.0
合计	274.57	52	193.2	

第二章　游荡性河段河势变化特点

本章重点研究游荡性河段河势变化特点及整治工程的适应性。

一、主流摆幅明显减弱

用平均主流摆幅表示河势游荡程度。图 2-1 为各河段平均主流摆幅，除了伊洛河口—花园口、黑岗口—夹河滩河段，2000 ~ 2010 年平均主流摆幅较 1986 ~ 1999 年有所增大外，其他河段都有明显减小。最突出的是花园口—黑岗口河段，主流摆幅有显著减小，如图 2-1 ~ 图 2-3 所示。表 2-1 为各河段、各时段平均河湾要素变化情况，其中铁谢—伊洛河口河段平均主流摆幅由 1986 ~ 1999 年的 317 m 减小为 232 m；伊洛河口—花园口河段由 624 m 增加为 660 m；花园口—黑岗口河段由 883 m 减小为 324 m，减小幅度最大；黑岗口—夹河滩河段由 620 m 减小为 560 m；夹河滩—高村河段由 293 m 减小为 183 m。从最大主流摆幅看（见表 2-1），除黑岗口—夹河滩河段外，其他河段均有明显的减小，而黑岗口—夹河滩河段最大主流摆幅增大主要是畸形河湾所致。

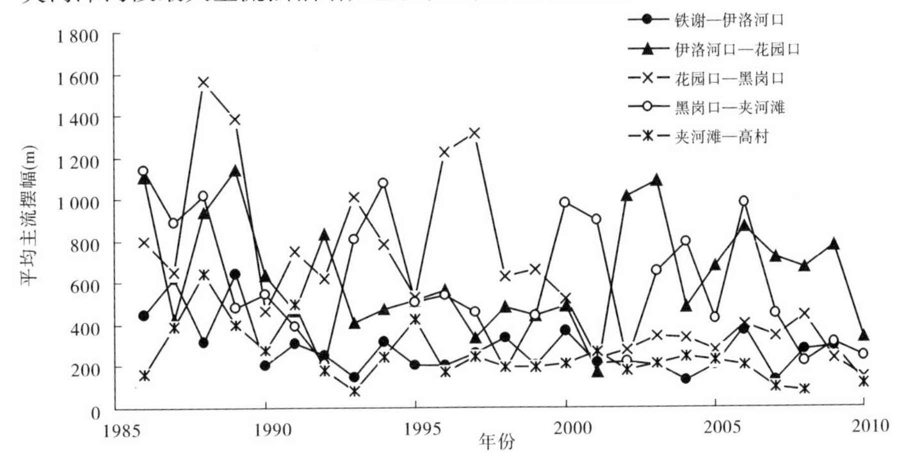

图 2-1　各河段平均主流摆幅变化过程

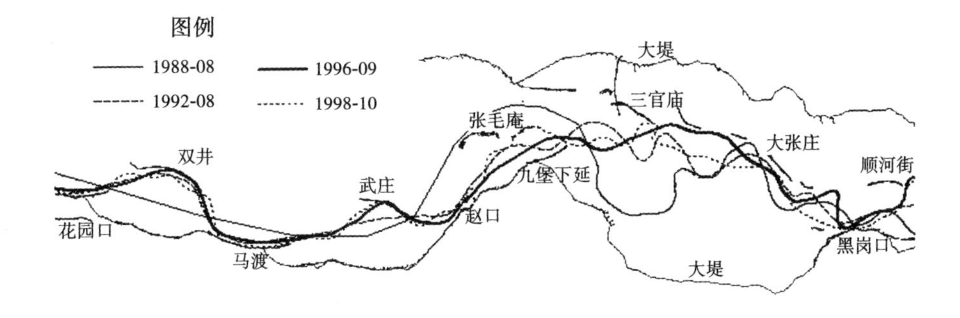

图 2-2　1986 ~ 1999 年主流线套绘

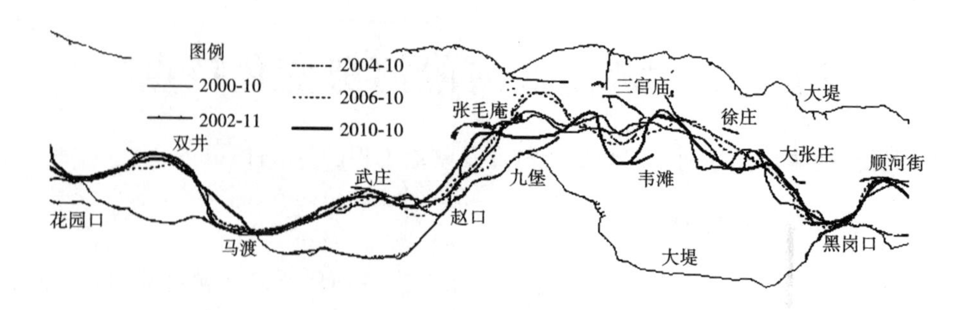

图 2-3　2000 ~ 2010 年主流线套绘

表 2-1　各河段、各时段河湾要素汇总

河段	时段	年均平面形态参数			
		弯曲系数	河湾个数（个）	平均主流摆幅(m)	最大主流摆幅(m)
铁谢—伊洛河口	1986 ~ 1999 年	1.14	8	317	5 900
	2000 ~ 2010 年	1.16	8	232	1 970
伊洛河口—花园口	1986 ~ 1999 年	1.14	8	624	4 700
	2000 ~ 2010 年	1.17	9	660	3 250
花园口—黑岗口	1986 ~ 1999 年	1.11	8	883	7 140
	2000 ~ 2010 年	1.14	8	324	3 790
黑岗口—夹河滩	1986 ~ 1999 年	1.20	7	620	4 930
	2000 ~ 2010 年	1.33	8	560	5 630
夹河滩—高村	1986 ~ 1999 年	1.24	8	293	5 320
	2000 ~ 2010 年	1.25	10	183	2 260

二、弯曲系数有所增加

图 2-4 为 1986 ~ 2010 年各河段弯曲系数变化过程，可以看出，除黑岗口—夹河滩河段出现畸形河湾，弯曲系数增幅较大外，其他河段弯曲系数增幅均较小。其中铁谢—伊洛河口河段由 1986 ~ 1999 年的 1.14 增为 2000 ~ 2010 年的 1.16，伊洛河口—花园口河段由 1.14 增加为 1.17，增加 2.6%；花园口—黑岗口河段由 1.11 增加为 1.14，增加 2.7%；黑岗口—夹河滩河段由 1.20 增加为 1.33，增加 10.8%。由于黑岗口—夹河滩河段 2003 年、2004 年和 2005 年在王庵和贯台附近连续出现畸形河湾（见图 2-4），这几年弯曲系数在 1.4 ~ 1.81 之间，因此影响该河段时段平均弯曲系数较大；夹河滩—高村河段弯曲系数由 1.24 增加为 1.25。

三、河湾个数趋于稳定

图 2-5 为 1986 ~ 2010 年各河段河湾个数变化过程，可以看出，除黑岗口—夹河滩河

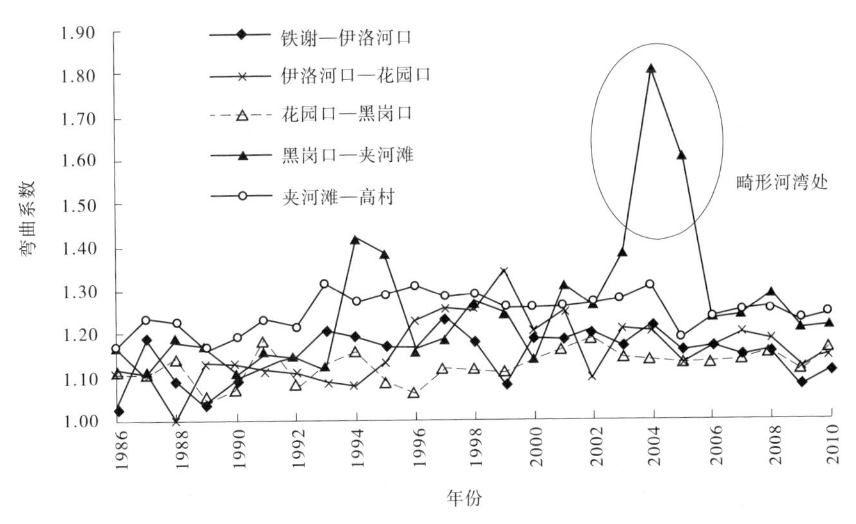

图 2-4　各河段弯曲系数变化

段,各河段河湾个数在 1996 年之后相对之前较稳定。2000 年以来铁谢—伊洛河口、伊洛河口—花园口、花园口—黑岗口和夹河滩—高村河段平均河湾个数分别为 8、9、8 和 10 个,分别与各自河段治导线河湾个数基本一致。黑岗口—夹河滩河段,由于 2003 ~ 2004 年的畸形河湾,河湾个数在这几年增加。

根据现状河道整治工程和治导线规划知,铁谢—伊洛河口河段为 9 处整治工程,治导线流路为 8 个河湾,与 2000 年以来的河湾个数一致;花园口—黑岗口河段治导线为 11 个河湾,与实际接近;夹河滩—高村河段治导线为 10 个河湾,与 2000 年来的河湾个数完全一致,说明上述河段河湾个数与规划治导线较一致。但河湾位置是否与规划流路一致,需要进行工程靠河几率分析(具体内容见下文)。

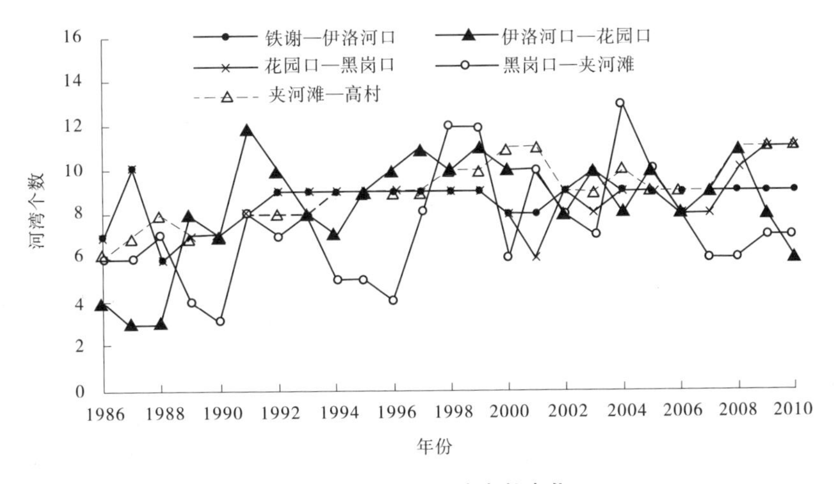

图 2-5　各河段河湾个数变化

四、河宽展宽，心滩增多

小浪底水库运用后，相对于 1986 ~ 1999 年平面形态变化的突出特点是河宽逐渐增加、心滩增多。图 2-6 为 1999 年和 2009 年花园口—九堡河段河势套绘，图 2-7 为 2000 ~ 2010 年各河段河宽变化过程，可以看出，自 2000 年以来各河段都有持续展宽趋势，然而展宽较明显发生在 2005 年之后，特别是黑岗口—夹河滩河段，2000 年、2004 年和 2010 年主槽宽度分别为 603 m、868 m 和 1 248 m，2004 年较 2000 年展宽增幅为 44%，2010 年较 2000 年展宽增幅达到 107%。

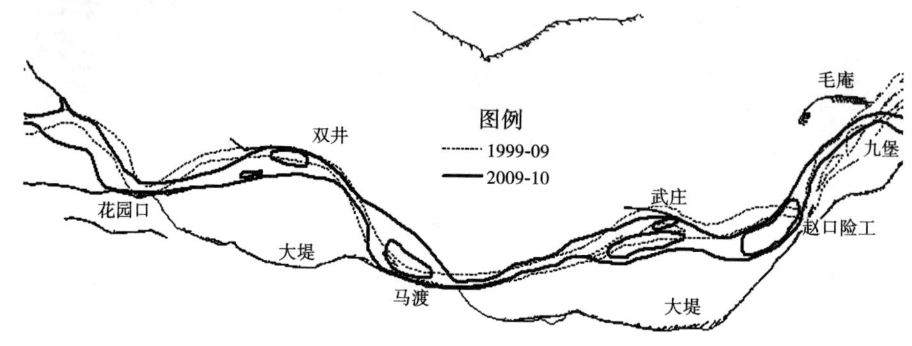

图 2-6　典型年河势套绘

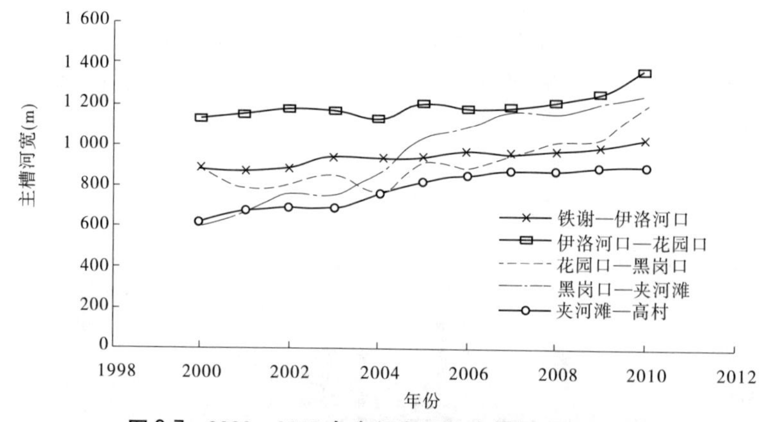

图 2-7　2000 ~ 2010 年各河段平均主槽河宽变化过程

各河段 1986 ~ 1999 年和 2000 ~ 2010 年河宽变化情况见表 2-2。由表 2-2 可以看出，无论是河宽缩窄、展宽，变化最大的河段都是黑岗口—夹河滩，1986 ~ 1999 年，主河槽缩窄了 1 361 m，2000 ~ 2010 年较 1986 ~ 1999 年主河槽展宽 645 m；其次为花园口—黑岗口河段，变幅最小的为铁谢—伊洛河口河段。

图 2-8 表示 1986 ~ 1999 年典型断面淤积过程；图 2-9 表示 2000 ~ 2010 年典型断面冲刷展宽过程。同样证明了 1986 ~ 1999 年淤积过程主槽是明显淤积萎缩的，2000 ~ 2010 年冲刷时期主槽是明显展宽的。

表 2-2　不同时期、各河段河宽变化值

河段	河宽(m)			按变化大小顺序排列
	1986～1999 年 ①	2000～2010 年 ②	②－①	
铁谢—伊洛河口	96	245	149	⑤
伊洛河口—花园口	602	839	237	④
花园口—黑岗口	652	971	319	②
黑岗口—夹河滩	1 361	2 006	645	①
夹河滩—高村	923	1 197	274	③

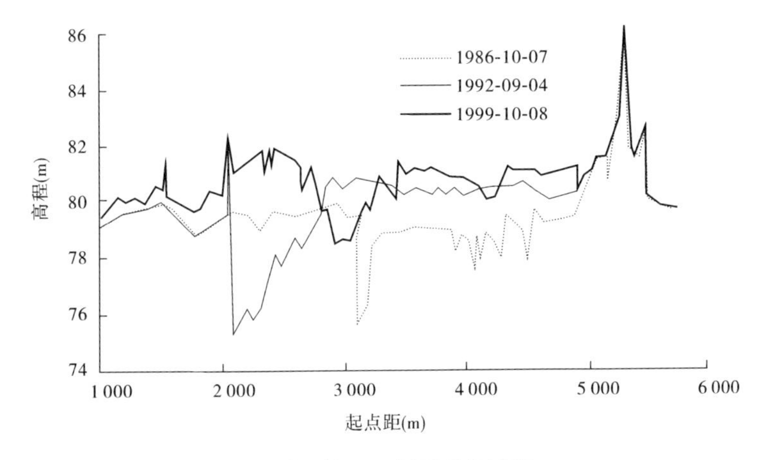

图 2-8　柳园口断面淤积过程

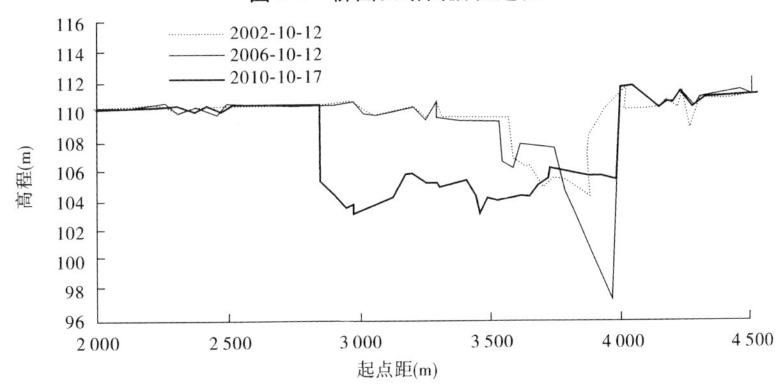

图 2-9　裴峪断面冲刷展宽过程

五、工程靠河位置普遍下挫

多数工程靠河位置下挫,甚至下败。由图 2-10 可以看出,2000 年伊洛河口到驾部工程靠河情况较好,2002 年汛后,河出神堤工程后直河段显著增长,之后近乎垂直向南坐弯靠邙山下行,至驾部工程时送溜不力,造成驾部工程完全脱河,这是多年来驾部工程首次脱河，至2010年，驾部工程靠河位置显著下挫，并出现横河。

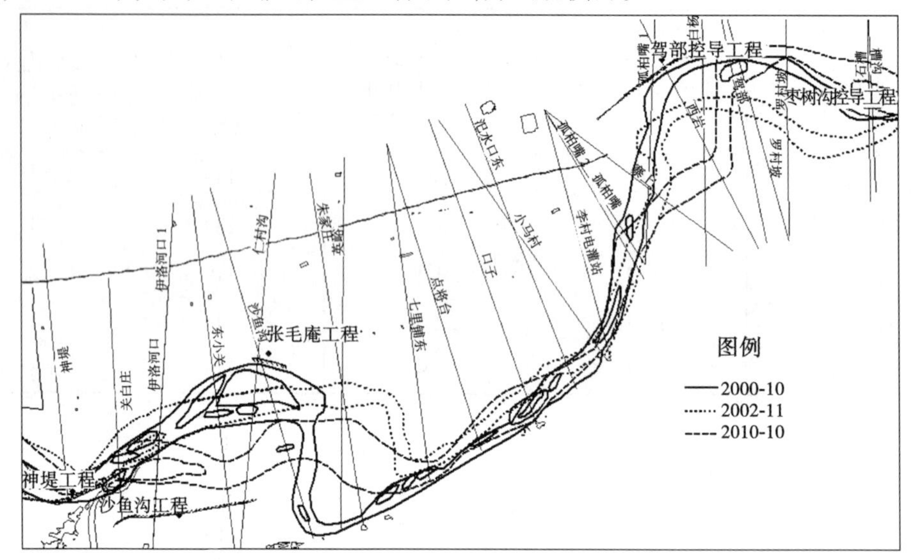

图2-10　伊洛河口—驾部河段河势

马庄工程2010年河势下败（河坐弯至工程下首背后），双井、马渡工程靠河均下挫（见图2-11），由图2-11可以看出，由于长期来水为低含沙水流，对河岸、河滩冲刷作用较强，原来位于工程河脖处的心滩滩尖被冲掉，从而造成河势下挫，甚至下败。

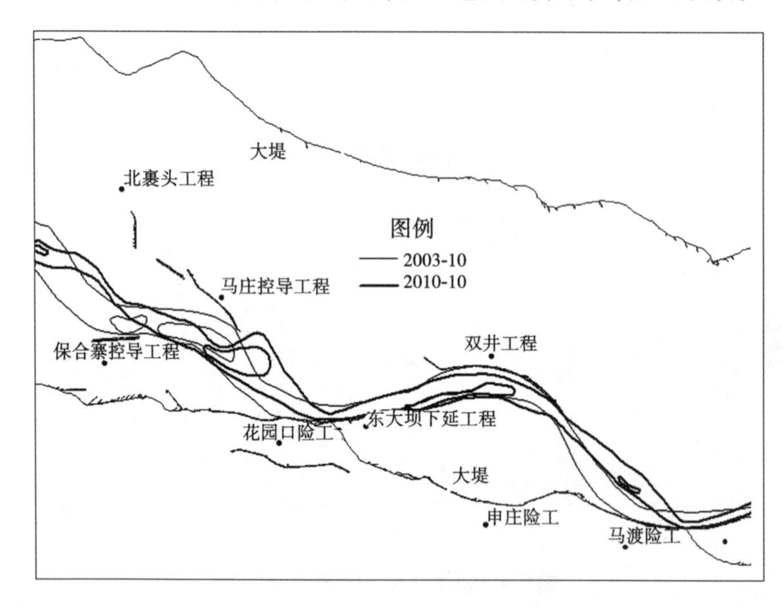

图2-11　马庄—马渡河段河势套绘

同样由图2-12可以看出，开仪、化工工程河脖前的心滩被逐渐冲掉，造成工程靠溜位置下移（下挫），工程下首滩岸冲刷，其河岸辅助送溜作用也大大减弱，甚至出现河势下败。

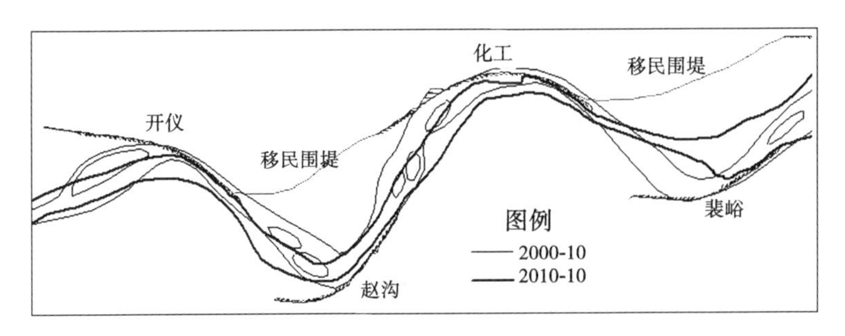

图 2-12　开仪、化工工程靠河位置下挫河势图

六、畸形河湾增多

畸形河湾是河势变化的特殊情况，小浪底水库拦沙运用以来，在黑岗口—夹河滩河段曾出现了较严重的畸形河湾，对河道整治工程的适应性是个考验。历史上黑岗口—夹河滩河段为畸形河湾多发河段，1960 年以来游荡性河段发生畸形河湾的情况见表 2-3。

表 2-3　畸形河湾发生河段及时期

出现时期	河段	消失时间	消失方式
1975～1977 年	王家堤—新店集	1978 年	自然裁弯
1979、1984 年	欧坦—禅房	1985 年	自然裁弯
1981～1984 年	柳园口—古城	1985 年	自然裁弯
1993～1995 年	黑岗口—古城	1996 年	自然裁弯
2002～2005 年	柳园口—夹河滩	2006 年 5 月	人工裁弯

1993～1995 年畸形河湾情况见图 2-13。2003～2005 年，在柳园口与夹河滩之间河段出现多处畸形河湾（见图 2-14 和图 2-15）。柳园口—夹河滩河段的畸形河湾，经过 2006 年 5 月人工裁弯后消失（见图 2-16），目前该河段流路已与规划流路基本一致（见图 2-17）。

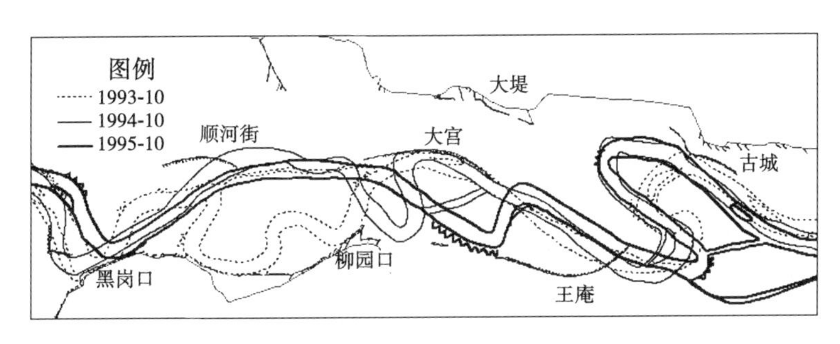

图 2-13　黑岗口—古城河势套绘

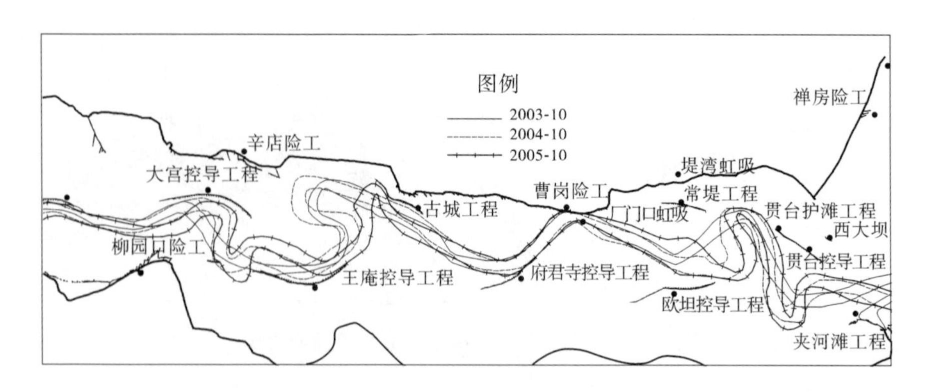

图 2-14　柳园口—夹河滩畸形河湾

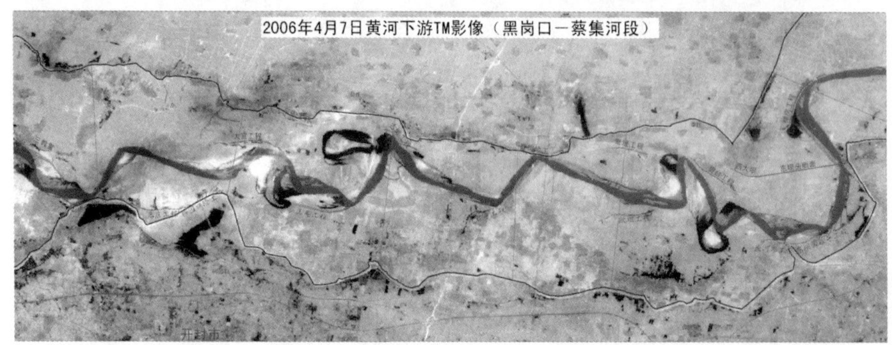

图 2-15　2006 年畸形河湾卫片图

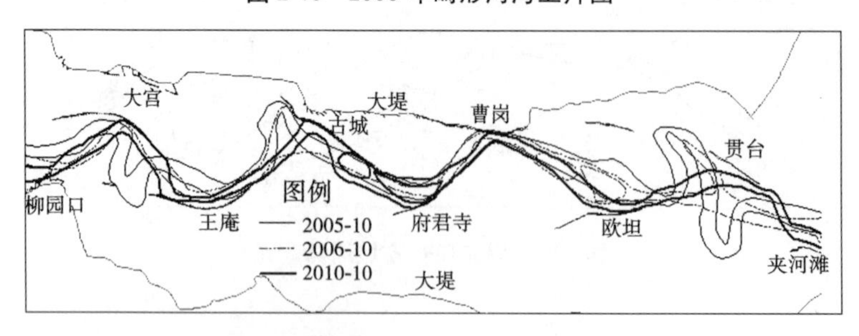

图 2-16　柳园口—夹河滩河段河势套绘

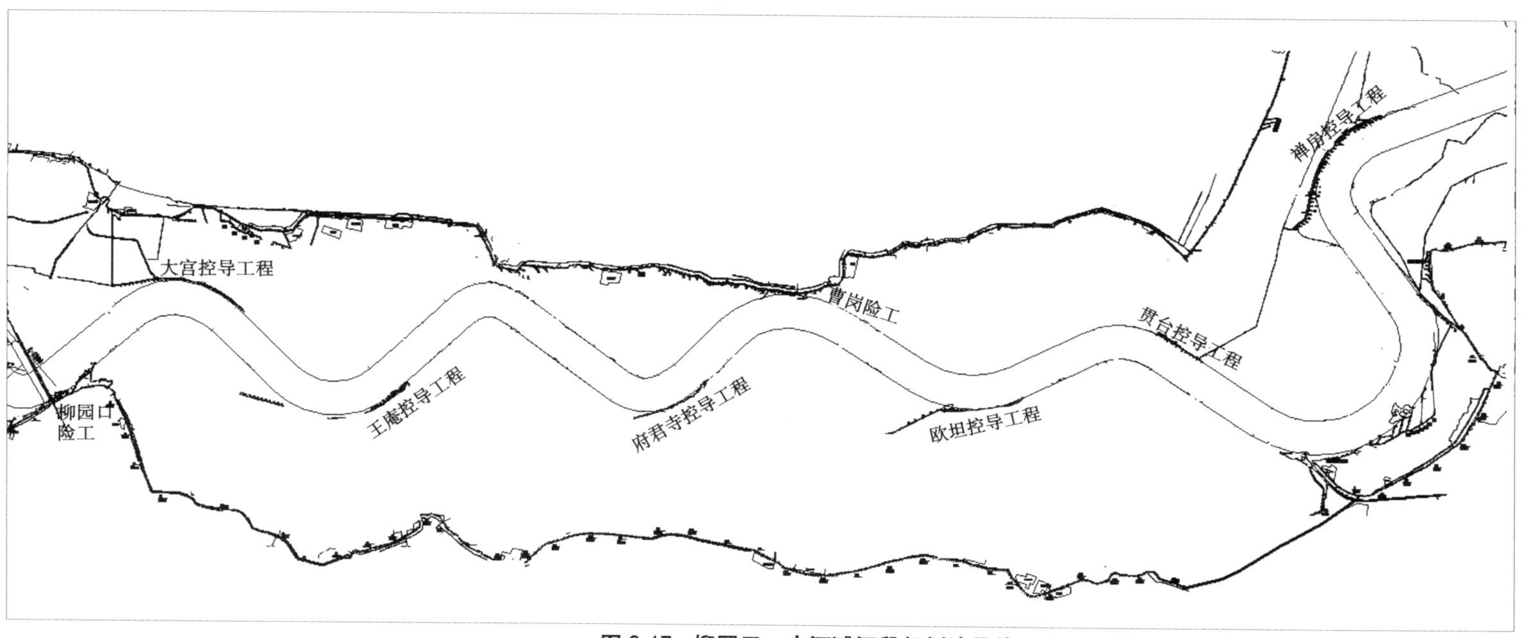

图 2-17　柳园口—夹河滩河段规划治导线

七、小结

小浪底水库运用以来(2000～2010 年)河势变化与 1986～1999 年相比特点如下:

(1)河槽普遍展宽、心滩增加,工程靠河位置普遍下挫。其中工程靠河位置下挫突出的有驾部、老田庵、双井、九堡等工程。

(2)河势游荡程度总体减弱,其中,铁谢—伊洛河口河段最大主流摆幅由 1986～1999 年的 5 900 m 减小为 1 970 m,伊洛河口—花园口河段由 4 700 m 减小为 3 250 m;花园口—黑岗口河段由 7 140 m 减小为 3 790 m,夹河滩—高村河段由 5 320 m 减小为 2 260 m。只有黑岗口—夹河滩河段最大主流摆幅增加,由 1986～1999 年的 4 930 m 增大为 5 630 m,主要是畸形河湾所致。

(3)弯曲系数略有增加,其中铁谢—伊洛河口河段弯曲系数由 1986～1999 年的 1.14 略增为 1.16,花园口—黑岗口河段弯曲系数由 1986～1999 年的 1.11 略增为 1.14,夹河滩—高村河段弯曲系数由 1986～1999 年的 1.24 增为 1.25。

(4)河湾个数相对稳定,整体趋于规划流路。1986～1999 年,铁谢—伊洛河口河段河湾个数由 3 个逐渐增加到 8 个,花园口—黑岗口河段由 3 个增加到 8 个,夹河滩—高村河段由 4 个增加到 8 个。而 2000 年以来,各河段河湾个数很稳定,基本在 8～12 个。

(5)2003～2005 年,在柳园口与夹河滩之间河段出现多处畸形河湾。

第三章　水沙变化对河势影响分析

一、河宽增大，心滩增多

2000年以来，下游长期清水冲刷，当河床冲刷到一定程度时，河床组成发生粗化现象，河床就难以冲刷下切，遂引起河岸冲刷展宽。河宽增大、流速减小，容易形成心滩，同时在水流流速较大地方，心滩容易受到冲刷、切滩，由此造成主流下挫。

从1960年至今，持续冲刷期共有3个时段，其中2个分别为1960～1964年三门峡水库蓄水拦沙期和1999年10月至今小浪底水库蓄水拦沙期，由于1981～1985年下游来水偏丰，来沙偏少（年平均水量482亿 m^3，来沙量9.7亿t，年平均含沙量仅20 kg/m^3），河道也发生了冲刷，因此也将这一时段并入持续冲刷期。根据花园口—高村河段这3个冲刷期共21 a的资料分析，当年主槽河宽与多年平均流量和床沙中值粒径的关系为：

$$B = 23Q^{0.68}D_{50}^{0.14}S^{-0.16} \tag{3-1}$$

式中：B 为河段平均主槽河宽，m；Q 为前4 a加权平均流量，m^3/s；D_{50} 为河段床沙平均中值粒径，mm；S 为4 a加权平均含沙量，kg/m^3。资料范围：河宽835～2 246 m，流量556～2 119 m^3/s，中值粒径0.082～0.146 mm，含沙量2.8～26.2 kg/m^3。

式（3-1）可以明显反映出冲刷情况下床沙中值粒径对横断面形态的影响，即床沙越粗则河床抗冲性越强，河道越易向展宽方向发展。

式（3-1）实测值与计算值的对比见图3-1。可以看出，该公式计算值与实测值均在45°线周围，说明该公式的计算值与实测值是比较接近的。

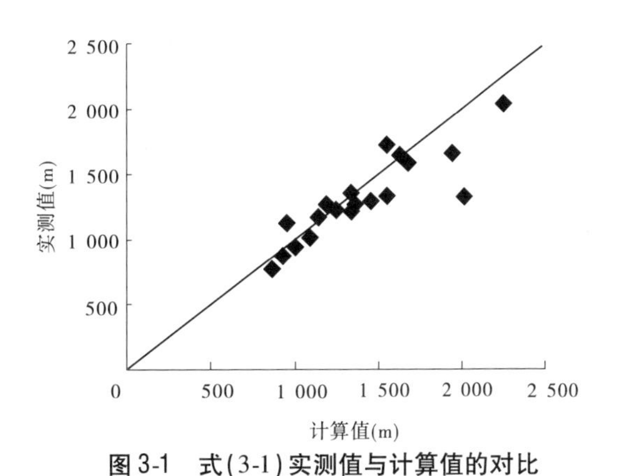

图3-1　式（3-1）实测值与计算值的对比

二、来水变化对河湾要素的影响

与1986～1999年相比，河湾要素的变化整体上表现为主流线摆幅减小，游荡程度减弱，弯曲系数略有增加，河湾个数相对稳定。通过建立年来水量与河湾要素（弯曲系数、河湾个数、主流摆幅）关系可以看出，在水沙情况对河湾要素的影响的前提下，工程对河湾要素也有一定限制作用。

（一）弯曲系数与来水关系

图3-2～图3-4为各河段弯曲系数与年来水量关系。可以看出，不同时段各河段弯曲系数基本均与年来水量成反比关系，即来水量越大，弯曲系数越小，反映了黄河下游大水趋直、小水坐弯的特性。在花园口—黑岗口和夹河滩—高村河段，同样水量条件下弯曲系数均存在一定的变幅，说明河道整治工程在影响主流弯曲方面起着重要作用。

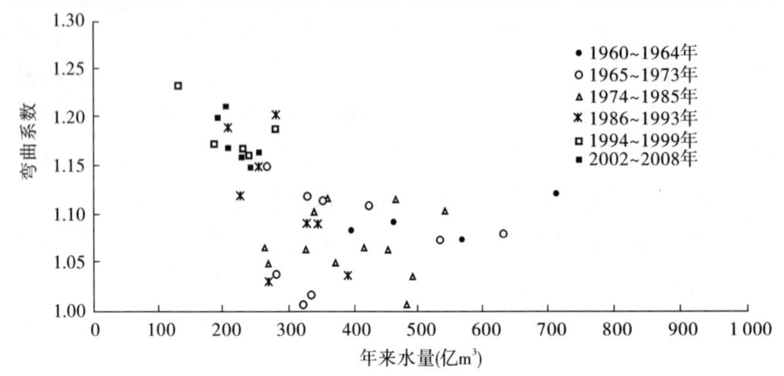

图3-2　铁谢—伊洛河口河段弯曲系数与年来水量关系

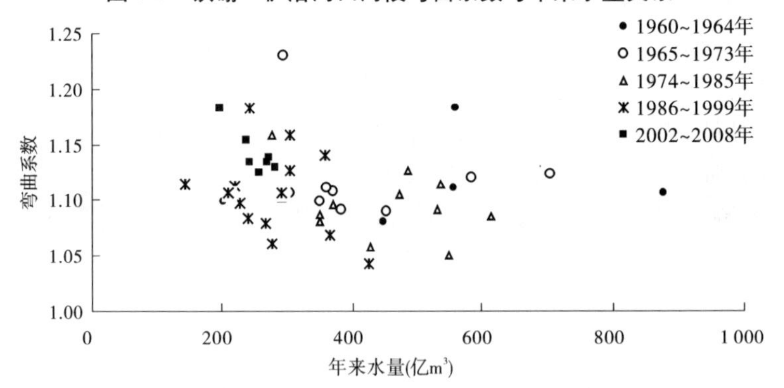

图3-3　花园口—黑岗口河段弯曲系数与年来水量关系

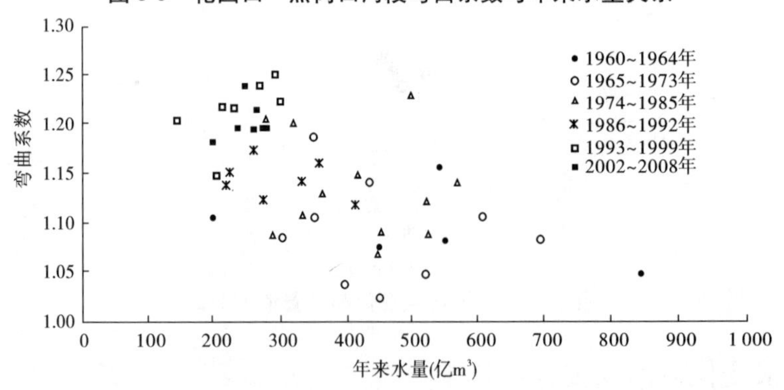

图3-4　夹河滩—高村河段弯曲系数与年来水量关系

（二）河湾个数与来水关系

图3-5～图3-7为各河段河湾个数与年来水量关系，可以看出，河湾个数与来水量成反比，说明来水越小水流越容易坐弯，这是水流的自然特性。但是铁谢—伊洛河口、夹河

滩—高村河段河湾个数在1993年之后非常稳定，而1993年之后这两个河段河道整治工程已基本完善，说明1993年之后河湾的变化主要受整治工程的控制，水沙条件相对影响较小。而花园口—黑岗口河段河湾个数仍有一定变幅，说明该河段同时受水沙和工程的作用。

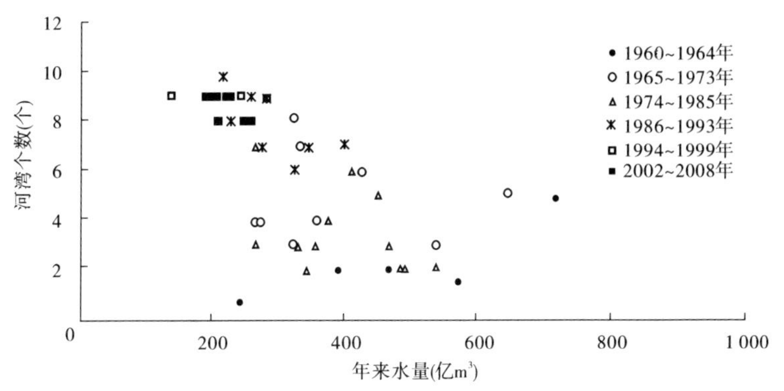

图3-5　铁谢—伊洛河口河段河湾个数与年来水量关系

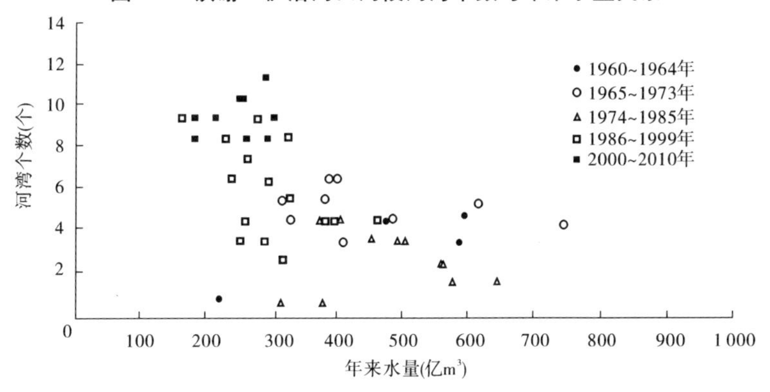

图3-6　花园口—黑岗口河段河湾个数与年来水量关系

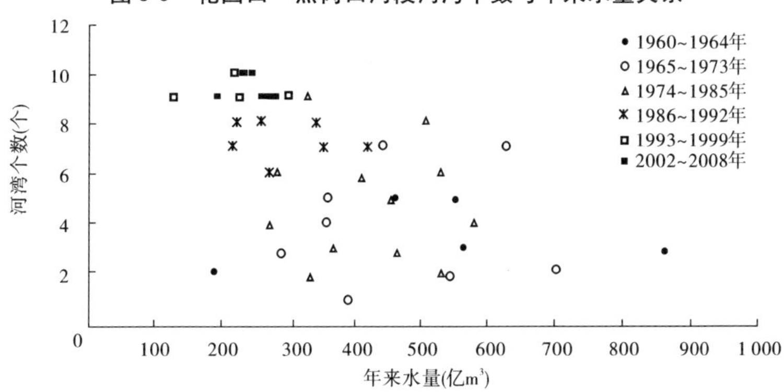

图3-7　夹河滩—高村河段河湾个数与年来水量关系

三、小结

小浪底水库拦沙运用以来，河宽增大，心滩增多，河势下挫，主要是下游长期清水冲刷，河床冲刷到一定程度，河床组成发生粗化现象，在来沙仍不满足挟沙能力条件下，冲刷河岸，造成河宽逐渐增大。河宽增大，流速减小，容易形成心滩，同时在水流流速较大地方河脖滩尖容易受到冲刷、切滩，由此造成主流下挫，即河道整治工程靠河位置出现逐渐下挫现象。

河湾要素变化情况表明，整体主流摆幅减小，游荡程度减弱，弯曲系数略有增加，河湾个数相对稳定，分析是水沙和整治工程共同影响的结果。小浪底水库拦沙运用以来，工程比较完善，主流摆幅减弱，河湾个数趋于稳定。

第四章 河道整治工程对河势的控制作用分析

河道整治工程对河势的控制作用可以用工程的适应性表述,河道整治工程对河势的适应性是指对河势的控制能力。如果河势调整均在工程控制范围内,且没有出现明显的上提、下挫,横河、斜河或畸形河湾,就叫工程适应性基本良好。通过分析各河段最大主流摆幅变化范围、工程总体适应情况和各整治工程的靠河几率(指工程对主溜的控导作用),定量描述整治工程的适应性。河道整治工程的适应程度也反映了主槽的稳定程度。

一、最大主流摆幅

根据对不同河段最大主流摆幅统计(见表4-1),铁谢—伊洛河口河段最大主流摆幅由1986~1999年的5 900 m减小为1 970 m,伊洛河口—花园口河段由4 700 m减小为3 250 m,花园口—黑岗口河段由7 140 m减小为3 790 m,黑岗口—夹河滩河段2006年10月以来最大主流摆幅为2 525 m,夹河滩—高村河段由5 320 m减小为2 260 m。除花园口—黑岗口河段外,其他河段最大主流摆幅基本都在排洪宽度以内,说明河道整治工程对目前的低含沙持续小水也是基本适应的。

表4-1 1986~2010年各河段最大主流摆幅

河段	时段	最大主流摆幅情况		
		摆幅(m)	发生年份	断面位置
铁谢—伊洛河口	1986~1999年	5 900	1986	寨峪
	2000~2010年	1 970	2003	神堤
伊洛河口—花园口	1986~1999年	4 700	1990、1999	西牛庄
	2000~2010年	3 250	2010	西岩
花园口—黑岗口	1986~1999年	7 140	1989	陡门
	2000~2010年	3 790	2004	陡门
黑岗口—夹河滩	1986~1999年	4 930	1992、1994	裴楼
	2000~2006年	5 630	2004	欧坦—夹河滩
	2006年10月~2010年	2 525	2006	鹅湾
夹河滩—高村	1986~1999年	5 320	1988	左寨闸
	2000~2010年	2 260	2006	杨庄

二、各河段整治工程适应性分析

(一)工程适应性较好的河段

1. 夹河滩—高村河段

该河段位于游荡性河段的最下端,2000年以来(除2003年蔡集局部坐弯外)河势规顺,属游荡性河段适应性最好的河段。

图 4-1 为夹河滩—高村河段 2000 年以来主流线套绘图,可以看出,主流非常规顺、稳定,且与规划整治流路基本一致。根据图 4-2 和表 4-2 工程靠河几率得出,夹河滩—高村河段 1986 ~ 1992 年工程靠河几率仅为 29% ,1993 ~ 1999 年整治工程基本完善后,靠河几率达到 96% ,2000 年以来为 100% ,说明该河段整治工程适应性较好。

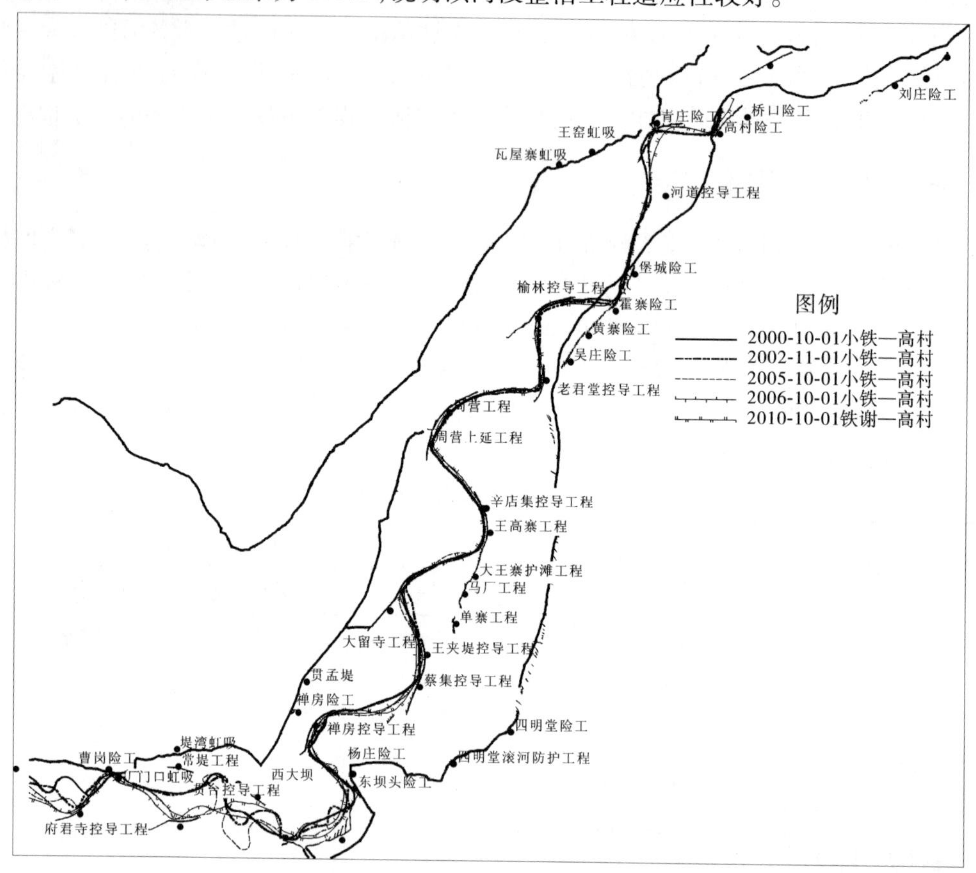

图 4-1　夹河滩—高村河段主流线套绘

表 4-2　各时期、各河段整治工程靠河几率　　(%)

河段	1986 ~ 1992 年	1993 ~ 1999 年	2000 ~ 2005 年	2006 ~ 2010 年
铁谢—伊洛河口	65	94	80	75
伊洛河口—花园口	49	61	56	51
花园口—黑岗口	25	55	54	53
黑岗口—夹河滩	25	47	58	83
夹河滩—高村	29	96	100	100

2. 铁谢—伊洛河口河段

该河段虽然局部工程靠溜下挫,但总体流路稳定、工程适应性较好。图 4-3 为铁谢—

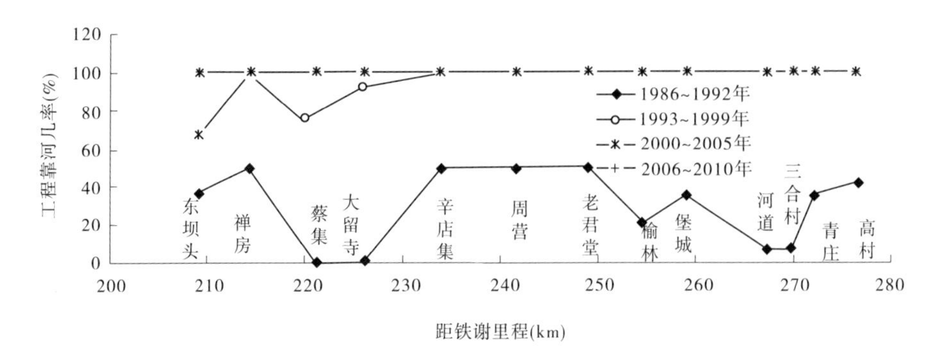

图 4-2　夹河滩—高村河段工程靠河几率变化过程

伊洛河口 2000 年与 2010 年河势套绘图,可以看出,河势规顺且基本稳定。图 4-4 为该河段不同时期各整治工程靠河几率变化。根据图 4-4 和表 4-2 得知,1986 ~ 1992 年除铁谢、逯村、花园镇外,花园镇以下工程靠河几率较低,平均仅为 65%;1993 ~ 1999 年因修建小浪底工程,进行了温孟滩河段河道整治,整治工程得到完善,该时期河段工程靠河几率大幅提高,平均达到 94%,特别是开仪—大玉兰河段,靠河几率达到 100%。根据 1985 年以来逯村、花园镇工程靠河几率变化过程(见图 4-5)可以看出,两工程靠河几率是在 1997 年出现下降,分析原因主要是 1996 年大洪水河势趋直造成河势下挫(见图 4-6)。2005 ~ 2009 年,花园镇工程靠河几率增加,达到 100%,之后又有所降低。不过总体而言,该河段流路变化不大,说明该河段整治工程对河势是基本适应的。

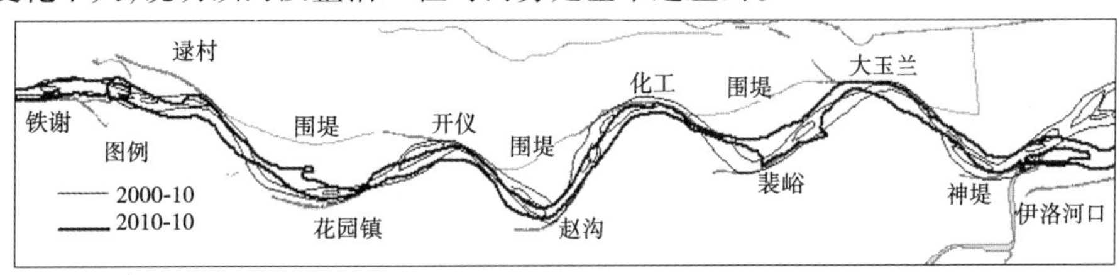

图 4-3　铁谢—伊洛河口河势套绘图

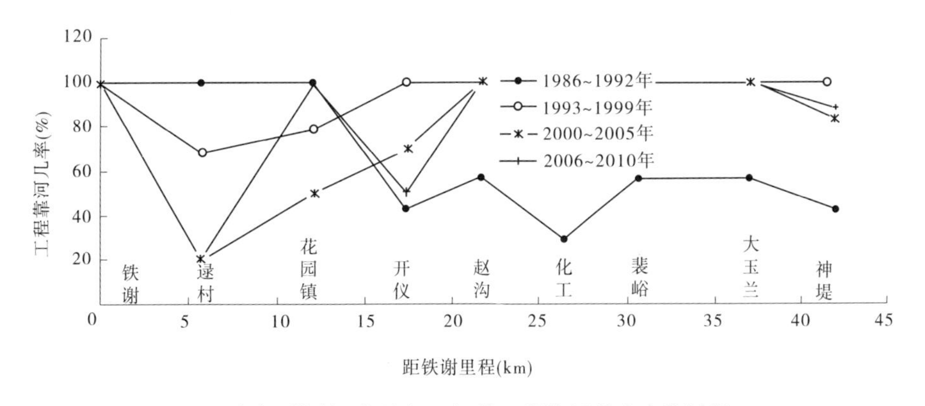

图 4-4　铁谢—伊洛河口河段工程靠河几率变化过程

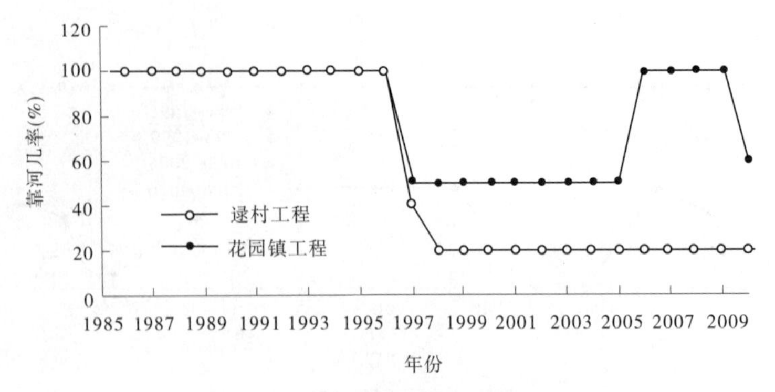

图 4-5　逯村、花园镇靠河几率变化过程

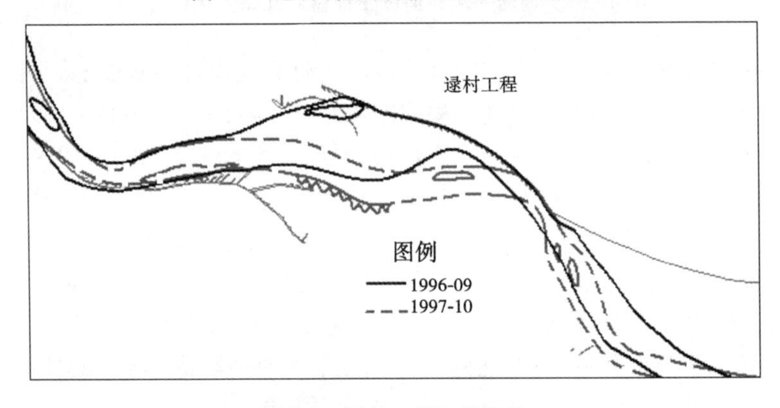

图 4-6　逯村工程河势下挫

(二)工程适应性明显转好的河段

黑岗口—夹河滩河段为畸形河湾多发河段,2003～2005 年在王庵和欧坦附近出现两个畸形河湾,经过 2006 年 5 月实施的人工裁弯,该河段河势变得规顺(见图 4-7),并与整治规划流路基本一致。由图 4-8 和表 4-2 得出,2006 年之前,该河段工程总体靠河几率低,1993～1999 年为 47%,2000～2005 年为 58%,说明 2006 年之前该河段整治工程适应性较差。2006 年汛后至今,该河段工程靠河几率增加为 83%,其中从未靠过河的柳园口工程也已部分靠河,只有常堤工程靠河不理想。说明该河段整治工程自 2006 年之后基本适应目前的水沙条件。

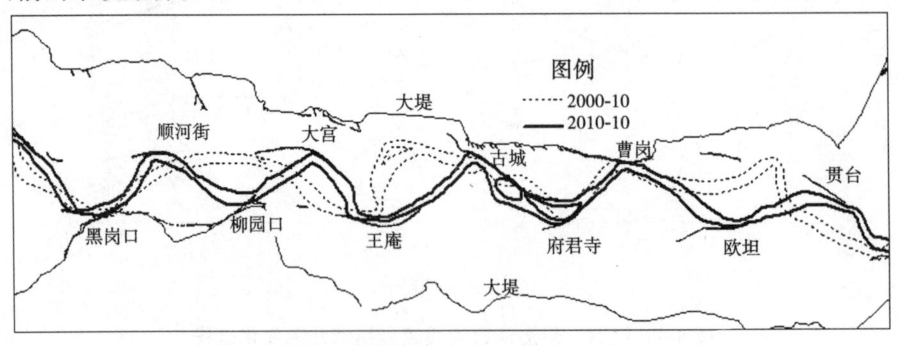

图 4-7　黑岗口—夹河滩河势套绘

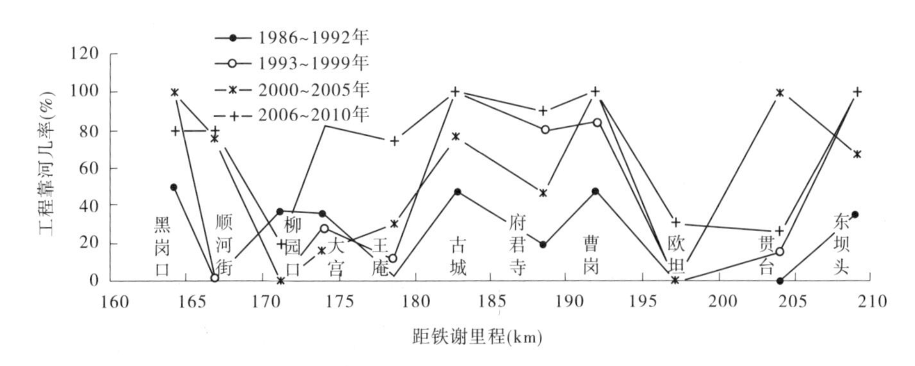

图 4-8　黑岗口—夹河滩河段工程靠河几率变化

(三)工程适应性有所减弱的河段

伊洛河口—花园口河段曾是整治工程适应较好的河段,图 4-9 和图 4-10 为该河段 2000 年、2010 年河势套绘,可以看出,在小浪底水库进行调水调沙前,驾部、枣树沟、东安、桃花峪、老田庵、保合寨、花园口工程靠河均较好。但目前该河段各工程位置都有下挫,河道整治工程适应性在降低。

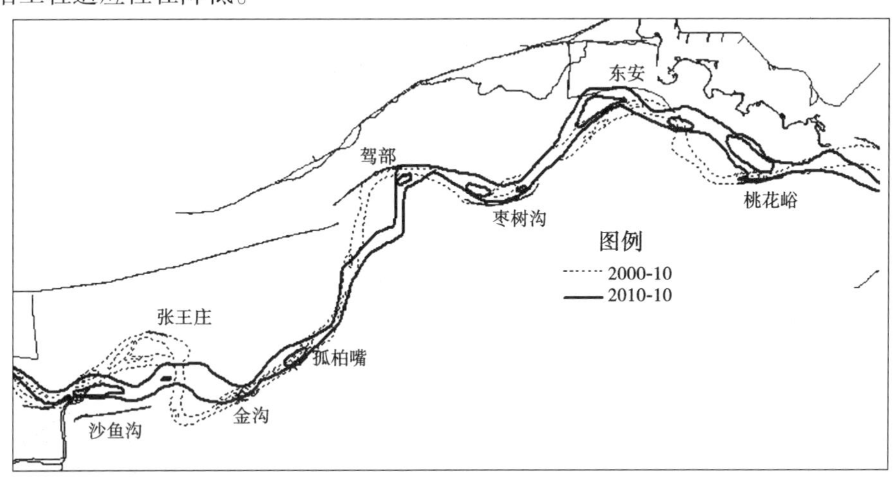

图 4-9　伊洛河口—桃花峪河段河势套绘

根据图 4-11 该河段 1986 ~ 2010 年各工程靠河几率可以看出,孤柏嘴、桃花峪和花园口在 2000 年之前靠河几率均为 100% ,是三个河势控制节点,但 2000 年之后,特别是 2006 年之后,该河段工程平均靠河几率仅为 51% ,特别是驾部、老田庵、花园口靠河几率显著下降。

驾部工程一直靠送溜较好,但自 2002 年以来靠河位置开始出现逐渐下挫,目前工程前已成横河,如图 4-12 所示。

图 4-13 为桃花峪—花园口河段 2009 年、2010 汛后河势套绘,可以看出,2010 年汛后该河段河势趋直,造成老田庵、保合寨、马庄工程脱河、下败,花园口险工靠河严重下挫,由此带来老田庵工程前河势下挫、南摆,使下首浮桥南桥头路基严重冲刷。

2011 年 4 月 28 日现场查勘得知,位于保合寨—花园口之间的南裹头下游路堤(见图 4-14)被大河淘刷严重(见照片 4-1),坍塌长度达 1 000 m。据当地群众反映,2009 年 7

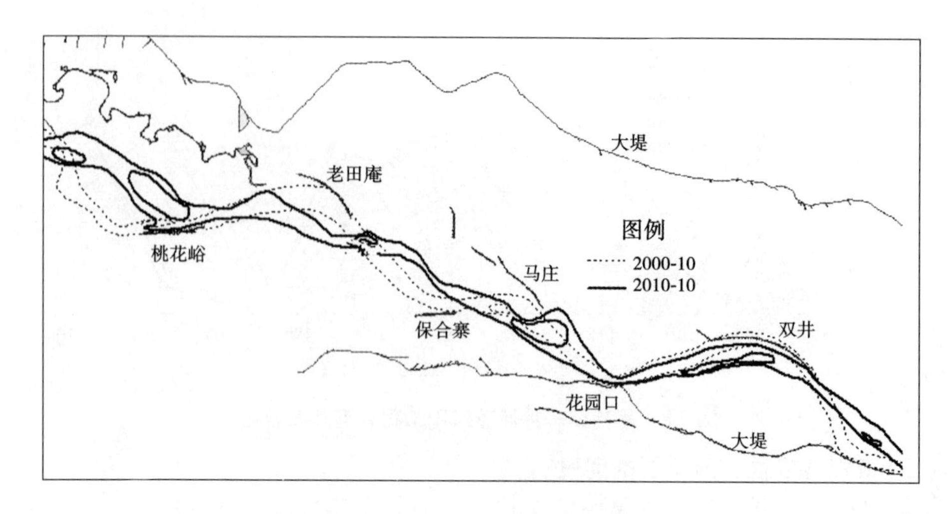

图 4-10　桃花峪—花园口河段河势套绘

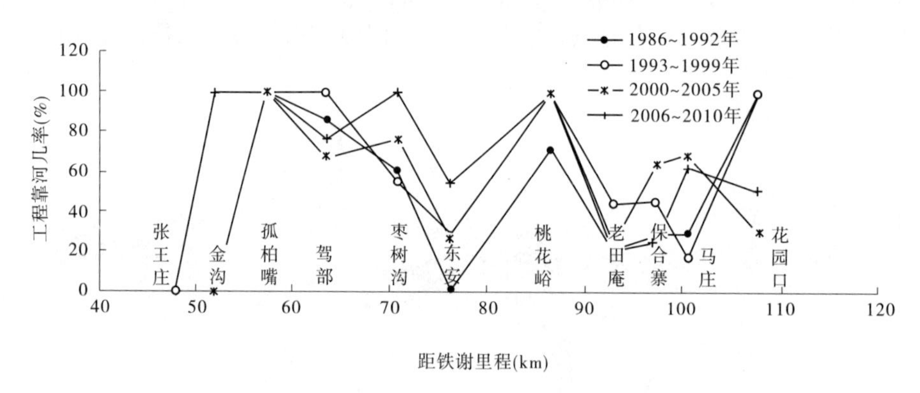

图 4-11　伊洛河口—花园口河段工程靠河几率变化过程

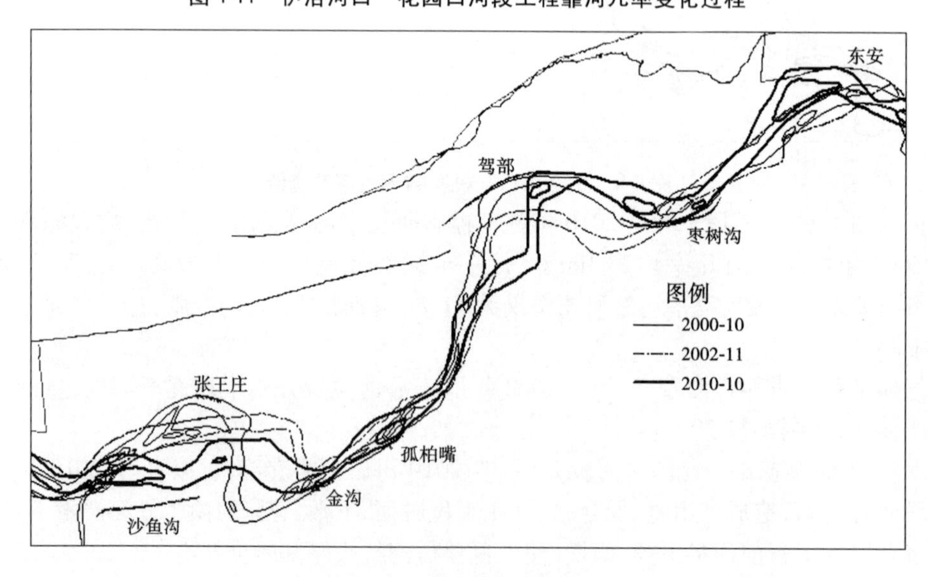

图 4-12　驾部工程河势变化

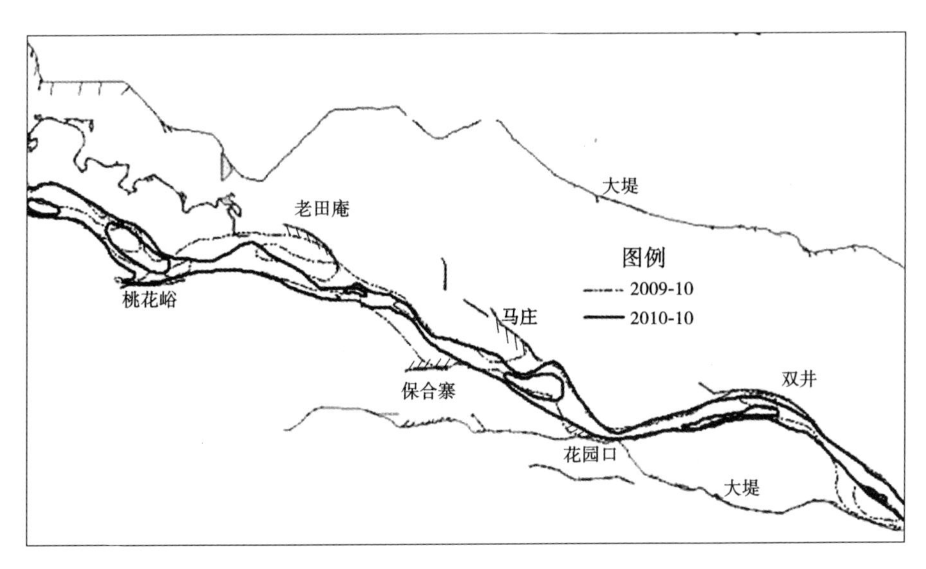

图 4-13　桃花峪—花园口河段汛后河势套绘

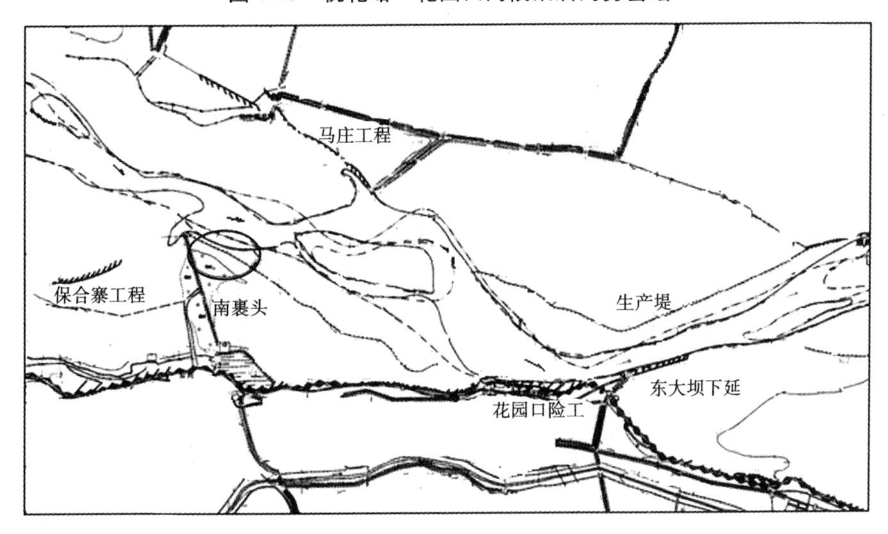

图 4-14　南裹头下游路堤冲毁位置(粗线圈处)

月,大河流量增大上涨,路堤紧偎,至 8 月落水后,路基开始坍塌。

花园口险工自 2002 年以来靠河位置开始出现逐渐下挫,目前工程前已成斜河,致使多年靠溜很好的将军坝脱河,目前河势已下挫到 124 号坝以下,造成大堤坝裆根石淘刷。

(四)河势尚未得到有效控制的河段

根据图 4-15 花园口—黑岗口河段工程靠河几率变化情况看,该河段又可分为两段,即花园口—赵口和赵口—黑岗口河段。花园口—赵口河段 1993～1999 年靠河几率较大,是工程整治较好的河段,2000 年以来,特别是 2006 年以来靠河几率下降,由于花园口险工这些年靠溜位置下挫,导使多年靠溜很好的双井工程也出现下挫,2010 年近乎脱河,马渡险工靠溜位置也严重下挫(见图 4-16)。赵口—黑岗口河段始终是尚未得到较好控制的河段,除三官庙靠河几率增加外,其他工程靠河几率变化不大(见图 4-17)。

照片 4-1　南裹头工程下游坍塌路堤情况

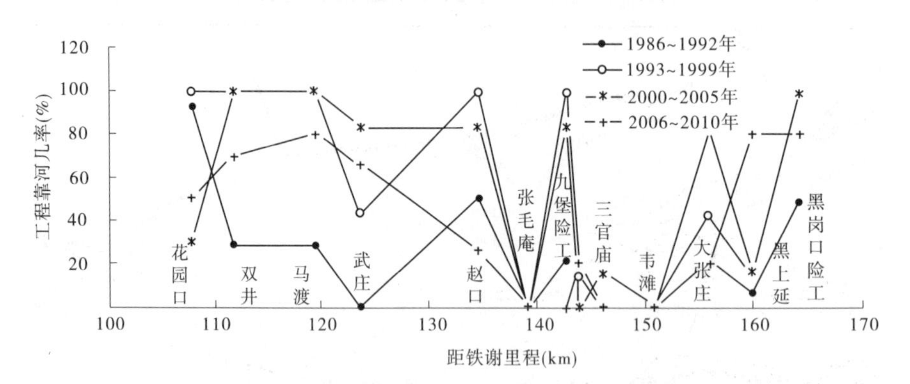

图 4-15　花园口—黑岗口河段工程靠河几率变化

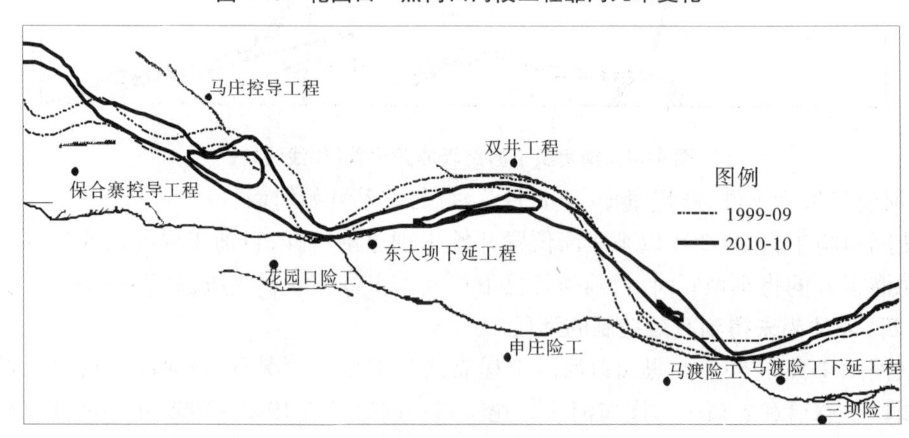

图 4-16　花园口—马渡河段河势图

三、4 000 m^3/s 流量条件下工程靠河情况

黄河下游游荡性河段河道整治工程的设计流量多为 4 000 m^3/s，同时各河段都有规

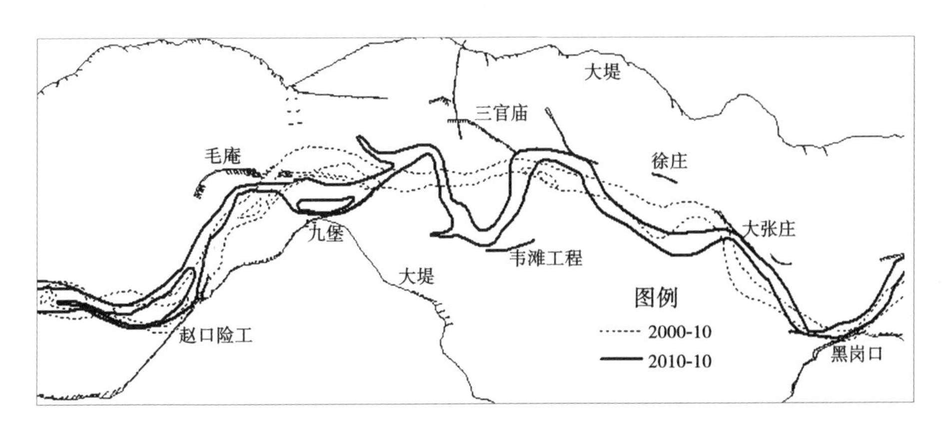

图 4-17　马渡—黑岗口河段河势图

划的整治流路和确定的排洪河槽宽度。排洪河槽宽度是指河道整治工程左右岸之间的最小垂直距离(见图 4-18),是宣泄 80% 大洪水的河宽。考虑超标准洪水以及主溜摆动范围,排洪河槽宽度为 2.5～3 km。因此,重点分析 4 000 m^3/s 流量下河势的靠河情况,是为了解流量大于 4 000 m^3/s 时河势对河道整治工程的适应性。

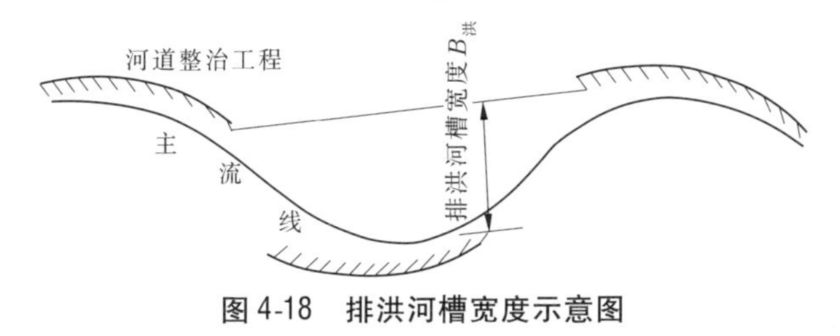

图 4-18　排洪河槽宽度示意图

图 4-19 为小浪底、花园口水文站 2000～2010 年日均最大流量过程线,可以看出,2006 年之后两站最大流量接近 4 000 m^3/s。

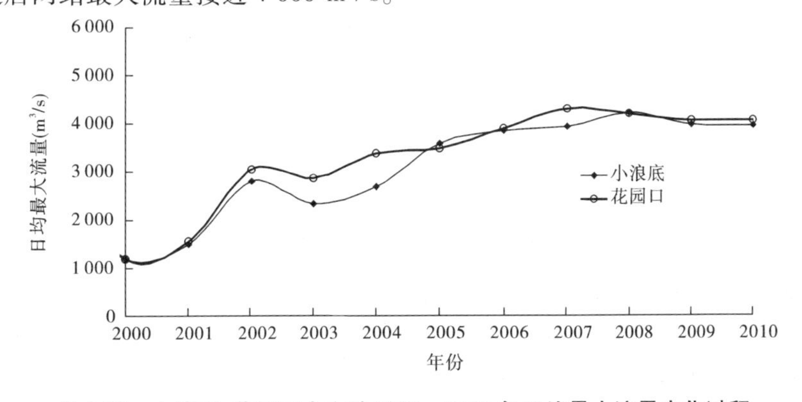

图 4-19　小浪底、花园口水文站 2000～2010 年日均最大流量变化过程

根据下游来水情况,统计得出不同河段接近 4 000 m^3/s 流量时各河段、各整治工程靠河情况。

(一)铁谢—伊洛河口河段

图 4-20 为铁谢—伊洛河口河段 2006～2010 年各工程靠河情况,可以看出,该河段各工程均靠河,只是逯村工程靠河几率较低。

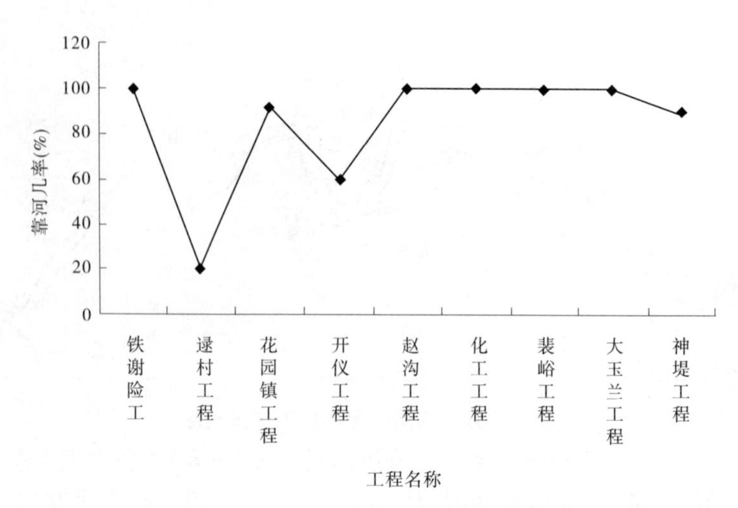

图 4-20　铁谢—伊洛河口河段

(二)伊洛河口—花园口河段

该河段整治工程连续 5 a、在 4 000 m^3/s 流量条件下都靠河的工程有金沟、孤柏嘴、枣树沟、桃花峪;驾部、东安基本都是部分工程靠河;老田庵、保合寨、马庄是有时靠河、有时脱河(见图 4-21)。

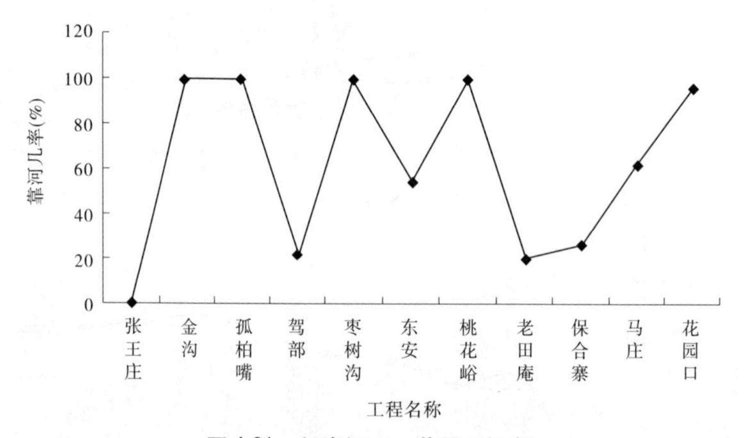

图 4-21　伊洛河口—花园口河段

老田庵工程靠溜位置始终难以到位,除与来水来沙条件和桃花峪工程送溜不力外,与已拆除的老京广铁路桥有一定关系。京广线老铁路桥位于邙山黄河游览区附近,其下游约 100 m 处为在用的黄河京广铁路桥(见图 4-22),下游为老田庵工程。京广线老铁路桥上部建筑物已拆除,目前仅剩数十座桥墩,其中水中有桥墩 37 座(2010 年),桥墩为四钢管桩承台结构,桥墩间距 24.5 m,四周有护墩抛石,因抛石量大,护墩抛石相互结合形成横贯河道的潜水坝,在低水位时可见抛石(见照片 4-2),对河势有一定的影响。

黄河勘测规划设计有限公司工程物探研究院于 2010 年 5 月通过沿桥梁轴线的抛石范围(见图 4-23)内的断面形态(见图 4-24)探测知,测验时水面宽约 1 km,垂直桥梁轴线的抛石范围平均约 50 m(顺水流方向抛石总长度为 50 m)。

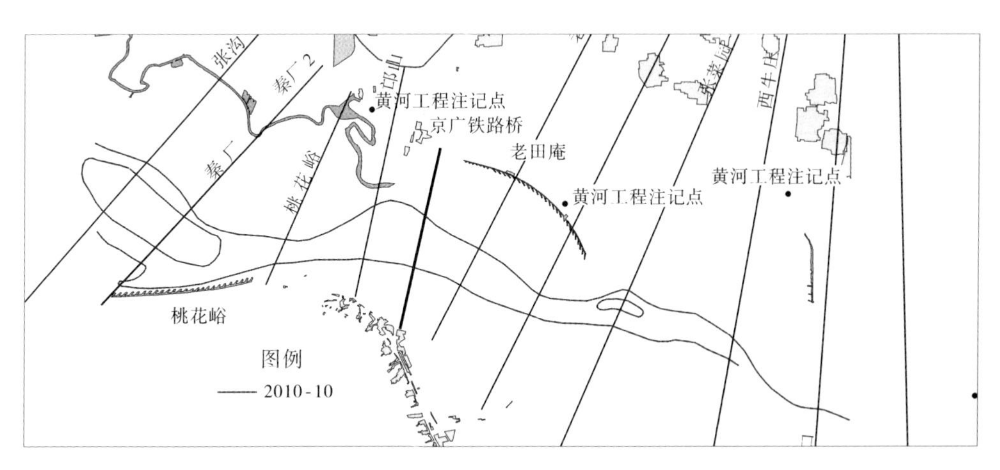

图 4-22　使用中的京广铁路桥平面图

照片 4-2　桥墩及抛石形成的阻水潜坝

在水中 37 个桥墩、跨度为 24.5 m 的梳理作用下,水流分散、水流动力减弱,到达老田庵工程的作用将减弱。

老田庵下首自浮桥建成后,由于南北裹头严重侵占河道,约束了主流的摆动(见图 4-25),对河势造成一定影响,近两年主流南摆,使得浮桥南裹头冲刷严重。

(三)花园口—黑岗口河段

根据该河段河道整治工程在 4 000 m^3/s 流量条件下靠河几率可以看出(见图 4-26),除张毛庵、九堡险工、三官庙工程、韦滩工程没靠过河外,其他工程靠河相对较好,2010 年双井、马渡、武庄工程靠河几率有所降低。

(四)黑岗口—夹河滩河段

该河段 2009 年之后除柳园口工程外,其他各工程靠河几率均为 100%(见图 4-27),说明该河段河势已经基本调整到位。图 4-28 为柳园口工程 2000 年以来主流变化情况,

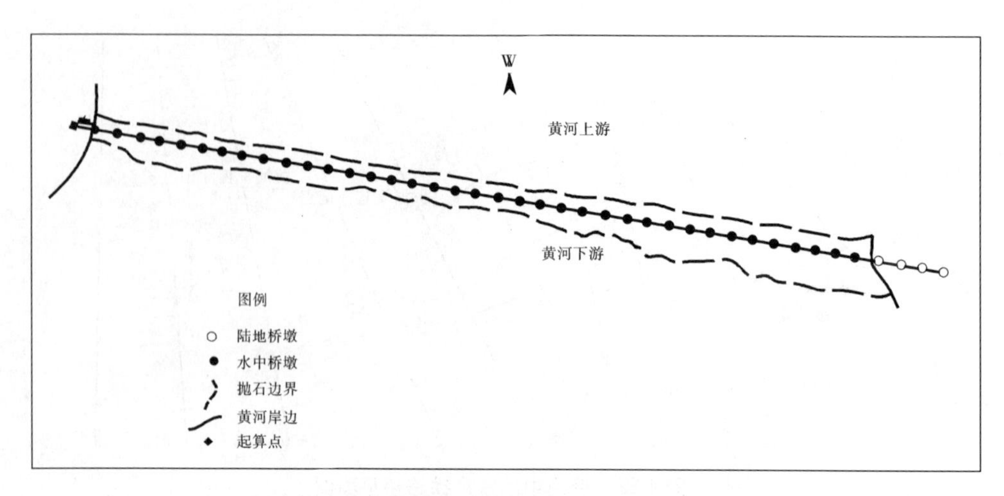

图 4-23　京广线老铁路桥桥基抛石探测界线平面图

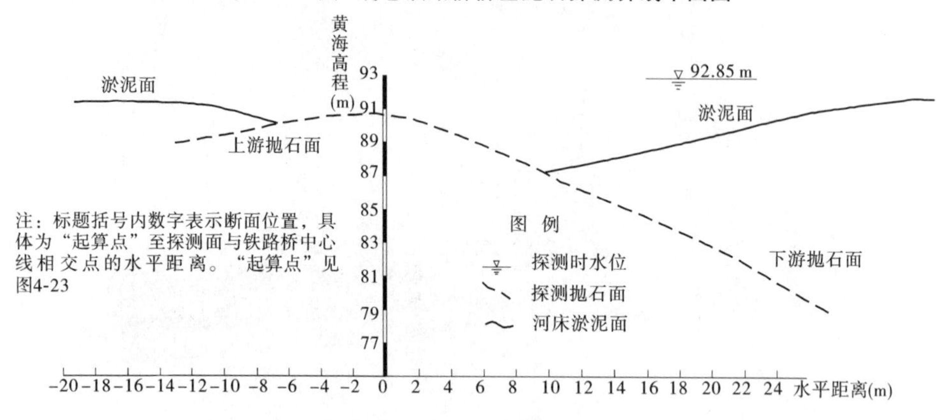

图 4-24　抛石断面图(+133)

可以看出,该工程经过十年的冲刷,终于于 2010 年开始下首靠河,该工程的靠河对下游工程的靠溜及主槽稳定起到很大的作用。该工程的靠河是靠多年的水流自然切滩冲刷调整才达到的,如若实施人工挖河,可能会加快工程靠河的速度。

(五)夹河滩—高村河段

该河段各工程靠河几率均达到 100%(见图 4-29),说明各工程适应性很好。

四、小结

通过对各河段河势、工程靠河几率等的分析认为,总体而言,现状河道整治工程对小浪底水库拦沙运用以来的低含沙、持续小水的排沙过程是基本适应的,最大主流摆幅基本在 2.5 ~3 km 的工程控制范围之内。但是,个别河段工程适应性相对较低。

较为适应的河段为夹河滩—高村,流路与规划整治流路基本一致,各工程靠河几率均达到 100%;其次为铁谢—伊洛河口河段,尽管逯村工程靠河位置严重下挫,但总体流路仍与规划流路基本一致。工程适应性明显好转的河段为黑岗口—夹河滩河段,工程靠河几率由 1993 ~1999 年的 47%,现基本已达 100%,流路与规划整治流路基本一致。适应性减弱的是伊洛河口—花园口河段,主要是驾部靠溜下挫,老田庵、保合寨、马庄基本脱

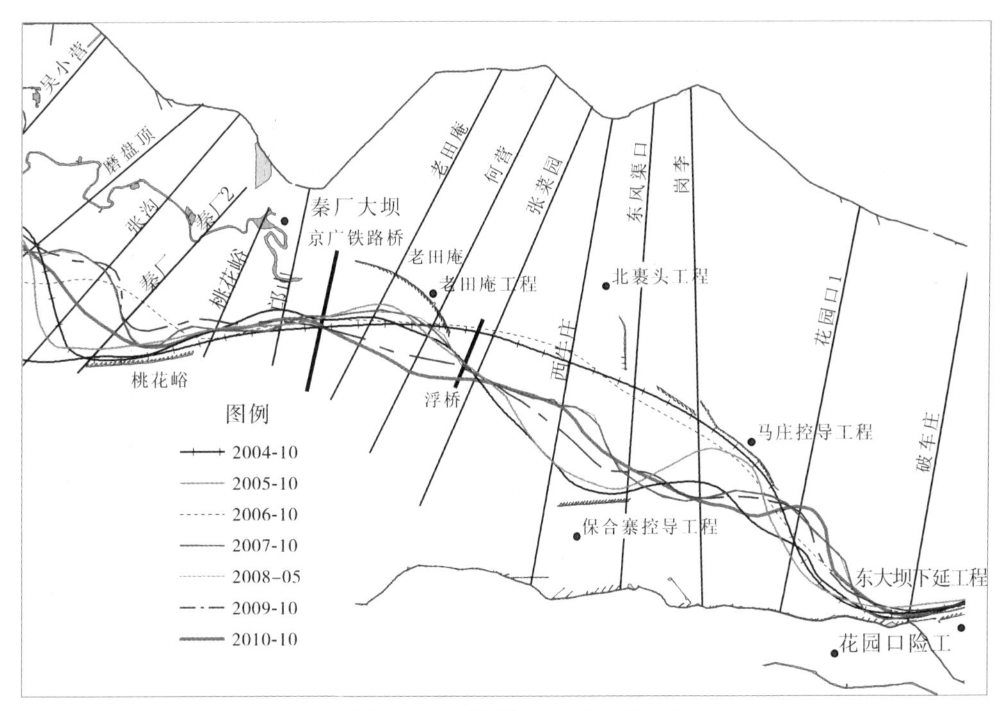

图 4-25　老田庵浮桥附近主流线套绘

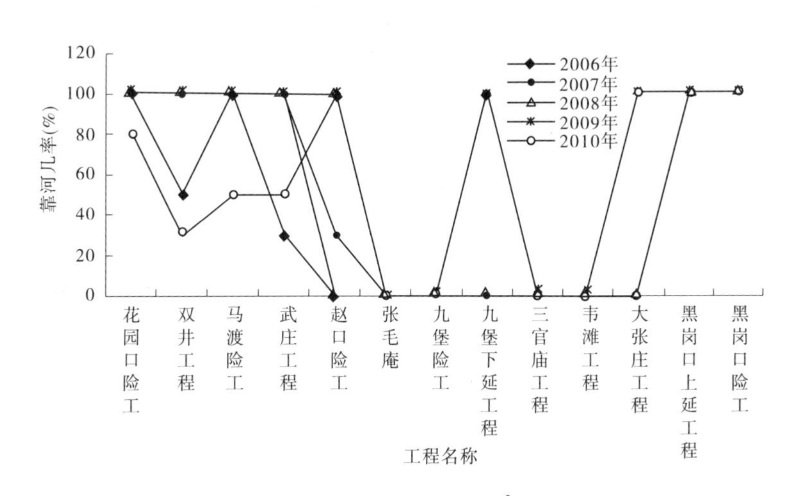

图 4-26　花园口—黑岗口河段整治工程在 4 000 m^3/s 流量条件下的靠河几率

河。赵口—黑岗口河段河势未得到有效控制。

由于老田庵上首已拆的老京广铁路桥实质成为潜坝，难以向下冲刷，加之下游浮桥南北裹头的约束，使得老田庵工程不能按整治流路靠河，由此直接影响到下游工程的靠河，使得花园口、双井等原来一直靠河较好的工程出现了严重下挫，花园口将军坝完全脱河。

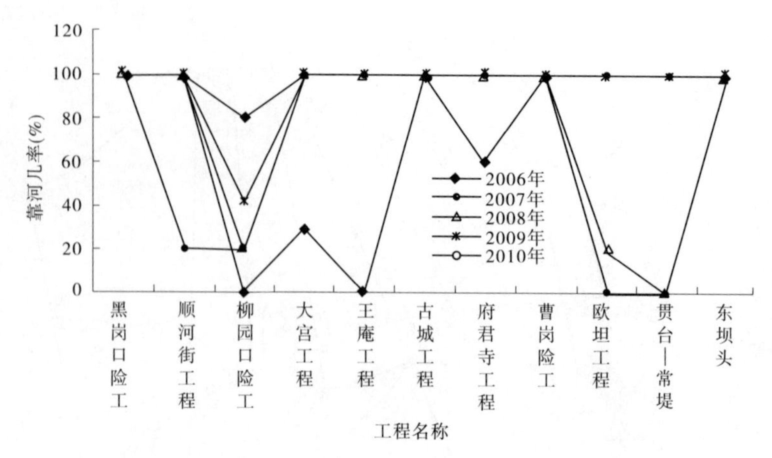

图 4-27　黑岗口—夹河滩河段河道整治工程在 4 000 m^3/s 流量条件下的靠河几率

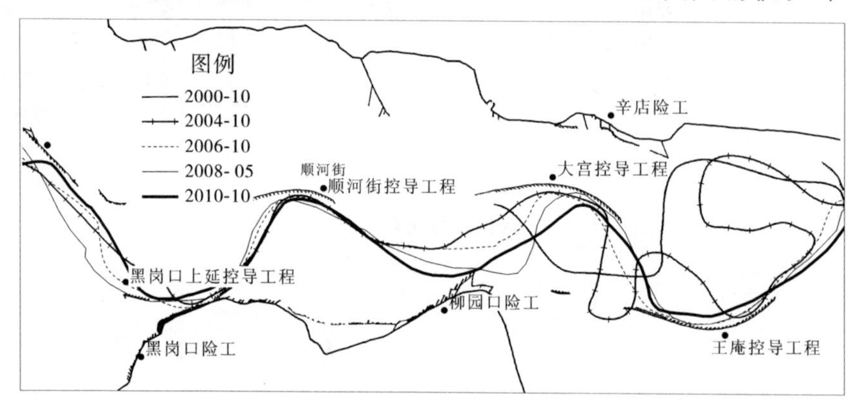

图 4-28　柳园口工程主流线套绘

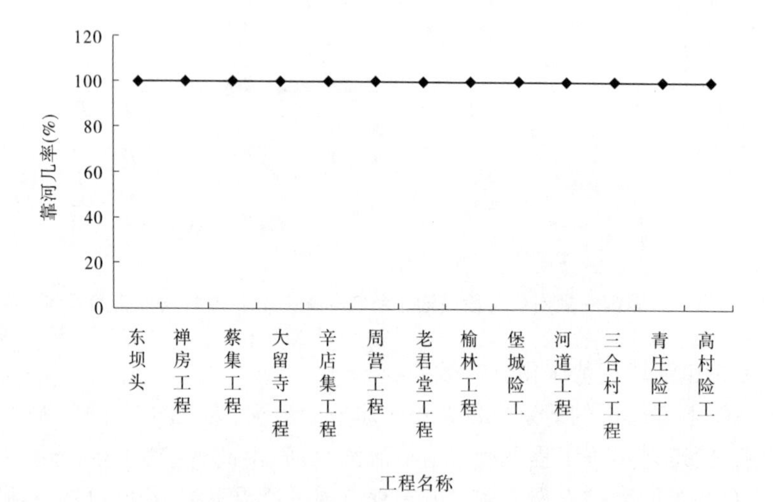

图 4-29　夹河滩—高村河段河道整治工程在 4 000 m^3/s 流量条件下的靠河几率

第五章　认识与建议

一、认识

小浪底水库自1999年10月投入运用以来，开展了12场调水调沙过程，最大下泄流量仅为4 000 m^3/s左右，除调水调沙期有低含沙水流外，其余基本上为清水下泄。由于下游长期来水来沙偏枯，与1986～1999年相比，主流摆幅明显减弱，除赵口—黑岗口河段最大摆幅为3 790 m外，其他河段已基本控制在3 km的工程控制范围内；由于河床粗化，加剧河岸冲刷，造成河宽明显展宽、心滩增多；由于河脖滩尖冲蚀，造成工程靠溜位置普遍下挫；持续小水，送溜不力，河势坐弯。

根据黄河下游河道治理的“稳定主槽，调水调沙，宽河固堤，政策补偿”“十六字方针”，“稳定主槽”排在首位，是黄河下游游荡性河段迫切需要解决的关键问题。通过分析各河段河道整治工程的靠河几率，分析得出主槽的稳定程度。特别是通过统计分析2006年以来调水调沙4 000 m^3/s流量条件下的工程靠河几率得出，黑岗口—高村河段河势流路与规划整治流路基本一致，工程靠河几率达到90%，主槽基本稳定；铁谢—伊洛河口河段河势基本得到控制，工程靠河几率达到85%，主槽相对稳定。工程适应性有所减弱的是伊洛河口—黑岗口河段，平均工程靠河几率为56%，原来靠河一直较好的驾部、老田庵、双井、九堡等工程目前都近乎脱河，花园口、马渡险工靠溜位置严重下挫；赵口—黑岗口河段主槽一直不稳定，河势尚未得到有效控制。

河势的调整是一个长期过程，总体看，在长期持续低含沙小水作用下，大部分河段的河势变化都基本控制在控导工程范围以内，说明目前中水河槽河道整治工程对长期小水也有较好的控制作用。

二、建议

(1)桃花峪—双井河段靠河几率有所下降与老田庵靠河不好有一定关系，而造成老田庵靠河不太好的原因之一是老京广铁路桥拆除不彻底，且大量抛石形成阻水潜坝，主流难以北摆，下游浮桥南裹头阻止主流南摆，使得花园口将军坝脱河、双井靠河下挫。建议将老桥彻底拆除，对浮桥进行改造，以致不影响河势调整，以稳定主槽为主。

(2)建议加强对河势尚未得到有效控制的赵口—黑岗口河段的河道整治工程适应性研究。

(3)对靠自然冲刷难以调整到位的局部地点实施人工开挖，尽快使得河势调整到位，如逯村工程等。

(4)加强稳定黑岗口—夹河滩流路的研究。黑岗口—夹河滩河段是历史上常发生畸形河湾河段，畸形河湾的发生对河道整治工程，乃至大堤安全都构成一定威胁，尽管目前该河段河势较好，但今后还有可能出现不利河势，建议尽快开展稳定该河段流路的研究。

参考文献

[1] 杨庆安,龙毓骞,缪凤举,等. 黄河三门峡水利枢纽运用与研究[M]. 郑州:河南人民出版社,1995.

[2] 姜乃迁,李文学,张翠萍,等. 潼关河段清淤关键技术研究[M]. 郑州:黄河水利出版社,2004.

[3] 林秀芝,段新奇,王普庆,等. 1996~2003 年黄河潼关河段清淤总结[R]. 黄河水利委员会黄河水利科学研究院. 黄科技 ZX-2005-27-34,2005.

[4] 王平,姜乃迁,侯素珍,等. 三门峡水库原型试验冲淤效果分析[J]. 人民黄河,2007(7).

[5] 姜乃迁,刘斌,王自英,等. 2004 年黄河小北干流连伯滩放淤试验效果[J]. 人民黄河,2005(7).

[6] 王自英,黄福贵,陈伟伟. 黄河小北干流连伯滩放淤试验效果分析[R]. 黄河水利委员会黄河水利科学研究院. 黄科技 ZX-2005-13-19,2005.

[7] 林秀芝,张翠萍,侯素珍,等. 2003 年汛期东垆湾裁弯效果分析[J]. 人民黄河,2005(10).

[8] 侯素珍,林秀芝,常温花,等. 利用并优化桃汛洪水冲刷潼关高程原型试验研究[J]. 泥沙研究,2008(4).

[9] 侯素珍,林秀芝,常温花. 2006~2008 年利用并优化桃汛洪水过程冲刷降低潼关高程原型试验分析评估[R]. 黄河水利委员会黄河水利科学研究院. 黄科技 ZX-2009-89-183,2009.

[10] 林秀芝,侯素珍,李婷,等. 2009 年利用并优化桃汛洪水冲刷潼关高程原型试验效果分析[M]//陈五一,夏军,朱鉴远. 水文泥沙研究新进展. 北京:中国水利水电出版社,2010.

[11] 林秀芝,侯素珍,常温花. 2010 年利用并优化桃汛洪水过程冲刷降低潼关高程试验效果初步分析[R]. 黄河水利委员会黄河水利科学研究院. 黄科技 ZX-2011-21,2011.

[12] 王普庆,姜乃迁,常温花,等. 渭河口改道对潼关高程的影响[J]. 人民黄河,2007(11).

[13] 侯素珍,王平,侯志军,等. 北洛河下游改道新河道稳定性及影响分析[J]. 人民黄河,2009.

[14] 马怀宝,张俊华,蒋思奇,等. 小浪底水库异重流排沙效率主导因素及敏感性分析[R]. 黄河水利委员会黄河水利科学研究院. 黄科技 ZX-2010-63,2010.

[15] 林秀山,李景宗. 黄河小浪底水利枢纽规划设计丛书　工程规划[M]. 郑州:黄河水利出版社,2006.

[16] 张俊华,陈书奎,李书霞,等. 小浪底水库拦沙初期水库泥沙研究[M]. 郑州:黄河水利出版社,2007.

[17] 韩其为. 水库淤积[M]. 北京:科学出版社,2003.

[18] 张俊华,陈书奎,马怀宝,等. 小浪底水库拦沙后期防洪减淤运用方式水库模型试验研究报告[R]. 黄河水利委员会黄河水利科学研究院. 黄科技 ZX-2010-60,2009.

[19] 范荣生,李占斌,惠养瑜. 窟野河暴雨洪水泥沙特性分析[J]. 泥沙研究,1994(3):72-81.

[20] 王富贵,刘汉虎,喻权刚,等. 黄河中游水土保持措施资料核查与评价[R]. 黄河水利委员会黄河上中游管理局, 2009.

[21] 冉大川,柳林旺,赵力毅,等. 黄河中游河口镇至龙门区间水土保持与水沙变化[M]. 郑州:黄河水利出版社,2000.

[22] 杨轶文,杨青惠. 窟野河流域水文特性分析[J]. 水资源与水工程学报,2006,17(1):57-60.

[23] 李占斌,符素华,解建仓,等. 窟野河流域暴雨侵蚀产沙研究[J]. 水利学报,1998(1)(增刊):18-23.

[24] 汪上和,等. 黄河流域水土保持研究[M]. 郑州:黄河水利出版社,1997.
[25] 冉大川,左仲国,吴永红,等. 黄河中游水沙变化成因分析[R]. 黄河水利委员会黄河水利科学研究院,水利部黄河泥沙重点实验室. 黄科技 ZX - 2009 - 99 - 202,2009.
[26] 薛松贵,等. 窟野河流域水沙变化情况调研报告[R]. 黄河水利委员会,2010.
[27] 吴永红,胡建忠,闫晓玲,等. 砒砂岩区沙棘林生态工程减洪减沙作用分析[J]. 中国水土保持科学,2011,9(1):68-73.
[28] 李军媛,晏利斌,程志刚. 陕西省植被时空演变特征及其对气候变化的响应[J]. 中国水土保持,2011(6):29-31.
[29] 许炯心. 黄河中游多沙粗沙区 1997—2007 年的水沙变化趋势及其成因[J]. 水土保持学报,2010,24(1):1-7.
[30] 潘贤娣, 李勇, 张晓华, 等. 三门峡水库修建后黄河下游河床演变[M]. 郑州:黄河水利出版社,2006.
[31] 赵业安,周文浩,等. 黄河下游河道演变基本规律[M]. 郑州:黄河水利出版社,1998.
[32] 赵文林. 黄河泥沙(黄河水利科学技术丛书)[M]. 郑州:黄河水利出版社,1996
[33] 钱宁, 张仁, 周志德. 河床演变学[M]. 北京: 科学出版社,1987.
[34] 申冠卿,等. 黄河下游河道对洪水的响应机理与泥沙输移规律[M]. 郑州:黄河水利出版社,2007.
[35] 李国英. 维持黄河健康生命[M]. 郑州: 黄河水利出版社,2005.